AutoCAD 2016 中文版从入门到精通

三维书屋工作室

胡仁喜　王晓燕　魏强　等编著

机械工业出版社

本书重点介绍了 AutoCAD 2016 中文版的新功能及各种基本方法、操作技巧和应用实例。本书最大的特点是，在进行知识点讲解的同时，列举了大量的实例，使读者在实践中掌握 AutoCAD 2016 的使用方法和技巧。

全书分为 18 章，首先介绍了 AutoCAD 2016 的有关基础知识，包括基本操作、基本绘图命令、高级绘图命令、图层的设置与管理、精确定位工具、平面图形编辑命令等；接下来介绍了文字与表格、尺寸标注、图块与外部参照、辅助绘图工具等；然后介绍了 AutoCAD 三维功能。为了体现 AutoCAD 的高端分析功能，本书特意讲解了 AutoLISP 编程等相关知识；最后通过各个方面的实例应用介绍，让读者在掌握绘图技术的基础上学会工程设计的一般方法和技巧。

本书适合各级大中专院校以及职业培训机构用作课堂讲解教材，也可以作为 AutoCAD 爱好者的自学教材。

图书在版编目（CIP）数据

AutoCAD 2016 中文版从入门到精通/胡仁喜等编著.—4 版.—北京：机械工业出版社，2016.8

ISBN 978-7-111-54958-1

Ⅰ．①A… Ⅱ．①胡… Ⅲ．①AutoCAD软件—自学参考资料 Ⅳ．①TP391.72

中国版本图书馆 CIP 数据核字(2016)第 232662 号

机械工业出版社（北京市百万庄大街 22 号　邮政编码 100037）
责任编辑：曲彩云　　　　　　　　责任印制：常天培
北京中兴印刷有限公司印刷
2016 年 11 月第 4 版第 1 次印刷
184mm×260mm・43 印张・1053 千字
0001－3000 册
标准书号：ISBN 978-7-111-54958-1
　　　　　　ISBN 978-7-89386-034-8（光盘）
定价：119.00 元（含 1DVD）

凡购本书，如有缺页、倒页、脱页，由本社发行部调换
电话服务　　　　　　　　　　网络服务
服务咨询热线：010-88361066　机工官网：www.cmpbook.com
读者购书热线：010-68326294　机工官博：weibo.com/cmp1952
　　　　　　　010-88379203　金 书 网：www.golden-book.com
编辑热线：　　010-88379782　教育服务网：www.cmpedu.com
封面无防伪标均为盗版

前　言

AutoCAD 是美国 Autodesk 公司推出的，集二维绘图、三维设计、渲染及通用数据库管理和互联网通信功能于一体的计算机辅助绘图软件包。自 1982 年推出以来，AutoCAD 从初期的 1.0 版本，经多次版本更新和功能完善，现已发展到 AutoCAD 2016，不仅在机械、电子和建筑等工程设计领域得到了广泛的应用，而且在地理、气象、航海等特殊图形的绘制，甚至乐谱、灯光、幻灯和广告等领域也得到了广泛的应用，目前已成为计算机 CAD 技术中应用最为广泛的图形软件之一。

本书的编者都是各高校多年从事计算机图形教学研究的一线人员，具有丰富的教学实践经验与教材编写经验，能够准确地把握读者心理与实际需求。值此 AutoCAD 2016 面市之际，编者根据读者工程应用学习的需要编写了本书。

本书具有以下突出特点：

1）在内容组织上遵循由浅入深的原则，突出了易懂、实用、全面的特点。每章前面都有本章导读，使读者能够做到有的放矢；每个功能讲解都附有实例，让读者能够快速把握 AutoCAD 的相关功能。

2）注重理论与操作相结合。通过结合实例对知识点进行详细讲解，使读者能够切实掌握所学到的知识，并可以做到举一反三。

3）在注重对绘图整体设计观念的培养的同时，还注意了绘图过程的详细介绍及实用性技巧的说明。

4）学科涵盖全面。本书内容涵盖了 AutoCAD 应用的各个主要学科，包括机械、建筑、室内设计、电气设计等主要工程应用学科，所以本书能满足当今社会各种主流行业从业人员自学和参考的需要。

为了保证读者能够从零开始，本书对基础概念的讲解比较全面，在编写过程中由浅入深，后面的实例具有典型性和代表性。

本书首先对 AutoCAD 2016 中文版基础进行了详细介绍，包括基本操作、基本绘图命令、高级绘图命令、图层的设置与管理、精确定位工具、平面图形编辑命令等；接下来介绍了文字与表格、尺寸标注、图块与外部参照、辅助绘图工具等；然后介绍了 AutoCAD 三维功能。为了体现 AutoCAD 的高端分析功能，本书特意讲解了 AutoLISP 编程等相关知识；最后通过各个方面的实例应用介绍，让读者在掌握绘图技术的基础上学会工程设计的一般方法和技巧。

随书光盘包含了全书所有实例的源文件和操作过程录屏讲解动画，总时长达 1000min。为了开阔读者的视野，促进读者的学习，光盘中还免费赠送了时长达 800min 的 AutoCAD 工程案例学习录屏讲解动画教程和相应的实例源文件，以及 AutoCAD 使用技巧集锦电子书和各种实用的 AutoCAD 工程设计图库。

本书结构清晰，实例丰富，书中包含有机械、建筑、电气、三维建模以及 AutoLISP 编程的典型实例，每个实例均配有图形源文件和操作动画演示，从而可以着重培养读者自学和应用的能力。

　　本书是面向AutoCAD初、中级用户的一本实用教程，既可以作为计算机辅助设计（AutoCAD）的技能培训教材，也可以作为初学者的自学指导教材。

　　本书由胡仁喜、刘昌丽、李鹏、周冰、董伟、李瑞、王敏、康士廷、张俊生、王玮、孟培、王艳池、阳平华、闫聪聪、王培合、路纯红、王义发、王玉秋、杨雪静、张日晶、卢园、王渊峰、孙立明、甘勤涛、李兵、李亚莉、康士廷等编写。

　　由于时间较短，编者水平有限，书中疏漏之处在所难免，不当之处恳请读者批评指正，编者不胜感激。有任何问题，请登录网站 www.sjzswsw.com 或联系 win760520@126.com。

编　者

目　　录

前言
第1章　AutoCAD 2016入门 1
　　1.1　操作界面 2
　　　　1.1.1　操作界面简介 2
　　　　1.1.2　操作实例——定制界面 12
　　1.2　配置绘图系统 13
　　　　1.2.1　绘图系统配置 13
　　　　1.2.2　操作实例——设置屏幕颜色和光标大小 15
　　1.3　设置绘图环境 16
　　　　1.3.1　设置图形单位 16
　　　　1.3.2　设置图形界限 17
　　1.4　文件管理 18
　　1.5　图形显示工具 21
　　　　1.5.1　缩放 21
　　　　1.5.2　平移 23
　　1.6　动手练一练 23
第2章　二维绘图命令 25
　　2.1　直线类命令 26
　　　　2.1.1　直线段 26
　　　　2.1.2　操作实例——五角星 27
　　　　2.1.3　构造线 28
　　2.2　圆类命令 30
　　　　2.2.1　圆 30
　　　　2.2.2　操作实例——哈哈猪 31
　　　　2.2.3　圆弧 33
　　　　2.2.4　操作实例——五瓣梅 34
　　　　2.2.5　圆环 35
　　　　2.2.6　椭圆与椭圆弧 36
　　　　2.2.7　操作实例——洗脸盆 37
　　2.3　平面图形 39
　　　　2.3.1　矩形 39
　　　　2.3.2　操作实例——方头平键 41
　　　　2.3.3　多边形 43
　　　　2.3.4　操作实例——螺母 43
　　2.4　点类命令 44

2.4.1　点 44

2.4.2　等分点与定距等分 45

2.4.3　操作实例——棘轮 46

2.5　多段线 48

2.5.1　绘制多段线 48

2.5.2　操作实例——交通标志 49

2.6　样条曲线 51

2.6.1　绘制样条曲线 51

2.6.2　操作实例——螺钉旋具 52

2.7　多线 54

2.7.1　绘制多线 54

2.7.2　定义多线样式 55

2.7.3　编辑多线 57

2.7.4　操作实例——墙体 57

2.8　图案填充 60

2.8.1　图案填充的操作 60

2.8.2　操作实例——小屋 63

2.9　综合演练——汽车 65

2.10　动手练一练 67

第3章　精确绘图 69

3.1　精确定位工具 70

3.1.1　正交模式 70

3.1.2　栅格显示 70

3.1.3　捕捉模式 71

3.2　对象捕捉 72

3.2.1　特殊位置点捕捉 72

3.2.2　操作实例——盘盖 73

3.2.3　对象捕捉设置 74

3.2.4　操作实例——三环旗 75

3.3　对象追踪 78

3.3.1　自动追踪 78

3.3.2　操作实例——特殊位置线段的绘制 79

3.3.3　极轴追踪设置 79

3.3.4　操作实例——通过极轴追踪绘制方头平键 80

3.4　对象约束 83

3.4.1　几何约束 83

3.4.2　操作实例——绘制相切及同心的圆 85

3.4.3　尺寸约束 86

3.4.4　操作实例——利用尺寸驱动更改方头平键尺寸 88

3.4.5　自动约束 —————————————————————————————— 89

3.4.6　操作实例——约束控制未封闭三角形 ———————————— 90

3.5　动手练一练 ————————————————————————————— 93

第4章　图层设置 —————————————————————————————— 94

4.1　设置图层 ——————————————————————————————— 95

4.1.1　利用对话框设置图层 ———————————————————— 95

4.1.2　利用工具栏设置图层 ———————————————————— 99

4.2　设置颜色 ——————————————————————————————— 100

4.3　图层的线型 ————————————————————————————— 101

4.3.1　在"图层特性管理器"对话框中设置线型 ——————— 101

4.3.2　直接设置线型 ——————————————————————— 102

4.3.3　操作实例——螺栓 ———————————————————— 103

4.4　综合演练——泵轴的绘制 ————————————————————— 104

4.5　动手练一练 ————————————————————————————— 107

第5章　编辑命令 —————————————————————————————— 109

5.1　选择对象 ——————————————————————————————— 110

5.2　复制类命令 ————————————————————————————— 112

5.2.1　复制 ——————————————————————————— 112

5.2.2　操作实例——办公桌 —————————————————— 113

5.2.3　镜像命令 ————————————————————————— 114

5.2.4　操作实例——压盖 ———————————————————— 115

5.2.5　偏移命令 ————————————————————————— 116

5.2.6　操作实例——挡圈的绘制 ———————————————— 117

5.2.7　阵列命令 ————————————————————————— 118

5.2.8　操作实例——弹簧的绘制 ———————————————— 120

5.3　改变位置类命令 ——————————————————————————— 122

5.3.1　旋转命令 ————————————————————————— 123

5.3.2　操作实例——曲柄 ———————————————————— 124

5.3.3　移动命令 ————————————————————————— 126

5.3.4　操作实例——餐厅桌椅 —————————————————— 126

5.3.5　缩放命令 ————————————————————————— 129

5.3.6　操作实例——紫荆花 —————————————————— 130

5.4　改变几何特性类命令 ———————————————————————— 133

5.4.1　修剪命令 ————————————————————————— 133

5.4.2　操作实例——足球 ———————————————————— 134

5.4.3　延伸命令 ————————————————————————— 136

5.4.4　操作实例——螺钉 ———————————————————— 138

5.4.5　拉伸命令 ————————————————————————— 140

5.4.6　操作实例——手柄的绘制 ———————————————— 141

　　　5.4.7　拉长命令 143
　　　5.4.8　操作实例——挂钟的绘制 144
　　　5.4.9　圆角命令 145
　　　5.4.10　操作实例——吊钩的绘制 146
　　　5.4.11　倒角命令 148
　　　5.4.12　操作实例——轴的绘制 150
　　　5.4.13　打断命令 152
　　　5.4.14　操作实例——连接盘的绘制 153
　　　5.4.15　打断于点命令 155
　　　5.4.16　操作实例——油标尺的绘制 156
　　　5.4.17　分解命令 159
　　　5.4.18　操作实例——圆头平键 160
　　　5.4.19　合并命令 161
　　5.5　删除及恢复类命令 162
　　　5.5.1　删除命令 162
　　　5.5.2　恢复命令 163
　　　5.5.3　清除命令 163
　　5.6　对象编辑命令 163
　　　5.6.1　钳夹功能 163
　　　5.6.2　操作实例——利用钳夹功能编辑图形 164
　　　5.6.3　修改对象属性 165
　　　5.6.4　操作实例——花朵的绘制 166
　　　5.6.5　特性匹配 169
　　5.7　综合演练 169
　　　5.7.1　组合沙发的绘制 169
　　　5.7.2　齿轮的绘制 173
　　5.8　动手练一练 177
第6章　文字与表格 179
　　6.1　文本样式 180
　　6.2　文本标注 182
　　　6.2.1　单行文本标注 182
　　　6.2.2　多行文本标注 184
　　　6.2.3　操作实例——技术要求 189
　　6.3　文本编辑 189
　　6.4　表格 190
　　　6.4.1　定义表格样式 191
　　　6.4.2　创建表格 192
　　　6.4.3　表格文字编辑 194
　　　6.4.4　操作实例——苗木表 195

6.5 综合演练——绘制建筑制图样板图 198

6.6 动手练一练 202

第7章 尺寸标注 204

7.1 尺寸样式 205

7.1.1 新建或修改尺寸样式 205

7.1.2 线 207

7.1.3 符号和箭头 207

7.1.4 文字 209

7.1.5 调整 211

7.1.6 主单位 213

7.1.7 换算单位 214

7.1.8 公差 215

7.2 标注尺寸 216

7.2.1 长度型尺寸标注 217

7.2.2 操作实例——标注螺栓 218

7.2.3 对齐标注 219

7.2.4 角度型尺寸标注 219

7.2.5 直径标注 221

7.2.6 操作实例——标注卡槽 222

7.2.7 基线标注 226

7.2.8 连续标注 226

7.2.9 操作实例——标注轴承座 227

7.3 引线标注 229

7.3.1 利用LEADER命令进行引线标注 229

7.3.2 利用QLEADER命令进行引线标注 230

7.3.3 操作实例——标注轴套 232

7.4 形位公差 237

7.4.1 形位公差标注 237

7.4.2 操作实例——标注齿轮轴的尺寸 238

7.5 综合演练——标注齿轮 242

7.6 动手练一练 244

第8章 图块与外部参照 246

8.1 图块操作 247

8.1.1 定义图块 247

8.1.2 图块的存盘 248

8.1.3 操作实例——将图形定义为图块 249

8.1.4 图块的插入 249

8.1.5 操作实例——标注表面粗糙度符号 251

8.1.6 动态块 252

8.1.7 操作实例——利用动态块功能标注表面粗糙度符号 256
8.2 图块属性 258
8.2.1 定义图块属性 258
8.2.2 修改属性的定义 259
8.2.3 图块属性编辑 260
8.2.4 操作实例——表面粗糙度数值设置成图块属性并重新标注 261
8.3 动手练一练 262
第9章 辅助绘图工具 264
9.1 设计中心 265
9.1.1 启动设计中心 265
9.1.2 显示图形信息 266
9.1.3 插入图块 268
9.1.4 图形复制 269
9.2 工具选项板 269
9.2.1 打开工具选项板 269
9.2.2 新建工具选项板 270
9.2.3 向工具选项板中添加内容 271
9.2.4 操作实例——绘制居室布置平面图 272
9.3 视口与空间 274
9.3.1 视口 274
9.3.2 模型空间与图纸空间 276
9.4 出图 277
9.4.1 打印设备的设置 277
9.4.2 创建布局 279
9.4.3 页面设置 283
9.4.4 从模型空间输出图形 286
9.4.5 从图纸空间输出图形 287
9.5 对象查询 290
9.5.1 查询距离 290
9.5.2 查询对象状态 291
9.6 综合演练——日光灯的调光器电路 292
9.6.1 设置绘图环境 292
9.6.2 绘制线路结构图 293
9.6.3 绘制各实体符号 294
9.6.4 将实体符号插入到结构线路图 300
9.6.5 添加文字和注释 302
9.7 动手练一练 303
第10章 绘制和编辑三维表面 305
10.1 三维坐标系统 306

10.1.1　创建坐标系 306

10.1.2　动态坐标系 307

10.2　观察模式 308

10.2.1　动态观察 309

10.2.2　视图控制器 310

10.3　三维绘制 311

10.3.1　绘制三维面 311

10.3.2　绘制多边网格面 312

10.3.3　绘制三维网格 312

10.4　三维网格 313

10.4.1　直纹网格 313

10.4.2　平移网格 314

10.4.3　边界网格 315

10.4.4　旋转网格 315

10.4.5　操作实例——弹簧 316

10.5　编辑三维网格 319

10.5.1　三维镜像 319

10.5.2　操作实例——花篮 320

10.5.3　三维阵列 323

10.5.4　对齐对象 324

10.5.5　三维移动 324

10.5.6　三维旋转 325

10.5.7　操作实例——圆柱滚子轴承 325

10.6　综合演练——茶壶 327

10.6.1　绘制茶壶拉伸截面 328

10.6.2　拉伸茶壶截面 329

10.6.3　绘制茶壶盖 331

10.7　动手练一练 333

第11章　实体建模 334

11.1　创建基本三维实体 335

11.1.1　创建长方体 335

11.1.2　操作实例——拨叉架的创建 336

11.1.3　圆柱体 338

11.1.4　操作实例——弯管接头的创建 339

11.2　布尔运算 341

11.2.1　布尔运算简介 341

11.2.2　操作实例——带轮的创建 342

11.3　特征操作 345

11.3.1　拉伸 345

11.3.2　旋转 346

11.3.3　操作实例——齿轮的创建 347

11.3.4　扫掠 349

11.3.5　操作实例——锁的创建 351

11.3.6　放样 354

11.3.7　拖拽 356

11.3.8　操作实例——内六角圆柱头螺钉的创建 357

11.4　实体三维操作 359

11.4.1　倒角 359

11.4.2　圆角 360

11.4.3　操作实例——棘轮的创建 361

11.4.4　干涉检查 363

11.4.5　操作实例——手柄的创建 365

11.5　特殊视图 367

11.5.1　剖切 367

11.5.2　剖切截面 368

11.5.3　截面平面 369

11.5.4　操作实例——连接轴环的绘制 372

11.6　综合演练——战斗机的创建 375

11.6.1　机身与机翼 375

11.6.2　附件 379

11.6.3　细节完善 382

11.7　动手练一练 391

第12章　实体编辑和渲染 392

12.1　显示形式 393

12.1.1　消隐 393

12.1.2　视觉样式 393

12.1.3　视觉样式管理器 395

12.2　编辑实体 396

12.2.1　拉伸面 396

12.2.2　操作实例——顶针 397

12.2.3　删除面 399

12.2.4　操作实例——镶块 399

12.2.5　旋转面 402

12.2.6　操作实例——轴支架 402

12.2.7　倾斜面 405

12.2.8　操作实例——机座 405

12.2.9　复制边 407

12.2.10　操作实例——摇杆 408

12.3 渲染实体 411
    12.3.1 贴图 411
    12.3.2 材质 412
    12.3.3 渲染 413
12.4 综合演练——凉亭 415
12.5 动手练一练 423

第13章 AutoLISP语言概述 425
13.1 AutoLISP语言简介 426
    13.1.1 开发AutoCAD的重要工具 426
    13.1.2 AutoLISP的特点 426
13.2 AutoLISP数据类型 427
    13.2.1 原子 427
    13.2.2 表和点对 428
13.3 AutoLISP的程序结构 429
13.4 AutoLISP的运行环境 430
13.5 AutoLISP的内存分配 431
13.6 AutoLISP程序的执行过程 431
    13.6.1 加载和卸载AutoLISP文件 432
    13.6.2 运行AutoLISP程序 433
13.7 动手练一练 433

第14章 AutoLISP的基本函数 435
14.1 理解AutoLISP的变量和表达式 436
14.2 表达式的结构 437
    14.2.1 数学表达式 437
    14.2.2 矢量表达式 438
    14.2.3 函数表达式 438
14.3 AutoLISP的变量与类型 441
    14.3.1 字符串型变量 441
    14.3.2 整型变量 442
    14.3.3 实型变量 442
    14.3.4 表型变量 442
    14.3.5 其他类型 443
14.4 变量的应用 443
    14.4.1 使用AutoLISP变量 444
    14.4.2 使用AutoCAD系统变量 445
14.5 创建用户自己的变量和表达式 446
14.6 数值函数 446
    14.6.1 计算函数 447
    14.6.2 布尔运算函数 453

14.6.3　三角函数 454

14.7　字符串处理函数 455

14.7.1　求字符串长度函数　strlen　（string length） 456

14.7.2　字符串链接函数　strcat (string catenation) 456

14.7.3　子串提取函数　substr (substring) 457

14.7.4　字母大小写转换函数　strcase 457

14.7.5　字符串模式匹配函数　wcmatch 457

14.8　条件和循环函数 458

14.8.1　关系运算函数 459

14.8.2　逻辑运算函数 461

14.8.3　EQ函数与EQUAL函数 462

14.8.4　条件函数 463

14.8.5　循环函数 464

14.9　表处理函数 465

14.9.1　表处理的基本函数 466

14.9.2　表的构造函数 468

14.9.3　表的循环处理函数 470

14.9.4　表的关联 472

14.10　符号和函数处理函数 472

14.10.1　赋值函数 473

14.10.2　其他符号处理函数 474

14.10.3　函数处理函数 477

14.11　错误处理函数 481

14.12　应用程序处理函数 485

14.12.1　ADS应用程序 485

14.12.2　ARX应用函数 486

14.12.3　其他应用函数 487

14.13　实战演练 488

14.13.1　绘制渐开线 488

14.13.2　绘制二维螺旋线 489

14.14　动手练一练 491

第15章　对话框设计 493

15.1　对话框概述 494

15.2　对话框组件 494

15.3　用DCL定义对话框 495

15.3.1　base.DCL和acad.DCL文件 495

15.3.2　引用DCL文件 495

15.3.3　DCL语法 496

15.4　用Visual LISP显示对话框 498

15.4.1　显示对话框……………………………………………………………………………498

15.4.2　预览错误处理…………………………………………………………………………499

15.5　调整对话框的布局…………………………………………………………………………500

15.5.1　在控件组中分配控件…………………………………………………………………501

15.5.2　调整控件间距…………………………………………………………………………502

15.5.3　调整右端和底部的空间………………………………………………………………502

15.5.4　调整加框行和列周围的空间…………………………………………………………502

15.5.5　自定义退出按钮文本…………………………………………………………………503

15.6　对话框语言DCL详解………………………………………………………………………504

15.6.1　控件属性………………………………………………………………………………504

15.6.2　DCL属性目录…………………………………………………………………………506

15.6.3　对话框控件的DCL语法………………………………………………………………511

15.7　对话框驱动程序……………………………………………………………………………526

15.7.1　在AutoLISP中调用设计的对话框……………………………………………………526

15.7.2　动作表达式和回调………………………………………………………………………529

15.7.3　列表框/下拉框处理……………………………………………………………………533

15.7.4　图像处理………………………………………………………………………………537

15.7.5　对话框嵌套……………………………………………………………………………540

15.7.6　隐藏对话框……………………………………………………………………………540

15.7.7　特定应用数据…………………………………………………………………………540

15.8　综合演练……………………………………………………………………………………541

15.8.1　绘制弹簧………………………………………………………………………………541

15.8.2　绘制带轮………………………………………………………………………………545

15.9　动手练一练…………………………………………………………………………………558

第16章　机械设计工程实例………………………………………………………………………560

16.1　机械制图概述………………………………………………………………………………561

16.1.1　零件图绘制方法………………………………………………………………………561

16.1.2　装配图的绘制方法……………………………………………………………………561

16.2　球阀阀体零件图……………………………………………………………………………562

16.2.1　配置绘图环境…………………………………………………………………………562

16.2.2　绘制球阀阀体…………………………………………………………………………563

16.2.3　标注球阀阀体…………………………………………………………………………569

16.2.4　填写标题栏……………………………………………………………………………573

16.3　球阀装配图…………………………………………………………………………………575

16.3.1　配置绘图环境…………………………………………………………………………576

16.3.2　组装装配图……………………………………………………………………………577

16.3.3　标注球阀装配图………………………………………………………………………584

16.3.4　填写标题栏和明细表…………………………………………………………………585

16.4　动手练一练…………………………………………………………………………………586

第17章 建筑设计工程实例 587

17.1 建筑绘图概述 588

17.1.1 建筑绘图的特点 588

17.1.2 建筑绘图分类 588

17.1.3 总平面图 589

17.1.4 建筑平面图概述 592

17.1.5 建筑立面图概述 593

17.1.6 建筑剖面图概述 593

17.1.7 建筑详图概述 594

17.2 家属楼建筑图绘制 595

17.2.1 绘制家属楼平面图 595

17.2.2 绘制家属楼立面图 609

17.2.3 绘制家属楼剖面图 614

17.2.4 绘制家属楼建筑详图 620

17.3 动手练一练 630

第18章 电气设计工程实例 634

18.1 电气制图概述 635

18.1.1 电气图的分类 635

18.1.2 电气图的特点 638

18.2 车床电气设计 639

18.2.1 主回路的设计 639

18.2.2 控制回路的设计 644

18.2.3 照明指示回路的设计 646

18.2.4 添加文字说明 647

18.2.5 电路原理说明 648

18.3 工厂智能系统配线图设计 649

18.3.1 图层设置 650

18.3.2 图样布局 651

18.4 电缆线路工程图设计 657

18.4.1 设置绘图环境 657

18.4.2 图样布局 658

18.4.3 绘制主视图 659

18.4.4 绘制俯视图 662

18.4.5 绘制左视图 662

18.4.6 添加尺寸标注及添加文字注释 663

18.5 动手练一练 663

附录A AutoCAD 2016常用快捷键 665

附录B AutoCAD 2016快捷命令 667

第1章

AutoCAD 2016 入门

本章学习 AutoCAD 2016 绘图的基本知识，了解如何设置图形的系统参数、绘图环境，熟悉创建新的图形文件、打开已有文件的方法等，并为进行系统学习准备必要的基础知识。

AutoCAD 2016

重点与难点

- 设置绘图环境
- 配置绘图系统
- 了解文件管理
- 掌握图形缩放和平移操作

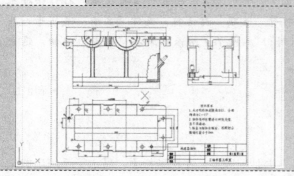

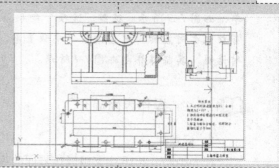

1.1 操作界面

AutoCAD 的操作界面是 AutoCAD 显示、编辑图形的区域。一个完整的 AutoCAD2016 中文版的操作界面如图 1-1 所示。

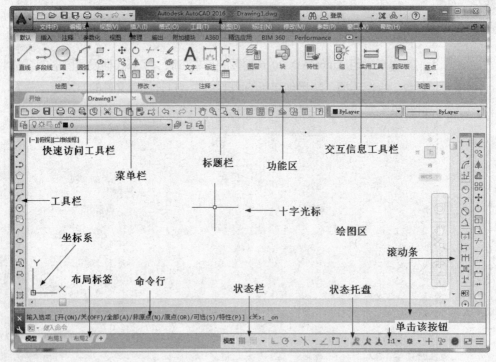

图1-1 AutoCAD 2016中文版的操作界面

▲ 技巧与提示——界面模式切换

需要将 *AutoCAD* 的工作空间切换到"草图与注释"模式下（单击操作界面右下角中的"切换工作空间"按钮，在打开的菜单中单击"草图与注释"命令），才能显示如图 1-1 所示的操作界面。本书中的所有操作均在"草图与注释"模式下进行。

安装 *AutoCAD 2016* 后，默认的界面如图 1-2 所示，在绘图区中右击鼠标，打开快捷菜单，如图 1-3 所示。选择"选项"命令，打开"选项"对话框，选择"显示"选项卡，在窗口元素对应的"配色方案"中设置为"明"，如图 1-4 所示。单击"确定"按钮，退出对话框，其操作界面如图 1-1 所示。

📖 1.1.1 操作界面简介

1. 标题栏

在 AutoCAD 2016 中文版操作界面的最上端是标题栏。在标题栏中，显示了系统当前正在运行的应用程序(AutoCAD 2016)和用户正在使用的图形文件。在第一次启动 AutoCAD 2016时，在标题栏中将显示 AutoCAD 2016 在启动时创建并打开的图形文件的名称

"Drawing1.dwg"，如图 1-2 所示。

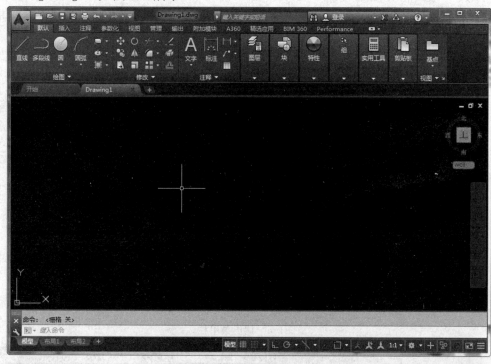

图1-2　默认界面

图1-3　快捷菜单

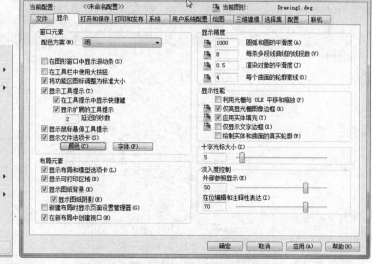

图1-4　"选项"对话框

2. 菜单栏

在 AutoCAD "自定义快速访问工具栏"处调出菜单栏，如图 1-5 所示，调出后的菜单栏如图 1-6 所示。同其他 Windows 程序一样，AutoCAD 的菜单也是下拉形式的，并在菜单中包含了子菜单。AutoCAD 的菜单栏中包含 12 个菜单："文件""编辑""视图""插入""格

式""工具""绘图""标注""修改""参数""窗口"和"帮助"。这些菜单几乎包含了 AutoCAD 的所有绘图命令，后面的章节将围绕这些菜单展开叙述，具体内容在此从略。一般来讲，AutoCAD 下拉菜单中的命令有以下三种：

图1-5　调出菜单栏

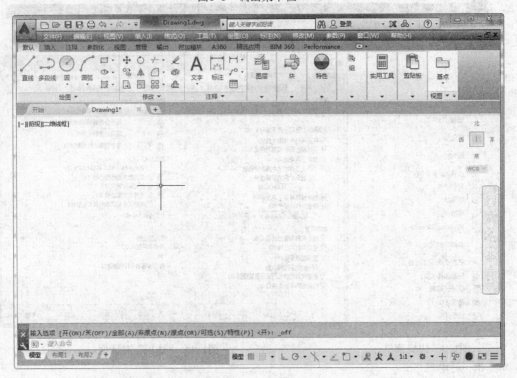

图 1-6　菜单栏显示界面

（1）带有小三角形的菜单命令　这种类型的命令后面带有子菜单。例如，单击"绘图"

菜单，指向其下拉菜单中的"圆"命令，屏幕上就会进一步下拉出"圆"子菜单中所包含的命令，如图1-7所示。

（2）打开对话框的菜单命令　这种类型的命令后面带有省略号。例如，单击菜单栏中的"格式"菜单，选择其下拉菜单中的"文字样式（S）..."命令，如图1-8所示，屏幕上就会弹出对应的"文字样式"对话框，如图1-9所示。

（3）直接操作的菜单命令　这种类型的命令将直接进行相应的绘图或其他操作。例如，选择视图菜单中的"重画"命令，系统将刷新显示所有视口。

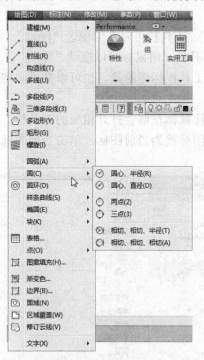

图1-7　带有子菜单的菜单命令　　　　　图1-8　打开相应对话框的菜单命令

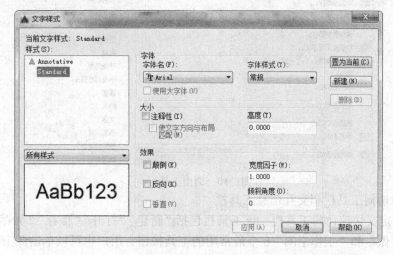

图1-9　"文字样式"对话框

3. 工具栏

工具栏是一组图标型工具的集合。选择菜单栏中的"工具"→"工具栏"→"AutoCAD"，调出所需要的工具栏，把光标移动到某个图标，稍停片刻即在该图标一侧显示相应的工具提示。此时，点取图标也可以启动相应命令。

（1）设置工具栏　AutoCAD 2016 的标准菜单提供有几十种工具栏，选择菜单栏中的"工具"→"工具栏"→"AutoCAD"，调出所需要的工具栏，如图 1-10 所示。用鼠标左键单击某一个未在界面显示的工具栏名，系统将自动在界面打开该工具栏。反之，关闭该工具栏。

（2）工具栏的"固定""浮动"与"打开"　工具栏可以在绘图区"浮动"（如图 1-11 所示），此时显示该工具栏标题，并可关闭该工具栏。用鼠标可以拖动"浮动"工具栏到图形区边界，使它变为"固定"工具栏，此时该工具栏标题隐藏。也可以把"固定"工具栏拖出，使它成为"浮动"工具栏。

在有些图标的右下角带有一个小三角，按住鼠标左键会打开相应的工具栏。按住鼠标左键，将光标移动到某一图标上然后松手，该图标就为当前图标。单击当前图标，可执行相应命令。

图1-10　调出工具栏

4. 快速访问工具栏和交互信息工具栏

（1）自定义快速访问工具栏　该工具栏包括"新建""打开""保存""另存为""打印""放弃""重做"和"工作空间"8 个最常用的工具按钮。用户也可以单击此工具栏后面的小三角下拉按钮，选择设置需要的常用工具。

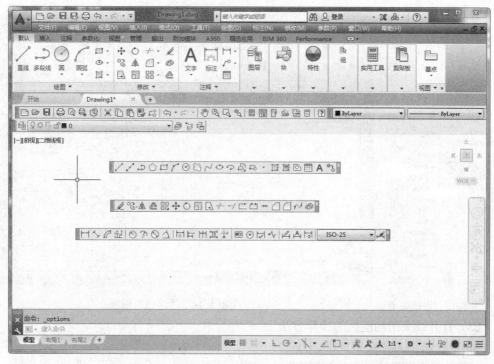

图1-11　"浮动"工具栏

（2）交互信息工具栏　该工具栏包括"搜索""Autodesk Exchange 应用程序""保持连接"和"单击此处访问帮助"等几个常用的数据交互访问工具按钮。

5．功能区

在默认情况下，功能区包括"默认"选项卡、"插入"选项卡、"注释"选项卡、"参数化"选项卡、"视图"选项卡、"管理"选项卡、"输出"选项卡、"附加模块"选项卡、"Autodesk360"选项卡"BIM360" 选项卡和"Performance" 选项卡等几个功能区，如图 1-12 所示。每个选项卡集成了相关的操作工具，方便了用户的使用。用户可以单击功能区选项后面的按钮控制功能的展开与收缩。

图1-12　默认情况下出现的选项卡

1）设置选项卡。将光标放在面板中任意位置处，单击鼠标右键，打开如图 1-13 所示的快捷菜单。用鼠标左键单击某一个未在功能区显示的选项卡名，系统自动在功能区打开该选项卡。反之，关闭选项卡（调出面板的方法与调出选项板的方法类似，这里不再赘述）。

2）选项卡中面板的"固定"与"浮动"。面板可以在绘图区"浮动"（如图 1-14 所示）。将鼠标放到浮动面板的右上角位置处，显示"将面板返回到功能区"，如图 1-15 所示。鼠标左键单击此处，使它变为"固定"面板。也可以把"固定"面板拖出，可使它成为"浮动"面板。

AutoCAD 2016 中文版从入门到精通

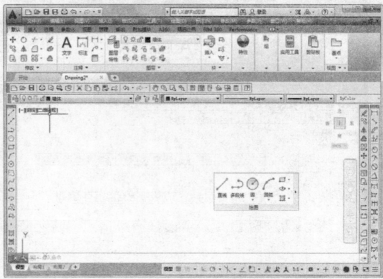

图 1-13　快捷菜单

图 1-14　"浮动"面板

（3）打开或关闭功能区的操作方法

1）命令行：RIBBON（或 RIBBONC LOSE）。

2）菜单：选择菜单栏中的"工具"→
"选项板"→"功能区"命令。

6. 绘图区

绘图区是指在标题栏下方的大片空白
区域，绘图区是用户使用 AutoCAD 绘制图
形的区域，用户完成一幅设计图形的主要工
作都是在绘图区中完成的。

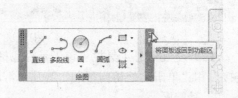

图 1-15　"绘图"面板

在绘图区中还有一个作用类似光标的
十字线，其交点反映了光标在当前坐标系中
的位置。在 AutoCAD 中，将该十字线称为光
标。AutoCAD 通过光标显示当前点的位置。
十字线的方向与当前用户坐标系的 X 轴、Y
轴方向平行，十字线的长度系统预设为屏幕
大小的 5%。

7. 坐标系

在绘图区的左下角有一个指向图标，称
之为坐标系，表示用户绘图时正使用的坐标
系样式。坐标系图标的作用是为点的坐标确
定一个参照系。根据工作需要，可以选择将
其关闭，其方法是选择菜单栏中的"视图"

图1-16　"视图"菜单

→"显示"→"UCS 图标"→"开"命令，如图 1-16 所示。

8．命令行窗口

命令行窗口是输入命令名和显示命令提示的区域。默认命令行窗口布置在绘图区下方，由若干文本行构成。对命令行窗口，有以下几点需要说明：

1）移动拆分条，可以扩大和缩小命令行窗口。

2）可以拖动命令行窗口，布置在绘图区的其他位置。默认情况下在绘图区的下方。

3）对当前命令行窗口中输入的内容，可以按 F2 键用文本编辑的方法进行编辑，如图 1-17 所示。AutoCAD 文本窗口和命令行窗口相似，可以显示当前 AutoCAD 进程中命令的输入和执行过程。在执行 AutoCAD 某些命令时，会自动切换到文本窗口，列出有关信息。

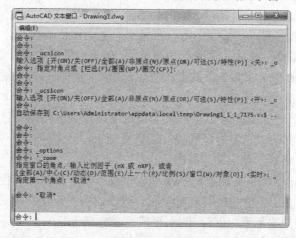

图1-17　文本窗口

4）AutoCAD 通过命令行窗口反馈各种信息，也包括出错信息，因此，用户要时刻关注在命令行窗口中出现的信息。

9．状态栏

状态栏在屏幕的底部，依次显示的有"模型或图纸空间""显示图形栅格""捕捉模式""正交限制光标""按指定角度限制光标""等轴测草图""显示捕捉参照线""将光标捕捉到二维参照点""显示注释对象""在注释比例发生变化时，将比例添加到注释性对象""当前视图的注释比例""切换工作空间""注释监视器""隔离对象""硬件加速""全屏显示"和"自定义"17 个功能开关按钮。左键单击部分开关按钮，可以实现这些功能的开关。通过部分按钮也可以控制图形或绘图区的状态。这些开关按钮的功能与使用方法将在以后章节详细介绍。

 注 意

　　默认情况下，不会显示所有工具，可以通过状态栏上最右侧的按钮，选择要从"自定义"菜单显示的工具。状态栏上显示的工具可能会发生变化，具体取决于当前的工作空间以及当前显示的是"模型"选项卡还是布局选项卡。下面对部分状态栏上的按钮做简单介绍，如图 1-18 所示。

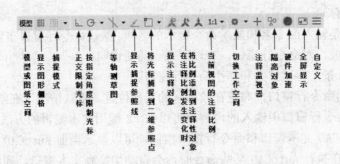

图1-18　状态栏

（1）模型或图纸空间　在模型空间与布局空间之间进行转换。

（2）显示图形栅格　栅格是覆盖用户坐标系（UCS）的整个 XY 平面的直线或点的矩形图案。使用栅格，类似于在图形下放置一张坐标纸。利用栅格可以对齐对象并直观显示对象之间的距离。

（3）捕捉模式　对象捕捉对于在对象上指定精确位置非常重要。不论何时提示输入点，都可以指定对象捕捉。默认情况下，当光标移到对象的对象捕捉位置时，将显示标记和工具提示。

（4）正交限制光标　将光标限制在水平或垂直方向上移动，以便于精确地创建和修改对象。当创建或移动对象时，可以使用"正交"模式将光标限制在相对于用户坐标系（UCS）的水平或垂直方向上。

（5）按指定角度限制光标（极轴追踪）　使用"极轴追踪"，光标将按指定角度进行移动。创建或修改对象时，可以使用"极轴追踪"来显示由指定的极轴角度所定义的临时对齐路径。

（6）等轴测草图　通过设定"等轴测捕捉/栅格"，可以很容易地沿三个等轴测平面之一对齐对象。尽管等轴测图形看似三维图形，但它实际上是二维表示，因此不能期望提取三维距离和面积、从不同视点显示对象或自动消除隐藏线。

（7）显示捕捉参照线（对象捕捉追踪）　使用"对象捕捉追踪"，可以沿着基于对象捕捉点的对齐路径进行追踪。已获取的点将显示一个小加号（+），一次最多可以获取七个追踪点。获取点之后，当在绘图路径上移动光标时，将显示相对于获取点的水平、垂直或极轴对齐路径。例如，可以基于对象端点、中点或者对象的交点，沿着某个路径选择一点。

图1-19　注释比例列表

（8）将光标捕捉到二维参照点（对象捕捉）　使用"执行对象捕捉"设置（也称为对象捕捉），可以在对象上的精确位置指定捕捉点。选择多个选项后，将应用选定的捕捉模式，以返回距离靶框中心最近的点。按 Tab 键可以在这些选项之间循环。

（9）显示注释对象　当图标亮显时表示显示所有比例的注释性对象，当图标变暗时表示仅显示当前比例的注释性对象。

（10）在注释比例发生变化时，将比例添加到注释性对象　注释比例更改时，自动将比例添加到注释对象。

（11）当前视图的注释比例　左键单击注释比例右下角小三角符号,弹出注释比例列表，如图 1-19 所示。可以根据需要选择适当的注释比例。

（12）切换工作空间　进行工作空间转换。

（13）注释监视器　打开仅用于所有事件或模型文档事件的注释监视器。

（14）隔离对象　当选择隔离对象时，在当前视图中显示选定对象，所有其他对象都暂时隐藏；当选择隐藏对象时，在当前视图中暂时隐藏选定对象，所有其他对象都可见。

（15）硬件加速　设定图形卡的驱动程序以及设置硬件加速的选项。

（16）全屏显示　该选项可以清除 Windows 窗口中的标题栏、功能区和选项板等界面元素，使 AutoCAD 的绘图窗口全屏显示，如图 1-20 所示。

图1-20　全屏显示

（17）自定义　状态栏可以提供重要信息，而无需中断工作流。使用 MODEMACRO 系统变量，可将应用程序所能识别的大多数数据显示在状态栏中。使用该系统变量的计算、判断和编辑功能，可以完全按照用户的要求构造状态栏。

10. 布局标签

AutoCAD 系统默认设定一个"模型"空间和"布局 1""布局 2"两个图样空间布局标签。在这里有两个概念需要解释一下。

（1）布局　布局是系统为绘图设置的一种环境，包括图样大小、尺寸单位、角度设定、数值精确度等，在系统预设的 3 个标签中，这些环境变量都按默认设置。用户可以根据实际需要改变这些变量的值，在此暂且从略。用户也可以根据需要设置符合自己要求的新标签。

（2）模型　AutoCAD 的空间分模型空间和图样空间两种。模型空间是通常绘图的环境，而在图样空间中，用户可以创建叫作"浮动视口"的区域，以不同视图显示所绘图形。用户可以在图样空间中调整浮动视口并决定所包含视图的缩放比例。如果用户选择图样空间，可打印多个视图，也可以打印任意布局的视图。AutoCAD 系统默认打开模型空间，用户可以通过单击操作界面下方的布局标签选择需要的布局。

11. 滚动条

在 AutoCAD 的绘图区下方和右侧还提供了用来浏览图形的水平和竖直方向的滚动条。拖动滚动条中的滚动块，可以在绘图区按水平或竖直两个方向浏览图形。

📖 1.1.2 操作实例——定制界面

1）启动 AutoCAD 2016，进入操作界面。

2）设置工具栏。将光标放在操作界面上方的工具栏区，右击，系统会自动打开单独的工具栏标签，如图 1-21 所示。单击绘图、修改、标注工具栏名，系统会自动在界面打开该工具栏，如图 1-22 所示。

3）将"绘图"工具栏放到界面的左边，"修改"和"标注"工具栏放在界面的右边，如图 1-23 所示。

4）利用工具栏绘制一条线段。单击"绘图"工具栏中的"直线"按钮，命令行提示与操作如下：

> 命令: _line
>
> 指定第一个点:（在适当位置单击鼠标确定第一点）
>
> 指定下一点或 [放弃(U)]:（在适当位置单击鼠标确定第二点）
>
> 指定下一点或 [放弃(U)]:

结果如图 1-24 所示。

5）利用命令行、菜单命令绘制一条线段。

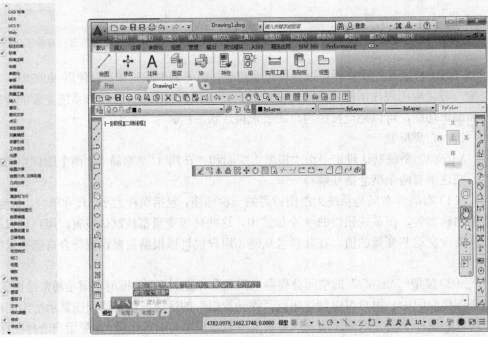

图1-21 单独的工具栏标签　　　　　　　　　　图1-22 浮动的工具栏

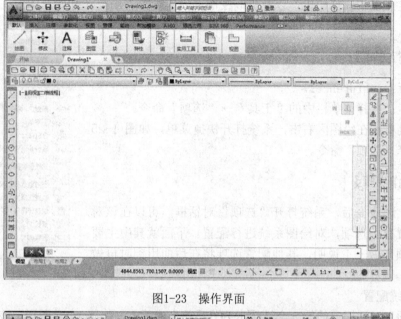

图1-23 操作界面

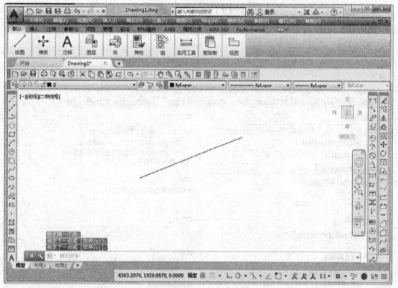

图1-24 绘制直线

1.2 配置绘图系统

1.2.1 绘图系统配置

　　每台计算机所使用的显示器、输入设备和输出设备的类型不同，用户喜好的风格及计算机的目录设置也不同。一般来讲，使用 AutoCAD 2016 的默认配置就可以绘图，但为了使

用用户的定点设备或打印机，以及提高绘图的效率，推荐用户在开始作图前先进行必要的配置。

【执行方式】

命令行：preferences。

菜单栏：选择菜单栏中的"工具"→"选项"命令。

快捷菜单：在绘图区右击，系统打开快捷菜单，如图 1-25 所示，选择"选项"命令。

【操作步骤】

执行上述命令后，系统打开"选项"对话框。可以在该对话框中设置有关选项，对绘图系统进行配置。下面就其中主要的两个选项卡做一下说明，其他配置选项将在后面用到时再做具体说明。

图1-25 快捷菜单

1. 系统配置

"选项"对话框中的第 5 个选项卡为"系统"选项卡，如图 1-26 所示。该选项卡用来设置 AutoCAD 系统的有关特性。其中"常规选项"选项组确定是否选择系统配置的有关基本选项。

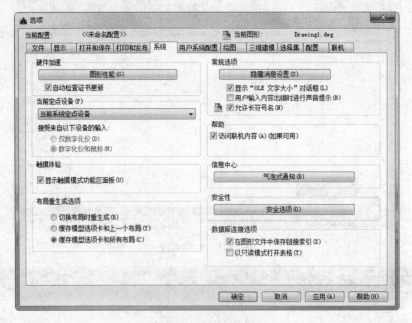

图1-26 "系统"选项卡

2. 显示配置

"选项"对话框中的第 2 个选项卡为"显示"选项卡，该选项卡用于控制 AutoCAD 系统的外观，如图 1-27 所示。该选项卡设定滚动条显示与否、界面菜单显示与否、绘图区颜色、光标大小、AutoCAD 的版面布局设置、各实体的显示精度等。

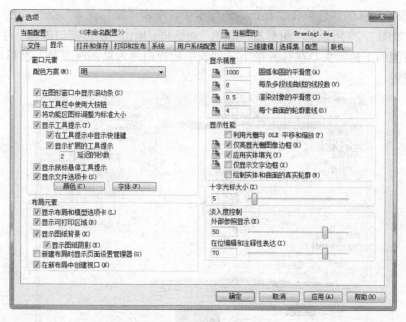

图1-27　"显示"选项卡

📖1.2.2　操作实例——设置屏幕颜色和光标大小

1）设置图形窗口中十字光标的大小。选择菜单栏中的"工具"→"选项"命令，打开"选项"对话框，切换到"显示"选项卡，在"十字光标大小"区域中的文本框中直接输入数值，或者拖动文本框后的滑块，对十字光标的大小进行调整，如图1-28所示。

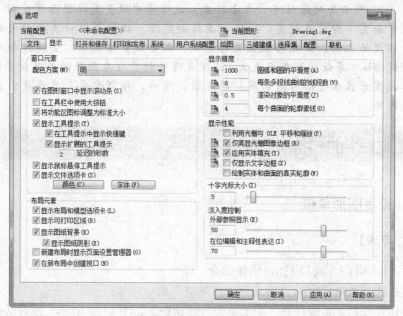

图1-28　"选项"对话框中的"显示"选项卡

2）修改绘图区的颜色。在"显示"选项卡中，单击"窗口元素"区域中的"颜色"按钮，将打开如图 1-29 所示的"图形窗口颜色"对话框。单击"图形窗口颜色"对话框中"颜色"字样右侧的下拉箭头，在打开的下拉列表中选择白色为绘图区颜色，然后单击"应用并关闭"按钮。

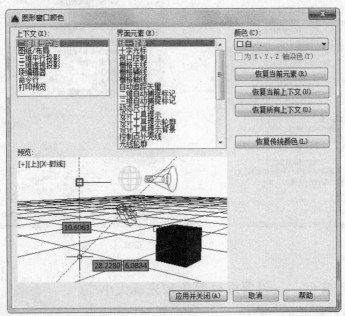

图1-29 "图形窗口颜色"对话框

◆ **技术看板——分辨率大小的恰当设置**

在如图 1-28 所示的对话框中"显示精度"选项卡中设置实体显示精度时，请务必记住，显示质量越高，即精度越高，图线就显得越光滑，但计算机计算的时间越长，建议不要将精度设置的太高。但也不能设置的太低，如果设置的太低，系统就会用正多边形代替显示圆或圆弧，导致图形显示失真。这就是有些初学习本软件的用户反映绘制圆（或圆弧）时总是显示正多边形（或折线）的原因。所以，根据需要，显示质量设定在一个合理的程度即可。

1.3 设置绘图环境

1.3.1 设置图形单位

 【执行方式】

命令行：DDUNITS（或 UNITS，快捷命令：UN）。

菜单栏：选择菜单栏中的"格式"→"单位"命令。

执行上述操作后，系统打开"图形单位"对话框，如图 1-30 所示。该对话框用于定义单位和角度格式。

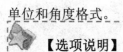**【选项说明】**

（1）"长度"与"角度"选项组 指定测量的长度与角度的当前单位及精度。

（2）"插入时的缩放单位"选项组 控制插入到当前图形中的块和图形的测量单位。如果块或图形创建时使用的单位与该选项指定的单位不同，则在插入这些块或图形时将对其按比例进行缩放。插入比例是原块或图形使用的单位与目标图形使用的单位之比。如果插入块时不按指定单位缩放，则在其下拉列表框中选择"无单位"选项。

（3）"输出样例"选项组 显示用当前单位和角度设置的例子。

（4）"光源"选项组 控制当前图形中光度控制光源的强度测量单位。为创建和使用光度控制光源，必须从下拉列表框中指定非"常规"的单位。如果"插入比例"设置为"无单位"，则将显示警告信息，通知用户渲染输出可能不正确。

（5）"方向"按钮 单击该按钮，系统打开"方向控制"对话框，如图 1-31 所示，可进行方向控制设置。

图1-30 "图形单位"对话框

图1-31 "方向控制"对话框

1.3.2 设置图形界限

【执行方式】

命令行：LIMITS。

菜单栏：选择菜单栏中的"格式"→"图形界限"命令。

【操作步骤】

命令行提示与操作如下：

命令: LIMITS✓

重新设置模型空间界限:

指定左下角点或 [开(ON)/关(OFF)] <0.0000,0.0000>:输入图形界限左下角的坐标，按 Enter 键

指定右上角点 <12.0000,9.0000>:输入图形界限右上角的坐标，按 Enter 键

【选项说明】

（1）开（ON）　使图形界限有效。系统在图形界限以外拾取的点将视为无效。

（2）关（OFF）　使图形界限无效。用户可以在图形界限以外拾取点或实体。

（3）动态输入角点坐标　可以直接在绘图区的动态文本框中输入角点坐标，输入了横坐标值后，按","键，接着输入纵坐标值，如图 1-32 所示。也可以按光标位置直接单击，确定角点位置。

图1-32　动态输入

1.4 文件管理

1. 新建文件

【执行方式】

命令行：NEW。

菜单栏：选择菜单栏中的"文件"→"新建"命令。

工具栏：单击"标准"工具栏中的"新建"按钮。

执行上述操作后，系统打开如图 1-33 所示的"选择样板"对话框。

图1-33　"选择样板"对话框

另外还有一种快速创建图形的功能，该功能是开始创建新图形的最快捷方法。

命令行：QNEW√

执行上述命令后，系统立即从所选的图形样板中创建新图形，而不显示任何对话框或提示。

在运行快速创建图形功能之前必须进行如下设置：

1）在命令行输入"FILEDIA"，按 Enter 键，设置系统变量为 1；在命令行输入"STARTUP"，设置系统变量为 0。

2）选择菜单栏中的"工具"→"选项"命令，在"选项"对话框中选择默认图形样板文件。具体方法是：在"文件"选项卡中，单击"样板设置"前面的"+"，在展开的选项列表中选择"快速新建的默认样板文件名"选项，如图 1-34 所示。单击"浏览"按钮，打开"选择文件"对话框，然后选择需要的样板文件即可。

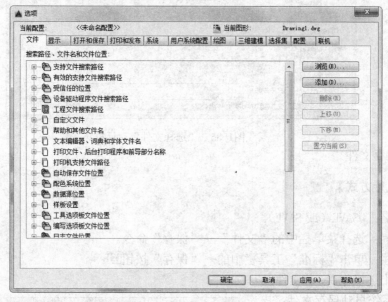

图1-34　"文件"选项卡

2．打开文件

【执行方式】

命令行：OPEN。

菜单栏：选择菜单栏中的"文件"→"打开"命令。

工具栏：单击"标准"工具栏中的"打开"按钮 。

快捷键：Ctrl+O。

执行上述操作后，打开"选择文件"对话框，如图 1-35 所示。在"文件类型"下拉列表框中用户可选.dwg 文件、.dwt 文件、.dxf 文件和.dws 文件。.dws 文件是包含标准图层、标注样式、线型和文字样式的样板文件；.dxf 文件是用文本形式存储的图形文件，能够被其他程序读取，许多第三方应用软件都支持.dxf 格式。

◆ **技术看板——恢复文件操作**

有时在打开.dwg 文件时，系统会打开一个信息提示对话框，提示用户图形文件不能打

开，在这种情况下需先退出打开操作，然后选择菜单栏中的"文件"→"图形实用工具"→"修复"命令，或在命令行中输入"RECOVER"，接着在"选择文件"对话框中输入要恢复的文件，确认后系统开始执行恢复文件操作。

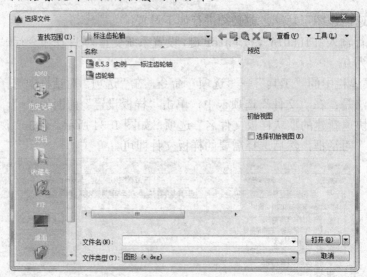

图1-35　"选择文件"对话框

3. 保存文件

【执行方式】

命令名：QSAVE（或 SAVE）。

菜单栏：选择菜单栏中的"文件"→"保存"命令。

工具栏：单击"标准"工具栏中的→"保存"按钮。

执行上述操作后，若文件已命名，则系统自动保存文件；若文件未命名（即为默认名 drawing1.dwg），则系统打开"图形另存为"对话框，如图 1-36 所示，用户可以重新命名保存。在"保存于"下拉列表框中指定保存文件的路径，在"文件类型"下拉列表框中指定保存文件的类型。

为了防止因意外操作或计算机系统故障导致正在绘制的图形文件丢失，可以对当前图形文件设置自动保存，其操作方法如下：

图1-36　"图形另存为"对话框

1）在命令行输入"SAVEFILEPATH"，按 Enter 键，设置所有自动保存文件的位置，如"D:\HU\"。

2）在命令行输入"SAVEFILE"，按 Enter 键，设置自动保存文件名。该系统变量储存的文件名文件是只读文件，用户可以从中查询自动保存的文件名。

3）在命令行输入"SAVETIME"，按 Enter 键，指定在使用自动保存时多长时间保存一次图形，单位是"min"。

4．另存为

 【执行方式】

命令行：SAVEAS。

菜单栏：选择菜单栏中的"文件"→"另存为"命令。

执行上述操作后，打开"图形另存为"对话框，如图 1-36 所示，系统用新的文件名保存，并为当前图形更名。

5．退出

 【执行方式】

命令行：QUIT 或 EXIT。

菜单栏：选择菜单栏中的"文件"→"退出"命令。

按钮：单击 AutoCAD 操作界面右上角的"关闭"按钮 。

执行上述操作后，若用户对图形所做的修改尚未保存，则会打开如图 1-37 所示的系统警告对话框。单击"是"按钮，系统将保存文件，然后退出；单击"否"按钮，系统将不保存文件。若用户对图形所做的修改已经保存，则直接退出。

图1-37　系统警告对话框

1.5　图形显示工具

缩放和平移是最常用的图形显示工具，利用这两个命令，用户可以方便地查看图形的细节和不同位置的局部图形。

1.5.1　缩放

1．实时缩放

AutoCAD 2016 为交互式的缩放和平移提供了可能。有了实时缩放，就可以通过垂直向上或向下移动光标来放大/缩小图形。利用实时平移，能单击和移动光标重新放置图形。在实时缩放命令下，可以通过垂直向上/向下移动光标来放大/缩小图形。

【执行方式】

命令行：ZOOM。

菜单栏：选择菜单中的"视图"→"缩放"→"实时"命令。

工具栏：单击"标准"工具栏中的"实时缩放"按钮 。

【操作步骤】

按住选择钮垂直向上或向下移动。从图形的中点向顶端垂直地移动光标可以放大图形一倍，向底部垂直地移动光标可以缩小一半图形。

2．动态缩放

如果"快速缩放"功能已经打开，就可以用动态缩放改变画面显示而不产生重新生成的效果。动态缩放会在当前视区中显示图形的全部。

【执行方式】

命令行：ZOOM。

菜单栏：选择菜单中的"视图"→"缩放→动态"命令。

工具栏：单击"标准"上"缩放"下拉工具栏中的动态缩放按钮 ，如图 1-38 所示；或者单击"缩放"工具栏中的"动态缩放"按钮 ，如图 1-39 所示。

图1-38 "缩放"下拉工具栏   图1-39 "缩放"工具栏

【执行方式】

命令：ZOOM✓

指定窗口的角点，输入比例因子 (nX 或 nXP)，或者
[全部(A)/中心(C)/动态(D)/范围(E)/上一个(P)/比例(S)/窗口(W)/对象(O)] <实时>: D✓

【操作步骤】

执行上述命令后，系统弹出一个图框。选取动态缩放前的画面呈绿色点线。如果要动态缩放的图形显示范围与选取动态缩放前的范围相同，则此框与白线重合而不可见。重生成区域的四周有一个蓝色虚线框，用以标记虚拟屏幕。

这时，如果线框中有一个"×"出现，如图 1-40a 所示，就可以拖动线框而把它平移到另外一个区域。如果要放大图形到不同的放大倍数，则按下选择钮，"×"就会变成一个箭头，如图 1-40b 所示。这时左右拖动边界线就可以重新确定视区的大小。

另外，还有窗口缩放、比例缩放、中心缩放、全部缩放和最大图形范围缩放，其操作方法与动态缩放类似，不再赘述。

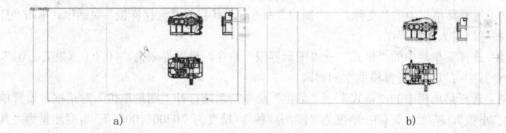

a)　　　　　　　　　　　　　　　　　　　b)

图1-40　动态缩放

1.5.2　平移

【执行方式】

命令栏：PAN。

菜单栏：选择菜单中的"视图"→"平移"→"实时"命令。

工具栏：单击"标准"工具栏中的"实时平移"按钮 🖐 。

【操作步骤】

执行上述命令后，用鼠标按下选择钮，然后移动手形光标就可以平移图形。当移动到图形的边沿时，光标就变成一个三角形。

★知识链接——透明命令

在 AutoCAD 2016 中，有些命令不仅可以直接在命令行中使用，还可以在其他命令的执行过程中插入并执行，待该命令执行完毕后，系统继续执行原命令，这种命令称为透明命令。透明命令一般多为修改图形设置或打开辅助绘图工具的命令。

例如，在命令行中进行如下操作：

命令: ARC↙

指定圆弧的起点或 [圆心(C)]: 'ZOOM↙（透明使用显示缩放命令 ZOOM）

>>（执行 ZOOM 命令）

正在恢复执行 ARC 命令

指定圆弧的起点或 [圆心(C)]:（继续执行原命令）

1.6　动手练一练

【实例1】设置绘图环境

1. 目的要求

任何一个图形文件都有一个特定的绘图环境，包括图形边界、绘图单位、角度等。设置绘图环境通常有两种方法：设置向导与单独的命令设置方法。通过学习设置绘图环境，可以促进读者对图形总体环境的认识。

2. 操作提示

1）选择菜单栏中的"文件"→"新建"命令，系统打开"选择样板"对话框，单击"打开"按钮，进入绘图界面。

2）选择菜单栏中的"格式"→"图形界限"命令，设置界限为"(0,0)，(297,210)"，在命令行中可以重新设置模型空间界限。

3）选择菜单栏中的"格式"→"单位"命令，系统打开"图形单位"对话框，设置单位为"小数"，精度为0.00；角度为"度/分/秒"，精度为"0d00' 00'"；角度测量为"其他"，数值为135；角度方向为"顺时针"。

4）选择菜单栏中的"工具"→"工作空间"→"初始设置工作空间"命令，进入 AutoCAD 经典工作空间。

 【实例 2】管理图形文件

1. 目的要求

图形文件管理包括文件的新建、打开、保存、加密、退出等。本例要求读者熟练掌握.dwg文件的赋名保存、自动保存、加密及打开的方法。

2. 操作提示

1）启动 AutoCAD 2016，进入操作界面。

2）打开一幅已经保存过的图形。

3）进行自动保存设置。

4）尝试在图形上绘制任意图线。

5）将图形以新的名称保存。

6）退出该图形。

第2章

二维绘图命令

二维图形是指在二维平面空间绘制的图形，AutoCAD 提供了大量的绘图工具，可以帮助用户完成二维图形的绘制。用户利用 AutoCAD 提供的二维绘图命令，可以快速方便地完成某些图形的绘制。本章主要介绍了直线、圆和圆弧、椭圆与椭圆弧、平面图形、点、轨迹线与区域填充、多段线、样条曲线和多线的绘制。

重点与难点

- 了解二维绘图命令
- 熟练掌握二维绘图的方法

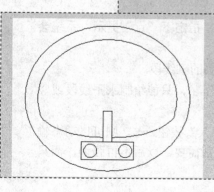

2.1 直线类命令

2.1.1 直线段

【执行方式】

命令行：LINE（快捷命令：L）。

菜单栏：选择菜单栏中的"绘图"→"直线"命令。

工具栏：单击"绘图"工具栏中的"直线"按钮 。

功能区：单击"默认"选项卡"绘图"面板中的"直线"按钮 。

【操作步骤】

命令行提示与操作如下：

命令: LINE✓

指定第一个点：（输入直线段的起点坐标或在绘图区单击指定点）

指定下一点或 [放弃(U)]:（输入直线段的端点坐标，或利用光标指定一定角度后，直接输入直线的长度）

指定下一点或 [放弃(U)]:（输入下一直线段的端点，或输入选项"U"表示放弃前面的输入；右击或按 Enter 键结束命令）

指定下一点或 [闭合(C)/放弃(U)]:（输入下一直线段的端点，或输入选项"C"使图形闭合，结束命令）

【选项说明】

1）若采用按 Enter 键响应"指定第一个点"提示，系统会把上次绘制图线的终点作为本次图线的起始点。若上次操作为绘制圆弧，按 Enter 键响应后绘出通过圆弧终点并与该圆弧相切的直线段，该线段的长度为光标在绘图区指定的一点与切点之间线段的距离。

2）在"指定下一点"提示下，用户可以指定多个端点，从而绘出多条直线段。但是，每一段直线是一个独立的对象，可以进行单独的编辑操作。

3）绘制两条以上直线段后，若采用输入选项"C"响应"指定下一点"提示，系统会自动连接起始点和最后一个端点，从而绘出封闭的图形。

4）若采用输入选项"U"响应提示，则删除最近一次绘制的直线段。

5）若设置正交方式（按下状态栏中的"正交模式"按钮 ），只能绘制水平线段或竖直线段。

6）若设置动态数据输入方式（按下状态栏中的"动态输入"按钮 ），则可以动态输入坐标或长度值，效果与非动态数据输入方式类似。除了特别需要，以后不再强调，而只按非动态数据输入方式输入相关数据。

2.1.2　操作实例——五角星

绘制如图 2-1 所示的五角星。

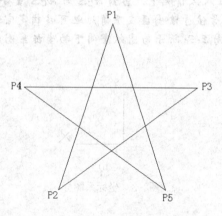

图2-1　五角星

参见
光盘

光盘动画演示\第 2 章\五角星.avi

绘制步骤:

1)单击"默认"选项卡"绘图"面板中的"直线"按钮，命令行提示与操作如下:

命令: _line

指定第一个点:

2)在命令行输入"120,120"(即顶点 P1 的位置)后按 Enter 键，系统继续提示，用相似方法输入五角星的各个顶点。命令行提示与操作如下:

指定下一点或[放弃(U)]: @80<252↙(P2 点，也可以单击 DYN 按钮，在鼠标位置为 108°时，动态输入 80，如图 2-2 所示)

指定下一点或 [放弃(U)]: 159.091，90.870↙(P3 点)

指定下一点或 [闭合(C)/放弃(U)]: @80,0 ↙ （错位的 P4 点，也可以单击 DYN 按钮，在鼠标位置为 0°时，动态输入 80)

指定下一点或 [闭合(C)/放弃(U)]: U↙（取消对 P4 点的输入)

指定下一点或 [闭合(C)/放弃(U)]: @-80,0 ↙ （P4 点，也可以单击 DYN 按钮，在鼠标位置为 180°时，动态输入 80)

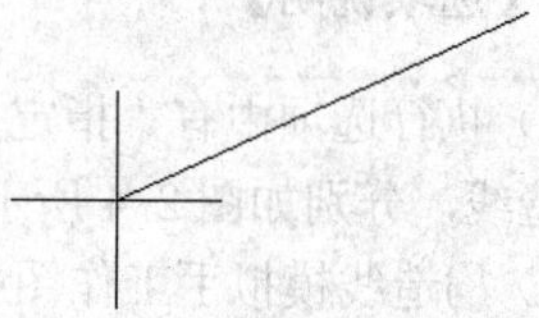

指定下一点或 [闭合(C)/放弃(U)]: 144.721，43.916↙（P5 点)

指定下一点或 [闭合(C)/放弃(U)]: C↙（封闭五角星并结束命令)

图2-2　动态输入

★ **知识链接——坐标系统**

AutoCAD 有两种视图显示方式：模型空间和图纸空间。模型空间是指单一视图显示法，通常使用的都是这种显示方式；图纸空间是指在绘图区创建图形的多视图。可以对其中每一个视图进行单独操作。在默认情况下，当前 *UCS* 与 *WCS* 重合。图 2-3a 所示为模型空间下的 *UCS* 坐标系图标，通常位于绘图区左下角；也可以指定它放在当前 *UCS* 的实际坐标原点位置，图 2-3b 所示。图 2-3c 所示为图纸空间下的坐标系图标。

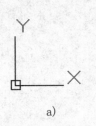

a)

b)

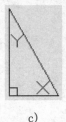

c)

图2-3　坐标系图标

 ## 2.1.3　构造线

 【执行方式】

命令行：XLINE（快捷命令：XL）。

菜单栏：选择菜单栏中的"绘图"→"构造线"命令。

工具栏：单击"绘图"工具栏中的"构造线"按钮 ⁄。

功能区：单击"默认"选项卡"绘图"面板中的"构造线"按钮 ⁄。

 【操作步骤】

命令行提示与操作如下：

命令: XLINE✓

指定点或 [水平(H)/垂直(V)/角度(A)/二等分(B)/偏移(O)]: (指定起点 1)

指定通过点: (指定通过点 2，绘制一条双向无限长直线)

指定通过点: (继续指定点，继续绘制直线，如图 2-4a 所示，按 Enter 键结束命令)

【选项说明】

1）执行选项中有"指定点""水平""垂直""角度""二等分"和"偏移" 6 种方式绘制构造线，分别如图 2-4 所示。

2）构造线模拟手工作图中的辅助作图线。用特殊的线型显示，在图形输出时可不作输出。应用构造线作为辅助线绘制机械图中的三视图是构造线的最主要用途，构造线的应用保证了三视图之间"主、俯视图长对正，主、左视图高平齐，俯、左视图宽相等"的对应关系。图 2-5 所示为应用构造线作为辅助线绘制机械图中三视图的示例。图 2-5 中细线为构造线，粗线为三视图轮廓线。

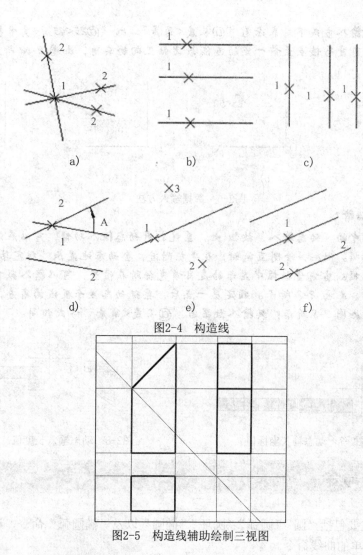

图2-4　构造线

图2-5　构造线辅助绘制三视图

★ 知识链接——数据输入法

在 AutoCAD 2016 中，点的坐标可以用直角坐标、极坐标、球面坐标和柱面坐标表示，每一种坐标又分别具有两种坐标输入方式：绝对坐标和相对坐标。其中直角坐标和极坐标最为常用。

1. 直角坐标法

用点的 X、Y 坐标值表示的坐标。在命令行中输入点的坐标"15,18"，则表示输入了一个 X、Y 的坐标值分别为 15、18 的点，此为绝对坐标输入方式，表示该点的坐标是相对于当前坐标原点的坐标值，如图 2-6a 所示。如果输入"@10,20"，则为相对坐标输入方式，表示该点的坐标是相对于前一点的坐标值，如图 2-6c 所示。

2. 极坐标法

用长度和角度表示的坐标，只能用来表示二维点的坐标。在绝对坐标输入方式下，表示为"长度<角度"，如"25<50"，其中长度表示该点到坐标原点的距离，角度表示该点到原点的连线与 X 轴正向的夹角，如图 2-6b 所示。

在相对坐标输入方式下，表示为"@长度<角度"，如"@25<45"，其中长度为该点到前一点的距离，角度为该点至前一点的连线与X轴正向的夹角，如图2-6d所示。

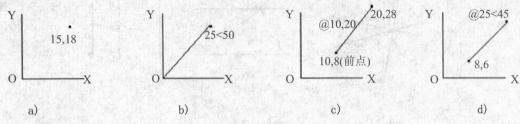

图2-6　数据输入方法

3. 动态数据输入

按下状态栏中的"动态输入"按钮，系统打开动态输入功能，可以在绘图区动态地输入某些参数数据。例如，绘制直线时，在光标附近，会动态地显示"指定第一个角点或"以及后面的坐标框。当前坐标框中显示的是目前光标所在位置，可以输入数据，两个数据之间以逗号隔开，如图2-7所示。指定第一点后，系统动态显示直线的角度，同时要求输入线段长度值，如图2-8所示，其输入效果与"@长度<角度"方式相同。

图2-7　动态输入坐标值　　　　　图2-8　动态输入长度值

2.2　圆类命令

圆类命令主要包括"圆""圆弧""圆环""椭圆"以及"椭圆弧"命令，这几个命令是AutoCAD中最简单的曲线命令。

📖 2.2.1　圆

【执行方式】

命令行：CIRCLE（快捷命令：C）。
菜单栏：选择菜单栏中的"绘图"→"圆"命令。
工具栏：单击"绘图"工具栏中的"圆"按钮⊙。
功能区：单击"默认"选项卡"绘图"面板中的"圆"按钮⊙。

【操作步骤】

命令行提示与操作如下：

命令：CIRCLE✓

指定圆的圆心或 [三点(3P)/两点(2P)/切点、切点、半径(T)]: (指定圆心)

指定圆的半径或 [直径(D)]: (直接输入半径值或在绘图区单击指定半径长度)

指定圆的直径 <默认值>: (输入直径值或在绘图区单击指定直径长度)

 【选项说明】

（1）三点（3P） 通过指定圆周上三点绘制圆。

（2）两点（2P） 通过指定直径的两端点绘制圆。

（3）切点、切点、半径（T） 通过先指定两个相切对象，再给出半径的方法绘制圆。如图 2-9 所示给出了以"切点、切点、半径"方式绘制圆的各种情形（加粗的圆为最后绘制的圆）。

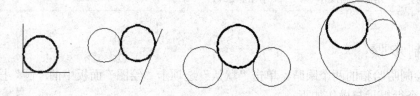

图2-9 圆与另外两个对象相切

选择菜单栏中的"绘图"→"圆"命令，其子菜单中多了一种"相切、相切、相切"的绘制方法，当选择此方式时（如图 2-10 所示），命令行提示与操作如下：

图2-10 "相切、相切、相切"绘制方法

指定圆上的第一个点: _tan 到: (选择相切的第一个圆弧)

指定圆上的第二个点: _tan 到: (选择相切的第二个圆弧)

指定圆上的第三个点: _tan 到: (选择相切的第三个圆弧)

2.2.2 操作实例——哈哈猪

绘制如图 2-11 所示的哈哈猪。

图2-11 哈哈猪

 参见光盘

光盘动画演示\第2章\哈哈猪.avi

绘制步骤:

1) 绘制哈哈猪的两个眼睛。单击"默认"选项卡"绘图"面板中的"圆"按钮⊙,绘制圆。命令行提示与操作如下:

命令: CIRCLE✓(输入绘制圆命令)

指定圆的圆心或 [三点(3P)/两点(2P)/切点、切点、半径(T)]: 200,200✓(输入左边小圆的圆心坐标)

指定圆的半径或 [直径(D)] <75.3197>: 25✓(输入圆的半径)

命令: C✓(输入绘制圆命令的缩写名)

CIRCLE 指定圆的圆心或 [三点(3P)/两点(2P)/ 切点、切点、半径(T)]: 2P✓(两点方式绘制右边小圆)

指定圆直径的第一个端点: 280,200✓(输入圆直径的左端点坐标)

指定圆直径的第二个端点: 330,200✓(输入圆直径的右端点坐标)

结果如图 2-12 所示。

2) 绘制哈哈猪的嘴巴。单击"默认"选项卡"绘图"面板中的"圆"下拉菜单,以"相切、相切、半径"方式⊙,捕捉两只眼睛的切点,绘制半径为 50 的圆,结果如图 2-13 所示。

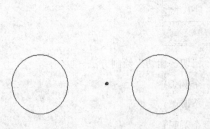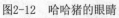

图2-12 哈哈猪的眼睛   图2-13 哈哈猪的嘴巴

3) 绘制哈哈猪的头部。单击"默认"选项卡"绘图"面板中的"圆"下拉菜单,以"相切、相切、相切"方式⊙,分别捕捉三个圆的切点绘制圆,结果如图 2-14 所示。

4) 绘制哈哈猪的上下颌分界线。单击"默认"选项卡"绘图"面板中的"直线"按钮✓,捕捉嘴巴的两个象限点为端点绘制直线,结果如图 2-15 所示。

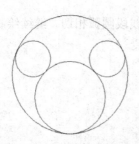

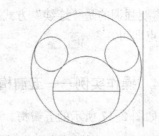

图2-14 哈哈猪的头部 　　　　　　　　　　　图2-15 哈哈猪的上下颌分界线

5）绘制哈哈猪的鼻子。单击"默认"选项卡"绘图"面板中的"圆"按钮 ⊘，分别以（225，165）和（280，165）为圆心，绘制直径为20的圆，最终结果如图2-11所示。

2.2.3 圆弧

【执行方式】

命令行：ARC（快捷命令：A）。
菜单栏：选择菜单栏中的"绘图"→"圆弧"命令。
工具栏：单击"绘图"工具栏中的"圆弧"按钮 ⌒。
功能区：单击"默认"选项卡"绘图"面板中的"圆弧"按钮 ⌒。

【操作步骤】

命令行提示与操作如下：

命令: ARC↙
指定圆弧的起点或 [圆心(C)]: (指定起点)
指定圆弧的第二个点或 [圆心(C)/端点(E)]: (指定第二点)
指定圆弧的端点: (指定末端点)

【选项说明】

1）用命令行方式绘制圆弧时，可以根据系统提示选择不同的选项，具体功能和利用菜单栏中的"绘图"→"圆弧"中子菜单提供的11种方式相似。这11种方式绘制的圆弧分别如图2-16所示。

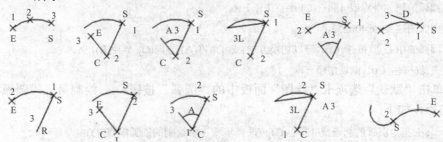

图2-16　11种圆弧绘制方法

2016

2）需要强调的是"连续"方式，绘制的圆弧与上一线段圆弧相切。继续绘制圆弧段，只提供端点即可。

2.2.4 操作实例——五瓣梅

绘制如图 2-17 所示的五瓣梅。

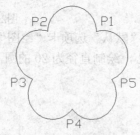

图2-17 五瓣梅

 光盘动画演示\第 2 章\五瓣梅.avi

绘制步骤：

1）单击"快速访问"工具栏中的"新建"按钮 ，系统创建一个新图形。

2）单击"默认"选项卡"绘图"面板中的"圆弧"按钮 ，绘制第一段圆弧，命令行提示与操作如下：

> 命令：_arc 指定圆弧的起点或 [圆心(C)]：140,110✓
>
> 指定圆弧的第二个点或 [圆心(C)/端点(E)]：E✓
>
> 指定圆弧的端点：@40<180✓
>
> 指定圆弧的中心点(按住 Ctrl 键以切换方向)或 [角度(A)/方向(D)/半径(R)]：R✓
>
> 指定圆弧半径(按住 Ctrl 键以切换方向)：20✓

3）单击"默认"选项卡"绘图"面板中的"圆弧"按钮 ，绘制第二段圆弧，命令行提示与操作如下：

> 命令：_arc 指定圆弧的起点或 [圆心(C)]：(选择刚才绘制的圆弧端点 P2)
>
> 指定圆弧的第二个点或 [圆心(C)/端点(E)]：E✓
>
> 指定圆弧的端点：@40<252✓
>
> 指定圆弧的中心点(按住 Ctrl 键以切换方向)或 [角度(A)/方向(D)/半径(R)]：A✓
>
> 指定夹角(按住 Ctrl 键以切换方向)：180✓

4）单击"默认"选项卡"绘图"面板中的"圆弧"按钮 ，绘制第三段圆弧，命令行提示与操作如下：

> 命令：_arc 指定圆弧的起点或 [圆心(C)]：(选择步骤 3 中绘制的圆弧端点 P3)
>
> 指定圆弧的第二个点或 [圆心(C)/端点(E)]：C✓
>
> 指定圆弧的圆心：@20<324✓

指定圆弧的端点(按住 Ctrl 键以切换方向)或 [角度(A)/弦长(L)]: A↙

指定夹角(按住 Ctrl 键以切换方向): 180↙

5）单击"默认"选项卡"绘图"面板中的"圆弧"按钮，绘制第四段圆弧，命令行提示与操作如下：

命令: _arc 指定圆弧的起点或 [圆心(C)]: (选择步骤 4 中绘制圆弧的端点 P4)

指定圆弧的第二个点或 [圆心(C)/端点(E)]: C↙

指定圆弧的圆心: @20<36↙

指定圆弧的端点(按住 Ctrl 键以切换方向)或 [角度(A)/弦长(L)]: L↙

指定弦长(按住 Ctrl 键以切换方向): 40↙

6）单击"默认"选项卡"绘图"面板中的"圆弧"按钮，绘制第五段圆弧，命令行提示与操作如下：

命令: _arc 指定圆弧的起点或 [圆心(C)]:(选择步骤 5 中绘制的圆弧端点 P5)

指定圆弧的第二个点或 [圆心(C)/端点(E)]: E↙

指定圆弧的端点: 选择圆弧起点 P1

指定圆弧的中心点(按住 Ctrl 键以切换方向)或 [角度(A)/方向(D)/半径(R)]: D↙

指定圆弧起点的相切方向(按住 Ctrl 键以切换方向): @20<20↙

完成五瓣梅的绘制，最终绘制结果如图 2-17 所示。

7）单击"快速访问 "工具栏中的"保存"按钮，在打开的"图形另存为"对话框中输入文件名保存即可。

◆ **技术看板——准确把握圆弧的方向**

绘制圆弧时，注意圆弧的曲率是遵循逆时针方向的，所以在选择指定圆弧两个端点和半径模式时，需要注意端点的指定顺序，否则有可能导致圆弧的凹凸形状与预期的相反。

2.2.5 圆环

【执行方式】

命令行：DONUT（快捷命令：DO）。

菜单栏：选择菜单栏中的"绘图"→"圆环"命令。

功能区：单击"默认"选项卡"绘图"面板中的"圆环"按钮◎。

【操作步骤】

命令行提示与操作如下：

命令: DONUT↙

指定圆环的内径 <默认值>: (指定圆环内径)

指定圆环的外径 <默认值>:(指定圆环外径)

指定圆环的中心点或 <退出>:(指定圆环的中心点)

指定圆环的中心点或 <退出>:(继续指定圆环的中心点，则继续绘制相同内外径的圆环)

2016

AutoCAD

按 Enter、Space 键或右击，结束命令，结果如图 2-18a 所示。

【选项说明】

1）若指定内径为零，则画出实心填充圆，如图 2-18b 所示。

2）用命令 FILL 可以控制圆环是否填充，具体方法如下：

命令：FILL↙

输入模式 [开(ON)/关(OFF)] <开>:（选择"开"表示填充，选择"关"表示不填充，如图 2-18c 所示）

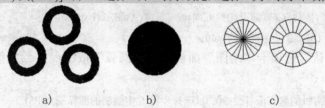

a)　　　　　　　　b)　　　　　　　　c)

图2-18　绘制圆环

2.2.6　椭圆与椭圆弧

【执行方式】

命令行：ELLIPSE（快捷命令：EL）。

菜单栏：选择菜单栏中的"绘制"→"椭圆"→"圆弧"命令。

工具栏：单击"绘图"工具栏中的"椭圆"按钮⬭或"椭圆弧"按钮⬭。

功能区：单击"默认"选项卡"绘图"面板中的"椭圆"按钮⬭。

【操作步骤】

命令行提示与操作如下：

命令：ELLIPSE↙

指定椭圆的轴端点或 [圆弧(A)/中心点(C)]: (指定轴端点 1，如图 2-19a 所示)

指定轴的另一个端点: (指定轴端点 2，如图 2-19a 所示)

指定另一条半轴长度或 [旋转(R)]:

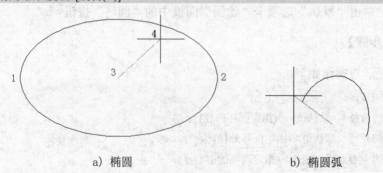

a) 椭圆　　　　　　　　　　b) 椭圆弧

图2-19　椭圆和椭圆弧

【选项说明】

（1）指定椭圆的轴端点　根据两个端点定义椭圆的第一条轴，第一条轴的角度确定了整个椭圆的角度。第一条轴既可定义椭圆的长轴，也可定义其短轴。

（2）圆弧（A）　用于创建一段椭圆弧，与"单击'绘图'工具栏中的'椭圆弧'按钮⌒"功能相同。其中第一条轴的角度确定了椭圆弧的角度。第一条轴既可定义椭圆弧长轴，也可定义其短轴。选择该项，系统命令行中继续提示如下：

> 指定椭圆弧的轴端点或 [中心点(C)]: (指定端点或输入"C")↙
>
> 指定轴的另一个端点:(指定另一端点)
>
> 指定另一条半轴长度或 [旋转(R)]: (指定另一条半轴长度或输入"R")↙
>
> 指定起始角度或 [参数(P)]: (指定起始角度或输入"P")↙
>
> 指定起点参数或 [角度(A)]:
>
> 指定端点参数或 [角度(A)/夹角(I)]: (指定端点参数)↙
>
> 指定端点角度或 [参数(P)/夹角(I)]:

其中各选项含义如下：

1）起始角度：指定椭圆弧端点的两种方式之一，光标与椭圆中心点连线的夹角为椭圆端点位置的角度，如图 2-19b 所示。

2）参数（P）：指定椭圆弧端点的另一种方式，该方式同样是指定椭圆弧端点的角度，但通过以下矢量参数方程式创建椭圆弧。

$$p(u) = c + a \times \cos(u) + b \times \sin(u)$$

式中，c 是椭圆的中心点，a 和 b 分别是椭圆的长轴和短轴，u 为光标与椭圆中心点连线的夹角。

3）夹角（I）：定义从起始角度开始的包含角度。

4）中心点（C）：通过指定的中心点创建椭圆。

5）旋转（R）：通过绕第一条轴旋转圆来创建椭圆。相当于将一个圆绕椭圆轴翻转一个角度后的投影视图。

📖 2.2.7　操作实例——洗脸盆

绘制如图 2-20 所示的洗脸盆。

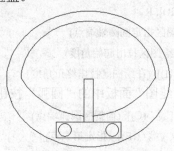

图2-20　浴室洗脸盆图形

 参见光盘 | 光盘动画演示\第2章\洗脸盆.avi

绘制步骤：

1）单击"默认"选项卡"绘图"面板中的"直线"按钮，绘制水龙头图形，绘制结果如图2-21所示。

2）单击"默认"选项卡"绘图"面板中的"圆"按钮，绘制两个水龙头旋钮，绘制结果如图2-22所示。

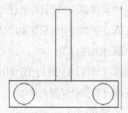

图2-21　绘制水龙头　　　　　　　图2-22　绘制旋钮

3）单击"默认"选项卡"绘图"面板中的"椭圆"按钮，绘制脸盆外沿，命令行提示与操作如下：

命令: _ellipse

指定椭圆的轴端点或 [圆弧(A)/中心点(C)]: (指定椭圆轴端点)

指定轴的另一个端点:指定另一端点

指定另一条半轴长度或 [旋转(R)]: (在绘图区拉出另一半轴长度)

绘制结果如图2-23所示。

4）单击"绘图"工具栏中的"椭圆"按钮，绘制脸盆部分内沿，命令行提示与操作如下：

命令: _ellipse

指定椭圆的轴端点或 [圆弧(A)/中心点(C)]: A

指定椭圆弧的轴端点或 [中心点(C)]: C↙

指定椭圆弧的中心点: (按下状态栏中的"对象捕捉"按钮，捕捉绘制的椭圆中心点)

指定轴的端点: (适当指定一点)

指定另一条半轴长度或 [旋转(R)]: R↙

指定绕长轴旋转的角度: (在绘图区指定椭圆轴端点)

指定起始角度或 [参数(P)]: (在绘图区拉出起始角度)

指定端点角度或 [参数(P)/夹角(I)]: (在绘图区拉出终止角度)

5）单击"默认"选项卡"绘图"面板中的"圆弧"按钮，命令行提示与操作如下：

命令: _arc 指定圆弧的起点或 [圆心(C)]: (捕捉椭圆弧端点)

指定圆弧的第二个点或 [圆心(C)/端点(E)]: (指定第二点)

指定圆弧的端点: (捕捉椭圆弧另一端点)

绘制结果如图2-24所示。

6）单击"默认"选项卡"绘图"面板中的"圆弧"按钮 ，绘制脸盆内沿其他部分，最终绘制结果如图 2-20 所示。

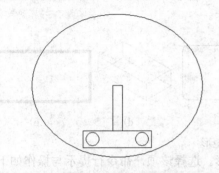

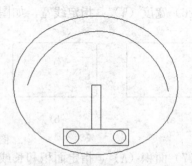

图2-23　绘制脸盆外沿　　　　　　　　图2-24　绘制脸盆部分内沿

2.3　平面图形

简单的平面图形命令包括"矩形"命令和"多边形"命令。

2.3.1　矩形

【执行方式】

命令行：RECTANG（快捷命令：REC）。

菜单栏：选择菜单栏中的"绘图"→"矩形"命令。

工具栏：单击"绘图"工具栏中的"矩形"按钮 。

功能区：单击"默认"选项卡"绘图"面板中的"矩形"按钮 。

【操作步骤】

命令行提示与操作如下：

命令: RECTANG✓

指定第一个角点或 [倒角(C)/标高(E)/圆角(F)/厚度(T)/宽度(W)]: (指定角点)

指定另一个角点或 [面积(A)/尺寸(D)/旋转(R)]:

【选项说明】

（1）第一个角点　通过指定两个角点确定矩形，如图 2-25a 所示。

（2）倒角（C）　指定倒角距离，绘制带倒角的矩形，如图 2-25b 所示。每一个角点的逆时针和顺时针方向的倒角可以相同，也可以不同，其中第一个倒角距离是指角点逆时针方向倒角距离，第二个倒角距离是指角点顺时针方向倒角距离。

（3）标高（E）　指定矩形标高（Z 坐标），即把矩形放置在标高为 Z 并与 XOY 坐标面平行的平面上，并作为后续矩形的标高值。

（4）圆角（F）　　指定圆角半径，绘制带圆角的矩形，如图 2-25c 所示。

（5）厚度（T）　　指定矩形的厚度，如图 2-25d 所示。

（6）宽度（W）　　指定线宽，如图 2-25e 所示。

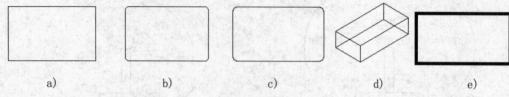

图2-25　绘制矩形

（7）面积（A）　　指定面积和长或宽创建矩形。选择该项，命令行提示与操作如下：

输入以当前单位计算的矩形面积 <20.0000>: (输入面积值)

计算矩形标注时依据 [长度(L)/宽度(W)] <长度>: (按 Enter 键或输入 "W")

输入矩形长度 <4.0000>: (指定长度或宽度)

指定长度或宽度后，系统自动计算另一个维度，绘制出矩形。如果矩形被倒角或圆角，则长度或面积计算中也会考虑此设置，如图 2-26 所示。

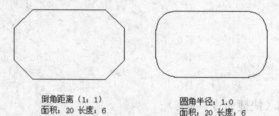

倒角距离（1：1）
面积：20 长度：6

圆角半径：1.0
面积：20 长度：6

图2-26　按面积绘制矩形

（8）尺寸（D）　　使用长和宽创建矩形，第二个指定点将矩形定位在与第一角点相关的 4 个位置之内。

（9）旋转（R）　　使所绘制的矩形旋转一定角度。选择该项，命令行提示与操作如下：

指定旋转角度或 [拾取点(P)] <135>: (指定角度)

指定另一个角点或 [面积(A)/尺寸(D)/旋转(R)]: (指定另一个角点或选择其他选项)

指定旋转角度后，系统按指定角度创建矩形，如图 2-27 所示。

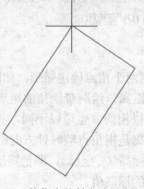

图2-27　按指定旋转角度绘制矩形

2.3.2　操作实例——方头平键

绘制如图2-28所示的方头平键。

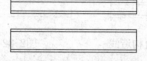

图2-28　方头平键

绘制步骤：

1）单击"默认"选项卡"绘图"面板中的"矩形"按钮▢，绘制主视图外形，命令行提示与操作如下：

> 命令：_rectang
>
> 指定第一个角点或 [倒角(C)/标高(E)/圆角(F)/厚度(T)/宽度(W)]: 0,30✓
>
> 指定另一个角点或 [面积(A)/尺寸(D)/旋转(R)]: @100,11✓

绘制结果如图2-29所示。

2）单击"默认"选项卡"绘图"面板中的"直线"按钮╱，绘制主视图两条棱线。一条棱线端点的坐标值为（0,32）和（@100,0），另一条棱线端点的坐标值为（0,39）和（@100,0），绘制结果如图2-30所示。

图2-29　绘制主视图外形　　　　图2-30　绘制主视图棱线

3）单击"默认"选项卡"绘图"面板中的"构造线"按钮╱，绘制构造线，命令行提示与操作如下：

> 命令：_xline指定点或 [水平(H)/垂直(V)/角度(A)/二等分(B)/偏移(O)]:指定主视图左边竖线上一点
>
> 指定通过点:指定竖直位置上一点
>
> 指定通过点: ✓

采用同样的方法绘制右边竖直构造线，绘制结果如图2-31所示。

4）单击"默认"选项卡"绘图"面板中的"矩形"按钮▢，绘制俯视图，命令行提示与操作如下：

> 命令：_rectang
>
> 指定第一个角点或 [倒角(C)/标高(E)/圆角(F)/厚度(T)/宽度(W)]: 0,0
>
> 指定另一个角点或 [面积(A)/尺寸(D)/旋转(R)]: @100,18

5）单击"默认"选项卡"绘图"面板中的"直线"按钮╱，接着绘制两条直线，端点分别为｛(0,2)、(@100,0)｝和｛(0,16)、(@100,0)｝，绘制结果如图2-32所示。

6）单击"默认"选项卡"绘图"面板中的"构造线"按钮╱，绘制左视图构造线，

命令行提示与操作如下：

图2-31　绘制竖直构造线　　　　　　　图2-32　绘制俯视图

命令：_xline 指定点或 [水平(H)/垂直(V)/角度(A)/二等分(B)/偏移(O)]: H↙

指定通过点：（指定主视图上右上端点）

指定通过点：（指定主视图上右下端点）

指定通过点：（指定俯视图上右上端点）

指定通过点：（指定俯视图上右下端点）

指定通过点：↙

命令：↙（按 Enter 键表示重复绘制构造线命令）

指定点或 [水平(H)/垂直(V)/角度(A)/二等分(B)/偏移(O)]: A↙

输入构造线的角度 (0) 或 [参照(R)]: -45↙

指定通过点：（任意指定一点）

指定通过点：↙

命令：↙

指定点或 [水平(H)/垂直(V)/角度(A)/二等分(B)/偏移(O)]: V↙

指定通过点：（指定斜线与向下数第 3 条水平线的交点）

指定通过点：（指定斜线与向下数第 4 条水平线的交点）

绘制结果如图 2-33 所示。

7）单击"默认"选项卡"绘图"面板中的"矩形"按钮▢，设置矩形两个倒角距离为 2，绘制左视图，命令行提示与操作如下：

命令：_rectang

指定第一个角点或 [倒角(C)/标高(E)/圆角(F)/厚度(T)/宽度(W)]: C↙

指定矩形的第一个倒角距离 <0.0000>: （指定主视图上右上端点）

指定第二点：（指定主视图上右上第二个端点）

指定矩形的第二个倒角距离 <2.0000>: ↙

指定第一个角点或 [倒角(C)/标高(E)/圆角(F)/厚度(T)/宽度(W)]: （按构造线确定位置指定一个角点）

指定另一个角点或 [面积(A)/尺寸(D)/旋转(R)]: （按构造线确定位置指定另一个角点）

绘制结果如图 2-34 所示。

8）选择辅助构造线，按键盘上的"Delete"键删除，最终绘制结果如图 2-28 所示。

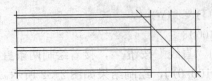
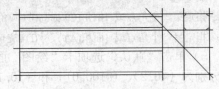

图2-33　绘制左视图构造线　　　　　　　图2-34　绘制左视图

2.3.3 多边形

【执行方式】

命令行：POLYGON（快捷命令：POL）。

菜单栏：选择菜单栏中的"绘图"→"多边形"命令。

工具栏：单击"绘图"工具栏中的"多边形"按钮⬡。

功能区：单击"默认"选项卡"绘图"面板中的"多边形"按钮⬠。

 【操作步骤】

命令行提示与操作如下：

命令: POLYGON↙

输入侧面数 <4>: （指定多边形的边数，默认值为4）

指定正多边形的中心点或 [边(E)]: （指定中心点）

输入选项 [内接于圆(I)/外切于圆(C)] <I>: （指定是内接于圆或外切于圆）

指定圆的半径: （指定外接圆或内切圆的半径）

 【选项说明】

（1）边（E）　选择该选项，则只要指定多边形的一条边，系统就会按逆时针方向创建该正多边形，如图 2-35a 所示。

（2）内接于圆（I）　选择该选项，绘制的多边形内接于圆，如图 2-35b 所示。

（3）外切于圆（C）　选择该选项，绘制的多边形外切于圆，如图 2-35c 所示。

　　　　　a)　　　　　　　　　　　b)　　　　　　　　　　　c)

图2-35　绘制正多边形

2.3.4　操作实例——螺母

绘制如图 2-36 所示的螺母。

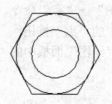

图2-36　螺母

参见
光盘 | 光盘动画演示\第2章\螺母.avi

绘制步骤：

1）单击"默认"选项卡"绘图"面板中的"圆"按钮⊙，绘制一个圆心坐标为（150,150），半径为 50 的圆。结果如图 2-37 所示。

2）单击"默认"选项卡"绘图"面板中的"多边形"按钮⬡，绘制正六边形，命令行提示与操作如下：

命令: _polygon

输入侧面数 <4>:6↙

指定正多边形的中心点或 [边(E)]: 150,150↙

输入选项 [内接于圆(I)/外切于圆(C)] <I>: c↙

指定圆的半径: 50↙

结果如图 2-38 所示。

3）单击"默认"选项卡"绘图"面板中的"圆"按钮⊙，以（150,150）为圆心，以 30 为半径绘制另一个圆，结果如图 2-36 所示。

图2-37　绘制圆　　　　　　　　图2-38　绘制正六边形

2.4　点类命令

点在 AutoCAD 中有多种不同的表示方式，用户可以根据需要进行设置，也可以设置等分点和测量点。

2.4.1　点

【执行方式】

命令行：POINT（快捷命令：PO）。

菜单栏：选择菜单栏中的"绘图"→"点"命令。

工具栏：单击"绘图"工具栏中的"点"按钮·。

功能区：单击"默认"选项卡"绘图"面板中的"多点"按钮·。

【操作步骤】

命令行提示与操作如下：

命令: POINT↙

指定点:指定点所在的位置

【选项说明】

1）通过菜单方法操作时（如图 2-39 所示），"单点"命令表示只输入一个点，"多点"命令表示可输入多个点。

2）可以按下状态栏中的"对象捕捉"按钮，设置点捕捉模式，帮助用户选择点。

3）点在图形中的表示样式，共有 20 种。可通过"DDPTYPE"命令或选择菜单栏中的"格式"→"点样式"命令，通过打开的"点样式"对话框来设置，如图 2-40 所示。

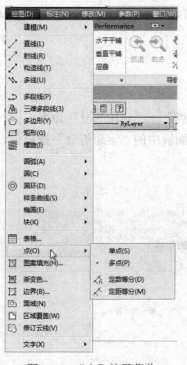

图2-39　"点"的子菜单

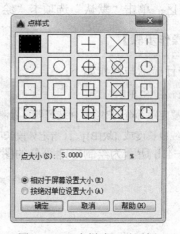

图2-40　"点样式"对话框

2.4.2　等分点与定距等分

1．等分点

【执行方式】

命令行：DIVIDE（快捷命令：DIV）。

菜单栏：选择菜单栏中的"绘图"→"点"→"定数等分"命令。

功能区：单击"默认"选项卡"绘图"面板中的"定数等分"按钮。

【操作步骤】

命令行提示与操作如下：

命令：DIVIDE↙

选择要定数等分的对象：

输入线段数目或 [块(B)]：（指定实体的等分数）

图 2-41a 所示为绘制等分点的图形。

【选项说明】

1）等分数目范围为 2～32767。

2）在等分点处，按当前点样式设置画出等分点。

3）在第二提示行选择"块（B）"选项时，表示在等分点处插入指定的块。

2．定距等分

【执行方式】

命令行：MEASURE（快捷命令：ME）。

菜单栏：选择菜单栏中的"绘图"→"点"→"定距等分"命令。

功能区：单击"默认"选项卡"绘图"面板中的"定距等分"按钮。

【操作步骤】

命令行提示与操作如下：

命令：MEASURE↙

选择要定距等分的对象：（选择要设置测量点的实体）

指定线段长度或 [块(B)]：（指定分段长度）

图 2-41b 所示为绘制定距等分的图形。

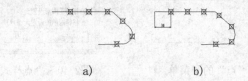

a)   b)

图2-41　绘制等分点和定距等分

【选项说明】

1）设置的起点一般是指定线的绘制起点。

2）在第二提示行选择"块（B）"选项时，表示在测量点处插入指定的块。

3）在等分点处，按当前点样式设置绘制测量点。

4）最后一个测量段的长度不一定等于指定分段长度。

2.4.3　操作实例——棘轮

绘制如图 2-42 所示的棘轮。

图2-42　棘轮

光盘动画演示\第 2 章\棘轮.avi

绘制步骤：

1）单击"默认"选项卡"绘图"面板中的"圆"按钮，绘制 3 个半径分别为 90、60、40 的同心圆，如图 2-43 所示。

2）设置点样式。选择菜单栏中的"格式"→"点样式"命令，在打开的"点样式"对话框中选择"✕"样式。

3）单击"默认"选项卡"绘图"面板中的"定数等分"按钮来等分圆，命令行提示与操作如下：

命令：_divide

选择要定数等分的对象：（选择 R90 圆）

输入线段数目或 [块(B)]：12↙

采用同样的方法，等分 R60 圆，等分结果如图 2-44 所示。

4）单击"默认"选项卡"绘图"面板中的"直线"按钮，连接 3 个等分点，绘制棘轮轮齿如图 2-45 所示。

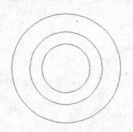　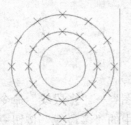　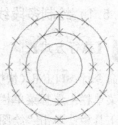

图2-43　绘制同心圆　　　　图2-44　等分圆　　　　图2-45　绘制棘轮轮齿

5）采用相同的方法连接其他点，选择绘制的点和多余的圆及圆弧，按 Delete 键删除，最终绘制结果如图 2-42 所示。

★ 知识链接——命令的重复、撤消、重做

1．命令的重复

在命令窗口中键入 Enter 键可重复调用上一个命令，不管上一个命令是完成了还是被取消了。

2．命令的撤消

在命令执行的任何时刻都可以取消和终止命令的执行。方法为：在命令行中输入UNDO；选择菜单栏中的"编辑"→"放弃"命令；单击"标准"工具栏中的"放弃"按钮↶。

3. 命令的重做

已被撤消的命令还可以恢复重做。要恢复撤消的最后的一个命令。方法为：在命令行中输入 REDO；选择菜单栏中的"编辑"→"重做"命令；单击"标准"工具栏中的"重做"按钮↷。

该命令可以一次执行多重放弃和重做操作。单击 UNDO 或 REDO 列表箭头，可以选择要放弃或重做的操作，如图2-46所示。

图2-46　多重放弃或重做

2.5　多段线

多段线是一种由线段和圆弧组合而成的，可以有不同线宽的多线。由于多段线组合形式多样，线宽可以变化，弥补了直线或圆弧功能的不足，适合绘制各种复杂的图形轮廓，因而得到了广泛的应用。

2.5.1　绘制多段线

【执行方式】

命令行：PLINE（快捷命令：PL）。
菜单栏：选择菜单栏中的"绘图"→"多段线"命令。
工具栏：单击"绘图"工具栏中的"多段线"按钮⊃。
功能区：单击"默认"选项卡"绘图"面板中的"多段线"按钮⊃。

【操作步骤】

命令行提示与操作如下：

命令:PLINE↙

指定起点:指定多段线的起点

当前线宽为 0.0000

指定下一个点或 [圆弧(A)/半宽(H)/长度(L)/放弃(U)/宽度(W)]:　（指定多段线的下一个点）

【选项说明】

多段线主要由连续且不同宽度的线段或圆弧组成，如果在上述提示中选择"圆弧（A）"选项，则命令行提示如下：

指定圆弧的端点(按住 Ctrl 键以切换方向)或[角度(A)/圆心(CE)/方向(D)/半宽(H)/直线(L)/半径(R)/第二个点(S)/放弃(U)/宽度(W)]:

绘制圆弧的方法与"圆弧"命令相似。

2.5.2　操作实例——交通标志

绘制如图 2-47 所示的交通标志。

图2-47　交通标志

 光盘动画演示\第 2 章\交通标志.avi

绘制步骤：

1）单击"默认"选项卡"绘图"面板中的"圆环"按钮◎，命令行提示与操作如下：

命令: _donut
指定圆环的内径 <0.5000>: 110
指定圆环的外径 <1.0000>: 140
指定圆环的中心点或 <退出>: 100,100

结果如图 2-48 所示。

2）单击"默认"选项卡"绘图"面板中的"多段线"按钮⌐，绘制斜线。命令行提示与操作如下：

命令: _pline
指定起点:（在圆环左上方适当捕捉一点）
当前线宽为 0.0000
指定下一个点或 [圆弧(A)/半宽(H)/长度(L)/放弃(U)/宽度(W)]: W↙
指定起点宽度 <0.0000>: 10↙

指定端点宽度 <10.0000>:↙

指定下一个点或 [圆弧(A)/半宽(H)/长度(L)/放弃(U)/宽度(W)]:（斜向下在圆环上捕捉一点）

指定下一点或 [圆弧(A)/闭合(C)/半宽(H)/长度(L)/放弃(U)/宽度(W)]: ↙

结果如图 2-49 所示。

3）设置当前图层颜色为黑色。单击"默认"选项卡"绘图"面板中的"圆环"按钮◎，绘制圆心坐标为（128,83）和（83,83），圆环内径为 9，外径为 14 的两个圆环，结果如图 2-50 所示。

图2-48　绘制圆环　　　　　图2-49　绘制斜杠　　　　图2-50　绘制轮胎

4）单击"默认"选项卡"绘图"面板中的"多段线"按钮⤵，绘制车身。命令行提示与操作如下：

命令: _pline

指定起点: 140,83↙

当前线宽为 0.0000

指定下一个点或 [圆弧(A)/半宽(H)/长度(L)/放弃(U)/宽度(W)]: 136.775,83↙

指定下一点或 [圆弧(A)/闭合(C)/半宽(H)/长度(L)/放弃(U)/宽度(W)]: A↙

指定圆弧的端点(按住 Ctrl 键以切换方向)或

[角度(A)/圆心(CE)/闭合(CL)/方向(D)/半宽(H)/直线(L)/半径(R)/第二个点(S)/放弃(U)/宽度(W)]: ce↙

指定圆弧的圆心: 128,83↙

指定圆弧的端点(按住 Ctrl 键以切换方向)或 [角度(A)/长度(L)]: <正交 开>（指定一点（在极限追踪的条件下拖动鼠标向左在屏幕上单击）

指定圆弧的端点(按住 Ctrl 键以切换方向)或

[角度(A)/圆心(CE)/闭合(CL)/方向(D)/半宽(H)/直线(L)/半径(R)/第二个点(S)/放弃(U)/宽度(W)]: l↙

指定下一点或 [圆弧(A)/闭合(C)/半宽(H)/长度(L)/放弃(U)/宽度(W)]: @-27.22,0↙

指定下一点或 [圆弧(A)/闭合(C)/半宽(H)/长度(L)/放弃(U)/宽度(W)]: A↙

指定圆弧的端点(按住 Ctrl 键以切换方向)或

[角度(A)/圆心(CE)/闭合(CL)/方向(D)/半宽(H)/直线(L)/半径(R)/第二个点(S)/放弃(U)/宽度(W)]: ce↙

指定圆弧的圆心: 83,83↙

指定圆弧的端点(按住 Ctrl 键以切换方向)或 [角度(A)/长度(L)]: A↙

指定夹角(按住 Ctrl 键以切换方向): 180↙

指定圆弧的端点(按住 Ctrl 键以切换方向)或

[角度(A)/圆心(CE)/闭合(CL)/方向(D)/半宽(H)/直线(L)/半径(R)/第二个点(S)/放弃(U)/宽度(W)]: L↙

指定下一点或 [圆弧(A)/闭合(C)/半宽(H)/长度(L)/放弃(U)/宽度(W)]: 58,83↙

指定下一点或 [圆弧(A)/闭合(C)/半宽(H)/长度(L)/放弃(U)/宽度(W)]: 58,104.5↙

指定下一点或 [圆弧(A)/闭合(C)/半宽(H)/长度(L)/放弃(U)/宽度(W)]: 71,127↙
指定下一点或 [圆弧(A)/闭合(C)/半宽(H)/长度(L)/放弃(U)/宽度(W)]: 82,127↙
指定下一点或 [圆弧(A)/闭合(C)/半宽(H)/长度(L)/放弃(U)/宽度(W)]: 82,106↙
指定下一点或 [圆弧(A)/闭合(C)/半宽(H)/长度(L)/放弃(U)/宽度(W)]: 140,106↙
指定下一点或 [圆弧(A)/闭合(C)/半宽(H)/长度(L)/放弃(U)/宽度(W)]: C↙

结果如图 2-51 所示。

图2-51 绘制车身

▲ **技巧与提示——多段线圆弧的灵活运用**

　　这里绘制载货汽车时，调用了多段线的命令，该命令的执行过程比较繁杂，反复使用了绘制圆弧和绘制直线的选项，注意灵活调用绘制圆弧的各个选项，尽量使绘制过程简单明了。

　　5）单击"默认"选项卡"绘图"面板中的"矩形"按钮□，在车身后部合适的位置绘制几个矩形作为货物，结果如图 2-47 所示。

2.6 样条曲线

　　在 AutoCAD 中使用的样条曲线为非一致有理 B 样条（NURBS）曲线，使用 NURBS 曲线能够在控制点之间产生一条光滑的曲线，如图 2-52 所示。样条曲线可用于绘制形状不规则的图形，如为地理信息系统（GIS）或汽车设计绘制轮廓线。

样条曲线

图2-52 样条曲线

2.6.1 绘制样条曲线

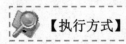【执行方式】

命令行：SPLINE（快捷命令：SPL）。
菜单栏：选择菜单栏中的"绘图"→"样条曲线"命令。
工具栏：单击"绘图"工具栏中的"样条曲线"按钮〰。

功能区：单击"默认"选项卡"绘图"面板中的"样条曲线拟合"按钮╱或"样条曲线控制点"按钮╱。

【操作步骤】

命令行提示与操作如下：

命令：SPLINE↙

当前设置：方式=拟合　　节点=弦

指定第一个点或 [方式(M)/节点(K)/对象(O)]：（指定一点或选择"对象(O)"选项）

输入下一个点或 [起点切向(T)/公差(L)]：（指定一点）

输入下一个点或 [端点相切(T)/公差(L)/放弃(U)]：（指定第三点）

输入下一个点或 [端点相切(T)/公差(L)/放弃(U)/闭合(C)]：

【选项说明】

（1）方式（M）　控制是使用拟合点还是使用控制点来创建样条曲线。选项会因选择的是使用拟合点创建样条曲线的选项还是使用控制点创建样条曲线的选项而异。

（2）节点(K)　指定节点参数化，它会影响曲线在通过拟合点时的形状（SPLKNOTS 系统变量）。

（3）对象（O）　将二维或三维的二次或三次样条曲线拟合多段线转换为等价的样条曲线，然后（根据 DELOBJ 系统变量的设置）删除该多段线。

（4）起点切向(T)　基于切向创建样条曲线。

（5）公差(L)　指定距样条曲线必须经过的指定拟合点的距离。公差应用于除起点和端点外的所有拟合点。

（6）端点相切(T)　停止基于切向创建曲线。可通过指定拟合点继续创建样条曲线。选择"端点相切"后，将提示您指定最后一个输入拟合点的最后一个切点。

（7）闭合（C）　将最后一点定义为与第一点一致，并使它在连接处相切，这样可以闭合样条曲线。选择该项，系统继续提示：

指定切向：（指定点或按 Enter 键）

用户可以指定一点来定义切向矢量，或者使用"切点"和"垂足"对象捕捉模式使样条曲线与现有对象相切或垂直。

2.6.2　操作实例——螺钉旋具

绘制如图 2-53 所示的螺钉旋具。

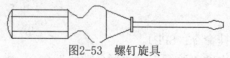

图2-53　螺钉旋具

绘制步骤：

1）绘制螺钉旋具左部把手

①单击"默认"选项卡"绘图"面板中的"矩形"按钮 ，指定两个角点坐标为（45，180）和（170，120），绘制矩形。

②单击"默认"选项卡"绘图"面板中的"直线"按钮 ，绘制两条直线，端点坐标是{（45，166）、（@125<0）}和{（45，134）、（@125<0）}。

③单击"默认"选项卡"绘图"面板中的"圆弧"按钮 ，以三点方式绘制圆弧，圆弧的 3 个端点坐标为（45，180）、（35，150）和（45，120）。绘制的图形如图 2-54 所示。

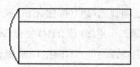

图 2-54　绘制螺钉旋具左部把手

2）画螺钉旋具的中间部分

单击"默认"选项卡"绘图"面板中的"样条曲线控制点"按钮 和"直线"按钮 ，画螺钉旋具的中间部分。命令行提示与操作如下：

命令:SPLINE↙（绘制样条曲线）

当前设置: 方式=拟合　节点=弦

指定第一个点或 [方式（M）节点（K）对象（O）]: 170,180↙（给出样条曲线第一点的坐标值）

输入下一个点或 [起点切向(T)/公差(L)]: ↙（给出样条曲线第二点的坐标值）

输入下一个点或 [端点相切(T)/公差(L)/放弃(U)]:225,187↙（给出样条曲线第三点的坐标值）

输入下一个点或 [端点相切(T)/公差(L)/放弃(U)/闭合(C)]: 255,180↙（给出样条曲线第四点的坐标值）

输入下一个点或 [端点相切(T)/公差(L)/放弃(U)/闭合(C)]: ↙（给出样条曲线起点的切线方向）

命令:SPLINE↙

当前设置: 方式=拟合　节点=弦

指定第一个点或 [方式(M)/节点(K)/对象(O)]: 170,120↙

输入下一个点或 [起点切向(T)/公差(L)]: 192,135↙

输入下一个点或 [端点相切(T)/公差(L)/放弃(U)]: 225,113↙

输入下一个点或 [端点相切(T)/公差(L)/放弃(U)/闭合(C)]: 255,120↙

输入下一个点或 [端点相切(T)/公差(L)/放弃(U)/闭合(C)]: ↙

3）绘制连续线段

单击"默认"选项卡"绘图"面板中的"直线"按钮 ，绘制连续线段，端点坐标分别是（255，180）、（308，160）、（@5<90）、（@5<0）、（@30<-90）、（@5<-180）、（@5<90）、（255，120）、（255，180），重复"直线"命令，绘制另一线段，端点坐标分别是（308，160）、（@20<-90）。绘制完此步后的图形如图 2-55 所示。

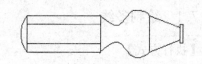

图 2-55　绘制完螺钉旋具中间部分后的图形

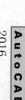

4）单击"默认"选项卡"绘图"面板中的"多段线"按钮⤵，绘制螺钉旋具的右部。命令行提示与操作如下：

命令:PLINE↙   (绘制多段线)

指定起点:313,155↙（给出多段线起点的坐标值）

当前线宽为 0.0000

指定下一个点或 [圆弧(A)/半宽(H)/长度(L)/放弃(U)/宽度(W)]: @162<0↙（用相对极坐标给出多段线下一点的坐标值）

指定下一点或 [圆弧(A)/闭合(C)/半宽(H)/长度(L)/放弃(U)/宽度(W)]:a↙（转为画圆弧的方式）

指定圆弧的端点(按住 Ctrl 键以切换方向)或[角度(A)/圆心(CE)/闭合(CL)/方向(D)/半宽(H)/直线(L)/半径(R)/第二个点(S)/放弃(U)/宽度(W)]: 490,160↙（给出圆弧的端点坐标值）

指定圆弧的端点(按住 Ctrl 键以切换方向)或[角度(A)/圆心(CE)/闭合(CL)/方向(D)/半宽(H)/直线(L)/半径(R)/第二个点(S)/放弃(U)/宽度(W)]:↙（退出）

命令:PLINE↙

指定起点: 313,145↙

当前线宽为 0.0000

指定下一个点或 [圆弧(A)/半宽(H)/长度(L)/放弃(U)/宽度(W)]: @162<0↙

指定下一点或 [圆弧(A)/闭合(C)/半宽(H)/长度(L)/放弃(U)/宽度(W)]: a↙

指定圆弧的端点(按住 Ctrl 键以切换方向)或[角度(A)/圆心(CE)/闭合(CL)/方向(D)/半宽(H)/直线(L)/半径(R)/第二个点(S)/放弃(U)/宽度(W)]: 490,140↙

指定圆弧的端点(按住 Ctrl 键以切换方向)或[角度(A)/圆心(CE)/闭合(CL)/方向(D)/半宽(H)/直线(L)/半径(R)/第二个点(S)/放弃(U)/宽度(W)]: L↙ （转为直线方式）

指定下一点或 [圆弧(A)/闭合(C)/半宽(H)/长度(L)/放弃(U)/宽度(W)]: 510,145↙

指定下一点或 [圆弧(A)/闭合(C)/半宽(H)/长度(L)/放弃(U)/宽度(W)]: @10<90↙

指定下一点或 [圆弧(A)/闭合(C)/半宽(H)/长度(L)/放弃(U)/宽度(W)]: 490,160↙

指定下一点或 [圆弧(A)/闭合(C)/半宽(H)/长度(L)/放弃(U)/宽度(W)]: ↙

结果如图 2-53 所示。

2.7 多线

多线是一种复合线，由连续的直线段复合组成。多线的突出优点就是能够大大提高绘图效率，保证图线之间的统一性。

2.7.1 绘制多线

【执行方式】

命令行：MLINE（快捷命令：ML）。

菜单栏：选择菜单栏中的"绘图"→"多线"命令。

【操作步骤】

命令行提示与操作如下：

命令：MLINE↙

当前设置：对正 = 上，比例 = 20.00，样式 = STANDARD

指定起点或 [对正(J)/比例(S)/样式(ST)]：（指定起点）

指定下一点：（指定下一点）

指定下一点或 [放弃(U)]：（继续指定下一点绘制线段；输入"U"，则放弃前一段多线的绘制；右击或按 Enter 键，结束命令）

指定下一点或 [闭合(C)/放弃(U)]：（继续给定下一点绘制线段；输入"C"，则闭合线段，结束命令）

【选项说明】

（1）对正（J） 该项用于指定绘制多线的基准。共有 3 种对正类型"上""无"和"下"。其中，"上"表示以多线上侧的线为基准，其他两项依次类推。

（2）比例（S） 选择该项，要求用户设置平行线的间距。输入值为零时，平行线重合；输入值为负时，多线的排列倒置。

（3）样式（ST） 用于设置当前使用的多线样式。

2.7.2 定义多线样式

【执行方式】

命令行：MLSTYLE。

菜单栏：选择菜单栏中的"格式"→"多线样式"命令。

执行上述命令后，系统打开如图 2-56 所示的"多线样式"对话框。在该对话框中，用户可以对多线样式进行定义、保存和加载等操作。下面通过定义一个新的多线样式来介绍该对话框的使用方法。欲定义的多线样式由 3 条平行线组成，中心轴线和两条平行的实线相对于中心轴线上、下各偏移 0.5。

【操作步骤】

1）在"多线样式"对话框中单击"新建"按钮，系统打开"创建新的多线样式"对话框，如图 2-57 所示。

2）在"创建新的多线样式"对话框的"新样式名"文本框中输入"THREE"，单击"继续"按钮。

3）系统打开"新建多线样式"对话框，如图 2-58 所示。

4）在"封口"选项组中可以设置多线起点和端点的特性，包括直线、外弧、内弧以及角度。

5）在"填充颜色"下拉列表框中可以选择多线填充的颜色。

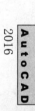

2016

AutoCAD

图2-56 "多线样式"对话框　　　　　图2-57 "创建新的多线样式"对话框

6）在"图元"选项组中可以设置组成多线元素的特性。单击"添加"按钮，可以为多线添加元素；反之，单击"删除"按钮，为多线删除元素。在"偏移"文本框中可以设置选中元素的位置偏移值。在"颜色"下拉列表框中可以为选中的元素选择颜色。单击"线型"按钮，系统打开"选择线型"对话框，可以为选中的元素设置线型。

7）设置完毕后，单击"确定"按钮，返回到如图2-56所示的"多线样式"对话框，在"样式"列表中会显示刚设置的多线样式名，选择该样式，单击"置为当前"按钮，则将刚设置的多线样式设置为当前样式，下面的预览框中会显示所选的多线样式。

8）单击"确定"按钮，完成多线样式设置。

图2-59所示为按设置后的多线样式绘制的多线。

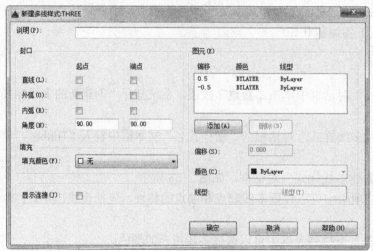

图2-58 "新建多线样式"对话框　　　　　图2-59 绘制的多线

2.7.3　编辑多线

【执行方式】

命令行：MLEDIT。

菜单栏：选择菜单栏中的"修改"→"对象"→"多线"命令。

执行上述操作后，打开"多线编辑工具"对话框，如图 2-60 所示。

利用该对话框，可以创建或修改多线的模式。对话框中分 4 列显示示例图形。其中，第一列管理十字交叉形多线，第二列管理 T 形多线，第三列管理拐角接合点和节点，第四列管理多线被剪切或连接的形式。

单击选择某个示例图形，就可以调用该项编辑功能。

下面以"十字打开"为例，介绍多线编辑的方法，把选择的两条多线进行打开交叉。命令行提示与操作如下：

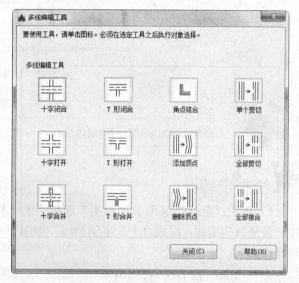

图2-60　"多线编辑工具"对话框

> 选择第一条多线：（选择第一条多线）
> 选择第二条多线：（选择第二条多线）

选择完毕后，第二条多线被第一条多线横断交叉，命令行提示与操作如下：

> 选择第一条多线：

可以继续选择多线进行操作。选择"放弃"选项会撤销前次操作。执行结果如图 2-61 所示。

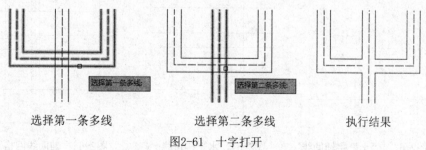

选择第一条多线　　　　　　选择第二条多线　　　　　　执行结果

图2-61　十字打开

2.7.4　操作实例——墙体

绘制如图 2-62 所示的墙体。

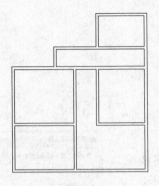

图 2-62　墙体

参见
光盘　　光盘动画演示\第 2 章\墙体.avi

绘制步骤：

1）单击"默认"选项卡"绘图"面板中的"构造线"按钮，绘制一条水平构造线和一条竖直构造线，组成"十"字辅助线，如图 2-63 所示。继续绘制辅助线，命令行提示与操作如下：

> 命令：_xline 指定点或 [水平(H)/垂直(V)/角度(A)/二等分(B)/偏移(O)]: O✓
>
> 指定偏移距离或[通过（T）]<通过>: 4200✓
>
> 选择直线对象：选择水平构造线
>
> 指定向哪侧偏移：指定上边一点
>
> 选择直线对象：继续选择水平构造线

采用相同的方法将偏移得到的水平构造线依次向上偏移 5100、1800 和 3000，绘制的水平构造线如图 2-64 所示。采用同样的方法绘制竖直构造线，依次向右偏移 3900、1800、2100 和 4500，绘制完成的辅助线网格如图 2-65 所示。

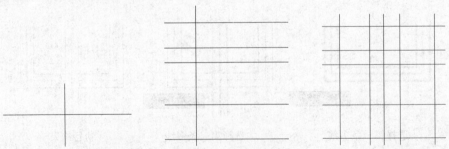

图2-63　"十"字辅助线　　　　图2-64　水平构造线　　　　图2-65　辅助线网格

2）定义多线样式。选择菜单栏中的"格式"→"多线样式"命令，系统打开"多线样式"对话框。单击"新建"按钮，系统打开"创建新的多线样式"对话框，在该对话框的"新样式名"文本框中输入"墙体线"，单击"继续"按钮。

3）系统打开"新建多线样式：墙体线"对话框，进行如图 2-66 所示的多线样式设置。

图2-66　"新建多线样式：墙体线"对话框

4）选择菜单栏中的"绘图"→"多线"命令，绘制多线墙体，命令行提示与操作如下：

命令: _mline

当前设置: 对正 = 上，比例 = 20.00，样式 = STANDARD

指定起点或 [对正(J)/比例(S)/样式(ST)]: S✓

输入多线比例 <20.00>: 1✓

当前设置: 对正 = 上，比例 = 1.00，样式 = STANDARD

指定起点或 [对正(J)/比例(S)/样式(ST)]: J✓

输入对正类型 [上(T)/无(Z)/下(B)] <上>: Z✓

当前设置: 对正 = 无，比例 = 1.00，样式 = STANDARD

指定起点或 [对正(J)/比例(S)/样式(ST)]: （在绘制的辅助线交点上指定一点）

指定下一点: （在绘制的辅助线交点上指定下一点）

指定下一点或 [放弃(U)]: （在绘制的辅助线交点上指定下一点）

指定下一点或 [闭合(C)/放弃(U)]: （在绘制的辅助线交点上指定下一点）

指定下一点或 [闭合(C)/放弃(U)]: C✓

采用相同的方法根据辅助线网格绘制多线，绘制结果如图2-67所示。

5）编辑多线。选择菜单栏中的"修改"→"对象"→"多线"命令，系统打开"多线编辑工具"对话框，如图2-68所示。选择"T形合并"选项，命令行提示与操作如下：

命令: _mledit

选择第一条多线: （选择多线）

选择第二条多线: （选择多线）

选择第一条多线或 [放弃(U)]: （选择多线）

选择第一条多线或 [放弃(U)]: ✓

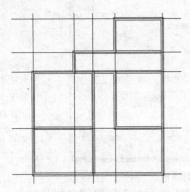

图2-67　绘制多线结果

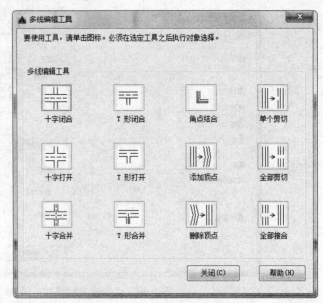

图2-68　"多线编辑工具"对话框

6）采用同样的方法继续进行多线编辑，编辑的最终结果如图 2-62 所示。

2.8　图案填充

2.8.1　图案填充的操作

【执行方式】

命令行：BHATCH。

菜单栏：选择菜单栏中的"绘图"→"图案填充"命令。

工具栏：单击"绘图"工具栏中的"图案填充"按钮 或"渐变色" 。

功能区：单击"默认"选项卡"绘图"面板中的"图案填充"按钮 。

【操作步骤】

执行上述命令后，系统打开如图 2-69 所示的"图案填充创建"选项卡，各面板中的按钮含义如下：

图2-69　"图案填充创建"选项卡

【选项说明】

1."边界"面板

1）拾取点：通过选择由一个或多个对象形成的封闭区域内的点，确定图案填充边界（如图 2-70 所示）。指定内部点时，可以随时在绘图区域中单击鼠标右键以显示包含多个选项的快捷菜单。

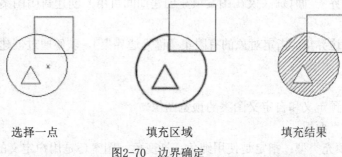

选择一点　　　　　　　填充区域　　　　　　　填充结果

图2-70　边界确定

2）选择边界对象：指定基于选定对象的图案填充边界。使用该选项时，不会自动检测内部对象，必须选择选定边界内的对象，以按照当前孤岛检测样式填充这些对象（如图 2-71 所示）。

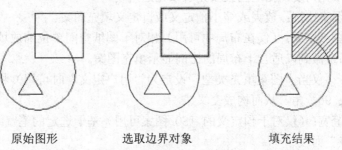

原始图形　　　　　　　选取边界对象　　　　　　填充结果

图2-71　选取边界对象

3）删除边界对象：从边界定义中删除之前添加的任何对象（如图 2-72 所示）。

选取边界对象　　　　　　删除边界　　　　　　　填充结果

图2-72　删除"岛"后的边界

4）重新创建边界：围绕选定的图案填充或填充对象创建多段线或面域，并使其与图案填充对象相关联（可选）。

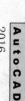

5）显示边界对象：选择构成选定关联图案填充对象的边界的对象，使用显示的夹点可修改图案填充边界。

6）保留边界对象：指定如何处理图案填充边界对象。选项包括：

①不保留边界。（仅在图案填充创建期间可用）不创建独立的图案填充边界对象。

②保留边界 – 多段线。（仅在图案填充创建期间可用）创建封闭图案填充对象的多段线。

③保留边界 – 面域。（仅在图案填充创建期间可用）创建封闭图案填充对象的面域对象。

④选择新边界集。指定对象的有限集（称为边界集），以便通过创建图案填充时的拾取点进行计算。

2. "图案" 面板

显示所有预定义和自定义图案的预览图像。

3. "特性" 面板

1）图案填充类型：指定是使用纯色、渐变色、图案还是用户定义的填充。

2）图案填充颜色：替代实体填充和填充图案的当前颜色。

3）背景色：指定填充图案背景的颜色。

4）图案填充透明度：设定新图案填充或填充的透明度，替代当前对象的透明度。

5）图案填充角度：指定图案填充或填充的角度。

6）填充图案比例：放大或缩小预定义或自定义填充图案。

7）相对图纸空间：（仅在布局中可用）相对于图纸空间单位缩放填充图案。使用此选项，可很容易地做到以适合于布局的比例显示填充图案。

8）双向：（仅当"图案填充类型"设定为"用户定义"时可用）将绘制第二组直线，与原始直线成 90° 角，从而构成交叉线。

9）ISO 笔宽：（仅对于预定义的 ISO 图案可用）基于选定的笔宽缩放 ISO 图案。

4. "原点" 面板

1）设定原点：直接指定新的图案填充原点。

2）左下：将图案填充原点设定在图案填充边界矩形范围的左下角。

3）右下：将图案填充原点设定在图案填充边界矩形范围的右下角。

4）左上：将图案填充原点设定在图案填充边界矩形范围的左上角。

5）右上：将图案填充原点设定在图案填充边界矩形范围的右上角。

6）中心：将图案填充原点设定在图案填充边界矩形范围的中心。

7）使用当前原点：将图案填充原点设定在 HPORIGIN 系统变量中存储的默认位置。

8）存储为默认原点：将新图案填充原点的值存储在 HPORIGIN 系统变量中。

5. "选项" 面板

1）关联：指定图案填充或填充为关联图案填充。关联的图案填充或填充在用户修改其边界对象时将会更新。

2）注释性：指定图案填充为注释性。此特性会自动完成缩放注释过程，从而使注释能够以正确的大小在图纸上打印或显示。

3）特性匹配：

使用当前原点：使用选定图案填充对象（除图案填充原点外）设定图案填充的特性。

使用源图案填充的原点：使用选定图案填充对象（包括图案填充原点）设定图案填充的特性。

4）允许的间隙：设定将对象用作图案填充边界时可以忽略的最大间隙。默认值为 0，此值指定对象必须封闭区域而没有间隙。

5）创建独立的图案填充：控制当指定了几个单独的闭合边界时，是创建单个图案填充对象，还是创建多个图案填充对象。

6）孤岛检测：

- 普通孤岛检测：从外部边界向内填充。如果遇到内部孤岛，填充将关闭，直到遇到孤岛中的另一个孤岛。
- 外部孤岛检测：从外部边界向内填充。此选项仅填充指定的区域，不会影响内部孤岛。
- 忽略孤岛检测：忽略所有内部的对象，填充图案时将通过这些对象。

7）绘图次序：为图案填充或填充指定绘图次序。选项包括不更改、后置、前置、置于边界之后和置于边界之前。

6. "关闭"面板

关闭"图案填充创建"： 退出 HATCH 并关闭上下文选项卡。也可以按 Enter 键或 Esc 键退出 HATCH。

📖2.8.2 操作实例——小屋

绘制如图 2-73 所示的小房子。

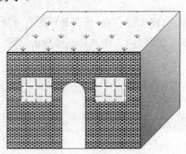

图2-73 田间小屋

绘制步骤：

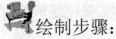

光盘动画演示\第2章\小屋.avi

1）单击"默认"选项卡"绘图"面板中的"直线"按钮和"矩形"按钮，绘制房屋外框。矩形的两个角点坐标为（210,160）和（400,25）；连续直线的端点坐标为

2016 AutoCAD

（210，160）、（@80<45）、（@190<0）、（@135<-90）和（400，25）。同样方法绘制另一条直线，坐标分别是（400，160）和（@80<45）。

2）单击"默认"选项卡"绘图"面板中的"矩形"按钮▢，绘制窗户。一个矩形的两个角点坐标为（230，125）和（275，90）。另一个矩形的两个角点坐标为（335，125）和（380，90）。

3）单击"默认"选项卡"绘图"面板中的"多段线"按钮⤵，绘制门。命令行提示与操作如下：

命令：PL↙

指定起点：288,25↙

当前线宽为 0.0000

指定下一个点或 [圆弧(A)/闭合(C)/半宽(H)/长度(L)/放弃(U)/宽度(W)]：288,76↙

指定下一点或 [圆弧(A)/闭合(C)/半宽(H)/长度(L)/放弃(U)/宽度(W)]：A↙

指定圆弧的端点(按住 Ctrl 键以切换方向)或[角度(A)/圆心(CE)/闭合(CL)/方向(D)/半宽(H)/直线(L)/半径(R)/第二个点(S)/放弃(U)/宽度(W)]：A↙（用给定圆弧的包角方式画圆弧）

指定夹角：-180↙（包角值为负，则顺时针画圆弧；反之，则逆时针画圆弧）

指定圆弧的端点(按住 Ctrl 键以切换方向)或 [圆心(CE)/半径(R)]：322,76↙（给出圆弧端点的坐标值）

指定圆弧的端点(按住 Ctrl 键以切换方向)或[角度(A)/圆心(CE)/闭合(CL)/方向(D)/半宽(H)/直线(L)/半径(R)/第二个点(S)/放弃(U)/宽度(W)]：L↙

指定下一点或 [圆弧(A)/闭合(C)/半宽(H)/长度(L)/放弃(U)/宽度(W)]：@51<-90↙

指定下一点或 [圆弧(A)/闭合(C)/半宽(H)/长度(L)/放弃(U)/宽度(W)]：↙

4）单击"默认"选项卡"绘图"面板中的"图案填充"按钮▨，进行填充。命令行提示与操作如下：

命令：BHATCH↙

拾取内部点或 [选择对象(S)/放弃(U)/设置(T)]：正在选择所有对象...（单击"拾取点"按钮，如图 2-74所示，设置填充图案为 GRASS，填充比例为 1，用鼠标在屋顶内拾取一点，如图 2-75 所示 1 点）

正在选择所有可见对象...

正在分析所选数据...

正在分析内部孤岛...

拾取内部点或 [选择对象(S)/放弃(U)/设置(T)]：

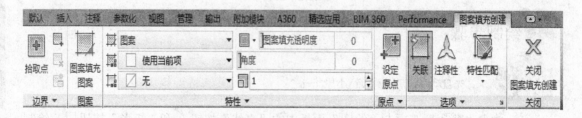

图2-74　"图案填充创建"选项卡1

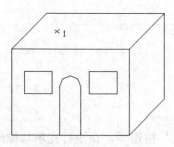

图2-75　绘制步骤（一）

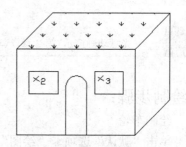

图2-76　绘制步骤（二）

5）单击"默认"选项卡"绘图"面板中的"图案填充"按钮█，选择 ANGLE 图案为预定义图案，角度为 0，比例为 2，拾取如图 2-76 所示 2、3 两个位置的点填充窗户。

6）单击"默认"选项卡"绘图"面板中的"图案填充"按钮█，选择 ANGLE 图案为预定义图案，角度为 0，比例为 0.25，拾取如图 2-77 所示 4 位置的点填充小屋前面的砖墙。

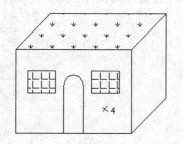

图2-77　绘制步骤（三）

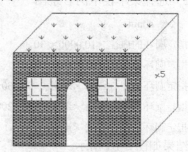

图2-78　绘制步骤（四）

7）单击"默认"选项卡"绘图"面板中的"图案填充"下拉菜单下的"渐变色"按钮█，打开"图案填充创建"选项卡，按照图 2-79 所示进行设置，拾取如图 2-78 所示 5 位置的点填充小屋前面的砖墙。最终结果如图 2-73 所示。

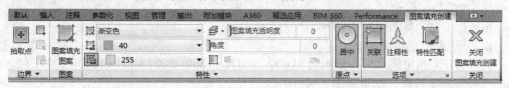

图2-79　"图案填充创建"选项卡2

2.9　综合演练——汽车

本实例绘制的汽车简易造型如图 2-80 所示。绘制的大体顺序是先绘制两个车轮，从而确定汽车的尺寸和位置。绘制车体轮廓，最后绘制车窗。绘制过程中要用到直线、圆、圆弧、多段线、圆环、矩形和正多边形等命令。

图2-80　汽车

参见光盘　光盘动画演示\第2章\汽车.avi

绘制步骤：

1．绘制车轮

1）单击"默认"选项卡"绘图"面板中的"圆"按钮 ，命令行提示与操作如下：

命令：_circle

指定圆的圆心或 [三点(3P)/两点(2P)/ 切点、切点、半径(T)]: 500,200✓

指定圆的半径或 [直径(D)] <163.7959>: 150✓

同样方法，指定圆心坐标为（1500,200），半径为150绘制另外一个圆。

2）选择菜单栏中的"绘图"→"圆环"命令，命令行提示与操作如下：

命令：_donut

指定圆环的内径 <10.0000>: 30✓

指定圆环的外径 <80.0000>:100✓

指定圆环的中心点或 <退出>:500,200✓

指定圆环的中心点或 <退出>:1500,200✓

指定圆环的中心点或 <退出>:✓

结果如图 2-81 所示。

2．绘制车体轮廓

1）单击"默认"选项卡"绘图"面板中的"直线"按钮 ，命令行提示与操作如下：

命令：_line

指定第一个点: 50,200✓

指定下一点或 [放弃(U)]: 350,200✓

指定下一点或 [放弃(U)]: ✓

同样方法，指定端点坐标分别为{（650,200）、（1350,200）}和{（1650,200）、（2200,200）}绘制两条线段，结果如图 2-82 所示。

图2-81　绘制车轮　　　　　　　　　　　图2-82　绘制底板

2）单击"默认"选项卡"绘图"面板中的"多段线"按钮 ，命令行提示与操作如下：

命令：_pline

指定起点: 50,200✓

当前线宽为 0.0000

指定下一个点或 [圆弧(A)/半宽(H)/长度(L)/放弃(U)/宽度(W)]: A✓ （在 AutoCAD 中，执行命令时，采用大写字母与小写字母效果相同）

指定圆弧的端点(按住 Ctrl 键以切换方向)或[角度(A)/圆心(CE)/方向(D)/半宽(H)/直线(L)/半径(R)/第二个点(S)/放弃(U)/宽度(W)]: S✓

指定圆弧上的第二个点: 0,380✓

指定圆弧的端点: 50,550✓

指定圆弧的端点(按住 Ctrl 键以切换方向)或[角度(A)/圆心(CE)/闭合(CL)/方向(D)/半宽(H)/直线(L)/半径(R)/第二个点(S)/放弃(U)/宽度(W)]: L✓

指定下一点或 [圆弧(A)/闭合(C)/半宽(H)/长度(L)/放弃(U)/宽度(W)]: @375,0✓

指定下一点或 [圆弧(A)/闭合(C)/半宽(H)/长度(L)/放弃(U)/宽度(W)]: @160,240✓

指定下一点或 [圆弧(A)/闭合(C)/半宽(H)/长度(L)/放弃(U)/宽度(W)]: @780,0✓

指定下一点或 [圆弧(A)/闭合(C)/半宽(H)/长度(L)/放弃(U)/宽度(W)]: @365,-285✓

指定下一点或 [圆弧(A)/闭合(C)/半宽(H)/长度(L)/放弃(U)/宽度(W)]: @470,-60✓

指定下一点或 [圆弧(A)/闭合(C)/半宽(H)/长度(L)/放弃(U)/宽度(W)]: ✓

3）单击"默认"选项卡"绘图"面板中的"圆弧"按钮，命令行提示与操作如下：

命令: _arc

指定圆弧的起点或 [圆心(C)]: 2200,200✓

指定圆弧的第二个点或 [圆心(C)/端点(E)]: 2256,322✓

指定圆弧的端点: 2200,445✓

结果如图 2-83 所示。

图2-83　绘制轮廓

3．绘制车窗

单击"默认"选项卡"绘图"面板中的"矩形"按钮，命令行提示与操作如下：

命令: _rectang

指定第一个角点或 [倒角(C)/标高(E)/圆角(F)/厚度(T)/宽度(W)]: 650,730✓

指定另一个角点或 [面积(A)/尺寸(D)/旋转(R)]: 880,370✓

单击"默认"选项卡"绘图"面板中的"多边形"按钮，命令行提示与操作如下：

命令: _polygon

输入侧面数 <4>: ✓

指定正多边形的中心点或 [边(E)]: E✓

指定边的第一个端点: 920,730✓

指定边的第二个端点: 920,370✓

结果如图 2-80 所示。

2.10　动手练一练

【实例1】绘制如图 2-84 所示的椅子

1．目的要求

本例图形涉及的命令主要是"直线"和"圆弧"。为了做到准确无误,要求通过坐标值的输入指定线段的端点和圆弧的相关点,从而使读者灵活掌握线段以及圆弧的绘制方法。

2．操作提示

1）利用"直线"命令绘制初步轮廓。

2）利用"圆弧"命令绘制图形中的圆弧部分。

3）利用"直线"命令绘制连接线段。

 【实例2】绘制如图2-85所示的雨伞

1．目的要求

本例绘制的是一个日常用品图形,涉及的命令有"多段线""圆弧"和"样条曲线"。本例对尺寸要求不是很严格,在绘图时可以适当指定位置,通过本例,要求读者掌握样条曲线的绘制方法,同时复习多段线的绘制方法。

2．操作提示

1）利用"圆弧"命令绘制伞的顶部外框。

2）利用"样条曲线"命令绘制伞的底边。

3）利用"圆弧"命令绘制伞面条纹。

4）利用"多段线"命令绘制伞的顶尖和伞把。

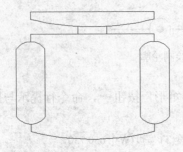

图2-84　椅子

图2-85　雨伞

 【实例3】绘制如图2-86所示的墙体

1．目的要求

本例绘制的是一个建筑图形,对尺寸要求不太严格。涉及的命令有"多线样式""多线"和"多线编辑工具"。通过本例,要求读者掌握多线相关命令的使用方法,同时体会利用多线绘制建筑图形的优点。

2．操作提示

1）设置多线格式。

2）利用"多线"命令绘制多线。

3）打开"多线编辑工具"对话框。

4）编辑多线。

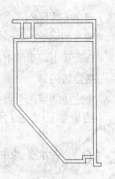

图2-86　墙体

第3章

精确绘图

　　为了快速准确地绘制图形，AutoCAD 提供了多种必要的和辅助的绘图工具，如工具条、对象选择工具、对象捕捉工具、栅格和正交工具等。利用这些工具，可以方便、准确地实现图形的绘制和编辑，不仅可以提高工作效率，而且能更好地保证图形的质量。本章将介绍捕捉、栅格、正交、对象捕捉和对象追踪等知识。

重点与难点

- 了解精确定位的工具
- 熟练掌握对象捕捉和对象追踪

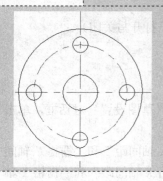

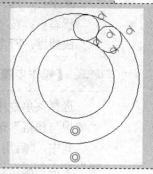

3.1 精确定位工具

精确定位工具是指能够快速准确地定位某些特殊点（如端点、中点、圆心等）和特殊位置（如水平位置、垂直位置）的工具。

3.1.1 正交模式

在 AutoCAD 绘图过程中，经常需要绘制水平直线和垂直直线，但是用光标控制选择线段的端点时很难保证两个点严格沿水平或垂直方向，为此，AutoCAD 提供了正交功能，当启用正交模式时，画线或移动对象时只能沿水平方向或垂直方向移动光标，也只能绘制平行于坐标轴的正交线段。

【执行方式】

命令行：ORTHO。

状态栏：按下状态栏中的"正交限制光标"按钮 └。

快捷键：F8 键。

【操作步骤】

命令行提示与操作如下：

命令: ORTHO↙

输入模式 [开(ON)/关(OFF)] <开>：（设置开或关）

3.1.2 栅格显示

用户可以应用栅格显示工具使绘图区显示网格，它是一个形象的画图工具，就像传统的坐标纸一样。本节介绍控制栅格显示及设置栅格参数的方法。

【执行方式】

菜单栏：选择菜单栏中的"工具"→"绘图设置"命令。

状态栏：按下状态栏中的"显示图形栅格"按钮 ▦（仅限于打开与关闭）。

快捷键：F7 键（仅限于打开与关闭）。

【操作步骤】

选择菜单栏中的"工具"→"绘图设置"命令，系统打开"草图设置"对话框，单击"捕捉与栅格"选项卡，如图 3-1 所示。

其中，"启用栅格"复选框用于控制是否显示栅格；"栅格 X 轴间距"和"栅格 Y 轴间距"文本框用于设置栅格在水平与垂直方向的间距。如果"栅格 X 轴间距"和"栅格 Y 轴间距"设置为0,则AutoCAD系统会自动将捕捉栅格间距应用于栅格,且其原点和角度总是与捕捉栅格的原点和角度相同。另外,还可以通过"Grid"命令在命令行设置栅格间距。

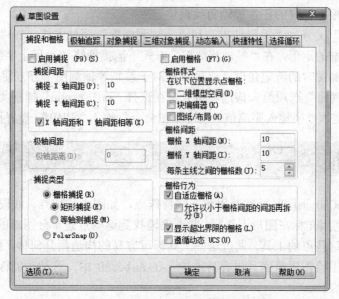

图3-1　"捕捉和栅格"选项卡

3.1.3　捕捉模式

为了准确地在绘图区捕捉点,AutoCAD提供了捕捉工具,可以在绘图区生成一个隐含的栅格(捕捉栅格),这个栅格能够捕捉光标,约束它只能落在栅格的某一个节点上,使用户能够高精确度地捕捉和选择这个栅格上的点。本节主要介绍捕捉栅格的参数设置方法。

【执行方式】

菜单栏:选择菜单栏中的"工具"→"绘图设置"命令。
状态栏:按下状态栏中的"捕捉模式"按钮▦(仅限于打开与关闭)。
快捷键:F9键(仅限于打开与关闭)。

【操作步骤】

选择菜单栏中的"工具"→"绘图设置"命令,打开"草图设置"对话框,单击"捕捉和栅格"选项卡,如图3-1所示。

【选项说明】

(1)"启用捕捉"复选框　控制捕捉功能的开关,与按F9快捷键或按下状态栏上的"捕捉模式"按钮▦功能相同。

(2)"捕捉间距"选项组　设置捕捉参数,其中"捕捉X轴间距"与"捕捉Y轴间距"文本框用于确定捕捉栅格点在水平和垂直两个方向上的间距。

（3）"捕捉类型"选项组　确定捕捉类型和样式。AutoCAD 提供了两种捕捉栅格的方式："栅格捕捉"和"polarsnap（极轴捕捉）"。"栅格捕捉"是指按正交位置捕捉位置点；"极轴捕捉"则可以根据设置的任意极轴角捕捉位置点。

"栅格捕捉"又分为"矩形捕捉"和"等轴测捕捉"两种方式。在"矩形捕捉"方式下捕捉栅格是标准的矩形，在"等轴测捕捉"方式下捕捉栅格和光标十字线不再互相垂直，而是成绘制等轴测图时的特定角度，这种方式对于绘制等轴测图十分方便。

（4）"极轴间距"选项组　该选项组只有在选择"polarsnap"捕捉类型时才可用。可在"极轴距离"文本框中输入距离值，也可以在命令行输入"SNAP"，设置捕捉的有关参数。

3.2 对象捕捉

在利用 AutoCAD 画图时经常要用到一些特殊点，如圆心、切点、线段或圆弧的端点、中点等，如果只利用光标在图形上选择，要准确地找到这些点是十分困难的。因此，AutoCAD 提供了一些识别这些点的工具，通过这些工具即可容易的构造新几何体，精确地绘制图形，其结果比传统手工绘图更精确且更容易维护。在 AutoCAD 中，这种功能称之为对象捕捉功能。

3.2.1 特殊位置点捕捉

在绘制 AutoCAD 图形时，有时需要指定一些特殊位置的点，如圆心、端点、中点、平行线上的点等，这些点见表 3-1。可以通过对象捕捉功能来捕捉这些点。

表 3-1　特殊位置点捕捉

捕捉模式	快捷命令	功　　能
临时追踪点	TT	建立临时追踪点
两点之间的中点	M2P	捕捉两个独立点之间的中点
捕捉自	FRO	与其他捕捉方式配合使用建立一个临时参考点，作为指出后继点的基点
端点	ENDP	用来捕捉对象（如线段或圆弧等）的端点
中点	MID	用来捕捉对象（如线段或圆弧等）的中点
圆心	CEN	用来捕捉圆或圆弧的圆心
节点	NOD	捕捉用POINT或DIVIDE等命令生成的点
象限点	QUA	用来捕捉距光标最近的圆或圆弧上可见部分的象限点，即圆周上0°、90°、180°、270°位置上的点
交点	INT	用来捕捉对象（如线、圆弧或圆等）的交点
延长线	EXT	用来捕捉对象延长路径上的点
插入点	INS	用于捕捉块、形、文字、属性或属性定义等对象的插入点
垂足	PER	在线段、圆、圆弧或它们的延长线上捕捉一个点，使之与最后生成的点的连线与该线段、圆或圆弧正交

（续）

捕捉模式	快捷命令	功　　能
切点	TAN	最后生成的一个点到选中的圆或圆弧上引切线的切点位置
最近点	NEA	用于捕捉离拾取点最近的线段、圆、圆弧等对象上的点
外观交点	APP	用来捕捉两个对象在视图平面上的交点。若两个对象没有直接相交，则系统自动计算其延长后的交点；若两对象在空间上为异面直线，则系统计算其投影方向上的交点
平行线	PAR	用于捕捉与指定对象平行方向的点
无	NON	关闭对象捕捉模式
对象捕捉设置	OSNAP	设置对象捕捉

　　AutoCAD 提供了命令行、工具栏和右键快捷菜单三种执行特殊点对象捕捉的方法。

　　在使用特殊位置点捕捉的快捷命令前，必须先选择绘制对象的命令或工具，再在命令行中输入其快捷命令。

📖3.2.2　操作实例——盘盖

　　绘制如图 3-2 所示的盘盖。

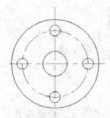

图3-2　盘盖

　光盘动画演示\第 3 章\盘盖.avi

绘制步骤：

　　1）设置图层。单击“默认”选项卡“图层”面板中的“图层特性”按钮🗐，新建两个图层。

　　中心线层：线型为 CENTER，颜色为红色，其余属性采用默认值。

　　粗实线层：线宽为 0.30mm，其余属性采用默认值。

　　2）绘制中心线。将当前图层设置为“中心线层”图层，单击“默认”选项卡“绘图”面板中的“直线”按钮✏，绘制相互垂直的中心线。

　　3）打开捕捉。选择菜单栏中的“工具”→“绘图设置”命令，打开“草图设置”对话框中的“对象捕捉”选项卡，单击“全部选择”按钮，选择所有的捕捉模式，并选中“启用对象捕捉”复选框，单击“确定”按钮退出。

4）绘制辅助圆。单击"默认"选项卡"绘图"面板中的"圆"按钮⊙，绘制圆形，在指定圆心时，捕捉垂直中心线的交点，如图 3-3a 所示。结果如图 3-3b 所示。

5）绘制外圆和内孔。将当前图层设置为"粗实线层"图层，单击"默认"选项卡"绘图"面板中的"圆"按钮⊙，绘制盘盖外圆和内孔，在指定圆心时，捕捉垂直中心线的交点，如图 3-4a 所示。结果如图 3-4b 所示。

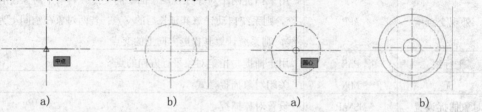

图3-3 绘制圆形　　　　　　　　　　图3-4 绘制同心圆

6）绘制螺孔。单击"默认"选项卡"绘图"面板中的"圆"按钮⊙，绘制螺孔，在指定圆心时，捕捉圆形中心线与水平中心线或垂直中心线的交点，如图 3-5a 所示。结果如图3-5b 所示。

7）绘制其余螺孔。用同样的方法绘制其他 3 个螺孔，或者单击"修改"工具栏中的"复制"按钮 °°，最终结果如图 3-2 所示。

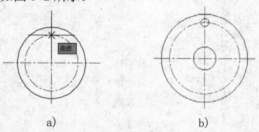

图3-5 绘制螺孔

▲技巧与提示——公切线的绘制

在绘制公切线时，直线两端的端点都捕捉为切点。不管指定图上哪一点作为切点，系统都会根据圆的半径和指定的大致位置确定准确的切点位置，并能根据大致指定点与内外切点距离，依据距离趋近原则判断绘制外切线还是内切线。

3.2.3　对象捕捉设置

在 AutoCAD 中绘图之前，可以根据需要事先设置开启一些对象捕捉模式，绘图时系统就能自动捕捉这些特殊点，从而加快绘图速度，提高绘图质量。

【执行方式】

命令行：DDOSNAP。

菜单栏：选择菜单栏中的"工具"→"绘图设置"命令。

工具栏：单击"对象捕捉"工具栏中的"对象捕捉设置"按钮 ⋒。

状态栏：按下状态栏中的"对象捕捉"按钮 □ （仅限于打开与关闭）。

快捷键：F3 键（仅限于打开与关闭）。

快捷菜单：选择快捷菜单中的"捕捉替代"→"对象捕捉设置"命令。

执行上述操作后，系统打开"草图设置"对话框，单击"对象捕捉"选项卡，如图 3-6 所示，利用此选项卡可对对象捕捉方式进行设置。

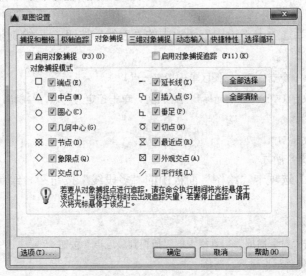

图3-6　"对象捕捉"选项卡

【选项说明】

（1）"启用对象捕捉"复选框　勾选该复选框，在"对象捕捉模式"选项组中勾选的捕捉模式处于激活状态。

（2）"启用对象捕捉追踪"复选框　用于打开或关闭自动追踪功能。

（3）"对象捕捉模式"选项组　此选项组中列出各种捕捉模式的复选框，被勾选的复选框处于激活状态。单击"全部清除"按钮，则所有模式均被清除。单击"全部选择"按钮，则所有模式均被选中。

另外，在对话框的左下角有一个"选项"按钮，单击该按钮可以打开"选项"对话框的"草图"选项卡，利用该对话框可决定捕捉模式的各项设置。

3.2.4　操作实例——三环旗

绘制如图 3-7 所示的三环旗。

图3-7　三环旗

 光盘动画演示\第3章\三环旗.avi

绘制步骤:

1) 单击"默认"选项卡"绘图"面板中的"直线"按钮 ✐，绘制辅助作图线，命令行提示与操作如下：

命令:_line 指定第一个点:（在绘图区单击指定一点）

指定下一点或 [放弃(U)]:（移动光标到合适位置，单击指定另一点，绘制出一条倾斜直线，作为辅助线）

指定下一点或 [放弃(U)]:✓

绘制结果如图 3-8 所示。

2) 单击"默认"选项卡"绘图"面板中的"多段线"按钮 ⊃，绘制旗尖，命令行提示与操作如下：

命令: _pline

指定起点:（单击"对象捕捉"工具栏中的"捕捉到最近点"按钮 ✕）

_nea 到:（将光标移至直线上，选择一点）

当前线宽为 0.0000

指定下一点或 [圆弧(A)/闭合(C)/半宽(H)/长度(L)/放弃(U)/宽度(W)]: W✓

指定起点宽度 <0.0000>: ✓

指定端点宽度 <0.0000>: 8✓

指定下一点或 [圆弧(A)/闭合(C)/半宽(H)/长度(L)/放弃(U)/宽度(W)]:（单击"对象捕捉"工具栏中的"捕捉到最近点"按钮 ✕）

_nea 到:（将光标移至直线上，选择一点）

指定下一点或 [圆弧(A)/闭合(C)/半宽(H)/长度(L)/放弃(U)/宽度(W)]: W✓

指定起点宽度 <8.0000>:✓

指定端点宽度 <8.0000>: 0✓

指定下一点或 [圆弧(A)/闭合(C)/半宽(H)/长度(L)/放弃(U)/宽度(W)]:（单击"对象捕捉"工具栏中的"捕捉到最近点"按钮 ✕）

_nea 到:（将光标移至直线上，选择一点，使旗尖图形接近对称）

绘制结果如图 3-9 所示。

3) 单击"默认"选项卡"绘图"面板中的"多段线"按钮 ⊃，绘制旗杆，命令行提示与操作如下：

命令: _pline

指定起点:（单击"对象捕捉"工具栏中的"捕捉到端点"按钮 ✑）

_endp 于:（捕捉所画旗尖的端点）

当前线宽为 0.0000

指定下一个点或 [圆弧(A)/半宽(H)/长度(L)/放弃(U)/宽度(W)]: W✓

指定起点宽度 <0.0000>: 2↙

指定端点宽度 <2.0000>:↙

指定下一个点或 [圆弧(A)/半宽(H)/长度(L)/放弃(U)/宽度(W)]:（单击"对象捕捉"工具栏中的"捕捉到最近点"按钮🔗）

　_nea 到：（将光标移至辅助直线上，选择一点）

指定下一点或 [圆弧(A)/闭合(C)/半宽(H)/长度(L)/放弃(U)/宽度(W)]:↙

绘制结果如图 3-10 所示。

　　图3-8　辅助直线　　　　　　图3-9　旗尖　　　　　　图3-10　绘制旗杆后的图形

4）单击"默认"选项卡"绘图"面板中的"多段线"按钮🔗，绘制旗面，命令行提示与操作如下：

命令: _pline

指定起点：（单击"对象捕捉"工具栏中的"捕捉到端点"按钮🔗）

_endp 于：（捕捉旗杆的端点）

当前线宽为 0.0000

指定下一点或 [圆弧(A)/闭合(C)/半宽(H)/长度(L)/放弃(U)/宽度(W)]: A↙

指定圆弧的端点(按住 Ctrl 键以切换方向)或[角度(A)/圆心(CE)/闭合(CL)/方向(D)/半宽(H)/直线(L)/半径(R)/第二点(S)/放弃(U)/宽度(W)]: S↙

指定圆弧的第二点：（单击选择一点，指定圆弧的第二点）

指定圆弧的端点：（单击选择一点，指定圆弧的端点）

指定圆弧的端点(按住 Ctrl 键以切换方向)或[角度(A)/圆心(CE)/闭合(CL)/方向(D)/半宽(H)/直线(L)/半径(R)/第二点(S)/放弃(U)/宽度(W)]:（单击选择一点，指定圆弧的端点）

指定圆弧的端点(按住 Ctrl 键以切换方向)或[角度(A)/圆心(CE)/闭合(CL)/方向(D)/半宽(H)/直线(L)/半径(R)/第二点(S)/放弃(U)/宽度(W)]: ↙

采用相同的方法绘制另一条旗面边线。

5）单击"默认"选项卡"绘图"面板中的"直线"按钮✏️，绘制旗面右端封闭直线，命令行提示与操作如下：

命令: _line 指定第一个点：（单击"对象捕捉"工具栏中的"捕捉到端点"按钮🔗）

_endp 于：（捕捉旗面上边的端点）

指定下一点或 [放弃(U)]:（单击"对象捕捉"工具栏中的"捕捉到端点"按钮🔗）

_endp 于：（捕捉旗面下边的端点）

指定下一点或 [放弃(U)]: ↙

绘制结果如图 3-11 所示。

图3-11　绘制旗面后的图形

6）选择菜单栏中的"绘图"→"圆环"命令，绘制3个圆环，命令行提示与操作如下：

命令: _donut

指定圆环的内径 <10.0000>: 30↙

指定圆环的外径 <20.0000>: 40↙

指定圆环的中心点 <退出>: （在旗面内单击选择一点，确定第一个圆环的中心）

指定圆环的中心点 <退出>: （在旗面内单击选择一点，确定第二个圆环中心）

使绘制的3个圆环排列为一个三环形状。

指定圆环的中心点 <退出>: ↙

绘制结果如图3-7所示。

3.3　对象追踪

对象追踪是指按指定角度或与其他对象建立指定关系绘制对象。可以结合对象捕捉功能进行自动追踪，也可以指定临时点进行临时追踪。

3.3.1　自动追踪

利用自动追踪功能，可以对齐路径，有助于以精确的位置和角度创建对象。自动追踪包括"极轴追踪"和"对象捕捉追踪"两种追踪选项。"极轴追踪"是指按指定的极轴角或极轴角的倍数对齐要指定点的路径；"对象捕捉追踪"是指以捕捉到的特殊位置点为基点，按指定的极轴角或极轴角的倍数对齐要指定点的路径。

"极轴追踪"必须配合"对象捕捉"功能一起使用；"对象捕捉追踪"必须配合"对象捕捉"功能一起使用。

【执行方式】

命令行：DDOSNAP。

菜单栏：选择菜单栏中的"工具"→"绘图设置"命令。

工具栏：单击"对象捕捉"工具栏中的"对象捕捉设置"按钮 。

状态栏：对象捕捉+按指定角度限制光标（极轴追踪）或单击"极轴追踪"右侧的小三角弹出下拉菜单，选择"正在追踪设置"。

快捷键：F11键。

快捷菜单：选择快捷菜单中的"捕捉替代"→"对象捕捉设置"命令。

执行上述操作后，或在"对象捕捉"按钮□上右击选择"对象捕捉设置"命令或在"极轴追踪"按钮◎上右击选择快捷菜单中的"正在追踪设置"命令，系统打开"草图设置"对话框的"对象捕捉"选项卡，勾选"启用对象捕捉追踪"复选框，即可完成对象捕捉追踪的设置。

3.3.2 操作实例——特殊位置线段的绘制

参见光盘　光盘动画演示\第3章\对象捕捉追踪.avi

绘制步骤：

1）绘制一条线段，使该线段的一个端点与另一条线段的端点在同一条水平线上。

2）同时按下状态栏中的"对象捕捉"按钮□和"极轴追踪"按钮◎，启动对象捕捉追踪功能。

3）绘制一条线段。

4）绘制第二条线段，命令行提示与操作如下：

命令：LINE↙
指定第一个点：（指定点1，如图3-12a所示）
指定下一点或 [放弃(U)]：（将光标移动到点2处，系统自动捕捉到第一条直线的端点2，如图3-12b所示。系统显示一条虚线为追踪线，移动光标，在追踪线的适当位置指定点3，如图3-12c所示）
指定下一点或 [放弃(U)]：↙

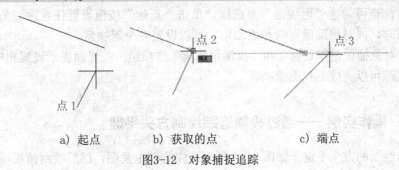

a）起点　　　　　b）获取的点　　　　c）端点

图3-12 对象捕捉追踪

3.3.3 极轴追踪设置

【执行方式】

命令行：DDOSNAP。

菜单栏：选择菜单栏中的"工具"→"绘图设置"命令。

工具栏：单击"对象捕捉"工具栏中的"对象捕捉设置"按钮 🔒。

状态栏：对象捕捉+按指定角度限制光标（极轴追踪）或单击"极轴追踪"右侧的小三角弹出下拉菜单，选择"正在追踪设置"。

快捷键：F10 键。

快捷菜单：选择快捷菜单中的"捕捉替代"→"对象捕捉设置"命令。

执行上述操作或在"极轴追踪"按钮 ☌ 上右击，选择快捷菜单中的"正在追踪设置"命令，系统打开如图 3-13 所示"草图设置"对话框的"极轴追踪"选项卡，其中各选项功能如下：

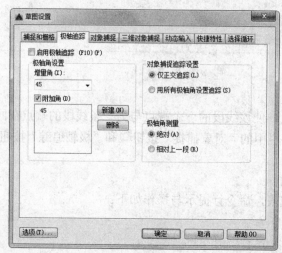

图3-13 "极轴追踪"选项卡

（1）"启用极轴追踪"复选框 勾选该复选框，即启用极轴追踪功能。

（2）"极轴角设置"选项组 设置极轴角的值，可以在"增量角"下拉列表框中选择一种角度值，也可勾选"附加角"复选框。单击"新建"按钮设置任意附加角，系统在进行极轴追踪时，同时追踪增量角和附加角，可以设置多个附加角。

（3）"对象捕捉追踪设置"和"极轴角测量"选项组 按界面提示设置相应单选选项。利用自动追踪可以完成三视图绘制。

📖 3.3.4 操作实例——通过极轴追踪绘制方头平键

本实例绘制的方头平键，如图 3-14 所示，先绘制主视图，然后绘制俯视图，根据其对应关系绘制左视图。绘制过程中要用到直线、矩形等命令。利用对象捕捉和对象追踪两个按钮可以绘制所需要的直线形式。

本实例主要学习对象捕捉和对象追踪两个按钮的使用，及其具体功能使用。

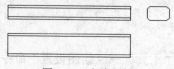

图3-14 方头平键

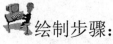

光盘动画演示\第3章\通过极轴追踪绘制方头平键.avi

绘制步骤：

1）单击"默认"选项卡"绘图"面板中的"矩形"按钮，绘制主视图外形。第一个角点为绘图平面适当位置一点，第二个角点坐标为（@100,11），结果如图3-15所示。

图3-15　绘制主视图外形

2）单击"默认"选项卡"绘图"面板中的"直线"按钮，绘制主视图棱线，捕捉矩形左上角点，如图3-16所示，偏移为（@0,-2），然后捕捉矩形右边上的垂足，如图3-17所示。相同方法，以矩形左下角点为基点，向上偏移两个单位，利用基点捕捉绘制下边的另一条棱线，结果如图3-18所示。

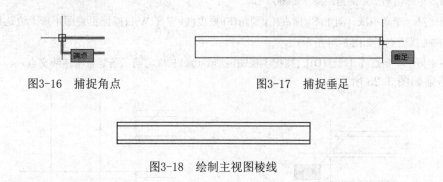

图3-16　捕捉角点　　　　　　　　　　图3-17　捕捉垂足

图3-18　绘制主视图棱线

3）同时打开状态栏上的"对象捕捉"和"极轴追踪"按钮，启动对象捕捉追踪功能。并打开"草图设置"对话框"极轴追踪"选项卡，将"增量角"设置为90，将对象捕捉追踪设置为"仅正交追踪"。

4）单击"默认"选项卡"绘图"面板中的"矩形"按钮，绘制俯视图外形。第一个角点为捕捉上面绘制矩形左下角点，系统显示追踪线，沿追踪线向下在适当位置指定一点，如图3-19所示，第二个角点坐标为（@100,18），结果如图3-20所示。

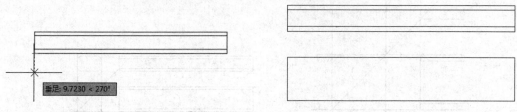

图3-19　追踪对象图　　　　　　　　　图3-20　绘制俯视图

5）单击"默认"选项卡"绘图"面板中的"直线"按钮，结合基点捕捉功能绘制俯视图棱线，偏移距离为2，如图3-21所示。

图3-21　绘制俯视图棱线

6）绘制左视图构造线。单击"默认"选项卡"绘图"面板中的"构造线"按钮，绘制角度为-45°的构造线，如图 3-22 所示。同样方法绘制另一条水平构造线。再捕捉两水平构造线与斜构造线交点为指定点绘制两条竖直构造线，如图 3-23 所示。

7）绘制左视图。单击"默认"选项卡"绘图"面板中的"矩形"按钮，命令行提示与操作如下：

命令：_rectang↙

指定第一个角点或 [倒角(C)/标高(E)/圆角(F)/厚度(T)/宽度(W)]: C↙

指定矩形的第一个倒角距离 <0.0000>: 2↙

指定矩形的第二个倒角距离 <2.0000>:↙

指定第一个角点或 [倒角(C)/标高(E)/圆角(F)/厚度(T)/宽度(W)]:(捕捉主视图矩形上边延长线与第一条竖直构造线交点，如图 3-24 所示)

指定另一个角点或 [尺寸(D)]: (捕捉主视图矩形下边延长线与第二条竖直构造线交点)

结果如图 3-25 所示。

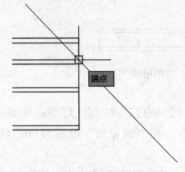

图3-22　绘制左视图构造线

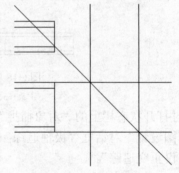

图3-23　完成左视图构造线

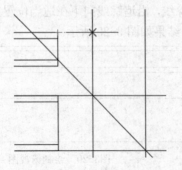

图3-24　捕捉对象

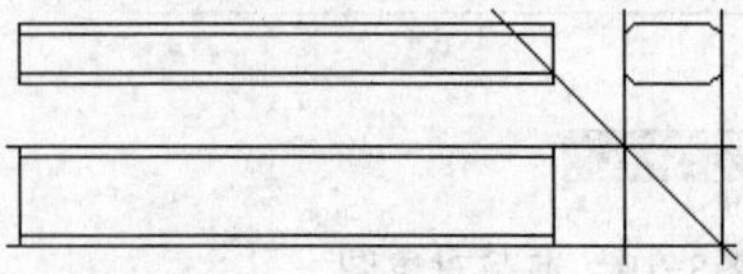

图3-25　绘制左视图

8）删除构造线，最终结果如图 3-14 所示。

3.4 对象约束

约束能够精确地控制草图中的对象。草图约束有两种类型：几何约束和尺寸约束。

几何约束建立草图对象的几何特性（如要求某一直线具有固定长度），或是两个或更多草图对象的关系类型（如要求两条直线垂直或平行，或是几个圆弧具有相同的半径）。在绘图区用户可以使用"参数化"选项卡内的"全部显示""全部隐藏"或"显示"来显示有关信息，并显示代表这些约束的直观标记，如图 3-26 所示的水平标记 ═ 和共线标记 ✓。尺寸约束建立草图对象的大小（如直线的长度、圆弧的半径等），或是两个对象之间的关系（如两点之间的距离）。图 3-27 所示为带有尺寸约束的图形示例。

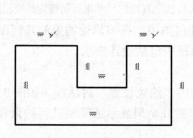

图3-26 "几何约束"示意图

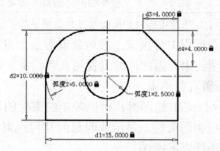

图3-27 "尺寸约束"示意图

3.4.1 几何约束

1. 建立几何约束

利用几何约束工具，可以指定草图对象必须遵守的条件，或是草图对象之间必须维持的关系。"几何约束"面板及工具栏（其面板在"二维草图与注释"工作空间"参数化"选项卡的"几何"面板中），如图 3-28 所示，其主要几何约束选项功能见表 3-2。

图3-28 "几何约束"面板及工具栏

表3-2 几何约束选项功能

约束模式	功　　能
重合	约束两个点使其重合，或约束一个点使其位于曲线（或曲线的延长线）上。可以使对象上的约束点与某个对象重合，也可以使其与另一对象上的约束点重合
共线	使两条或多条直线段沿同一直线方向，使它们共线
同心	将两个圆弧、圆或椭圆约束到同一个中心点，结果与将重合约束应用于曲线的中心点所产生的效果相同
固定	将几何约束应用于一对对象时，选择对象的顺序以及选择每个对象的点可能会影响对象彼此间的放置方式

（续）

约束模式	功　　能
平行	使选定的直线位于彼此平行的位置，平行约束在两个对象之间应用
垂直	使选定的直线位于彼此垂直的位置，垂直约束在两个对象之间应用
水平	使直线或点位于与当前坐标系 X 轴平行的位置，默认选择类型为对象
竖直	使直线或点位于与当前坐标系 Y 轴平行的位置
相切	将两条曲线约束为保持彼此相切或其延长线保持彼此相切，相切约束在两个对象之间应用
平滑	将样条曲线约束为连续，并与其他样条曲线、直线、圆弧或多段线保持连续性
对称	使选定对象受对称约束，相对于选定直线对称
相等	将选定圆弧和圆的尺寸重新调整为半径相同，或将选定直线的尺寸重新调整为长度相同

在绘图过程中可指定二维对象或对象上点之间的几何约束。在编辑受约束的几何图形时，将保留约束，因此，通过使用几何约束，可以在图形中包括设计要求。

2. 设置几何约束

在用 AutoCAD 绘图时，可以控制约束栏的显示，利用"约束设置"对话框（如图 3-29 所示）可控制约束栏上显示或隐藏的几何约束类型。单独或全局显示或隐藏几何约束和约束栏，可执行以下操作：

- 显示（或隐藏）所有的几何约束。
- 显示（或隐藏）指定类型的几何约束。
- 显示（或隐藏）所有与选定对象相关的几何约束。

图3-29 "约束设置"对话框

 【执行方式】

命令行：CONSTRAINTSETTINGS（CSETTINGS）。

菜单栏：选择菜单栏中的"参数"→"约束设置"命令。

工具栏：单击"参数"工具栏中的"约束设置"按钮 。

功能区：单击"参数化"选项卡"几何"面板中的"对话框启动器"按钮 。

执行上述操作后，系统打开"约束设置"对话框，单击"几何"选项卡，如图 3-29 所示，利用此对话框可以控制约束栏上约束类型的显示。

【选项说明】

（1）"约束栏显示设置"选项组 此选项组控制图形编辑器中是否为对象显示约束栏或约束点标记。例如，可以为水平约束和竖直约束隐藏约束栏的显示。

（2）"全部选择"按钮 选择全部几何约束类型。

（3）"全部清除"按钮 清除所有选定的几何约束类型。

（4）"仅为处于当前平面中的对象显示约束栏"复选框 仅为当前平面上受几何约束的对象显示约束栏。

（5）"约束栏透明度"选项组 设置图形中约束栏的透明度。

（6）"将约束应用于选定对象后显示约束栏"复选框 手动应用约束或使用"AUTOCONSTRAIN"命令时，显示相关约束栏。

3.4.2 操作实例——绘制相切及同心的圆

绘制如图 3-30 所示的同心相切圆。

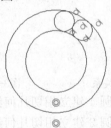

图3-30 同心相切圆

光盘动画演示\第 3 章\绘制相切同心的圆.avi

绘制步骤：

1）单击"默认"选项卡"绘图"面板中的"圆"按钮 ，以适当半径绘制 4 个圆，绘制结果如图 3-31 所示。

2）在界面上方的工具栏区右击，选择快捷菜单中的"几何约束"命令，打开"几何约束"工具栏。

3）单击"几何约束"工具栏中的"相切"按钮 ，命令行提示与操作如下：

命令: _GcTangent

| 选择第一个对象:（使用鼠标指针选择圆 1） |
| 选择第二个对象:（使用鼠标指针选择圆 2） |

4）系统自动将圆 2 向左移动与圆 1 相切，结果如图 3-32 所示。

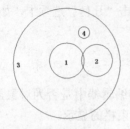

图3-31　绘制圆　　　　　　　　　图3-32　建立圆1与圆2的相切关系

5）单击"几何约束"工具栏中的"同心"按钮◎，使其中两圆同心，命令行提示与操作如下：

| 命令:_GcConcentric |
| 选择第一个对象:（选择圆 1） |
| 选择第二个对象:（选择圆 3） |

系统自动建立同心的几何关系，结果如图 3-33 所示。

6）采用同样的方法，使圆 3 与圆 2 建立相切几何约束，结果如图 3-34 所示。

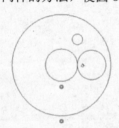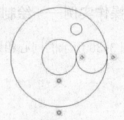

图3-33　建立圆1与圆3的同心关系　　　　图3-34　建立圆3与圆2的相切关系

7）采用同样的方法，使圆 1 与圆 4 建立相切几何约束，结果如图 3-35 所示。

8）采用同样的方法，使圆 4 与圆 2 建立相切几何约束，结果如图 3-36 所示。

9）采用同样的方法，使圆 3 与圆 4 建立相切几何约束，最终结果如图 3-30 所示。

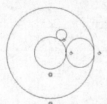

图3-35　建立圆1与圆4的相切关系　　　　图3-36　建立圆4与圆2的相切关系

📖3.4.3　尺寸约束

1．建立尺寸约束

建立尺寸约束可以限制图形几何对象的大小，也就是与在草图上标注尺寸相似，同样设置尺寸标注线，与此同时也会建立相应的表达式，不同的是可以在后续的编辑工作中实现尺寸的参数化驱动。"标注约束"面板及工具栏（其面板在"二维草图与注释"工作空间"参数化"选项卡的"标注"面板中）如图 3-37 所示。

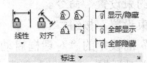

图3-37　"标注约束"面板及工具栏

在生成尺寸约束时，可以选择草图曲线、边、基准平面或基准轴上的点，以生成水平、竖直、平行、垂直和角度尺寸。

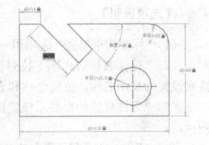

生成尺寸约束时，系统会生成一个表达式，其名称和值显示在一个文本框中，如图 3-38 所示，用户可以在其中编辑该表达式的名和值。

生成尺寸约束时，只要选中了几何体，其尺寸及其延伸线和箭头就会全部显示出来。将尺寸拖动到位，然后单击，就完成了尺寸约束的添加。完成尺寸约束后，用户还可以随时更改尺寸约束，只需在绘图区选

图3-38　编辑尺寸约束示意图

中该值双击，就可以使用生成过程中所采用的方式，编辑其名称、值或位置。

2. 设置尺寸约束

在用 AutoCAD 绘图时，使用"约束设置"对话框中的"标注"选项卡，如图 3-39 所示，可控制显示标注约束时的系统配置，标注约束控制设计的大小和比例。尺寸约束的具体内容如下：

● 对象之间或对象上点之间的距离。

● 对象之间或对象上点之间的角度。

图3-39　"标注"选项卡

【执行方式】

命令行：CONSTRAINTSETTINGS（CSETTINGS）。

菜单栏：选择菜单栏中的"参数"→"约束设置"命令。

工具栏：单击"参数"工具栏中的"约束设置"按钮。

功能区：单击"参数化"选项卡"标注"面板中的"对话框启动器"按钮。

执行上述操作后，系统打开"约束设置"对话框，单击"标注"选项卡，如图3-39所示。利用此对话框可以控制约束栏上约束类型的显示。

【选项说明】

（1）"标注约束格式"选项组　该选项组内可以设置标注名称格式和锁定图标的显示。

（2）"标注名称格式"下拉列表框　为应用标注约束时显示的文字指定格式。将名称格式设置为显示名称、值或名称和表达式。例如，宽度=长度/2。

（3）"为注释性约束显示锁定图标"复选框　针对已应用注释性约束的对象显示锁定图标。

（4）"为选定对象显示隐藏的动态约束"复选框　显示选定时已设置为隐藏的动态约束。

3.4.4　操作实例——利用尺寸驱动更改方头平键尺寸

绘制如图3-40所示的方头平键。

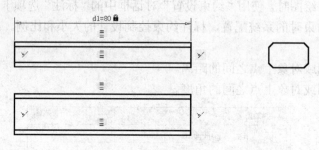

图3-40　键B18×80

光盘动画演示\第3章\利用尺寸驱动更改方头平键尺寸.avi

绘制步骤：

1）打开"源文件/方头平键（键B18×100）"，如图3-41所示。

2）在界面上方的工具栏区右击，打开"几何约束"工具栏，单击"共线"按钮，使左端各竖直直线建立共线的几何约束。采用同样的方法使右端各直线建立共线的几何约束。

3）单击"几何约束"工具栏中的"相等"按钮，使最上端水平线与下面各条水平线建立相等的几何约束。

4）单击"标注约束"工具栏中的"水平"按钮

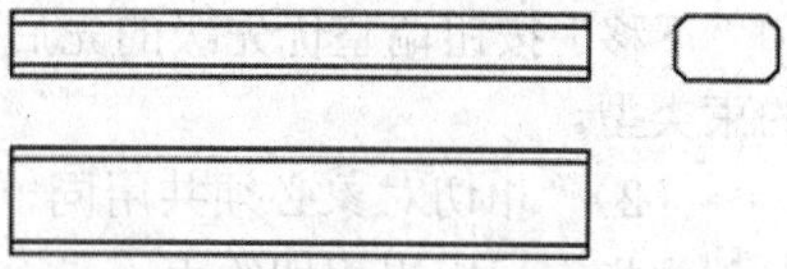

图3-41 键B18×100轮廓

，更改水平尺寸，命令行提示与操作如下：

> 命令：_DcHorizontal
> 指定第一个约束点或 [对象(O)] <对象>：选择最上端直线左端
> 指定第二个约束点：选择最上端直线右端
> 指定尺寸线位置：在合适位置单击
> 标注文字 =100：80✓。

5．系统自动将长度调整为80，最终结果如图3-40所示。

3.4.5 自动约束

在用 AutoCAD 绘图时，利用"约束设置"对话框中的"自动约束"选项卡，如图 3-42 所示，可将设定公差范围内的对象自动设置为相关约束。

【执行方式】

命令行：CONSTRAINTSETTINGS（CSETTINGS）。

菜单栏：选择菜单栏中的"参数"→"约束设置"命令。

工具栏：单击"参数"工具栏中的"约束设置"按钮 。

功能区：单击"参数化"选项卡"标注"面板中的"对话框启动器" 。

执行上述操作后，系统打开"约束设置"对话框，单击"自动约束"选项卡，如图 3-42 所示，利用此对话框可以控制自动约束的相关参数。

图3-42 "自动约束"选项卡

【选项说明】

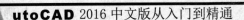
（1）"约束类型"列表框 显示自动约束的类型以及优先级。可以通过单击"上移"和"下移"按钮调整优先级的先后顺序。单击图标符号 ✔ 选择或去掉某约束类型作为自动约束类型。

（2）"相切对象必须共用同一交点"复选框 指定两条曲线必须共用一个点（在距离公差内指定）应用相切约束。

（3）"垂直对象必须共用同一交点"复选框 指定直线必须相交或一条直线的端点必须与另一条直线或直线的端点重合（在距离公差内指定）。

（4）"公差"选项组 设置可接受的"距离"和"角度"公差值，以确定是否可以应用约束。

3.4.6 操作实例——约束控制未封闭三角形

绘制步骤：

对如图 3-43 所示的未封闭三角形进行约束控制。

1）设置约束与自动约束。选择菜单栏中的"参数"→"约束设置"命令，打开"约束设置"对话框。单击"几何"选项卡，单击"全部选择"按钮，选择全部约束方式，如图 3-44 所示。再单击"自动约束"选项卡，将"距离"和"角度"公差值设置为 1，取消对"相切对象必须共用同一交点"复选框和"垂直对象必须共用同一交点"复选框的勾选，约束优先顺序按图 3-45 所示设置。

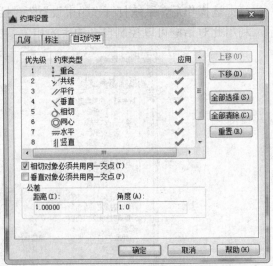

图3-43 未封闭三角形   图3-44 "几何"选项卡设置

参见光盘   光盘动画演示\第3章\约束控制未封闭三角形.avi

2）在界面上方的工具栏区右击，选择快捷菜单中的"参数化"命令，打开"参数化"

工具栏，如图 3-46 所示。

图3-45 "自动约束"选项卡设置　　　　图3-46 "参数化"工具栏

3）单击"参数化"工具栏中的"固定"按钮🔒，命令提示与操作如下：

命令：_GcFix

选择点或 [对象(O)] <对象>：选择三角形底边

这时，底边被固定，并显示固定标记，如图 3-47 所示。

4）单击"参数化"工具栏中的"重合"按钮💄，命令行提示与操作如下：

命令：_GcCoincident

选择第一个点或 [对象(O)/自动约束(A)] <对象>:选择三角形底边

选择第二个点或 [对象(O)] <对象>:选择三角形左边，这里已知左边两个端点的距离为 0.7，在自动约束公差范围内

这时，左边下移，使底边和左边的两个端点重合，并显示固定标记，而原来重合的上顶点现在分离，如图 3-48 所示。

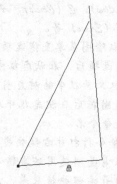

图3-47 固定约束　　　　　　　　图3-48 自动重合约束1

5）采用同样的方法，使上边两个端点进行自动约束，两者重合，并显示重合标记，如图 3-49 所示。

6）单击"参数化"工具栏中的"自动约束"按钮 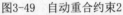，选择三角形底边和右边为自动约束对象（这里已知底边与右边的原始夹角为89°），可以发现，底边与右边自动保持重合与垂直的关系，如图3-50所示（注意：三角形的右边必然要缩短）。

图3-49　自动重合约束2

图3-50　自动重合与自动垂直约束

★ 知识链接——命令输入方式

AutoCAD交互绘图必须输入必要的指令和参数。有多种AutoCAD命令输入方式（以画直线为例）：

1. 在命令窗口输入命令名

命令字符可不区分大小写。例如，命令：LINE✓。执行命令时，在命令行提示中经常会出现命令选项。如输入绘制直线命令"LINE"后，命令行提示与操作如下：

> 命令：LINE✓
>
> 指定第一个点：（在屏幕上指定一点或输入一个点的坐标）
>
> 指定下一点或 [放弃(U)]:

选项中不带括号的提示为默认选项，因此可以直接输入直线段的起点坐标或在屏幕上指定一点，如果要选择其他选项，则应该首先输入该选项的标识字符，如"放弃"选项的标识字符"U"，然后按系统提示输入数据即可。在命令选项的后面有时候还带有尖括号，尖括号内的数值为默认数值。

2. 在命令窗口输入命令缩写字

如L（Line）、C（Circle）、A（Arc）、Z（Zoom）、R（Redraw）、M（More）、CO（Copy）、PL（Pline）、E（Erase）等。

3. 选取绘图菜单直线选项

选取该选项后，在状态栏中可以看到对应的命令说明及命令名。

4. 选取工具栏中的对应图标

选取该图标后在状态栏中也可以看到对应的命令说明及命令名。

5. 在命令行打开右键快捷菜单

如果在前面刚使用过要输入的命令，则可以在命令行打开右键快捷菜单，在"近期使用的命令"子菜单中选择需要的命令，如图3-51所示。"近期使用的命令"子菜单中储存最近使用的6

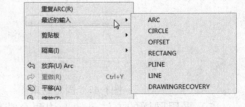

图3-51　命令行右键快捷菜单

个命令，如果经常重复使用某个6次操作以内的命令，这种方法就比较快速简洁。

6. 在绘图区右击鼠标

如果用户要重复使用上次使用的命令，则可以直接在绘图区右击鼠标，系统立即重复执行上次使用的命令，这种方法适用于重复执行某个命令。

3.5 动手练一练

 【实例1】过四边形上、下边延长线交点作四边形右边的平行线，如图 3-52 所示。

1. 目的要求

本例要绘制的图形比较简单，但是要准确找到四边形上、下边延长线必须启用"对象捕捉"功能，捕捉延长线交点。通过本例，读者可以体会到对象捕捉功能的方便与快捷作用。

2. 操作提示

1) 在界面上方的工具栏区右击，选择快捷菜单中的"对象捕捉"命令，打开"对象捕捉"工具栏。

2) 利用"对象捕捉"工具栏中的"捕捉到交点"工具捕捉四边形上、下边的延长线交点作为直线起点。

3) 利用"对象捕捉"工具栏中的"捕捉到平行线"工具捕捉一点作为直线终点。

【实例2】利用对象追踪功能，在如图 3-53a 所示的图形基础上绘制一条如图 3-53b 所示的特殊位置直线。

1. 目的要求

本例要绘制的图形比较简单，但是要准确找到直线的两个端点必须启用"对象捕捉"和"对象捕捉追踪"工具。通过本例，读者可以体会到对象捕捉和对象捕捉追踪功能的方便与快捷作用。

2. 操作提示

1) 启用对象捕捉追踪与对象捕捉功能。

2) 在三角形左边延长线上捕捉一点作为直线起点。

3) 结合对象捕捉追踪与对象捕捉功能在三角形右边延长线上捕捉一点作为直线终点。

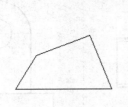

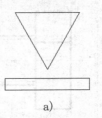

a)

b)

图3-52 四边形   图3-53 绘制直线

2016

AutoCAD

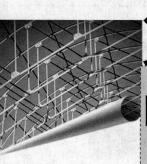

第**4**章

图层设置

　　AutoCAD 提供了图层工具，对每个图层规定其颜色和线型，并把具有相同特征的图形对象放在同一图层上绘制，这样绘图时不用分别设置对象的线型和颜色，不仅方便绘图，而且保存图形时只需存储其几何数据和所在图层即可，因而既节省了存储空间，又可以提高工作效率。本章将对图层的知识以及图层上颜色和线型的设置进行介绍。

重点与难点

- 学习图层颜色的设置
- 了解图层线型的设置
- 熟练掌握利用对话框和工具栏设置图层
- 了解在图层特性管理器中设置线型
- 掌握在各种选项卡中设置颜色

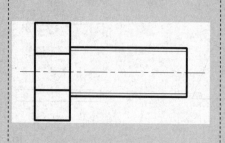

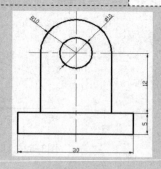

4.1 设置图层

图层的概念类似投影片，将不同属性的对象分别放置在不同的投影片（图层）上。例如，将图形的主要线段、中心线、尺寸标注等分别绘制在不同的图层上，每个图层可设定不同的线型、线条颜色，然后把不同的图层堆栈在一起成为一张完整的视图，这样可使视图层次分明，方便图形对象的编辑与管理。一个完整的图形就是由它所包含的所有图层上的对象叠加在一起构成的，如图 4-1 所示。

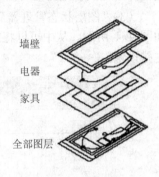

图4-1 图层效果

4.1.1 利用对话框设置图层

AutoCAD 2016 提供了详细直观的"图层特性管理器"对话框，用户可以方便地通过对该对话框中的各选项及其二级对话框进行设置，从而实现创建新图层、设置图层颜色及线型的各种操作。

【执行方式】

命令行：LAYER。

菜单栏：选择菜单栏中的"格式"→"图层"命令。

工具栏：单击"图层"工具栏中的"图层特性管理器"按钮。

功能区：单击"默认"选项卡"图层"面板中的"图层特性"按钮或单击"视图"选项卡"选项板"面板中的"图层特性"按钮。

执行上述操作后，系统打开如图 4-2 所示的"图层特性管理器"对话框。

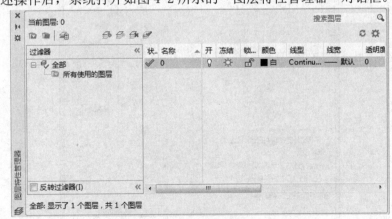

图4-2 "图层特性管理器"对话框

【选项说明】

（1）"新建特性过滤器"按钮 单击该按钮，可以打开"图层过滤器特性"对话框，

2016 AutoCAD

如图 4-3 所示。从中可以基于一个或多个图层特性创建图层过滤器。

（2）"新建组过滤器"按钮 📁 单击该按钮可以创建一个图层过滤器，其中包含用户选定并添加到该过滤器的图层。

（3）"图层状态管理器"按钮 📑 单击该按钮，可以打开"图层状态管理器"对话框，如图 4-4 所示。从中可以将图层的当前特性设置保存到命名图层状态中，以后可以再恢复这些设置。

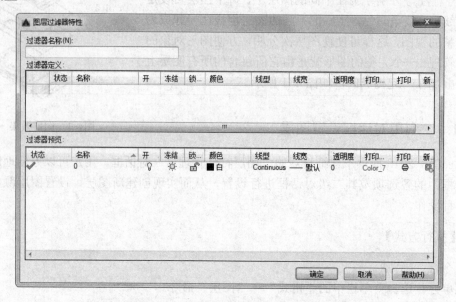

图4-3 "图层过滤器特性"对话框

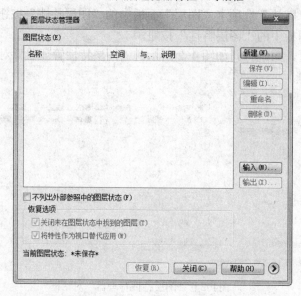

图4-4 "图层状态管理器"对话框

（4）"新建图层"按钮 📄 单击该按钮，图层列表中出现一个新的图层名称"图层 1"，用户可使用此名称，也可改名。要想同时创建多个图层，可选中一个图层名后，输入多个名称，各名称之间以逗号分隔。图层的名称可以包含字母、数字、空格和特殊符号，AutoCAD 2016 支持长达 255 个字符的图层名称。新的图层继承了创建新图层时所选中的已有图层的所有特性（颜色、线型、开/关状态等），如果新建图层时没有图层被选中，则新图层具有默认的设置。

（5）"在所有视口中都被冻结的新图层视口"按钮 单击该按钮，将创建新图层，然后在所有现有布局视口中将其冻结。可以在"模型"空间或"布局"空间上访问此按钮。

（6）"删除图层"按钮 在图层列表中选中某一图层，然后单击该按钮，则把该图层删除。

（7）"置为当前"按钮 在图层列表中选中某一图层，然后单击该按钮，则把该图层设置为当前图层，并在"当前图层"列中显示其名称。当前层的名称存储在系统变量 CLAYER 中。另外，双击图层名也可把其设置为当前图层。

（8）"搜索图层"文本框 输入字符时，按名称快速过滤图层列表。关闭图层特性管理器时并不保存此过滤器。

（9）"状态行" 显示当前过滤器的名称、列表视图中显示的图层数和图形中的图层数。

（10）"反向过滤器"复选框 勾选该复选框，显示所有不满足选定图层特性过滤器中条件的图层。

（11）图层列表区 显示已有的图层及其特性。要修改某一图层的某一特性，单击它所对应的图标即可。右击空白区域或利用快捷菜单可快速选中所有图层。列表区中各列的含义如下：

1）状态：指示项目的类型，有图层过滤器、正在使用的图层、空图层或当前图层 4 种。

2）名称：显示满足条件的图层名称。如果要对某图层修改，首先要选中该图层的名称。

3）状态转换图标：在"图层特性管理器"对话框的图层列表中有一列图标，单击这些图标，可以打开或关闭该图标所代表的功能，各图标功能说明如表 4-1 所示。

表 4-1 图标功能

图示	名称	功能说明
$\heartsuit$ / $\heartsuit$	开 / 关闭	将图层设定为打开或关闭状态，当呈现关闭状态时，该图层上的所有对象将隐藏不显示，只有处于打开状态的图层会在绘图区上显示或由打印机打印出来。因此，绘制复杂的视图时，先将不编辑的图层暂时关闭，可降低图形的复杂性。图 4-5 所示为尺寸标注图层打开和关闭的情形
☼ / ❈	解冻 / 冻结	将图层设定为解冻或冻结状态。当图层呈现冻结状态时，该图层上的对象均不会显示在绘图区上，也不能由打印机打出，而且不会执行重生（REGEN）、缩放（EOOM）、平移（PAN）等命令的操作，因此若将视图中不编辑的图层暂时冻结，可加快执行绘图编辑的速度。而 $\heartsuit$ / $\heartsuit$（开 / 关闭）功能只是单纯将对象隐藏，因此并不会加快执行速度

（续）

图示	名称	功能说明
🔓 / 🔒	解锁 / 锁定	将图层设定为解锁或锁定状态。被锁定的图层，仍然显示在绘图区，但不能编辑修改被锁定的对象，只能绘制新的图形，这样可防止重要的图形被修改
🖶 / 🖶⊘	打印 / 不打印	设定该图层是否可以打印图形

图4-5 打开或关闭尺寸标注图层

4）颜色：显示和改变图层的颜色。如果要改变某一图层的颜色，单击其对应的颜色图标，AutoCAD 系统打开如图 4-6 所示的"选择颜色"对话框，用户可从中选择需要的颜色。

图4-6 "选择颜色"对话框

5）线型：显示和修改图层的线型。如果要修改某一图层的线型，单击该图层的"线型"项，系统打开"选择线型"对话框，如图 4-7 所示，其中列出了当前可用的线型，用户可从中选择。

6）线宽：显示和修改图层的线宽。如果要修改某一图层的线宽，单击该图层的"线宽"列，打开"线宽"对话框，如图 4-8 所示，其中列出了 AutoCAD 设定的线宽，用户可从中进行选择。其中"线宽"列表框中显示可以选用的线宽值，用户可从中选择需要的线宽。"旧的"显示行显示前面赋予图层的线宽，当创建一个新图层时，采用默认线宽（其值为 0.25mm），默认线宽的值由系统变量 LWDEFAULT 设置；"新的"显示行显示赋予图层的新线宽。

7）打印样式：打印图形时各项属性的设置。

图4-7　"选择线型"对话框　　　　图4-8　"线宽"对话框

◆ 技术看板——合理利用图层

　　合理利用图层，可以事半功倍。在开始绘制图形时，就预先设置一些基本图层。每个图层锁定自己的专门用途，这样做只需绘制一份图形文件，就可以组合出许多需要的图样，需要修改时也可针对各个图层进行。

📖4.1.2　利用工具栏设置图层

　　AutoCAD 2016 提供了一个"特性"工具栏，如图 4-9 所示。可以利用工具栏下拉列表框中的选项，快速地察看和改变所选对象的图层、颜色、线型和线宽特性。"特性"工具栏上的图层颜色、线型、线宽和打印样式的控制增强了察看和编辑对象属性的命令。在绘图区选择任何对象，都将在工具栏上自动显示它所在图层、颜色、线型等属性。"特性"工具栏各部分的功能介绍如下：

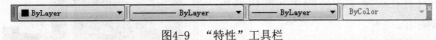

图4-9　"特性"工具栏

　　（1）"颜色控制"下拉列表框　单击右侧的向下箭头，可从打开的选项列表中选择一种颜色，使之成为当前颜色，如果选择"选择颜色"选项，系统打开"选择颜色"对话框以选择其他颜色。修改当前颜色后，不论在哪个图层上绘图都采用这种颜色，但对各个图层的颜色没有影响。

　　（2）"线型控制"下拉列表框　单击右侧的向下箭头，可从打开的选项列表中选择一种线型，使之成为当前线型。修改当前线型后，不论在哪个图层上绘图都采用这种线型，但对各个图层的线型设置没有影响。

　　（3）"线宽控制"下拉列表框　单击右侧的向下箭头，可从打开的选项列表中选择一种线宽，使之成为当前线宽。修改当前线宽后，不论在哪个图层上绘图都采用这种线宽，但对各个图层的线宽设置没有影响。

　　（4）"打印类型控制"下拉列表框　单击右侧的向下箭头，可从打开的选项列表中选

择一种打印样式，使之成为当前打印样式。

4.2 设置颜色

AutoCAD 绘制的图形对象都具有一定的颜色，为使绘制的图形清晰表达，可把同一类的图形对象用相同的颜色绘制，而使不同类的对象具有不同的颜色，以示区分，这样就需要适当地对颜色进行设置。AutoCAD 允许用户设置图层颜色，为新建的图形对象设置当前颜色，还可以改变已有图形对象的颜色。

【执行方式】

命令行：COLOR（快捷命令：COL）。

菜单栏：选择菜单栏中的"格式"→"颜色"命令。

执行上述操作后，系统打开图 4-6 所示的"选择颜色"对话框。

【选项说明】

（1）"索引颜色"选项卡　单击此选项卡，可以在系统所提供的 255 种颜色索引表中选择所需要的颜色，如图 4-6 所示。

1）"颜色索引"列表框：依次列出了 255 种索引色，在此列表框中选择所需要的颜色。

2）"颜色"文本框：所选择的颜色代号值显示在"颜色"文本框中，也可以直接在该文本框中输入自己设定的代号值来选择颜色。

3）"ByLayer"和"ByBlock"按钮：单击这两个按钮，颜色分别按图层和图块设置。这两个按钮只有在设定了图层颜色和图块颜色后才可以使用。

（2）"真彩色"选项卡　单击此选项卡，可以选择需要的任意颜色，如图 4-10 所示。可以拖动调色板中的颜色指示光标和亮度滑块选择颜色及其亮度。也可以通过"色调"、"饱和度"和"亮度"的调节钮来选择需要的

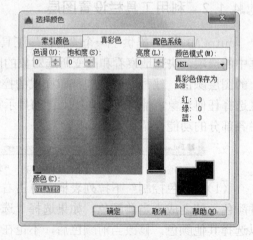

图4-10　"真彩色"选项卡

颜色。所选颜色的红、绿、蓝值显示在下面的"颜色"文本框中，也可以直接在该文本框中输入自己设定的红、绿、蓝值来选择颜色。

在此选项卡中还有一个"颜色模式"下拉列表框，默认的颜色模式为"HSL"模式，即图 4-10 所示的模式。RGB 模式也是常用的一种颜色模式，如图 4-11 所示。

（3）"配色系统"选项卡　单击此选项卡，可以从标准配色系统（如 Pantone）中选择预定义的颜色，如图 4-12 所示。在"配色系统"下拉列表框中选择需要的系统，然后拖动右边的滑块来选择具体的颜色，所选颜色编号显示在下面的"颜色"文本框中，也可以直

接在该文本框中输入编号值来选择颜色。

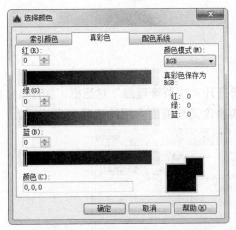
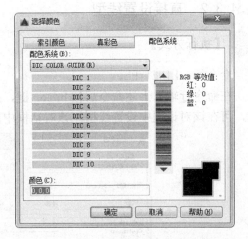

图4-11 RGB模式　　　　　图4-12 "配色系统"选项卡

4.3 图层的线型

4.3.1 在"图层特性管理器"对话框中设置线型

单击"图层"工具栏中的"图层特性管理器"按钮，打开"图层特性管理器"对话框，如图 4-2 所示。在图层列表的线型列下单击线型名，系统打开"选择线型"对话框，如图 4-7 所示，对话框中选项的含义如下：

（1）"已加载的线型"列表框　显示在当前绘图中加载的线型，可供用户选用，其右侧显示线型的形式。

（2）"加载"按钮　单击该按钮，打开"加载或重载线型"对话框，如图 4-13 所示，用户可通过此对话框加载线型并把它添加到线型列中。但要注意，加载的线型必须在线型库（LIN）文件中定义过。标准线型都保存在 acad.lin 文件中。

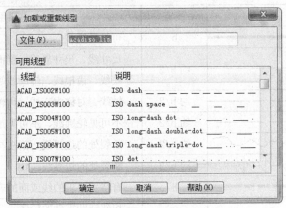

图4-13 "加载或重载线型"对话框

4.3.2　直接设置线型

【执行方式】

命令行：LINETYPE。

在命令行输入上述命令后按 Enter 键，系统打开"线型管理器"对话框，如图 4-14 所示，可在该对话框中设置线型。该对话框中的选项含义与前面介绍的选项含义相同。

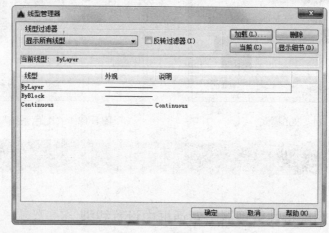

图4-14　"线型管理器"对话框

★　知识链接——国标对图线的规定

在国家标准 GB/T4457.4-2002 中，对机械图样中使用的各种图线名称、线型、线宽以及在图样中的应用做了规定，见表4-2。其中常用的图线有4种，即粗实线、细实线、虚线、细点画线。图线分为粗、细两种，粗线的宽度 b 应按图样的大小和图形的复杂程度，在 0.5~2mm 之间选择，细线的宽度约为 b/2。

表 4-2　图线的型式及应用

图线名称	线型	线宽	主要用途
粗实线	————	b	可见轮廓线
细实线	————	约 b/2	尺寸线、尺寸界线、剖面线、引出线、弯折线、牙底线、齿根线、辅助线等
细点画线	— · — · —	约 b/2	轴线、对称中心线、齿轮节线等
虚线	— — — —	约 b/2	不可见轮廓线、不可见过渡线
波浪线	～～～～	约 b/2	断裂处的边界线、剖视与视图的分界线
双折线	—／\／——	约 b/2	断裂处的边界线
粗点画线	■ ━ ■ ━ ■	b	有特殊要求的线或面的表示线
双点画线	— — — —	约 b/2	相邻辅助零件的轮廓线、极限位置的轮廓线、假想投影的轮廓线

4.3.3 操作实例——螺栓

绘制如图 4-15 所示的螺栓。

| 参见光盘 | 光盘动画演示\第 4 章\螺栓.avi |

绘制步骤:

1) 单击"默认"选项卡"图层"面板中的"图层特性管理器"按钮，打开"图层特性管理器"对话框。

2) 单击"新建图层"按钮，创建一个新层，把名字由默认的"图层 1"改为"中心线"。

3) 单击"中心线"层对应的"颜色"项，打开"选择颜色"对话框，选择红色为该层颜色，单击"确定"按钮，返回"图层特性管理器"对话框。

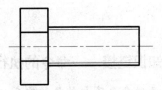

图4-15 绘制图形

4) 单击"中心线"层对应的"线型"项，打开"选择线型"对话框。

5) 在"选择线型"对话框中，单击"加载"按钮，系统打开"加载或重载线型"对话框，选择"CENTER"线型，单击"确定"按钮退出。在"选择线型"对话框中选择 CENTER（点画线）为该层线型，单击"确定"按钮，返回"图层特性管理器"对话框。

6) 单击"中心线"层对应的"线宽"项，打开"线宽"对话框，选择线宽为 0.09mm，单击"确定"按钮退出。

7) 用相同的方法再建立两个新层，分别命名为"轮廓线"和"细实线"。"轮廓线"层的颜色设置为白色，线型为 Continuous（实线），线宽为 0.30mm。"细实线"层的颜色设置为蓝色，线型为 Continuous，线宽为 0.09mm。并且让 3 个图层均处于打开、解冻和解锁状态，各项设置如图 4-16 所示。

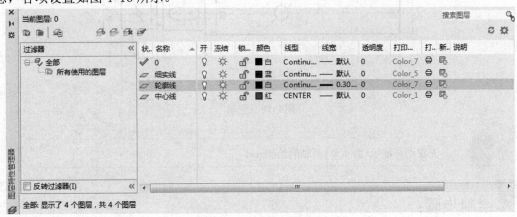

图4-16 新建图层的各项设置

8) 将当前图层设置为"中心线"图层。

9）在当前层"中心线"层上，绘制图 4-15 中的中心线，如图 4-17a 所示。

10）将当前图层设置为"轮廓线"层图层，并在其上绘制图 4-15 中的主体图形，如图 4-17b 所示。

11）将当前层设置为"细实线"层，并在"细实线"层上绘制螺纹牙底线。

结果如图 4-15 所示。

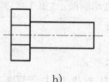

a)   b)

图4-17   绘制过程

★ 知识链接——命令的执行方式

有的命令有两种执行方式，通过对话框或通过命令行输入命令。如指定使用命令窗口方式，可以在命令名前加短划来表示，如 "-LAYER" 表示用命令行方式执行 "图层特性管理器" 命令。而如果在命令行输入 "LAYER"，系统则会自动弹出 "图层特性管理器" 对话框。

另外，有些命令同时存在命令行、菜单和工具栏 3 种执行方式，这时如果选择菜单或工具栏方式，命令行会显示该命令，并在前面加一下画线，如通过菜单或工具栏方式执行 "直线" 命令时，命令行会显示 "_line"，命令的执行过程与结果与命令行方式相同。

4.4   综合演练——泵轴的绘制

绘制如图 4-18 所示的泵轴。

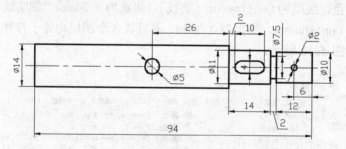

图4-18   泵轴

    光盘动画演示\第 4 章\泵轴的绘制 avi

绘制步骤：

1．图层设置

1）单击"默认"选项卡"图层"面板中的"图层特性管理器"按钮，打开"图层特性管理器"对话框。

2）单击"新建图层"按钮 ，创建一个新图层，把该图层命名为"中心线"。

3）单击"中心线"图层对应的"颜色"列，打开"选择颜色"对话框，如图 4-19 所示。选择红色为该图层颜色，单击"确定"按钮，返回"图层特性管理器"对话框。

4）单击"中心线"图层对应的"线型"列，打开"选择线型"对话框，如图 4-20 所示。

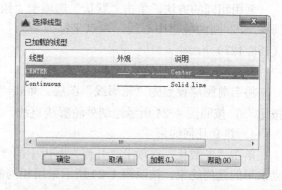

图4-19 "选择颜色"对话框　　　　图4-20 "选择线型"对话框

5）在"选择线型"对话框中，单击"加载"按钮，系统打开"加载或重载线型"对话框，选择"CENTER"线型，如图 4-21 所示，单击"确定"按钮退出。在"选择线型"对话框中选择"CENTER"（点画线）为该图层线型，单击"确定"按钮，返回"图层特性管理器"对话框。

6）单击"中心线"图层对应的"线宽"列，打开"线宽"对话框，如图 4-22 所示。选择线宽为 0.09mm，单击"确定"按钮。

图4-21 "加载或重载线型"对话框　　　　图4-22 "线宽"对话框

7）采用相同的方法再创建两个新图层，分别命名为"轮廓线"和"尺寸线"。"轮廓线"图层的颜色设置为白色，线型为 Continuous（实线），线宽为 0.30mm。"尺寸线"图层的颜色设置为蓝色，线型为 Continuous，线宽为 0.09mm。设置完成后，使 3 个图层均处于打开、

解冻和解锁状态，各项设置如图 4-23 所示。

2．绘制泵轴的中心线

当前图层设置为"中心线"图层，单击"默认"选项卡"绘图"面板中的"直线"按钮，绘制泵轴的中心线，命令行提示与操作如下：

命令: _line

指定第一个点: 65,130✓

指定下一点或 [放弃(U)]: 170,130✓

指定下一点或 [放弃(U)]: ✓

采用相同的方法，单击"默认"选项卡"绘图"面板中的"直线"按钮，绘制 $\Phi 5$ 圆与 $\Phi 2$ 圆的竖直中心线，端点坐标分别为{（110,135）、（110,125）}和{（158,133）、（158,127）}。

3．绘制泵轴的外轮廓线

将当前图层设置为"轮廓线"图层。单击"默认"选项卡"绘图"面板中的"直线"按钮，按照图 4-24 所示绘制外轮廓线直线，尺寸不需精确。

4．建立几何约束

单击"参数化"选项卡"几何"面板中的"平行"按钮，使各水平方向上的直线建立水平的几何约束。按照图 4-24 所示采用相同的方法创建其他的几何约束。

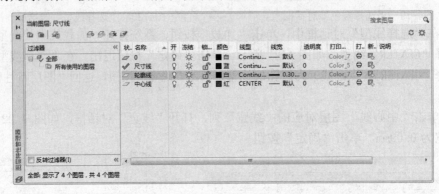

图4-23　新建图层的各项设置

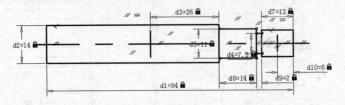

图4-24　泵轴的外轮廓线

5．建立尺寸约束

单击"参数化"选项卡"标注"面板中的"线性"下拉菜单下的"竖直"按钮，按照如图 4-18 所示的尺寸对泵轴外轮廓尺寸进行约束设置，命令行提示与操作如下：

命令: _DcVertical

指定第一个约束点或 [对象(O)] <对象>: （指定第一个约束点）

指定第二个约束点：（指定第二个约束点）

指定尺寸线位置：（指定尺寸线的位置）

标注文字 = 7.5

单击"参数化"选项卡"标注"面板中的"线性"下拉菜单下的"水平"按钮 ，按照如图 4-18 所示的尺寸对泵轴外轮廓尺寸进行约束设置，命令行提示与操作如下：

命令: _DcHorizontal

指定第一个约束点或 [对象(O)] <对象>：（指定第一个约束点）

指定第二个约束点：（指定第二个约束点）

指定尺寸线位置：（指定尺寸线的位置）

标注文字 = 12

执行上述操作后，系统自动将长度进行调整，绘制结果如图 4-18 所示。

6．绘制泵轴的键槽

单击"默认"选项卡"绘图"面板中的"多段线"按钮 ，绘制泵轴的键槽，命令行提示与操作如下：

命令: _pline

指定起点: 140,132↙

当前线宽为 0.0000

指定下一个点或 [圆弧(A)/半宽(H)/长度(L)/放弃(U)/宽度(W)]: @6,0↙

指定下一点或 [圆弧(A)/闭合(C)/半宽(H)/长度(L)/放弃(U)/宽度(W)]: A↙（绘制圆弧）

指定圆弧的端点(按住 Ctrl 键以切换方向)或[角度(A)/圆心(CE)/闭合(CL)/方向(D)/半宽(H)/直线(L)/半径(R)/第二个点(S)/放弃(U)/宽度(W)]: @0,-4↙

指定圆弧的端点(按住 Ctrl 键以切换方向)或[角度(A)/圆心(CE)/闭合(CL)/方向(D)/半宽(H)/直线(L)/半径(R)/第二个点(S)/放弃(U)/宽度(W)]: L↙

指定下一点或 [圆弧(A)/闭合(C)/半宽(H)/长度(L)/放弃(U)/宽度(W)]: @-6,0↙

指定下一点或 [圆弧(A)/闭合(C)/半宽(H)/长度(L)/放弃(U)/宽度(W)]:（单击"对象捕捉"工具栏中的"捕捉到端点"按钮 ）A↙

指定圆弧的端点(按住 Ctrl 键以切换方向)或[角度(A)/圆心(CE)/闭合(CL)/方向(D)/半宽(H)/直线(L)/半径(R)/第二个点(S)/放弃(U)/宽度(W)]: _endp 于: 选择绘制的上面直线段的左端点，绘制左端的圆弧

指定圆弧的端点(按住 Ctrl 键以切换方向)或[角度(A)/圆心(CE)/闭合(CL)/方向(D)/半宽(H)/直线(L)/半径(R)/第二个点(S)/放弃(U)/宽度(W)]: ↙

7．绘制孔

单击"默认"选项卡"绘图"面板中的"圆"按钮 ，以左端中心线的交点为圆心，以任意直径绘制圆。

采用相同的方法，单击"默认"选项卡"绘图"面板中的"圆"按钮 ，以右端中心线的交点为圆心，以任意直径绘制圆。单击"参数化"选项卡"标注"面板中的"直径"按钮 ，更改左端圆的直径为 5，右端圆的直径为 2。

最终绘制的结果如图 4-18 所示。

4.5 动手练一练

【实例1】利用图层命令绘制如图 4-25 所示的支架

1．目的要求

本例要绘制的图形虽然简单，但与前面所学知识有一个明显的不同，就是图中不止一种图线。通过本例，要求读者掌握设置图层的方法与步骤。

2．操作提示

1）设置 3 个新图层。

2）绘制中心线。

3）绘制支架轮廓线。

4）标注尺寸。

【实例2】绘制如图 4-26 所示的五环旗

1．目的要求

本例要绘制的图形由一些基本图线组成，一个最大的特色就是不同的图线，要求设置其颜色不同，为此，必须设置不同的图层。通过本例，要求读者掌握设置图层的方法与图层转换过程的操作。

2．操作提示

1）利用图层命令 LAYER，创建 5 个图层。

2）利用"直线""多段线""圆环""圆弧"等命令在不同图层绘制图线。

3）每绘制一种颜色图线前，进行图层转换。

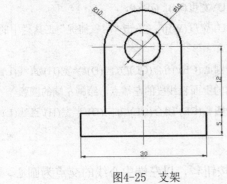

图4-25　支架

图4-26　五环旗

第5章

编辑命令

　　二维图形编辑操作配合绘图命令的使用可以进一步完成复杂图形的绘制工作，并可使用户合理安排和组织图形，保证作图准确，减少重复。对编辑命令的熟练掌握和使用有助于提高设计和绘图的效率。本章将主要介绍复制类命令、改变位置类命令、删除及恢复类命令、改变几何特性类命令和对象编辑命令。

重点与难点

- 学习绘图的编辑命令
- 掌握编辑命令的操作
- 了解对象编辑

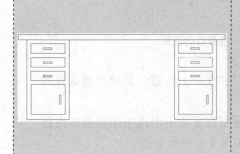

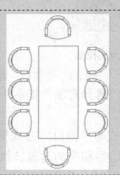

5.1 选择对象

AutoCAD 2016 提供以下几种方法选择对象。

1）先选择一个编辑命令，然后选择对象，按 Enter 键结束操作。

2）使用 SELECT 命令。在命令行输入"SELECT"，按 Enter 键，按提示选择对象，按 Enter 键结束。

3）利用定点设备选择对象，然后调用编辑命令。

4）定义对象组。无论使用哪种方法，AutoCAD 2016 都将提示用户选择对象，并且光标的形状由十字光标变为拾取框。下面结合 SELECT 命令说明选择对象的方法。

SELECT 命令可以单独使用，也可以在执行其他编辑命令时被自动调用。在命令行输入"SELECT"，按 Enter 键，命令行提示如下：

选择对象：

等待用户以某种方式选择对象作为回答。AutoCAD 2016 提供多种选择方式，可以输入"？"，查看这些选择方式。选择选项后，出现如下提示：

需要点或窗口(W)/上一个(L)/窗交(C)/框(BOX)/全部(ALL)/栏选(F)/圈围(WP)/圈交(CP)/编组(G)/添加(A)/删除(R)/多个(M)/前一个(P)/放弃(U)/自动(AU)/单个(SI)/子对象(SU)/对象(O)

选择对象：

其中，部分选项含义如下：

（1）点　表示直接通过点取的方式选择对象。利用鼠标或键盘移动拾取框，使其框住要选择的对象，然后单击，被选中的对象就会高亮显示。

（2）窗口（W）　用由两个对角顶点确定的矩形窗口选择位于其范围内部的所有图形，与边界相交的对象不会被选中。指定对角顶点时应该按照从左向右的顺序。执行结果如图 5-1 所示。

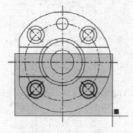 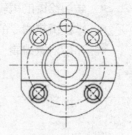

阴影部分为选择框　　　　　　　　选择后的图形

图5-1　"窗口"对象选择方式

（3）上一个（L）　在"选择对象"提示下输入"L"，按 Enter 键，系统自动选择最后绘出的一个对象。

（4）窗交（C）　该方式与"窗口"方式类似，其区别在于它不但选中矩形窗口内部的对象，也选中与矩形窗口边界相交的对象。执行结果如图 5-2 所示。

（5）框（BOX）　使用框时，系统根据用户在绘图区指定的两个对角点的位置而自动引用"窗口"或"窗交"选择方式。若从左向右指定对角点，为"窗口"方式；反之，为

"窗交"方式。

(6)全部（ALL） 选择绘图区所有对象。

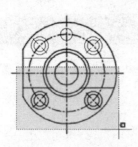

阴影部分为选择框　　　　　　　　　　　　　选择后的图形

图5-2 "窗交"对象选择方式

(7)栏选（F） 用户临时绘制一些直线，这些直线不必构成封闭图形，凡是与这些直线相交的对象均被选中。执行结果如图 5-3 所示。

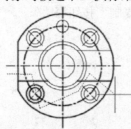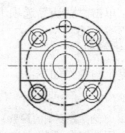

虚线为选择栏　　　　　　　　　　　　　　选择后的图形

图5-3 "栏选"对象选择方式

(8)圈围（WP） 使用一个不规则的多边形来选择对象。根据提示，用户依次输入构成多边形所有顶点的坐标，直到最后按 Enter 键结束操作，系统将自动连接第一个顶点与最后一个顶点，形成封闭的多边形。凡是被多边形围住的对象均被选中（不包括边界）。执行结果如图 5-4 所示。

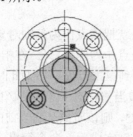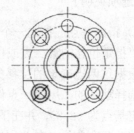

阴影部分为选择框　　　　　　　　　　　　　选择后的图形

图5-4 "圈围"对象选择方式

(9)圈交（CP） 类似于"圈围"方式，在提示后输入"CP"，按 Enter 键，后续操作与"圈围"方式相同。区别在于，执行此命令后与多边形边界相交的对象也被选中。

其他几个选项的含义与上面选项含义类似，这里不再赘述。

▲ **技巧与提示——巧用矩形选择框**

若矩形框从左向右定义，即第一个选择的对角点为左侧的对角点，则矩形框内部的对

象被选中，框外部及与矩形框边界相交的对象不会被选中；若矩形框从右向左定义，则矩形框内部及与矩形框边界相交的对象都会被选中。

5.2 复制类命令

5.2.1 复制

【执行方式】

命令行：COPY（快捷命令：CO）。

菜单栏：选择菜单栏中的"修改"→"复制"命令。

工具栏：单击"修改"工具栏中的"复制"按钮 。

快捷菜单：选中要复制的对象右击，选择快捷菜单中的"复制选择"命令。

功能区：单击"默认"选项卡"修改"面板中的"复制"按钮 。

【操作步骤】

命令行提示与操作如下：

命令: COPY✓

选择对象：（选择要复制的对象）

用前面介绍的对象选择方法选择一个或多个对象，按 Enter 键结束选择，命令行提示如下：

当前设置：复制模式 = 多个

指定基点或 [位移(D)/模式(O)] <位移>：（指定基点或位移）

指定第二个点或 [阵列(A)] <使用第一个点作为位移>：

【选项说明】

（1）指定基点　指定一个坐标点后，AutoCAD 系统把该点作为复制对象的基点，命令行提示"指定位移的第二点或[阵列(A)] <使用第一个点作为位移>："。在指定第二个点后，系统将根据这两点确定的位移矢量把选择的对象复制到第二点处。如果此时直接按 Enter 键，即选择默认的"用第一点作位移"，则第一个点被当作相对于 X、Y、Z 的位移。例如，如果指定基点为 (2,3)，并在下一个提示下按 Enter 键，则该对象从它当前的位置开始在 X 方向上移动两个单位，在 Y 方向上移动 3 个单位。复制完成后，命令行提示"指定位移的第二点："。这时，可以不断指定新的第二点，从而实现多重复制。

（2）位移（D）　直接输入位移值，表示以选择对象时的拾取点为基准，以拾取点坐标为移动方向，按纵横比移动指定位移后确定的点为基点。例如，选择对象时拾取点坐标为 (2,3)，输入位移为 5，则表示以点 (2,3) 为基准，沿纵横比为 3∶2 的方向移动 5 个单位所确定的点为基点。

（3）模式（O）　控制是否自动重复该命令。该设置由 COPYMODE 系统变量控制。

5.2.2 操作实例——办公桌

绘制如图 5-5 所示的办公桌。

图5-5 办公桌

 光盘动画演示\第 5 章\办公桌.avi

绘制步骤：

1）单击"默认"选项卡"绘图"面板中的"矩形"按钮 □，绘制矩形，如图 5-6 所示。

2）单击"默认"选项卡"绘图"面板中的"矩形"按钮 □，在合适的位置绘制一系列的矩形，绘制结果如图 5-7 所示。

图5-6 绘制矩形1

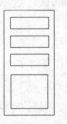

图5-7 绘制矩形2

3）单击"默认"选项卡"绘图"面板中的"矩形"按钮 □，在合适的位置绘制一系列的矩形，绘制结果如图 5-8 所示。

4）单击"默认"选项卡"绘图"面板中的"矩形"按钮 □，在合适的位置绘制一矩形，绘制结果如图 5-9 所示。

图5-8 绘制矩形3

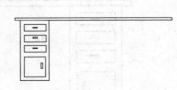

图5-9 绘制矩形4

5）单击"默认"选项卡"修改"面板中的"复制"按钮 ，将办公桌左边的一系列矩形复制到右边，完成办公桌的绘制，命令行提示与操作如下。

> 命令：_copy
>
> 选择对象：（选择左边的一系列矩形）
>
> 选择对象：↙
>
> 指定基点或 [位移(D)] <位移>：（选择最外面的矩形与桌面的交点）
>
> 指定第二个点或[阵列(A)] <使用第一个点作为位移>：（选择放置矩形的位置）
>
> 指定第二个点[阵列(A)/退出(E)/放弃(U)] <退出>：↙

最终绘制结果如图5-5所示。

5.2.3 镜像命令

镜像命令是指把选择的对象以一条镜像线为轴做对称复制。镜像操作完成后，可以保留原对象，也可以将其删除。

【执行方式】

命令行：MIRROR（快捷命令：MI）。

菜单栏：选择菜单栏中的"修改"→"镜像"命令。

工具栏：单击"修改"工具栏中的"镜像"按钮△。

功能区：单击"默认"选项卡"修改"面板中的"镜像"按钮△。

【操作步骤】

命令行提示与操作如下：

> 命令：MIRROR↙
>
> 选择对象：（选择要镜像的对象）
>
> 指定镜像线的第一点：（指定镜像线的第一个点）
>
> 指定镜像线的第二点：（指定镜像线的第二个点）
>
> 要删除源对象吗？[是(Y)/否(N)] <N>：（确定是否删除源对象）

选择的两点确定一条镜像线，被选择的对象以该直线为对称轴进行镜像。包含该线的镜像平面与用户坐标系统的 XY 平面垂直，即镜像操作在与用户坐标系统的 XY 平面平行的平面上。图 5-10 所示为利用"镜像"命令绘制的办公桌。读者可以比较用"复制"命令（如图 5-5 所示）和"镜像"命令绘制的办公桌有何异同。

图5-10　利用"镜像"命令绘制的办公桌

📖 5.2.4 操作实例——压盖

绘制如图 5-11 所示的压盖。

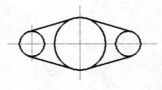

图5-11　压盖

　参见光盘　光盘动画演示\第 5 章\压盖.avi

绘制步骤：

1) 单击"默认"选项卡"图层"面板中的"图层特性管理器"按钮，设置如下图层：

● 第一图层命名为"轮廓线"，线宽属性为 0.3mm，其余属性默认。

● 第二图层命名为"中心线"，颜色设为红色，线型加载为 CENTER，其余属性默认。

2) 绘制中心线。将当前图层设置为"中心线"图层。单击"默认"选项卡"绘图"面板中的"直线"按钮，在屏幕上适当位置指定直线端点坐标，绘制一条水平中心线和两条竖直中心线，如图 5-12 所示。

3) 将当前图层设置为"轮廓线"图层，单击"默认"选项卡"绘图"面板中的"圆"按钮，分别捕捉两中心线的交点为圆心，指定适当的半径绘制两个圆，如图 5-13 所示。

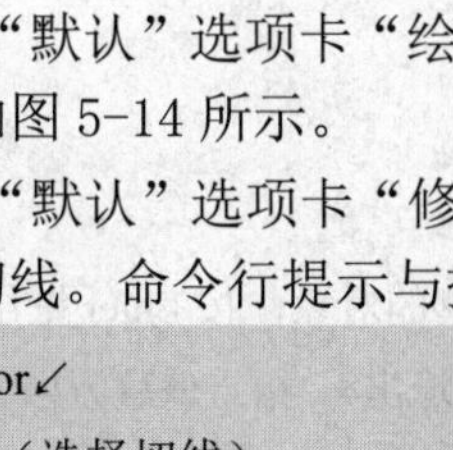

图5-12　绘制中心线

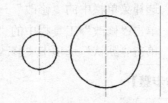

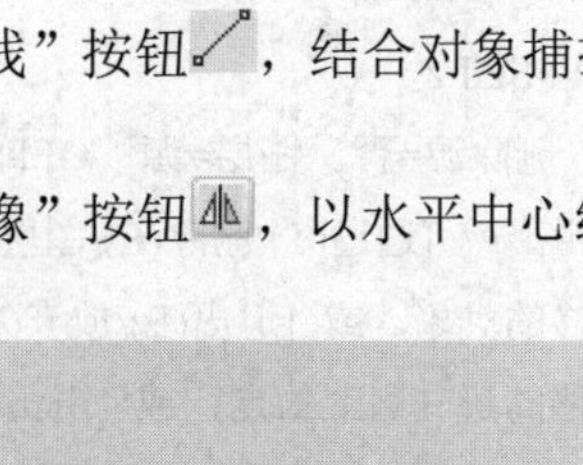

图5-13　绘制圆

4) 单击"默认"选项卡"绘图"面板中的"直线"按钮，结合对象捕捉功能，绘制一条切线，如图 5-14 所示。

5) 单击"默认"选项卡"修改"面板中的"镜像"按钮，以水平中心线为对称线镜像刚绘制的切线。命令行提示与操作如下：

命令: mirror↙

选择对象:（选择切线）

选择对象: ↙

指定镜像线的第一点:

指定镜像线的第二点:（在中间的中心线上选取两点）

要删除源对象吗? [是(Y)/否(N)] <N>:↙

AutoCAD 2016

结果如图 5-15 所示。

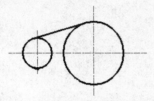

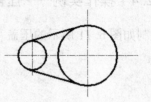

图5-14　绘制切线　　　　　　　　　　　　图5-15　镜像切线

★知识链接——按键定义

在 AutoCAD 中，除了可以通过在命令窗口输入命令、点取工具栏图标或点取菜单项来完成外，还可以使用键盘上的一组功能键或快捷键，通过这些功能键或快捷键，可以快速实现指定功能，如单击 F1 键，系统调用 AutoCAD 帮助对话框。

系统使用 AutoCAD 传统标准（Windows 之前）或 Microsoft Windows 标准解释快捷键。有些功能键或快捷键在 AutoCAD 的菜单中已经指出，如"粘贴"的快捷键为"Ctrl+V"，这些只要用户在使用的过程中多加留意，就会熟练掌握。快捷键的定义见菜单命令后面的说明，如"粘贴(P) Ctrl+V"。

5.2.5　偏移命令

偏移命令是指保持选择对象的形状，在不同的位置以不同尺寸新建一个对象。

【执行方式】

命令行：OFFSET（快捷命令：O）。
菜单栏：选择菜单栏中的"修改"→"偏移"命令。
工具栏：单击"修改"工具栏中的"偏移"按钮。
功能区：单击"默认"选项卡"修改"面板中的"偏移"按钮。

【操作步骤】

命令行提示与操作如下：

命令：OFFSET✓
当前设置：删除源=否　图层=源　OFFSETGAPTYPE=0
指定偏移距离或 [通过(T)/删除(E)/图层(L)] <通过>：指定偏移距离值
选择要偏移的对象，或 [退出(E)/放弃(U)] <退出>：选择要偏移的对象，按 Enter 键结束操作
指定要偏移的那一侧上的点，或 [退出(E)/多个(M)/放弃(U)] <退出>：指定偏移方向
选择要偏移的对象，或 [退出(E)/放弃(U)] <退出>：

【选项说明】

（1）指定偏移距离　输入一个距离值，或按 Enter 键使用当前的距离值，系统把该距离值作为偏移的距离，如图 5-16a 所示。

（2）通过（T） 指定偏移的通过点，选择该选项后，命令行提示如下：

选择要偏移的对象或 <退出>：（选择要偏移的对象，按 Enter 键结束操作）

指定通过点：（指定偏移对象的一个通过点）

执行上述操作后，系统会根据指定的通过点绘制出偏移对象，如图 5-16b 所示。

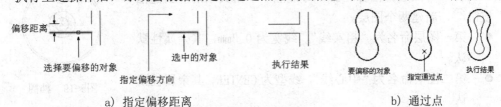

a）指定偏移距离　　　　　　　　　　　　　　　　　b）通过点

图5-16 偏移选项说明1

（3）删除（E） 偏移源对象后将其删除，如图 5-17a 所示。选择该项后命令行提示如下：

要在偏移后删除源对象吗？ [是(Y)/否(N)] <当前>：

（4）图层（L） 确定将偏移对象创建在当前图层上还是原对象所在的图层上，这样就可以在不同图层上偏移对象。选择该项后，命令行提示如下：

输入偏移对象的图层选项 [当前(C)/源(S)] <当前>：

如果偏移对象的图层选择为当前层，则偏移对象的图层特性与当前图层相同，如图 5-17b 所示。

（5）多个（M） 使用当前偏移距离重复进行偏移操作，并接受附加的通过点，执行结果如图 5-18 所示。

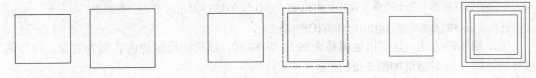

a）删除源对象　　　　　b）偏移对象的图层为当前层

图5-17 偏移选项说明2　　　　　　　　　　　　　　图5-18 偏移选项说明3

▲ 技巧与提示——巧用"偏移"命令

在 AutoCAD 2016 中，可以使用"偏移"命令对指定的直线、圆弧、圆等对象做定距离偏移复制操作。在实际应用中，常利用"偏移"命令的特性创建平行线或等距离分布图形，效果与"阵列"相同。默认情况下，需要先指定偏移距离，再选择要偏移复制的对象，然后指定偏移方向，以复制出需要的对象。

5.2.6 操作实例——挡圈的绘制

绘制如图 5-19 所示的挡圈。

光盘动画演示\第 5 章\挡圈.avi

绘制步骤:

1)单击"默认"选项卡"图层"面板中的"图层特性管理器"按钮，打开"图层特性管理器"对话框，单击其中的"新建图层"按钮，新建两个图层。

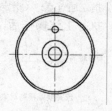

图5-19　挡圈

- 第一图层命名为"粗实线"，线宽为0.3mm，其余属性默认。
- 第二图层命名为"中心线"，线型为CENTER，其余属性默认。

2)将当前图层设置为"中心线"图层，单击"默认"选项卡"绘图"面板中的"直线"按钮，绘制中心线。

3)将当前图层设置为"粗实线"图层，单击"默认"选项卡"绘图"面板中的"圆"按钮，绘制挡圈内孔，半径为8，如图5-20所示。

4)单击"默认"选项卡"修改"面板中的"偏移"按钮，偏移绘制的内孔圆，命令行提示与操作如下:

命令: _offset↙

当前设置: 删除源=否　图层=源　OFFSETGAPTYPE=0

指定偏移距离或 [通过(T)/删除(E)/图层(L)] <通过>: 6↙

选择要偏移的对象，或 [退出(E)/放弃(U)] <退出>: 选择内孔圆

指定要偏移的那一侧上的点，或 [退出(E)/多个(M)/放弃(U)] <退出>: 在圆外侧单击

选择要偏移的对象，或 [退出(E)/放弃(U)] <退出>:↙

采用相同的方法，分别指定偏移距离为38和40，以初始绘制的内孔圆为对象，向外偏移复制该圆，绘制结果如图5-21所示。

图5-20　绘制内孔

图5-21　绘制轮廓线

5)单击"默认"选项卡"绘图"面板中的"圆"按钮，绘制小孔，半径为4，最终结果如图5-19所示。

5.2.7　阵列命令

阵列命令是指多重复制选择的对象，并把这些副本按矩形或环形排列。把副本按矩形排列称为创建矩形阵列，把副本按环形排列称为创建环形阵列。

AutoCAD 2016提供"ARRAY"命令创建阵列，用该命令可以创建矩形阵列、路径阵列和环形阵列。

【执行方式】

命令行：ARRAY（快捷命令：AR）。

菜单栏：选择菜单栏中的"修改"→"阵列"下的命令。

工具栏：单击"修改"工具栏中的"阵列"按钮 。

功能区：单击"默认"选项卡"修改"面板中的"矩形阵列"按钮 / "路径阵列"按钮 / "环形阵列"按钮。

【操作步骤】

命令行提示与操作如下：

> 命令：ARRAY
>
> 选择对象：（使用对象选择方法）
>
> 输入阵列类型[矩形（R）/路径（PA）/极轴（PO）]<矩形>:

【选项说明】

（1）矩形（R）   将选定对象的副本分布到行数、列数和层数的任意组合。选择该选项后出现如下提示：

> 选择夹点以编辑阵列或 [关联(AS)/基点(B)/计数(COU)/间距(S)/列数(COL)/行数(R)/层数(L)/退出(X)]<退出>:（通过夹点，调整间距、列数、行数和层数；或者输入选项）
>
> 输入列数或 [表达式(E)] <4>:（输入指定列数）
>
> 指定列数之间的距离或 [总计(T)/表达式(E)] <405.1165>:（输入列间距）
>
> 选择夹点以编辑阵列或 [关联(AS)/基点(B)/计数(COU)/间距(S)/列数(COL)/行数(R)/层数(L)/退出(X)]<退出>: （输入选项）
>
> 输入行数数或 [表达式(E)] <3>:（输入行数）
>
> 指定行数之间的距离或 [总计(T)/表达式(E)] <108.9144>:（输入行间距）
>
> 指定行数之间的标高增量或 [表达式(E)] <0>:
>
> 选择夹点以编辑阵列或 [关联(AS)/基点(B)/计数(COU)/间距(S)/列数(COL)/行数(R)/层数(L)/退出(X)]<退出>:

（2）路径（PA）   沿路径或部分路径均匀分布选定对象的副本。选择该选项后出现如下提示：

> 选择路径曲线:（选择一条曲线作为阵列路径）
>
> 选择夹点以编辑阵列或 [关联(AS)/方法(M)/基点(B)/切向(T)/项目(I)/行(R)/层(L)/对齐项目(A)/Z 方向(Z)/退出(X)] <退出>:（通过夹点，调整阵列数和层数；也可以分别选择各选项输入数值）

（3）极轴（PO）   在绕中心点或旋转轴的环形阵列中均匀分布对象副本。选择该选项后出现如下提示：

> 指定阵列的中心点或 [基点(B)/旋转轴(A)]:（选择中心点、基点或旋转轴）
>
> 选择夹点以编辑阵列或 [关联(AS)/基点(B)/项目(I)/项目间角度(A)/填充角度(F)/行(ROW)/层(L)/旋转项目(ROT)/退出(X)] <退出>:（通过夹点，调整角度，填充角度；也可以分别选择各选项输入数值）

▲ 技巧与提示——巧用"阵列"命令

　　阵列在平面作图时有两种方式，可以在矩形或环形（圆形）阵列中创建对象的副本。对于矩形阵列，可以控制行和列的数目以及它们之间的距离。对于环形阵列，可以控制对象副本的数目并决定是否旋转副本。

5.2.8　操作实例——弹簧的绘制

　　绘制如图 5-22 所示的弹簧。

光盘动画演示\第 5 章\弹簧.avi

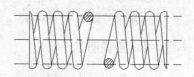

图5-22　弹簧

绘制步骤：

　　1）单击"默认"选项卡"图层"面板中的"图层特性管理器"按钮 🖴，打开"图层特性管理器"对话框，单击其中的"新建图层"按钮 🗐，新建三个图层。

- 　　第一图层命名为"轮廓线"，线宽为 0.3mm，其余属性默认。
- 　　第二图层命名为"中心线"，颜色设为红色，线型为 CENTER，其余属性默认。
- 　　第三图层命名为"细实线"，颜色设为蓝色，线宽为 0.09mm，其余属性默认。

　　2）将当前图层设置为"中心线"图层，单击"默认"选项卡"绘图"面板中的"直线"按钮 ✐，绘制一条水平中心线。

　　3）单击"默认"选项卡"修改"面板中的"偏移"按钮 ⬚，将水平中心线向上、向下各偏移 15。

　　4）单击"默认"选项卡"绘图"面板中的"直线"按钮 ✐，绘制辅助直线，命令行提示与操作如下：

```
命令:_line
指定第一个点:（在水平直线下方任取一点）
指定下一点或 [放弃(U)]: @45<96↙
指定下一点或 [放弃(U)]: ↙
```

绘制结果如图 5-23 所示。

　　5）将当前图层设置为"轮廓线"图层。单击"默认"选项卡"绘图"面板中的"圆"按钮 ⊙，分别以点 1、点 2 为圆心，绘制半径为 3 的圆，绘制结果如图 5-24 所示。

图5-23　绘制辅助直线

图5-24　绘制圆

6）单击"默认"选项卡"绘图"面板中的"直线"按钮 ✏，绘制两条与两个圆相切的直线，绘制结果如图 5-25 所示。

7）单击"默认"选项卡"修改"面板中的"矩形阵列"按钮 ▦，选择刚绘制的对象，在命令行中输入行数为 4、行与行之间的距离为 10，进行阵列，阵列结果如图 5-26 所示。命令行提示与操作如下：

```
命令: _arrayrect
选择对象: (选择上步绘制的对象)
选择对象: （按 Enter 键结束选择）
类型 = 矩形  关联 = 否
选择夹点以编辑阵列或 [关联(AS)/基点(B)/计数(COU)/间距(S)/列数(COL)/行数(R)/层数(L)/退出(X)]
<退出>: AS
创建关联阵列 [是(Y)/否(N)] <否>: N
选择夹点以编辑阵列或 [关联(AS)/基点(B)/计数(COU)/间距(S)/列数(COL)/行数(R)/层数(L)/退出(X)]
<退出>: R
输入行数或 [表达式(E)] <3>: 4
指定行数之间的距离或 [总计(T)/表达式(E)] <422969.2094>: 10
```

图5-25　绘制直线

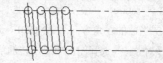

图5-26　矩形阵列结果

8）单击"默认"选项卡"绘图"面板中的"直线"按钮 ✏，绘制与圆相切的线段 3、线段 4，绘制结果如图 5-27 所示。

9）单击"默认"选项卡"修改"面板中的"矩形阵列"按钮 ▦，选择对象为线段 3 和线段 4，阵列设置与步骤 7）中相同，阵列结果如图 5-28 所示。

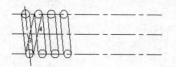

图5-27　绘制直线3、4

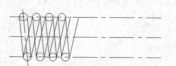

图5-28　矩形阵列直线3和4

10）单击"默认"选项卡"修改"面板中的"复制"按钮 ▦，以图形上侧最右边圆的圆心为基点，向右偏移 10，复制偏移的结果如图 5-29 所示。

11）单击"默认"选项卡"绘图"面板中的"直线"按钮 ✏，绘制辅助直线 5，如图 5-30 所示。

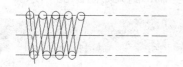

图5-29　复制偏移圆

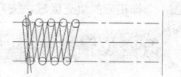

图5-30　绘制辅助直线

12）单击"默认"选项卡"修改"面板中的"修剪"按钮 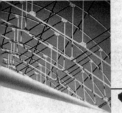（后面章节会详细介绍），以直线5为剪切边，剪去多余的线段，结果如图5-31所示。命令行操作与提示如下：

命令:_trim

当前设置:投影=UCS，边=无

选择剪切边...

选择对象或 <全部选择>:（选择直线5为剪切边）

选择要修剪的对象，或按住 Shift 键选择要延伸的对象，或[栏选(F)/窗交(C)/投影(P)/边(E)/删除(R)/放弃(U)]:（选择需要修建的直线和圆弧）

......

13）选择多余的直线，按住键盘上的 Delete 键，删除多余直线，结果如图5-32所示。

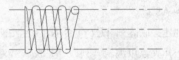

图5-31　修剪处理　　　　　　　　　　　图5-32　删除多余直线

14）单击"默认"选项卡"修改"面板中的"旋转"按钮 （后面章节会详细介绍），将弹簧复制旋转，命令行提示与操作如下：

命令: _rotate

UCS 当前的正角方向： ANGDIR=逆时针　ANGBASE=0

选择对象：（选择图形中要旋转的部分）

找到 1 个，总计 25 个

选择对象：✓

指定基点:_int 于：（在水平中心线上取一点）

指定旋转角度，或 [复制(C)/参照(R)] <0>:C✓，（旋转一组选定对象）

指定旋转角度，或 [复制(C)/参照(R)] <0>: 180✓

旋转结果如图 5-33 所示。

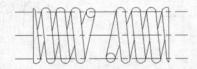

图5-33　旋转结果

15）图案填充。将当前图层设置为"细实线"图层。单击"默认"选项卡"绘图"面板中的"图案填充"按钮，系统显示"图案填充创建"选项板。选择图案填充类型为"图案"，填充图案为"ANSI31"，选择"角度"为0、"比例"为0.1，单击"添加：拾取点"按钮，选择相应的填充区域，按 Enter 键完成最终绘制，结果如图5-22所示。

5.3　改变位置类命令

改变位置类编辑命令是指按照指定要求改变当前图形或图形中某部分的位置，主要包括移动、旋转和缩放命令。

5.3.1 旋转命令

 【执行方式】

命令行：ROTATE（快捷命令：RO）。

菜单栏：选择菜单栏中的"修改"→"旋转"命令。

工具栏：单击"修改"工具栏中的"旋转"按钮 ○。

快捷菜单：选择要旋转的对象，在绘图区右击，选择快捷菜单中的"旋转"命令。

功能区：单击"默认"选项卡"修改"面板中的"旋转"按钮 ○。

【操作步骤】

命令行提示与操作如下：

命令：ROTATE✓

UCS 当前的正角方向： ANGDIR=逆时针 ANGBASE=0

选择对象：（选择要旋转的对象）

指定基点：（指定旋转基点，在对象内部指定一个坐标点）

指定旋转角度，或 [复制(C)/参照(R)] <0>:（指定旋转角度或其他选项）

 【选项说明】

（1）复制（C） 选择该选项，则在旋转对象的同时保留原对象，如图5-34所示。

旋转前 旋转后

图5-34 复制旋转

（2）参照（R） 采用参照方式旋转对象时，命令行提示与操作如下：

指定参照角 <0>:（指定要参照的角度，默认值为0）

指定新角度：（输入旋转后的角度值）

操作完毕后，对象被旋转至指定的角度位置。

▲ 技巧与提示——巧用"旋转"命令

可以用拖动鼠标的方法旋转对象。选择对象并指定基点后，从基点到当前光标位置会出现一条连线，拖动鼠标，选择的对象会动态地随着该连线与水平方向夹角的变化而旋转，按 Enter 键确认旋转操作，如图5-35所示。

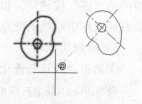

图5-35 拖动鼠标旋转对象

123

5.3.2 操作实例——曲柄

绘制如图 5-36 所示的曲柄。

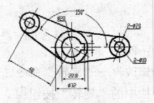

图5-36 曲柄

> 参见
> 光盘　　光盘动画演示\第 5 章\曲柄.avi

绘制步骤：

1）设置绘图环境。

单击"默认"选项卡"图层"面板中的"图层特性管理器"按钮铅，新建三个图层。

- 第一图层命名为"粗实线"，线宽为 0.3mm，其余属性默认。
- 第二图层命名为"细实线"，线宽为 0.15mm，其余属性默认。
- 第三图层命名为"中心线"，颜色设为红色，线型加载为 CENTER，线宽为 0.15mm，其余属性默认。

2）将当前图层设置为"中心线"图层，绘制对称中心线。单击"默认"选项卡"绘图"面板中的"直线"按钮，端点坐标值为{（100,100）、（180,100）}和{（120,120）（120,80）}，结果如图 5-37 所示。

3）对所绘制的竖直对称中心线进行偏移操作。单击"默认"选项卡"修改"面板中的"偏移"按钮，将竖直对称中心线向右偏移 48，结果如图 5-38 所示。

图5-37 绘制中心线　　　　　　　　　　图5-38 偏移中心线

4）将当前图层设置为"粗实线"图层，绘制同心圆。单击"默认"选项卡"绘图"面板中的"圆"按钮，以左端对称中心线的交点为圆心，绘制直径为 32 和 20 的同心圆，以右端对称中心线的交点为圆心，绘制直径为 10 和 20 的同心圆，结果如图 5-39 所示。

5）绘制切线。

①单击"默认"选项卡"绘图"面板中的"直线"按钮，命令行提示与操作如下：

命令：_line（绘制左端 φ32 圆与右端 φ20 圆的切线）

指定第一个点：_tan 到（捕捉右端 φ20 圆上部的切点）

指定下一点或 [放弃(U)]: _tan （捕捉左端 Φ32 圆上部的切点）

指定下一点或 [放弃(U)]: ✓

②单击"默认"选项卡"修改"面板中的"镜像"按钮，以水平中心线为镜像线，镜像刚绘制的切线，结果如图 5-40 所示。

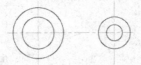 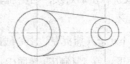

图5-39 绘制同心圆   图5-40 绘制切线

6）单击"默认"选项卡"修改"面板中的"偏移"按钮，将左边竖直中心线向右偏移 12.8，将水平中心线分别向上、向下偏移 3，结果如图 5-41 所示。

7）绘制键槽。

①单击"默认"选项卡"绘图"面板中的"直线"按钮，命令行提示与操作如下：

命令: _line（绘制中间的键槽）

指定第一个点: _int 于（捕捉上部水平对称中心线与小圆的交点）

指定下一点或 [放弃(U)]: _int 于（捕捉上部水平对称中心线与竖直对称中心线的交点）

指定下一点或 [放弃(U)]: _int 于（捕捉下部水平对称中心线与竖直对称中心线的交点）

指定下一点或 [闭合(C)/放弃(U)]: _int 于（捕捉下部水平对称中心线与小圆的交点）

指定下一点或 [闭合(C)/放弃(U)]: ✓

结果如图 5-42 所示。

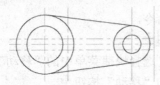

图5-41 偏移对称中心线   图5-42 绘制键槽

②单击"默认"选项卡"修改"面板中的"删除"按钮（后面章节会详细介绍），删除偏移的对称中心线。然后单击"默认"选项卡"修改"面板中的"修剪"按钮，以键槽的上、下边为剪切边，修剪键槽中间的圆弧（后面章节会详细介绍），结果如图 5-43 所示。命令行操作与提示如下：

命令: _erase

选择对象:（选择偏移后的对称中心线，按"Enter"键删除）

命令: _trim

当前设置:投影=UCS，边=无

选择剪切边...

选择对象或 <全部选择>:（按 Enter 键）

选择要修剪的对象，或按住 Shift 键选择要延伸的对象，或[栏选(F)/窗交(C)/投影(P)/边(E)/删除(R)/放弃(U)]:（选择需要修剪的对象）

……

8）复制旋转。单击"默认"选项卡"修改"面板中的"旋转"按钮◎，命令行提示与操作如下：

命令：_rotate

UCS 当前的正角方向：　ANGDIR=逆时针　ANGBASE=0

选择对象：（选择图形对象，如图 5-44 所示）

选择对象：↙

指定基点：_int 于（捕捉左边中心线的交点）

指定旋转角度，或 [复制(C)/参照(R)] <0>:C↙

指定旋转角度，或 [复制(C)/参照(R)] <0>: 150↙

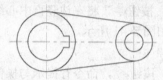 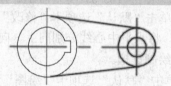

图5-43　图形的水平部分　　　　　　　图5-44　选择复制对象

结果如图 5-36 所示。

5.3.3　移动命令

【执行方式】

命令行：MOVE（快捷命令：M）。

菜单栏：选择菜单栏中的"修改"→"移动"命令。

工具栏：单击"修改"工具栏中的"移动"按钮✥。

快捷菜单：选择要移动的对象，在绘图区右击，选择快捷菜单中的"移动"命令。

功能区：单击"默认"选项卡"修改"面板中的"移动"按钮✥。

【操作步骤】

命令行提示与操作如下：

命令：MOVE↙

选择对象：用前面介绍的对象选择方法选择要移动的对象，按 Enter 键结束选择

指定基点或位移: 指定基点或位移

指定基点或 [位移(D)] <位移>: 指定基点或位移

指定第二个点或 <使用第一个点作为位移>:

移动命令选项功能与"复制"命令类似。

5.3.4　操作实例——餐厅桌椅

绘制如图 5-45 所示的餐厅桌椅。

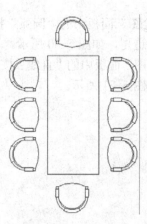

图5-45　餐厅桌椅

绘制步骤:

1）单击"默认"选项卡"绘图"面板中的"矩形"按钮，绘制长方形桌面，如图 5-46 所示。

2）单击"默认"选项卡"绘图"面板中的"圆弧"按钮，绘制椅子造型前端弧线的一半，如图 5-47 所示。

3）单击"默认"选项卡"绘图"面板中的"矩形"按钮和"直线"按钮，绘制椅子扶手部分造型，即弧线上的矩形，如图 5-48 所示。

图5-46　绘制桌面　　　　　　图5-47　绘制前端弧线

4）单击"默认"选项卡"绘图"面板中的"多段线"按钮，根据扶手的大体位置绘制稍大的近似矩形，如图 5-49 所示。

图 5-48　绘制小矩形部分　　　　　　图 5-49　绘制矩形

2016
AutoCAD

127

5）单击"默认"选项卡"绘图"面板中的"圆弧"按钮 和 "修改"面板中的"偏移"按钮 ，绘制椅子弧线靠背造型，如图 5-50 所示。

6）单击"默认"选项卡"绘图"面板中的"直线"按钮 和"修改"面板中的"偏移"按钮 ，绘制椅子背部造型，如图 5-51 所示。

<table>
<tr><td>图5-50　绘制弧线靠背</td><td>图5-51　绘制椅子背部造型</td></tr>
</table>

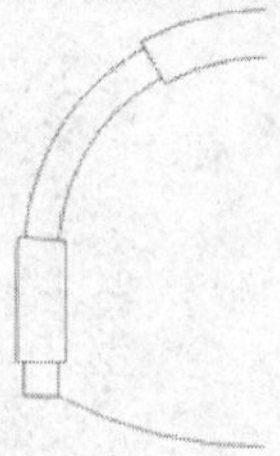

7）为更准确，单击"默认"选项卡"绘图"面板中的"圆弧"按钮 ，在靠背造型内侧绘制弧线造型，如图 5-52 所示。

8）按椅子环形扶手及其靠背造型绘制另外一段图形，构成椅子背部造型。单击"默认"选项卡"修改"面板中的"镜像"按钮 ，通过镜像得到整个椅子造型，如图 5-53 所示。

9）单击"默认"选项卡"修改"面板中的"移动"按钮 ，调整椅子与餐桌位置，如图 5-54 所示。命令行操作与提示如下：

命令：MOVE✓
选择对象：（选择对象，按 Enter 键结束选择）
指定基点或位移:（指定基点）
指定第二个点或 <使用第一个点作为位移>：（指定第二点）

10）单击"默认"选项卡"修改"面板中的"镜像"按钮 ，可以得到餐桌另外一端对称的椅子，如图 5-55 所示。

11）单击"默认"选项卡"修改"面板中的"复制"按钮 ，复制一个椅子造型，如图 5-56 所示。

<table>
<tr><td>图5-52　绘制内侧弧线</td><td>图5-53　得到椅子造型</td></tr>
</table>

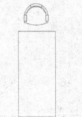

<table>
<tr><td>图5-54　调整椅子位置</td><td>图5-55　得到对称椅子</td></tr>
</table>

12）单击"默认"选项卡"修改"面板中的"旋转"按钮 ⟳，将该复制的椅子以椅子的中心点为基点旋转 90°，如图 5-57 所示。

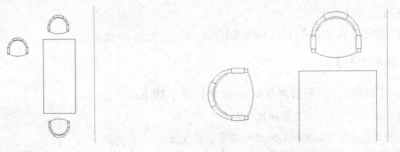

图5-56 复制椅子   图5-57 旋转椅子

13）单击"默认"选项卡"修改"面板中的"复制"按钮 %，通过复制得到餐桌一侧的椅子造型，如图 5-58 所示。

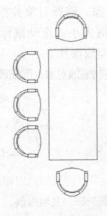

图5-58 复制得到侧面椅子

14）单击"默认"选项卡"修改"面板中的"镜像"按钮 △，餐桌另外一侧的椅子造型通过镜像轻松得到，整个餐桌与椅子造型绘制完成，如图 5-45 所示。

5.3.5 缩放命令

【执行方式】

命令行：SCALE（快捷命令：SC）。
菜单栏：选择菜单栏中的"修改"→"缩放"命令。
工具栏：单击"修改"工具栏中的"缩放"按钮 ⬚。
快捷菜单：选择要缩放的对象，在绘图区右击，选择快捷菜单中的"缩放"命令。
功能区：单击"默认"选项卡"修改"面板中的"缩放"按钮 ⬚。

【操作步骤】

命令行提示与操作如下：

2016
AutoCAD

命令：SCALE↙

选择对象：选择要缩放的对象

指定基点：指定缩放基点

指定比例因子或 [复制（C）/参照(R)]:

【选项说明】

1）采用参照方向缩放对象时，命令行提示如下：

指定参照长度 <1>: 指定参照长度值

指定新的长度或 [点(P)] <1.0000>: 指定新长度值

若新长度值大于参照长度值，则放大对象；否则，缩小对象。操作完毕后，系统以指定的基点按指定的比例因子缩放对象。如果选择"点（P）"选项，则选择两点来定义新的长度。

2）可以用拖动鼠标的方法缩放对象。选择对象并指定基点后，从基点到当前光标位置会出现一条连线，线段的长度即为比例大小。拖动鼠标，选择的对象会动态地随着该连线长度的变化而缩放，按 Enter 键确认缩放操作。

3）选择"复制（C）"选项时，可以复制缩放对象，即缩放对象时，保留原对象，如图5-59 所示。

缩放前   缩放后

图5-59　复制缩放

5.3.6　操作实例——紫荆花

绘制如图 5-60 所示的紫荆花。

1．绘制花瓣外框

单击"默认"选项卡"绘图"面板中的"多段线"按钮 和"圆弧"按钮，命令行提示与操作如下：

图5-60　紫荆花

光盘动画演示\第 5 章\紫荆花.avi

绘制步骤：

> 命令: _pline
>
> 指定起点:（在适当位置指定一点）
>
> 当前线宽为 0.0000
>
> 指定下一个点或 [圆弧(A)/半宽(H)/长度(L)/放弃(U)/宽度(W)]: A✓
>
> 指定圆弧的端点(按住 Ctrl 键以切换方向)或[角度(A)/圆心(CE)/方向(D)/半宽(H)/直线(L)/半径(R)/第二个点(S)/放弃(U)/宽度(W)]: D✓
>
> 指定圆弧的起点切向:（适当位置指定切向）
>
> 指定圆弧的端点(按住 Ctrl 键以切换方向):
>
> 指定圆弧的端点(按住 Ctrl 键以切换方向)或[角度(A)/圆心(CE)/闭合(CL)/方向(D)/半宽(H)/直线(L)/半径(R)/第二个点(S)/放弃(U)/宽度(W)]: L✓
>
> 指定下一点或 [圆弧(A)/闭合(C)/半宽(H)/长度(L)/放弃(U)/宽度(W)]:
>
> 指定下一点或 [圆弧(A)/闭合(C)/半宽(H)/长度(L)/放弃(U)/宽度(W)]: A✓
>
> 指定圆弧的端点(按住 Ctrl 键以切换方向)或[角度(A)/圆心(CE)/闭合(CL)/方向(D)/半宽(H)/直线(L)/半径(R)/第二个点(S)/放弃(U)/宽度(W)]:（指定位置）
>
> 指定圆弧的端点(按住 Ctrl 键以切换方向)或[角度(A)/圆心(CE)/闭合(CL)/方向(D)/半宽(H)/直线(L)/半径(R)/第二个点(S)/放弃(U)/宽度(W)]:
>
> 指定圆弧的端点(按住 Ctrl 键以切换方向)或[角度(A)/圆心(CE)/闭合(CL)/方向(D)/半宽(H)/直线(L)/半径(R)/第二个点(S)/放弃(U)/宽度(W)]: D✓
>
> 指定圆弧的起点切向:（指定适当位置）
>
> 指定圆弧的端点(按住 Ctrl 键以切换方向):（指定适当位置）
>
> 指定圆弧的端点(按住 Ctrl 键以切换方向)或[角度(A)/圆心(CE)/闭合(CL)/方向(D)/半宽(H)/直线(L)/半径(R)/第二个点(S)/放弃(U)/宽度(W)]:A✓
>
> 指定圆弧的端点(按住 Ctrl 键以切换方向)或[角度(A)/圆心(CE)/闭合(CL)/方向(D)/半宽(H)/直线(L)/半径(R)/第二个点(S)/放弃(U)/宽度(W)]:D✓
>
> 指定圆弧的起点切向:（指定适当位置）
>
> 指定圆弧的端点(按住 Ctrl 键以切换方向):（指定适当位置）
>
> 指定圆弧的端点(按住 Ctrl 键以切换方向)或[角度(A)/圆心(CE)/闭合(CL)/方向(D)/半宽(H)/直线(L)/半径(R)/第二个点(S)/放弃(U)/宽度(W)]:
>
> 命令: _arc
>
> 指定圆弧的起点或 [圆心(C)]:（指定一点）
>
> 指定圆弧的第二个点或 [圆心(C)/端点(E)]: (指定第二点)
>
> 指定圆弧的端点:（指定端点）

绘制结果如图 5-61 所示。

2. 绘制五角星

1）单击"默认"选项卡"绘图"面板中的"多边形"按钮，命令行提示与操作如下:

> 命令: POLYGON✓

输入侧面数 <4>:5↙

指定正多边形的中心点或 [边(E)]:（指定中心点）

输入选项 [内接于圆(I)/外切于圆(C)] <I>: ↙

指定圆的半径:（指定半径）

2）单击"默认"选项卡"绘图"面板中的"直线"按钮 ，将正五边形的 5 个顶点用连续线段连接起来。绘制结果如图 5-62 所示。

图5-61　花瓣外框

图5-62　绘制五角星

3．编辑五角星

1）单击"默认"选项卡"修改"面板中的"删除"按钮 （后面章节会详细介绍），删除正五边形，结果如图 5-63 所示。单击"默认"选项卡"修改"面板中的"修剪"按钮 （后面章节会详细介绍），将五角星内部线段进行修剪，结果如图 5-64 所示。命令行操作与提示如下：

命令: _erase

选择对象:（选择正五边形，按"Enter"键删除）

命令: _trim

当前设置:投影=UCS,边=无

选择剪切边...

选择对象或 <全部选择>:（按 Enter 键）

选择要修剪的对象，或按住 Shift 键选择要延伸的对象，或[栏选(F)/窗交(C)/投影(P)/边(E)/删除(R)/放弃(U)]:（选择五角星内部线段修剪）

......

2）单击"默认"选项卡"修改"面板中的"缩放"按钮 ，命令行提示与操作如下：

命令: SCALE↙

选择对象: (框选修剪的五角星)

选择对象: ↙

指定基点:（指定五角星斜下方凹点）

指定比例因子或 [复制(C)/参照(R)]　0.5↙

结果如图 5-65 所示。

图5-63　删除正五边形

图5-64　修剪五角星

图5-65　缩放五角星

4．阵列花瓣

单击"默认"选项卡"修改"面板中的"环形阵列"按钮，项目总数为 5，填充角度为 360，选择花瓣下端点外一点为中心，选择绘制的花瓣为对象，如图 5-65 所示。单击"确定"按钮确认并退出，绘制出的紫荆花图案如图 5-60 所示。

5.4 改变几何特性类命令

改变几何特性类编辑命令在对指定对象进行编辑后，使编辑对象的几何特性发生改变，包括修剪、延伸、拉伸、拉长、圆角、倒角、打断等命令。

5.4.1 修剪命令

【执行方式】

命令行：TRIM（快捷命令：TR）。
菜单栏：选择菜单栏中的"修改"→"修剪"命令。
工具栏：单击"修改"工具栏中的"修剪"按钮　。
功能区：单击"默认"选项卡"修改"面板中的"修剪"按钮　。

【操作步骤】

命令行提示与操作如下：

命令：TRIM↙
当前设置:投影=UCS，边=无
选择剪切边
选择对象或 <全部选择>: 选择用作修剪边界的对象，按 Enter 键结束对象选择
选择要修剪的对象，或按住 Shift 键选择要延伸的对象，或[栏选(F)/窗交(C)/投影(P)/边(E)/删除(R)/放弃(U)]:

【选项说明】

1）在选择对象时，如果按住 Shift 键，系统就会自动将"修剪"命令转换成"延伸"命令。"延伸"命令将在下节介绍。

2）选择"栏选（F）"选项时，系统以栏选的方式选择被修剪的对象，如图 5-66 所示。

3）选择"窗交（C）"选项时，系统以窗交的方式选择被修剪的对象，如图 5-67 所示。

4）选择"边（E）"选项时，可以选择对象的修剪方式。

①延伸（E）：延伸边界进行修剪。在此方式下，如果剪切边没有与要修剪的对象相交，则系统会延伸剪切边直至与对象相交，然后再修剪，如图 5-68 所示。

②不延伸（N）：不延伸边界修剪对象，只修剪与剪切边相交的对象。

5）被选择的对象可以互为边界和被修剪对象，此时系统会在选择的对象中自动判断边界。

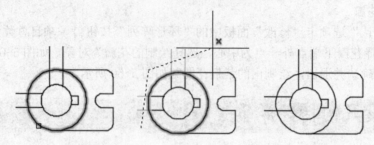

选定剪切边　　　　使用栏选选定的修剪对象　　　　　结果

图5-66　"栏选"修剪对象

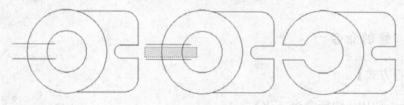

使用窗交选定剪切边　　　选定要修剪的对象　　　　结果

图5-67　"窗交"修剪对象

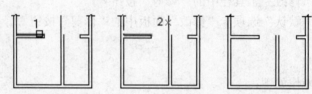

选择剪切边　　　选择要修剪的对象　　　修剪后的结果

图5-68　"延伸"修剪对象

▲ 技巧与提示——巧用"修剪"命令

在使用修剪命令选择修剪对象时，通常是逐个单击选择的，因此有时会显得效率低，要比较快地实现修剪过程，可以先输入修剪命令"TR"或"TRIM"，然后按 Space 或 Enter 键，命令行中就会提示选择修剪的对象，这时可以不选择对象，继续按 Space 或 Enter 键，系统默认选择全部，这样做就可以很快地完成修剪过程。

5.4.2　操作实例——足球

绘制如图 5-69 所示的足球。

图5-69　足球

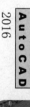

 光盘动画演示\第 5 章\足球.avi

绘制步骤：

1）绘制正六边形。单击"默认"选项卡"绘图"面板中的"多边形"按钮，命令行提示与操作如下：

命令:POLYGON↙

输入侧面数 <4>: 6↙

指定正多边形的中心点或 [边(E)]: 240,120↙

输入选项 [内接于圆(I)/外切于圆(C)] <I>:↙

指定圆的半径: 20↙

2）镜像操作。单击"默认"选项卡"修改"面板中的"镜像"按钮，命令行提示与操作如下：

命令: MIRROR↙

选择对象: ↙（用鼠标左键点取正六边形上的一点）

选择对象: ↙（按 Enter 键，结束选择）

指定镜像线的第一点:<对象捕捉 开>（捕捉正六边形下边的顶点）

指定镜像线的第二点:（方法同上）

是否删除源对象? [是(Y)/否(N)] <N>:（不删除源对象）

结果如图 5-70 所示。

3）阵列操作。单击"默认"选项卡"修改"面板中的"环形阵列"按钮，生成如图 5-71 所示的图形。命令行提示与操作如下：

图5-70　正六边形镜像后的图形

命令: _arraypolar

选择对象: [找到 1 个（选择图 5-70 下方的正六边形为源对象）]

选择对象:

类型 ＝ 极轴　关联 ＝ 是

指定阵列的中心点或 [基点(B)/旋转轴(A)]: 240,120↙

选择夹点以编辑阵列或 [关联(AS)/基点(B)/项目(I)/项目间角度(A)/填充角度(F)/行(ROW)/层(L)/旋转项目(ROT)/退出(X)] <退出>: I↙

输入阵列中的项目数或 [表达式(E)] <6>:6↙

选择夹点以编辑阵列或 [关联(AS)/基点(B)/项目(I)/项目间角度(A)/填充角度(F)/行(ROW)/层(L)/旋转项目(ROT)/退出(X)] <退出>:F↙

指定填充角度(+=逆时针、-=顺时针)或 [表达式(EX)] <360>:

选择夹点以编辑阵列或 [关联(AS)/基点(B)/项目(I)/项目间角度(A)/填充角度(F)/行(ROW)/层(L)/旋转项目(ROT)/退出(X)] <退出>:X↙

4）绘制圆。单击"默认"选项卡"绘图"面板中的"圆"按钮，以（250，115）为

圆心，绘制半径为 40 的圆，绘制完此步后的图形如图 5-72 所示。

5）修剪操作。单击"默认"选项卡"修改"面板中的"分解"按钮 ，分解环形阵列形成的对象。单击"默认"选项卡"修改"面板中的"修剪"按钮 ，对图形进行修剪，结果如图 5-73 所示，命令行=操作与提示如下：

命令:_explode

选择对象:（选择上步绘制的对象，按 Enter 键进行分解）

命令:_trim

当前设置:投影=UCS，边=无

选择剪切边...

选择对象或 <全部选择>: （选择圆）

选择对象: （按 Enter 键结束选择）

选择要修剪的对象，或按住 Shift 键选择要延伸的对象，或[栏选(F)/窗交(C)/投影(P)/边(E)/删除(R)/放弃(U)]:（选择需要修剪的对象）

······

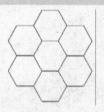 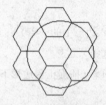 

图5-71 环形阵列后的图形　　　图5-72 绘制圆后的图形　　　图5-73 修剪后的图形

6）填充操作。单击"默认"选项卡"绘图"面板中的"图案填充"按钮 ，系统打开如图 5-74 所示的"图案填充创建"选项卡，将图案填充类型设置为"图案"，图案设置成"SOLID"。用鼠标指定三个将要填充的区域，确认后生成如图 5-69 所示的图形。

图5-74 "图案填充创建"选项卡

5.4.3 延伸命令

延伸命令是指延伸对象直到另一个对象的边界线，如图 5-75 所示。

选择边界　　　　　　选择要延伸的对象　　　　　执行结果

图5-75 延伸对象1

【执行方式】

命令行：EXTEND（快捷命令：EX）。

菜单栏：选择菜单栏中的"修改"→"延伸"命令。

工具栏：单击"修改"工具栏中的"延伸"按钮 --/。

功能区：单击"默认"选项卡"修改"面板中的"延伸"按钮 -/。

【操作步骤】

命令行提示与操作如下：

命令：EXTEND↙

当前设置:投影=UCS，边=无

选择边界的边...

选择对象或 <全部选择>: 选择边界对象

此时可以选择对象来定义边界，若直接按 Enter 键，则选择所有对象作为可能的边界对象。

系统规定可以用作边界对象的对象有：直线段、射线、双向无限长线、圆弧、圆、椭圆、二维/三维多义线、样条曲线、文本、浮动的视口、区域。如果选择二维多义线作为边界对象，则系统会忽略其宽度而把对象延伸至多义线的中心线。

选择边界对象后，命令行提示如下：

选择要延伸的对象，或按住 Shift 键选择要修剪的对象，或[栏选(F)/窗交(C)/投影(P)/边(E)/放弃(U)]:

【选项说明】

1）如果要延伸的对象是适配样条多义线，则延伸后会在多义线的控制框上增加新节点；如果要延伸的对象是锥形的多义线，则系统会修正延伸端的宽度，使多义线从起始端平滑地延伸至新终止端；如果延伸操作导致终止端宽度可能为负值，则取宽度值为0。操作提示如图 5-76 所示。

选择边界对象　　选择要延伸的多义线　　延伸后的结果

图5-76　延伸对象2

2）选择对象时，如果按住 Shift 键，系统就会自动将"延伸"命令转换成"修剪"命令。

5.4.4　操作实例——螺钉

绘制如图 5-77 所示的螺钉。

图5-77　螺钉

光盘动画演示\第5章\螺钉.avi

绘制步骤：

1）单击"默认"选项卡"图层"面板中的"图层特性管理器"按钮，设置三个新图层。

- 第一图层命名为"粗实线"，线宽0.3mm，其余属性为默认值。
- 第二图层命名为"细实线"，所有属性为默认值。
- 第三图层命名为"中心线"，颜色红色，线型加载为CENTER，其余属性为默认值。

2）将当前图层设置为"中心线层"图层。单击"默认"选项卡"绘图"面板中的"直线"按钮，绘制中心线。坐标分别是{（930,460）、（930,430）}和{（921,445）、（921,457）}，结果如图5-78所示。

3）将当前图层设置为"粗实线层"图层。单击"默认"选项卡"绘图"面板中的"直线"按钮，绘制轮廓线。坐标分别是{（930,455）、（916,455）、（916,432）}，结果如图5-79所示。

图5-78　绘制中心线　　　　　　图5-79　绘制轮廓线

4）单击"默认"选项卡"修改"面板中的"偏移"按钮，绘制初步轮廓，将刚绘制的竖直轮廓线分别向右偏移3、7、8和9.25，将刚绘制的水平轮廓线分别向下偏移4、8、11、21和23，如图5-80所示。

5）单击"默认"选项卡"修改"面板中的"修剪"按钮，分别选取适当的界线和对象修剪偏移产生的轮廓线，结果如图5-81所示。

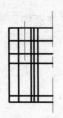
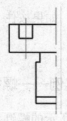

图5-80　偏移轮廓线　　　　　　图5-81　绘制螺孔和螺柱初步轮廓

6）单击"默认"选项卡"修改"面板中的"倒角"按钮▱，对螺钉端部进行倒角（后面章节会详细介绍），命令行提示与操作如下：

命令：_chamfer↙

（"修剪"模式）当前倒角距离 1 = 0.0000，距离 2 = 0.0000

选择第一条直线或 [放弃(U)/多段线(P)/距离(D)/角度(A)/修剪(T)/方式(E)/多个(M)]:d↙

指定第一个倒角距离 <0.0000>: 2↙

指定第二个倒角距离 <2.0000>:↙

选择第一条直线或 [放弃(U)/多段线(P)/距离(D)/角度(A)/修剪(T)/方式(E)/多个(M)]:（选择图 5-81 最下边的直线）

选择第二条直线，或按住 Shift 键选择要应用角点的直线:（选择与其相交的侧面直线）

结果如图 5-82 所示。

7）绘制螺孔底部。单击"默认"选项卡"绘图"面板中的"直线"按钮✏，端点坐标分别为{（919,451）、（@10<–30）}和{（923,451）、（@10<210）}，结果如图 5-83 所示。

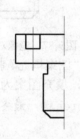
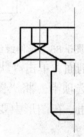

图5-82　倒角处理　　　　　　　　　　　　图5-83　绘制螺孔底部

8）单击"默认"选项卡"修改"面板中的"修剪"按钮⊁，修剪多余的线段，修剪结果如图 5-84 所示。

9）将当前图层设置为"细实线层"图层，单击"默认"选项卡"绘图"面板中的"直线"按钮✏，绘制两条螺纹牙底线，如图 5-85 所示。

10）单击"默认"选项卡"修改"面板中的"延伸"按钮⇥，将牙底线延伸至倒角处，命令行提示与操作如下：

命令：_extend

当前设置: 投影=UCS，边=无

选择边界的边...

选择对象或<全部选择>:（选择倒角生成的斜线）

找到 1 个

选择对象:↙

选择要延伸的对象，或按住 Shift 键选择要延伸的对象，或[栏选(F)/窗交(C)/投影(P)/边(E)/放弃(U)]:（选择刚绘制的细实线）

选择要延伸的对象，或按住 Shift 键选择要延伸的对象，或[栏选(F)/窗交(C)/投影(P)/边(E)/放弃(U)]:↙

结果如图 5-86 所示。

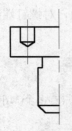

图5-84　修剪螺孔底部图线

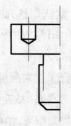

图5-85　绘制螺纹牙底线

11）单击"默认"选项卡"修改"面板中的"镜像"按钮 ◢◣，对图形进行镜像处理，以长中心线为轴、该中心线左边所有的图线为对象进行镜像，结果如图 5-87 所示。

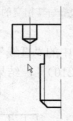

图5-86　延伸螺纹牙底线

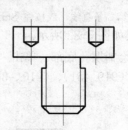

图5-87　镜像对象

12）绘制剖面。单击"默认"选项卡"绘图"面板中的"图案填充"按钮 □，显示"图案填充创建"选项卡。将"图案填充类型"设置为"图案"，填充图案为"ANSI31"，单击"拾取点"按钮，在图形中要填充的区域拾取点，然后按 Enter 键，最终结果如图 5-77 所示。

📖 5.4.5　拉伸命令

拉伸命令是指拖拉选择的对象，且使对象的形状发生改变。拉伸对象时应指定拉伸的基点和移置点。利用一些辅助工具，如捕捉、钳夹功能及相对坐标等，可以提高拉伸的精度。拉伸图例如图 5-88 所示。

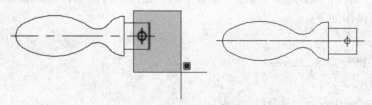

选择对象　　　　　　　　　　　　拉伸后

图5-88　拉伸

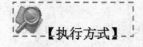
【执行方式】

命令行：STRETCH（快捷命令：S）。

菜单栏：选择菜单栏中的"修改"→"拉伸"命令。

工具栏：单击"修改"工具栏中的"拉伸"按钮 ⬑。

功能区：单击"默认"选项卡"修改"面板中的"拉伸"按钮

【操作步骤】

命令行提示与操作如下：

命令：STRETCH↙

以交叉窗口或交叉多边形选择要拉伸的对象...

选择对象：C↙

指定第一个角点：

指定对角点：（找到 2 个，采用交叉窗口的方式选择要拉伸的对象）

指定基点或 [位移(D)] <位移>：（指定拉伸的基点）

指定第二个点或 <使用第一个点作为位移>：（指定拉伸的移至点）

此时，若指定第二个点，则系统将根据这两点决定矢量拉伸的对象；若直接按 Enter 键，则系统会把第一个点作为 X 和 Y 轴的分量值。

拉伸命令将使完全包含在交叉窗口内的对象不被拉伸，部分包含在交叉选择窗口内的对象被拉伸，如图 5-88 所示。

📖5.4.6 操作实例——手柄的绘制

绘制如图 5-89 所示的手柄。

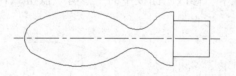

图5-89 手柄

 光盘动画演示\第 5 章\手柄.avi

绘制步骤：

1）单击"默认"选项卡"图层"面板中的"图层特性管理器"按钮 ，新建两个图层：轮廓线层，线宽为 0.3mm，其余属性默认；中心线层，颜色设为红色，线型加载为 CENTER，其余属性默认。

2）将当前图层设置为"中心线"图层。单击"默认"选项卡"绘图"面板中的"直线"按钮 ，绘制直线，直线的两个端点坐标是（150,150）和（@100,0），结果如图 5-90 所示。

3）将当前图层设置为"轮廓线"图层。单击"默认"选项卡"绘图"面板中的"圆"按钮 ，以（160,150）为圆心，半径为 10 绘制圆；以（235,150）为圆心，半径为 15 绘制圆。再绘制半径为 50 的圆与前两个圆相切，结果如图 5-91 所示。

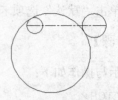

图5-90 绘制直线　　　　　　　　　　　　　　图5-91 绘制圆

4）单击"默认"选项卡"绘图"面板中的"直线"按钮 ，以端点坐标为{（250,150）、（@10<90）、（@15<180）}绘制直线。重复"直线"命令，绘制从点（235,165）到点（235,150）的直线。结果如图 5-92 所示。

5）单击"默认"选项卡"修改"面板中的"修剪"按钮 ，修剪结果如图 5-93 所示。

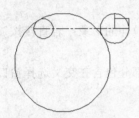　　　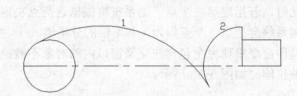

图5-92 绘制直线　　　　　　　　　　　　　图5-93 修剪处理

6）单击"默认"选项卡"绘图"面板中的"圆"按钮 ，绘制与圆弧 1 和圆弧 2 相切的圆，半径为 12，结果如图 5-94 所示。

7）单击"默认"选项卡"修改"面板中的"修剪"按钮 ，将多余的圆弧进行修剪，结果如图 5-95 所示。

　　　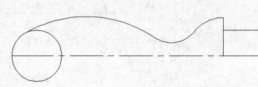

图5-94 绘制圆　　　　　　　　　　　　　　图5-95 修剪处理

8）单击"默认"选项卡"修改"面板中的"镜像"按钮 ，以中心线为对称轴，不删除原始对象，将绘制的中心线以上对象镜像，结果如图 5-96 所示。

9）单击"默认"选项卡"修改"面板中的"修剪"按钮 ，进行修剪处理，结果如图 5-97 所示。

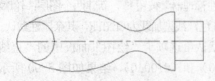　　　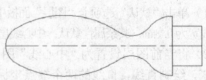

图5-96 镜像处理　　　　　　　　　　　　　图5-97 修剪结果

10）单击"默认"选项卡"修改"面板中的"拉伸"按钮 ，拉长接头部分。命令行提示与操作如下：

命令：STRETCH↙

以交叉窗口或交叉多边形选择要拉伸的对象...

选择对象: C↙

指定第一个角点:（框选手柄接头部分，如图5-98所示）

指定对角点: 找到 6 个

选择对象: ↙

指定基点或 [位移(D)] <位移>:100，100↙

指定位移的第二个点或 <用第一个点作位移>:105，100↙

结果如图 5-99 所示。

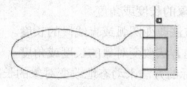   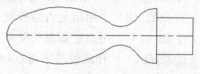

图5-98 选择对象   图5-99 拉伸结果

11）单击"默认"选项卡"修改"面板中的"拉长"按钮（后面章节会详细介绍），拉长中心线。命令行提示与操作如下：

命令: _lengthen

选择对象或 [增量(DE)/百分数(P)/全部(T)/动态(DY)]: DE↙

输入长度增量或 [角度(A)] <0.0000>:4↙

选择要修改的对象或 [放弃(U)]:（选择中心线右端）

选择要修改的对象或 [放弃(U)]:（选择中心线左端）

选择要修改的对象或 [放弃(U)]: ↙

最终结果如图 5-89 所示。

▲ 技巧与提示——拉伸对象的选择

在执行"STRETCH"的过程中，必须采用"交叉窗口"的方式选择对象。用交叉窗口选择拉伸对象后，落在交叉窗口内的端点被拉伸，落在外部的端点保持不动。

5.4.7 拉长命令

【执行方式】

命令行：LENGTHEN（快捷命令：LEN）。

菜单栏：选择菜单栏中的"修改"→"拉长"命令。

功能区：单击"默认"选项卡"修改"面板中的"拉长"按钮。

【操作步骤】

命令行提示与操作如下：

命令:LENGTHEN↙

选择要测量的对象或 [增量(DE)/百分数(P)/全部(T)/动态(DY)]: DE✓ （选择拉长或缩短的方式为增量方式）

输入长度增量或 [角度(A)] <0.0000>: 10✓ （在此输入长度增量数值。如果选择圆弧段，则可输入选项"A"，给定角度增量）

选择要修改的对象或 [放弃(U)]: 选定要修改的对象，进行拉长操作

选择要修改的对象或 [放弃(U)]: 继续选择，或按 Enter 键结束命令

【选项说明】

（1）增量（DE） 用指定增加量的方法改变对象的长度或角度。

（2）百分数（P） 用指定占总长度百分比的方法改变圆弧或直线段的长度。

（3）全部（T） 用指定新总长度或总角度值的方法改变对象的长度或角度。

（4）动态（DY） 在此模式下可以使用拖拉鼠标的方法来动态地改变对象的长度或角度。

5.4.8 操作实例——挂钟的绘制

绘制如图 5-100 所示的挂钟。

图5-100 挂钟图形

 光盘动画演示\第5章\挂钟图形.avi

绘制步骤：

1）单击"默认"选项卡"绘图"面板中的"圆"按钮⊙，以（100，100）为圆心，绘制半径为 20 的圆形作为挂钟的外轮廓线，如图 5-101 所示。

2）单击"默认"选项卡"绘图"面板中的"直线"按钮，绘制坐标为｛（100，100）、（100，117.25）｝、｛（100，100）、（82.75，100）｝和｛（100，100）、（105，94）｝的 3 条直线作为挂钟的指针，如图 5-102 所示。

图5-101 绘制圆形

图5-102 绘制指针

3）单击"默认"选项卡"修改"面板中的"拉长"按钮，将秒针拉长至圆的边，绘

制挂钟完成，如图 5-100 所示。

5.4.9 圆角命令

圆角命令是指用一条指定半径的圆弧平滑连接两个对象。可以平滑连接一对直线段、非圆弧的多义线段、样条曲线、双向无限长线、射线、圆、圆弧和椭圆，并且可以在任何时候平滑连接多义线的每个节点。

 【执行方式】

命令行：FILLET（快捷命令：F）。
菜单栏：选择菜单栏中的"修改"→"圆角"命令。
工具栏：单击"修改"工具栏中的"圆角"按钮◻。
功能区：单击"默认"选项卡"修改"面板中的"圆角"按钮◻。

 【操作步骤】

命令行提示与操作如下：

命令：FILLET✓
当前设置：模式 = 修剪，半径 = 0.0000
选择第一个对象或[放弃(U)/多段线(P)/半径(R)/修剪(T)/多个(M)]:选择第一个对象或别的选项
选择第二个对象，或按住 Shift 键选择对象以应用角点或 [半径(R)]: 选择第二个对象

 【选项说明】

1）多段线（P）：在一条二维多段线两段直线段的节点处插入圆弧。选择多段线后系统会根据指定的圆弧半径把多段线各顶点用圆弧平滑连接起来。

2）修剪（T）：决定在平滑连接两条边时，是否修剪这两条边，如图 5-103 所示。

修剪方式   不修剪方式

图5-103 圆角连接

3）多个（M）：同时对多个对象进行圆角编辑，而不必重新起用命令。

4）按住 Shift 键并选择两条直线，可以快速创建零距离倒角或零半径圆角。

▲ 技巧与提示——巧用"圆角"命令

1）如果在圆之间作圆角，则不修剪圆，而且选取点的位置不同，圆角的位置也不同，系统将根据选取点与切点相近的原则来判断倒圆角的位置，如图 5-104 所示。

2）在平行直线间作圆角时，将忽略当前圆角半径，系统自动计算两平行线的距离来确定圆角半径，并从第一线段的端点处作半圆，如图 5-105 所示，而且半圆优先出现在较长的一端。

3）如果倒圆角的两个对象具有相同的图层、线型和颜色，则创建的圆角对象也相同。

否则，圆角对象采用当前的图层、线型和颜色。

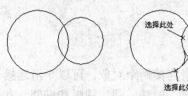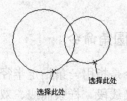

操作前   倒圆角后，不修剪   不同的选择点，不同的圆角位置

图5-104　圆的倒圆角

操作前   倒圆角

图5-105　平行线间的圆角

5.4.10　操作实例——吊钩的绘制

绘制如图5-106所示的吊钩。

图5-106　吊钩

 光盘动画演示\第5章\吊钩的绘制.avi

绘制步骤：

1) 单击"默认"选项卡"图层"面板中的"图层特性管理器"按钮，打开"图层特性管理器"对话框，单击其中的"新建图层"按钮，新建两个图层。

● 第一图层命名为"轮廓线"，线宽为0.3mm，其余属性默认。

● 第二图层命名为"中心线"，颜色设为红色，线型加载为CENTER，其余属性默认。

2) 将当前图层设置为"中心线"图层。单击"默认"选项卡"绘图"面板中的"直线"按钮，绘制两条相互垂直的定位中心线，绘制结果如图5-107所示。

3) 单击"默认"选项卡"修改"面板中的"偏移"按钮，将水平直线分别向右偏移142和160，将竖直直线分别向下偏移180和210，偏移结果如图5-108所示。

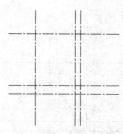

图5-107 绘制定位中心线　　　　　　图5-108 偏移处理1

4）单击"默认"选项卡"绘图"面板中的"圆"按钮 ⊘，以点1为圆心分别绘制半径为120和40的同心圆，再以点2为圆心绘制半径为96的圆，以点3为圆心绘制半径为80的圆，以点4为圆心绘制半径为42的圆，绘制结果如图5-109所示。

5）单击"默认"选项卡"修改"面板中的"偏移"按钮 ⿴，将直线段5分别向左和向右偏移22.5和30，将线段6向上偏移80，偏移结果如图5-110所示。

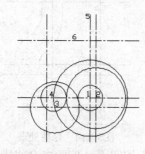

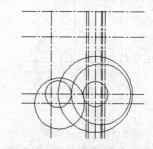

图5-109 绘制圆　　　　　　　　　　图5-110 偏移处理2

6）单击"默认"选项卡"修改"面板中的"修剪"按钮 /--，修剪直线，结果如图5-111所示。

7）单击"默认"选项卡"修改"面板中的"圆角"按钮 ⬜，选择线段7和半径为80的圆进行倒圆角，命令行提示与操作如下：

```
命令: _fillet↙
当前设置: 模式 = 不修剪，半径 = 0.0000
选择第一个对象或 [放弃(U)/多段线(P)/半径(R)/修剪(T)/多个(M)]: T↙
输入修剪模式选项 [修剪(T)/不修剪(N)] <不修剪>: T↙
放弃(U)/多段线(P)/半径(R)/修剪(T)/多个(M)]: R↙
指定圆角半径 <0.0000>: 80↙
选择第一个对象或 [放弃(U)/多段线(P)/半径(R)/修剪(T)/多个(M)]: 选择线段7
选择第二个对象，或按住 Shift 键选择对象以应用角点或 [半径(R)]: 选择半径为96的圆
```

重复"圆角"命令，选择线段8和半径为40的圆，进行倒圆角，半径为120，结果如图5-112所示。

8）单击"默认"选项卡"绘图"面板中的"圆"按钮 ⊘，选用"三点"的方法绘制圆。以半径为42的圆为第一点，半径为96的圆为第二点，半径为80的圆第三点，绘制结果如图5-113所示。

9）单击"默认"选项卡"修改"面板中的"修剪"按钮 /--，将多余线段进行修剪，结

果如图 5-114 所示。

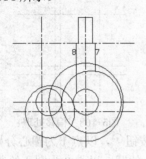

图5-111 修剪处理

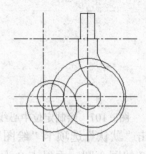

图5-112 圆角处理

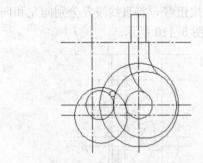

图5-113 三点画圆

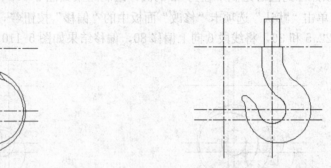

图5-114 修剪处理

10）单击"默认"选项卡"修改"面板中的"删除"按钮✍，删除多余线段，最终绘制结果如图 5-106 所示。

📖5.4.11 倒角命令

倒角命令即斜角命令，是用斜线连接两个不平行的线型对象。可以用斜线连接直线段、双向无限长线、射线和多义线。

系统采用两种方法确定连接两个对象的斜线：指定两个斜线距离；指定斜线角度和一个斜线距离。下面分别介绍这两种方法的使用。

1．指定两个斜线距离

斜线距离是指从被连接对象与斜线的交点到被连接的两对象交点之间的距离，如图 5-115 所示。

2．指定斜线角度和一个斜距离连接选择的对象

采用这种方法连接对象时，需要输入两个参数，即斜线与一个对象的斜线距离和斜线与该对象的夹角，如图 5-116 所示。

 【执行方式】

命令行：CHAMFER（快捷命令：CHA）。

菜单栏：选择菜单栏中的"修改"→"倒角"命令。

工具栏：单击"修改"工具栏中的"倒角"按钮 。
功能区：单击"默认"选项卡"修改"面板中的"倒角"按钮 。

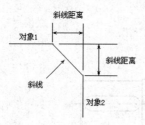

图5-115　斜线距离

图5-116　斜线距离与夹角

【操作步骤】

命令行提示与操作如下：

命令：CHAMFER↙

（"不修剪"模式）当前倒角距离 1 = 0.0000，距离 2 = 0.0000

选择第一条直线或 [放弃(U)/多段线(P)/距离(D)/角度(A)/修剪(T)/方式(E)/多个(M)]: 选择第一条直线或别的选项

选择第二条直线，或按住 Shift 键选择直线以应用角点或 [距离(D)/角度(A)/方法(M)]: 选择第二条直线

【选项说明】

（1）多段线（P）　对多段线的各个交叉点倒斜角。为了得到最好的连接效果，一般设置斜线是相等的值，系统根据指定的斜线距离把多段线的每个交叉点都用斜线连接，连接的斜线成为多段线新的构成部分，如图 5-117 所示。

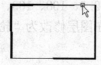　

选择多段线　　　　　　　倒斜角结果

图5-117　斜线连接多段线

（2）距离（D）　选择倒角的两个斜线距离。这两个斜线距离可以相同也可以不相同，若二者均为 0，则系统不绘制连接的斜线，而是把两个对象延伸至相交并修剪超出的部分。

（3）角度（A）　选择第一条直线的斜线距离和第一条直线的倒角角度。

（4）修剪（T）　与圆角连接命令"FILLET"相同，该选项决定连接对象后是否剪切源对象。

（5）方式（E）　决定采用"距离"方式还是"角度"方式来倒斜角。

（6）多个（M）　同时对多个对象进行倒斜角编辑。

▲ 技巧与提示——巧用"倒角"命令

1) 倒角为 0° 时，CHAMFER 命令将使两边相交。

2) 如果倒圆角的两条直线具有相同的图层、线型和颜色，则创建的倒角边也相同。否

则，倒角边采用当前的图层、线型和颜色。

5.4.12　操作实例——轴的绘制

绘制如图 5-118 所示的轴。

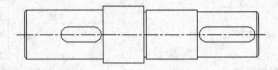

图5-118　轴

 参见光盘 ┃ 光盘动画演示\第 5 章\轴的绘制.avi

绘制步骤：

1）单击"默认"选项卡"图层"面板中的"图层特性管理器"按钮，打开"图层特性管理器"对话框，单击其中的"新建图层"按钮，新建两个图层。

● 第一图层命名为"轮廓线"，线宽为 0.3mm，其余属性默认。

● 第二图层命名为"中心线"，颜色设为红色，线型加载为 CENTER，其余属性默认。

2）将当前图层设置为"中心线"图层，单击"默认"选项卡"绘图"面板中的"直线"按钮，绘制水平中心线。将当前图层设置为"轮廓线"图层，重复"直线"命令绘制竖直线，绘制结果如图 5-119 所示。

3）单击"默认"选项卡"修改"面板中的"偏移"按钮，将水平中心线分别向上偏移 25、27.5、30、35，将竖直线分别向右偏移 2.5、108、163、166、235、315.5、318。然后选择偏移形成的 4 条水平点画线，将其所在图层修改为"轮廓线"图层，将其线型转换成实线，结果如图 5-120 所示。

图5-119　绘制定位直线

图5-120　偏移直线

4）单击"默认"选项卡"修改"面板中的"修剪"按钮，修剪多余的线段，结果如

图 5-121 所示。

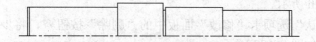

图5-121 修剪处理

5）单击"默认"选项卡"修改"面板中的"倒角"按钮⬜，将轴的左端倒角，命令行提示与操作如下：

命令:_chamfer

（"修剪"模式）当前倒角距离 1 = 0.0000，距离 2 = 0.0000

选择第一条直线或 [放弃(U)/多段线(P)/距离(D)/角度(A)/修剪(T)/方式(E)/多个(M)]: D

指定第一个倒角距离 <2.0000>: 2.5

指定第二个倒角距离 <2.5000>:

选择第一条直线或 [放弃(U)/多段线(P)/距离(D)/角度(A)/修剪(T)/方式(E)/多个(M)]: （选择最左端的竖直线）

选择第二条直线，或按住 Shift 键选择直线以应用角点或 [距离(D)/角度(A)/方法(M)]: （选择与之相交的水平线）

重复"倒角"命令，将右端进行倒角处理，结果如图 5-122 所示。

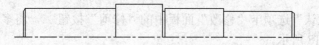

图5-122 倒角处理

6）单击"默认"选项卡"修改"面板中的"镜像"按钮⬥，将轴的上半部分以中心线为对称轴进行镜像，结果如图 5-123 所示。

7）单击"默认"选项卡"修改"面板中的"偏移"按钮⬜，将线段 1 分别向左偏移 12 和 49，将线段 2 分别向右偏移 12 和 69。单击"默认"选项卡"修改"面板中的"修剪"按钮⬜，把刚偏移绘制直线在中心线之下的部分修剪掉，结果如图 5-124 所示。

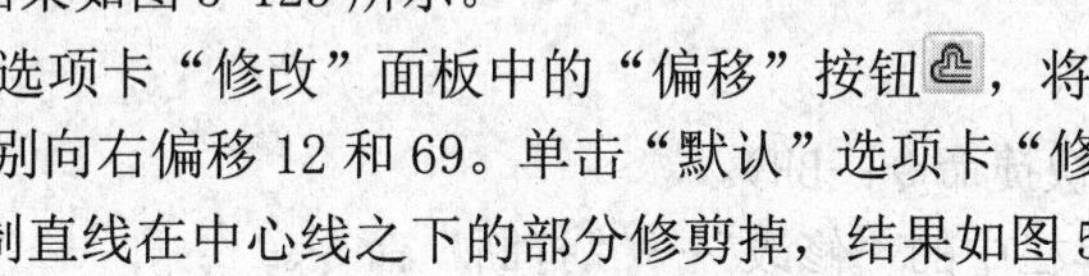

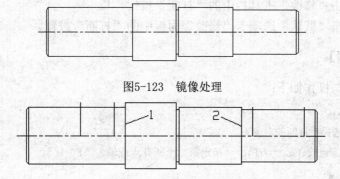

图5-123 镜像处理

图5-124 偏移、修剪处理

8）单击"默认"选项卡"绘图"面板中的"圆"按钮⬭，选择偏移后的线段与水平中心线的交点为圆心，绘制半径为 9 的 4 个圆，绘制结果如图 5-125 所示。

9）单击"默认"选项卡"绘图"面板中的"直线"按钮，绘制与圆相切的 4 条直线，绘制结果如图 5-126 所示。

10）单击"默认"选项卡"修改"面板中的"删除"按钮，将步骤 7）中偏移得到的线段删除，结果如图 5-127 所示。

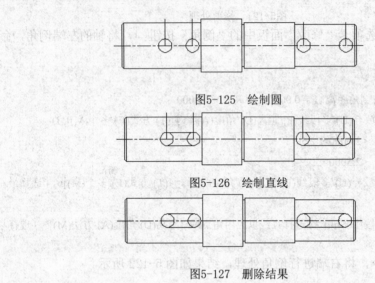

图5-125　绘制圆

图5-126　绘制直线

图5-127　删除结果

11）单击"默认"选项卡"修改"面板中的"修剪"按钮，将多余的线进行修剪，最终结果如图 5-118 所示。

5.4.13　打断命令

【执行方式】

命令行：BREAK（快捷命令：BR）。
菜单栏：选择菜单栏中的"修改"→"打断"命令。
工具栏：单击"修改"工具栏中的"打断"按钮。
功能区：单击"默认"选项卡"修改"面板中的"打断"按钮。

【操作步骤】

命令行提示与操作如下：

命令：BREAK✓
选择对象：（选择要打断的对象）
指定第二个打断点或 [第一点(F)]：（指定第二个断开点或输入"F"✓）

【选项说明】

如果选择"第一点（F）"选项，系统将放弃前面选择的第一个点，重新提示用户指定两个断开点。

5.4.14　操作实例——连接盘的绘制

本例绘制连接盘，如图 5-128 所示。

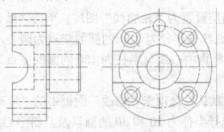

图5-128　连接盘

光盘动画演示\第 5 章连接盘的绘制.avi

绘制步骤：

1）设置图层。单击"默认"选项卡"图层"面板中的"图层特性管理器"按钮，新建三个图层：

● 第一图层命名为"轮廓线"，线宽为 0.3mm，其余属性默认。

● 第二图层命名为"中心线"，颜色设为红色，线型加载为 CENTER，其余属性默认。

● 第三图层命名为"虚线"，颜色设为蓝色，其余属性默认。

2）绘制中心线。将当前图层设置为"中心线"图层。单击"默认"选项卡"绘图"面板中的"直线"按钮，绘制两条相互垂直的直线；单击"默认"选项卡"绘图"面板中的"圆"按钮，以两条中心线的交点为圆心，绘制半径为 130 的圆，结果如图 5-129 所示。

3）绘制圆。将当前图层设置为"轮廓线"图层。单击"默认"选项卡"绘图"面板中的"圆"按钮，分别绘制半径为 170、80、70、40 的同心圆，并将半径为 80 的圆放置在"虚线层"。结果如图 5-130 所示。

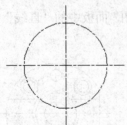

图5-129　绘制中心线

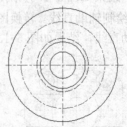

图5-130　绘制圆

4）绘制辅助直线。将当前图层设置为"中心线"图层。单击"默认"选项卡"绘图"面板中的"直线"按钮，绘制与水平方向成 45°的辅助直线。单击"默认"选项卡"修

改"面板中的"打断"按钮 ，命令行提示与操作如下：

> 命令: BREAK✓
>
> 选择对象: （选择斜点画线上适当一点）
>
> 指定第二个打断点或 [第一点(f)]: （选择圆心点）

结果如图 5-131 所示。

5）绘制圆。将当前图层设置为"轮廓线"图层。单击"默认"选项卡"绘图"面板中的"圆"按钮 ，以辅助直线与半径为 130 的圆的交点为圆心，分别绘制半径为 20 和 30 的圆。重复"圆"命令，以竖直中心线与半径为 130 的圆的交点为圆心绘制半径为 20 的圆，结果如图 5-132 所示。

6）阵列处理。单击"默认"选项卡"修改"面板中的"环形阵列"按钮 ，其中阵列项目数为 4，在绘图区域选择半径为 20 和 30 的圆以及其斜中心线，阵列的中心点为两条中心线的交点。结果如图 5-133 所示。

7）偏移处理。单击"默认"选项卡"修改"面板中的"偏移"按钮 ，将竖直中心线向左偏移 150，将水平中心线分别向两侧偏移 50。选取偏移后的直线，将其所在层修改为"轮廓线"层，结果如图 5-134 所示。

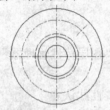

图5-131　绘制辅助直线

图5-132　绘制圆

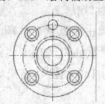

图5-133　阵列处理

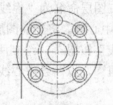

图5-134　偏移处理

8）修剪处理。单击"默认"选项卡"修改"面板中的"修剪"按钮 ，对图形进行修剪处理，结果如图 5-135 所示。

9）绘制辅助直线。转换图层，单击"默认"选项卡"绘图"面板中的"直线"按钮 ，绘制辅助直线，结果如图 5-136 所示。

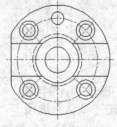

图5-135　修剪处理

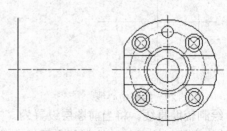

图5-136　绘制辅助直线

10）偏移处理。单击"默认"选项卡"修改"面板中的"偏移"按钮，将竖直辅助直线分别向右偏移 70、110、120 和 220，再将水平辅助直线向上分别偏移 40、50、70、80、110、130、150 和 170。选取偏移后的直线，将其所在层修改为"轮廓线"层或"虚线"层，结果如图 5-137 所示。

11）修剪处理。单击"默认"选项卡"修改"面板中的"修剪"按钮，进行修剪处理，并且将轴槽处的图线转换成轮廓线，结果如图 5-138 所示。

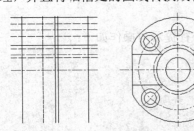
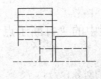
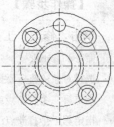

图5-137　偏移处理　　　　　　　　　　　图5-138　修剪处理

12）镜像处理。单击"默认"选项卡"修改"面板中的"镜像"按钮，以水平辅助直线为镜像线，镜像左侧的主视图，结果如图 5-139 所示。

13）绘制圆弧。将当前图层设置为"轮廓线"图层。单击"默认"选项卡"绘图"面板中的"圆弧"按钮，命令行提示与操作如下：

命令: ARC✓
指定圆弧的起点或 [圆心(C)]:（选取点 2）
指定圆弧的第二个点或 [圆心(C)/端点(E)]: E✓
指定圆弧的端点:（选取点 1）
指定圆弧的圆心或 [角度(A)/方向(D)/半径(R)]:R✓
指定圆弧的半径: 50✓

结果如图 5-140 所示。

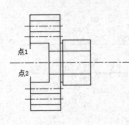
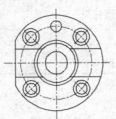
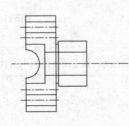
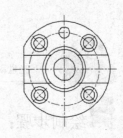

图5-139　镜像处理　　　　　　　　　　　图5-140　绘制圆弧

14）绘制直线。单击"默认"选项卡"绘图"面板中的"直线"按钮，绘制直线，结果如图 5-128 所示。

5.4.15　打断于点命令

打断于点命令是指在对象上指定一点，从而把对象在此点拆分成两部分。此命令与打断命令类似。

【执行方式】

工具栏：单击"修改"工具栏中的"打断于点"按钮 。

功能区：单击"默认"选项卡"修改"面板中的"打断于点"按钮 。

【操作步骤】

单击"修改"工具栏中的"打断于点"按钮 ，命令行提示与操作如下：

```
命令: _break
选择对象: (选择要打断的对象)
指定第二个打断点或 [第一点(F)]: _f（系统自动执行"第一点"选项）
指定第一个打断点: (选择打断点)
指定第二个打断点: @:   (系统自动忽略此提示)
```

5.4.16　操作实例——油标尺的绘制

绘制如图 5-141 所示的变速器的油标尺。

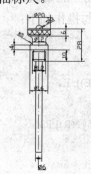

图5-141　油标尺

光盘动画演示\第 5 章\油标尺的绘制.avi

绘制步骤：

1）设置图层。单击"默认"选项卡"图层"面板中的"图层特性管理器"按钮 ，新建四个图层。

● 第一图层命名为"轮廓线"，线宽为 0.3mm，其余属性默认。

● 第二图层命名为"中心线"，颜色设为红色，线型加载为 CENTER，其余默认。

● 第三图层命名为"细实线"，颜色设为白色，其余属性默认。

● 第四图层命名为"剖面线"，颜色设为蓝色，其余属性默认。

2）绘制中心线。将当前图层设置为"中心线"图层。单击"默认"选项卡"绘图"面板中的"直线"按钮，绘制端点坐标为{（150,100）、（150,250）}的直线，如图 5-142 所示。

　　3）绘制直线。将当前图层设置为"轮廓线"图层。单击"默认"选项卡"绘图"面板中的"直线"按钮，绘制端点坐标为{（140,110）、（160,110）}的直线与端点坐标为{（140,110）、（140,220）}的直线，如图 5-143 所示。

图5-142　绘制中心线　　　　　　　　　　　　图5-143　绘制边界线

　　4）绘制轮廓线。单击"默认"选项卡"修改"面板中的"偏移"按钮，水平直线向上分别偏移80、90、102 和 108，竖直直线向右分别偏移2、4 和 7。结果如图 5-144 所示。

　　5）修剪图形。单击"默认"选项卡"修改"面板中的"修剪"按钮，对图形进行修剪，结果如图 5-145 所示。

图5-144　绘制偏移线　　　　　　　　　　　图5-145　图形修剪

　　6）绘制螺纹。单击"默认"选项卡"修改"面板中的"偏移"按钮，将直线1向下偏移2，将直线2向右偏移1，并单击"默认"选项卡"修改"面板中的"修剪"按钮，将中心线右边的图线修剪掉。结果如图 5-146 所示。继续修剪偏移生成的直线，结果如图 5-147 所示。

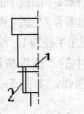

图5-146　偏移与修剪　　　　　　　　　　　图5-147　修剪

　　7）倒角。单击"默认"选项卡"修改"面板中的"倒角"按钮，将图 5-147 中的直线 2 与其下面相交直线形成的夹角倒直角 C1.5。再单击"默认"选项卡"绘图"面板中的"直线"按钮，在倒角交点绘制一条与中心线相交的水平线，结果如图 5-148 所示。

　　8）打断直线。单击"默认"选项卡"修改"面板中的"打断于点"按钮，命令行提示与操作如下：

```
命令:_break
```

选择对象:(选择直线 3)

指定第二个打断点 或 [第一点(F)]: _f

指定第一个打断点:(指定交点 4)

指定第二个打断点:

将直线 3 的图层属性更改为"细实线层",如图 5-149 所示。

9)绘制偏移直线和圆弧。单击"默认"选项卡"修改"面板中的"偏移"按钮 ，将水平直线 5 向上偏移 4 和 8，中心线向左偏移 6；单击"默认"选项卡"绘图"面板中的"圆弧"按钮 ，使用 3 点绘制方式，选择交点 6、7、8 绘制圆弧，结果如图 5-150 所示。

10)修剪图形。单击"默认"选项卡"修改"面板中的"修剪"按钮 和"删除"按钮 ，对图形进行修剪编辑，结果如图 5-151 所示。

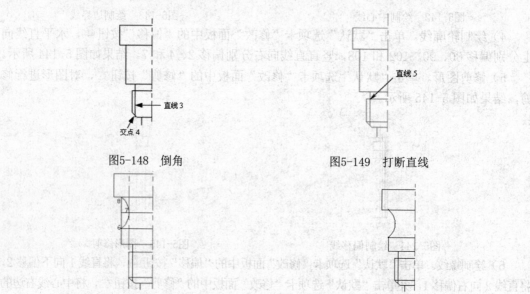

图5-148　倒角　　　　　　　　　　　　　图5-149　打断直线

图5-150　绘制偏移直线和圆弧　　　　　　　　图5-151　修剪图形

11)绘制偏移直线和倒圆角。单击"默认"选项卡"修改"面板中的"偏移"按钮 ，将图 5-152 中最上面两条水平线分别向内偏移 1；单击"默认"选项卡"修改"面板中的"圆角"按钮 ，将图 5-151 中最上面两条水平线与左边竖线夹角倒圆角，圆角半径为 1。绘制结果如图 5-152 所示。

12)绘制圆。单击"默认"选项卡"绘图"面板中的"圆"按钮 ，以中心线与顶面交点为圆心，绘制半径为 3 的圆，并修剪为左上 1/4 圆弧，如图 5-153 所示。

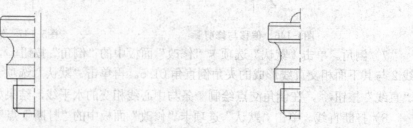

图5-152　偏移直线和倒圆　　　　　　　　　图5-153　绘制圆弧

13)镜像图形。单击"默认"选项卡"修改"面板中的"镜像"按钮 ，以中心线为镜像轴，将中心线左侧图形镜像到中心线右侧，结果如图5-154所示。

图5-154　镜像

14）绘制剖面线。单击"默认"选项卡"绘图"面板中的"图案填充"按钮，显示"图案填充创建"选项卡；将"图案填充类型"设置为"ANSI37"，在所需填充区域中拾取任意一个点，重复拾取，直至所有填充区域都被虚线框所包围，按Enter键完成图案填充操作，即完成剖面线的绘制，结果如图5-142所示。

▲ **技巧与提示——巧用"打断"命令**

如果指定的第二断点在所选对象的外部，则又分为两种情况：如果所选对象为直线或圆弧，则对象的该端被切掉，如图5-155a、b所示；如果所选对象为圆，则从第一断点沿逆时针方向到第二断点的部分被切掉，如图5-155c所示。

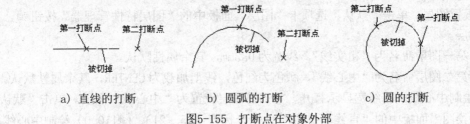

a）直线的打断　　　　b）圆弧的打断　　　　c）圆的打断

图5-155　打断点在对象外部

5.4.17　分解命令

　【执行方式】

命令行：EXPLODE（快捷命令：EX）。
菜单栏：选择菜单栏中的"修改"→"分解"命令。
工具栏：单击"修改"工具栏中的"分解"按钮。
功能区：单击"默认"选项卡"修改"面板中的"分解"按钮。

　【操作步骤】

命令行提示与操作如下：

命令：EXPLODE↙

选择对象：　选择要分解的对象

选择一个对象后，该对象会被分解，系统继续提示该行信息，允许分解多个对象。

▲ **技巧与提示——巧用"分解"命令**

分解命令是将一个合成图形分解为其部件的工具。例如，一个矩形被分解后就会变成4条直线，且一个有宽度的直线分解后就会失去其宽度属性。

📖 **5.4.18　操作实例——圆头平键**

绘制如图5-156所示圆头平键。

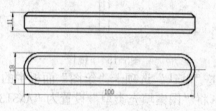

图5-156　圆头平键

⌨ **绘制步骤：**

1）设置图层。单击"默认"选项卡"图层"面板中的"图层特性管理器"按钮，新建两个图层。

● 第一图层命名为"粗实线"，线宽为0.3mm，其余属性默认。

● 第二图层命名为"中心线"，颜色为红色，线型加载为CENTER，其余属性默认。

2）绘制中心线。将线宽显示打开。将当前图层设置为"中心线"图层。单击"默认"选项卡"绘图"面板中的"直线"按钮，以坐标点（-5，-21）、（@110，0）绘制中心线。

3）绘制平键主视图。

①将当前图层设置为"粗实线"图层。单击"默认"选项卡"绘图"面板中的"矩形"按钮，角点坐标分别为（0，0）、（@100，11）。

②单击"默认"选项卡"绘图"面板中的"直线"按钮，分别以坐标点{（0，2）、（@100，0）}和{（0，9）、（@100，0）}绘制直线，绘制结果如图5-157所示。

4）绘制平键俯视图。单击"默认"选项卡"绘图"面板中的"矩形"按钮，以两个角点的坐标（0，-30）和（@100，18）绘制矩形。

5）单击"默认"选项卡"修改"面板中的"偏移"按钮，选择上步绘制的矩形，将向内侧偏移值设为2，绘制轮廓线，结果如图5-158所示。

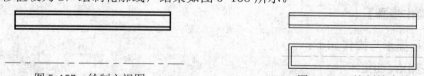

图5-157　绘制主视图　　　　　　　　　　　　图5-158　绘制轮廓线

6）单击"默认"选项卡"修改"面板中的"分解"按钮，框选主视图图形，分解矩形，主视图矩形被分解成为 4 条直线。

7）单击"默认"选项卡"修改"面板中的"倒角"按钮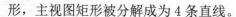，将倒角距离设为 2，对如图 5-159 所示的直线进行倒角处理，结果如图 5-160 所示。

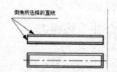

图5-159 倒角所选择的两条直线　　　　图5-160 倒角之后的图形

对其他边倒角，仍然运用倒角命令，将图形绘制成为如图 5-161 所示的效果。

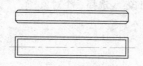

图5-161 倒角处理

8）单击"默认"选项卡"修改"面板中的"圆角"按钮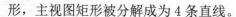，以圆角半径为 9 对图 5-162 中的外矩形进行圆角处理，如图 5-163 所示。

按上步操作对第二个矩形进行圆角操作，结果如图 5-156 所示。

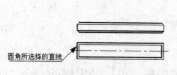 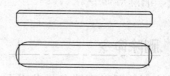

图5-162 操作圆角的对象　　　　图5-163 圆角命令后的图形

◆ 技术看板——多段线直线线段圆角

可以给多段线的直线线段加圆角，这些直线可以相邻、不相邻、相交或由线段隔开。如果多段线的线段不相邻，则被延伸以适应圆角。如果它们是相交的，则被修剪以适应圆角。图形界限检查打开时，要创建圆角，则多段线的线段必须收敛于图形界限之内。

结果是包含圆角（作为弧线段）的单个多段线。这条新多段线的所有特性（如图层、颜色和线型）将继承所选的第一个多段线的特性。

5.4.19 合并命令

可以将直线、圆、椭圆弧和样条曲线等独立的图线合并为一个对象，如图 5-164 所示。

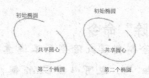

图5-164 合并对象

【执行方式】

命令行：JOIN。

菜单栏：选择菜单栏中的"修改"→"合并"命令

工具栏：单击"修改"工具栏中的"合并" 按钮

功能区：单击"默认"选项卡"修改"面板中的"合并"按钮 。

【操作步骤】

命令行提示与操作如下：

命令：JOIN✓

选择源对象或要一次合并的多个对象： 选择一个对象

选择要合并到源的直线：选择另一个对象

选择要合并到源的直线：✓

5.5 删除及恢复类命令

删除及恢复类命令主要用于删除图形某部分或对已被删除的部分进行恢复，包括删除、恢复、重做、清除等命令。

5.5.1 删除命令

如果所绘制的图形不符合要求或不小心错绘了图形，可以使用删除命令"ERASE"把其删除。

【执行方式】

命令行：ERASE（快捷命令：ER）。

菜单栏：选择菜单栏中的"修改"→"删除"命令。

工具栏：单击"修改"工具栏中的"删除"按钮 。

快捷菜单：选择要删除的对象，在绘图区右击，选择快捷菜单中的"删除"命令。

功能区：单击"默认"选项卡"修改"面板中的"删除"按钮 。

可以先选择对象，再调用删除命令；也可以先调用删除命令，再选择对象。选择对象时可以使用前面介绍的对象选择的各种方法。

当选择多个对象时，多个对象都被删除；若选择的对象属于某个对象组，则该对象组中的所有对象都被删除。

▲ **技巧与提示——巧用"删除"命令**

在绘图过程中，如果出现了绘制错误或绘制了不满意的图形，需要删除时，可以单击"标准"工具栏中的"放弃"按钮 ，也可以按Delete键，命令行提示"_erase"。删除命令可以一次删除一个或多个图形。如果删除错误，可以利用"重做"按钮 来补救。

5.5.2 恢复命令

若不小心误删了图形，可以使用恢复命令"OOPS"恢复误删的对象。

【执行方式】

命令行：OOPS 或 U。
工具栏：单击"标准"工具栏中的"放弃"按钮 ↶。
快捷键：Ctrl+Z 键。

5.5.3 清除命令

此命令与删除命令功能完全相同。

【执行方式】

菜单栏：选择菜单栏中的"修改"→"清除"命令。
快捷键：Delete 键。
执行上述操作后，命令行提示如下：

选择对象：选择要清除的对象，按 Enter 键执行清除命令。

5.6 对象编辑命令

在对图形进行编辑时，还可以对图形对象本身的某些特性进行编辑，从而方便地进行图形绘制。

5.6.1 钳夹功能

利用钳夹功能可以快速方便地编辑对象。AutoCAD 在图形对象上定义了一些特殊点，称为夹持点。利用夹持点可以灵活地控制对象，如图 5-165 所示。

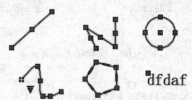

图5-165 夹持点

要使用钳夹功能编辑对象，必须先打开钳夹功能，打开方法是：选择菜单栏中的"工具"→"选项"命令，系统打开"选项"对话框。单击"选择集"选项卡，勾选"夹点"选项组中的"显示夹点"复选框。在该选项卡中还可以设置代表夹点的小方格尺寸和颜色。
也可以通过 GRIPS 系统变量控制是否打开钳夹功能。1 代表打开，0 代表关闭。

打开了钳夹功能后，应该在编辑对象之前先选择对象。夹点表示对象的控制位置。

使用夹点编辑对象时，要选择一个夹点作为基点，称为基准夹点。然后，选择一种编辑操作：镜像、移动、旋转、拉伸和缩放。可以用按 Space 或 Enter 键循环选择这些功能。

下面就其中的拉伸对象操作为例进行讲解，其他操作类似。

在图形上拾取一个夹点后，该夹点改变颜色。此点为夹点编辑的基准夹点，如图 5-166 所示。

也可在选中变色编辑基准点后，直接向一侧拉伸。如果要转换其他操作，可单击右键，弹出右键快捷菜单。如图 5-167 所示。选择"镜像"命令后，系统就会转换为"镜像"操作，其他操作类似。

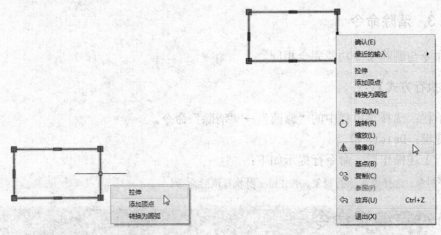

图5-166　拉伸夹点　　　　　　　　　　　　图5-167　镜像操作

📖5.6.2　操作实例——利用钳夹功能编辑图形

绘制如图 5-168a 所示的图形，并利用钳夹功能编辑成如图 5-168b 所示的图形。

　　　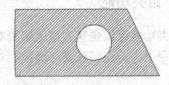

a）绘制图形　　　　　　　　　　b）编辑图形

图5-168　编辑填充图案

　光盘动画演示\第 5 章\利用钳夹功能编辑图形 avi

💻绘制步骤：

1）单击"默认"选项卡"绘图"面板中的"直线"按钮╱和"圆"按钮⊙，绘制图形轮廓。

2）单击"默认"选项卡"绘图"面板中的"图案填充"按钮，进行图案填充，系统显示"图案填充创建"选项卡，将"图案填充类型"设置为"图案"，"角度"设置为45°。注意，单击"选项"面板中的"关联"按钮。在绘图区选择要填充的区域，最后按"Enter"键，填充结果如图5-168a所示。

3）钳夹功能设置。选择菜单栏中的"工具"→"选项"命令，系统打开"选项"对话框，单击"选择集"选项卡，在"夹点"选项组中勾选"显示夹点"复选框。

4）钳夹编辑。选择如图5-169所示图形左边界的两条线段，这两条线段上会显示出相应特征的点方框；再选择图中最左边的特征点，该点以醒目方式显示；移动鼠标，使光标位于如图5-170所示的相应位置单击，得到如图5-171所示的图形。

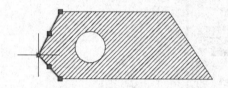

图5-169 显示边界特征点

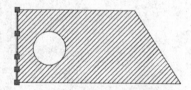

图5-170 移动夹点到新位置

图5-171 编辑后的图形

5）选择圆，圆上会出现相应的特征点，如图5-172所示；选择圆心特征点，则该特征点以醒目方式显示；移动鼠标，使光标位于另一点的位置，如图5-173所示；单击确认，则得到如图5-168b所示的结果。

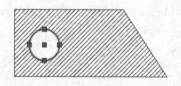

图5-172 显示圆上特征点

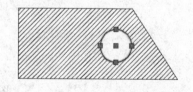

图5-173 移动夹点到新位置

5.6.3 修改对象属性

【执行方式】

命令行：DDMODIFY 或 PROPERTIES。

菜单栏：选择菜单栏中的"修改"→"特性"命令。

工具栏：单击"标准"工具栏中的"特性"按钮 ⊞。

功能区：单击"默认"选项卡"特性"面板中的"对话框启动器"按钮 ⅴ。

执行上述操作后，系统打开"特性"选项板，如图 5-174 所示。利用它可以方便地设置或修改对象的各种属性。不同的对象属性种类和值不同，修改属性值，对象则改变为新的属性。

图5-174 "特性"选项板

📖5.6.4 操作实例——花朵的绘制

绘制如图 5-175 所示的花朵。

图5-175 花朵图案

 参见 光盘 ▷ 光盘动画演示\第 5 章\花朵的绘制.avi

绘制步骤：

1）单击"默认"选项卡"绘图"面板中的"圆"按钮 ⊘，绘制花蕊。

2）单击"默认"选项卡"绘图"面板中的"多边形"按钮 ⬠，绘制以图 5-176 中的圆心为正多边形中心点的内接于圆的正五边形，结果如图 5-177 所示。

图5-176　捕捉圆心　　　　　　　　　　　图5-177　绘制正五边形

▲ 技巧与提示——绘图先后顺序的区别

一定要先绘制中心的圆，因为正五边形的外接圆与此圆同心，必须通过捕捉获得正五边形外接圆的圆心位置。如果反过来，先画正五边形，再画圆，则会发现无法捕捉正五边形外接圆的圆心。

3）单击"默认"选项卡"绘图"面板中的"圆弧"按钮，以最上斜边的中点为圆弧起点、左上斜边中点为圆弧端点，绘制花朵，绘制结果如图 5-178 所示。重复"圆弧"命令，绘制另外 4 段圆弧，结果如图 5-179 所示。

最后删除正五边形，结果如图 5-180 所示。

图5-178　一段圆弧　　　　　　　图5-179　绘制所有圆弧　　　　　　图5-180　绘制花朵

4）单击"默认"选项卡"绘图"面板中的"多段线"按钮，绘制枝叶。花枝的宽度为 4；叶子的起点半宽为 12，端点半宽为 3。命令行提示与操作如下：

命令: _pline

指定起点:(捕捉圆弧右下角的交点)

当前线宽为 0.0000

指定下一个点或 [圆弧(A)/半宽(H)/长度(L)/放弃(U)/宽度(W)]: W↙

指定起点宽度 0.0000>:4↙

指定端点宽度 <4.0000>: ↙

指定下一个点或 [圆弧(A)/半宽(H)/长度(L)/放弃(U)/宽度(W)]: A↙

指定圆弧的端点(按住 Ctrl 键以切换方向)或[角度(A)/圆心(CE)/方向(D)/半宽(H)/直线(L)/半径(R)/第二个点(S)/放弃(U)/宽度(W)]: S↙

指定圆弧上的第二个点:（指定第二点）

指定圆弧的端点:（指定第三点）

指定圆弧的端点(按住 Ctrl 键以切换方向)或[角度(A)/圆心(CE)/闭合(CL)/方向(D)/半宽(H)/直线(L)/半径(R)/第二个点(S)/放弃(U)/宽度(W)]: ↙（完成花枝的绘制）

命令: _pline

指定起点:(捕捉花枝上一点)

当前线宽为 4.0000

指定下一个点或 [圆弧(A)/半宽(H)/长度(L)/放弃(U)/宽度(W)]: H↙

AutoCAD 2016

指定起点半宽 <2.0000>: 12✓

指定端点半宽 <12.0000>: 3✓

指定下一个点或 [圆弧(A)/半宽(H)/长度(L)/放弃(U)/宽度(W)]: A✓

指定圆弧的端点(按住 Ctrl 键以切换方向)或[角度(A)/圆心(CE)/方向(D)/半宽(H)/直线(L)/半径(R)/第二个点(S)/放弃(U)/宽度(W)]: S✓

指定圆弧上的第二个点: (指定第二点)

指定圆弧的端点: (指定第三点)

指定圆弧的端点(按住 Ctrl 键以切换方向)或[角度(A)/圆心(CE)/闭合(CL)/方向(D)/半宽(H)/直线(L)/半径(R)/第二个点(S)/放弃(U)/宽度(W)]:

采用同样方法绘制另两片叶子，结果如图 5-181 所示。

5) 选择枝叶，枝叶上显示夹点标志，如图 5-182 所示。在一个夹点上单击鼠标右键，打开右键快捷菜单，选择其中的"特性"命令，如图 5-183 所示。系统打开"特性"选项板，在"颜色"下拉列表框中选择"绿"，如图 5-184 所示。

图5-181　绘制出花朵图案　　　　　　　　　　　　图5-182　选择枝叶

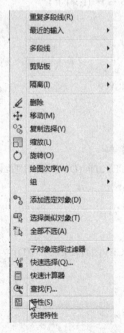

图5-183　右键快捷菜单

图5-184　修改枝叶颜色

6) 按照步骤 5) 的方法修改花朵颜色为红色，花蕊颜色为洋红色，最终结果如图 5-175

所示。

5.6.5 特性匹配

特性匹配是将一个对象的某些或所有特性复制到另一个或多个对象上。可以复制的特性包括颜色、图层、线型、线型比例、厚度以及标注、文字和图案填充特性。特性匹配的命令是 Matchprop。

 【执行方式】

命令行：MATCHPROP。

菜单栏："修改"→"特性匹配"。

功能区：单击"默认"选项卡"特性"下拉菜单中的"特性匹配"按钮 。

 【操作步骤】

命令行提示与操作如下：

命令：MATCHPROP↙

选择源对象：（选择源对象）

当前活动设置：颜色 图层 线型 线型比例 线宽 透明度 厚度 打印样式 标注 文字 图案填充 多段线 视口 表格材质 阴影显示 多重引线

选择目标对象或 [设置(S)]：（选择目标对象）

5.7 综合演练

5.7.1 组合沙发的绘制

本实例将详细介绍绘制如图 5-185 所示沙发的方法与操作技巧，进而从中学习使用 AutoCAD 相关功能命令绘制室内装饰家具的方法。

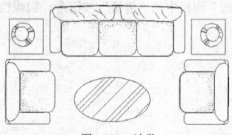

图5-185 沙发

 光盘动画演示\第5章\组合沙发的绘制 avi

绘制步骤：

1）单击"默认"选项卡"绘图"面板中的"直线"按钮，绘制其中单个沙发造型，如图 5-186 所示。

2）单击"默认"选项卡"绘图"面板中的"圆弧"按钮，将沙发面 4 边连接起来，得到完整的沙发面，如图 5-187 所示。

3）单击"默认"选项卡"绘图"面板中的"直线"按钮，绘制侧面扶手，如图 5-188 所示。

图5-186　创建沙发面4边　　　　　　　　　　图5-187　连接边角

4）单击"默认"选项卡"绘图"面板中的"圆弧"按钮，绘制侧面扶手弧边线，如图 5-189 所示。

图5-188　绘制扶手　　　　　　　　　　图5-189　绘制扶手弧边线

5）单击"默认"选项卡"修改"面板中的"镜像"按钮，以中间的轴线位置作为镜像线进行镜像绘制另外一个方向的扶手轮廓，如图 5-190 所示。

6）单击"默认"选项卡"绘图"面板中的"圆弧"按钮，绘制沙发背部扶手的轮廓。单击"默认"选项卡"修改"面板中的"镜像"按钮，镜像绘制扶手轮廓，如图 5-191 所示。

图5-190　创建另外一侧扶手　　　　　　　　　　图5-191　创建背部扶手

7）单击"默认"选项卡"绘图"面板中的"圆弧"按钮，继续完善沙发背部扶手轮廓的绘制。单击"默认"选项卡"修改"面板中的"镜像"按钮，镜像绘制背部扶手的轮廓，如图 5-192 所示。

8）偏移直线。单击"默认"选项卡"修改"面板中的"镜像"按钮，对沙发面造型进行修改，使其更为形象，如图 5-193 所示。

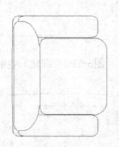

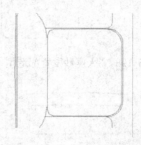

图5-192 完善背部扶手   图5-193 修改沙发面

9）单击"默认"选项卡"绘图"面板中的"多点"按钮，细化沙发面造型，如图 5-194 所示。

10）单击"默认"选项卡"绘图"面板中的"多点"按钮，进一步细化沙发面造型，使其更为形象，如图 5-195 所示。

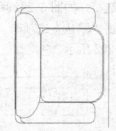

图5-194 细化沙发面   图5-195 完善沙发面

11）按照步骤 2）～10）的方法，绘制 3 人座的沙发造型，如图 5-196 所示。

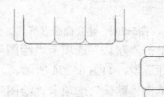

图5-196 座沙发   图5-197 绘制3座沙发扶手

12）单击"默认"选项卡"绘图"面板中的"直线"按钮和 "修改"面板中的"镜像"按钮，绘制扶手造型，如图 5-197 所示。

13）单击"默认"选项卡"绘图"面板中的"圆弧"按钮，绘制 3 人座沙发的背部造型，如图 5-198 所示。

14）单击"默认"选项卡"绘图"面板中的"多点"按钮，对 3 人座沙发面造型进行细化，如图 5-199 所示。

15）单击"默认"选项卡"修改"面板中的"移动"按钮，调整两个沙发造型的位置，如图 5-200 所示。

16）单击"默认"选项卡"修改"面板中的"镜像"按钮，对单个沙发进行镜像，

得到沙发组造型，如图 5-201 所示。

图5-198　3人座沙发背部造型

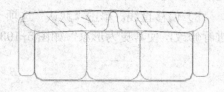

图5-199　细化3人座沙发面

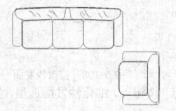

图5-200　调整沙发位置

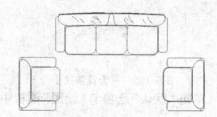

图5-201　沙发组

17）单击"默认"选项卡"绘图"面板中的"椭圆"按钮 ⬭，绘制 1 个椭圆形建立椭圆形茶几的造型，如图 5-202 所示。

18）单击"默认"选项卡"绘图"面板中的"图案填充"按钮 ▦，对茶几进行填充图案，如图 5-203 所示。

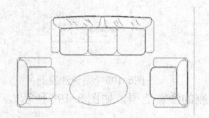

图5-202　建立椭圆形茶几

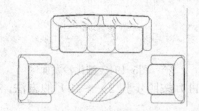

图5-203　填充茶几图案

19）单击"默认"选项卡"绘图"面板中的"多边形"按钮 ⬠，绘制沙发之间的正四边形桌面灯造型，如图 5-204 所示。

20）单击"默认"选项卡"绘图"面板中的"圆"按钮 ⊘，绘制两个大小和圆心位置不同的圆形，如图 5-205 所示。

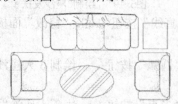

图5-204　绘制一个正方形

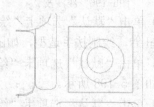

图5-205　绘制2个圆形

21）单击"默认"选项卡"绘图"面板中的"直线"按钮 ✐，绘制随机斜线形成灯罩效果，如图 5-206 所示。

22）单击"默认"选项卡"修改"面板中的"镜像"按钮 ⬘ 进行镜像，得到两个沙发桌面灯造型，如图 5-207 所示。完成整个沙发绘制，得到如图 5-185 所示的图形。

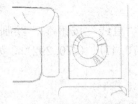

图5-206 创建灯罩

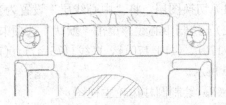

图5-207 创建另外一侧造型

5.7.2 齿轮的绘制

绘制如图 5-208 所示的齿轮。

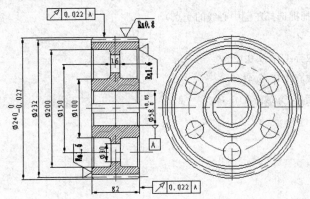

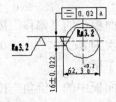

图5-208 齿轮

 参见光盘

光盘动画演示\第 5 章\齿轮的绘制 avi

绘制步骤：

1. 设置图层

单击"默认"选项卡"图层"面板中的"图层特性管理器"按钮 ，新建三个图层。

- 第一图层命名为"实体层"，线宽为 0.3mm，其余属性默认。
- 第二图层命名为"中心线"，颜色为红色，线型为"CENTER"，其余属性默认。
- 第三图层命名为"剖面层"，属性默认。

2. 绘制圆柱齿轮

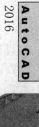

2016

AutoCAD

（1）绘制中心线

1）切换图层。将"中心线层"设置为当前图层。

2）绘制中心线。单击"默认"选项卡"绘图"面板中的"直线"按钮✏，绘制直线 {(25, 170)、(410, 170)}，直线 {(75, 47)、(75, 292)} 和直线 {(270, 47)、(270, 292)}，如图、5-209 所示。

（2）绘制圆柱齿轮主视图

1）绘制边界线。将"实体层"设置为当前图层。单击"默认"选项卡"绘图"面板中的"直线"按钮✏，利用 FROM 选项绘制两条直线，结果如图 5-210 所示。命令行提示与操作如下：

```
命令: LINE ✓
指定第一个点: FROM ✓
基点:（利用对象捕捉选择左侧中心线的交点）
<偏移>: @ -41,0 ✓
指定下一点或 [放弃(U)]: @ 0,120 ✓
指定下一点或 [放弃(U)]: @ 41, 0 ✓
指定下一点或 [闭合(C)/放弃(U)]: ✓
```

图5-209　绘制中心线

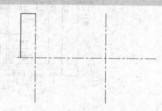
图5-210　绘制边界线

2）偏移直线。单击"默认"选项卡"修改"面板中的"偏移"按钮◳，将最左侧的直线向右偏移33，再将最上部的直线向下偏移量依次为8、20、30、60、70和91。偏移中心线，向上偏移量依次为75和116，结果如图5-211所示。

3）图形倒角。单击"默认"选项卡"修改"面板中的"倒角"按钮◰，角度，距离模式，对齿轮的左上角处倒直角C4；单击"默认"选项卡"修改"面板中的"圆角"按钮◰，对中间凹槽倒圆角，半径为5；然后进行修剪，绘制倒圆角轮廓线，结果如图5-212所示。

图5-211　绘制偏移线

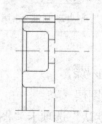
图5-212　图形倒角

4）绘制键槽。单击"默认"选项卡"修改"面板中的"偏移"按钮◳，将中心线向上偏移8，然后进行修剪，结果如图5-213所示。

5）成形镜像。单击"默认"选项卡"修改"面板中的"镜像"按钮⚎，分别以两条中心线为镜像轴进行镜像操作，结果如图 5-214 所示。

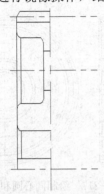

图5-213 绘制键槽

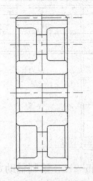

图5-214 镜像成形

6）绘制剖面线。将"剖面层"设置为当前图层。单击"默认"选项卡"绘图"面板中的"图案填充"按钮，选择"ANSI31"图案作为填充图案，选择填充区域进行填充，完成圆柱齿轮主视图的绘制，如图 5-215 所示。

（3）绘制圆柱齿轮左视图

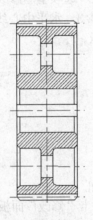

图5-215 圆柱齿轮主视图

◆ **技术看板——巧用辅助定位线绘制左视图**

圆柱齿轮左视图由一组同心圆和环形分布的圆孔组成。左视图是在主视图的基础上生成的，因此需要借助主视图的位置信息确定同心圆的半径或直径数值，这时就需要从主视图引出相应的辅助定位线，利用"对象捕捉"确定同心圆。6个减重圆孔利用"环形阵列"进行绘制。

1）绘制辅助定位线。单击"默认"选项卡"绘图"面板中的"直线"按钮，利用"对象捕捉"在主视图中确定直线起点，再利用"正交"功能保证引出线水平，终点位置任意，绘制结果如图 5-216。

2）绘制同心圆。单击"默认"选项卡"绘图"面板中的"圆"按钮，以右侧中心线交点为圆心，半径依次捕捉辅助定位线与中心线的交点，绘制 9 个圆；删除辅助直线；再重复"圆"命令，绘制减重圆孔。结果如图 5-217 所示。注意，减重圆孔的圆环属于"中

心线层"。

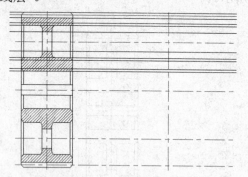

图5-216　绘制辅助定位线

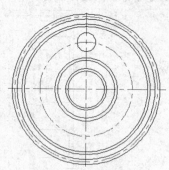

图5-217　绘制同心圆和减重圆孔

3）绘制环形分布的减重圆孔。单击"默认"选项卡"修改"面板中的"环形阵列"按钮 ，以同心圆的圆心为阵列中心点，选取图 5-217 绘制的减重圆孔及其中心线为阵列对象，输入阵列个数为 6，阵列度数为 360，得到环形分布的减重圆孔。单击"默认"选项卡"修改"面板中的"打断"按钮 ，修剪阵列减重孔过长的中心线，如图 5-218 所示。

4）绘制键槽边界线。单击"默认"选项卡"修改"面板中的"偏移"按钮 ，向左偏移同心圆的竖直中心线，偏移量为 33.3，水平中心线上、下偏移量分别为 8，并更改其图层属性为"实体层"，如图 5-219 所示。

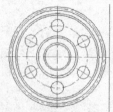

图5-218　环形分布的减重圆孔

图5-219　绘制键槽边界线

5）修剪图形。单击"默认"选项卡"修改"面板中的"修剪"按钮 ，对键槽进行修剪编辑，得到圆柱齿轮左视图，如图 5-220 所示。

6）复制键槽。单击"默认"选项卡"修改"面板中的"复制"按钮 ，选择键槽轮廓线和中心线，如图 5-221 所示。

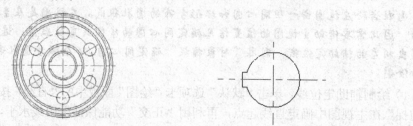
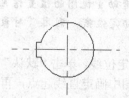

图5-220　圆柱齿轮左视图

图5-221　键槽轮廓线

5.8 动手练一练

【实例1】绘制如图5-222所示的桌椅

1. 目的要求

本例设计的图形除了要用到基本的绘图命令外，还用到了"阵列"编辑命令。通过对本例图形的绘制，使读者能够灵活掌握绘图的基本技巧，并可以巧妙利用一些编辑命令来快速灵活地完成绘图工作。

2. 操作提示

1）利用"圆"和"偏移"命令绘制圆形餐桌。

2）利用"直线""圆弧"以及"镜像"命令绘制椅子。

3）阵列椅子。

【实例2】绘制如图5-223所示的小人头

1. 目的要求

本例设计的图形除了要用到很多基本的绘图命令外，考虑到图形对象的对称性，还要用到"镜像"编辑命令。通过本例图形的绘制，使读者能够灵活掌握绘图的基本技巧，掌握镜像命令的用法。

2. 操作提示

1）利用"圆""直线""圆环""多段线"和"圆弧"命令绘制小人头一半的轮廓。

2）以外轮廓圆竖直方向上两点为对称轴镜像图形。

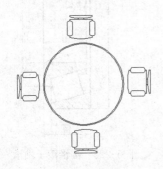

图5-222　桌椅

图5-223　小人头

【实例3】绘制如图5-224所示的均布结构图形

1. 目的要求

本例设计的图形是一个常见的机械零件。在绘制的过程中，除了要用到"直线""圆"等基本绘图命令外，还要用到"剪切"和"阵列"编辑命令。通过对本例图形的绘制，使读者能够熟练掌握"剪切"和"阵列"编辑命令的用法。

2. 操作提示

1）设置新图层。

2）绘制中心线和基本轮廓。

3）进行阵列编辑。

4）进行剪切编辑。

【实例4】绘制如图 5-225 所示的圆锥滚子轴承

1．目的要求

本例要绘制的是一个圆锥滚子轴承的剖视图。除了要用到一些基本的绘图命令外，还要用到"图案填充"命令以及"旋转""镜像""剪切"等编辑命令。通过对本例图形的绘制，使读者能够进一步熟悉常见编辑命令以及"图案填充"命令的使用。

2．操作提示

1）新建图层。

2）绘制中心线及滚子所在的矩形。

3）旋转滚子所在的矩形。

4）绘制半个轴承的轮廓线。

5）对绘制的图形进行剪切。

6）镜像图形。

7）分别对轴承外圈和内圈进行图案填充。

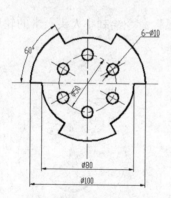

图5-224　均布结构图形

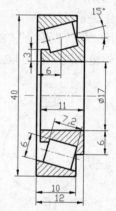

图5-225　圆锥滚子轴承

第6章

文字与表格

　　文字注释是绘制图形过程中很重要的内容，进行各种设计时，不仅要绘制出图形，还要在图形中标注一些注释性的文字，如技术要求、注释说明等，对图形对象加以解释。AutoCAD 提供了多种在图形中输入文字的方法，本章会详细介绍文本的注释和编辑功能。图表在 AutoCAD 图形中也有大量的应用，如明细表、参数表和标题栏等。本章主要介绍文字与图表的使用方法。

AutoCAD

2016

重点与难点

- 了解文本样式、文本编辑
- 熟练掌握文本标注的操作
- 学习表格的创建及表格文字的编辑

14	端盖	1	HT150	
13	端盖	1	HT150	
12	定距环	1	Q235A	
11	大齿轮	1	45	
10	键 16×70	1	Q275	GB 1095-79
9	轴	1	45	
8	轴承	2		30208
7	端盖	1	HT200	
6	轴承	2		30211
5	轴	1	45	
4	键8×50	1	Q275	GB 1095-79
3	端盖	1	HT200	
2	调整垫片	2组	08F	
1	减速器箱体	1	HT200	
序号	名称	数量	材料	备注

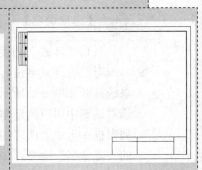

技术要求

1 热处理硬度
HB255~302(d=3.8~3.5)
2 未注倒角C2
3 氧化

6.1 文本样式

所有 AutoCAD 图形中的文字都有与其相对应的文本样式。当输入文字对象时，AutoCAD 使用当前设置的文本样式。文本样式是用来控制文字基本形状的一组设置。AutoCAD 2016 提供了"文字样式"对话框，通过这个对话框可以方便直观地设置需要的文本样式，或是对已有样式进行修改。

【执行方式】

命令行：STYLE（快捷命令：ST）或 DDSTYLE。

菜单栏：选择菜单栏中的"格式"→"文字样式"命令。

工具栏：单击"文字"工具栏中的"文字样式"按钮 。

功能区：单击"默认"选项卡"注释"面板中的"文字样式"按钮 或单击"注释"选项卡"文字"面板上的"文字样式"下拉菜单中的"管理文字样式"按钮或单击"注释"选项卡"文字"面板中"对话框启动器"按钮 。

执行上述操作后，系统打开"文字样式"对话框，如图 6-1 所示。

图6-1 "文字样式"对话框

【选项说明】

（1）"样式"列表框 列出所有已设定的文字样式名或对已有样式名进行相关操作。单击"新建"按钮，系统打开如图 6-2 所示的"新建文字样式"对话框。在该对话框中可以为新建的文字样式输入名称。从"样式"列表框中选中要改名的文本样式右击，选择快捷菜单中

图6-2 "新建文字样式"对话框

的"重命名"命令，如图 6-3 所示，可以为所选文本样式输入新的名称。

（2）"字体"选项组 用于确定字体样式。文字的字体确定字符的形状，在 AutoCAD

中，除了它固有的 SHX 形状字体文件外，还可以使用 TrueType 字体（如宋体、楷体、italley 等）。一种字体可以设置不同的效果，从而被多种文本样式使用，图 6-4 所示为同一种字体（宋体）的不同样式。

（3）"大小"选项组　用于确定文本样式使用的字体文件、字体风格及字高。"高度"文本框用来设置创建文字时的固定字高，在用 TEXT 命令输入文字时，AutoCAD 不再提示输入字高参数。如果在此文本框中设置字高为 0，系统会在每一次创建文字时提示输入字高，所以，如果不想固定字高，就可以把"高度"文本框中的数值设置为 0。

图6-3　快捷菜单

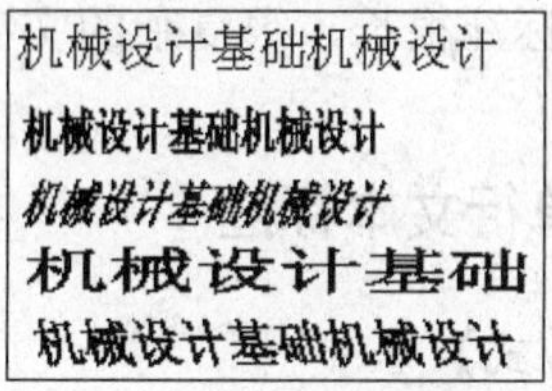

机械设计基础机械设计
图6-4　同一字体的不同样式

（4）"效果"选项组

1）"颠倒"复选框：勾选该复选框，表示将文本文字倒置标注，如图 6-5a 所示。

2）"反向"复选框：确定是否将文本文字反向标注，如图 6-5b 所示的标注效果。

3）"垂直"复选框：确定文本是水平标注还是垂直标注。勾选该复选框时为垂直标注，否则为水平标注，垂直标注如图 6-6 所示。

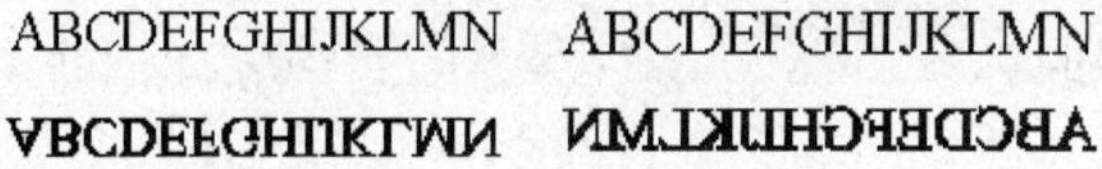

ABCDEFGHIJKLMN　ABCDEFGHIJKLMN

a)　　　　　b)

图6-5　文字倒置标注与反向标注

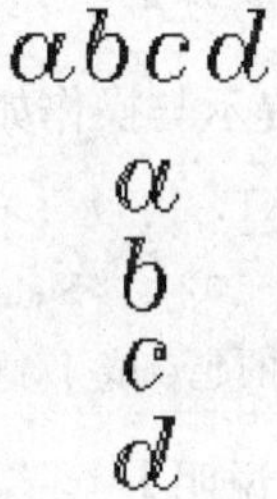

图6-6　垂直标注文字

4）"宽度因子"文本框：设置宽度系数，确定文本字符的宽高比。当比例系数为 1 时，表示将按字体文件中定义的宽高比标注文字。当此系数小于 1 时，字会变窄，反之变宽。如图 6-4 所示，是在不同比例系数下标注的文本文字。

5）"倾斜角度"文本框：用于确定文字的倾斜角度。角度为 0° 时不倾斜，为正数时向右倾斜，为负数时向左倾斜，效果如图 6-4 所示。

（5）"应用"按钮　确认对文字样式的设置。当创建新的文字样式或对现有文字样式的某些特征进行修改后，都需要单击此按钮，系统才会确认所做的改动。

▲ 技巧与提示——统一字体的方法

1）如果要使用不同于系统默认样式 STANDARD 的文字样式，最好的方法是自己建立一个新的文字样式，而不要对默认样式进行修改。

2）系统默认样式 STANDARD 不允许删除或重命名。

3）"大字体"是针对中文、韩文、日文等符号文字的专用字体。若要在单行文字中使用汉字，必须将"字体"设置为"大字体"，并选择对应的汉字大字体。

6.2 文本标注

在绘制图形的过程中，文字传递了很多设计信息，它可能是一个很复杂的说明，也可能是一个简短的文字信息。当需要文字标注的文本不太长时，可以利用 TEXT 命令创建单行文本；当需要标注很长、很复杂的文字信息时，可以利用 MTEXT 命令创建多行文本。

6.2.1 单行文本标注

 【执行方式】

命令行：TEXT。

菜单栏：选择菜单栏中的"绘图"→"文字"→"单行文字"命令。

工具栏：单击"文字"工具栏中的"单行文字"按钮 **A**。

功能区：单击"默认"选项卡"注释"面板中的"单行文字"按钮 **A** 或单击"注释"选项卡"文字"面板中的"单行文字"按钮 **A**。

 【操作步骤】

命令行提示与操作如下：

命令：TEXT✓

当前文字样式："Standard" 文字高度：2.5000 注释性：否 对正：左

指定文字的起点或 [对正(J)/样式(S)]：

 【选项说明】

（1）指定文字的起点 在此提示下直接在绘图区选择一点作为输入文本的起始点，命令行提示如下：

指定高度 <0.2000>: 确定文字高度

指定文字的旋转角度 <0>: 确定文本行的倾斜角度

执行上述命令后，即可在指定位置输入文本文字，输入后按 Enter 键，文本文字另起一行，可继续输入文字，待全部输入完后按两次 Enter 键，退出 TEXT 命令。可见，TEXT 命令也可创建多行文本，只是这种多行文本每一行是一个对象，不能对多行文本同时进行操作。

图6-7 文本行倾斜排列的效果

▲ 技巧与提示——巧用单行文字命令

只有当前文本样式中设置的字符高度为 0，在使用 TEXT 命令时，系统才出现要求用户确定字符高度的提示。*AutoCAD*

允许将文本行倾斜排列，图6-7所示为倾斜角度分别是0°、45°和-45°时的排列效果。在"指定文字的旋转角度 <0>"提示下输入文本行的倾斜角度或在绘图区拉出一条直线来指定倾斜角度。

（2）对正（J）　在"指定文字的起点或[对正（J）/样式（S）]"提示下输入"J"，用来确定文本的对齐方式，对齐方式决定文本的哪部分与所选插入点对齐。执行此选项，命令行提示如下：

输入选项 [左(L)/居中(C)/右(R)/对齐(A)/中间(M)/布满(F)/左上(TL)/中上(TC)/右上(TR)/左中(ML)/正中(MC)/右中(MR)/左下(BL)/中下(BC)/右下(BR)]:

在此提示下选择一个选项作为文本的对齐方式。当文本文字水平排列时，AutoCAD 为标注文本的文字定义了如图 6-8 所示的顶线、中线、基线和底线，各种对齐方式如图 6-9 所示，图 6-9 中大写字母对应上述提示中各命令。下面以"对齐"方式为例进行简要说明。

图6-8　文本行的底线、基线、中线和顶线　　　　图6-9　文本的对齐方式

选择"对齐（A）"选项，要求用户指定文本行基线的起始点与终止点的位置，命令行提示与操作如下：

指定文字基线的第一个端点:(指定文本行基线的起点位置)

指定文字基线的第二个端点:(指定文本行基线的终点位置)

输入文字:(输入一行文本后按 Enter 键)

输入文字:(继续输入文本或直接按 Enter 键结束命令)

执行结果：输入的文本文字均匀地分布在指定的两点之间，如果两点间的连线不水平，则文本行倾斜放置，倾斜角度由两点间的连线与 X 轴夹角确定；字高、字宽根据两点间的距离、字符的多少以及文本样式中设置的宽度系数自动确定。指定了两点之后，每行输入的字符越多，字宽和字高越小。其他选项与"对齐"类似，此处不再赘述。

实际绘图时，有时需要标注一些特殊字符，例如，直径符号、上画线或下画线、温度符号等，由于这些符号不能直接从键盘上输入，AutoCAD 提供了一些控制码，用来实现这些要求。控制码用两个百分号（％％）加一个字符构成，常用的控制码及功能见表 6-1。

表6-1　AutoCAD 常用控制码

控制码	标注的特殊字符	控制码	标注的特殊字符
％％O	上画线	\u+0278	电相位
％％U	下画线	\u+E101	流线
％％D	"度"符号（°）	\u+2261	标识
％％P	正负符号（±）	\u+E102	界碑线

（续）

控制码	标注的特殊字符	控制码	标注的特殊字符
%%C	直径符号（Φ）	\u+2260	不相等（≠）
%%%	百分号（%）	\u+2126	欧姆（Ω）
\u+2248	约等于（≈）	\u+03A9	欧米加（Ω）
\u+2220	角度（∠）	\u+214A	低界线
\u+E100	边界线	\u+2082	下标2
\u+2104	中心线	\u+00B2	上标2
\u+0394	差值		

表中，％％O 和％％U 分别是上画线和下画线的开关，第一次出现此符号开始画上画线和下画线，第二次出现此符号，上画线和下画线终止。例如，输入"I want to ％％U go to Beijing%%U."，则得到如图 6-10a 所示的文本行；输入"50％％D+%%C75%%P12"，则得到如图 6-10b 所示的文本行。

I want to go to Beijing.
a)

50°+Ø75±12
b)

图6-10　文本行

利用 TEXT 命令可以创建一个或若干个单行文本，即此命令可以标注多行文本。在"输入文字"提示下输入一行文本文字后按Enter 键，命令行继续提示"输入文字"，用户可输入第二行文本文字，依此类推，直到文本文字全部输写完毕，再在此提示下按两次 Enter 键，结束文本输入命令。每一次按 Enter 键就结束一个单行文本的输入，每一个单行文本是一个对象，可以单独修改其文本样式、字高、旋转角度、对齐方式等。

用 TEXT 命令创建文本时，在命令行输入的文字同时显示在绘图区，而且在创建过程中可以随时改变文本的位置，只要移动光标到新的位置单击，则当前行结束，随后输入的文字在新的文本位置出现，用这种方法可以把多行文本标注到绘图区的不同位置。

6.2.2　多行文本标注

【执行方式】

命令行：MTEXT（快捷命令：T 或 MT）。

菜单栏：选择菜单栏中的"绘图"→"文字"→"多行文字"命令。

工具栏：单击"绘图"工具栏中的"多行文字"按钮**A**或单击"文字"工具栏中的"多行文字"按钮**A**。

功能区：单击"默认"选项卡"注释"面板中的"多行文字"按钮**A**或单击"注释"选项卡"文字"面板中的"多行文字"按钮**A**。

【操作步骤】

命令行提示与操作如下：

命令:MTEXT↙

当前文字样式: "Standard" 文字高度: 1571.5998 注释性: 否

指定第一角点: （指定矩形框的第一个角点）

指定对角点或 [高度(H)/对正(J)/行距(L)/旋转(R)/样式(S)/宽度(W)/栏(C)]:

【选项说明】

（1）指定对角点　在绘图区选择两个点作为矩形框的两个角点，AutoCAD 以这两个点为对角点构成一个矩形区域，其宽度作为将来要标注的多行文本的宽度，第一个点作为第一行文本顶线的起点。响应后 AutoCAD 显示如图 6-11 所示的"文字编辑器"选项卡和多行文字编辑器，可利用此编辑器输入多行文本文字并对其格式进行设置。关于该对话框中各项的含义及编辑器功能，稍后再详细介绍。

图6-11　"文字编辑器"选项卡和多行文字编辑器

（2）对正（J）　用于确定所标注文本的对齐方式。选择此选项，命令行提示如下：

输入对正方式 [左上(TL)/中上(TC)/右上(TR)/左中(ML)/正中(MC)/右中(MR)/左下(BL)/中下(BC)/右下(BR)] <左上(TL)>:

这些对齐方式与 TEXT 命令中的各对齐方式相同。选择一种对齐方式后按 Enter 键，系统回到上一级提示。

（3）行距（L）　用于确定多行文本的行间距。这里所说的行间距是指相邻两文本行基线之间的垂直距离。选择此选项，命令行提示如下：

输入行距类型 [至少(A)/精确(E)] <至少(A)>:

在此提示下有"至少"和"精确"两种方式确定行间距。在"至少"方式下，系统根据每行文本中最大的字符自动调整行间距；在"精确"方式下，系统为多行文本赋予一个固定的行间距，可以直接输入一个确切的间距值，也可以输入"nx"的形式，其中 n 是一个具体数，表示行间距设置为单行文本高度的 n 倍，而单行文本高度是本行文本字符高度的 1.66 倍。

（4）旋转（R）　用于确定文本行的倾斜角度。选择此选项，命令行提示如下：

指定旋转角度 <0>:

输入角度值后按 Enter 键，系统返回到"指定对角点或 [高度(H)/对正(J)/行距(L)/旋转(R)/样式(S)/宽度(W)/栏(C)]:"的提示。

（5）样式（S）　用于确定当前的文本文字样式。

（6）宽度（W）　用于指定多行文本的宽度。可在绘图区选择一点，与前面确定的第

一个角点组成一个矩形框的宽作为多行文本的宽度；也可以输入一个数值，精确设置多行文本的宽度。

在创建多行文本时，只要指定文本行的起始点和宽度后，系统就会打开如图 6-11 所示的多行文字编辑器，该编辑器包含一个"文字格式"对话框和一个快捷菜单。用户可以在编辑器中输入和编辑多行文本，包括设置字高、文本样式以及倾斜角度等。该编辑器与 Microsoft Word 编辑器界面相似，事实上该编辑器与 Word 编辑器在某些功能上趋于一致。这样既增强了多行文字的编辑功能，又能使用户更熟悉和方便地使用。

（7）栏　指定多行文字对象的栏选项。

1）静态：指定总栏宽、栏数、栏间距宽度（栏之间的间距）和栏高。

2）动态：指定栏宽、栏间距宽度和栏高。动态栏由文字驱动。调整栏将影响文字流，而文字流将导致添加或删除栏。

3）不分栏：将不分栏模式设置给当前多行文字对象。

默认列设置存储在系统变量 MTEXTCOLUMN 中。

（8）"文字格式"对话框　用来控制文本文字的显示特性。可以在输入文本文字前设置文本的特性，也可以改变已输入的文本文字特性。要改变已有文本文字显示特性，首先应选择要修改的文本，选择文本的方式有以下 3 种：

● 将光标定位到文本文字开始处，按住鼠标左键，拖到文本末尾。

● 双击某个文字，则该文字被选中。

● 3 次单击鼠标，则选中全部内容。

对话框中部分选项的功能介绍如下：

1）"文字高度"下拉列表框：用于确定文本的字符高度，可在文本编辑器中设置输入新的字符高度，也可从此下拉列表框中选择已设定过的高度值。

2）"粗体" **B** 和"斜体" *I* 按钮：用于设置加粗或斜体效果，但这两个按钮只对 TrueType 字体有效。

3）"下画线" U 和"上画线" Ō 按钮：用于设置或取消文字的上下画线。

4）"堆叠"按钮：为层叠或非层叠文本按钮，用于层叠所选的文本文字，也就是创建分数形式。当文本中某处出现"/""^"或"#"3 种层叠符号之一时，可层叠文本，其方法是选中需层叠的文字，然后单击此按钮，则符号左边的文字作为分子，右边的文字作为分母进行层叠。AutoCAD 提供了 3 种分数形式；如选中"abcd/efgh"后单击此按钮，得到如图 6-12a 所示的分数形式；如果选中"abcd^efgh"后单击此按钮，则得到如图 6-12b 所示的形式，此形式多用于标注极限偏差；如果选中"abcd # efgh"后单击此按钮，则创建斜排的分数形式，如图 6-12c 所示。如果选中已经层叠的文本对象后单击此按钮，则恢复到非层叠形式。

5）"倾斜角度" *0/* 下拉列表框：用于设置文字的倾斜角度。

▲ 技巧与提示——倾斜角度与斜体效果的区别

倾斜角度与斜体效果是两个不同的概念，前者可以设置任意倾斜角度，后者是在任意倾斜角度的基础上设置斜体效果，如图 6-13 所示。第一行倾斜角度为 0°，非斜体效果；第二行倾斜角度为 12°，非斜体效果；第三行倾斜角度为 12°，斜体效果。

都市农夫

abcd   abcd   abcd   *都市农夫*
efgh   efgh   ╱efgh   *都市农夫*

a)   b)   c)

图6-12 文本层叠   图6-13 倾斜角度与斜体效果

6)"符号"按钮 **@**：用于输入各种符号。单击此按钮，系统打开符号列表，如图 6-14 所示，可以从中选择符号输入到文本中。

7)"插入字段"按钮 ：用于插入一些常用或预设字段。单击此按钮，系统打开"字段"对话框，如图 6-15 所示，用户可从中选择字段，插入到标注文本中。

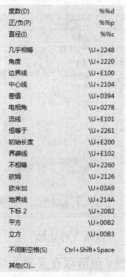

度数(D)	%%d
正/负(P)	%%p
直径(I)	%%c
几乎相等	\U+2248
角度	\U+2220
边界线	\U+E100
中心线	\U+2104
差值	\U+0394
电相角	\U+0278
流线	\U+E101
恒等于	\U+2261
初始长度	\U+E200
界碑线	\U+E102
不相等	\U+2260
欧姆	\U+2126
欧米加	\U+03A9
地界线	\U+214A
下标 2	\U+2082
平方	\U+00B2
立方	\U+00B3
不间断空格(S)	Ctrl+Shift+Space
其他(O)...	

图6-14 符号列表

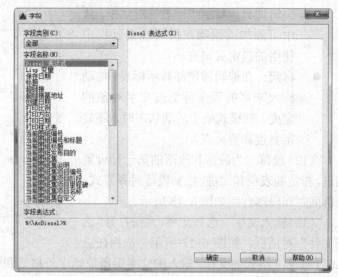

图6-15 "字段"对话框

8)"追踪"下拉列表框 ：用于增大或减小选定字符之间的空间。1.0 表示设置常规间距，设置大于 1.0 表示增大间距，设置小于 1.0 表示减小间距。

9)"宽度因子"下拉列表框 ：用于扩展或收缩选定字符。1.0 表示设置代表此字体中字母的常规宽度，可以增大该宽度或减小该宽度。

（9）"上标" **X²** 按钮 将选定文字转换为上标，即在键入线的上方设置稍小的文字。

（10）"下标" **X** 按钮 将选定文字转换为下标，即在键入线的下方设置稍小的文字。

（11）"清除格式"下拉列表 删除选定字符的字符格式，或删除选定段落的段落格式，或删除选定段落中的所有格式。

- 关闭：如果选择此选项，将从应用了列表格式的选定文字中删除字母、数字和项目符号。不更改缩进状态。
- 以数字标记：应用将带有句点的数字用于列表中的项的列表格式。
- 以字母标记：应用将带有句点的字母用于列表中的项的列表格式。如果列表含有的项多于字母中含有的字母，则可以使用双字母继续序列。
- 以项目符号标记：应用将项目符号用于列表中的项的列表格式。
- 启动：在列表格式中启动新的字母或数字序列。如果选定的项位于列表中间，则

选定项下面的未选中的项也将成为新列表的一部分。

● 继续：将选定的段落添加到上面最后一个列表然后继续序列。如果选择了列表项而非段落，选定项下面的未选中的项将继续序列。

● 允许自动项目符号和编号：在键入时应用列表格式。以下字符可以用作字母和数字后的标点并不能用作项目符号：句点（.）、逗号（,）、右括号（)）、右尖括号（>）、右方括号（]）和右花括号（}）。

● 允许项目符号和列表：如果选择此选项，列表格式将应用到外观类似列表的多行文字对象中的所有纯文本。

● 拼写检查：确定键入时拼写检查处于打开还是关闭状态。

● 编辑词典：显示"词典"对话框，从中可添加或删除在拼写检查过程中使用的自定义词典。

● 标尺：在编辑器顶部显示标尺。拖动标尺末尾的箭头可更改文字对象的宽度。列模式处于活动状态时，还显示高度和列夹点。

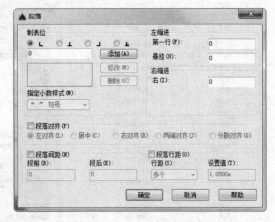

（12）段落　为段落和段落的第一行设置缩进。指定制表位和缩进，控制段落对齐方式、段落间距和段落行距如图6-16所示。

图6-16　"段落"对话框

（13）输入文字　选择此项，系统打开"选择文件"对话框，如图6-17所示。选择任意ASCII或RTF格式的文件。输入的文字保留原始字符格式和样式特性，但可以在多行文字编辑器中编辑和格式化输入的文字。选择要输入的文本文件后，可以替换选定的文字或全部文字，或在文字边界内将插入的文字附加到选定的文字中。输入文字的文件必须小于32KB。

图6-17　"选择文件"对话框

（14）编辑器设置　显示"文字格式"工具栏的选项列表。有关详细信息，请参见编辑器设置。

▲ 技巧与提示——巧用多行文字命令

多行文字是由任意数目的文字行或段落组成的，布满指定的宽度，还可以沿垂直方向无限延伸。多行文字中，无论行数是多少，单个编辑任务中创建的每个段落集将构成单个对象；用户可对其进行移动、旋转、删除、复制、镜像或缩放操作。

6.2.3　操作实例——技术要求

绘制如图6-18所示的技术要求。

光盘动画演示\第6章\技术要求.avi

绘制步骤：

1）单击"默认"选项卡"注释"面板中的"多行文字"按钮 A，命令行提示与操作如下：

```
命令：_mtext
当前文字样式："Standard"　文字高度：2.5　注释性：否
指定第一角点：
指定对角点或 [高度(H)/对正(J)/行距(L)/旋转(R)/样式(S)/宽度(W)/
栏(C)]:
```

系统打开"文字编辑器"选项卡和多行文字编辑器，如图6-19所示，设置字体大小为5。

2）在多行文字编辑器输入文字，结果如图6-18所示。

技术要求

1 热处理硬度
HB255~302(d=3.8~3.5)
2 未注倒角C2
3 氧化

图6-18　技术要求

图6-19　"文字格式"对话框

6.3　文本编辑

【执行方式】

命令行：DDEDIT（快捷命令：ED）。

菜单栏：选择菜单栏中的"修改"→"对象"→"文字"→"编辑"命令。

工具栏：单击"文字"工具栏中的"编辑"按钮 **A**。

 【操作步骤】

命令行提示与操作如下：

命令: DDEDIT✓

选择注释对象或 [放弃(U)]:

要求选择想要修改的文本，同时光标变为拾取框。用拾取框选择对象，如果选择的文本是用 TEXT 命令创建的单行文本，则深显该文本，可对其进行修改；如果选择的文本是用 MTEXT 命令创建的多行文本，选择对象后则打开多行文字编辑器（如图 6-11 所示），可根据前面的介绍对各项设置或对内容进行修改。

★ 知识链接——国家标准对标题栏的规定

国家标准《技术制图》字体 GB/T14696 中，规定了汉字、字母和数字的结构形式。

书写字体的基本要求是：

1) 图样中书写的汉字、数字、字母必须做到：字体端正、笔画清楚、排列整齐、间隔均匀。

2) 字体的大小以号数表示，字体的号数就是字体的高度（单位为 mm），字体高度（用 h 表示）的公称尺寸系列为：1.8、2.5、3.5、5、7、10、14、20。如需要书写更大的字，其字体高度应按相应的比率递增。用作指数、分数、注脚和尺寸偏差数值，一般采用小一号字体。

3) 汉字应写成长仿宋体字，并应采用中华人民共和国国务院正式推行的《汉字简化方案》中规定的简化字。长仿宋体字的书写要领是：横平竖直、注意起落、结构均匀、填满方格。汉字的高度 h 不应小于 3.5mm，其字宽一般为 $h/\sqrt{2}$。

4) 字母和数字分为 A 型和 B 型。字体的笔画宽度用 d 表示。A 型字体的笔画宽度 d=h/14，B 型字体的笔画宽度 d=h/10。字母和数字可写成斜体和直体。

5) 斜体字字头向右倾斜，与水平基准线成 75°。绘图时，一般用 B 型斜体字。在同一图样上，只允许选用一种字体。

图 6-20、图 6-21 所示为图样上常见字体的书写示例。

字体端正笔划清楚
排列整齐间隔均匀

图6-20　长仿宋字

0123456789
I II III IV V VI VII VIII IX X

图6-21　数字书写示例

6.4　表格

在以前的 AutoCAD 版本中，要绘制表格必须采用绘制图线或结合偏移、复制等编辑命令来完成，这样的操作过程烦琐而复杂，不利于提高绘图效率。AutoCAD 2016 新增加了"表格"绘图功能，有了该功能，创建表格就变得非常容易，用户可以直接插入设置好样式的表格，而不用绘制由单独图线组成的表格。

6.4.1　定义表格样式

和文字样式一样，所有 AutoCAD 图形中的表格都有与其相对应的表格样式。当插入表格对象时，系统使用当前设置的表格样式。表格样式是用来控制表格基本形状和间距的一组设置。模板文件 ACAD.DWT 和 ACADISO.DWT 中定义了名为"Standard"的默认表格样式。

【执行方式】

命令行：TABLESTYLE。

菜单栏：选择菜单栏中的"格式"→"表格样式"命令。

工具栏：单击"样式"工具栏中的"表格样式"按钮🖽。

功能区：单击"默认"选项卡"注释"面板中的"表格样式"按钮🖽或单击"注释"选项卡"表格"面板上的"表格样式"下拉菜单中的"管理表格样式"按钮或单击"注释"选项卡"表格"面板中"对话框启动器"按钮❯。

执行上述操作后，系统打开"表格样式"对话框，如图 6-22 所示。

【选项说明】

（1）"新建"按钮　单击该按钮，系统打开"创建新的表格样式"对话框，如图 6-23 所示。输入新的表格样式名后，单击"继续"按钮，系统打开"新建表格样式"对话框，如图 6-24 所示，从中可以定义新的表格样式。

"新建表格样式"对话框的"单元样式"下拉列表框中有 3 个重要的选项："数据""表头"和"标题"，分别控制表格中数据、列标题和总标题的有关参数，如图 6-25 所示。在"新建表格样式"对话框在有 3 个重要的选项卡，分别介绍如下：

1）"常规"选项卡：用于控制数据栏格与标题栏格的上下位置关系。

2）"文字"选项卡：用于设置文字属性单击此选项卡，在"文字样式"下拉列表框中可以选择已定义的文字样式并应用于数据文字，也可以单击右侧的按钮👆重新定义文字样式。其中"文字高度""文字颜色"和"文字角度"各选项设定的相应参数格式可供用户选择。

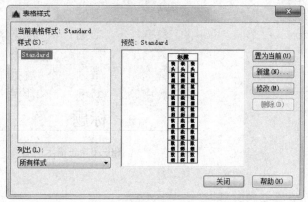

图6-22　"表格样式"对话框

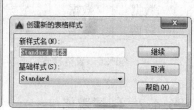

图6-23　"创建新的表格样式"对话框

3）"边框"选项卡：用于设置表格的边框属性下面的边框线按钮控制数据边框线的各种形式，如绘制所有数据边框线、只绘制数据边框外部边框线、只绘制数据边框内部边框线、无边框线、只绘制底部边框线等。选项卡中的"线宽""线型"和"颜色"下拉列表框则控制边框线的线宽、线型和颜色；选项卡中的"间距"文本框用于控制单元边界和内容之间的间距。

图6-24 "新建表格样式：Standard副本"对话框

如图 6-26 所示，数据文字样式为"standard"，文字高度为 4.5，文字颜色为"红色"，对齐方式为"右下"；标题文字样式为"standard"，文字高度为 6，文字颜色为"蓝色"，对齐方式为"正中"，表格方向为"上"，水平单元边距和垂直单元边距都为"1.5"的表格样式。

（2）"修改"按钮 用于对当前表格样式进行修改，方式与新建表格样式相同。

标题		
表头	表头	表头
数据	数据	数据
数据	数据	数据
数据	数据	数据
数据	数据	数据
数据	数据	数据
数据	数据	数据

图6-25 表格样式

数据	数据	数据
数据	数据	数据
数据	数据	数据
数据	数据	数据
数据	数据	数据
数据	数据	数据
数据	数据	数据
标题		

图6-26 表格示例

6.4.2 创建表格

在设置好表格样式后，用户可以利用 TABLE 命令创建表格。

【执行方式】

命令行：TABLE。

菜单栏：选择菜单栏中的"绘图"→"表格"命令。

工具栏：单击"绘图"工具栏中的"表格"按钮。

功能区：单击"默认"选项卡"注释"面板中的"表格"按钮或单击"注释"选项卡"表格"面板中的"表格"按钮。

执行上述操作后，系统打开"插入表格"对话框，如图 6-27 所示。

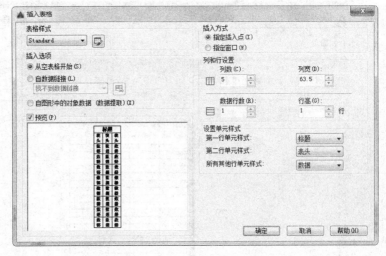

图6-27　"插入表格"对话框

【选项说明】

（1）"表格样式"下拉列表框　用于选择表格样式，也可以单击右侧的按钮新建或修改表格样式。

（2）"插入方式"选项组

1）"指定插入点"单选钮：指定表左上角的位置。可以使用定点设备，也可以在命令行输入坐标值。如果在"表格样式"对话框中将表格的方向设置为由下而上读取，则插入点位于表格的左下角。

2）"指定窗口"单选钮：指定表格的大小和位置。可以使用定点设备，也可以在命令行输入坐标值。点选该单选钮，列数、列宽、数据行数和行高取决于窗口的大小以及列和行的设置情况。

（3）"列和行设置"选项组　用于指定列和行的数目以及列宽与行高。

▲ 技巧与提示——指定窗口大小的方法

在"插入方式"选项组中点选"指定窗口"单选钮后，列与行设置的两个参数中只能指定一个，另外一个由指定窗口的大小自动等分来确定。

在"插入表格"对话框中进行相应设置后，单击"确定"按钮，系统在指定的插入点或窗口自动插入一个空表格，并显示"文字编辑器"选项卡和多行文字编辑器，用户可以逐行逐列输入相应的文字或数据，如图 6-28 所示。

◆ 技术看板——调整单元格大小的方法

在插入后的表格中选择某一个单元格，单击后出现钳夹点，通过移动钳夹点可以改变

单元格的大小，如图6-29所示。

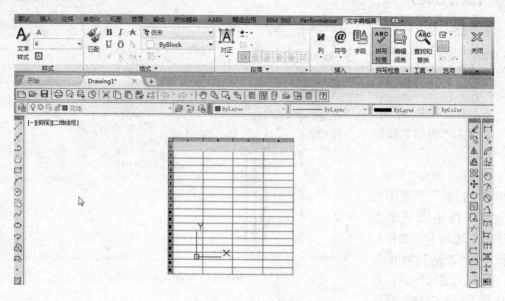

图6-28　多行文字编辑器

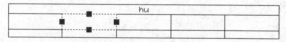

图6-29　改变单元格大小

6.4.3　表格文字编辑

【执行方式】

命令行：TABLEDIT。

快捷菜单：选择表和一个或多个单元后右击，选择快捷菜单中的"编辑文字"命令。

快捷方式：在表格单元内双击。

【操作步骤】

执行上述操作后，命令行出现"拾取表格单元"的提示，选择要编辑的表格单元，系统打开多行文字编辑器，用户可以对选择的表格单元的文字进行编辑。

在 AutoCAD 2016 中，可以在表格中插入简单的公式，用于计算总计、计数和平均值，以及定义简单的算术表达式。要在选定的表格单元格中插入公式，请单击鼠标右键，然后选择"插入公式"。如图 6-30 所示。也可以使用在位文字编辑器来输入公式。选择一个公式项后，系统提示：

选择表格单元范围的第一个角点:（在表格内指定一点）

选择表格单元范围的第二个角点:（在表格内指定另一点）

指定单元范围后，系统对范围内的单元格的数值进行指定公式计算，给出最终计算值，如图 6-31 所示。

图6-30 插入公式

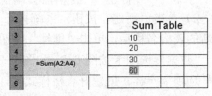

显示公式 　　　　 计算结果

图6-31 进行计算

6.4.4 操作实例——苗木表

绘制如图 6-32 所示的苗木表。

苗木名称	数量	规格	苗木名称	数量	规格	苗木名称	数量	规格
落叶松	32	10cm	红叶	3	15cm	金叶女贞		20棵/m2丛值H=500
银杏	44	15cm	法国梧桐	10	20cm	紫叶小染		20棵/m2丛值H=500
元宝枫	5	6m(冠径)	油松	4	8cm	草坪		2-3个品种混播
樱花	3	10cm	三角枫	26	10cm			
合欢	8	12cm	睡莲	20				
玉兰	27	15cm						
龙爪槐	30	8cm						

图6-32 苗木明细表

参见
光盘 　光盘动画演示\第6章\苗木表.avi

绘制步骤：

1）单击"默认"选项卡"注释"面板中的"表格样式"按钮，命令行提示与操作如下：

命令: TABLESTYLE

系统打开"表格样式"对话框，如图 6-33 所示。

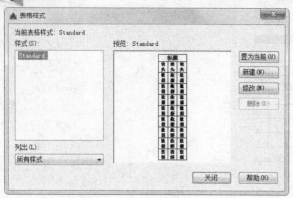

图6-33 "表格样式"对话框　　　　　　　　图6-34 "创建新的表格样式"对话框

2）单击"新建"按钮，系统打开"创建新的表格样式"对话框，如图 6-34 所示。输入新的表格名称后，单击"继续"按钮，系统打开"新建表格样式"对话框，如图 6-35 所示。"数据"选项卡按图 6-35 和图 6-36 所示设置，"标题"和"表头"选项卡设置同"数据"选项卡一样。创建好表格样式后，将其置为当前，关闭退出"表格样式"对话框。

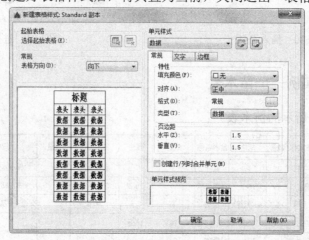

图6-35 "新建表格样式"对话框

图6-36 "标题"选项卡

3）创建表格。在设置好表格样式后，可以用 TABLE 命令创建表格。

4）单击"默认"选项卡"注释"面板中的"表格"按钮，系统打开"插入表格"的对话框，设置如图 6-37 所示。

5）单击"确定"按钮，系统在指定的插入点或窗口自动插入一个空表格，并显示"文字编辑器"选项卡，如图 6-38 所示用户可以逐行逐列输入相应的文字或数据。

图6-37 "插入表格"对话框

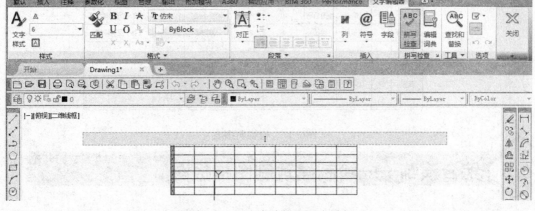

图6-38 "文字编辑器"选项卡

6）当编辑完成的表格由需要修改的地方时可用 TABLEDIT 命令来完成（也可在要修改的表格上单击右键，出现快捷菜单中单击"编辑文字"，如图 6-39 所示，同样可以达到修改文本的目的）。

命令: TABLEDIT

拾取表格单元:（鼠标点取需要修改文本的表格单元）

多行文字编辑器会再次出现，用户可以进行修改。

在插入后的表格中选择某一个单位格，单击后出现钳夹点，通过移动钳夹点可以改变单元格的大小，如图 6-40 所示。

最后完成的植物明细表如图 6-41 所示。

图6-39　快捷菜单

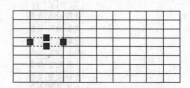

图6-40　改变单元格大小

苗木名称	数量	规格	苗木名称	数量	规格	苗木名称	数量	规格
落叶松	32	10cm	红叶	3	15cm	金叶女贞		20棵/m2丛值H=500
银杏	44	15cm	法国梧桐	10	20cm	紫叶小檗		20棵/m2丛值H=500
元宝枫	5	6m(冠径)	油松	4	8cm	草坪		2-3个品种混播
樱花	3	10cm	三角枫	26	10cm			
合欢	8	12cm	睡莲	20				
玉兰	27	15cm						
龙爪槐	30	8cm						

图6-41　植物明细表

6.5　综合演练——绘制建筑制图样板图

绘制如图 6-42 所示的建筑制图样板图。

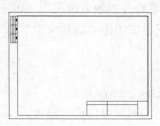

图6-42　样板图

光盘动画演示\第 6 章\绘制建筑制图样板图.avi

绘制步骤：

1）绘制标题栏。标题栏具体大小和样式如图 6-43 所示（标题栏也简称"图标"）。

2）单击"默认"选项卡"绘图"面板中的"矩形"按钮 和"修改"面板中的"分解"按钮 、"偏移"按钮 和"修剪"按钮 ，绘制出标题栏，绘制结果如图 6-4 4 所示。

图6-43　标题栏示意图

图6-44　标题栏绘制结果

3）绘制会签栏。会签栏具体大小和样式如图 6-45 所示。同样利用"矩形""分解""偏移"等命令绘制出会签栏，绘制结果如图 6-46 所示。

图6-45　会签栏示意图

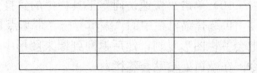

图6-46　会签栏的绘制结果

4）单击"快速访问"工具栏中的"保存"按钮 ，将两个表格分别进行保存。单击"快速访问工具栏"工具栏中的"新建"按钮 ，新建一个图形文件。

5）单击"默认"选项卡"绘图"面板中的"矩形"按钮 ，绘制一个 420×297（A3 图纸大小）的矩形作为图纸范围。

6）单击"默认"选项卡"修改"面板中的"分解"按钮 ，把矩形分解。再单击"默认"选项卡"修改"面板中的"偏移"按钮 ，将左边的直线向右偏移 25，如图 6-47 所示。

7）单击"默认"选项卡"修改"面板中的"偏移"按钮 ，使矩形其他的 3 条边分别向内偏移 10，偏移结果如图 6-48 所示。

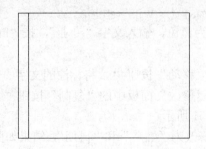

图6-47　绘制矩形和偏移操作

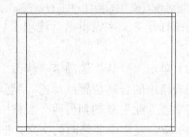

图6-48　偏移结果

8）单击"默认"选项卡"绘图"面板中的"多段线"按钮 ，按照偏移线绘制如图

6-49 所示的多段线作为图框，注意设置线宽为 0.3mm；然后单击"默认"选项卡"修改"面板中的"删除"按钮 ✍，删除偏移的直线。

9）单击"快速访问"工具栏中的"打开"按钮 ⌷，找到并打开前面保存的标题栏文件，再选择菜单栏中的"编辑"→"带基点复制"命令，选择标题栏的右下角点作为基点，把标题栏图形复制，然后返回到原来图形中；接着选择菜单栏中的"编辑"→"粘贴"命令，选择图框右下角点作为基点进行粘贴，粘贴结果如图 6-50 所示。

图6-49　绘制多段线

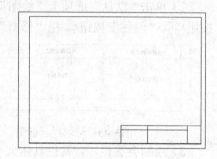

图6-50　粘贴标题栏

10）单击"快速访问"工具栏中的"打开"按钮 ⌷，找到并打开前面保存的会签栏文件，再选择菜单栏中的"编辑"→"带基点复制"命令，选择会签栏的右下角点作为基点，把会签栏图形复制，然后返回到原来图形中；接着选择菜单栏中的"编辑"→"粘贴"命令，在空白处粘贴会签栏。

11）选择菜单栏中的"格式"→"文字样式"命令，系统打开"文字样式"对话框。单击"新建"按钮，系统打开"新建文字样式"对话框，接受默认的"样式 1"作为文字样式名，单击"确定"按钮退出。系统返回"文字样式"对话框中，在"字体名"下拉列表框中选择"仿宋_GB2312"选项，在"宽度因子"文本框中将宽度比例设置为 0.7，在"高度"文本框中设置文字高度为 2.5，单击"应用"按钮，然后再单击"关闭"按钮。

12）单击"默认"选项卡"注释"面板中的"多行文字"按钮 A，命令行提示与操作如下：

命令: _mtext
当前文字样式: "样式 1" 当前文字高度: 2.5 注释性: 否
指定第一角点: （指定一点）
指定对角点或 [高度(H)/对正(J)/行距(L)/旋转(R)/样式(S)/宽度(W)]: （指定第二点）

系统打开"文字编辑器"选项卡，选择颜色为黑色，输入文字"专业"，按"Enter"退出。

13）单击"默认"选项卡"修改"面板中的"移动"按钮 ✛，将标注的文字"专业"移动到表格中的合适位置；单击"默认"选项卡"修改"面板中的"复制"按钮 ⅋，将标注的文字"专业"复制到另两个表格中，如图 6-51 所示。

14）双击表格中要修改的文字，把它们分别修改为"姓名"和"日期"，结果如图 6-52 所示。

15）单击"默认"选项卡"修改"面板中的"旋转"按钮 ⟲，将会签栏旋转-90°，得到竖放的会签栏，结果如图 6-53 所示。

专业	专业	专业

专业	姓名	日期

图6-51　添加文字说明 　　　　　　　　　图6-52　修改文字　　　　图6-53　竖放的会签栏

16）单击"默认"选项卡"修改"面板中的"移动"按钮 ✥，将会签栏移动到图纸左上角，结果如图 6-42 所示。这样就得到了一个带有自己标题栏和会签栏的样板图形。

17）选择菜单栏中的"文件"→"另存为"命令，系统打开"图形另存为"对话框，将图形保存为 DWT 格式的文件。

★ 知识链接——国家标准对标题栏的规定

国家标准《技术制图-标题栏》规定每张图纸上都必须画出标题栏，标题栏的位置位于图纸的右下角，与看图方向一致。

标题栏的格式和尺寸由 GB10609.1 规定，装配图中明细栏由 GB10609.2 规定，如图 6-54 所示。

在学习过程中，有时为了方便，对零件图标题栏和装配图标题栏、明细栏内容进行简化，使用如图 6-55 所示的格式。

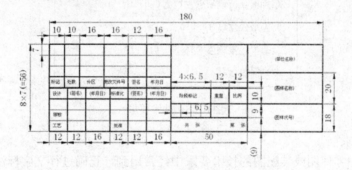

图6-54　标题栏尺寸

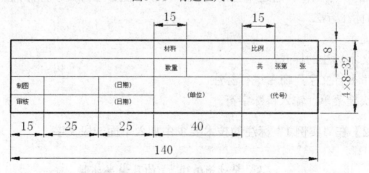

零件图标题栏尺寸

图6-55　简化标题栏尺寸

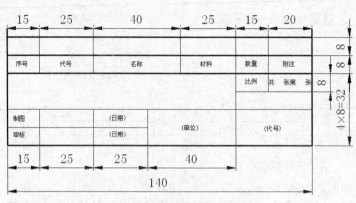

装配图标题栏尺寸

图6-55　简化标题栏尺寸（续）

 6.6　动手练一练

【实例1】标注如图 6-56 所示的技术要求

1.当无标准齿轮时,允许检查下列三项代替检查径
向综合公差和一齿径向综合公差
　　a.齿圈径向跳动公差Fr为0.056
　　b.齿形公差ff为0.016
　　c.基节极限偏差±f_{pb}为0.018
2.未注倒角1x45。

图 6-56　技术要求

1. 目的要求

文字标注在零件图或装配图的技术要求中经常用到，正确进行文字标注是 AutoCAD 绘图中必不可少的一项工作。通过本例的练习，使读者能够掌握文字标注的一般方法，尤其是特殊字体的标注方法。

2. 操作提示

1）设置文字标注的样式。

2）利用"多行文字"命令进行标注。

3）利用快捷菜单，输入特殊字符。

【实例2】在"实例1"标注的技术要求中加入下面一段文字

3. 尺寸为$\Phi 30^{+0.05}_{-0.06}$的孔抛光处理。

1. 目的要求

文字编辑是对标注的文字进行调整的重要手段。本例通过添加技术要求文字，使读者能够掌握文字，尤其是特殊符号的编辑方法和技巧。

2．操作提示

1）选择实例 1 中标注好的文字，进行文字编辑。

2）在打开的文字编辑器中输入要添加的文字。

3）在输入尺寸公差时要注意，一定要输入"+0.05^-0.06"，然后选择这些文字，单击"文字格式"对话框上的"堆叠"按钮。

【实例 3】绘制如图 6-57 所示的变速器组装图明细表

14	端盖	1	HT150	
13	端盖	1	HT150	
12	定距环	1	Q235A	
11	大齿轮	1	40	
10	键 16×70	1	Q275	GB 1095-79
9	轴	1	45	
8	轴承	2		30208
7	端盖	1	HT200	
6	轴承	2		30211
5	轴	1	45	
4	键8×50	1	Q275	GB 1095-79
3	端盖	1	HT200	
2	调整垫片	2组	08F	
1	减速器箱体	1	HT200	
序号	名　称	数量	材　料	备　注

图6-57　变速器组装图明细表

1．目的要求

明细表是工程制图中常用的表格。本例通过绘制明细表，要求读者掌握表格相关命令的用法，体会表格功能的便捷性。

2．操作提示

1）设置表格样式。

2）插入空表格，并调整列宽。

3）重新输入文字和数据。

第7章

尺寸标注

尺寸标注是绘图设计过程中非常重要的一个环节，因为图形的主要作用是表达物体的形状，而物体各部分的真实大小和各部分之间的确切位置只能通过尺寸标注来表达。因此，没有正确的尺寸标注，绘制出的图样对于加工制造就没什么意义。AutoCAD 2016 提供了方便、准确标注尺寸的功能。

本章介绍了 AutoCAD 2016 的尺寸标注功能，主要包括尺寸标注和 QDIM 功能等。

重点与难点

- 了解标注规则与尺寸组成
- 熟练掌握设置尺寸样式的操作
- 掌握尺寸标注的方法

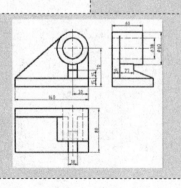

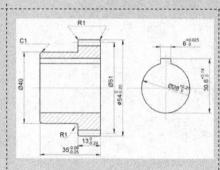

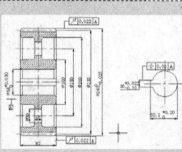

7.1　尺寸样式

　　组成尺寸标注的尺寸线、尺寸延伸线、尺寸文本和尺寸箭头可以采用多种形式。尺寸标注以什么形态出现，取决于当前所采用的尺寸标注样式。标注样式决定尺寸标注的形式，包括尺寸线、尺寸延伸线、尺寸箭头和中心标记的形式、尺寸文本的位置、特性等。在 AutoCAD 2016 中，用户可以利用"标注样式管理器"对话框方便地设置自己需要的尺寸标注样式。

📖7.1.1　新建或修改尺寸样式

　　在进行尺寸标注前，先要创建尺寸标注的样式。如果用户不创建尺寸样式而直接进行标注，系统使用默认名称为 standard 的样式。如果用户认为使用的标注样式某些设置不合适，也可以修改标注样式。

【执行方式】

　　命令行：DIMSTYLE（快捷命令：D）。
　　菜单栏：选择菜单栏中的"格式"→"标注样式"命令或"标注"→"标注样式"命令。
　　工具栏：单击"标注"工具栏中的"标注样式"按钮⊷。
　　功能区：单击"默认"选项卡"注释"面板中的"标注样式"按钮⊷或单击"注释"选项卡"标注"面板上的"标注样式"下拉菜单中的"管理标注样式"按钮或单击"注释"选项卡"标注"面板中的"对话框启动器"按钮˅。
　　执行上述操作后，系统打开"标注样式管理器"对话框，如图 7-1 所示。利用此对话框可方便直观地定制和浏览尺寸标注样式，包括创建新的标注样式、修改已存在的标注样式、设置当前尺寸标注样式、样式重命名以及删除已有标注样式等。

【选项说明】

　　（1）"置为当前"按钮　单击此按钮，把在"样式"列表框中选择的样式设置为当前标注样式。
　　（2）"新建"按钮　创建新的尺寸标注样式。单击此按钮，系统打开"创建新标注样式"对话框，如图 7-2 所示。利用此对话框，可创建一个新的尺寸标注样式，其中各项的功能说明如下：
　　1）"新样式名"文本框：为新的尺寸标注样式命名。
　　2）"基础样式"下拉列表框：选择创建新样式所基于的标注样式。单击"基础样式"下拉列表框，打开当前已有的样式列表，从中选择一个作为定义新样式的基础。新的样式是在所选样式的基础上修改一些特性得到的。
　　3）"用于"下拉列表框：指定新样式应用的尺寸类型。单击此下拉列表框，打开尺寸类型列表。如果新建样式应用于所有尺寸，则选择"所有标注"选项；如果新建样式只应

用于特定的尺寸标注（如只在标注直径时使用此样式），则选择相应的尺寸类型。

4）"继续"按钮：各选项设置好以后，单击"继续"按钮，系统打开"新建标注样式"对话框，如图 7-3 所示。利用此对话框，可对新标注样式的各项特性进行设置。该对话框中各部分的含义和功能将在后面介绍。

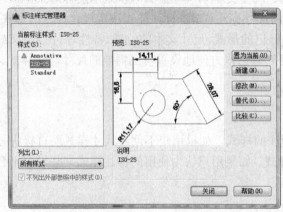

图7-1　"标注样式管理器"对话框　　　　图7-2　"创建新标注样式"对话框

（3）"修改"按钮　修改一个已存在的尺寸标注样式。单击此按钮，系统打开"修改标注样式"对话框。该对话框中的各选项与"新建标注样式"对话框中的完全相同，可以对已有标注样式进行修改。

（4）"替代"按钮　设置临时覆盖尺寸标注样式。单击此按钮，系统打开"替代当前样式"对话框。该对话框中各选项与"新建标注样式"对话框中的完全相同，用户可改变选项的设置，以覆盖原来的设置。但这种修改只对指定的尺寸标注起作用，而不影响当前其他尺寸变量的设置。

（5）"比较"按钮　比较两个尺寸标注样式在参数上的区别，或浏览一个尺寸标注样式的参数设置。单击此按钮，系统打开"比较标注样式"对话框，如图 7-4 所示。可以把比较结果复制到剪贴板上，然后再粘贴到其他的 Windows 应用软件上。

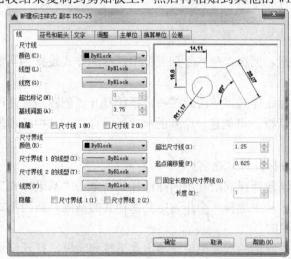

图7-3　"新建标注样式"对话框　　　　图7-4　"比较标注样式"对话框

📖7.1.2 线

在"新建标注样式"对话框中，第一个选项卡就是"线"选项卡，如图 7-3 所示。该选项卡用于设置尺寸线、尺寸延伸线的形式和特性。现对选项卡中的各选项分别说明如下：

（1）"尺寸线"选项组　用于设置尺寸线的特性，其中各选项的含义如下：

1）"颜色"下拉列表框：用于设置尺寸线的颜色。可直接输入颜色名字，也可从下拉列表框中选择，如果选择"选择颜色"选项，系统则打开"选择颜色"对话框供用户选择其他颜色。

2）"线型"下拉列表框：用于设置尺寸线的线型。

3）"线宽"下拉列表框：用于设置尺寸线的线宽，下拉列表框中列出了各种线宽的名称和宽度。

4）"超出标记"微调框：当尺寸箭头设置为短斜线、短波浪线等，或尺寸线上无箭头时，可利用此微调框设置尺寸线超出尺寸延伸线的距离。

5）"基线间距"微调框：设置以基线方式标注尺寸时，相邻两尺寸线之间的距离。

6）"隐藏"复选框组：确定是否隐藏尺寸线及相应的箭头。勾选"尺寸线 1"复选框，表示隐藏第一段尺寸线；勾选"尺寸线 2"复选框，表示隐藏第二段尺寸线。

（2）"尺寸界线"选项组　用于确定尺寸延伸线的形式，其中各选项的含义如下：

1）"颜色"下拉列表框：用于设置尺寸延伸线的颜色。

2）"尺寸界线 1 的线型"下拉列表框：用于设置第一条延伸线的线型（DIMLTEXT1 系统变量）。

3）"尺寸界线 2 的线型"下拉列表框：用于设置第二条延伸线的线型（DIMLTEXT2 系统变量）。

4）"线宽"下拉列表框：用于设置尺寸延伸线的线宽。

5）"超出尺寸线"微调框：用于确定尺寸延伸线超出尺寸线的距离。

6）"起点偏移量"微调框：用于确定尺寸延伸线的实际起始点相对于指定尺寸延伸线起始点的偏移量。

7）"隐藏"复选框组：确定是否隐藏尺寸延伸线。勾选"尺寸界线 1"复选框，表示隐藏第一段尺寸延伸线；勾选"尺寸界线 2"复选框，表示隐藏第二段尺寸延伸线。

8）"固定长度的尺寸界线"复选框：勾选该复选框，系统以固定长度的尺寸延伸线标注尺寸，可以在其下面的"长度"文本框中输入长度值。

📖7.1.3 符号和箭头

在"新建标注样式"对话框中，第二个选项卡是"符号和箭头"选项卡，如图 7-5 所示。该选项卡用于设置箭头、圆心标记、弧长符号和半径标注折弯的形式和特性，现对选项卡中的各选项分别说明如下：

（1）"箭头"选项组　用于设置尺寸箭头的形式。AutoCAD 提供了多种箭头形状，列在"第一个"和"第二个"下拉列表框中。另外，还允许采用用户自定义的箭头形状。两

个尺寸箭头可以采用相同的形式，也可采用不同的形式。

1）"第一个"下拉列表框：用于设置第一个尺寸箭头的形式。单击此下拉列表框，打开各种箭头形式，其中列出了各类箭头的形状即名称。一旦选择了第一个箭头的类型，第二个箭头则自动与其匹配，要想第二个箭头取不同的形状，可在"第二个"下拉列表框中设定。

如果在列表框中选择了"用户箭头"选项，则打开如图 7-6 所示的"选择自定义箭头块"对话框，可以事先把自定义的箭头存成一个图块，在此对话框中输入该图块名即可。

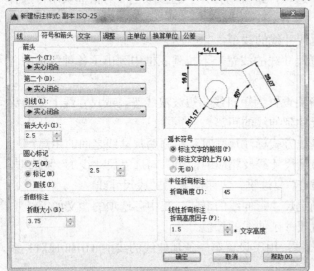

图7-5 "符号和箭头"选项卡   图7-6 "选择自定义箭头块"对话框

2）"第二个"下拉列表框：用于设置第二个尺寸箭头的形式，可与第一个箭头形式不同。

3）"引线"下拉列表框：确定引线箭头的形式，与"第一个"设置类似。

4）"箭头大小"微调框：用于设置尺寸箭头的大小。

（2）"圆心标记"选项组 用于设置半径标注、直径标注和中心标注中的中心标记和中心线形式。其中各项含义如下：

1）"无"单选按钮：点选该单选按钮，既不产生中心标记，也不产生中心线。

2）"标记"单选按钮：点选该单选按钮，中心标记为一个点记号。

3）"直线"单选按钮：点选该单选按钮，中心标记采用中心线的形式。

（3）"折断标注"选项组 用于控制折断标注的间距宽度。

（4）"弧长符号"选项组 用于控制弧长标注中圆弧符号的显示，对其中的 3 个单选按钮含义介绍如下：

1）"标注文字的前缀"单选按钮：点选该单选按钮，将弧长符号放在标注文字的左侧，如图 7-7a 所示。

2）"标注文字的上方"单选按钮：点选该单选按钮，将弧长符号放在标注文字的上方，如图 7-7b 所示。

3）"无"单选按钮：点选该单选按钮，不显示弧长符号，如图 7-7c 所示。

a)   b)   c)

图7-7 弧长符号

（5）"半径折弯标注"选项组　用于控制折弯（Z 字形）半径标注的显示。折弯半径标注通常在中心点位于页面外部时创建。在"折弯角度"文本框中可以输入连接半径标注的尺寸延伸线和尺寸线的横向直线角度，如图 7-8 所示。

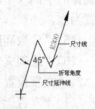

（6）"线性折弯标注"选项组　用于控制折弯线性标注的显示。当标注不能精确表示实际尺寸时，常将折弯线添加到线性标注中。通常，实际尺寸比所需值小。

图7-8 折弯角度

7.1.4 文字

在"新建标注样式"对话框中，第 3 个选项卡是"文字"选项卡，如图 7-9 所示。该选项卡用于设置尺寸文本文字的形式、布置、对齐方式等，现对选项卡中的各选项分别说明如下：

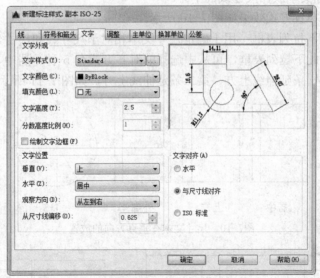

图7-9 "文字"选项卡

1．"文字外观"选项组

（1）"文字样式"下拉列表框　用于选择当前尺寸文本采用的文字样式。单击此下拉列表框，可以从中选择一种文字样式，也可单击右侧的按钮，打开"文字样式"对话框以创建新的文字样式或对文字样式进行修改。

（2）"文字颜色"下拉列表框　用于设置尺寸文本的颜色，其操作方法与设置尺寸线颜色的方法相同。

（3）"填充颜色"下拉列表框　用于设置标注中文字背景的颜色。如果选择"选择颜色"选项，则系统打开"选择颜色"对话框，可以从 255 种 AutoCAD 索引（ACI）颜色、真彩色和配色系统颜色中选择颜色。

（4）"文字高度"微调框　用于设置尺寸文本的字高。如果选用的文本样式中已设置了具体的字高（不是 0），则此处的设置无效；如果文本样式中设置的字高为 0，才以此处设置为准。

（5）"分数高度比例"微调框　用于确定尺寸文本的比例系数。

（6）"绘制文字边框"复选框　勾选此复选框，AutoCAD 在尺寸文本周围加上边框。

2."文字位置"选项组

（1）"垂直"下拉列表框　用于确定尺寸文本相对于尺寸线在垂直方向的对齐方式。单击此下拉列表框，可从中选择的对齐方式有以下 5 种：

1）居中：将尺寸文本放在尺寸线的中间。

2）上：将尺寸文本放在尺寸线的上方。

3）外部：将尺寸文本放在远离第一条尺寸延伸线起点的位置，即和所标注的对象分列于尺寸线的两侧。

4）JIS：使尺寸文本的放置符合 JIS（日本工业标准）规则。

5）下：将尺寸文本放在尺寸线的下方。

其中 4 种文本布置方式效果如图 7-10 所示。

（2）"水平"下拉列表框　用于确定尺寸文本相对于尺寸线和尺寸延伸线在水平方向的对齐方式。单击此下拉列表框，可从中选择的对齐方式有 5 种：居中、第一条延伸线、第二条延伸线、第一条延伸线上方、第二条延伸线上方，如图 7-11 所示。

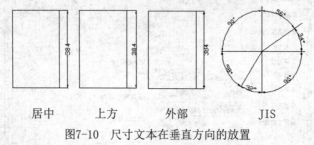

居中　　　上方　　　外部　　　JIS

图7-10　尺寸文本在垂直方向的放置

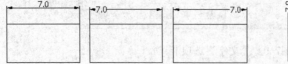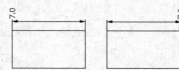

居中　　　第一条延伸线　第二条延伸线　　　第一条延伸线上方 第二条延伸线上方

图7-11　尺寸文本在水平方向的放置

（3）"观察方向"下拉列表框　用于控制标注文字的观察方向（可用 DIMTXTDIRE CTION 系统变量设置）。"观察方向"包括以下两项选项：

1）从左到右：按从左到右阅读的方式放置文字。

2）从右到左：按从右到左阅读的方式放置文字。

（4）"从尺寸线偏移"微调框　当尺寸文本放在断开的尺寸线中间时，此微调框用来设置尺寸文本与尺寸线之间的距离。

3."文字对齐"选项组

用于控制尺寸文本的排列方向。

（1）"水平"单选按钮　点选该单选按钮，尺寸文本沿水平方向放置。不论标注什么方向的尺寸，尺寸文本总保持水平。

（2）"与尺寸线对齐"单选按钮　点选该单选按钮，尺寸文本沿尺寸线方向放置。

（3）"ISO 标准"单选按钮　点选该单选按钮，当尺寸文本在尺寸延伸线之间时，沿尺寸线方向放置；在尺寸延伸线之外时，沿水平方向放置。

7.1.5　调整

在"新建标注样式"对话框中，第 4 个选项卡是"调整"选项卡，如图 7-12 所示。该选项卡根据两条尺寸延伸线之间的空间，设置将尺寸文本、尺寸箭头放置在两尺寸延伸线内还是外。如果空间允许，AutoCAD 总是把尺寸文本和箭头放置在尺寸延伸线的里面，如果空间不够，则根据本选项卡的各项设置放置，现对选项卡中的各选项分别说明如下：

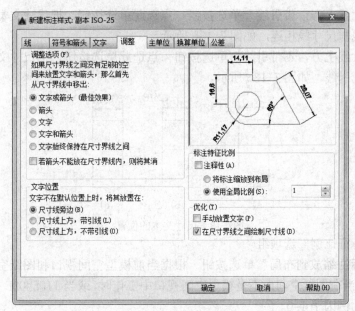

图7-12 "调整"选项卡

1."调整选项"选项组

（1）"文字或箭头"单选按钮　点选此单选按钮，如果空间允许，把尺寸文本和箭头都放置在两尺寸延伸线之间；如果两尺寸延伸线之间只够放置尺寸文本，则把尺寸文本放置在尺寸延伸线之间，而把箭头放置在尺寸延伸线之外；如果只够放置箭头，则把箭头放在里面，把尺寸文本放在外面；如果两尺寸延伸线之间既放不下文本，也放不下箭头，则把二者均放在外面。

（2）"箭头"单选按钮　点选此单选按钮，如果空间允许，把尺寸文本和箭头都放置在两尺寸延伸线之间；如果空间只够放置箭头，则把箭头放在尺寸延伸线之间，把文本放在外面；如果尺寸延伸线之间的空间放不下箭头，则把箭头和文本均放在外面。

（3）"文字"单选按钮　点选此单选按钮，如果空间允许，把尺寸文本和箭头都放置在两尺寸延伸线之间；否则把文本放在尺寸延伸线之间，把箭头放在外面；如果尺寸延伸线之间放不下尺寸文本，则把文本和箭头都放在外面。

（4）"文字和箭头"单选按钮　点选此单选按钮，如果空间允许，把尺寸文本和箭头都放置在两尺寸延伸线之间；否则把文本和箭头都放在尺寸延伸线外面。

（5）"文字始终保持在尺寸界线之间"单选按钮　点选此单选按钮，AutoCAD 总是把尺寸文本放在两条尺寸延伸线之间。

（6）"若箭头不能放在尺寸界线内，则将其消除"复选框　勾选此复选框，延伸线之间的空间不够时省略尺寸箭头。

2．"文字位置"选项组

用于设置尺寸文本的位置，其中 3 个单选按钮的含义如下：

（1）"尺寸线旁边"单选按钮　点选此单选按钮，把尺寸文本放在尺寸线的旁边，如图 7-13a 所示。

（2）"尺寸线上方，带引线"单选按钮　点选此单选按钮，把尺寸文本放在尺寸线的上方，并用引线与尺寸线相连，如图 7-13b 所示。

（3）"尺寸线上方，不带引线"单选按钮　点选此单选按钮，把尺寸文本放在尺寸线的上方，中间无引线，如图 7-13c 所示。

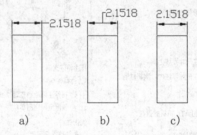

a)　　　　b)　　　　c)

图7-13　尺寸文本的位置

3．"标注特征比例"选项组

（1）"将标注缩放到布局"单选按钮　根据当前模型空间视口和图纸空间之间的比例确定比例因子。当在图纸空间而不是模型空间视口中工作时，或当 TILEMODE 被设置为 1 时，将使用默认的比例因子 1.0。

（2）"使用全局比例"单选按钮　确定尺寸的整体比例系数。其后面的"比例值"微调框可以用来选择需要的比例。

4．"优化"选项组

用于设置附加的尺寸文本布置选项，包含以下两个选项：

（1）"手动放置文字"复选框　勾选此复选框，标注尺寸时由用户确定尺寸文本的放置位置，忽略前面的对齐设置。

（2）"在尺寸界线之间绘制尺寸线"复选框　勾选此复选框，不论尺寸文本在尺寸延伸线里面还是外面，AutoCAD 均在两尺寸延伸线之间绘出一尺寸线；否则当尺寸延伸线内放不下尺寸文本而将其放在外面时，尺寸延伸线之间无尺寸线。

7.1.6　主单位

在"新建标注样式"对话框中，第 5 个选项卡是"主单位"选项卡，如图 7-14 所示。该选项卡用来设置尺寸标注的主单位和精度，以及为尺寸文本添加固定的前缀或后缀。本选项卡包含两个选项组，分别对长度型标注和角度型标注进行设置，现对选项卡中的各选项分别说明如下：

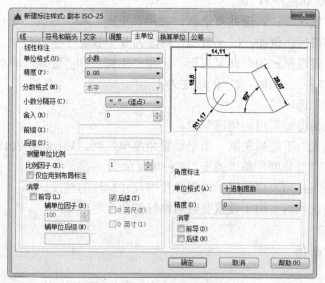

图7-14　"主单位"选项卡

1."线性标注"选项组

用来设置标注长度型尺寸时采用的单位和精度。

（1）"单位格式"下拉列表框　用于确定标注尺寸时使用的单位制（角度型尺寸除外）。在其下拉列表框中 AutoCAD 2016 提供了"科学""小数""工程""建筑""分数"和"Windows桌面" 6 种单位制，可根据需要选择。

1）"精度"下拉列表框：用于确定标注尺寸时的精度，也就是精确到小数点后几位。

2）"分数格式"下拉列表框：用于设置分数的形式。AutoCAD 2016 提供了"水平""对角"和"非堆叠" 3 种形式供用户选用。

3）"小数分隔符"下拉列表框：用于确定十进制单位（Decimal）的分隔符。AutoCAD 2016 提供了句点（.）、逗点（，）和空格 3 种形式。

4）"舍入"微调框：用于设置除角度之外的尺寸测量圆整规则。在文本框中输入一个值，如果输入 1，则所有测量值均圆整为整数。

5）"前缀"文本框：为尺寸标注设置固定前缀。可以输入文本，也可以利用控制符产生特殊字符，这些文本将被加在所有尺寸文本之前。

6）"后缀"文本框：为尺寸标注设置固定后缀。

（2）"测量单位比例"选项组 用于确定 AutoCAD 自动测量尺寸时的比例因子。其中"比例因子"微调框用来设置除角度之外所有尺寸测量的比例因子。例如，用户确定比例因子为 2，AutoCAD 则把实际测量为 1 的尺寸标注为 2。如果勾选"仅应用到布局标注"复选框，则设置的比例因子只适用于布局标注。

（3）"消零"选项组 用于设置是否省略标注尺寸时的 0。

1）"前导"复选框：勾选此复选框，省略尺寸值处于高位的 0。例如，0.50000 标注为 .50000。

2）"后续"复选框：勾选此复选框，省略尺寸值小数点后末尾的 0。例如，9.5000 标注为 9.5，而 30.0000 标注为 30。

3）"0 英尺"复选框：勾选此复选框，采用"工程"和"建筑"单位制时，如果尺寸值小于 1 尺时，省略尺。例如，0'-6 1/2″ 标注为 6 1/2″。

4）"0 英寸"复选框：勾选此复选框，采用"工程"和"建筑"单位制时，如果尺寸值是整数尺时，省略寸。例如，1'-0″标注为 1'。

2．"角度标注"选项组

用于设置标注角度时采用的角度单位。

（1）"单位格式"下拉列表框 用于设置角度单位制。AutoCAD 2016 提供了"十进制度数""度/分/秒""百分度"和"弧度"4 种角度单位。

（2）"精度"下拉列表框 用于设置角度型尺寸标注的精度。

（3）"消零"选项组 用于设置是否省略标注角度时的 0。

7.1.7 换算单位

在"新建标注样式"对话框中，第 6 个选项卡是"换算单位"选项卡，如图 7-15 所示，该选项卡用于对替换单位的设置，现对选项卡中的各选项分别说明如下：

图7-15 "换算单位"选项卡

1．"显示换算单位"复选框

勾选此复选框，则替换单位的尺寸值也同时显示在尺寸文本上。

2．"换算单位"选项组

用于设置替换单位，其中各选项的含义如下：

（1）"单位格式"下拉列表框　用于选择替换单位采用的单位制。

（2）"精度"下拉列表框　用于设置替换单位的精度。

（3）"换算单位倍数"微调框　用于指定主单位和替换单位的转换因子。

（4）"舍入精度"微调框　用于设定替换单位的圆整规则。

（5）"前缀"文本框　用于设置替换单位文本的固定前缀。

（6）"后缀"文本框　用于设置替换单位文本的固定后缀。

3．"消零"选项组。

（1）"辅单位因子"微调框　将辅单位的数量设置为一个单位。它用于在距离小于一个单位时以辅单位为单位计算标注距离。例如，如果后缀为 m 而辅单位后缀为以 cm 显示，则输入 100。

（2）"辅单位后缀"文本框　用于设置标注值辅单位中包含的后缀。可以输入文字或使用控制代码。

其他选项意义同前。

4．"位置"选项组

用于设置替换单位尺寸标注的位置。

（1）"主值后"单选按钮　点选该单选按钮，把替换单位尺寸标注放在主单位标注的后面。

（2）"主值下"单选按钮　点选该单选按钮，把替换单位尺寸标注放在主单位标注的下面。

7.1.8　公差

在"新建标注样式"对话框中，第 7 个选项卡是"公差"选项卡，如图 7-16 所示。该选项卡用于确定标注公差的方式，现对选项卡中的各选项分别说明如下：

1．"公差格式"选项组

用于设置公差的标注方式。

（1）"方式"下拉列表框　用于设置公差标注的方式。AutoCAD提供了 5 种标注公差的方式，分别是"无""对称""极限偏差""极限尺寸"和"基本尺寸"，其中"无"表示不标注公差，其余 4 种标注情况如图 7-17 所示。

（2）"精度"下拉列表框　用于确定公差标注的精度。

图7-16　"公差"选项卡

（3）"上偏差"微调框　用于设置尺寸的上偏差。

（4）"下偏差"微调框　用于设置尺寸的下偏差。

（5）"高度比例"微调框　用于设置公差文本的高度比例，即公差文本的高度与一般尺寸文本的高度之比。

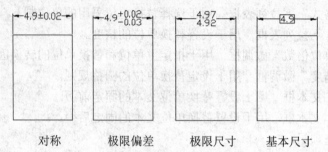

图7-17　公差标注的形式

（6）"垂直位置"下拉列表框　用于控制"对称"和"极限偏差"形式公差标注的文本对齐方式，如图7-18所示。

1）上：公差文本的顶部与一般尺寸文本的顶部对齐。

2）中：公差文本的中线与一般尺寸文本的中线对齐。

3）下：公差文本的底线与一般尺寸文本的底线对齐。

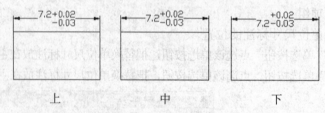

图7-18　公差文本的对齐方式

2. "公差对齐"选项组

用于在堆叠时，控制上偏差值和下偏差值的对齐。

（1）"对齐小数分隔符"单选按钮　点选该单选按钮，通过值的小数分割符堆叠值。

（2）"对齐运算符"单选按钮　点选该单选按钮，通过值的运算符堆叠值。

3. "消零"选项组

用于控制是否禁止输出前导0和后续0以及0英尺和0英寸部分（可用DIMTZIN系统变量设置）。消零设置也会影响由AutoLISP® rtos和angtos函数执行的实数到字符串的转换。其选项意义同前。

4. "换算单位公差"选项组

用于对形位公差标注的替换单位进行设置，各项的设置方法与上面相同。

7.2　标注尺寸

正确地进行尺寸标注是设计绘图工作中非常重要的一个环节，AutoCAD 2016提供了方便快捷的尺寸标注方法，可通过执行命令实现，也可利用菜单或工具按钮实现。本节重点介绍如何对各种类型的尺寸进行标注。

7.2.1　长度型尺寸标注

【执行方式】

命令行：DIMLINEAR（缩写名：DIMLIN，快捷命令：DLI）。

菜单栏：选择菜单栏中的"标注"→"线性"命令。

工具栏：单击"标注"工具栏中的"线性"按钮⊢。

功能区：单击"默认"选项卡"注释"面板中的"线性"按钮⊢或单击"注释"选项卡"标注"面板中的"线性"按钮⊢。

【操作步骤】

命令行提示与操作如下：

命令：DIMLIN↙

指定第一个尺寸界线原点或 <选择对象>:

1．直接按 Enter 键

光标变为拾取框，并在命令行提示如下：

选择标注对象：　用拾取框选择要标注尺寸的线段

指定尺寸线位置或[多行文字(M)/文字(T)/角度(A)/水平(H)/垂直(V)/旋转(R)]:

2．选择对象

指定第一条与第二条尺寸延伸线的起始点。

【选项说明】

（1）指定尺寸线位置　用于确定尺寸线的位置。用户可移动鼠标选择合适的尺寸线位置，然后按 Enter 键或单击，AutoCAD 则自动测量要标注线段的长度并标注出相应的尺寸。

（2）多行文字（M）　用多行文本编辑器确定尺寸文本。

（3）文字（T）　用于在命令行提示下输入或编辑尺寸文本。选择此选项后，命令行提示如下：

输入标注文字 <默认值>:

其中的默认值是 AutoCAD 自动测量得到的被标注线段的长度，直接按 Enter 键即可采用此长度值，也可输入其他数值代替默认值。当尺寸文本中包含默认值时，可使用尖括号"< >"表示默认值。

（4）角度（A）　用于确定尺寸文本的倾斜角度。

（5）水平（H）　水平标注尺寸，不论标注什么方向的线段，尺寸线总保持水平放置。

（6）垂直（V）　垂直标注尺寸，不论标注什么方向的线段，尺寸线总保持垂直放置。

（7）旋转（R）　输入尺寸线旋转的角度值，旋转标注尺寸。

◆ 技术看板——巧用尺寸标注

　　线性标注有水平、垂直或对齐放置。使用对齐标注时，尺寸线将平行于两尺寸延伸线原点之间的直线（想像或实际）。基线（或平行）和连续（或链）标注是一系列基于线性标注的连续标注，连续标注是首尾相连的多个标注。在创建基线或连续标注之前，必须创建线性、对齐或角度标注。可从当前任务最近创建的标注中以增量方式创建基线标注。

7.2.2　操作实例——标注螺栓

　　标注如图 7-19 所示的螺栓尺寸。

参见
光盘　　　光盘动画演示\第 7 章\标注螺栓.avi

绘制步骤：

　　1）单击"默认"选项卡"注释"面板中的"标注样式"按钮 ，设置标注样式。

　　命令: DIMSTYLE✓

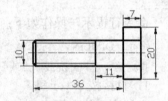

图7-19　螺栓

　　按 Enter 键后，弹出"标注样式管理器"对话框，如图 7-20 所示。由于系统的标注样式有些不符合要求，因此需要进行角度、直径、半径标注样式的设置。单击"新建"按钮，弹出"创建新标注样式"对话框，如图 7-21 所示。在"用于"下拉列表框中选择"线性标注"选项，然后单击"继续"按钮，将弹出"新建标注样式"对话框。选择"文字"选项卡，设置文字高度为 5，其他默认，设置完成后，单击"确定"按钮，返回"标注样式管理器"对话框。

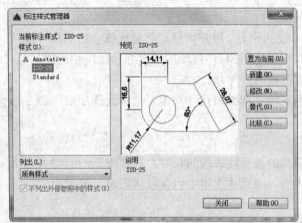

　　图7-20　"标注样式管理器"对话框　　　　　　图7-21　"创建新标注样式"对话框

　　2）单击"默认"选项卡"注释"面板中的"线性"按钮 ，标注主视图高度。

　　命令: DIMLINEAR✓

　　指定第一个尺寸界线原点或 <选择对象>:_endp 于（捕捉标注为"11"的边的一个端点，作为第一

条尺寸界线的起点)

指定第二条尺寸界线原点:_endp 于 (捕捉标注为 "11" 的边的另一个端点，作为第二条尺寸界线起点)

指定尺寸线位置或[多行文字(M)/文字(T)/角度(A)/水平(H)/垂直(V)/旋转(R)]:T↙ (按 Enter 键后，系统在命令行显示尺寸的自动测量值，可以对尺寸值进行修改)

输入标注文字<11>: ↙ (按 Enter 键，采用尺寸的自动测量值 "11")

指定尺寸线位置或[多行文字(M)/文字(T)/角度(A)/水平(H)/垂直(V)/旋转(R)]: (指定尺寸线的位置。拖动鼠标，将出现动态的尺寸标注，在合适的位置单击左键，确定尺寸线的位置)

标注文字=11

3) 单击 "默认" 选项卡 "注释" 面板中的 "线性" 按钮，标注其他水平方向尺寸，方法与上面相同。

4) 单击 "默认" 选项卡 "注释" 面板中的 "线性" 按钮，标注竖直方向尺寸，方法与上面相同。

7.2.3　对齐标注

【执行方式】

命令行：DIMALIGNED (快捷命令：DAL)。

菜单栏：选择菜单栏中的 "标注" → "对齐" 命令。

工具栏：单击 "标注" 工具栏中的 "对齐" 按钮。

功能区：单击 "默认" 选项卡 "注释" 面板中的 "对齐" 按钮或单击 "注释" 选项卡 "标注" 面板中的 "对齐" 按钮。

【操作步骤】

命令行提示与操作如下：

命令：DIMALIGNED↙

指定第一个尺寸界线原点或 <选择对象>:

这种命令标注的尺寸线与所标注轮廓线平行，标注起始点到终点之间的距离尺寸。

7.2.4　角度型尺寸标注

【执行方式】

命令行：DIMANGULAR (快捷命令：DAN)。

菜单栏：选择菜单栏中的 "标注" → "角度" 命令。

工具栏：单击 "标注" 工具栏中的 "角度" 按钮。

功能区：单击 "默认" 选项卡 "注释" 面板中的 "角度" 按钮或单击 "注释" 选项卡 "标注" 面板中的 "角度" 按钮。

【操作步骤】

命令行提示与操作如下：

命令：DIMANGULAR↙

选择圆弧、圆、直线或 <指定顶点>：

【选项说明】

（1）选择圆弧　标注圆弧的中心角。当用户选择一段圆弧后，命令行提示如下：

指定标注弧线位置或 [多行文字(M)/文字(T)/角度(A)/象限点(Q)]：

在此提示下确定尺寸线的位置，AutoCAD 系统按自动测量得到的值标注出相应的角度，在此之前可以选择"多行文字""文字"或"角度"选项，通过多行文本编辑器或命令行来输入或定制尺寸文本，以及指定尺寸文本的倾斜角度。

（2）选择圆　标注圆上某段圆弧的中心角。当选择圆上的一点后，命令行提示如下：

指定角的第二个端点：选择另一点，该点可在圆上，也可不在圆上

指定标注弧线位置或 [多行文字(M)/文字(T)/角度(A)/象限点(Q)]：

在此提示下确定尺寸线的位置，AutoCAD 系统标注出一个角度值，该角度以圆心为顶点，两条尺寸延伸线通过所选取的两点，第二点可以不必在圆周上。用户还可以选择"多行文字""文字""角度"或"象限点"选项，编辑其尺寸文本或指定尺寸文本的倾斜角度，如图 7-22 所示。

（3）选择直线　标注两条直线间的夹角。当选择一条直线后，命令行提示如下：

选择第二条直线：　（选择另一条直线）

指定标注弧线位置或 [多行文字(M)/文字(T)/角度(A)/象限点(Q)]：

在此提示下确定尺寸线的位置，系统自动标出两条直线之间的夹角。该角以两条直线的交点为顶点，以两条直线为尺寸延伸线，所标注角度取决于尺寸线的位置，如图 7-23 所示。用户还可以选择"多行文字""文字""角度"或"象限点"选项，编辑其尺寸文本或指定尺寸文本的倾斜角度。

（4）指定顶点　直接按 Enter 键，命令行提示与操作如下：

指定角的顶点：　（指定顶点）

指定角的第一个端点：　（输入角的第一个端点）

指定角的第二个端点：　（输入角的第二个端点，创建无关联的标注）

指定标注弧线位置或 [多行文字(M)/文字(T)/角度(A)/象限点（Q）]：　（输入一点作为角的顶点）

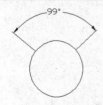
图7-22　标注角度

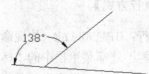
图7-23　标注两直线的夹角

在此提示下给定尺寸线的位置，AutoCAD 根据指定的三点标注出角度。另外，还可以

选择"多行文字""文字""角度"或"象限点"选项，编辑其尺寸文本或指定尺寸文本的倾斜角度。

（5）指定标注弧线位置　指定尺寸线的位置并确定绘制延伸线的方向。指定位置之后，DIMANGULAR 命令将结束。

（6）多行文字（M）　显示在位文字编辑器，可用它来编辑标注文字。要添加前缀或后缀，请在生成的测量值前后输入前缀或后缀。用控制代码和 Unicode 字符串来输入特殊字符或符号。

（7）文字（T）　自定义标注文字，生成的标注测量值显示在尖括号（< >）中。命令行提示与操作如下：

> 输入标注文字 <当前>:
>
> 输入标注文字，或按 Enter 键接受生成的测量值。要包括生成的测量值，请用尖括号（< >）表示生成的测量值。

（8）角度（A）　修改标注文字的角度。

（9）象限点（Q）　指定标注应锁定到的象限。打开象限行为后，将标注文字放置在角度标注外时，尺寸线会延伸超过延伸线。

◆ **技术看板——巧用角度标注命令**

角度标注可以测量指定的象限点，该象限点是在直线或圆弧的端点、圆心或两个顶点之间对角度进行标注时形成的。创建角度标注时，可以测量 4 个可能的角度。通过指定象限点，使用户可以确保标注正确的角度。指定象限点后，放置角度标注时，用户可以将标注文字放置在标注的尺寸延伸线之外，尺寸线将自动延长。

7.2.5 直径标注

【执行方式】

命令行：DIMDIAMETER（快捷命令：DDI）。

菜单栏：选择菜单栏中的"标注"→"直径"命令。

工具栏：单击"标注"工具栏中的"直径"按钮。

功能区：单击"默认"选项卡"注释"面板中的"直径"按钮或单击"注释"选项卡"标注"面板中的"直径"按钮。

【操作步骤】

命令行提示与操作如下：

> 命令：DIMDIAMETER✓
>
> 选择圆弧或圆：（选择要标注直径的圆或圆弧）
>
> 指定尺寸线位置或 [多行文字(M)/文字(T)/角度(A)]：（确定尺寸线的位置或选择某一选项）

用户可以选择"多行文字""文字"或"角度"选项来输入、编辑尺寸文本或确定尺寸文本的倾斜角度，也可以直接确定尺寸线的位置，标注出指定圆或圆弧的直径。

2016 AutoCAD

【选项说明】

（1）尺寸线位置　确定尺寸线的角度和标注文字的位置。如果未将标注放置在圆弧上而导致标注指向圆弧外，则 AutoCAD 会自动绘制圆弧延伸线。

（2）多行文字（M）　显示在位文字编辑器，可用它来编辑标注文字。要添加前缀或后缀，请在生成的测量值前后输入前缀或后缀。用控制代码和 Unicode 字符串来输入特殊字符或符号。

（3）文字（T）　自定义标注文字，生成的标注测量值显示在尖括号（＜ ＞）中。

（4）角度（A）　修改标注文字的角度。

7.2.6　操作实例——标注卡槽

标注如图 7-24 所示的卡槽尺寸。

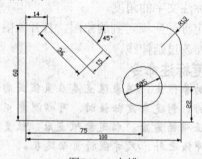

图7-24　卡槽

　光盘动画演示\第 7 章\标注卡槽.avi

绘制步骤：

1. 绘制图形

利用学过的绘图命令与编辑命令，绘制图形，绘制结果如图 7-25 所示。

2. 创建图层

单击"默认"选项卡"图层"面板中的"图层特性管理器"按钮🔲，系统打开"图层特性管理器"对话框，单击"新建图层"按钮🔅，创建一个新图层"CHC"，颜色为绿色，线型为 Continuous，线宽为默认值，并将其设置为当前图层。

3. 设置标注样式

由于系统的标注样式有些不符合要求，因此，根据图 7-24 所示的标注样式，进行角度、直径、半径标注样式的设置。

单击"默认"选项卡"注释"面板中的"标注样式"按钮🔄，系统打开"标注样式管理器"对话框，如图 7-26 所示。单击"新建"按钮，打开"创建新标注样式"对话框，如图 7-27 所示。在"用于"下拉列表框中选择"角度标注"选项，然后单击"继续"按钮，打开"新建标注样式"对话框。单击"文字"选项卡，进行如图 7-28 所示的设置，设置完成后，单击"确定"按钮，返回"标注样式管理器"对话框。方法同上，新建"半径"标注样式，如图 7-29 所示，新建"直径"标注样式，如图 7-30 所示。

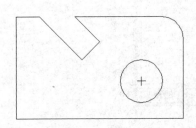

图7-25　绘制图形

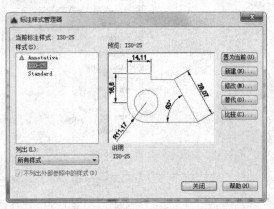

图7-26　"标注样式管理器"对话框

图7-27　"创建新标注样式"对话框

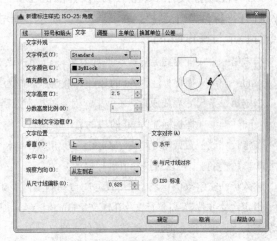

图7-28　"角度"标注样式

2016

AutoCAD

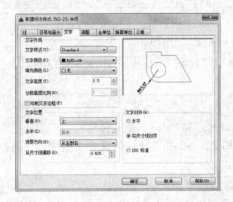

图7-29　"半径"标注样式

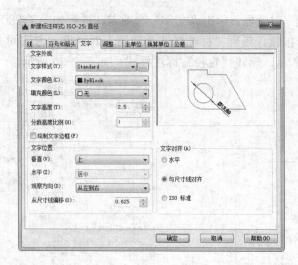

图7-30 "直径"标注样式

4. 标注线性尺寸

1) 标注线性尺寸 60 和 14。在界面的工具栏区右击，选择快捷菜单中的 "标注" 命令，打开"标注"工具栏，如图 7-31 所示，单击"标注"工具栏中的"线性"按钮，命令行提示与操作如下：

> 指定第一个尺寸界线原点或 <选择对象>: （单击"对象捕捉"工具栏中的"捕捉到端点"按钮）
>
> _endp 于： （捕捉标注为 60 的边的一个端点，作为第一条尺寸延伸线的原点）
>
> 指定第二条尺寸界线原点: （单击"对象捕捉"工具栏中的"捕捉到端点"按钮）
>
> _endp 于： （捕捉标注为 60 的边的另一个端点，作为第二条尺寸延伸线的原点）
>
> 指定尺寸线位置或[多行文字(M)/文字(T)/角度(A)/水平(H)/垂直(V)/旋转(R)]: T↙（系统在命令行显示尺寸的自动测量值，可以对尺寸值进行修改）
>
> 输入标注文字<60>: ↙（采用尺寸的自动测量值"60"）
>
> 指定尺寸线位置或[多行文字(M)/文字(T)/角度(A)/水平(H)/垂直(V)/旋转(R)]: （指定尺寸线的位置，移动鼠标，将出现动态的尺寸标注，在合适的位置单击，确定尺寸线的位置）
>
> 标注文字=60

图7-31 "标注"工具栏

采用相同的方法，标注线性尺寸 14。

2) 添加圆心标记。单击"标注"工具栏中的"圆心标记"按钮 ⊕，命令行提示与操作如下：

> 命令: _dimcenter
>
> 选择圆弧或圆: （选择 φ25 圆，添加该圆的圆心符号）

3) 标注线性尺寸 75 和 22。单击"标注"工具栏中的"线性"按钮，命令行提示与操作如下：

> 命令: DIMLINEAR↙
>
> 指定第一个尺寸界线原点或 <选择对象>:单击"对象捕捉"工具栏中的"捕捉到端点"按钮

_endp 于：（捕捉标注为 75 长度的左端点，作为第一条尺寸延伸线的原点）

指定第二条尺寸界线原点：（单击"对象捕捉"工具栏中的"捕捉到端点"按钮 ）

_cen 于：（捕捉圆的中心，作为第二条尺寸延伸线的原点）

指定尺寸线位置或[多行文字(M)/文字(T)/角度(A)/水平(H)/垂直(V)/旋转(R)]：（指定尺寸线的位置）

标注文字 =75

采用相同的方法，标注线性尺寸 22。

4）标注线性尺寸 100。单击"标注"工具栏中的"基线"按钮 ，命令行提示与操作如下：

命令: DIMBASELINE✓

指定第二条尺寸界线原点或 [放弃(U)/选择(S)] <选择>:✓ （选择作为基准的尺寸标注）

选择基准标注: 选择尺寸标注 75 为基准标注

指定第二条尺寸界线原点或 [放弃(U)/选择(S)] <选择>:（单击"对象捕捉"工具栏中的"捕捉到端点"按钮 ）

_endp 于：（捕捉标注为 100 底边的左端点）

标注文字 =100

指定第二条尺寸界线原点或 [放弃(U)/选择(S)] <选择>:✓。

选择基准标注: ✓

5）标注线性尺寸 36 和 15。单击"标注"工具栏中的"对齐"按钮 ，命令行提示与操作如下：

命令: DIMALIGNED✓

指定第一个尺寸界线原点或 <选择对象>：（单击"对象捕捉"工具栏中的"捕捉到端点"按钮 ）

_endp 于：（捕捉标注为 36 的斜边的一个端点）

指定第二条尺寸界线原点：（单击"对象捕捉"工具栏中的"捕捉到端点"按钮 ）

_endp 于：（捕捉标注为 36 的斜边的另一个端点）

指定尺寸线位置或[多行文字(M)/文字(T)/角度(A)]：（指定尺寸线的位置）

标注文字 =36

采用相同的方法，标注对齐尺寸 15。

5．标注其他尺寸

1）标注 Φ25 圆。单击"标注"工具栏中的"直径"按钮 ，命令行提示与操作如下：

命令: DIMDIAMETER✓

选择圆弧或圆：（选择标注为"Φ25"的圆）

标注文字 =25

指定尺寸线位置或 [多行文字(M)/文字(T)/角度(A)]：（指定尺寸线位置）

2）标注 R13 圆弧。单击"标注"工具栏中的"半径"按钮 ，命令行提示与操作如下：

命令: DIMRADIUS✓

选择圆弧或圆：（选择标注为"R13"的圆弧）

标注文字 =13

指定尺寸线位置或 [多行文字(M)/文字(T)/角度(A)]：（指定尺寸线位置）

3）标注45°角。单击"标注"工具栏中的"角度"按钮 ，命令行提示与操作如下：

> 命令：DIMANGULAR↙
>
> 选择圆弧、圆、直线或 <指定顶点>：（选择标注为45°角的一条边）
>
> 选择第二条直线：（选择标注为45°角的另一条边）
>
> 指定标注弧线位置或 [多行文字(M)/文字(T)/角度(A)/象限点(Q)]：（指定标注弧线的位置 标注文字=45）

最终标注结果如图7-24所示。

◆ 技术看板——怎样保证直径尺寸完整正确地标注

我国《机械制图》国家标准规定，圆及大于半圆的圆弧应标注直径，小于等于半圆的圆弧标注半径。因此，在工程图样中标注圆及圆弧的尺寸时，应适当选用直径和半径标注命令。

7.2.7 基线标注

基线标注用于产生一系列基于同一尺寸延伸线的尺寸标注，适用于长度尺寸、角度和坐标标注。在使用基线标注方式之前，应该先标注出一个相关的尺寸作为基线标准。

【执行方式】

命令行：DIMBASELINE（快捷命令：DBA）。

菜单栏：选择菜单栏中的"标注"→"基线"命令。

工具栏：单击"标注"工具栏中的"基线"按钮 。

功能区：单击"注释"选项卡"标注"面板"连续"下拉菜单中的"基线"按钮 。

【操作步骤】

命令行提示与操作如下：

> 命令：DIMBASELINE↙
>
> 指定第二条尺寸界线原点或 [放弃(U)/选择(S)] <选择>：

【选项说明】

（1）指定第二条尺寸延伸线原点 直接确定另一个尺寸的第二条尺寸延伸线的起点，AutoCAD以上次标注的尺寸为基准标注，标注出相应尺寸。

（2）选择（S） 在上述提示下直接按Enter键，命令行提示如下：

> 选择基准标注：选择作为基准的尺寸标注

7.2.8 连续标注

连续标注又叫尺寸链标注，用于产生一系列连续的尺寸标注，后一个尺寸标注均把前一个标注的第二条尺寸延伸线作为它的第一条尺寸延伸线。适用于长度型尺寸、角度型和坐标标注。在使用连续标注方式之前，应该先标注出一个相关的尺寸。

【执行方式】

命令行：DIMCONTINUE（快捷命令：DCO）。

菜单栏：选择菜单栏中的"标注"→"连续"命令。

工具栏：单击"标注"工具栏中的"连续"按钮 ⟦⟧。

功能区：单击"注释"选项卡"标注"面板中的"连续"按钮 ⟦⟧。

【操作步骤】

命令行提示与操作如下：

命令：DIMCONTINUE✓

选择连续标注：

指定第二条尺寸界线原点或 [放弃(U)/选择(S)] <选择>：

此提示下的各选项与基线标注中完全相同，此处不再赘述。

AutoCAD 允许用户利用基线标注方式和连续标注方式进行角度标注，如图 7-32 所示。

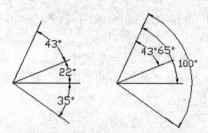

图7-32 连续型和基线型角度标注

7.2.9 操作实例——标注轴承座

标注如图 7-33 所示的轴承座尺寸。

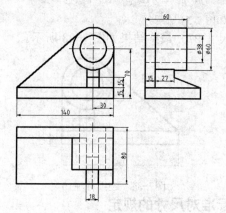

图7-33 轴承座

 光盘动画演示\第 7 章\标注轴承座.avi

绘制步骤：

1）单击"默认"选项卡"注释"面板中的"文字样式"按钮 ，设置文字样式，为后面尺寸标注输入文字进行准备。

2）单击"默认"选项卡"注释"面板中的"标注样式"按钮 ，设置标注样式。

3）单击"默认"选项卡"注释"面板中的"线性"按钮 ，标注轴承座的线性尺寸。

4）单击"注释"选项卡"标注"面板中的"基线"按钮 ，标注轴承座主视图中的基线尺寸。命令行提示与操作如下：

命令: DIMBASELINE✓

指定第二条尺寸界线原点或 [放弃（U）/选择（S）]<选择>:✓

选择基准标注:（选择尺寸标注 30）

指定第二条尺寸界线原点或 [放弃（U）/选择（S）]<选择>:✓

标注文字 =140

指定第二条尺寸界线原点或 [放弃（U）/选择（S）]<选择>:✓

选择基准标注:✓

同样方法，标注尺寸 15（主视图下面一个尺寸 15）。

5）单击"注释"选项卡"标注"面板中的"连续"按钮 ，标注轴承座主视图中的连续尺寸。命令行提示与操作如下：

命令: DIMCONTINUE✓

指定第二条尺寸界线原点或 [放弃（U）/选择（S）]<选择>:✓

选择连续标注:（选择主视图尺寸 15）

指定第二条尺寸界线原点或 [放弃（U）/选择（S）]<选择>:

标注文字 =15

指定第二条尺寸界线原点或 [放弃（U）/选择（S）]<选择>:✓

选择连续标注: ✓（结果如图 7-34 所示）

用同样方法标注连续尺寸 27。最终结果如图 7-33 所示。

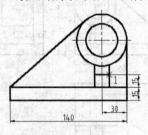

图7-34 连续标注15

★ **知识链接——国家标准对尺寸的规定**

1）图样中的尺寸，以毫米为单位时，不需注明计量单位代号或名称。若采用其他单位，

则必须标注相应计量单位或名称(如 35 30)。

2）图样上所注的尺寸数值是零件的真实大小，与图形大小及绘图的准确度无关。

3）零件的每一尺寸，在图样中一般只标注一次。

4）图样中标注尺寸是该零件最后完工时的尺寸，否则应另加说明。

7.3 引线标注

AutoCAD 提供了引线标注功能，利用该功能不仅可以标注特定的尺寸，如圆角、倒角等，还可以实现在图中添加多行旁注、说明。在引线标注中指引线可以是折线，也可以是曲线，指引线端部可以有箭头，也可以没有箭头。

7.3.1 利用 LEADER 命令进行引线标注

利用 LEADER 命令可以创建灵活多样的引线标注形式，可根据需要把指引线设置为折线或曲线。指引线可带箭头，也可不带箭头。注释文本可以是多行文本，也可以是形位公差，可以从图形其他部位复制，也可以是一个图块。

【执行方式】

命令行：LEADER（快捷命令：LEAD）。

【操作步骤】

命令行提示与操作如下：

命令：LEADER↙

指定引线起点： 输入指引线的起始点

指定下一点： 输入指引线的另一点

指定下一点或 [注释(A)/格式(F)/放弃(U)] <注释>：

【选项说明】

1. 指定下一点

直接输入一点，AutoCAD 根据前面的点绘制出折线作为指引线。

2. 注释（A）

输入注释文本，为默认项。在此提示下直接按 Enter 键，命令行提示如下：

输入注释文字的第一行或 <选项>：

1）输入注释文字。在此提示下输入第一行文字后按 Enter 键，用户可继续输入第二行文字，如此反复执行，直到输入全部注释文字，然后在此提示下直接按 Enter 键，AutoCAD 会在指引线终端标注出所输入的多行文本文字，并结束 LEADER 命令。

2）直接按 Enter 键。如果在上面的提示下直接按 Enter 键，则命令行提示如下：

输入注释选项 [公差(T)/副本(C)/块(B)/无(N)/多行文字(M)] <多行文字>：

在此提示下选择一个注释选项或直接按 Enter 键默认选择"多行文字"选项，其他各选项的含义如下：

1）公差（T）：标注形位公差。形位公差的标注见 7.4 节。

2）副本（C）：把已利用 LEADER 命令创建的注释复制到当前指引线的末端。选择该选项，命令行提示如下：

选择要复制的对象：

在此提示下选择一个已创建的注释文本，则 AutoCAD 把它复制到当前指引线的末端。

3）块（B）：插入块，把已经定义好的图块插入到指引线的末端。选择该选项，命令行提示如下：

输入块名或 [?]：

在此提示下输入一个已定义好的图块名，AutoCAD 把该图块插入到指引线的末端；或输入"？"列出当前已有图块，用户可从中选择。

4）无（N）：不进行注释，没有注释文本。

5）多行文字（M）：用多行文本编辑器标注注释文本，并定制文本格式，为默认选项。

3. 格式（F）

确定指引线的形式。选择该选项，命令行提示如下：

输入引线格式选项 [样条曲线(S)/直线(ST)/箭头(A)/无(N)] <退出>：

选择指引线形式，或直接按 Enter 键返回上一级提示。

（1）样条曲线（S） 设置指引线为样条曲线。

（2）直线（ST） 设置指引线为折线。

（3）箭头（A） 在指引线的起始位置画箭头。

（4）无（N） 在指引线的起始位置不画箭头。

（5）退出 此项为默认选项，选择该选项退出"格式（F）"选项，返回"指定下一点或[注释（A）/格式（F）/放弃（U）]<注释>"提示，并且指引线形式按默认方式设置。

7.3.2 利用 QLEADER 命令进行引线标注

利用 QLEADER 命令可快速生成指引线及注释，而且可以通过命令行优化对话框进行用户自定义，由此可以消除不必要的命令行提示，获得较高的工作效率。

【执行方式】

命令行：QLEADER（快捷命令：LE）。

【操作步骤】

命令行提示与操作如下：

命令：QLEADER↙
指定第一个引线点或 [设置(S)] <设置>：

【选项说明】

（1）指定第一个引线点 在上面的提示下确定一点作为指引线的第一点，命令行提示如下：

> 指定下一点：（输入指引线的第二点）
> 指定下一点：（输入指引线的第三点）

AutoCAD 提示用户输入点的数目由"引线设置"对话框（如图 7-35 所示）确定。输入完指引线的点后，命令行提示如下：

> 指定文字宽度 <0.0000>：（输入多行文本文字的宽度）
> 输入注释文字的第一行 <多行文字(M)>：

此时，有两种命令输入选择：

1）输入注释文字的第一行：在命令行输入第一行文本文字，命令行提示如下：

> 输入注释文字的下一行：（输入另一行文本文字）
> 输入注释文字的下一行：（输入另一行文本文字或按 Enter 键）

2）多行文字（M）：打开多行文字编辑器，输入编辑多行文字。

输入全部注释文本后，在此提示下直接按 Enter 键，AutoCAD 结束 QLEADER 命令，并把多行文本标注在指引线的末端附近。

（2）设置 在上面的提示下直接按 Enter 键或输入"S"，系统打开如图 7-35 所示"引线设置"对话框，允许对引线标注进行设置。该对话框包含：

1）"注释"选项卡（如图 7-35 所示）：用于设置引线标注中注释文本的类型、多行文本的格式并确定注释文本是否多次使用。

图7-35 "引线设置"对话框

2）"引线和箭头"选项卡（如图 7-36 所示）：用于设置引线标注中指引线和箭头的形式。其中"点数"选项组用于设置执行 QLEADER 命令时，AutoCAD 提示用户输入的点的数目。例如，设置点数为 3，执行 QLEADER 命令时，当用户在提示下指定 3 个点后，系统自动提示用户输入注释文本。注意设置的点数要比用户希望的指引线段数多 1，可利用微调框进行设置，如果勾选"无限制"复选框，则 AutoCAD 会一直提示用户输入点直到连续按 Enter 键两次为止。"角度约束"选项组设置第一段和第二段指引线的角度约束。

3）"附着"选项卡（如图 7-37 所示）：用于设置注释文本和指引线的相对位置。如果

最后一段指引线指向右边，AutoCAD 自动把注释文本放在右侧；如果最后一段指引线指向左边，AutoCAD 自动把注释文本放在左侧。利用本页左侧和右侧的单选按钮分别设置位于左侧和右侧的注释文本与最后一段指引线的相对位置，二者可相同也可不相同。

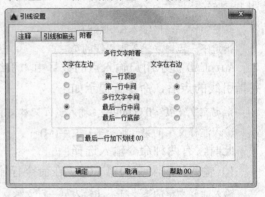

图7-36 "引线和箭头"选项卡　　　　　　　　图7-37 "附着"选项卡

📖 7.3.3 操作实例——标注轴套

标注如图 7-38 所示的齿轮轴套尺寸。

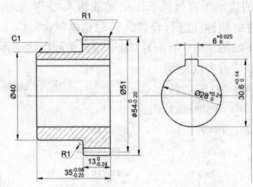

图7-38 齿轮轴套

参见
光盘　　　　光盘动画演示\第 7 章标注轴套.avi

 绘制步骤：

1）打开随书光盘中的文件：\\源文件\第 7 章\齿轮轴套.DWG。

2）单击"默认"选项卡"注释"面板中的"文字样式"按钮 $\boxed{A}$，设置文字样式。

3）单击"默认"选项卡"注释"面板中的"标注样式"按钮，设置标注样式。

4）单击"默认"选项卡"注释"面板中的"线性"按钮，标注齿轮主视图中的线性尺寸 $\phi 40$、$\phi 51$、$\phi 54$。

5）方法同前，标注齿轮轴套主视图中的线性尺寸 13；然后利用"基线标注"命令，标注基线尺寸 35，结果如图 7-39 所示。

6）标注齿轮轴套主视图中的半径尺寸。单击"默认"选项卡"注释"面板中的"半径"按钮⊙，　结果如图 7-40 所示。

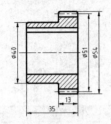 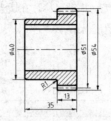

图7-39　标注线性及基线尺寸　　　　　　　图7-40　标注半径尺寸"R1"

7）用引线标注齿轮轴套主视图上部的圆角半径，命令行提示与操作如下：

命令:Leader↙（引线标注）

指定引线起点:_nea 到（捕捉齿轮轴套主视图上部圆角上一点）

指定下一点:（拖动鼠标，在适当位置处单击）

指定下一点或 [注释(A)/格式(F)/放弃(U)] <注释>:<正交 开>（打开正交功能，向右拖动鼠标，在适当位置处单击）

指定下一点或 [注释(A)/格式(F)/放弃(U)] <注释>:↙

输入注释文字的第一行或 <选项>:R1↙

输入注释文字的下一行:↙（结果如图 7-41 所示）

命令:↙（继续引线标注）

指定引线起点:_nea 到（捕捉齿轮轴套主视图上部右端圆角上一点）

指定下一点:（利用对象追踪功能，捕捉上一个引线标注的端点，拖动鼠标，在适当位置处单击鼠标）

指定下一点或 [注释(A)/格式(F)/放弃(U)] <注释>:（捕捉上一个引线标注的端点）

指定下一点或 [注释(A)/格式(F)/放弃(U)] <注释>:↙

输入注释文字的第一行或 <选项>:↙

输入注释选项 [公差(T)/副本(C)/块(B)/无(N)/多行文字(M)] <多行文字>: N↙（无注释的引线标注）

结果如图 7-42 所示。

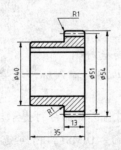

图7-41　引线标注"R1"　　　　　　　图7-42　引线标注

8）用引线标注齿轮轴套主视图的倒角。命令行提示与操作如下：

命令: Qleader↙

指定第一个引线点或 [设置(S)] <设置>:↙（按 Enter 键，弹出如图 7-35 所示的"引线设置"对话框，

如图7-43及图7-44所示，分别设置其选项卡，设置完成后，单击"确定"按钮）

指定第一个引线点或 [设置(S)] <设置>:（捕捉齿轮轴套主视图中上端倒角的端点）

指定下一点:（拖动鼠标，在适当位置处单击）

指定下一点:（拖动鼠标，在适当位置处单击）

指定文字宽度 <0>:✓

输入注释文字的第一行 <多行文字(M)>: C1✓

输入注释文字的下一行:✓

结果如图7-45所示。

图7-43　"引线设置"对话框

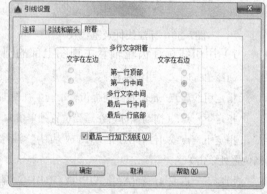

图7-44　"附着"选项卡

9）标注齿轮轴套局部视图中的尺寸，单击"默认"选项卡"注释"面板中的"线性"按钮，命令行提示与操作如下:

命令: Dimlinear✓（标注线性尺寸6）

指定第一个尺寸界线原点或 <选择对象>:✓（选取标注对象）

选择标注对象:（选取齿轮轴套局部视图上端水平线）

指定尺寸线位置或[多行文字(M)/文字(T)/角度(A)/水平(H)/垂直(V)/旋转(R)]:T✓

输入标注文字 <6>: 6{\H0.7x;\S+0.025^ 0;}✓（其中"H0.7x"表示公差字高比例系数为0.7，需要注意的是："x"为小写）

指定尺寸线位置或[多行文字(M)/文字(T)/角度(A)/水平(H)/垂直(V)/旋转(R)]:（拖动鼠标，在适当位置处单击，结果如图7-46所示）

标注文字 =6

方法同前，标注线性尺寸30.6，上偏差为+0.14，下偏差为0。

方法同前，利用"直径标注"命令标注直径尺寸 ϕ28，输入标注文字为"%%C28 {\H0.7x;\S+0.21^ 0;}"，结果如图7-47所示。

10）修改齿轮轴套主视图中的线性尺寸，为其添加尺寸偏差。命令行提示与操作如下:

命令:DDIM✓（修改标注样式命令。也可以使用设置标注样式命令 DIMSTYLE，或选择菜单栏中的"标注"→"标注样式"，用于修改线性尺寸13及35）

①在弹出的"标注样式管理器"的样式列表中选择"机械图样"样式，如图7-48所示，单击"替代"按钮。

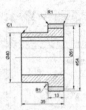

图7-45 引线标注倒角尺寸　　　　　　　　图7-46 标注尺寸偏差

②系统打开"替代当前样式"对话框，单击"主单位"选项卡，如图 7-49 所示，将"线性标注"选项区中的"精度"值设置为 0.00；单击"公差"选项卡，如图 7-50 所示，在"公差格式"选项区中，将"方式"设置为"极限偏差"，设置"上偏差"为 0，下偏差为 0.24，"高度比例"为 0.7，设置完成后单击"确定"按钮。

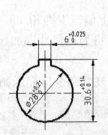

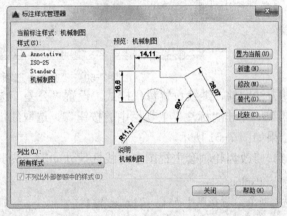

图7-47 局部视图中的尺寸　　　　　　　图7-48 替代"机械图样"标注样式

命令: -dimstyle（或单击"标注"工具栏中的"标注更新"按钮 ）

当前标注样式:ISO-25

输入标注样式选项 [注释性(AN)/保存(S)/恢复(R)/状态(ST)/变量(V)/应用(A)/?] <恢复>:_apply✓

选择对象:（选取线性尺寸 13，即可为该尺寸添加尺寸偏差）

图7-49 "主单位"选项卡

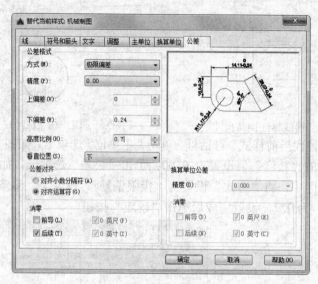

图7-50 "公差"选项卡

③方法同前，继续设置替代样式。设置"公差"选项卡中的"上偏差"为-0.08，下偏差为0.25。单击"标注"工具栏中的按钮，选取线性尺寸35，即可为该尺寸添加尺寸偏差，结果如图7-51所示。

11）修改齿轮轴套主视图中的线性尺寸ϕ54，为其添加尺寸偏差。命令行提示如下：

> 命令: Explode↙
>
> 选择对象:（选择尺寸ϕ54，按Enter键）
>
> 命令: Mtedit↙（编辑多行文字命令）
>
> 选择多行文字对象:（选择分解的ϕ54尺寸，在弹出的"多行文字编辑器"中，将标注的文字修改为"%%C54 0^-0.20 "，选取"0^-0.20"，单击"堆叠"按钮，此时，标注变为尺寸偏差的形式，单击"确定"按钮）

结果如图7-52所示。

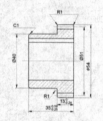

图7-51 修改线性尺寸13及35

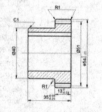

图7-52 修改线性尺寸ϕ54

◆ **技术看板——尺寸标注的基本原则**

尺寸标注是一项需要认真细致、一丝不苟来执行的重要工作，稍有遗漏或错误都可能给制造带来困难，甚至是重大的损失，因此需要掌握其基本原则。

1）尺寸标注必须做到完整，不遗漏也不重复。

2）尺寸标注必须做到正确，不自相矛盾，同时要符合国家制图标准的相关规定。

3）尺寸标注必须做到配列整齐、注写清晰和可视性好。采用连续尺寸标注时，各尺寸线的尺寸应连成一条直线，而采用基线尺寸标注时，大尺寸要在小尺寸外面。

4）重要的尺寸应从基准线直接标出，不能采用间接计算的方法获得，以免造成误差的积累，使得重要尺寸不易保证。

5）尺寸不要标注成封闭的尺寸链，而应当根据装配时的功能和要求选择一个尺寸精度要求不高的尺寸，标注成开口环形。

6）尺寸标注的基准选择要合理，应既能保证设计要求，又便于加工测量。

7.4 形位公差

📖 7.4.1 形位公差标注

为方便机械设计工作，AutoCAD 提供了标注形位公差的功能。形位公差的标注形式如图 7-53 所示，包括指引线、特征符号、公差值和其附加符号以及基准代号。

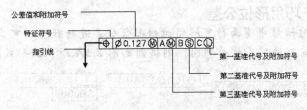

图7-53 形位公差标注

【执行方式】

命令行：TOLERANCE（快捷命令：TOL）。
菜单栏：选择菜单栏中的"标注"→"公差"命令。
工具栏：单击"标注"工具栏中的"公差"按钮。
功能区：单击"注释"选项卡"标注"面板中的"公差"按钮。

执行上述操作后，系统打开如图 7-54 所示的"形位公差"对话框，可通过此对话框对形位公差标注进行设置。

【选项说明】

（1）符号 用于设定或改变公差代号。单击下面的黑块，系统打开如图 7-55 所示的"特征符号"列表框，可从中选择需要的公差代号。

（2）公差 1/2 用于产生第一/二个公差的公差值及"附加符号"

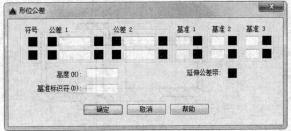

图7-54 "形位公差"对话框

符号。白色文本框左侧的黑块控制是否在公差值之前加一个直径符号，单击它，则出现一个直径符号，再单击则又消失。白色文本框用于确定公差值，在其中输入一个具体数值。

右侧黑块用于插入"包容条件"符号，单击它，系统打开如图 7-56 所示的"附加符号"列表框，用户可从中选择所需符号。

图7-55 "特征符号"列表框

图7-56 "附加符号"列表框

（3）基准 1/2/3 用于确定第一/二/三个基准代号及材料状态符号。在白色文本框中输入一个基准代号。单击其右侧的黑块，系统打开"包容条件"列表框，可从中选择适当的"包容条件"符号。

（4）"高度"文本框 用于确定标注复合形位公差的高度。

（5）延伸公差带 单击此黑块，在复合公差带后面加一个复合公差符号，如图 7-57d 所示，其他形位公差标注如图 7-57 所示的例图。

（6）"基准标识符"文本框 用于产生一个标识符号，用一个字母表示。

▲ **技巧与提示——巧用形位公差**

在"形位公差"对话框中有两行可以同时对形位公差进行设置，可实现复合形位公差的标注。如果两行中输入的公差代号相同，则得到如图 7-57e 所示的形式。

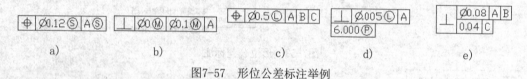

a)   b)   c)   d)   e)

图7-57 形位公差标注举例

📖 7.4.2 操作实例——标注齿轮轴的尺寸

标注如图 7-58 所示的齿轮轴尺寸。

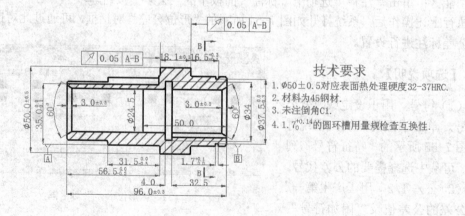

图7-58 标注齿轮轴

参见光盘 光盘动画演示\第7章\标注齿轮轴.avi

绘制步骤： 按Enter键

1．打开文件

单击"快速访问"工具栏中的"打开"按钮 📂，打开"选择文件"对话框，从中选择随书光盘文件 X：\源文件\第7章\"齿轮轴.dwg"文件，单击"打开"按钮，在绘图区显示如图7-59所示的图形。

2．设置尺寸标注样式

单击"默认"选项卡"注释"面板中的"标注样式"按钮 🔧，打开"标注样式管理器"对话框，新建一个标注样式，设置"箭头大小"为3、"文字高度"为4、"文字对齐"方式为"与尺寸线对齐""精度"为0.0，其余属性保持系统默认设置。

3．标注基本尺寸

1）单击"默认"选项卡"注释"面板中的"线性"按钮 ⊢，标注线性尺寸。

2）单击"默认"选项卡"注释"面板中的"角度"按钮 △，标注角度尺寸，结果如图7-60所示。

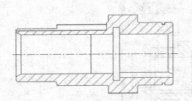

图7-59 打开图形

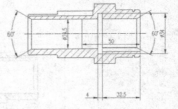

图7-60 标注基本尺寸

4．标注公差尺寸

1）单击"默认"选项卡"注释"面板中的"标注样式"按钮 🔧，在"标注样式管理器"对话框中单击"替代"按钮，打开"替代当前样式"对话框，在"公差"选项卡中按每一个尺寸公差的不同进行替代设置，替代设定后，进行尺寸标注。

2）单击"默认"选项卡"注释"面板中的"线性"按钮 ⊢，标注线性公差尺寸。对公差按尺寸要求进行替代设置。标注基本尺寸为35、31.5、56.5、96、18、3、1.7、16.5、37.5，对其公差尺寸进行标注，标注结果如图7-61所示。

5．标注形位公差

单击"注释"选项卡"标注"面板中的"公差"按钮 ⊞，打开"形位公差"对话框，进行如图7-62所示的设置，确定后在图形上指定放置位置。

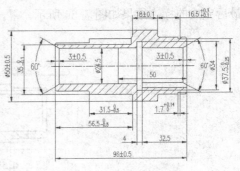

图7-61 标注尺寸公差

6. 标注引线

命令行提示与操作如下：

命令: LEADER✓

指定引线起点: (指定起点)

指定下一点: (指定下一点)

指定下一点或 [注释(A)/格式(F)/放弃(U)] <注释>: ✓

输入注释文字的第一行或 <选项>: ✓

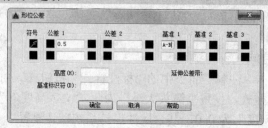

图7-62 "形位公差"对话框

输入注释选项 [公差(T)/副本(C)/块(B)/无(N)/多行文字(M)] <多行文字>: N✓ （引线指向形位公差符号，故无注释文本）

采用同样方法标注另一个形位公差，结果如图 7-63 所示。

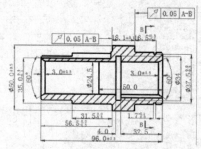

A、B面在下面标完形位公差后标注基准面

图7-63 标注形位公差

7. 标注形位公差基准

形位公差的基准可以通过引线标注命令、绘图命令以及单行文字命令绘制，不再赘述。最后完成的标注结果如图 7-64 所示。

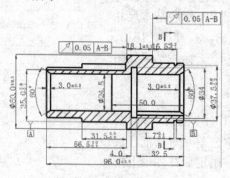

图7-64 完成尺寸标注

8. 标注技术要求

单击"绘图"工具栏中的"多行文字"按钮**A**，系统打开文字编辑器。在编辑器中输入如图 7-65 所示的文字。结果如图 7-66 所示。

最终完成尺寸标注与文字标注的图形如图 7-58 所示。

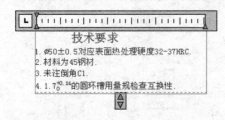

技术要求
1. $\varnothing 50 \pm 0.5$ 对应表面热处理硬度32-37HRC.
2. 材料为45钢材.
3. 未注倒角C1.
4. $1.7_0^{+0.14}$ 的圆环槽用量规检查互换性.

图7-65　多行文字编辑器　　　　　　　　　图7-66　标注的文字

★ 知识链接——公差配合制度

国家标准规定了两种基本制：基孔制和基轴制。采用基准制的目的是为了统一基准件的极限偏差，以达到减少定位刀具和量具规格的数量，以获得最大的经济效益。国家标准还规定，一般情况下，优先采用基孔制。下面分别介绍两种配合制度。

1. 基孔制

基孔制是指基本偏差为一定的孔的公差带与不同基本偏差的轴的公差带形成各种配合的一种制度。基孔制的孔为基准孔，基准孔基本偏差代号为 H。如图 7-67 所示。

图7-67　基孔制图例

在基孔制里，确定孔的偏差位置为 H，孔的基本尺寸就是孔的最小尺寸，也就是将裕度应用于轴上。即以孔径为基本尺寸，孔径公差为正值，制造轴时，使轴径尺寸大于或小于基本尺寸，以获得不同的配合。

2. 基轴制

基轴制是指基本偏差为一定的轴的公差带与不同基本偏差的孔的公差带形成各种配合的一种制度。基轴制的轴为基准轴，基准轴基本偏差代号为 h，如图 7-68 所示。

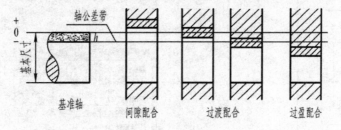

图7-68　基轴制图例

在基轴制内，确定轴的偏差位置为 h，轴的基本尺寸即为轴的最大尺寸，也就是将裕度应用于孔内。即以轴径为基本尺寸，轴径公差为负值，使孔径尺寸必须按照所需的配合而改

变。

各种配合和轴孔的偏差位置关系可以查相关标准获得，这里不再赘述。

7.5 综合演练——标注齿轮

标注如图 7-69 所示的齿轮尺寸。

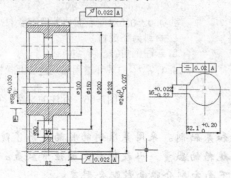

图7-69 标注齿轮尺寸

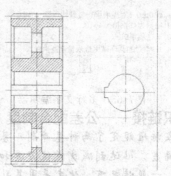

图7-70 齿轮

 参见光盘 ┃ 光盘动画演示\第 7 章\标注齿轮.avi

绘制步骤：

打开"源文件/第 7 章/齿轮"图形，如图 7-70 所示。

1. 无公差尺寸标注

1）将当前图层设置为"尺寸标注层"图层。单击"默认"选项卡"注释"面板中的"标注样式"按钮，弹出"标注样式管理器"对话框，将"机械制图标注"样式设置为当前使用的标注样式。

2）线性标注。单击"默认"选项卡"注释"面板中的"线性"按钮，标注同心圆使用特殊符号表示法"%%C"表示"ϕ"，如"%%C100"表示"$\phi100$"；标注其他无公差尺寸，如图 7-71 所示。

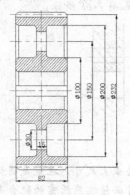

图7-71 无公差尺寸标注

图7-72 "创建新标注样式"对话框

2．带公差尺寸标注

（1）设置带公差标注样式 选择菜单栏中的"格式"→"标注样式"命令，弹出"创建新标准样式"对话框，建立一个名为"副本机械制图（带公差）"的样式，"基础样式"为"机械制图标注"，如图 7-72 所示。在"新建标注样式"对话框中，设置"公差"选项卡，设置如图 7-73 所示。并把"副本机械制图（带公差）"的样式设置为当前使用的标注样式。

（2）线性标注 单击"标注"工具栏中的"线性"按钮┌┐，标注带公差的尺寸。

图7-73 "公差"选项卡

（3）分解公差尺寸系 单击"修改"工具栏中的"分解"按钮，分解所有的带公差尺寸标注系。

▲ **技巧与提示——快速修改公差标注的方法**

公差尺寸的分解需要使用两次"分解"命令：第一次分解尺寸线与公差文字；第二次分解公差文字中的主尺寸文字与极限偏差文字。只有这样，才能单独利用"编辑文字"命令对上下极限偏差文字进行编辑修改。

（4）编辑上下极限偏差 在命令行中输入 DDEDIT 命令后按 Enter 键，选择需要修改的极限偏差文字，编辑上下极限偏差，$\phi58$：+0.030 和 0；$\phi240$：0 和-0.027；16：+0.022 和-0.022；62.1：+0.20 和 0，如图 7-74 所示。

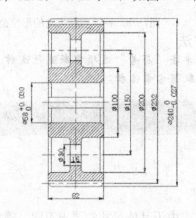

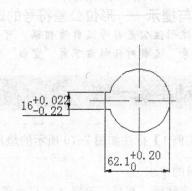

图7-74 标注公差尺寸

3．形位公差标注

1）绘制基准符号。利用"多行文字"命令、"矩形"命令、"图案填充"命令和"圆"命令绘制基准符号，如图 7-75 所示。

2）标注形位公差。利用 QLEADER 命令标注形位公差，单击"注释"选项卡"标注"面板中的"公差"按钮，打开"形位公差"对话框，进行如图 7-76 所示的设置，确定后在图形上指定放置位置。

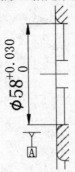

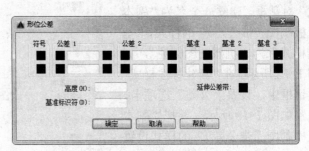

图7-75　基准符号　　　　　　　　　　　　图7-76　"形位公差"对话框

完成图形如图 7-77 和图 7-78 所示。

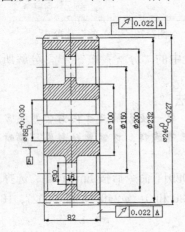

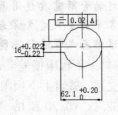

图7-77　形位公差　　　　　　　　　图7-78　标注圆柱齿轮的形位公差

▲ 技巧与提示——形位公差符号的选择方法

若发现形位公差符号选择有错误，可以再次单击"符号"选项重新进行选择；也可以单击"符号"选择对话框右下角"空白"选项，取消当前选择。

7.6　动手练一练

　【实例1】标注如图 7-79 所示的垫片尺寸

1. 目的要求

本例有线性、直径、角度 3 种尺寸需要标注，由于具体尺寸的要求不同，需要重新设置和转换尺寸标注样式。通过本例，要求读者掌握各种标注尺寸的基本方法。

2. 操作提示

1）利用"注释"→"文字样式"命令设置文字样式和标注样式，为后面的尺寸标注输入文字做准备。

2）利用"注释"→"线性"命令标注垫片图形中的线性尺寸。

3）利用"注释"→"直径"命令标注垫片图形中的直径尺寸，其中需要重新设置标注样式。

4）利用"注释"→"角度"命令标注垫片图形中的角度尺寸，其中需要重新设置标注样式。

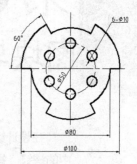

图7-79　垫片

 【实例 2】为如图 7-80 所示的阀盖尺寸设置标注样式

1．目的要求

设置标注样式是标注尺寸的首要工作。一般可以根据图形的复杂程度和尺寸类型的多少，决定设置几种尺寸标注样式。本例要求针对图 7-80 所示的阀盖设置 3 种尺寸标注样式。分别用于普通线性标注、带公差的线性标注以及角度标注。

2．操作提示

1）选择菜单栏中的"格式"→"标注样式"命令，打开"标注样式管理器"对话框。

2）单击"新建"按钮，打开"创建新标注样式"对话框，在"新样式名"文本框中输入新样式名。

3）单击"继续"按钮，打开"新建标注样式"对话框。

4）在对话框的各个选项卡中进行直线和箭头、文字、调整、主单位、换算单位和公差的设置。

5）确认退出。采用相同的方法设置另外两个标注样式。

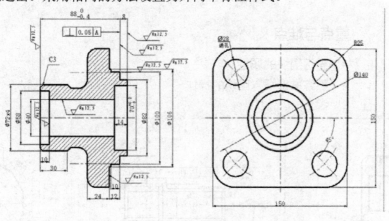

图7-80　阀盖

第8章

图块与外部参照

在设计绘图过程中经常会遇到一些重复出现的图形，例如，机械设计中的螺钉、螺母，建筑设计中的桌椅、门窗等，如果每次都重新绘制这些图形，不仅造成大量的重复工作，而且存储这些图形及其信息也要占据很大的磁盘空间。图块提出了模块化作图的问题，这样不仅避免了大量的重复工作，提高了绘图速度，而且可以大大节省磁盘空间。本章主要介绍图块及其属性知识。

重点与难点

- 学习图块的属性
- 熟练掌握插入图块的操作

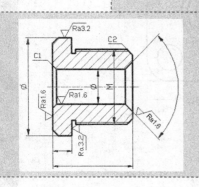

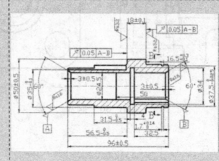

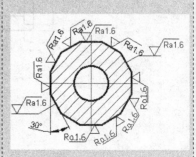

8.1 图块操作

图块也称块，它是由一组图形对象组成的集合，一组对象一旦被定义为图块，它们将成为一个整体，选中图块中任意一个图形对象即可选中构成图块的所有对象。AutoCAD 把一个图块作为一个对象进行编辑修改等操作，用户可根据绘图需要把图块插入到图中指定的位置，在插入时还可以指定不同的缩放比例和旋转角度。如果需要对组成图块的单个图形对象进行修改，还可以利用"分解"命令把图块炸开，分解成若干个对象。图块还可以重新定义，一旦被重新定义，整个图中基于该块的对象都将随之改变。

8.1.1 定义图块

【执行方式】

命令行：BLOCK（快捷命令：B）。

菜单栏：选择菜单栏中的"绘图"→"块"→"创建"命令。

工具栏：单击"绘图"工具栏中的"创建块"按钮。

功能区：单击"默认"选项卡"块"面板中的"创建"按钮或单击"插入"选项卡"块定义"面板中的"创建块"按钮。

执行上述操作后，系统打开如图 8-1 所示的"块定义"对话框，利用该对话框可定义图块并为之命名。

图8-1   "块定义"对话框

【选项说明】

（1）"基点"选项组　确定图块的基点，默认值是（0,0,0），也可以在下面的 X、Y、Z 文本框中输入块的基点坐标值。单击"拾取点"按钮，系统临时切换到绘图区，在绘图

区选择一点后，返回"块定义"对话框中，把选择的点作为图块的放置基点。

（2）"对象"选项组　用于选择制作图块的对象，以及设置图块对象的相关属性。如图 8-2 所示，把图 8-2a 中的正五边形定义为图块，图 8-2b 所示为点选"删除"单选钮的结果，图 8-2c 所示为点选"保留"单选钮的结果。

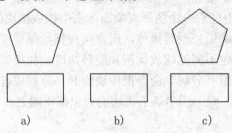

图8-2　设置图块对象

（3）"设置"选项组　指定从 AutoCAD 设计中心拖动图块时用于测量图块的单位以及缩放、分解和超链接等设置。

（4）"在块编辑器中打开"复选框　勾选此复选框，可以在块编辑器中定义动态块，后面将详细介绍。

（5）"方式"选项组　指定块的行为。"注释性"复选框，指定在图纸空间中块参照的方向与布局方向匹配；"按统一比例缩放"复选框，指定是否阻止块参照不按统一比例缩放；"允许分解"复选框，指定块参照是否可以被分解。

8.1.2　图块的存盘

利用 BLOCK 命令定义的图块保存在其所属的图形当中，该图块只能在该图形中插入，而不能插入到其他的图形中。但是有些图块在许多图形中要经常用到，这时可以用 WBLOCK 命令把图块以图形文件的形式（后缀为.dwg）写入磁盘。图形文件可以在任意图形中用 INSERT 命令插入。

【执行方式】

命令行：WBLOCK（快捷命令：W）。

功能区：单击"插入"选项卡"块定义"面板中的"写块"按钮。

执行上述命令后，系统打开"写块"对话框，如图 8-3 所示，利用此对话框可把图形对象保存为图形文件或把图块转换成图形文件。

【选项说明】

（1）"源"选项组　确定要保存为图形文件的图块或图形对象。点选"块"单选钮，单击右侧的下拉列表框，在其展开的列表中选择一个图

图8-3　"写块"对话框

块，将其保存为图形文件；点选"整个图形"单选钮，则把当前的整个图形保存为图形文件；点选"对象"单选钮，则把不属于图块的图形对象保存为图形文件。对象的选择通过"对象"选项组来完成。

（2）"目标"选项组　用于指定图形文件的名称、保存路径和插入单位。

8.1.3　操作实例——将图形定义为图块

将如图 8-4 所示的图形定义为图块，命名为 HU3，并保存。

图8-4　定义图块

光盘动画演示\第8章\将图形定义为图块.avi

绘制步骤：

1）单击"默认"选项卡"块"面板中的"创建"按钮 ，打开"块定义"对话框。

2）在"名称"下拉列表框中输入"HU3"。

3）单击"拾取点"按钮 ，切换到绘图区，选择圆心为插入基点，返回"块定义"对话框。

4）单击"选择对象"按钮 ，切换到绘图区，选择如图 8-4 所示的对象后，按 Enter 键返回"块定义"对话框。

5）单击"确定"按钮，关闭对话框。

6）在命令行输入"WBLOCK"命令，按 Enter 键，系统打开"写块"对话框，在"源"选项组中点选"块"单选钮，在右侧的下拉列表框中选择"HU3"块，单击"确定"按钮，即把图形定义为"HU3"图块。

8.1.4　图块的插入

在 AutoCAD 绘图过程中，可根据需要随时把已经定义好的图块或图形文件插入到当前图形的任意位置，在插入的同时还可以改变图块的大小、旋转一定角度或把图块炸开等。插入图块的方法有多种，本节将逐一进行介绍。

【执行方式】

命令行：INSERT（快捷命令：I）。

2016 AutoCAD

菜单栏：选择菜单栏中的"插入"→"块"命令。

工具栏：单击"插入"工具栏中的"插入块"按钮 或"绘图"工具栏中的"插入块"按钮 。

功能区：单击"默认"选项卡"块"面板中的"插入"按钮 或单击"插入"选项卡"块"面板中的"插入"按钮 。

执行上述操作后，系统打开"插入"对话框，如图 8-5 所示，可以指定要插入的图块及插入位置。

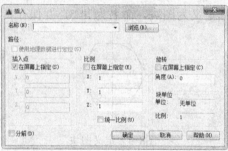

图8-5 "插入"对话框

【选项说明】

（1）"路径"显示框　显示图块的保存路径。

（2）"插入点"选项组　指定插入点，插入图块时该点与图块的基点重合。可以在绘图区指定该点，也可以在下面的文本框中输入坐标值。

（3）"比例"选项组　确定插入图块时的缩放比例。图块被插入到当前图形中时，可以以任意比例放大或缩小。如图 8-6 所示，图 8-6a 所示是被插入的图块；图 8-6b 所示为按比例系数 1.5 插入该图块的结果；图 8-6c 所示为按比例系数 0.5 插入的结果，X 轴方向和 Y 轴方向的比例系数也可以取不同；如图 8-6d 所示，插入的图块 X 轴方向的比例系数为 1，Y 轴方向的比例系数为 1.5。另外，比例系数还可以是一个负数，当为负数时表示插入图块的镜像，其效果如图 8-7 所示。

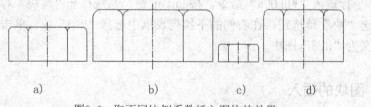

a)　　　　　　b)　　　　　c)　　　　　d)

图8-6 取不同比例系数插入图块的效果

X比例=1，Y比例=1　X比例=-1，Y比例=1　　　X比例=1，Y比例=-1　　X比例=-1，Y比例=-1

图8-7 取比例系数为负值插入图块的效果

（4）"旋转"选项组 指定插入图块时的旋转角度。图块被插入到当前图形中时，可以绕其基点旋转一定的角度，角度可以是正数（表示沿逆时针方向旋转），也可以是负数（表示沿顺时针方向旋转）。如图 8-8b 所示，图 8-8a 所示为图块旋转 30°后插入的效果，图 8-8c 所示为图块旋转-30°后插入的效果。

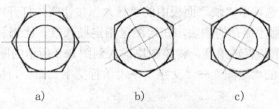

a)   b)   c)

图8-8 以不同旋转角度插入图块的效果

如果勾选"在屏幕上指定"复选框，则系统切换到绘图区。在绘图区选择一点，AutoCAD 自动测量插入点与该点连线和 X 轴正方向之间的夹角，并把它作为块的旋转角。也可以在"角度"文本框中直接输入插入图块时的旋转角度。

（5）"分解"复选框 勾选此复选框，则在插入块的同时把其炸开，插入到图形中的组成块对象不再是一个整体，可对每个对象单独进行编辑操作。

8.1.5 操作实例——标注表面粗糙度符号

标注如图 8-9 所示图形中的表面粗糙度符号。

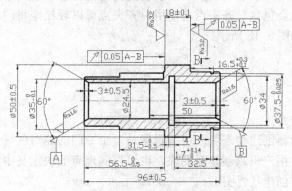

图8-9 标注表面粗糙度符号

光盘动画演示\第 8 章\j 标注表面粗糙度符号.avi

绘制步骤：

1）单击"默认"选项卡"绘图"面板中的"直线"按钮，绘制如图 8-10 所示的图形。

2016 AutoCAD

图8-10　绘制表面粗糙度符号

2）在命令行输入"WBLOCK"命令，按 Enter 键，打开"写块"对话框。单击"拾取点"按钮▣，选择图形的下尖点为基点，单击"选择对象"按钮✚，选择上面的图形为对象，输入图块名称并指定路径保存图块，单击"确定"按钮退出。

3）单击"默认"选项卡"块"面板中的"插入"按钮，打开"插入"对话框。单击"浏览"按钮，找到刚才保存的图块，在绘图区指定插入点、比例和旋转角度，插入时选择适当的插入点、比例和旋转角度，将该图块插入到图 8-9 所示的图形中。

4）选择菜单栏中的"绘图"→"文字"→"单行文字"命令，标注文字，标注时注意对文字进行旋转。

5）采用相同的方法，标注其他表面粗糙度符号。

8.1.6　动态块

动态块具有灵活性和智能性的特点。在操作时可以轻松地更改图形中的动态块参照，通过自定义夹点或自定义特性来操作动态块参照中的几何图形，使用户可以根据需要在位调整块，而不用搜索另一个块以插入或重定义现有的块。

如果在图形中插入一个门块参照，编辑图形时可能需要更改门的大小。如果该块是动态的，并且定义为可调整大小，那么只需拖动自定义夹点或在"特性"选项板中指定不同的大小就可以修改门的大小，如图 8-11 所示。用户可能还需要修改门的打开角度，如图 8-12 所示。该门块还可能会包含对齐夹点，使用对齐夹点可以轻松地将门块参照与图形中的其他几何图形对齐，如图 8-13 所示。

　图8-11　改变大小　　　　　　　图8-12　改变角度　　　　　　图8-13　对齐

可以使用块编辑器创建动态块。块编辑器是一个专门的编写区域，用于添加能够使块成为动态块的元素。用户可以创建新的块，也可以向现有的块定义中添加动态行为，还可以像在绘图区中一样创建几何图形。

【执行方式】

命令行：BEDIT（快捷命令：BE）。

菜单栏：选择菜单栏中的"工具"→"块编辑器"命令。

工具栏：单击"标准"工具栏中的"块编辑器"按钮。

功能区：单击"默认"选项卡"块"面板中的"编辑"按钮或单击"插入"选项卡"块定义"面板中的"块编辑器"按钮。

快捷菜单：选择一个块参照，在绘图区右击，选择快捷菜单中的"块编辑器"命令。

执行上述操作后，系统打开"编辑块定义"对话框，如图 8-14 所示，在"要创建或编辑的块"文本框中输入图块名或在列表框中选择已定义的块或当前图形。确认后，系统打开块编写选项板和"块编辑器"工具栏，如图 8-15 所示。

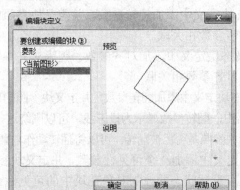

图8-14　"编辑块定义"对话框

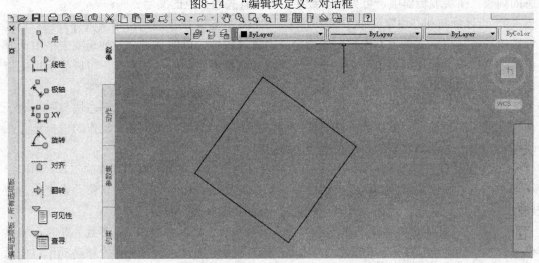

图8-15　块编辑状态绘图平面

 【选项说明】

1．块编写选项板

（1）"参数"选项卡　提供用于向块编辑器的动态块定义中添加参数的工具。参数用于指定几何图形在块参照中的位置、距离和角度。将参数添加到动态块定义中时，该参数将定义块的一个或多个自定义特性。此选项卡也可以通过 BPARAMETER 命令打开。

1）点：向当前动态块定义中添加点参数，并定义块参照的自定义 X 和 Y 特性。可以将移动或拉伸动作与点参数相关联。

2）线性：向当前动态块定义中添加线性参数，并定义块参照的自定义距离特性。可以将移动、缩放、拉伸或阵列动作与线性参数相关联。

3）极轴：向当前的动态块定义中添加极轴参数，并定义块参照的自定义距离和角度特性。可以将移动、缩放、拉伸、极轴拉伸或阵列动作与极轴参数相关联。

4）XY：向当前动态块定义中添加 XY 参数，并定义块参照的自定义水平距离和垂直距

离特性。可以将移动、缩放、拉伸或阵列动作与 XY 参数相关联。

5）旋转：向当前动态块定义中添加旋转参数，并定义块参照的自定义角度特性。只能将一个旋转动作与一个旋转参数相关联。

6）对齐：向当前的动态块定义中添加对齐参数。因为对齐参数影响整个块，所以不需要（或不可能）将动作与对齐参数相关联。

7）翻转：向当前的动态块定义中添加翻转参数，并定义块参照的自定义翻转特性。翻转参数用于翻转对象。在块编辑器中，翻转参数显示为投影线，可以围绕这条投影线翻转对象。翻转参数将显示一个值，该值显示块参照是否已被翻转。可以将翻转动作与翻转参数相关联。

8）可见性：向动态块定义中添加一个可见性参数，并定义块参照的自定义可见性特性。可见性参数允许用户创建可见性状态并控制对象在块中的可见性。可见性参数总是应用于整个块，并且无需与任何动作相关联。在图形中单击夹点可以显示块参照中所有可见性状态的列表。在块编辑器中，可见性参数显示为带有关联夹点的文字。

9）查寻：向动态块定义中添加一个查寻参数，并定义块参照的自定义查寻特性。查寻参数用于定义自定义特性，用户可以指定或设置该特性，以便从定义的列表或表格中计算出某个值。该参数可以与单个查寻夹点相关联，在块参照中单击该夹点，可以显示可用值的列表。在块编辑器中，查寻参数显示为文字。

10）基点：向动态块定义中添加一个基点参数。基点参数用于定义动态块参照相对于块中几何图形的基点。点参数无法与任何动作相关联，但可以属于某个动作的选择集。在块编辑器中，基点参数显示为带有十字光标的圆。

（2）"动作"选项卡　提供用于向块编辑器的动态块定义中添加动作的工具。动作定义了在图形中操作块参照的自定义特性时，动态块参照的几何图形将如何移动或变化。应将动作与参数相关联。此选项卡也可以通过 BACTIONTOOL 命令打开。

1）移动：在用户将移动动作与点参数、线性参数、极轴参数或 XY 参数关联时，将该动作添加到动态块定义中。移动动作类似于 MOVE 命令。在动态块参照中，移动动作将使对象移动指定的距离和角度。

2）查寻：向动态块定义中添加一个查寻动作。将查寻动作添加到动态块定义中，并将其与查寻参数相关联时，创建一个查寻表。可以使用查寻表指定动态块的自定义特性和值。

其他动作与上述两项类似，此处不再赘述。

（3）"参数集"选项卡　提供用于在块编辑器向动态块定义中添加一个参数和至少一个动作的工具。将参数集添加到动态块中时，动作将自动与参数相关联。将参数集添加到动态块中后，双击黄色警示图标 🔆（或使用 BACTIONSET 命令），然后按照命令行中的提示将动作与几何图形选择集相关联。此选项卡也可以通过 BPARAMETER 命令打开。

1）点移动：向动态块定义中添加一个点参数，系统自动添加与该点参数相关联的移动动作。

2）线性移动：向动态块定义中添加一个线性参数，系统自动添加与该线性参数的端点相关联的移动动作。

3）可见性集：向动态块定义中添加一个可见性参数并允许定义可见性状态，无需添加与可见性参数相关联的动作。

4）查寻集：向动态块定义中添加一个查寻参数，系统自动添加与该查寻参数相关联的查寻动作。

其他参数集与上述4项类似，此处不再赘述。

（4）"约束"选项卡 可将几何对象关联在一起，或指定固定的位置或角度。

1）重合：约束两个点使其重合，或约束一个点使其位于曲线（或曲线的延长线）上。可以使对象上的约束点与某个对象重合，也可以使其与另一对象上的约束点重合。

2）垂直：使选定的直线位于彼此垂直的位置。垂直约束在两个对象之间应用。

3）平行：使选定的直线位于彼此平行的位置。平行约束在两个对象之间应用。

4）相切：将两条曲线约束为保持彼此相切或其延长线保持彼此相切的状态。相切约束在两个对象之间应用。圆可以与直线相切，即使该圆与该直线不相交。

5）水平：使直线或点对位于与当前坐标系 X 轴平行的位置，默认选择类型为对象。

6）竖直：使直线或点对位于与当前坐标系 Y 轴平行的位置。

7）共线：使两条或多条直线段沿同一直线方向。

8）同心：将两个圆弧、圆或椭圆约束到同一个中心点，与将重合约束应用于曲线的中心点所产生的效果相同。

9）平滑：将样条曲线约束为连续，并与其他样条曲线、直线、圆弧或多段线保持连续性。

10）对称：使选定对象受对称约束，相对于选定直线对称。

11）相等：将选定圆弧和圆的尺寸重新调整为半径相同，或将选定直线的尺寸重新调整为长度相等。

12）固定：将点和曲线锁定在位。

2."块编辑器"工具栏

该工具栏提供了在块编辑器中使用、创建动态块以及设置可见性状态的工具。

1）"编辑或创建块定义"按钮📑：单击该按钮，打开"编辑块定义"对话框。

2）"保存块定义"按钮📑：保存当前块定义。

3）"将块另存为"按钮📑：单击该按钮，打开"将块另存为"对话框，可以在其中用一个新名称保存当前块定义的副本。

4）"块定义的名称"按钮：显示当前块定义的名称。

5）"测试块"按钮📑：运行 BTESTBLOCK 命令，可从块编辑器中打开一个外部窗口以测试动态块。

6）"自动约束对象"按钮📑：运行 AUTOCONSTRAIN 命令，可根据对象相对于彼此的方向将几何约束应用于对象的选择集。

7）"应用几何约束"按钮📑：运行 GEOMCONSTRAINT 命令，可在对象或对象上的点之间应用几何关系。

8）"显示/隐藏约束栏"按钮📑：运行 CONSTRAINTBAR 命令，可显示或隐藏对象上的可用几何约束。

9）"参数约束"按钮📑：运行 BCPARAMETER 命令，可将约束参数应用于选定的对象，或将标注约束转换为参数约束。

10）"块表"按钮📑：运行 BTABLE 命令，可打开一个对话框以定义块的变量。

11）"参数"按钮：运行 BPARAMETER 命令，可向动态块定义中添加参数。

12）"动作"按钮：运行 BACTION 命令，可向动态块定义中添加动作。

13）"定义属性"按钮：单击该按钮，打开"属性定义"对话框，从中可以定义模式、属性标记、提示、值、插入点和属性的文字选项。

14）"编写选项板"按钮：编写选项板处于未激活状态时执行 BAUTHOR PALETTE 命令；否则，将执行 BAUTHOR PALETTE CLOSE 命令。

15）"参数管理器"按钮：参数管理器处于未激活状态时执行 PARAMETERS 命令；否则，将执行 PARAMETERS CLOSE 命令。

16）"了解动态块"按钮：显示"新功能专题研习"中创建动态块的演示。

17）"关闭块编辑器"按钮：运行 BCLOSE 命令，可关闭块编辑器，并提示用户保存或放弃对当前块定义所做的任何更改。

18）"可见性模式"按钮：设置 BVMODE 系统变量，可以使当前可见性状态下不可见的对象变暗或隐藏。

19）"使可见"按钮：运行 BVSHOW 命令，可以使对象在当前可见性状态或所有可见性状态下均可见。

20）"使不可见"按钮：运行 BVHIDE 命令，可以使对象在当前可见性状态或所有可见性状态下均不可见。

21）"管理可见性状态"按钮：单击该按钮，打开"可见性状态"对话框。从中可以创建、删除、重命名和设置当前可见性状态。在列表框中选择一种状态，右击，选择快捷菜单中"新状态"命令，打开"新建可见性状态"对话框，可以设置可见性状态。

22）"可见性状态"按钮：指定显示在块编辑器中的当前可见性状态。

8.1.7 操作实例——利用动态块功能标注表面粗糙度符号

利用动态块功能标注图 8-16 所示图形中的表面粗糙度符号。

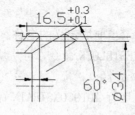

图8-16 插入表面粗糙度符号

 光盘动画演示\第 8 章\利用动态块功能标注表面粗糙度符号.avi

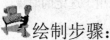 绘制步骤：

1）单击"默认"选项卡"绘图"面板中的"直线"按钮，绘制表面粗糙度符号。

2）在命令行中输入"WBLOCK"命令，弹出"写块"对话框，拾取上面图形下尖点为基点，以上面图形为对象，输入图块名称并指定路径，确认后退出。

3）单击"默认"选项卡"块"面板中的"插入"按钮，在屏幕上指定设置插入点和比例，旋转角度为固定的任意值。单击"浏览"按钮，找到保存的表面粗糙度图块，在绘图区指定插入点和比例，将该图块插入到如图 8-16 所示的图形中。

4）在命令行中输入"BEDIT"命令，选择刚才保存的块，弹出块编辑器和块编写选项板，在块编写选项板的"参数"选项卡选择"旋转参数"项，系统提示：

命令: _BParameter 旋转

指定基点或 [名称(N)/标签(L)/链(C)/说明(D)/选项板(P)/值集(V)]:（指定表面粗糙度图块下角点为基点）

指定参数半径:（指定适当半径）

指定默认旋转角度或 [基准角度(B)] <0>:（指定适当角度）

指定标签位置:（指定适当位置）

在块编写选项板的"动作"选项卡选择"旋转动作"项，系统提示：

命令: _BActionTool 旋转

选择参数:（选择刚设置的旋转参数）

指定动作的选择集

选择对象:（选择表面粗糙度图块）

指定动作位置或 [基点类型(B)]:（指定适当的位置）

5）关闭块编辑器。

①在当前图形中选择插入的图块，系统显示图块的动态旋转标记，选中该标记，按住鼠标左键拖动，直到图块旋转到满意的位置为止，如图 8-17 所示。

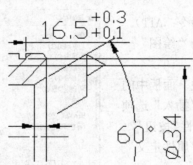

图8-17　插入结果

②选择菜单栏中的"绘图"→"文字"→"单行文字"命令，标注文字. 标注时注意对文字进行旋转。

③同样利用插入图块的方法标注其他表面粗糙度。

◆ **技术看板——表面粗糙度在图样上的标注方法**

表面粗糙度符号应注在可见的轮廓线、尺寸线、尺寸界线或他们的延长线上；对于镀

涂表面，可注在表示线上。符号的尖端必须从材料外指向表面，如图8-18、图8-19所示。表面粗糙度代号中数字及符号的方向必须按图8-18、图8-19的规定标注。

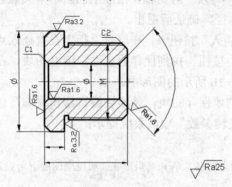

图8-18　表面粗糙度标注(1)

图8-19　表面粗糙度标注(2)

8.2　图块属性

图块除了包含图形对象以外，还可以具有非图形信息，例如把一个椅子的图形定义为图块后，还可把椅子的号码、材料、重量、价格以及说明等文本信息一并加入到图块当中。图块的这些非图形信息，叫做图块的属性，它是图块的一个组成部分，与图形对象一起构成一个整体，在插入图块时AutoCAD把图形对象连同属性一起插入到图形中。

8.2.1　定义图块属性

【执行方式】

命令行：ATTDEF（快捷命令：ATT）。

菜单栏：选择菜单栏中的"绘图"→"块"→"定义属性"命令。

单击"默认"选项卡"块"面板中的"定义属性"按钮或单击"插入"选项卡"块定义"面板中的"定义属性"按钮。

执行上述操作后，打开"属性定义"对话框，如图8-20所示。

【选项说明】

（1）"模式"选项组　用于确定属性的模式。

图8-20　"属性定义"对话框

1）"不可见"复选框：勾选此复选框，属性为不可见显示方式，即插入图块并输入属性值后，属性值在图中并不显示出来。

2)"固定"复选框：勾选此复选框，属性值为常量，即属性值在属性定义时给定，在插入图块时系统不再提示输入属性值。

3)"验证"复选框：勾选此复选框，当插入图块时，系统重新显示属性值提示用户验证该值是否正确。

4)"预设"复选框：勾选此复选框，当插入图块时，系统自动把事先设置好的默认值赋予属性，而不再提示输入属性值。

5)"锁定位置"复选框：锁定块参照中属性的位置。解锁后，属性可以相对于使用夹点编辑块的其他部分移动，并且可以调整多行文字属性的大小。

6)"多行"复选框：勾选此复选框，可以指定属性值包含多行文字，可以指定属性的边界宽度。

（2）"属性"选项组　用于设置属性值。在每个文本框中，AutoCAD 允许输入不超过 256 个字符。

1)"标记"文本框：输入属性标签。属性标签可由除空格和感叹号以外的所有字符组成，系统自动把小写字母改为大写字母。

2)"提示"文本框：输入属性提示。属性提示是插入图块时系统要求输入属性值的提示，如果不在此文本框中输入文字，则以属性标签作为提示。如果在"模式"选项组中勾选"固定"复选框，即设置属性为常量，则不需设置属性提示。

3)"默认"文本框：设置默认的属性值。可把使用次数较多的属性值作为默认值，也可不设默认值。

（3）"插入点"选项组　用于确定属性文本的位置。可以在插入时由用户在图形中确定属性文本的位置，也可在 X、Y、Z 文本框中直接输入属性文本的位置坐标。

（4）"文字设置"选项组　用于设置属性文本的对齐方式、文本样式、字高和倾斜角度。

（5）"在上一个属性定义下对齐"复选框　勾选此复选框表示把属性标签直接放在前一个属性的下面，而且该属性继承前一个属性的文本样式、字高和倾斜角度等特性。

📖 8.2.2　修改属性的定义

在定义图块之前，可以对属性的定义加以修改，不仅可以修改属性标签，还可以修改属性提示和属性默认值。

【执行方式】

命令行：DDEDIT（快捷命令：ED）。

菜单栏：选择菜单栏中的"修改"→"对象"→"文字"→"编辑"命令。

执行上述操作后，打开"编辑属性定义"对话框，如图 8-21 所示。该对话框表示要修改属性的标记为"文字"，提示为"数值"，无默认值，可在各文本框中对各项进行修改。

图8-21　"编辑属性定义"对话框

8.2.3　图块属性编辑

当属性被定义到图块当中，甚至图块被插入到图形当中之后，用户还可以对图块属性进行编辑。利用 ATTEDIT 命令可以通过对话框对指定图块的属性值进行修改，利用 ATTEDIT 命令不仅可以修改属性值，而且可以对属性的位置、文本等其他设置进行编辑。

【执行方式】

命令行：ATTEDIT（快捷命令：ATE）。

菜单栏：选择菜单栏中的"修改"→"对象"→"属性"→"单个"命令。

工具栏：单击"修改 II"工具栏中的"编辑属性"按钮 。

【操作步骤】

命令行提示与操作如下：

命令: ATTEDIT↙

选择块参照:

执行上述命令后，光标变为拾取框，选择要修改属性的图块，系统打开如图 8-22 所示的"编辑属性"对话框。对话框中显示出所选图块中包含的前 8 个属性的值，用户可对这些属性值进行修改。如果该图块中还有其他的属性，可单击"上一个"和"下一个"按钮对它们进行观察和修改。

当用户通过菜单栏或工具栏执行上述命令时，系统打开"增强属性编辑器"对话框，如图 8-23 所示。该对话框不仅可以编辑属性值，还可以编辑属性的文字选项和图层、线型、颜色等特性值。

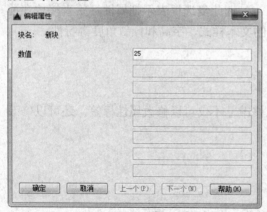

图8-22　"编辑属性"对话框1

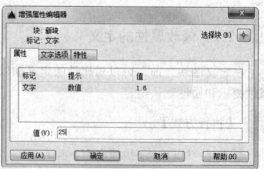

图8-23　"增强属性编辑器"对话框

另外，还可以通过"块属性管理器"对话框来编辑属性。选择菜单栏中的"修改"→"对象"→"属性"→"块属性管理器"命令，系统打开"块属性管理器"对话框，如图 8-24 所示。单击"编辑"按钮，系统打开"编辑属性"对话框，如图 8-25 所示，可以通过该对话框编辑属性。

图8-24 "块属性管理器"对话框

图8-25 "编辑属性"对话框2

8.2.4 操作实例——表面粗糙度数值设置成图块属性并重新标注

光盘动画演示\第 8 章\表面粗糙度数值设置成图块属性并重新标注.avi

绘制步骤:

将 8.1.5 节实例中的表面粗糙度数值设置成图块属性,并重新进行标注。

1)单击"默认"选项卡"绘图"面板中的"直线"按钮,绘制表面粗糙度符号。

2)选择菜单栏中的"绘图"→"块"→"定义属性"命令,系统打开"属性定义"对话框,进行如图 8-26 所示的设置,其中插入点为表面粗糙度符号水平线的中点,确认退出。

3)在命令行中输入"WBLOCK"命令,按 Enter 键,打开"写块"对话框。单击"拾取点"按钮,选择图形的下尖点为基点,单击"选择对象"按钮,选择上面的图形为对象,输入图块名称并指定路径保存图块,单击"确定"按钮退出。

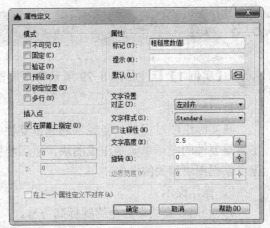

图8-26 "属性定义"对话框

4)单击"默认"选项卡"块"面板中的"插入"按钮,打开"插入"对话框。单击"浏览"按钮,找到保存的表面粗糙度图块,在绘图区指定插入点、比例和旋转角度,将该图块插入到绘图区的任意位置,这时,命令行会提示输入属性,并要求验证属性值,此时输入表面粗糙度数值 1.6,就完成了一个表面粗糙度的标注。

5)插入表面粗糙度图块,输入不同属性值作为表面粗糙度数值,直到完成所有表面粗糙度标注。

▲ 技巧与提示——表面粗糙度简略标注技巧

1）在同一图样上，每一表面一般只标注一次符号，并尽可能靠近有关的尺寸线，如图8-27所示。当地位狭小或不便于标注时，代号可以引出标注，如图8-28所示。

2）当用统一标注和简化标注的方法表达表面粗糙度要求时，其代号和文字说明均应是图形上所注代号和文字的1.4倍，如图8-27、图8-28所示。

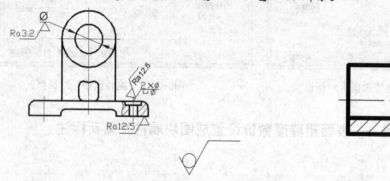

图8-27　表面粗糙度标注(3)　　　　　　　　　　　　图8-28　表面粗糙度标注(4)

3）当零件所有表面具有相同的表面粗糙度要求时，其代号可在图样的右上角统一标注，如图8-27所示。

4）当零件的大部分表面具有相同的表面粗糙度要求时，对其中使用最多的一种代号可以统一注在图样的右上角，并加"其余"两字，如图8-28所示。

8.3　动手练一练

【实例1】标注如图8-29所示穹顶展览馆立面图形的标高符号

1．目的要求

在实际绘图过程中，会经常遇到重复性的图形单元。解决这类问题最简单快捷的办法是将重复性的图形单元制作成图块，然后将图块插入图形。本例通过标高符号的标注，使读者掌握图块相关的操作。

2．操作提示

1）利用"直线"命令绘制标高符号。

2）定义标高符号的属性，将标高值设置为其中需要验证的标记。

3）将绘制的标高符号及其属性定义成图块。

4）保存图块。

5）在建筑图形中插入标高图块，每次插入时输入不同的标高值作为属性值。

【实例2】将如图8-30a所示的轴、轴承、盖板和螺钉图形作为图块插入到图8-30b中，完成箱体组装图

1．目的要求

组装图是机械制图中最重要也是最复杂的图形。为了保持零件图与组装图的一致性，

同时减少一些常用零件的重复绘制，经常采用图块插入的形式。本例通过组装零件图，使
读者掌握图块相关命令的使用方法与技巧。

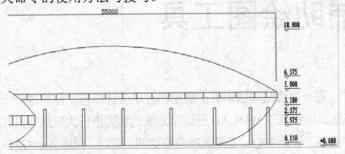

图8-29　标注标高符号

2．操作提示

1）将图 8-30a 中的盖板零件图定义为图块并保存。

2）打开绘制好的箱体零件图，如图 8-30b 所示。

3）执行"插入块"命令，将步骤 1 中定义好的图块设置相关参数，插入到箱体零件图
中。最终形成的组装图如图 8-31 所示。

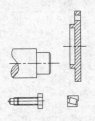 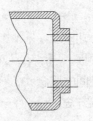 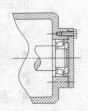

a）轴、轴承、盖板和螺钉图形　　　　b）箱体零件图

图8-30　箱体组装零件图图　　　　　　　　8-31　箱体组装图

第9章

辅助绘图工具

对一个绘图项目来讲，重用和分享设计内容，是管理一个绘图项目的基础。近年来，AutoCAD 在这个方面的功能进行大量的提升和改进，为用户提供了设计中心、工具选项板等功能。同时，利用 AutoCAD 的出图打印功能可以方便地进行图纸打印。

本章主要介绍 AutoCAD 2016 设计中心、工具选项板以及出图功能的使用等知识。

重点与难点

- 了解设计中心功能
- 学习工具选项板
- 了解视口与空间的概念
- 熟悉图形输出方法

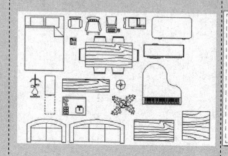
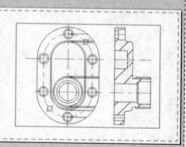

9.1　设计中心

使用 AutoCAD 设计中心可以很容易地组织设计内容，并把它们拖动到自己的图形中。可以使用 AutoCAD 设计中心窗口的内容显示框，来观察用 AutoCAD 设计中心资源管理器所浏览资源的细目，如图 9-1 所示。在该图中，左侧方框为 AutoCAD 设计中心的资源管理器，右侧方框为 AutoCAD 设计中心的内容显示框。其中上面窗口为文件显示框，中间窗口为图形预览显示框，下面窗口为说明文本显示框。

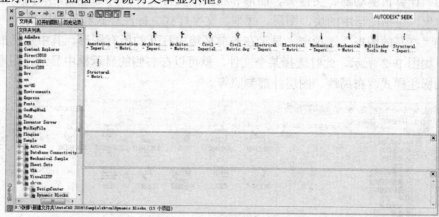

图9-1　AutoCAD设计中心的资源管理器和内容显示区

9.1.1　启动设计中心

【执行方式】

命令行：ADCENTER（快捷命令：ADC）。

菜单栏：选择菜单栏中的"工具"→"选项板"→"设计中心"命令。

工具栏：单击"标准"工具栏中的"设计中心"按钮。

快捷键：Ctrl＋2 键。

功能区：单击"视图"选项卡"选项板"面板中的"设计中心"按钮。

执行上述操作后，系统打开"设计中心"选项板。第一次启动设计中心时，默认打开的选项卡为"文件夹"选项卡。内容显示区采用大图标显示，左边的资源管理器采用树状方式显示系统的树形结构，浏览资源的同时，在内容显示区显示所浏览资源的有关细目或内容，如图 9-1 所示。

可以利用鼠标拖动边框的方法来改变 AutoCAD 设计中心资源管理器和内容显示区以及 AutoCAD 绘图区的大小，但内容显示区的最小尺寸应能显示两列大图标。

如果要改变 AutoCAD 设计中心的位置，可以按住鼠标左键拖动它，松开鼠标左键后，AutoCAD 设计中心便处于当前位置，到新位置后，仍可用鼠标改变各窗口的大小。也可以通过设计中心边框左上方的"自动隐藏"按钮来自动隐藏设计中心。

9.1.2 显示图形信息

在 AutoCAD 设计中心中，可以通过"选项卡"和"工具栏"两种方式显示图形信息，现分别简要介绍如下：

1. 选项卡

（1）"文件夹"选项卡 显示设计中心的资源，如图 9-1 所示。该选项卡与 Windows 资源管理器类似。"文件夹"选项卡显示导航图标的层次结构，包括网络和计算机、Web 地址（URL）、计算机驱动器、文件夹、图形和相关的支持文件、外部参照、布局、填充样式和命名对象，包括图形中的块、图层、线型、文字样式、标注样式和打印样式。

（2）"打开的图形"选项卡 显示在当前环境中打开的所有图形，其中包括最小化了的图形，如图 9-2 所示。此时选择某个文件，就可以在右侧的显示框中显示该图形的有关设置，如标注样式、布局块、图层外部参照等。

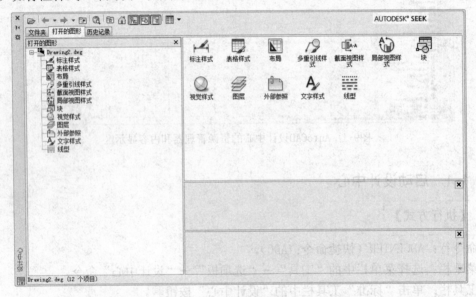

图9-2 "打开的图形"选项卡

（3）"历史记录"选项卡 显示用户最近访问过的文件，包括这些文件的具体路径，如图 9-3 所示。双击列表中的某个图形文件，可以在"文件夹"选项卡的树状视图中定位此图形文件并将其内容加载到内容区域中。

2. 工具栏

设计中心选项板顶部有一系列的工具栏，包括"加载""上一页"（"下一页"或"上一级"）、"搜索""收藏夹""主页""树状图切换""预览""说明"和"视图"按钮。

（1）"加载"按钮 ☞ 加载对象。单击该按钮，打开"加载"对话框，用户可以利用该对话框从 Windows 桌面、收藏夹或 Internet 网页中加载文件。

（2）"搜索"按钮 ⊕ 查找对象。单击该按钮，打开"搜索"对话框，如图 9-4 所示。

（3）"收藏夹"按钮 ▦ 在"文件夹列表"中显示文件夹中的内容，可以通过收藏夹来标记存放在本地磁盘、网络驱动器或 Internet 网页中的内容，如图9-5 所示。

（4）"主页"按钮⌂　快速定位到设计中心文件夹中，如图9-6 所示。

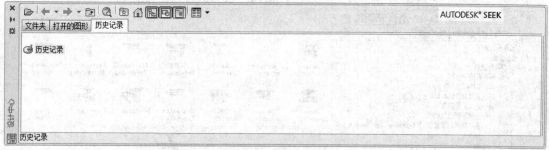

图9-3　"历史记录"选项卡

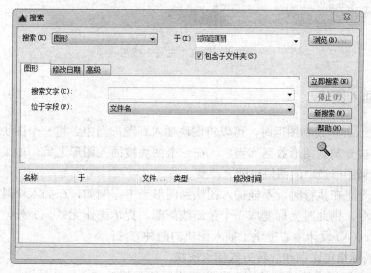

图9-4　"搜索"对话框

图9-5　文件夹列表

▲ **技巧与提示——利用设计中心快速搜索信息**

　　如图 9-4 所示，可以单击"搜索"按钮寻找图形和其他的内容，在设计中心可以查找的内容有图形、填充图案、填充图案文件、图层、块、图形和块、外部参照、文字样式、线型、标注样式和布局等。

2016

AutoCAD

在"搜索"对话框中有3个选项卡，分别给出3种搜索方式：通过"图形"信息搜索、通过"修改日期"信息搜索、通过"高级"信息搜索。

图9-6 单击"主页"按钮

9.1.3 插入图块

在利用 AutoCAD 绘制图形时，可以将图块插入到图形当中。将一个图块插入到图形中时，块定义就被复制到图形数据库当中。在一个图块被插入图形之后，如果原来的图块被修改，则插入到图形当中的图块也随之改变。

当其他命令正在执行时，不能插入图块到图形当中。例如，在插入块时，若提示行正在执行一个命令，则此时光标变成一个带斜线的圆，提示操作无效。另外，一次只能插入一个图块。AutoCAD 设计中心提供了插入图块的两种方法：

1. 利用鼠标指定比例和旋转方式插入图块

系统根据光标拉出的线段长度、角度确定比例与旋转角度，插入图块的步骤如下：

1）从文件夹列表或查找结果列表中选择要插入的图块，按住鼠标左键，将其拖动到打开的图形中。松开鼠标左键，此时选择的对象被插入到当前被打开的图形当中。利用当前设置的捕捉方式，可以将对象插入到任何存在的图形当中。

2）在绘图区单击指定一点作为插入点，移动鼠标，光标位置点与插入点之间距离为缩放比例，单击确定比例。采用同样的方法移动鼠标，光标指定位置和插入点的连线与水平线的夹角为旋转角度。被选择的对象就根据光标指定的比例和角度插入到图形当中。

2. 精确指定坐标、比例和旋转角度方式插入图块

利用该方法可以设置插入图块的参数，插入图块的步骤如下：

图9-7 快捷菜单

1）从文件夹列表或查找结果列表框中选择要插入的对象，拖动对象到打开的图形中。

2）右击，可以选择快捷菜单中的"缩放""旋转"等命令，如图9-7所示。

3）在相应的命令行提示下输入比例和旋转角度等数值。被选择的对象根据指定的参数插入到图形当中。

9.1.4 图形复制

1. 在图形之间复制图块

利用AutoCAD设计中心可以浏览和装载需要复制的图块，然后将图块复制到剪贴板中，再利用剪贴板将图块粘贴到图形当中，具体方法如下：

1）在"设计中心"选项板选择需要复制的图块，右击，选择快捷菜单中的"复制"命令。

2）将图块复制到剪贴板上，然后通过"粘贴"命令粘贴到当前图形上。

2. 在图形之间复制图层

利用AutoCAD设计中心可以将任何一个图形的图层复制到其他图形。如果已经绘制了一个包括设计所需的所有图层的图形，在绘制新图形的时候，可以新建一个图形，并通过AutoCAD设计中心将已有的图层复制到新的图形当中，这样可以节省时间，并保证图形间的一致性。现对图形之间复制图层的两种方法介绍如下：

1）拖动图层到已打开的图形。确认要复制图层的目标图形文件被打开，并且是当前的图形文件。在"设计中心"选项板中选择要复制的一个或多个图层，按住鼠标左键拖动图层到打开的图形文件，松开鼠标后被选择的图层即被复制到打开的图形当中。

2）复制或粘贴图层到打开的图形。确认要复制图层的图形文件被打开，并且是当前的图形文件。在"设计中心"选项板中选择要复制的一个或多个图层，右击，选择快捷菜单中的"复制"命令。如果要粘贴图层，确认粘贴的目标图形文件被打开，并为当前文件。

9.2 工具选项板

"工具选项板"中的选项卡提供了组织、共享和放置块及填充图案的有效方法。"工具选项板"还可以包含由第三方开发人员提供的自定义工具。

9.2.1 打开工具选项板

【执行方式】

命令行：TOOLPALETTES（快捷命令：TP）。

菜单栏：选择菜单栏中的"工具"→"选项板"→"工具选项板"命令。

工具栏：单击"标准"工具栏中的"工具选项板窗口"按钮 。

快捷键：Ctrl+3键。

功能区：单击"视图"选项卡"选项板"面板中的"工具选项板"按钮 。

执行上述操作后，系统自动打开工具选项板，如图9-8所示。

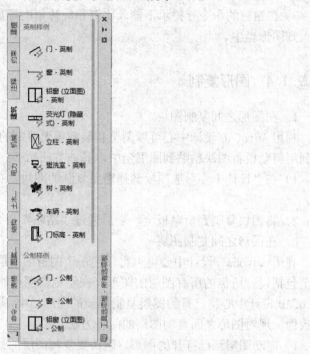

图9-8 工具选项板

在工具选项板中，系统设置了一些常用图形选项卡，这些常用图形可以方便用户绘图。

▲ 技巧与提示——将命令添加到工具选项板中的方法

在绘图中还可以将常用命令添加到工具选项板中。"自定义"对话框打开后，就可以将工具按钮从工具栏拖到工具选项板中，或将工具从"自定义用户界面（CUI）"编辑器拖到工具选项板中。

9.2.2 新建工具选项板

用户可以创建新的工具选项板，这样有利于个性化作图，也能够满足特殊作图需要。

【执行方式】

命令行：CUSTOMIZE。

菜单栏：选择菜单栏中的"工具"→"自定义"→"工具选项板"命令。

工具选项板：单击"工具选项板"中的"特性"按钮 ，在打开的快捷菜单中选择"自定义选项板"（或"新建选项板"）命令。

执行上述操作后，系统打开"自定义"对话框，如图9-9所示。在"选项板"列表框中右击，打开快捷菜单，如图9-10所示，选择"新建选项板"命令，在"选项板"列表框中出现一个"新建选项板"，可以为新建的工具选项板命名，确定后，工具选项板中就增加了一个新的选项卡，如图9-11所示。

图9-9　"自定义"对话框

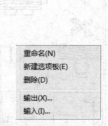
图9-10　选择"新建选项板"命令

图9-11　新建选项卡

9.2.3　向工具选项板中添加内容

可以将图形、块和图案填充从设计中心拖动到工具选项板中。

例如，在 Designcenter 文件夹上右击，系统打开快捷菜单，选择"创建块的工具选项板"命令，如图 9-12a 所示。设计中心中储存的图元就出现在工具选项板中新建的 Designcenter 选项卡上，如图 9-12b 所示，这样就可以将设计中心与工具选项板结合起来，创建一个快捷方便的工具选项板。将工具选项板中的图形拖动到另一个图形中时，图形将作为块插入。

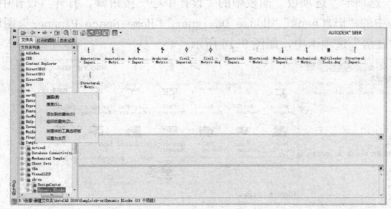
a)

b)

图9-12　将储存图元创建成"设计中心"工具选项板

9.2.4 操作实例——绘制居室布置平面图

利用设计中心绘制如图9-13所示的居室布置平面图。

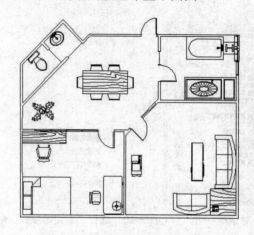

图9-13 居室布置平面图

 光盘动画演示\第9章\绘制居室布置平面图.avi

绘制步骤：

1) 利用前面学过的绘图命令与编辑命令绘制住房结构截面图。其中，进门为餐厅，左手边为厨房，右手边为卫生间，正对面为客厅，客厅左边为寝室。

2) 单击"视图"选项卡"选项板"面板中的"工具选项板"按钮 ，打开工具选项板。在工具选项板中右击，选择快捷菜单中的"新建选项板"命令，创建新的工具选项板选项卡并命名为"住房"。

3) 单击"视图"选项卡"选项板"面板中的"设计中心"按钮 ，打开"设计中心"选项板，将设计中心中的"KitChens""House Designer""Home Space Planner"图块拖动到工具选项板的"住房"选项卡中，如图9-14所示。

图9-14 向工具选项板中添加设计中心图块

图9-14 向工具选项板中添加设计中心图块（续）

4）布置餐厅。将工具选项板中的"HomeSpace Planner"图块拖动到当前图形中，利用缩放命令调整图块与当前图形的相对大小，如图 9-15 所示。对该图块进行分解操作，将"Home Space Planner"图块分解成单独的小图块集。将图块集中的"饭桌"和"植物"图块拖动到餐厅适当的位置，如图 9-16 所示。

5）采用相同的方法，布置居室其他房间。

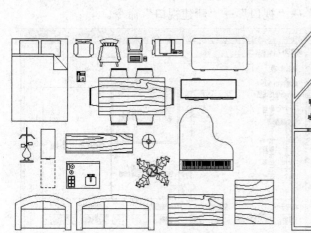

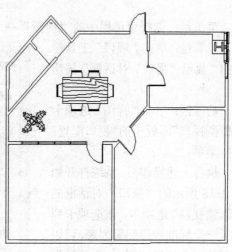

图9-15 将"Home Space Planner"图块拖动到当前图形　　　图9-16 布置餐厅

9.3 视口与空间

视口和空间是有关图形显示和控制的两个重要概念，下面简要介绍。

9.3.1 视口

绘图区可以被划分为多个相邻的非重叠视口。在每个视口中可以进行平移和缩放操作，也可以进行三维视图设置与三维动态观察，如图9-17所示。

1. 新建视口

【执行方式】

命令行：VPORTS。

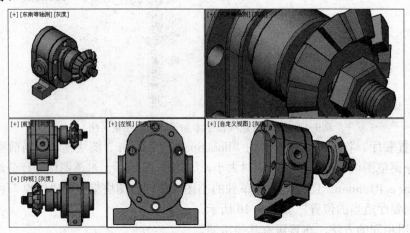

图9-17 视口

菜单栏：选择菜单栏中的"视图"→"视口"→"新建视口"命令。

工具栏：单击"视口"工具栏中的"显示'视口'对话框"按钮 。

功能区：单击"视图"选项卡"模型视口"面板中的"视口配置"下拉菜单。

执行上述操作后，系统打开如图9-18所示的"视口"对话框的"新建视口"选项卡，该选项卡列出了一个标准视口配置列表，可用来创建层叠视口。图9-19所示为按图9-18中设置创建的新图形视

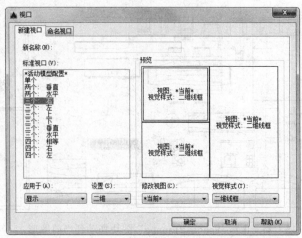

图9-18 "新建视口"选项卡

口，可以在多视口的单个视口中再创建多视口。

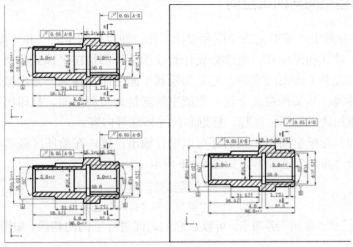

图9-19　创建的视口

2. 命名视口

【执行方式】

命令行：VPORTS。

菜单栏：选择菜单栏中的"视图"→"视口"→"命名视口"命令。

工具栏：单击"视口"工具栏中的"显示'视口'对话框"按钮🔳。

功能区：单击"视图"选项卡"模型视口"面板中的"命名视口"按钮🔳。

执行上述操作后，系统打开如图 9-20 所示的"视口"对话框的"命名视口"选项卡，该选项卡用来显示保存在图形文件中的视口配置。其中"当前名称"提示行显示当前视口名；"命名视口"列表框用来显示保存的视口配置；"预览"显示框用来预览被选择的视口配置。

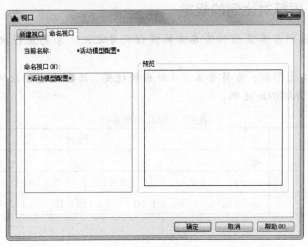

图9-20　"命名视口"选项卡

📖9.3.2 模型空间与图纸空间

AutoCAD 可在两个环境中完成绘图和设计工作，即"模型空间"和"图纸空间"。模型空间又可分为平铺式和浮动式。大部分设计和绘图工作都是在平铺式模型空间中完成的，而图纸空间是模拟手工绘图的空间，它是为绘制平面图而准备的一张虚拟图纸，是一个二维空间的工作环境。从某种意义上说，图纸空间就是为布局图面、打印出图而设计的，我们还可在其中添加诸如边框、注释、标题和尺寸标注等内容。

在模型空间和图纸空间中，我们都可以进行输出设置。在绘图区底部有"模型"选项卡及一个或多个"布局"选项卡，如图 9-21 所示。

图9-21 "模型"和"布局"选项卡

单击"模型"或"布局"选项卡，可以在它们之间进行空间的切换，如图 9-22 和图 9-23 所示。

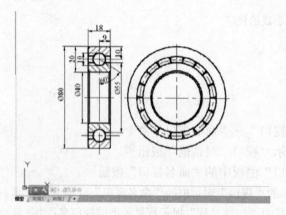

图9-22 "模型"空间

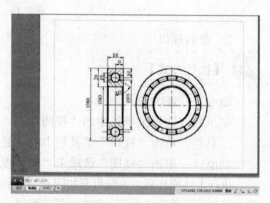

图9-23 "布局"空间

★ 知识链接——国标对比例的规定

比例为图样中图形与其实物相应要素的线性尺寸之比，分为原值比例、放大比例、缩小比例三种。

需要按比例绘制图形时，应符合表 9-1 所示的规定，选取适当的比例。必要时也允许选取表 9-2 规定 (GB / 714690) 的比例。

表9-1 标准比例系列

种类	比例				
原值比例	1:1				
放大比例	5:1	2:1	$5 \times 10^n:1$	$2 \times 10^n:1$	$1 \times 10^n:1$
缩小比例	1:2	1:5	1:10	$1:2 \times 10^n$	$1:5 \times 10^n$	$1:1 \times 10^n$

注：n 为正整数。

表9-2　可用比例系列

种类	比例			
放大比例	4:1	2.5:1	4×10^n:1	2.5×10^n:1
缩小比例	1:1.5　　1:2.3　　1:3　　1:4　1:6			
	$1:1.5\times10^n$　$1:2.5\times10^n$　$1:3\times10^n$　　$1:4\times10^n$　$1:6\times10^n$			

注：1. 比例一般标注在标题栏中，必要时可在视图名称的下方或右侧标出。

　　2. 不论采用哪种比例绘制图形，尺寸数值按原值注出。

▲ 技巧与提示——输出图像文件方法

选择菜单栏中的"文件"→"输出"命令，或直接在命令行输入"export"，系统将打开"输出"对话框，在"保存类型"下拉列表中选择"*.bmp"格式，单击"保存"按钮，在绘图区选中要输出的图形后按 Enter 键，被选图形便被输出为.bmp 格式的图形文件。

9.4　出图

9.4.1　打印设备的设置

最常见的打印设备有打印机和绘图仪。在输出图样时，首先要添加和配置要使用的打印设备。

1. 打开打印设备

【执行方式】

命令行：PLOTTERMANAGER。

菜单栏：选择菜单栏中的"文件"→"绘图仪管理器"命令。

功能区：单击"输出"选项卡"打印"面板中的"绘图仪管理器"按钮 🖶。

【操作步骤】

1）选择菜单栏中的"工具"→"选项"命令，打开"选项"对话框。

2）单击"打印和发布"选项卡，单击"添加或配置绘图仪"按钮，如图 9-24 所示。

3）系统打开"Plotters"对话框，如图 9-25 所示。

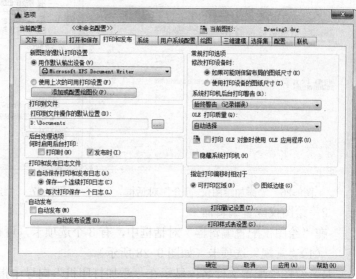

图9-24　"打印和发布"选项卡

4）要添加新的绘图仪器或打印机，可双击"Plotters"对话框中的"添加绘图仪向导"图标，打开"添加绘图仪-简介"对话框，如图 9-26 所示，按向导逐步完成添加。

5）双击"Plotters"对话框中的绘图仪配置图标，如"DWF6 ePlot"，打开"绘图仪配置编辑器"对话框，如图 9-27 所示，对绘图仪进行相关设置。

图9-25　"Plotters"对话框

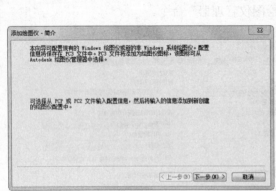

图9-26　"添加绘图仪-简介"对话框　　　图9-27　"绘图仪配置编辑器"对话框

2. 绘图仪配置编辑器

在"绘图仪配置编辑器"对话框中，有 3 个选项卡，可根据需要进行重新配置。

（1）"常规"选项卡（如图 9-28 所示）

1）绘图仪配置文件名：显示在"添加打印机"向导中指定的文件名。

2）驱动程序信息：显示绘图仪驱动程序类型（系统或非系统）、名称、型号和位置、

HDI 驱动程序文件版本号（AutoCAD 专用驱动程序文件）、网络服务器 UNC 名（如果绘图仪与网络服务器连接）、I/O 端口（如果绘图仪连接在本地）、系统打印机名（如果配置的绘图仪是系统打印机）、PMP（绘图仪型号参数）文件名和位置（如果 PMP 文件附着在 PC3 文件中）。

（2）"端口"选项卡（如图 9-29 所示）

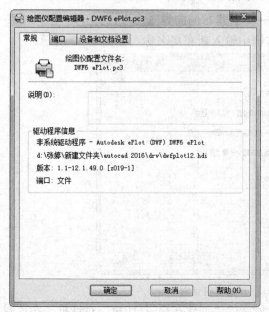

图9-28　"常规"选项卡　　　　　　　　图9-29　"端口"选项卡

1）"打印到下列端口"单选钮：点选该单选钮将图形通过选定端口发送到绘图仪。

2）"打印到文件"单选钮：点选该单选钮将图形发送至在"打印"对话框中指定的文件。

3）"后台打印"单选钮：点选该单选钮使用后台打印实用程序打印图形。

4）端口列表：显示可用端口（本地和网络）的列表和说明。

5）"显示所有端口"复选框：勾选该复选框显示计算机上的所有可用端口，不管绘图仪使用哪个端口。

6）"浏览网络"按钮：单击该按钮显示网络选择，可以连接到另一台非系统绘图仪。

7）"配置端口"按钮：单击该按钮打印样式显示"配置 LPT 端口"对话框或"COM 端口设置"对话框。

（3）"设备和文档设置"选项卡（如图 9-27 所示）

控制 PC3 文件中的许多设置。单击任意节点的图标以查看和修改指定设置。

9.4.2　创建布局

图纸空间是图纸布局环境，可以在这里指定图纸大小、添加标题栏、显示模型的多个视图及创建图形标注和注释。

【执行方式】

命令行：LAYOUTWIZARD。

菜单栏：选择菜单栏中的"插入"→"布局"→"创建布局向导"命令。

【操作步骤】

1）选择菜单栏中的"插入"→"布局"→"创建布局向导"命令，打开"创建布局-开始"对话框。在"输入新布局的名称"文本框中输入新布局名称，如图9-30所示。

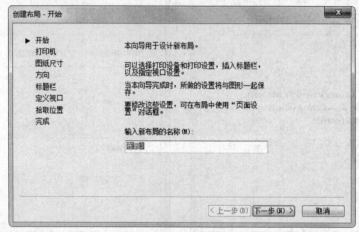

图9-30　"创建布局-开始"对话框

2）单击"下一步"按钮，打开如图9-31所示的"创建布局-打印机"对话框。在该对话框中选择配置新布局"机械图"的绘图仪。

图9-31　"创建布局-打印机"对话框

3）单击"下一步"按钮，打开如图9-32所示的"创建布局-图纸尺寸"对话框。

该对话框用于选择打印图纸的大小和所用的单位。在对话框的"图纸尺寸"下拉列表框中列出了可用的各种格式的图纸，它由选择的打印设备决定，可从中选择一种格式。"图形单位"选项组用于控制输出图形的单位，可以选择"毫米""英寸"或"像素"。点选"毫米"单选钮，即以毫米为单位，再选择图纸的大小，例如，"ISO A2（594.00mm×420.00mm）"。

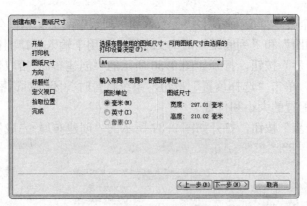

图9-32　"创建布局-图纸尺寸"对话框

4）单击"下一步"按钮，打开如图9-33所示的"创建布局-方向"对话框。在该对话框中，点选"纵向"或"横向"单选钮，可设置图形在图纸上的布置方向。

5）单击"下一步"按钮，打开如图9-34所示的"创建布局-标题栏"对话框。

在该对话框左边的列表框中列出了当前可用的图纸边框和标题栏样式，可从中选择一种，作为创建

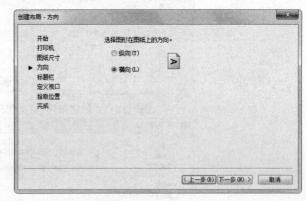

图9-33　"创建布局-方向"对话框

布局的图纸边框和标题栏样式，在对话框右边的预览框中将显示所选的样式。在对话框下面的"类型"选项组中，可以指定所选标题栏图形文件是作为"块"还是作为"外部参照"插入到当前图形中。一般情况下，在绘图时都已经绘制出了标题栏，所以此步中选择"无"即可。

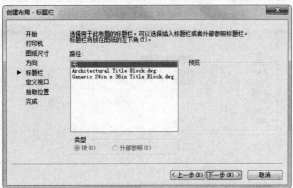

图9-34　"创建布局-标题栏"对话框

6）单击"下一步"按钮，打开如图9-35所示的"创建布局-定义视口"对话框。在该对话框中可以指定新创建的布局默认视口设置和比例等。其中，"视口设置"选项组用于设置当前布局，定义视口数；"视口比例"下拉列表框用于设置视口的比例。当点选"阵列"

2016

AutoCAD

单选钮时，下面4个文本框变为可用，"行数"和"列数"两个文本框分别用于输入视口的行数和列数，"行间距"和"列间距"两个文本框分别用于输入视口的行间距和列间距。

7）单击"下一步"按钮，打开如图9-36所示的"创建布局-拾取位置"对话框。

在该对话框中，单击"选择位置"按钮，系统将暂时关闭该对话框，返回到绘图区，从图形中指定视口配置的大小和位置。

8）单击"下一步"按钮，打开如图9-37所示的"创建布局-完成"对话框。

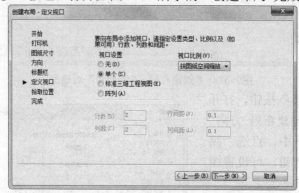

图9-35 "创建布局-定义视口"对话框

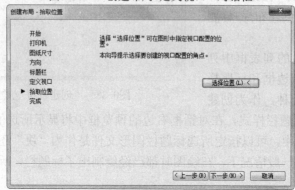

图9-36 "创建布局-拾取位置"对话框

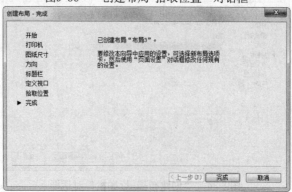

图9-37 "创建布局-完成"对话框

9）单击"完成"按钮，完成新布局"机械零件图"的创建。系统自动返回到布局空间，显示新创建的布局"机械零件图"，如图9-38所示。

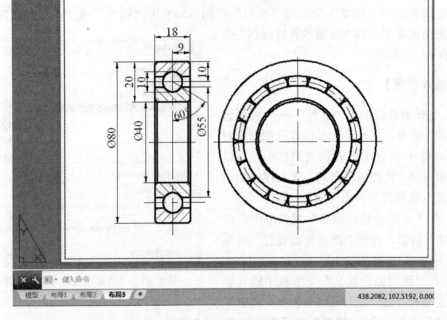

图9-38 完成"机械零件图"布局的创建

▲ 技巧与提示——输出图像时分辨率的设置

AutoCAD 中图形显示比例较大时，圆和圆弧看起来由若干直线段组成，这并不影响打印结果，但在输出图像时，输出结果将与绘图区显示完全一致，因此，若发现有圆或圆弧显示为折线段时，应在输出图像前使用"*viewers*"命令，对屏幕的显示分辨率进行优化，使圆和圆弧看起来尽量光滑逼真。*AutoCAD* 中输出的图像文件，其分辨率为屏幕分辨率，即 *72dpi*。如果该文件用于其他程序仅供屏幕显示，则此分辨率已经合适。若最终要打印出来，就要在图像处理软件（如 *Photoshop*）中将图像的分辨率提高，一般设置为 *300dpi* 即可。

📖9.4.3 页面设置

页面设置可以对打印设备和其他影响最终输出的外观和格式进行设置，并将这些设置应用到其他布局中。在"模型"选项卡中完成图形的绘制之后，可以通过单击"布局"选项卡开始创建要打印的布局。页面设置中指定的各种设置和布局将一起存储在图形文件中，可以随时修改页面设置中的设置。

【执行方式】

命令行：PAGESETUP。

菜单栏：选择菜单栏中的"文件"→"页面设置管理器"命令。

功能区：单击"输出"选项卡"打印"面板中的

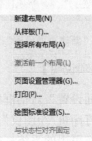

新建布局(N)
从样板(T)...
选择所有布局(A)
激活前一个布局(L)
页面设置管理器(G)...
打印(P)...
绘图标准设置(S)...
与状态栏对齐固定

图9-39 选择"页面设置管理器"命令

"页面设置管理器"按钮

快捷菜单：在"模型"空间或"布局"空间中，右击"模型"或"布局"选项卡，在打开的快捷菜单中选择"页面设置管理器"命令，如图9-39所示。

【操作步骤】

1）选择菜单栏中的"文件"→"页面设置管理器"命令，打开"页面设置管理器"对话框，如图9-40所示。在该对话框中，可以完成新建布局、修改原有布局、输入存在的布局和将某一布局置为当前等操作。

2）在"页面设置管理器"对话框中，单击"新建"按钮，打开"新建页面设置"对话框，如图9-41所示。

3）在"新页面设置名"文本框中输入新建页面的名称，如"机械图"，单击"确定"按钮，打开"页面设置-模型"对话框，如图9-42所示。

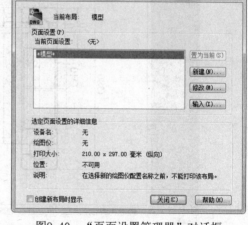

图9-40 "页面设置管理器"对话框

4）在"页面设置-模型"对话框中，可以设置布局和打印设备并预览布局的结果。对于一个布局，可利用"页面设置"对话框来完成其设置，虚线表示图纸中当前配置的图纸尺寸和绘图仪的可打印区域。设置完毕后，单击"确定"按钮。

图9-41 "新建页面设置"对话框   图9-42 "页面设置-模型"对话框

【选项说明】

"页面设置"对话框中的各选项功能介绍如下：

1）"打印机/绘图仪"选项组，用于选择打印机或绘图仪。在"名称"下拉列表框中，列出了所有可用的系统打印机和PC3文件，从中选择一种打印机，指定为当前已配置的系统打印设备，以打印输出布局图形。单击"特性"按钮，可打开"绘图仪配置编辑器"对话框。

2）"图纸尺寸"选项组，用于选择图纸尺寸。其下拉列表中可用的图纸尺寸由当前为布局所选的打印设备确定。如果配置绘图仪进行光栅输出，则必须按像素指定输出尺寸。通过使用绘图仪配置编辑器可以添加存储在绘图仪配置（PC3）文件中的自定义图纸尺寸。如果使用系统打印机，则图纸尺寸由 Windows 控制面板中的默认纸张设置决定。为已配置的设备创建新布局时，默认图纸尺寸显示在"页面设置"对话框中。如果在"页面设置"对话框中修改了图纸尺寸，则在布局中保存的将是新图纸尺寸，而忽略绘图仪配置文件（PC3）中的图纸尺寸。

3）"打印区域"选项组，用于指定图形实际打印的区域。在"打印范围"下拉列表框中有"显示""窗口""图形界限"3 个选项。选择"窗口"选项，系统将关闭对话框返回到绘图区，这时通过指定区域的两个对角点或输入坐标值来确定一个矩形打印区域，然后再返回到"页面设置"对话框。

4）"打印偏移"选项组，用于指定打印区域自图纸左下角的偏移。在布局中，指定打印区域的左下角默认在图纸边界的左下角点，也可以在 X、Y 文本框中输入一个正值或负值来偏移打印区域的原点。在 X 文本框中输入正值时，原点右移；在 Y 文本框中输入正值时，原点上移。在"模型"空间中，勾选"居中打印"复选框，系统将自动计算图形居中打印的偏移量，将图形打印在图纸的中间。

5）"打印比例"选项组，用于控制图形单位与打印单位之间的相对尺寸。打印布局时的默认比例是 1∶1，在"比例"下拉列表框中可以定义打印的精确比例，勾选"缩放线宽"复选框，将对有宽度的线也进行缩放。一般情况下，打印时，图形中的各实体按图层中指定的线宽来打印，不随打印比例缩放。在"模型"空间中打印时，默认设置为"布满图纸"。

6）"打印样式表"选项组，用于指定当前赋予布局或视口的打印样式表。其"打印样式表"下拉列表框中显示了可赋予当前图形或布局的当前打印样式。如果要更改包含在打印样式表中的打印样式定义，则单击"编辑"按钮，打开"打印样式表编辑器"对话框，从中可修改选中的打印样式定义。

7）"着色视口选项"选项组，用于确定若干用于打印着色和渲染视口的选项。可以指定每个视口的打印方式，并将该打印设置与图形一起保存。还可以从各种分辨率（最大为绘图仪分辨率）中进行选择，并将该分辨率设置与图形一起保存。

8）"打印选项"选项组，用于确定线宽、打印样式及打印样式表等的相关属性。勾选"打印对象线宽"复选框，打印时系统将打印线宽；勾选"按样式打印"复选框，以使用在打印样式表中定义、赋予几何对象的打印样式来打印；勾选"隐藏图纸空间对象"复选框，不打印布局环境（图纸空间）对象的消隐线，即只打印消隐后的效果。

9）"图形方向"选项组，用于设置打印时图形在图纸上的方向。点选"横向"单选钮，将横向打印图形，使图形的顶部在图纸的长边；点选"纵向"单选钮，将纵向打印，使图形的顶部在图纸的短边；勾选"上下颠倒打印"复选框，将使图形颠倒打印。

AutoCAD 2016

9.4.4　从模型空间输出图形

从"模型"空间输出图形时，需要在打印时指定图纸尺寸，即在"打印"对话框中，选择要使用的图纸尺寸。在该对话框中列出的图纸尺寸取决于在"打印"或"页面设置"对话框中选定的打印机或绘图仪。

【执行方式】

命令行：PLOT。

菜单栏：选择菜单栏中的"文件"→"打印"命令。

工具栏：单击"标准"工具栏中的"打印"按钮🖶。

功能区：单击"输出"选项卡"打印"面板中的"打印"按钮🖶。

【操作步骤】

1）打开需要打印的图形文件，如"机械零件图"。

2）选择菜单栏中的"文件"→"打印"命令，执行打印命令。

3）打开"打印-模型"对话框，如图9-43所示，在该对话框中设置相关选项。

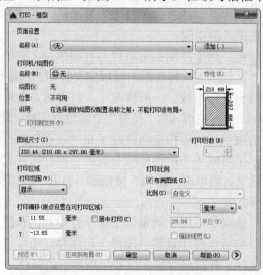

图9-43　"打印-模型"对话框

【选项说明】

1）在"页面设置"选项组中，列出了图形中已命名或已保存的页面设置，可以将这些已保存的页面设置作为当前页面设置；也可以单击"添加"按钮，基于当前设置创建一个新的页面设置。

2）"打印机/绘图仪"选项组，用于指定打印时使用已配置的打印设备。在"名称"下拉列表框中列出了可用的 PC3 文件或系统打印机，可以从中进行选择。设备名称前面的图标识别，其区分为 PC3 文件还是系统打印机。

3）"打印份数"微调框，用于指定要打印的份数。当打印到文件时，此选项不可用。

4）单击"应用到布局"按钮，可将当前打印设置保存到当前布局中去。

其他选项与"页面设置"对话框中的相同，此处不再赘述。

完成所有的设置后，单击"确定"按钮，开始打印。

预览按执行 PREVIEW 命令时在图纸上打印的方式显示图形。要退出打印预览并返回"打印"对话框，按 Esc 键，然后按 Enter 键，或右击，选择快捷菜单中的"退出"命令。打印预览效果如图 9-44 所示。

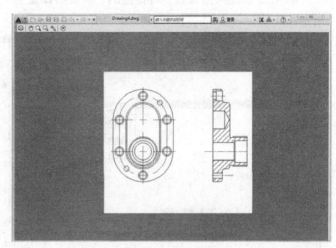

图9-44　打印预览

9.4.5　从图纸空间输出图形

从"图纸"空间输出图形时，根据打印的需要进行相关参数的设置，首先应在"页面设置"对话框中指定图纸的尺寸。

【操作步骤】

1）打开需要打印的图形文件，将视图空间切换到"布局 1"，如图 9-45 所示。在"布局 1"选项卡上右击，在打开的快捷菜单中选择"页面设置管理器"命令。

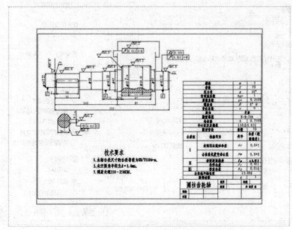

图9-45　切换到"布局1"选项

2）打开"页面设置管理器"对话框，如图 9-46 所示。单击"新建"按钮，打开"新建页面设置"对话框。

3）在"新建页面设置"对话框的"新页面设置名"文本框中输入"零件图"，如图9-47所示。

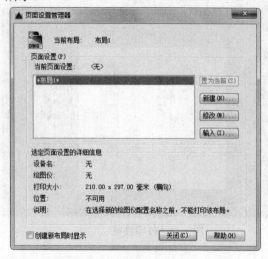

图9-46　"页面设置管理器"对话框　　　　图9-47　创建"零件图"新页面

4）单击"确定"按钮，打开"页面设置-布局1"对话框，根据打印的需要进行相关参数的设置，如图9-48所示。

5）设置完成后，单击"确定"按钮，返回到"页面设置管理器"对话框。在"页面设置"列表框中选择"零件图"选项，单击"置为当前"按钮，将其置为当前布局，如图9-49所示。

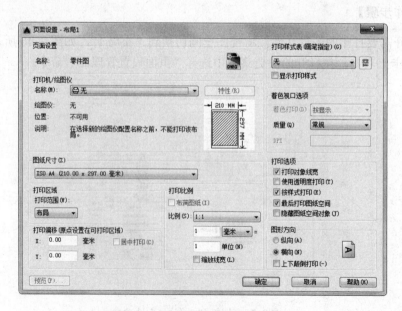

图9-48　"页面设置-布局1"对话框

6）单击"关闭"按钮，完成"零件图"布局的创建，如图9-50所示。

图9-49　将"零件图"布局置为当前

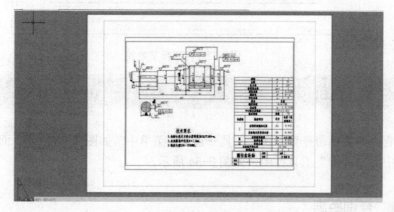

图9-50　完成"零件图"布局的创建

7）单击"标准"工具栏中的"打印"按钮，打开"打印-布局 1"对话框，如图 9-51 所示，不需要重新设置，单击左下方的"预览"按钮，打印预览效果如图 9-52 所示。

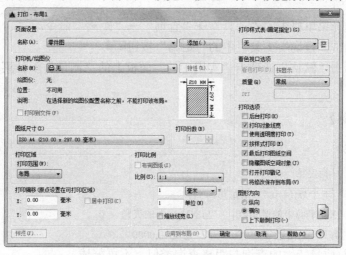

图9-51　"打印-布局1"对话框

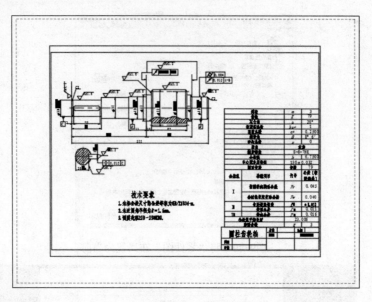

图9-52　打印预览效果

9.5　对象查询

对象查询的菜单命令集中在"工具→查询"菜单中,如图9-53所示。而其工具栏命令则主要集中在"查询"工具栏中,如图9-54所示。

9.5.1　查询距离

【执行方式】

命令行:DIST

菜单栏:选择菜单栏中的"工具"→"查询"→"距离"命令。

工具栏:单击"查询"工具栏中的"距离"按钮 ▭。

功能区:单击"默认"选项卡"实用工具"面板上的"测量"下拉菜单中的"距离"按钮 ▭。

【操作步骤】

命令:DIST↙

指定第一点:(指定第一点)

指定第二点或 [多个点(M)]:(指定第二点)

距离=5.2699,XY 平面中的倾角=0,　与 XY 平面的夹角 = 0

X 增量=5.2699,　Y 增量=0.0000,　　Z 增量=0.0000

面积、面域/质量特性的查询与距离查询类似,不再赘述。

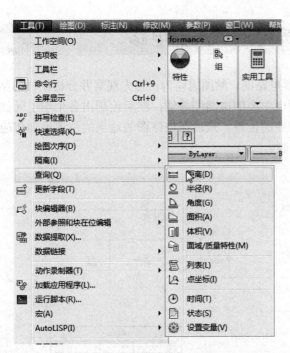

图9-53　"工具→查询"菜单　　　　　图9-54　"查询"工具栏

9.5.2 查询对象状态

【执行方式】

命令行：STATUS

菜单栏：工具→查询→状态

【操作步骤】

命令：STATUS✓

选择对象：

选择对象后，系统自动切换到文本显示窗口，显示所选择对象的状态，包括对象的各种参数状态以及对象所在磁盘的使用状态，如图9-55 所示。

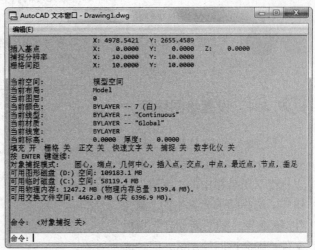

图9-55　文本显示窗口

列表显示、点坐标、时间、系统变量等查询工具与查询对象状态方法和功能相似，不再赘述。

9.6 **综合演练——日光灯的调光器电路**

图 9-56 所示是日光灯的调节器电路图。绘图思路为：首先观察并分析图样的结构，绘制出大体的结构框图，也就是绘制出主要的电路图导线，然后绘制出各个电子元件，接着将各个电子元件插入到结构图中相应的位置，最后在电路图的适当的位置添加相应的文字和注释说明，即可完成电路图的绘制。

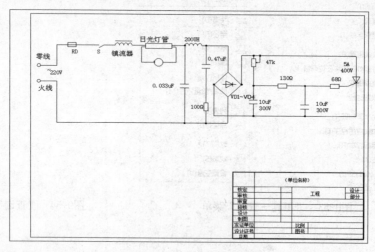

图9-56　日光灯的调节器电路

 光盘动画演示\第 9 章\日光灯的调光器电路.avi

9.6.1　设置绘图环境

1）插入的 A3 样板图。打开 AutoCAD 2016 应用程序，单击"标准"工具栏中的"新建"按钮，选择随书光盘中的"源文件/第 9 章/"A3-新.dwt"样板文件，则会返回绘图区，同时选择的样板图也会出现在绘图区内，其中样板图左下角点坐标为（0，0），如图 9-57 所示。

2）单击"图层"工具栏中的"图层特性管理器"按钮，

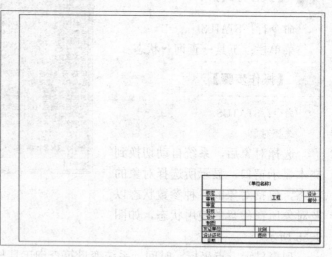

图9-57　插入的A3样板图

弹出"图层特性管理器"对话框，新建"连接线层"和"实体符号层"，图层的属性设置如

图 9-58 所示。将"连接线层"设为当前图层。

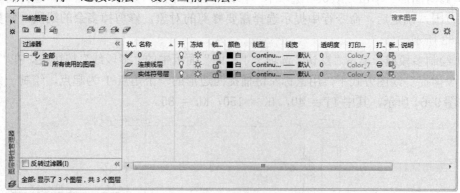

图9-58　新建图层

📖 9.6.2　绘制线路结构图

1）绘制水平直线。单击"默认"选项卡"绘图"面板中的"直线"按钮✐，绘制一条长度为 200 的水平直线 AB；单击"默认"选项卡"修改"面板中的"偏移"按钮⬚，将水平直线 AB 向下偏移 100 得到水平直线 CD，如图 9-59 所示。

2）绘制竖直直线。单击"默认"选项卡"绘图"面板中的"直线"按钮✐，在"正交"和"对象捕捉"绘图方式下，捕捉点 B 作为竖直直线的起点绘制竖直直线 BD；单击"默认"选项卡"修改"面板中的"偏移"按钮⬚，将竖直直线 BD 分别向左偏移 25 和 50 得到竖直直线 EF 和 GH，绘制结果如图 9-60 所示。

图9-59　绘制水平直线　　　　　　　　　　图9-60　绘制竖直直线

3）绘制四边形。单击"默认"选项卡"绘图"面板中的"多边形"按钮⬡，输入边数为 4，在"对象捕捉"绘图方式下，捕捉直线 BD 的中点为四边形的中心，输入内接圆的半径为 16，结果如图 9-61 所示。

4）旋转四边形。单击"默认"选项卡"修改"面板中的"旋转"按钮⟳，选择绘制的四边形作为旋转对象，逆时针旋转 45°，旋转结果如图 9-62 所示。

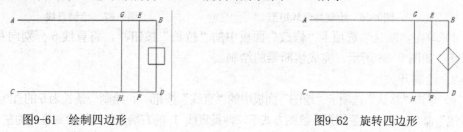

图9-61　绘制四边形　　　　　　　　　　图9-62　旋转四边形

5）修剪图形。单击"默认"选项卡"修改"面板中的"修剪"按钮，选择需要修剪的对象范围，确定后，命令行中提示选择需要修剪的对象，修剪掉多余的线段，修剪结果如图 9-63 所示。

6）绘制多段线。单击"默认"选项卡"绘图"面板中的"多段线"按钮，在"正交"和"对象捕捉"绘图方式下，用鼠标左键捕捉四边形的一个角点 I 为起点，绘制一条多段线，如图 9-64 所示，其中 IJ = 40，JK = 150，KL = 85。

图9-63　修剪图形　　　　　　　　图9-64　绘制多线段

按照如上所述类似的方法，可以绘制结构线路图中的其他线段，绘制结果如图 9-65 所示。

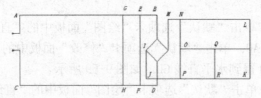

图9-65　结构线路图

9.6.3　绘制各实体符号

1. 绘制熔断器

1）单击"默认"选项卡"绘图"面板中的"矩形"按钮，绘制一个长为 10、宽为 5 的矩形。

2）单击"默认"选项卡"修改"面板中的"分解"按钮，将矩形分解成为直线，如图 9-66 所示。

3）在"对象捕捉"绘图方式下，单击"默认"选项卡"绘图"面板中的"直线"按钮，捕捉直线 2 和 4 的中点作为直线的起点和终点，如图 9-67 所示。

图9-66　绘制并分解矩形　　　　　　图9-67　绘制直线

4）单击"默认"选项卡"修改"面板中的"拉长"按钮，将直线 5 分别向左和向右拉长 5，如图 9-68 所示，完成熔断器的绘制。

2. 绘制开关

1）单击"默认"选项卡"绘图"面板中的"直线"按钮，绘制一条长为 5 的直线 1。重复"直线"命令，在"对象捕捉"绘图方式下，捕捉直线 1 的右端点作为新绘制直线的左端点，绘制长度为5的直线2，采用相同的方法绘制长度为5的直线3，结果如图9-69所示。

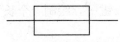

图9-68　拉长直线　　　　　　　　　　　　　　　　图9-69　绘制三段直线

2）单击"默认"选项卡"修改"面板中的"旋转"按钮○，在"对象捕捉"绘图方式下，关闭"正交"功能，捕捉直线2的右端点，输入旋转的角度为30°，得到如图9-70所示的图形，完成开关符号的绘制。

3. 绘制镇流器

1）单击"默认"选项卡"绘图"面板中的"圆"按钮○，在适当的位置绘制一个半径为2.5的圆，如图9-71所示。

2）单击"默认"选项卡"修改"面板中的"矩形阵列"按钮，将上步绘制的圆进行矩形阵列，设置"行数"为1，"列数"为4，"行间距"设置为0，"列间距"设置为5，"阵列角度"为0，单击"确定"按钮，阵列结果如图9-72所示。

3）单击"默认"选项卡"绘图"面板中的"直线"按钮，在"对象捕捉"绘图方式下，捕捉圆1和圆4的圆心作为直线的起点和终点，绘制出水平直线，结果如图9-73所示。

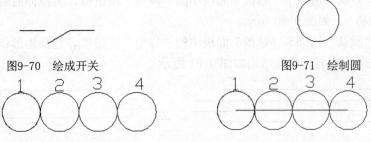

图9-70　绘成开关　　　　　　　　　　　　　　　　图9-71　绘制圆

图9-72　绘制阵列圆　　　　　　　　　　　　　　　图9-73　绘制水平直线

4）单击"默认"选项卡"修改"面板中的"拉长"按钮，将水平直线分别向左和向右拉长2.5，结果如图9-74所示。

5）单击"默认"选项卡"修改"面板中的"分解"按钮，将阵列圆分解成单独的圆。单击"默认"选项卡"修改"面板中的"修剪"按钮，以水平直线为修剪边，对圆进行修剪，结果如图9-75所示。

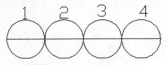　　　　　　　　　　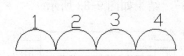

图9-74　拉长直线　　　　　　　　　　　　　　　　图9-75　修剪图形

6）单击"默认"选项卡"修改"面板中的"移动"按钮，将水平直线向上平移5，如图9-76所示，完成镇流器的绘制。

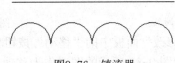

图9-76　镇流器

4. 绘制日光灯管和起辉器

1）单击"默认"选项卡"绘图"面板中的"矩形"按钮 ⬚ ，绘制一个长为30、宽为6的矩形，如图9-77所示。

2）单击"默认"选项卡"绘图"面板中的"直线"按钮 ✏ ，在"正交"和"对象追踪"绘图方式下，捕捉矩形左侧边上的中点作为直线的起点，向右边绘制一条长为35的水平直线，如图9-78所示。

3）单击"默认"选项卡"修改"面板中的"拉长"按钮 ✐ ，将上步绘制的水平直线向右拉长5，在"对象捕捉"绘图方式下，捕捉水平直线的左端点，将直线向左拉长5，结果如图9-79所示。

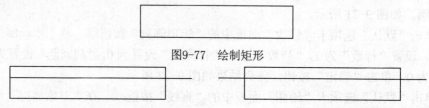

图9-77 绘制矩形

图9-78 绘制水平直线　　　　　图9-79 拉长水平直线

4）单击"默认"选项卡"修改"面板中的"偏移"按钮 ⬚ ，将拉伸后的水平直线分别向上、向下偏移2，如图9-80所示。

5）单击"默认"选项卡"修改"面板中的"修剪"按钮 ⊹ ，选择矩形作为修剪边，对两条水平直线进行修剪，修剪结果如图9-81所示。

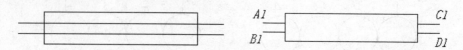

图9-80 偏移水平直线　　　　　图9-81 修剪水平直线

6）单击"默认"选项卡"绘图"面板中的"多段线"按钮 ⊃ ，在"对象捕捉"绘图方式下，捕捉图9-82中的B1点作为多段线的起点，捕捉D1作为多段线的终点，绘制多段线，使得B1E1 = 20，E1F1 = 40，F1D1 = 20，结果如图9-82所示。

7）绘制圆并输入文字。单击"默认"选项卡"绘图"面板中的"圆"按钮 ◔ ，绘制一个半径为5的圆。单击"默认"选项卡"注释"面板中的"多行文字"按钮 A ，在圆中心输入文字"S"，结果如图9-83所示。

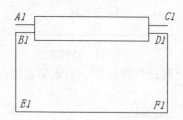

图9-82 绘制多段线　　　　　图9-83 绘制圆并输入文字

8）单击"默认"选项卡"修改"面板中的"移动"按钮 ✤ ，在"对象捕捉"绘图方式下，关闭"正交"功能，选择如图9-83所示的图形作为移动对象，按Enter键，命令行中提示选择移动基点，捕捉圆心作为移动基点，并捕捉线段 E1F1 的中点作为移动插入点，平移结果如图 9-84 所示。

9）单击"默认"选项卡"修改"面板中的"修剪"按钮，选择如图 9-83 所示的图形中的圆作为剪切边，对直线 E1F1 进行修剪，修剪结果如图 9-85 所示，完成日光灯管和起辉器的绘制。

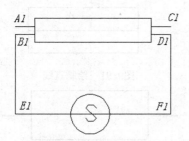

图9-84　平移图形

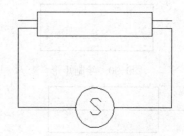

图9-85　日光灯管和起辉器

5. 绘制电感线圈

1）单击"默认"选项卡"绘图"面板中的"圆"按钮，在适的当位置，绘制一个半径为 2.5 的圆。

2）单击"默认"选项卡"修改"面板中的"矩形阵列"按钮，将上步绘制的圆进行矩形阵列，设置"行数"为 1，"列数"为 4，"行偏移"为 0，"列偏移"为 5，阵列结果如图 9-86 所示。

3）单击"默认"选项卡"绘图"面板中的"直线"按钮，在"对象捕捉"绘图方式下，捕捉圆 1 和圆 4 的圆心作为直线的起点和终点，绘制出水平直线，绘制结果如图 9-87 所示。

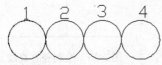

图9-86　绘制并阵列圆

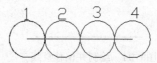

图9-87　绘制圆心连接线

4）单击"默认"选项卡"修改"面板中的"拉长"按钮，将直线分别向左和向右拉长 2.5，结果如图 9-88 所示。

5）单击"默认"选项卡"修改"面板中的"修剪"按钮，以直线为修剪边，对圆进行修剪，然后删除直线，如图 9-89 所示，完成电感线圈的绘制。

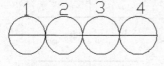

图9-88　拉长直线

图9-89　电感线圈

6. 绘制电阻

1）单击"默认"选项卡"绘图"面板中的"矩形"按钮，绘制一个长为 10、宽为 4 的矩形，如图 9-90 所示。

2）单击"默认"选项卡"绘图"面板中的"直线"按钮，在"对象捕捉"绘图方式

下，分别捕捉矩形左、右两侧边的中点作为直线的起点和终点，绘制结果如图9-91所示。

3）单击"默认"选项卡"修改"面板中的"拉长"按钮，将上步绘制的直线分别向左和向右拉长2.5，结果如图9-92所示。

4）单击"默认"选项卡"修改"面板中的"修剪"按钮，选择矩形为修剪边，对水平直线进行修剪，修剪结果如图9-93所示，完成电阻符号的绘制。

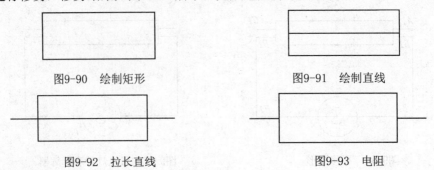

图9-90 绘制矩形 　　　　　　　　　　　图9-91 绘制直线

图9-92 拉长直线 　　　　　　　　　　　图9-93 电阻

7. 绘制电容

1）单击"默认"选项卡"绘图"面板中的"直线"按钮，在"正交"绘图方式下，绘制一条长度为10的水平直线。

2）单击"默认"选项卡"修改"面板中的"偏移"按钮，将上步绘制的直线向下偏移4，偏移结果如图9-94所示。

3）单击"默认"选项卡"绘图"面板中的"直线"按钮，在"对象捕捉"绘图方式下，分别捕捉两条水平直线的中点作为要绘制的竖直直线的起点和终点，绘制结果如图9-95所示。

图9-94 绘制并偏移直线 　　　　　　　　图9-95 绘制竖直直线

4）单击"默认"选项卡"修改"面板中的"拉长"按钮，将上步绘制的竖直直线分别向上和向下拉长2.5，如图9-96所示。

5）单击"默认"选项卡"修改"面板中的"修剪"按钮，选择两条水平直线作为修剪边，对竖直直线进行修剪，修剪结果如图9-97所示，完成电容符号的绘制。

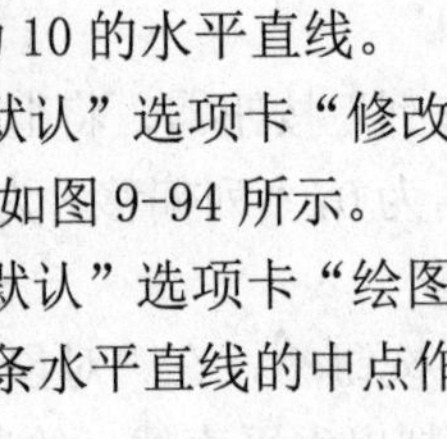

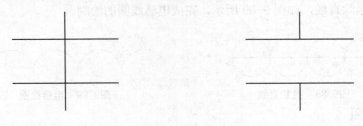

图9-96 拉长直线 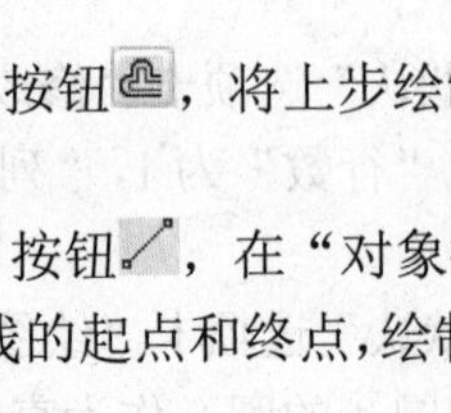 　　　　　　　　　　　图9-97 电容

8. 绘制二极管

1）单击"默认"选项卡"绘图"面板中的"多边形"按钮，绘制一个等边三角形，

将内接圆的半径设置为 5，如图 9-98 所示。

2）单击"默认"选项卡"修改"面板中的"旋转"按钮 ⟳，以顶点 B 为旋转中心点逆时针旋转 30°，旋转结果如图 9-99 所示。

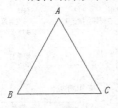

图9-98　绘制等边三角形

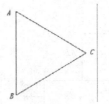

图9-99　旋转等边三角形

3）单击"默认"选项卡"绘图"面板中的"直线"按钮 ✎，在"对象捕捉"绘图方式下，捕捉线段 AB 的中点和 C 点作为水平直线的起点和终点，结果如图 9-100 所示。

4）单击"默认"选项卡"修改"面板中的"拉长"按钮 ✎，将上步绘制的水平直线分别向左和向右拉长 5，结果如图 9-101 所示。

图9-100　绘制水平直线

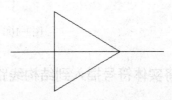

图9-101　拉长直线

5）单击"默认"选项卡"绘图"面板中的"直线"按钮 ✎，在"正交"绘图方式下，捕捉右侧顶点作为直线的起点，向上绘制一条长为 4 的竖直直线。单击"默认"选项卡"修改"面板中的"镜像"按钮 ⚖，以水平直线为镜像线，将刚才绘制的竖直直线进行镜像操作，结果如图 9-102 所示，完成二极管的绘制。

9．绘制滑动变阻器

1）单击"默认"选项卡"修改"面板中的"复制"按钮 ⌗，将图 9-93 中绘制好的电阻复制一份，如图 9-103 所示。

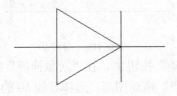

图9-102　二极管

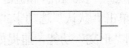

图9-103　电阻复制

2）单击"默认"选项卡"绘图"面板中的"多段线"按钮 ⌐，在"对象捕捉"绘图方式下，捕捉矩形上侧边的中点作为多线段的起点，绘制如图 9-104 所示的多段线。

3）单击"默认"选项卡"块"面板中的"插入"按钮 ⌷，弹出"插入"的对话框，如图 9-105 所示。单击在"名称"右侧的"浏览"按钮，选择随书光盘中的"源文件/第 6 章/箭头"图块，单击"确定"按钮。捕捉如图 9-104 所示的 A1 点作为"箭头"块的插入点，然后输入箭头旋转的角度为 270°，如图 9-106 所示完成滑动变阻器的绘制。

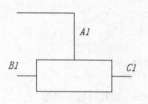

图9-104 绘制多段线

图9-105 "插入"对话框

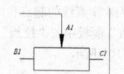

图9-106 滑动变阻器

9.6.4 将实体符号插入到结构线路图

本节根据日光灯调光器电路的原理图，将前面绘制好的实体符号插入到结构线路图合适的位置上。由于在单独绘制实体符号的时候，符号大小以方便看清楚为标准，所以插入到结构线路中时，可能会出现不协调，这时可以根据实际需要调用"缩放"功能来及时调整。在插入实体符号的过程中，结合"对象捕捉""对象追踪"或"正交"等功能，选择合适的插入点。下面将选择几个典型的实体符号插入结构线路图，来介绍具体的操作步骤。

1. 移动镇流器

将前面绘制的如图9-107所示的镇流器移动到如图9-108所示的导线AG合适的位置上。

图9-107 镇流器 　　　　　　　　　　　　图9-108 导线AG

1）单击"默认"选项卡"修改"面板中的"移动"按钮，在"对象捕捉"绘图方式下，关闭"正交"功能，捕捉如图9-107所示的A3点，拖动图形，选择导线AG的左端点A作为图形的插入点，插入结果如图9-109所示。

2）单击"默认"选项卡"修改"面板中的"移动"按钮，在"正交"绘图方式下，捕捉镇流器的端点A3作为移动基点，继续向右移动图形到合适的位置，移动结果如图9-110所示。

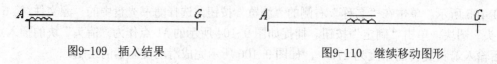

图9-109 插入结果 　　　　　　　　　　　图9-110 继续移动图形

3）单击"默认"选项卡"修改"面板中的"修剪"按钮 ⊬，将如图 9-110 所示的图形进行修剪，修剪结果如图 9-111 所示。

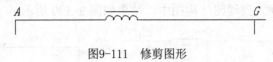

图9-111　修剪图形

2. 移动二极管

1）将前面绘制的如图 9-112 所示的二极管移动到如图 9-113 所示的结构图的四边形中。

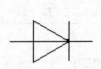

图9-112　二极管

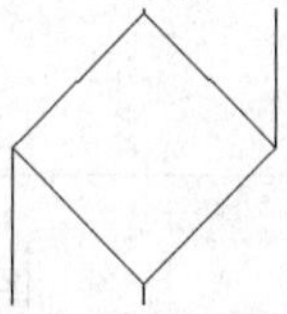

图9-113　四边形

2）单击"默认"选项卡"修改"面板中的"移动"按钮 ✛，在"对象捕捉"绘图方式下，关闭"正交"功能，捕捉接近二极管的等边三角形中心的位置作为移动基点，将二极管移动到四边形中央，移动结果如图 9-114 所示。

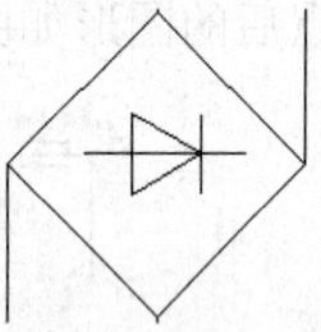

3. 移动滑动变阻器

将如图 9-115 所示的滑动变阻器移动到如图 9-116 所示的两条导线 NL 和 NO 上。

1）单击"默认"选项卡"修改"面板中的"旋转"按钮 ⟳，在"对象捕捉"绘图方式下，捕捉滑动变阻器的端点 B1 作为旋转基点，将其旋转 270°（也就是-90°），结果如图 9-117 所示。

图9-114　移动二极管

2）单击"默认"选项卡"修改"面板中的"移动"按钮 ✛，选择滑动变阻器作为移动对象，捕捉端点 B1 作为移动基点，将图形拖到导线处，捕捉导线端点 N 作为图形的插入点，结果如图 9-118 所示。

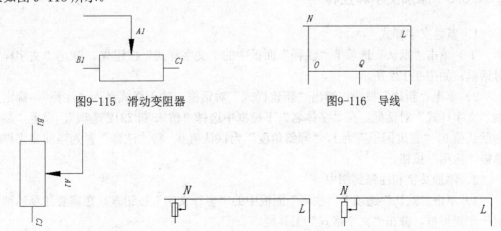

图9-115　滑动变阻器

图9-116　导线

图9-117　旋转滑动变阻器　　　　图9-118　插入图形　　　　图9-119　修剪图形

3）单击"默认"选项卡"修改"面板中的"修剪"按钮 ⊬，将图形进行适当的修剪，

修剪结果如图 9-119 所示。

其他的符号图形同样可以按照类似上面的方法进行平移、修剪，这里就不再一一列举了。将所有电气符号插入到线路结构图中，结果如图 9-120 所示。

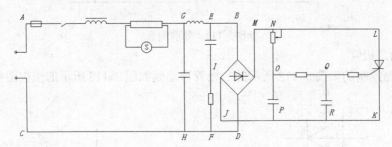

图9-120　插入各图形符号到线路结构图中

注意图 9-120 中各导线之间的交叉点处并没有表明是实心还是空心，这对读图也是一项很大的障碍。根据日光灯调节器的工作原理，在适当的交叉点处加上实心圆。加上实心交点后的图形如图 9-121 所示。

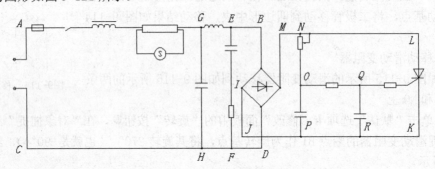

图9-121　加入实心交点后的图形

📖9.6.5　添加文字和注释

1. 新建文字样式

1）单击"默认"选项卡"注释"面板中的"文字样式"按钮 ，弹出"文字样式"对话框，如图 9-122 所示。

2）单击"新建"按钮，弹出"新建样式"对话框，输入样式名为"注释"，确定后回到"文字样式"对话框。在"字体名"下拉框中选择"仿宋_GB2312 选项"，设置"高度"为默认值 0，"宽度因子"为 1，"倾斜角度"为默认值 0。将"注释"置为当前文字样式，单击"应用"按钮。

2. 添加文字和注释到图中

1）单击"默认"选项卡"注释"面板中的"多行文字"按钮 **A**，在需要注释的地方划定一个矩形框，弹出"文字格式"工具栏。

2）选择"注释"作为文字样式，根据需要可以调整文字的高度，还可以结合应用"左对齐""居中"和"右对齐"等功能调整文字的位置，结果如图 9-123 所示。

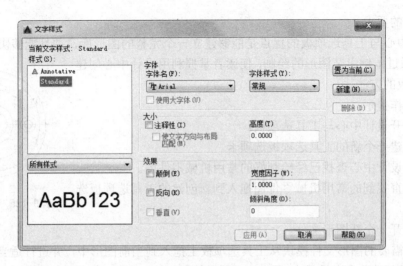

图9-122 "文字样式"对话框

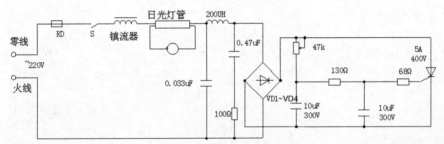

图9-123 添加文字和注释

 ## 9.7 动手练一练

【实例1】利用工具选项板绘制如图9-124所示的图形

1. 目的要求

工具选项板最大的优点是简捷、方便、集中，读者可以在某个专门工具选项板上组织需要的素材，快速简便地绘制图形。通过本例图形的绘制，使读者掌握怎样灵活利用工具选项板进行快速绘图。

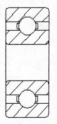

2. 操作提示

1）打开工具选项板，在工具选项板的"机械"选项卡中选择"滚珠轴承"图块，插入到新建空白图形，通过快捷菜单进行缩放。

2）利用"图案填充"命令对图形剖面进行填充。

图 9-124 绘制图形

【实例2】利用设计中心创建一个常用机械零件工具选项板，并利用该选项板绘制如图 9-125 所示的盘盖组装图

1．目的要求

设计中心与工具选项板的优点是能够建立一个完整的图形库，并且能够快速简捷地绘制图形。通过本例组装图形的绘制，使读者掌握利用设计中心创建工具选项板的方法。

2．操作提示

1）打开设计中心与工具选项板。

2）创建一个新的工具选项板选项卡。

3）在设计中心查找已经绘制好的常用机械零件图。

4）将查找到的常用机械零件图拖入到新创建的工具选项板选项卡中。

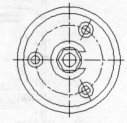

图9-125　盘盖组装图

5）打开一个新图形文件。

6）将需要的图形文件模块从工具选项板上拖入到当前图形中，并进行适当的缩放、移动、旋转等操作，最终完成如图9-125所示的图形。

第**10**章

绘制和编辑三维表面

随着 AutoCAD 技术的普及，使用 AutoCAD 进行工程设计的工程技术人员越来越多。虽然在工程设计中，通常都使用二维图形来描述三维实体，但是由于三维图形的逼真效果，可以通过三维立体图直接得到透视图或平面效果图。因此，计算机三维设计越来越受到工程技术人员的青睐。

本章主要介绍三维坐标系统、动态观察三维图形、三维绘制、三维网格曲面、基本三维曲面、三维曲面的绘制等知识。

重点与难点

- 了解坐标系的建立
- 学习视图的显示设置和观察模式
- 学习三维曲面的编辑
- 熟练掌握三维点、面和三维曲面的绘制

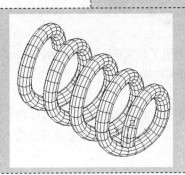

10.1 三维坐标系统

AutoCAD 2016 使用的是笛卡儿坐标系。其使用的直角坐标系有两种类型，一种是世界坐标系（WCS），另一种是用户坐标系（UCS）。绘制二维图形时，常用的坐标系，即世界坐标系（WCS），由系统默认提供。世界坐标系又称通用坐标系或绝对坐标系，对于二维绘图来说，世界坐标系足以满足要求。为了方便创建三维模型，AutoCAD 2016 允许用户根据自己的需要设定坐标系，即用户坐标系（UCS），合理的创建 UCS，可以方便地创建三维模型。

📖 10.1.1 创建坐标系

【执行方式】

命令行：UCS。
菜单栏：选择菜单栏中的"工具"→"新建 UCS"命令。
工具栏：单击"UCS"工具栏中的任一按钮。
功能区：单击"视图"选项卡"坐标"面板中的"UCS"按钮⌐。

【操作步骤】

命令行提示与操作如下：

命令：UCS↙
当前 UCS 名称: *左视*
指定 UCS 的原点或 [面(F)/命名(NA)/对象(OB)/上一个(P)/视图(V)/世界(W)/X/Y/Z/Z 轴(ZA)] <世界>:

【选项说明】

（1）指定 UCS 的原点　使用一点、两点或三点定义一个新的 UCS。如果指定单个点 1，当前 UCS 的原点将会移动而不会更改 X、Y 和 Z 轴的方向。选择该选项，命令行提示与操作如下：

指定 X 轴上的点或 <接受>: 继续指定 X 轴通过的点 2 或直接按 Enter 键，接受原坐标系 X 轴为新坐标系的 X 轴
指定 XY 平面上的点或 <接受>: 继续指定 XY 平面通过的点 3 以确定 Y 轴或直接按 Enter 键，接受原坐标系 XY 平面为新坐标系的 XY 平面，根据右手法则，相应的 Z 轴也同时确定。

示意图如图 10-1 所示。
（2）面（F）　将 UCS 与三维实体的选定面对齐。要选择一个面，请在此面的边界内或面的边上单击，被选中的面将亮显，UCS 的 X 轴将与找到的第一个面上最近的边对齐。选择该选项，命令行提示与操作如下：

选择实体面、曲面或网格: 选择面
输入选项 [下一个(N)/X 轴反向(X)/Y 轴反向(Y)] <接受>: ↙（结果如图 10-2 所示）

如果选择"下一个"选项，系统将 UCS 定位于邻接的面或选定边的后向面。

（3）对象（OB）　根据选定三维对象定义新的坐标系，如图 10-3 所示。新建 UCS 的拉伸方向（Z 轴正方向）与选定对象的拉伸方向相同。选择该选项，命令行提示与操作如下：

　　选择对齐 UCS 的对象: 选择对象

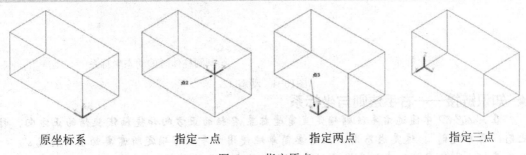

原坐标系　　　　　　指定一点　　　　　　指定两点　　　　　　指定三点

图10-1　指定原点

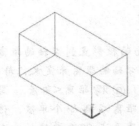
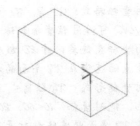

图10-2　选择面确定坐标系　　　　图10-3　选择对象确定坐标系

对于大多数对象，新 UCS 的原点位于离选定对象最近的顶点处，并且 X 轴与一条边对齐或相切。对于平面对象，UCS 的 XY 平面与该对象所在的平面对齐。对于复杂对象，将重新定位原点，但是轴的当前方向保持不变。

（4）视图（V）　以垂直于观察方向（平行于屏幕）的平面为 XY 平面，创建新的坐标系。UCS 原点保持不变。

（5）世界（W）　将当前用户坐标系设置为世界坐标系。WCS 是所有用户坐标系的基准，不能被重新定义。

◆ 技术看板——世界坐标系的应用范围

该选项不能用于下列对象：三维多段线、三维网格和构造线。

（6）X、Y、Z　绕指定轴旋转当前 UCS。

（7）Z 轴（ZA）　利用指定的 Z 轴正半轴定义 UCS。

📖10.1.2　动态坐标系

打开动态坐标系的具体操作方法是按下状态栏中的"允许/禁止动态 UCS"按钮。可以使用动态 UCS 在三维实体的平整面上创建对象，而无需手动更改 UCS 方向。在执行命令的过程中，当将光标移动到面上方时，动态 UCS 会临时将 UCS 的 XY 平面与三维实体的平整面对齐，如图 10-4 所示。

动态 UCS 激活后，指定的点和绘图工具（如极轴追踪和栅格）都将与动态 UCS 建立的

临时 UCS 相关联。

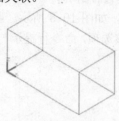

原坐标系

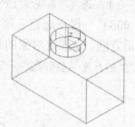

绘制圆柱体时的动态坐标系

图10-4 动态UCS

★ 知识链接——右手法则与坐标系

在 AutoCAD 中通过右手法则确定直角坐标系 Z 轴的正方向和绕轴线旋转的正方向，称之为"右手定则"。这是因为用户只需要简单地使用右手就可确定所需要的坐标信息。

在 AutoCAD 中输入坐标采用绝对坐标和相对坐标两种形式。

绝对坐标格式：X，Y，Z；相对坐标格式：@X，Y，Z。

AutoCAD 可以用柱坐标和球坐标定义点的位置。

柱面坐标系统类似于 2D 极坐标输入，由该点在 XY 平面的投影点到 Z 轴的距离、该点与坐标原点的连线在 XY 平面的投影与 X 轴的夹角及该点沿 Z 轴的距离来定义，格式如下：

绝对坐标形式：XY 距离＜角度，Z距离；相对坐标形式：@XY 距离＜角度，Z距离。

例如，绝对坐标"10＜60，20"表示在 XY 平面的投影点距离 Z 轴10个单位，该投影点与原点在 XY 平面的连线相对于 X 轴的夹角为60°，沿 Z 轴离原点20个单位的一个点，如图10-5所示。

球面坐标系统中，3D 球面坐标的输入也类似于 2D 极坐标的输入。球面坐标系统由坐标点到原点的距离、该点与坐标原点的连线在 XY 平面内的投影与 X 轴的夹角及该点与坐标原点的连线与 XY 平面的夹角来定义，具体格式如下：

绝对坐标形式：XYZ 距离＜XY 平面内投影角度＜与 XY 平面夹角。

相对坐标形式：@XYZ 距离＜XY 平面内投影角度＜与 XY 平面夹角。

例如，坐标"10＜60＜15"表示该点距离原点为10个单位，与原点连线的投影在 XY 平面内与 X 轴成60°夹角，连线与 XY 平面成15°夹角，如图10-6所示。

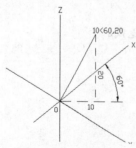

图10-5 柱面坐标

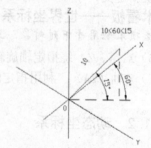

图10-6 球面坐标

10.2 观察模式

观察模式包括动态观察、相机、漫游和飞行以及运动路径动画的功能。

10.2.1 动态观察

AutoCAD 2016 提供了具有交互控制功能的三维动态观测器，利用三维动态观测器可以实时地控制和改变当前视口中创建的三维视图，以得到期望的效果。动态观察分为如下 3 类：

1. 受约束的动态观察

【执行方式】

命令行：3DORBIT（快捷命令：3DO）。

菜单栏：选择菜单栏中的"视图"→"动态观察"→"受约束的动态观察"命令。

快捷菜单：启用交互式三维视图后，在视口中右击，打开快捷菜单，如图 10-7 所示，选择"受约束的动态观察"命令。

工具栏：单击"动态观察"或"三维导航"工具栏中的"受约束的动态观察"按钮 ，如图 10-8 所示。

功能区：单击"视图"选项卡"导航"面板上的"动态观察"下拉菜单中的"动态观察"按钮

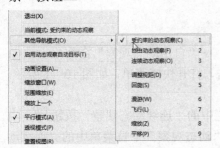

图10-7　快捷菜单　　　　　　　图10-8　"动态观察"和"三维导航"工具栏

执行上述操作后，视图的目标将保持静止，而视点将围绕目标移动。但是，从用户的视点看起来就像三维模型正在随着光标的移动而旋转，用户可以以此方式指定模型的任意视图。

系统显示三维动态观察光标图标。如果水平拖动鼠标，相机将平行于世界坐标系（WCS）的 XY 平面移动。如果垂直拖动鼠标，相机将沿 Z 轴移动，如图 10-9 所示。

原始图形　　　　　　　　　　　　　　　拖动鼠标

图10-9　受约束的三维动态观察

2. 自由动态观察

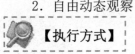 【执行方式】

命令行：3DFORBIT。

菜单栏：选择菜单栏中的"视图"→"动态观察"→"自由动态观察"命令。

快捷菜单：启用交互式三维视图后，在视口中右击，打开快捷菜单，如图 10-10 所示，选择"自由动态观察"命令。

工具栏：单击"动态观察"或"三维导航"工具栏中的"自由动态观察"按钮 。

功能区：单击"视图"选项卡"导航"面板上的"动态观察"下拉菜单中的"自由动态观察"按钮 。

执行上述操作后，在当前视口出现一个绿色的大圆，在大圆上有 4 个绿色的小圆，如图 10-10 所示。此时通过拖动鼠标就可以对视图进行旋转观察。

在三维动态观测器中，查看目标的点被固定，可以利用鼠标控制相机位置绕观察对象得到动态的观测效果。当光标在绿色大圆的不同位置进行拖动时，光标的表现形式是不同的，视图的旋转方向也不同。视图的旋转由光标的表现形式和其位置决定，光标在不同位置有⊙、⊕、⊕、⊕几种表现形式，可分别对对象进行不同形式的旋转。

3．连续动态观察

 【执行方式】

命令行：3DCORBIT。

菜单栏：选择菜单栏中的"视图"→"动态观察"→"自由动态观察"命令。

快捷菜单：启用交互式三维视图后，在视口中右击，打开快捷菜单，如图 10-11 所示，选择"连续动态观察"命令。

工具栏：单击"动态观察"或"三维导航"工具栏中的"连续动态观察"按钮 。

功能区：单击"视图"选项卡"导航"面板上的"动态观察"下拉菜单中的"连续动态观察"按钮 。

执行上述操作后，绘图区出现动态观察图标，按住鼠标左键拖动，图形按鼠标拖动的方向旋转，旋转速度为鼠标拖动的速度，如图 10-11 所示。

图10-10　自由动态观察　　　　　　　图10-11　连续动态观察

📖10.2.2　视图控制器

使用视图控制器功能，可以方便地转换方向视图。

 【执行方式】

命令行：NAVVCUBE。

【操作步骤】

命令行提示与操作如下：

命令: NAVVCUBE↙

输入选项 [开(ON)/关(OFF)/设置(S)] <ON>:

上述命令控制视图控制器的打开与关闭，当打开该功能时，绘图区的右上角自动显示视图控制器，如图 10-12 所示。

单击控制器的显示面或指示箭头，界面图形就自动转换到相应的方向视图。图 10-13 所示为单击控制器"上"面后，系统转换到上视图的情形。单击控制器上的按钮，系统回到西南等轴测视图。

图10-12　显示视图控制器　　　　图10-13　单击控制器"上"面后的视图

▲ **技巧与提示——各种三维观察模式**

除了上面讲的动态观察、视图控制器两种观察模式外，系统还提供了相机、漫游、飞行、运动路径动画、控制盘等三维观察模式，大大方便了用户，读者可以查看"帮助"文件练习相关功能，这里不再赘述。

10.3　三维绘制

10.3.1　绘制三维面

【执行方式】

命令行：3DFACE（快捷命令：3F）。

菜单栏：选择菜单栏中的"绘图"→"建模"→"网格"→"三维面"命令。

【操作步骤】

命令行提示与操作如下：

命令: 3DFACE↙

指定第一点或 [不可见（I）]: 指定某一点或输入 I

（1）指定第一点 输入某一点的坐标或用鼠标确定某一点，以定义三维面的起点。在输入第一点后，可按顺时针或逆时针方向输入其余的点，以创建普通三维面。如果在输入4点后按 Enter 键，则以指定第 4 点生成一个空间的三维平面。如果在提示下继续输入第二个平面上的第 3 点和第 4 点坐标，则生成第二个平面。该平面以第一个平面的第 3 点和第 4点作为第二个平面的第一点和第二点，创建第二个三维平面。继续输入点可以创建用户要创建的平面，按 Enter 键结束。

（2）不可见（I） 控制三维面各边的可见性，以便创建有孔对象的正确模型。如果在输入某一边之前输入"I"，则可以使该边不可见。图 10-14 所示为创建一长方体时某一边使用 I 命令和不使用 I 命令的视图比较。

可见边 不可见边

图10-14 "不可见"命令选项视图比较

10.3.2 绘制多边网格面

 【执行方式】

命令行：PFACE。

 【操作步骤】

命令行提示与操作如下：

> 命令：PFACE✓
> 为顶点 1 的位置：（输入点 1 的坐标或指定一点）
> 为顶点 2 的位置或 <定义面>：（输入点 2 的坐标或指定一点）
> 为顶点 n 的位置或 <定义面>：（输入点 N 的坐标或指定一点）
> 在输入最后一个顶点的坐标后，在提示下直接按 Enter 键，命令行提示与操作如下：
> 输入顶点编号或 [颜色(C)/图层(L)]：（输入顶点编号或输入选项）

输入平面上顶点的编号后，根据指定的顶点序号，AutoCAD 会生成一平面。当确定了一个平面上的所有顶点之后，在提示状态下按 Enter 键，AutoCAD 则指定另外一个平面上的顶点。

10.3.3 绘制三维网格

 【执行方式】

命令行：3DMESH。

【操作步骤】

命令行提示与操作如下：

> 命令：3DMESH↙
> 输入 M 方向上的网格数量：（输入 2～256 之间的值）
> 输入 N 方向上的网格数量：（输入 2～256 之间的值）
> 为顶点(0,0)的位置：（输入第一行第一列的顶点坐标）
> 为顶点(0,1)的位置：（输入第一行第二列的顶点坐标）
> 为顶点(0,2)的位置：（输入第一行第三列的顶点坐标）
> 为顶点(0,N-1)的位置：（输入第一行第 N 列的顶点坐标）
> 为顶点(1, 0)的位置：（输入第二行第一列的顶点坐标）
> 为顶点(1, 1)的位置：（输入第二行第二列的顶点坐标）
> 为顶点(1, N-1)的位置：（输入第二行第 N 列的顶点坐标）
> 为顶点(M-1, N-1)的位置：（输入第 M 行第 N 列的顶点坐标）

图 10-15 所示为绘制的三维网格表面。

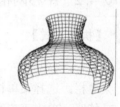

图10-15 三维网格表面

10.4 三维网格

10.4.1 直纹网格

【执行方式】

命令行：RULESURF。
菜单栏：选择菜单栏中的"绘图"→"建模"→"网格"→"直纹网格"命令。
功能区：单击"三维工具"选项卡"建模"面板中的"直纹曲面"按钮 。

【操作步骤】

命令行提示与操作如下：

> 命令：RULESURF↙
> 当前线框密度：SURFTAB1=当前值
> 选择第一条定义曲线：（指定第一条曲线）
> 选择第二条定义曲线：（指定第二条曲线）

下面生成一个简单的直纹网格。首先选择菜单栏中的"视图"→"三维视图"→"西南等轴测"命令，将视图转换为"西南等轴测"，然后绘制如图 10-16a 所示的两个圆作为草图，执行直纹网格命令 RULESURF，分别选择绘制的两个圆作为第一条和第二条定义曲线，最后生成的直纹网格如图 10-16b 所示。

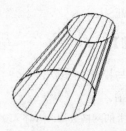

a) 作为草图的圆图　　　　　　　　　b) 生成的直纹网格

图10-16　绘制直纹网格

10.4.2　平移网格

【执行方式】

命令行：TABSURF。

菜单栏：选择菜单栏中的"绘图"→"建模"→"网格"→"平移网格"命令。

功能区：单击"三维工具"选项卡"建模"面板中的"平移曲面"按钮

【操作步骤】

命令行提示与操作如下：

命令：TABSURF↙

当前线框密度：SURFTAB1=6

选择用作轮廓曲线的对象：选择一个已经存在的轮廓曲线

选择用作方向矢量的对象：选择一个方向线

【选项说明】

（1）轮廓曲线　可以是直线、圆弧、圆、椭圆、二维或三维多段线。AutoCAD默认从轮廓曲线上离选定点最近的点开始绘制网格。

（2）方向矢量　指出形状的拉伸方向和长度。在多段线或直线上选定的端点决定拉伸的方向。

图10-17所示为选择图10-17a中六边形为轮廓曲线对象，以图10-17a中所绘制的直线为方向矢量绘制的图形，平移后的网格图形如图10-17b所示。

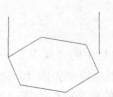

a) 六边形和方向线　　　　　　　b) 平移后的网格

图10-17　平移网格

📖 10.4.3 边界网格

 【执行方式】

命令行：EDGESURF。

菜单栏：选择菜单栏中的"绘图"→"建模"→"网格"→"边界网格"命令。

功能区：单击"三维工具"选项卡"建模"面板中的"边界曲面"按钮 ⬀。

 【操作步骤】

命令行提示与操作如下：

命令：EDGESURF↙

当前线框密度：SURFTAB1=6 SURFTAB2=6

选择用作曲面边界的对象 1：（选择第一条边界线）

选择用作曲面边界的对象 2：（选择第二条边界线）

选择用作曲面边界的对象 3：（选择第三条边界线）

选择用作曲面边界的对象 4：（选择第四条边界线）

 【选项说明】

系统变量 SURFTAB1 和 SURFTAB2 分别控制 M、N 方向的网格分段数。可通过在命令行输入 SURFTAB1 改变 M 方向的默认值，在命令行输入 SURFTAB2 改变 N 方向的默认值。下面生成一个简单的边界网格。首先选择菜单栏中的"视图"→"三维视图"→"西南等轴测"命令，将视图转换为"西南等轴测"，绘制 4 条首尾相连的边界，如图 10-18a 所示。在绘制边界的过程中，为了方便绘制，可以先绘制一个基本三维表面中的立方体作为辅助立体，在它上面绘制边界，然后再将其删除。执行边界网格命令 EDGESURF，选择绘制 4 条边界，则得到如图 10-18b 所示的边界网格。

a) 边界曲线　　　　　　　　　b) 生成的边界网格

图10-18　边界网格

📖 10.4.4 旋转网格

 【执行方式】

命令行：REVSURF。

菜单栏：选择菜单栏中的"绘图"→"建模"→"网格"→"旋转网格"命令。

 【操作步骤】

命令行提示与操作如下：

> 命令：REVSURF✓
>
> 当前线框密度：SURFTAB1=6 SURFTAB2=6
>
> 选择要旋转的对象1：（选择已绘制好的直线、圆弧、圆或二维、三维多段线）
>
> 选择定义旋转轴的对象：（选择已绘制好用作旋转轴的直线或是开放的二维、三维多段线）
>
> 指定起点角度<0>：（输入值或直接按 Enter 键接受默认值）
>
> 指定夹角（+=逆时针，—=顺时针）<360>：（输入值或直接按 Enter 键接受默认值）

 【选项说明】

（1）起点角度 如果设置为非零值，则平面将从生成路径曲线位置的某个偏移处开始旋转。

（2）包含角 用来指定绕旋转轴旋转的角度。

（3）系统变量 SURFTAB1 和 SURFTAB2 用来控制生成网格的密度。SURFTAB1 指定在旋转方向上绘制的网格线数目；SURFTAB2 指定绘制的网格线数目进行等分。

图 10-19 所示为利用 REVSURF 命令绘制的花瓶。

 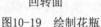 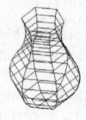

轴线和回转轮廓线   回转面   调整视角

图10-19 绘制花瓶

10.4.5 操作实例——弹簧

本例绘制如图 10-20 所示的弹簧。

图10-20 绘制结果

参见
光盘   光盘动画演示\第10章\弹簧.avi

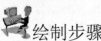 绘制步骤：

1）利用"UCS"命令设置用户坐标系。命令行提示与操作如下：

命令：UCS✓

当前 UCS 名称: *世界*

指定 UCS 的原点或 [面(F)/命名(NA)/对象(OB)/上一个(P)/视图(V)/世界(W)/X/Y/Z/Z 轴(ZA)] <世界>: 200,200,0✓

指定 X 轴上的点或 <接受>:✓

2）单击"默认"选项卡"绘图"面板中的"多段线"按钮，绘制多段线。命令行提示与操作如下：

命令：PLINE✓

指定起点: 0, 0, 0✓

当前线宽为　0.0000

指定下一个点或[圆弧（A）/半宽(H)/长度(L)/放弃(U)/宽度(W)]: @200<15✓

指定下一个点或[圆弧（A）/半宽(H)/长度(L)/放弃(U)/宽度(W)]: @200<165✓

重复上述步骤，结果如图 10-21 所示。

3）单击"默认"选项卡"绘图"面板中的"圆"按钮，指定多段线的起点为圆心，半径为20，结果如图 10-22 所示。

4）单击"默认"选项卡"修改"面板中的"复制"按钮，复制圆。结果如图 10-23 所示。重复上述步骤，结果如图 10-24 所示。

   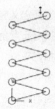

图10-21　绘制步骤　　　图10-22　绘制步骤　　　　图10-23　绘制步骤　　　　图10-24　绘制步骤

5）单击"默认"选项卡"绘图"面板中的"直线"按钮，绘制线段。直线的起点为第一条多段线的中点，终点的坐标为（@50<105），重复上述步骤，结果如图 10-25 所示。

6）同样作线段。以直线的起点为第一条多段线的中点，终点的坐标为（@50<75），重复上述步骤，结果如图 10-26 所示。

7）利用"SURFTAB1"和"SURFTAB2"命令修改线条密度。命令行提示与操作如下：

命令：SURFTAB1✓

输入 SURFTAB1 的新值<6>: 12✓

命令：SURFTAB2✓

输入 SURFTAB2 的新值<6>: 12✓

8）选择菜单栏中的"绘图"→"建模"→"网格"→"旋转网格"命令，旋转上述圆。结果如图 10-27 所示。重复上述步骤，结果如图 10-28 所示。命令行提示与操作如下：

命令：_revsurf

当前线框密度: SURFTAB1=12　　SURFTAB2=12

选择要旋转的对象:

2016

AtoCAD

选择定义旋转轴的对象:

指定起点角度 <0>:

指定夹角 (+=逆时针，-=顺时针) <360>: 180✓

命令: REVSURF

当前线框密度: SURFTAB1=12 SURFTAB2=12

选择要旋转的对象:

选择定义旋转轴的对象:

指定起点角度 <0>:

指定夹角 (+=逆时针，-=顺时针) <360>: -180✓

命令: REVSURF

当前线框密度: SURFTAB1=12 SURFTAB2=12

选择要旋转的对象:

选择定义旋转轴的对象:

指定起点角度 <0>:

指定夹角 (+=逆时针，-=顺时针) <360>: -180✓

命令: REVSURF

当前线框密度: SURFTAB1=12 SURFTAB2=12

选择要旋转的对象:

选择定义旋转轴的对象:

指定起点角度 <0>:

指定夹角 (+=逆时针，-=顺时针) <360>: 180✓

命令: REVSURF

当前线框密度: SURFTAB1=12 SURFTAB2=12

选择要旋转的对象:

选择定义旋转轴的对象:

指定起点角度 <0>:

指定夹角 (+=逆时针，-=顺时针) <360>: -180✓

命令: REVSURF

当前线框密度: SURFTAB1=12 SURFTAB2=12

选择要旋转的对象:

选择定义旋转轴的对象:

指定起点角度 <0>:

指定夹角(+=逆时针，-=顺时针) <360>: -180✓

命令: REVSURF

当前线框密度: SURFTAB1=12 SURFTAB2=12

选择要旋转的对象:

选择定义旋转轴的对象:

指定起点角度 <0>:

指定包含角 (+=逆时针，-=顺时针) <360>: -180↙

命令：REVSURF

当前线框密度：SURFTAB1=12　SURFTAB2=12

选择要旋转的对象：

选择定义旋转轴的对象：

指定起点角度 <0>:

指定夹角 (+=逆时针，-=顺时针) <360>: -180↙

命令：REVSURF

当前线框密度：SURFTAB1=12　SURFTAB2=12

选择要旋转的对象：

选择定义旋转轴的对象：

指定起点角度 <0>:

指定夹角 (+=逆时针，-=顺时针) <360>: -180↙

9）切换到西南视图。选择菜单栏中"视图"→"三维视图"→"西南等轴测"命令。

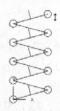  

图10-25　绘制步骤　　　　图10-26　绘制步骤　　　　图10-27　绘制步骤

10）单击"默认"选项卡"修改"面板中的"删除"按钮 ，删去多余的线条。

11）选择菜单栏中的"视图"→"消隐"命令，在命令行输入"HIDE"命令对图形消隐，最终结果如图 10-29 所示。

 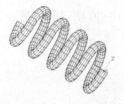

图10-28　绘制步骤　　　　　　　图10-29　绘制结果

10.5　编辑三维网格

10.5.1　三维镜像

【执行方式】

命令行：MIRROR3D。

菜单栏：选择菜单栏中的"修改"→"三维操作"→"三维镜像"命令。

【操作步骤】

命令行提示与操作如下：

> 命令：MIRROR3D↙
> 选择对象：（选择要镜像的对象）
> 选择对象：（选择下一个对象或按 Enter 键）
> 指定镜像平面 (三点) 的第一个点或
> [对象(O)/最近的(L)/Z 轴(Z)/视图(V)/XY 平面(XY)/YZ 平面(YZ)/ZX 平面(ZX)/三点(3)] <三点>：
> 在镜像平面上指定第一点：

【选项说明】

（1）点　输入镜像平面上点的坐标。该选项通过三个点确定镜像平面，是系统的默认选项。

（2）Z 轴（Z）　利用指定的平面作为镜像平面。选择该选项后，命令行提示与操作如下：

> 在镜像平面上指定点：（输入镜像平面上一点的坐标）
> 在镜像平面的 Z 轴（法向）上指定点：（输入与镜像平面垂直的任意一条直线上任意一点的坐标）
> 是否删除源对象？[是（Y）/否（N）]：（根据需要确定是否删除源对象）

（3）视图（V）　指定一个平行于当前视图的平面作为镜像平面。

（4）XY（YZ、ZX）平面　指定一个平行于当前坐标系的 XY（YZ、ZX）平面作为镜像平面。

10.5.2　操作实例——花篮

本例绘制如图 10-30 所示的花篮。

图10-30　花篮

 光盘动画演示\第 10 章\花篮.avi

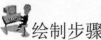绘制步骤：

1）单击"默认"选项卡"绘图"面板上的"圆弧"下拉菜单中的 "三点"按钮，命令行提示与操作如下：

命令: _arc 指定圆弧的起点或 [圆心(C)]: -6,0,0↙

指定圆弧的第二个点或 [圆心(C)/端点(E)]: 0,-6↙

指定圆弧的端点: 6,0↙

命令: _arc

指定圆弧的起点或 [圆心(C)]: -4,0,15↙

指定圆弧的第二个点或 [圆心(C)/端点(E)]: 0,-4↙

指定圆弧的端点: 4,0↙

命令: ARC ↙

指定圆弧的起点或 [圆心(C)]: -8,0,25↙

指定圆弧的第二个点或 [圆心(C)/端点(E)]: 0,-8↙

指定圆弧的端点: 8,0↙

命令: ARC↙

指定圆弧的起点或 [圆心(C)]: -10,0,30↙

指定圆弧的第二个点或 [圆心(C)/端点(E)]: 0,-10↙

指定圆弧的端点: 10,0↙

绘制结果如图 10-31 所示。单击"可视化"选项卡"视图"面板上的"视图"下拉菜单中的"西南等轴测"按钮◈，将当前视图设为西南等轴测视图，结果如图 10-32 所示。

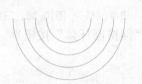

图10-31　绘制圆弧　　　　　　　　图10-32　西南视图

2）单击"默认"选项卡"绘图"面板中的"直线"按钮✎，指定坐标为{（-6,0,0）、（-4,0,15）、（-8,0,25）、（-10,0,30）}、{（6,0,0）、（4,0,15）、（8,0,25）、（10,0,30）}，绘制结果如图 10-33 所示。

3）在命令行中输入"SURFTAB1""SURFTAB2"命令，设置网格数。命令行提示与操作如下：

命令: SURFTAB1↙

输入 SURFTAB1 的新值 <6>: 20↙

命令: SURFTAB2↙

输入 SURFTAB2 的新值 <6>: 20↙

4）单击"三维工具"选项卡"建模"面板中的"边界曲面"按钮◈，然后选择围成网格的 4 条边，将网格内部填充线条，效果如图 10-34 所示，命令行操作与提示如下：

命令: EDGESURF

当前线框密度: SURFTAB1=20　SURFTAB2=20

选择用作曲面边界的对象 1

选择用作曲面边界的对象 2:

选择用作曲面边界的对象 3:

选择用作曲面边界的对象 4:

重复上述命令，将图形的边界网格填充，结果如图 10-35 所示。

5）选择菜单栏中的"修改"→"三维操作"→"三维镜像"命令，选择步骤 4 所绘制的图以 ZX 面为镜像面，绘制结果如图 10-36 所示，命令行操作与提示如下：

命令: MIRROR3D

选择对象:（选择所有图形）

选择对象:（按 Enter 键结束选择）

指定镜像平面 (三点) 的第一个点或 [对象(O)/最近的(L)/Z 轴(Z)/视图(V)/XY 平面(XY)/YZ 平面(YZ)/ZX 平面(ZX)/三点(3)] <三点>: ZX

指定 ZX 平面上的点 <0,0,0>:

正在检查 528 个交点...

是否删除源对象? [是(Y)/否(N)] <否>:

图10-33　绘制直线　　　图10-34　绘制网格　　　图10-35　边界网格　　　图10-36　三维镜像处理

6）单击"三维工具"选项卡"建模"面板中的"网格圆环体"按钮（以后章节会详细讲述），绘制圆环体。命令行提示与操作如下：

命令:_MESH

当前平滑度设置为: 0

输入选项 [长方体(B)/圆锥体(C)/圆柱体(CY)/棱锥体(P)/球体(S)/楔体(W)/圆环体(T)/设置(SE)] <圆环体>:_TORUS

指定中心点或 [三点(3P)/两点(2P)/切点、切点、半径(T)]: 0,0,0✓

指定半径或 [直径(D)] <177.2532>: 6✓

指定圆管半径或 [两点(2P)/直径(D)]: 0.5✓

命令:（直接按 Enter 键表示重复执行上一个命令） MESH

当前平滑度设置为: 0

输入选项 [长方体(B)/圆锥体(C)/圆柱体(CY)/棱锥体(P)/球体(S)/楔体(W)/圆环体(T)/设置(SE)] <圆环体>:

指定中心点或 [三点(3P)/两点(2P)/切点、切点、半径(T)]: 0,0,30✓

指定半径或 [直径(D)] <177.2532>: 10✓

指定圆管半径或 [两点(2P)/直径(D)]: 0.5✓

7）单击"视图"选项卡"视觉样式"面板中的"隐藏"按钮，对实体进行消隐。消隐之后结果如图 10-30 所示。

10.5.3 三维阵列

 【执行方式】

命令行：3DARRAY。

菜单栏：选择菜单栏中的"修改"→"三维操作"→"三维阵列"命令。

 【操作步骤】

命令行提示与操作如下：

> 命令：3DARRAY✓
>
> 选择对象：（选择要阵列的对象）
>
> 选择对象：（选择下一个对象或按 Enter 键）
>
> 输入阵列类型[矩形（R）/环形（P）]<矩形>：

【选项说明】

（1）矩形（R）　对图形进行矩形阵列复制，是系统的默认选项。选择该选项后，命令行提示与操作如下：

> 输入行数（---）<1>：（输入行数）
>
> 输入列数（|||）<1>：（输入列数）
>
> 输入层数（…）<1>：（输入层数）
>
> 指定行间距（---）：（输入行间距）
>
> 指定列间距（|||）：（输入列间距）
>
> 指定层间距（…）：（输入层间距）

（2）环形（P）：对图形进行环形阵列复制。选择该选项后，命令行提示与操作如下：

> 输入阵列中的项目数目：（输入阵列的数目）
>
> 指定要填充的角度（+=逆时针，—=顺时针）<360>：（输入环形阵列的圆心角）
>
> 旋转阵列对象？[是（Y）/否(N)]<是>：　确定阵列上的每一个图形是否根据旋转轴线的位置进行旋转
>
> 指定阵列的中心点：（输入旋转轴线上一点的坐标）
>
> 指定旋转轴上的第二点：（输入旋转轴线上另一点的坐标）

图 10-37 所示为 3 层 3 行 3 列间距分别为 300 的圆柱的矩形阵列，图 10-38 所示为圆柱的环形阵列。

图10-37　三维图形的矩形阵列　　　　图10-38　三维图形的环形阵列

10.5.4 对齐对象

【执行方式】

命令行：ALIGN（快捷命令：AL）。

菜单栏：选择菜单栏中的"修改"→"三维操作"→"对齐"命令。

【操作步骤】

命令行提示与操作如下：

命令：ALIGN✓

选择对象：（选择要对齐的对象）

选择对象：（选择下一个对象或按 Enter 键）

指定一对、两对或三对点，将选定对象对齐。

指定第一个源点：（选择点 1）

指定第一个目标点：（选择点 2）

指定第二个源点：✓

对齐结果如图 10-39 所示。两对点和三对点与一点的情形类似。

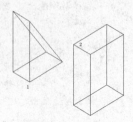　　　　　　　　　　　　　　　　　　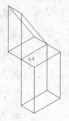

对齐前　　　　　　　　　　　　　　　　　　　　对齐后

图10-39　一点对齐

10.5.5 三维移动

【执行方式】

命令行：3DMOVE。

菜单栏：选择菜单栏中的"修改"→"三维操作"→"三维移动"命令。

【操作步骤】

命令行提示与操作如下：

命令：3DMOVE✓

选择对象：找到 1 个

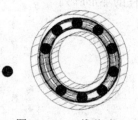

图10-40　三维移动

选择对象：↙

指定基点或 [位移(D)] <位移>：（指定基点）

指定第二个点或 <使用第一个点作为位移>：（指定第二点）

其操作方法与二维移动命令类似，图 10-40 所示为将滚珠从轴承中移出的情形。

10.5.6　三维旋转

【执行方式】

命令行：3DROTATE。

菜单栏：选择菜单栏中的"修改"→"三维操作"→"三维旋转"命令。

【操作步骤】

命令行提示与操作如下：

命令：3DROTATE↙

UCS 当前的正角方向：（ANGDIR=逆时针　ANGBASE=0）

选择对象：（选择一个滚珠）

选择对象：↙

指定基点：（指定圆心位置）

拾取旋转轴：（选择如图 10-41 所示的轴）

指定角的起点或键入角度：（选择如图 10-41 所示的中心点）

指定角的端点：（指定另一点）

旋转结果如图 10-42 所示。

图10-41　指定参数

图10-42　旋转结果

10.5.7　操作实例——圆柱滚子轴承

绘制如图 10-43 所示的圆柱滚子轴承。

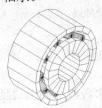

图10-43　圆柱滚子轴承

参见光盘 ｜ 光盘动画演示\第 10 章\圆柱滚子轴承.avi

绘制步骤：

1）设置线框密度。命令行提示与操作如下：

> 命令: SURFTAB1↙
>
> 输入 SURFTAB1 的新值 <6>: 20↙
>
> 命令: SURFTAB2↙
>
> 输入 SURFTAB2 的新值 <6>: 20↙

2）创建截面。用前面学过的二维图形绘制方法，选择单击"默认"选项卡"绘图"面板中的"直线"按钮 ✎ 以及"修改"面板中的"偏移""镜像""修剪""延伸"等按钮绘制如图 10-44 所示的 3 个平面图形及辅助轴线。

3）生成多段线。选择菜单栏中的"修改"→"对象"→"多段线"命令，命令行提示与操作如下：

> 命令: _pedit
>
> 选择多段线或 [多条(M)]:选择图形 1 的一条线段
>
> 选定的对象不是多段线
>
> 是否将其转换为多段线? <Y>: Y↙
>
> 输入选项 [闭合(C)/合并(J)/宽度(W)/编辑顶点(E)/拟合(F)/样条曲线(S)/非曲线化(D)/线型生成(L)/反转(R)/放弃(U)]: J↙
>
> 选择对象: 选择图 10-44 中图形 1 的其他线段

这样图 10-44 中的图形 1 就转换成封闭的多段线，利用相同方法，把图 10-44 中的图形 2 和图形 3 也转换成封闭的多段线。

将图 10-44 中图形 2 和图形 3 重合部位的图线重新绘制一次，为后面生成多段线作准备。

4）选择菜单栏中的"绘图"→"建模"→"网格"→"旋转网格"命令，旋转多段线，创建轴承内外圈。命令行提示与操作如下：

> 命令: _revsurf
>
> 当前线框密度: SURFTAB1=20 SURFTAB2=20
>
> 选择要旋转的对象: 分别选择面域 1 和 3，然后按 Enter 键
>
> 选择定义旋转轴的对象: 选择水平辅助轴线
>
> 指定起点角度 <0>:↙
>
> 指定包含角 (+=逆时针，-=顺时针) <360>:↙

旋转结果如图 10-45 所示。

5）创建滚动体。方法同上，以多段线 2 的上边延长斜线为轴线，旋转多段线 2，创建滚动体。

6）切换到左视图。单击"可视化"选项卡"视图"面板上的"视图"下拉菜单中的"左

视"按钮 ，结果如图 10-46 所示。

图10-44　绘制二维图形

图10-45　旋转多段线

7）阵列滚动体。单击"默认"选项卡"修改"面板中的"环形阵列"按钮 ，将创建的滚动体，进行环形阵列，阵列中心为坐标原点，数目为 10。阵列结果如图 10-47 所示。

8）切换视图。单击"可视化"选项卡"视图"面板上的"视图"下拉菜单中的"西南等轴测"按钮 ，切换到西南等轴测图。

9）删除轴线。单击"默认"选项卡"修改"面板中的"删除"按钮 ，删除辅助轴线，结果如图 10-48 所示。

10）消隐。单击"视图"选项卡"视觉样式"面板中的"隐藏"按钮 ，进行消隐处理后的图形如图 10-43 示。

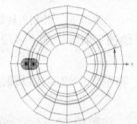

图10-46　创建滚动体后的左视图

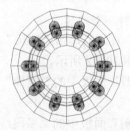

图10-47　阵列滚动体

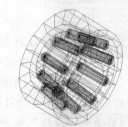

图10-48　删除辅助线

10.6　综合演练——茶壶

分析图 10-49 所示茶壶，壶嘴的建立是一个需要特别注意的地方，因为如果使用三维实体建模工具，很难建立起图示的实体模型，因而采用建立网格的方法建立壶嘴的表面模型。壶把采用沿轨迹拉伸截面的方法生成，壶身则采用旋转网格的方法生成。

图10-49　茶壶

光盘动画演示\第 10 章\茶壶.avi

📖 10.6.1 绘制茶壶拉伸截面

1）单击"默认"选项卡"图层"面板中的"图层特性管理器"按钮，打开"图层特性管理器"对话框，创建辅助线层和茶壶层，如图 10-50 所示。

2）将当前图层设置为"辅助线"图层，单击"默认"选项卡"绘图"面板中的"直线"按钮，绘制一条竖直线段，作为旋转直线，如图 10-51 所示。

图10-50　图层特性管理器　　　　　　　　　　　图10-51　绘制旋转轴

3）将当前图层设置为"茶壶"图层。单击"默认"选项卡"绘图"面板中的"多段线"按钮，绘制茶壶半轮廓线，如图 10-52 所示。

4）单击"默认"选项卡"修改"面板中的"镜像"按钮，将茶壶半轮廓线以辅助线为对称轴镜像到直线的另外一侧。

5）单击"默认"选项卡"绘图"面板中的"多段线"按钮，按照图 10-53 所示的样式绘制壶嘴和壶把轮廓线。

图10-52　绘制茶壶半轮廓线　　　　　图10-53　绘制壶嘴和壶把轮廓线

6）单击"可视化"选项卡"视图"面板上的"视图"下拉菜单中的"西南等轴测"按钮，将当前视图切换为西南等轴测视图，如图 10-54 所示。

7）新建坐标系。在命令行中输入"UCS"命令，执行坐标编辑命令，新建如图 10-55 所示的坐标系。

图10-54　西南等轴测视图　　　　　　　图10-55　新建坐标系

8）为使用户坐标系不在茶壶嘴上显示，在命令行输入"ucsicon"命令，然后选择"非原点(n)"。

9）在命令行中输入"UCS"命令，执行坐标编辑命令，将坐标系绕 X 轴旋转 90°。

10）在命令行中输入"UCS"命令，执行坐标编辑命令新建坐标系。新坐标系以壶嘴与壶体连接处的下端点为新的原点，以连接处的上端点为 X 轴，Y 轴方向取默认值。

11）在命令行中输入"UCS"命令，旋转坐标系，使当前坐标系绕 X 轴旋转 225°。

12）单击"默认"选项卡"绘图"面板中的"圆弧"按钮，以壶嘴和壶体的两个交点作为圆弧的两个端点，选择合适的切线方向绘制图形，如图 10-56 所示。

图10-56　绘制壶嘴与壶身交接处圆弧

10.6.2　拉伸茶壶截面

1）修改三维表面的显示精度。将系统变量 surftab1 和 surftab2 的值设为 20。命令行提示与操作如下：

命令: surftab1↙

输入 SURFTAB1 的新值 <6>: 20↙

命令: surftab2↙

输入 SURFTAB2 的新值 <6>: 20↙

2）绘制壶嘴曲面。选取菜单命令"绘图"→"建模"→"网格"→"边界网格"。绘制壶嘴曲面。命令行提示与操作如下：

命令：EDGESURF↙

当前线框密度：SURFTAB1=6　SURFTAB2=6

选择用作曲面边界的对象 1:　（依次选择壶嘴的 4 条边界线）

选择用作曲面边界的对象 2:　（依次选择壶嘴的 4 条边界线）

选择用作曲面边界的对象 3:　（依次选择壶嘴的 4 条边界线）

选择用作曲面边界的对象 4:　（依次选择壶嘴的 4 条边界线）

得到图 10-57 所示壶嘴半曲面。

3）镜像绘制壶嘴的另外半部分。选择菜单栏中的"修改"→"三维操作"→"三维镜像"命令，命令行提示与操作如下：

命令：_mirror3d

选择对象：（选择壶嘴半曲面）

选择对象：↙

指定镜像平面 (三点) 的第一个点或　[对象(O)/最近的(L)/Z 轴(Z)/视图(V)/XY 平面(XY)/YZ 平面

(YZ)/ZX 平面(ZX)/三点(3)] <三点>: (选择三个点)

是否删除源对象？[是(Y)/否(N)] <否>:✓

镜像生成下半部分壶嘴曲面，如图 10-58 所示。

4）在命令行中输入 "UCS" 命令，执行坐标编辑命令新建坐标系。利用 "捕捉到端点" 的捕捉方式，选择壶把与壶体的上部交点作为新的原点，壶把多义线的第一段直线的方向作为 X 轴正方向，按 Enter 键接受 Y 轴的默认方向。

图10-57 绘制壶嘴半曲面　　　　　　　　图10-58 镜像壶嘴下半部分曲面

5）在命令行中输入 "UCS"，将坐标系绕 Y 轴旋转负 90°，即沿顺时针方向旋转 90°，得到如图 10-59 所示的新坐标系。

6）绘制壶把的椭圆截面。单击 "默认" 选项卡 "绘图" 面板中的 "椭圆" 按钮 ⬭，绘制如图 10-60 所示的椭圆。

图10-59 新建坐标系　　　　　　　　图10-60 绘制壶把的椭圆截面

7）创建壶把。在命令行输入 "extrude" 命令，将椭圆截面沿壶把轮廓线拉伸成壶把，如图 10-61 所示。下面开始创建壶体，命令行操作与提示如下：

```
命令: _extrude
当前线框密度: ISOLINES=4，闭合轮廓创建模式 = 实体
选择要拉伸的对象或 [模式(MO)]: _MO 闭合轮廓创建模式 [实体(SO)/曲面(SU)] <实体>: _SO
选择要拉伸的对象或 [模式(MO)]: （选择椭圆截面）
选择要拉伸的对象或 [模式(MO)]: （按 Enter 键结束选择）
指定拉伸的高度或 [方向(D)/路径(P)/倾斜角(T)/表达式(E)]: （指定高度）
```

8）合并壶体曲线。选择菜单栏中的 "修改" → "对象" → "多段线" 命令，将壶体轮廓线合并成一条多段线。

9）在命令行输入 revsurf 命令，命令行提示与操作如下：

```
命令: REVSURF✓
当前线框密度: SURFTAB1=20　SURFTAB2=20
选择要旋转的对象 1: （指定壶体轮廓线）
选择定义旋转轴的对象: （指定已绘制好的用作旋转轴的辅助线）
指定起点角度<0>: ✓
指定包夹角（+=逆时针，—=顺时针）<360>:✓
```

旋转壶体曲线得到壶体表面，如图 10-62 所示。

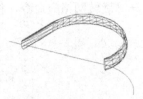

图10-61　拉伸壶把

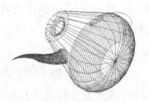

图10-62　建立壶体表面

10）在命令行输入"UCS"命令，执行坐标编辑命令，返回世界坐标系，再次执行 ucs 命令将坐标系绕 X 轴旋转-90º，如图 10-62 所示。

11）选择菜单栏中的"修改"→"三维操作"→"三维旋转"，命令将茶壶图形旋转 -90°，如图 10-63 所示，命令行操作与提示如下：

```
命令:_3drotate
UCS 当前的正角方向：　ANGDIR=逆时针　ANGBASE=0
选择对象:（选择茶壶）
指定基点:
拾取旋转轴:
指定角的起点或键入角度: -90
```

12）关闭"辅助线"图层。然后对模型进行消隐处理，如图 10-64 所示。

图10-63　世界坐标系下的视图

图10-64　消隐处理后的茶壶模型

📖10.6.3　绘制茶壶盖

1）在命令行中输入"UCS"，执行坐标编辑命令新建坐标系，将坐标系切换到世界坐标系，并将坐标系放置在中心线端点。

2）单击"默认"选项卡"绘图"面板中的"多段线"按钮 ⊃，绘制壶盖轮廓线，如图 10-65 所示。

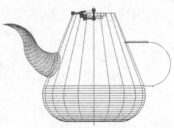

图10-65　绘制壶盖轮廓线

3）选择菜单栏中的"绘图"→"建模"→"网格"→"旋转网格"命令，将上步绘制的多段线绕中心线旋转360°。命令行提示与操作如下：

命令：_revsurf

当前线框密度：SURFTAB1=20　SURFTAB2=20

选择要旋转的对象:选择上步绘制的

选择定义旋转轴的对象: 选择中心线

指定起点角度 <0>:✓

指定夹角 (+=逆时针，-=顺时针) <360>:✓

4）单击"可视化"选项卡"视图"面板上的"视图"下拉菜单中的"西南等轴测"按钮 ，转换视图。

5）单击"渲染"工具栏中的"隐藏"按钮 ，将已绘制的图形消隐，消隐后的效果如图 10-66 所示。

6）将视图方向设定为前视图，绘制如图 10-67 所示的多段线。

图10-66　消隐处理后的壶盖模型

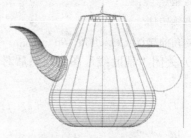

图10-67　绘制壶盖上端

7）选择菜单栏中的"绘图"→"建模"→"网格"→"旋转网格"命令，将绘制好的多段线旋转360°，如图 10-68 所示。命令行提示与操作如下：

命令：_revolve

当前线框密度：　ISOLINES=4

选择要旋转的对象: 找到 1 个

选择要旋转的对象:（选择绘制好的多段线）

指定轴起点或根据以下选项之一定义轴 [对象(O)/X/Y/Z] <对象>:X✓

指定旋转角度或 [起点角度(ST)] <360>:✓

8）单击"视图"选项卡"视觉样式"面板中的"隐藏"按钮 ，将已绘制的图形消隐，消隐后的效果如图 10-69 所示。

图10-68　所旋转网格

图10-69　茶壶消隐后的结果

10.7 动手练一练

【实例 1】利用三维动态观察器观察如图 10-70 所示的泵盖图形

1. 目的要求

为了更清楚地观察三维图形，了解三维图形各部分各方位的结构特征，需要从不同视角观察三维图形，利用三维动态观察器能够方便地对三维图形进行多方位观察。通过本例，要求读者掌握从不同视角观察物体的方法。

2. 操作提示

1）打开三维动态观察器。

2）灵活利用三维动态观察器的各种工具进行动态观察。

【实例 2】绘制如图 10-71 所示的小凉亭

1. 目的要求

三维表面是构成三维图形的基本单元，灵活利用各种基本三维表面构建三维图形是三维绘图的关键技术与能力要求。通过本例，要求读者熟练掌握各种三维表面绘制方法，体会构建三维图形的技巧。

2. 操作提示

1）利用"三维视点"命令设置绘图环境。

2）利用"平移曲面"命令绘制凉亭的底座。

3）利用"平移曲面"命令绘制凉亭的支柱。

4）利用"阵列"命令得到其他的支柱。

5）利用"多段线"命令绘制凉亭顶盖的轮廓线。

6）利用"旋转"命令生成凉亭顶盖。

图10-70 泵盖

图10-71 小凉亭

2016

AtoCAD

第**11**章

实体建模

实体建模是 AutoCAD 三维建模中比较重要的一部分。实体模型是能够完整描述对象的三维模型，比三维线框、三维曲面更能表达实物。利用三维实体模型，可以分析实体的质量特性，如体积、惯量、重心等。本章主要介绍基本三维实体的创建、二维图形生成三维实体、三维实体的布尔运算等知识。

重点与难点

- 了解基本三维实体的创建方法
- 学习三维实体的特征操作
- 了解特殊视图

11.1 创建基本三维实体

 11.1.1 创建长方体

【执行方式】

命令行：BOX。

菜单栏：选择菜单栏中的"绘图"→"建模"→"长方体"命令。

工具栏：单击"建模"工具栏中的"长方体"按钮◻。

功能区：单击"三维工具"选项卡"建模"面板中的"长方体"按钮◻。

 【操作步骤】

命令行提示与操作如下：

命令：BOX✓

指定第一个角点或 [中心(C)] <0,0,0>：（指定第一点或按 Enter 键表示原点是长方体的角点，或输入"c"表示中心点）

 【选项说明】

（1）指定第一个角点 用于确定长方体的一个顶点位置。选择该选项后，命令行继续提示与操作如下：

指定其他角点或 [立方体(C)/长度(L)]：（指定第二点或输入选项）

1）角点：用于指定长方体的其他角点。输入另一角点的数值，即可确定该长方体。如果输入的是正值，则沿着当前 UCS 的 X、Y 和 Z 轴的正向绘制长度。如果输入的是负值，则沿着 X、Y 和 Z 轴的负向绘制长度。图 11-1 所示为利用角点命令创建的长方体。

2）立方体（C）：用于创建一个长、宽、高相等的长方体。图 11-2 所示为利用立方体命令创建的长方体。

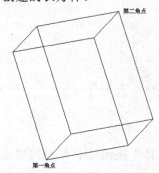

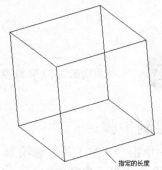

图11-1 利用角点命令创建的长方体　　图11-2 利用立方体命令创建的长方体

3）长度（L）：按要求输入长、宽、高的值。图 11-3 所示为利用长、宽和高命令创建的长方体。

（2）中心点　利用指定的中心点创建长方体。图 11-4 所示为利用中心点命令创建的长方体。

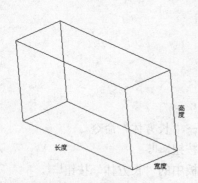

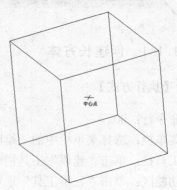

图11-3　利用长、宽和高命令创建的长方体　　　　图11-4　利用中心点命令创建的长方体

▲ **技巧与提示——巧用长方体命令**

如果在创建长方体时选择"立方体"或"长度"选项，则还可以在单击以指定长度时指定长方体在XY平面中的旋转角度；如果选择"中心点"选项，则可以利用指定中心点来创建长方体。

📖11.1.2　操作实例——拨叉架的创建

绘制如图 11-5 所示的拨叉架。

图11-5　拨叉架

参见光盘　光盘动画演示\第 11 章\拨叉架的创建.avi

💻绘制步骤：

1）单击"三维工具"选项卡"建模"面板中的"长方体"按钮 ▢，绘制顶端立板长方体。命令行提示与操作如下：

```
命令: _box✔
指定第一个角点或 [中心(C)]:0.5,2.5,0✔
```

指定其他角点或 [立方体(C)/长度(L)]:0,0,3✓

2）单击"可视化"选项卡"视图"面板上的"视图"下拉菜单中的"东南等轴测"按钮 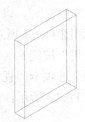，将当前视图设为东南等轴测视图，结果如图 11-6 所示。

3）单击"三维工具"选项卡"建模"面板中的"长方体"按钮 □，以角点坐标为 {（0, 2.5, 0）、（@2.72, -0.5, 3）} 绘制连接立板长方体，结果如图 11-7 所示。

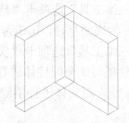

图11-6 绘制长方体　　　　　图11-7 绘制第二个长方体

4）单击"三维工具"选项卡"建模"面板中的"长方体"按钮 □，以角点坐标为{（2.72, 2.5, 0）、（@-0.5, -2.5, 3）} 和 {（2.22, 0, 0）、（@2.75, 2.5, 0.5）} 绘制其他部分长方体。

5）选择菜单栏中的"视图"→"缩放"→"全部"命令，缩放图形，结果如图 11-8 所示。

6）单击"三维工具"选项卡"实体编辑"面板中的"并集"按钮 （以后章节会详细讲述），将上步绘制的图形合并，结果如图 11-9 所示，命令行操作与提示如下：

命令: _union

选择对象:（选择需要并集的对象）

选择对象:（继续选择）

……

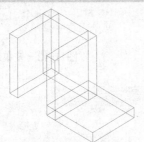

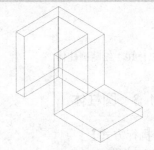

图11-8 缩放图形　　　　　　　图11-9 并集运算

7）单击"三维工具"选项卡"建模"面板中的"圆柱体"按钮 □（以后章节会详细讲述），命令行提示与操作如下：

命令: _cylinder✓

指定底面的中心点或 [三点(3P)/两点(2P)/切点、切点、半径(T)/椭圆(E)]: 0,1.25,2✓

指定底面半径或 [直径(D)]: 0.5✓

指定高度或 [两点(2P)/轴端点(A)]: A✓

指定轴端点: 0.5,1.25,2✓

命令: _cylinder

AutoCAD 2016

指定底面的中心点或 [三点(3P)/两点(2P)/切点、切点、半径(T)/椭圆(E)]: 2.22,1.25,2✓

指定底面半径或 [直径(D)]: 0.5✓

指定高度或 [两点(2P)/轴端点(A)]: a✓

指定轴端点: 2.72,1.25,2✓

结果如图 11-10 所示。

8）单击"三维工具"选项卡"建模"面板中的"圆柱体"按钮，以（3.97,1.25,0）为中心点，0.75 为底面半径，0.5 为高度绘制圆柱体。结果如图 11-11 所示。

9）单击"三维工具"选项卡"实体编辑"面板中的"差集"按钮（以后章节会详细讲述），将轮廓建模与 3 个圆柱体进行差集运算。单击"视图"选项卡"视觉样式"面板中的"隐藏"按钮，对实体进行消隐。消隐之后的图形如图 11-12 所示，命令行操作与提示如下：

命令: _subtract

选择要从中减去的实体、曲面和面域...

选择对象:（选择长方体体）

选择对象:（选择要减去的实体、曲面和面域...）

选择对象:（选择圆柱体）

......

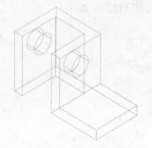

图11-10　绘制圆柱体

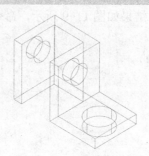

图11-11　绘制圆柱体

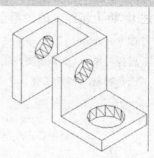

图11-12　差集运算

11.1.3　圆柱体

【执行方式】

命令行：CYLINDER（快捷命令：CYL）。

菜单栏：选择菜单栏中的"绘图"→"建模"→"圆柱体"命令。

工具条：单击"建模"工具栏中的"圆柱体"按钮。

功能区：单击"三维工具"选项卡"建模"面板中的"圆柱体"按钮。

【操作步骤】

命令行提示与操作如下：

命令: CYLINDER✓

当前线框密度：ISOLINES=4

指定底面的中心点或[三点(3P)/两点(2P)/切点、切点、半径(T)/椭圆（E）]<0,0,0>:

【选项说明】

（1）中心点　先输入底面圆心的坐标，然后指定底面的半径和高度，此选项为系统的默认选项。AutoCAD 按指定的高度创建圆柱体，且圆柱体的中心线与当前坐标系的 Z 轴平行，如图 11-13 所示。也可以指定另一个端面的圆心来指定高度，AutoCAD 根据圆柱体两个端面的中心位置来创建圆柱体，该圆柱体的中心线就是两个端面的连线，如图 11-14 所示。

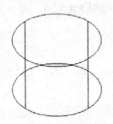
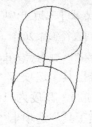

图11-13　按指定高度创建圆柱体　　　　图11-14　指定圆柱体另一个端面的中心位置

（2）椭圆（E）　创建椭圆柱体。椭圆端面的绘制方法与平面椭圆一样，创建的椭圆柱体如图 11-15 所示。

其他的基本实体，如楔体、圆锥体、球体、圆环体等的创建方法与长方体和圆柱体类似，不再赘述。

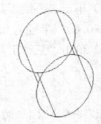

◆ **技术看板——为什么实体模型应用最广泛**

实体模型具有边和面，还有在其表面内由计算机确定的质量。实体模型是最容易使用的三维模型，它的信息最完整，不会产生歧义。与线框模型和曲面模型相比，实体模型的信息最完整、创建方式最直接，所以，在 AutoCAD 三维绘图中，实体模型应用最为广泛。

图11-15　椭圆柱体

📖 11.1.4　操作实例——弯管接头的创建

绘制图 11-16 所示的弯管接头。

图11-16　弯管接头

光盘动画演示\第 11 章\弯管接头的创建.avi

绘制步骤：

1. 绘制弯管主体

1）设置视图方向。单击"可视化"选项卡"视图"面板上的"视图"下拉菜单中的"西南等轴测"按钮⊘。将当前视图方向设为西南等轴测视图。

2）单击"三维工具"选项卡"建模"面板中的"圆柱体"按钮▢，绘制一个圆柱体，命令行提示与操作如下：

> 命令: CYLINDER↙
> 指定底面的中心点或 [三点(3P)/两点(2P)/切点、切点、半径(T)/椭圆(E)]:0，0，0↙
> 指定底面半径或 [直径(D)]: 20↙
> 指定高度或 [两点(2P)/轴端点(A)]: 40↙

3）单击"三维工具"选项卡"建模"面板中的"圆柱体"按钮▢，绘制底面中心点为（0,0,40），半径为25，高度为-10的圆柱体。

4）单击"三维工具"选项卡"建模"面板中的"圆柱体"按钮▢，绘制底面中心点为（0,0,0），半径为20，轴端点为（40,0,0）的圆柱体。

5）单击"三维工具"选项卡"建模"面板中的"圆柱体"按钮▢，绘制底面中心点为（40，0,0），半径为25，轴端点为（@ -10,0,0）的圆柱体。

6）单击"三维工具"选项卡"建模"面板中的"球体"按钮◯，命令行提示与操作如下：

> 命令: _sphere
> 指定中心点或 [三点(3P)/两点(2P)/切点、切点、半径(T)]: 0,0,0↙
> 指定半径或 [直径(D)] <33.6981>: D↙
> 指定直径 <67.3962>: 40↙

7）单击"视图"选项卡"视觉样式"面板中的"隐藏"按钮◯，对绘制的好的建模进行消隐。对绘制的好的实体进行消隐。

此时窗口图形如图 11-17 所示。

2. 细化弯管

1）单击"三维工具"选项卡"实体编辑"面板中的"并集"按钮◉，将上面绘制的所有实体组合为一个整体。此时窗口图形如图 11-18 所示。

2）单击"三维工具"选项卡"建模"面板中的"圆柱体"按钮▢，绘制底面中心点在原点，直径为35，高度为40的圆柱体。

3）单击"三维工具"选项卡"建模"面板中的"圆柱体"按钮▢，绘制底面中心点在原点，直径为35，轴端点坐标为（@-40,0,0）的圆柱体。

4）单击"三维工具"选项卡"建模"面板中的"球体"按钮◯，绘制一个圆点在原点，直径为35的球。

5）单击"三维工具"选项卡"实体编辑"面板中的"差集"按钮◉，对弯管进行布尔运算。

> 命令: SUBTRACT↙

选择要从中减去的实体、曲面和面域...

选择对象：（选择弯管主体）✓

选择对象：✓

选择要减去的实体、曲面和面域...

选择对象：（选择其中一个直径为 35 的圆柱体）✓

选择对象：（选择另一个直径为 35 的圆柱体）✓

选择对象：（选择直径为 35 的球体）✓

选择对象：✓

6）单击"视图"选项卡"视觉样式"面板中的"隐藏"按钮⬡，对绘制的好的建模进行消隐，此时图形如图 11-19 所示。

 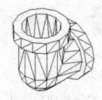

图11-17　弯管主体　　　　图11-18　求并后的弯管主体　　　　图11-19　弯管消隐图

用渲染后效果如图 11-16 所示。

11.2 布尔运算

📖 11.2.1 布尔运算简介

布尔运算在数学的集合运算中得到广泛应用，AutoCAD 也将该运算应用到了实体的创建过程中。用户可以对三维实体对象进行并集、交集、差集的运算。三维实体的布尔运算与平面图形类似。图 11-20 所示为 3 个圆柱体进行交集运算后的图形。

◆ 技术看板——快捷命令的表示方法

如果某些命令第一个字母都相同的话，那么对于比较常用的命令，其快捷命令取第一个字母，其他命令的快捷命令可用前面两个或三个字母表示。例如，"R"表示 Redraw，"RA"表示 Redrawall；"L"表示 Line，"LT"表示 LineType，"LTS"表示 LTScale。

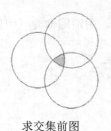 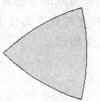 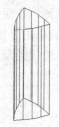

求交集前图　　　　　　　　求交集后　　　　　　　交集的立体图

图11-20　3个圆柱体交集后的图形

📖11.2.2 操作实例——带轮的创建

绘制图11-21所示的带轮。

图11-21 带轮

 光盘动画演示\第11章\带轮的创建.avi

绘制步骤:

1. 绘制截面轮廓线

1）单击"默认"选项卡"绘图"面板中的"多段线"按钮⌐⊃，绘制轮廓线，坐标点为（0,0）、（0,240）、（250,240)、（250,220）、（210,207.5）、（210,182.5）、（250,170)、（250,145）、（210, 132.5)、（210,107.5）、（250,95)、（250,70)、（210,57.5）、（210,32.5）、（250,20）、（250,0）、C，结果如图11-22所示。

2）单击"三维工具"选项卡"建模"面板中的"旋转"按钮⬛，旋转轮廓线，命令行提示与操作如下：

命令: REVOLVE↙

当前线框密度: ISOLINES=4，闭合轮廓创建模式 = 实体

选择要旋转的对象或 [模式(MO)]: (选择轮廓线)

选择要旋转的对象或 [模式(MO)]:↙

指定轴起点或根据以下选项之一定义轴 [对象(O)/X/Y/Z] <对象>:0, 0↙

指定轴端点:0,240↙

指定旋转角度或 [起点角度(ST)/反转(R)/表达式(EX)] <360>: ↙

3）改变视图方向：单击"可视化"选项卡"视图"面板上的"视图"下拉菜单中的"西南等轴测"按钮◈，将当前视图设为西南等轴测视图。

4）单击"视图"选项卡"视觉样式"面板中的"隐藏"按钮⬡。用消隐命令（HIDE）对实体进行消隐。结果如图11-23所示。

图11-22 带轮轮廓线

图11-23 旋转后的带轮

2. 绘制轮毂

1）用设置坐标命令（UCS）设置新的坐标系。命令行提示与操作如下：

命令:UCS↙

当前 UCS 名称: *世界*

指定 UCS 的原点或 [面(F)/命名(NA)/对象(OB)/上一个(P)/视图(V)/世界(W)/X/Y/Z/Z 轴(ZA)] <世界>:x↙

指定绕 X 轴的旋转角度<90>: ↙

2）单击"默认"选项卡"绘图"面板中的"圆"按钮 ⊙，绘制一个圆心在原点，半径为 190 的圆。

3）单击"默认"选项卡"绘图"面板中的"圆"按钮 ⊙，绘制一个圆心在(0, 0, -250)，半径为 190 的圆。

4）单击"默认"选项卡"绘图"面板中的"圆"按钮 ⊙，绘制一个圆心在(0, 0, -45)，半径为 50 的圆。

5）单击"默认"选项卡"绘图"面板中的"圆"按钮 ⊙，绘制一个圆心在(0, 0, -45)，半径为 80 的圆，如图 11-24 所示。

6）单击"三维工具"选项卡"建模"面板中的"拉伸"按钮 ⊡，拉伸绘制好的圆，命令行提示与操作如下：

命令:EXTRUDE↙

当前线框密度: ISOLINES=4，闭合轮廓创建模式 = 实体

选择要拉伸的对象或 [模式(MO)]:_MO 闭合轮廓创建模式 [实体(SO)/曲面(SU)]<实体>:_SO

选择要拉伸的对象或 [模式(MO)]: (选择离原点较近的半径为 190 的圆)

选择要拉伸的对象或 [模式(MO)]:↙

指定拉伸的高度或 [方向(D)/路径(P)/倾斜角(T)/表达式(E)] -85↙

7）重复"拉伸"命令，将离原点较远的半径为 190 的圆拉伸，高度为 85。将半径为 50 和 80 的圆拉伸，高度为-160。此时图形如图 11-25 所示。

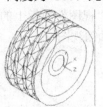

图11-24 带轮的中间图

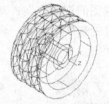

图11-25 拉伸后的实体

8）对拉伸后的实体进行布尔运算。单击"三维工具"选项卡"实体编辑"面板中的"差集"按钮 ◎，从带轮主体中减去半径为 190 拉伸的实体，命令行提示与操作如下：

命令:SUBTRACT↙

选择要从中减去的实体、曲面和面域....

选择对象: （选择带轮主体）

选择对象: ↙

选择要减去的实体、曲面和面域...

选择对象：（选择由半径为190的圆拉伸后所得的两个实体）

选择对象：✓

9）单击"三维工具"选项卡"实体编辑"面板中的"并集"按钮◎，将带轮主体与半径为80拉伸的实体进行计算，单击"三维工具"选项卡"实体编辑"面板中的"差集"按钮◎，从带轮主体中减去半径为50拉伸的实体。

10）对实体进行带边框的体着色：选择菜单栏中的"视图"→"视觉样式"→"带边缘着色"命令，结果如图11-26所示。

3. 绘制孔

1）改变视图的观察方向：选择菜单栏中的"视图"→"三维视图"→"平面视图"→"当前UCS"命令。

2）单击"默认"选项卡"绘图"面板中的"圆"按钮⊘，绘制三个圆心在原点，半径分别为170、100和135的圆。

3）单击"默认"选项卡"绘图"面板中的"圆"按钮⊘，绘制一个圆心在（135，0），半径为35的圆。

4）单击"默认"选项卡"修改"面板中的"复制"按钮%，复制半径为35的圆，并将它放在原点。

5）单击"默认"选项卡"修改"面板中的"移动"按钮✛，移动在原点的半径为35的圆，移动位移（@135<60）。

6）单击"默认"选项卡"修改"面板中的"修剪"按钮⊬，修剪线段。并删除掉多余的线段。如图11-27所示。

7）用编辑多段线命令（PEDIT）将弧形孔的边界编辑成一条封闭的多段线。

8）单击"默认"选项卡"修改"面板中的"环形阵列"按钮♣，阵列弧形面。设置中心点：（0，0），项目总数：3。如图11-28所示。

9）单击"三维工具"选项卡"建模"面板中的"拉伸"按钮⬆，拉伸绘制的3个弧形面，拉伸高度为-240。

10）改变视图的观察方向：单击"可视化"选项卡"视图"面板上的"视图"下拉菜单中的"西南等轴测"按钮♥，将当前视图设为西南等轴测视图。

图11-26　带轮的着色图　　　　图11-27　弧形的边界　　　　图11-28　弧形面阵列图

11）单击"三维工具"选项卡"实体编辑"面板中的"差集"按钮◎，将3个弧形实体从带轮实体中减去。

12）对实体进行带边框的体着色：选择菜单栏中的"视图"→"视觉样式"→"带边缘着色"命令。结果如图11-29所示。

13）为便于观看，用三维动态观察器将带轮旋转一个角度。如图11-30所示。

图11-29 弧形面拉伸后的图   图11-30 求差集后的带轮

11.3 特征操作

11.3.1 拉伸

【执行方式】

命令行：EXTRUDE（快捷命令：EXT）。

菜单栏：选择菜单栏中的"绘图"→"建模"→"拉伸"命令。

工具栏：单击"建模"工具栏中的"拉伸"按钮 🔟。

功能区：单击"三维工具"选项卡"建模"面板中的"拉伸"按钮 🔟。

【操作步骤】

命令行提示与操作如下：

命令：EXTRUDE✓

当前线框密度：ISOLINES=4，闭合轮廓创建模式 = 实体

选择要拉伸的对象或 [模式(MO)]：_MO 闭合轮廓创建模式 [实体(SO)/曲面(SU)] <实体>：_SO

选择要拉伸的对象或 [模式(MO)]：（选择绘制好的二维对象）

选择要拉伸的对象或 [模式(MO)]：（可继续选择对象或按 Enter 键结束选择）

指定拉伸的高度或 [方向(D)/路径(P)/倾斜角(T)/表达式(E)]

【选项说明】

（1）拉伸高度 按指定的高度拉伸出三维实体对象。输入高度值后，根据实际需要，指定拉伸的倾斜角度。如果指定的角度为 0°，AutoCAD 则把二维对象按指定的高度拉伸成柱体；如果输入角度值，拉伸后实体截面沿拉伸方向按此角度变化，成为一个棱台或圆台体。图 11-31 所示为不同角度拉伸圆的结果。

（2）方向 通过指定的两点指定拉伸的长度和方向。

（3）路径（P） 以现有的图形对象作为拉伸创建三维实体对象。图 11-32 所示为沿圆弧曲线路径拉伸圆的结果。

（4）倾斜角 用于拉伸的倾斜角是两个指定点间的距离。

（5）表达式 输入公式或方程式以指定拉伸高度。

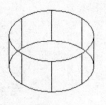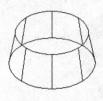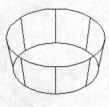

拉伸前　　　　　　　拉伸锥角为0°　　　　　拉伸锥角为10°　　　　拉伸锥角为-10°

图11-31　拉伸圆

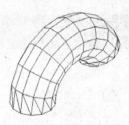

拉伸前　　　　　　　　　　　拉伸后

图11-32　沿圆弧曲线路径拉伸圆

▲ **技巧与提示——巧用圆柱体命令**

可以使用创建圆柱体的"轴端点"命令确定圆柱体的高度和方向。轴端点是圆柱体顶面的中心点，轴端点可以位于三维空间的任意位置。

11.3.2　旋转

 【执行方式】

命令行：REVOLVE（快捷命令：REV）。

菜单栏：选择菜单栏中的"绘图"→"建模"→"旋转"命令。

工具栏：单击"建模"工具栏中的"旋转"按钮 。

功能区：单击"三维工具"选项卡"建模"面板中的"旋转"按钮 。

 【操作步骤】

命令行提示与操作如下：

命令：REVOLVE↙

当前线框密度: ISOLINES=4，闭合轮廓创建模式 = 实体

选择要旋转的对象或 [模式(MO)]：（选择绘制好的二维对象）

选择要旋转的对象或 [模式(MO)]：（继续选择对象或按 Enter 键结束选择）

指定轴起点或根据以下选项之一定义轴 [对象(O)/X/Y/Z] <对象>:

【选项说明】

（1）指定旋转轴的起点　通过两个点来定义旋转轴。AutoCAD 将按指定的角度和旋转

轴旋转二维对象。

（2）对象（O）　选择已经绘制好的直线或用多段线命令绘制的直线段作为旋转轴线。

（3）X（Y/Z）轴　将二维对象绕当前坐标系（UCS）的 X（Y）轴旋转。图 11-33 所示为矩形平面绕 X 轴旋转的结果。

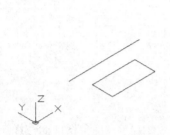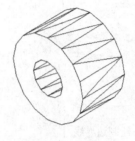

旋转界面　　　　　　　旋转后的实体

图11-33　旋转体

11.3.3　操作实例——齿轮的创建

分析图 11-34 所示的齿轮，可以看出，该图形结构比较复杂。具体实现过程为：

1）绘制齿轮的轮齿。

2）绘制轮毂和轴孔。

3）绘制键槽。

图11-34　齿轮

　光盘动画演示\第 11 章\齿轮的创建.avi

绘制步骤：

要求用户对齿轮的结构比较熟悉，且能灵活运用三维实体的基本图形的绘制命令和编辑命令。

通过绘制此图，用户对复杂三维实体的绘制过程将有全面地了解。

1．绘制齿轮主体

1）绘制圆。单击"默认"选项卡"绘图"面板中的"圆"按钮 ⊙，以原点为圆心，绘制半径为 120、130 和 107 的圆。

2）单击"默认"选项卡"绘图"面板中的"直线"按钮 ，分别以坐标点｛（0,0）、

（@130,0）}｛（0,0）、（@130<3.75）、（@65<176.25）}｛（0,0）（@130<-3.75）、（@65<183.75）},
如图 11-35 所示。

3）单击"默认"选项卡"修改"面板中的"修剪"按钮，修剪出一个齿廓，并将多余的辅助线用删除命令（ERASE）删除，修剪结果如图 11-36 所示。

图11-35　绘制边界线 　　　　　　　　　　　　　　　图11-36　修剪出的齿廓

4）单击"默认"选项卡"修改"面板中的"环形阵列"按钮，阵列齿廓，项目数为20，阵列中心点为（0,0），阵列对象是修剪出的齿廓，结果如图 11-37 所示。

5）圆角过渡。单击"默认"选项卡"修改"面板中的"圆角"按钮，对齿根进行半径为 2 的圆角，倒圆角后，单击"默认"选项卡"修改"面板中的"修剪"按钮，将齿根修剪完整。结果如图 11-38 所示。

6）拉伸实体。单击"默认"选项卡"绘图"面板中的"面域"按钮，创建面域，满足"拉伸"命令的要求，单击"三维工具"选项卡"建模"面板中的"拉伸"按钮，将齿轮轮廓线拉伸高度为 30。

7）单击"可视化"选项卡"视图"面板上的"视图"下拉菜单中的"西南等轴测"按钮，将图形设为西南等轴测视图，结果如图 11-39 所示。

2．绘制轮毂和轴孔

1）单击"默认"选项卡"绘图"面板中的"圆"按钮，依次绘制 3 个圆，3 个圆的圆心都在 0，0 点，半径分别是 R1=30、R2=50、R3=96。

　　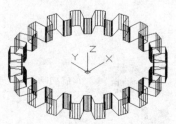

图11-37　阵列后的齿轮　　　图11-38　倒圆角并修剪后的齿轮　　　　　图11-39　齿轮主体

2）单击"默认"选项卡"修改"面板中的"移动"按钮，将半径为 30 的圆 1 和半径为 50 的圆 2 相对于原来位置向下平移-7.5。

3）单击"默认"选项卡"修改"面板中的"复制"按钮，对半径为 96 的圆 3 进行复制得到圆 4，并将它放在相对于原来的圆沿 Z 轴上移 30 的位置。

4）单击"三维工具"选项卡"建模"面板中的"拉伸"按钮，拉伸圆 1 和圆 2，拉伸高度是 45，倾斜角度是 0°；拉伸圆 3，拉伸高度是 5，倾斜角度是 0°；拉伸圆 4，拉伸高度是-5，倾斜角度是 0°结果如图 11-40 所示。

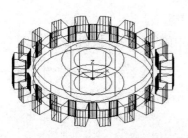

图11-40　拉伸后的实体

图11-41　齿轮着色图

5）单击"三维工具"选项卡"实体编辑"面板中的"差集"按钮⚫，从齿轮主体中减去由圆 3 和圆 4 拉伸成的实体。

6）单击"三维工具"选项卡"实体编辑"面板中的"并集"按钮⚫，将齿轮主体和圆 2 拉伸后所得实体合并。

7）单击"三维工具"选项卡"实体编辑"面板中的"差集"按钮⚫，从齿轮主体中减去由半径为 30 的圆拉伸成的实体。

8）将齿轮所在图层的颜色设置为灰色，选择菜单栏中的"视图"→"视觉样式"→"着色"命令，对绘制好的实体进行着色。结果如图 11-41 所示。

3．绘制键槽

1）转换视图：选择菜单栏中的"视图"→"三维视图"→"平面视图"→"世界 UCS"命令。

2）绘制矩形。单击"默认"选项卡"绘图"面板中的"矩形"按钮▭，命令行提示与操作如下：

> 命令 RECTANG✓
>
> 指定第一个角点或 [倒角(C)/标高(E)/圆角(F)/厚度(T)/宽度(W)]: F✓
>
> 指定矩形的圆角半径 <0.0000>: 0.45✓
>
> 指定第一个角点或 [倒角(C)/标高(E)/圆角(F)/厚度(T)/宽度(W)]: 0,-8✓
>
> 指定另一个角点或 [尺寸(D)]: 36.6,8✓

3）单击"三维工具"选项卡"建模"面板中的"拉伸"按钮▣，拉伸绘制好的矩形，拉伸高度是 45，倾斜角度是 0°。

4）单击"三维工具"选项卡"实体编辑"面板中的"差集"按钮⚫，从齿轮主体减去拉伸好的长方体。

5）单击"默认"选项卡"修改"面板中的"圆角"按钮▭，对轮毂根部倒 R4 的圆角；对轴孔端面倒 R2 的圆角。最后结果如图 11-34 所示。

11.3.4　扫掠

【执行方式】

命令行：SWEEP。

菜单栏：选择菜单栏中的"绘图"→"建模"→"扫掠"命令。

工具栏：单击"建模"工具栏中的"扫掠"按钮🗗。

功能区：单击"三维工具"选项卡"建模"面板中的"扫掠"按钮🗗。

 【操作步骤】

命令行提示与操作如下：

> 命令：SWEEP✓
>
> 当前线框密度：ISOLINES=4，闭合轮廓创建模式 = 实体
>
> 选择要扫掠的对象或 [模式(MO)]: _MO 闭合轮廓创建模式 [实体(SO)/曲面(SU)] <实体>: _SO
>
> 选择要扫掠的对象或 [模式(MO)]: 选择对象，如图 11-42a 中的圆
>
> 选择要扫掠的对象或 [模式(MO)]: ✓
>
> 选择扫掠路径或 [对齐(A)/基点(B)/比例(S)/扭曲(T)]: 选择对象，如图 11-42a 中螺旋线

扫掠结果如图 11-42b 所示。

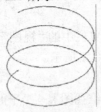 

a) 对象和路径　　　　　　　　　　　b) 结果

图11-42　扫掠

 【选项说明】

（1）对齐（A）　指定是否对齐轮廓以使其作为扫掠路径切向的法向，默认情况下，轮廓是对齐的。选择该选项，命令行提示与操作如下：

> 扫掠前对齐垂直于路径的扫掠对象 [是(Y)/否(N)] <是>: 输入"n"，指定轮廓无需对齐；按 Enter 键，指定轮廓将对齐

▲ 技巧与提示——巧用扫掠命令

使用扫掠命令，可以通过沿开放或闭合的二维或三维路径扫掠开放或闭合的平面曲线（轮廓）来创建新实体或曲面。扫掠命令用于沿指定路径以指定轮廓的形状（扫掠对象）创建实体或曲面。可以扫掠多个对象，但是这些对象必须在同一平面内。如果沿一条路径扫掠闭合的曲线，则生成实体。

（2）基点（B）　指定要扫掠对象的基点。如果指定的点不在选定对象所在的平面上，则该点将被投影到该平面上。选择该选项，命令行提示与操作如下：

指定基点：　指定选择集的基点

（3）比例（S）　指定比例因子以进行扫掠操作。从扫掠路径的开始到结束，比例因子将统一应用到扫掠的对象上。选择该选项，命令行提示与操作如下：

> 输入比例因子或 [参照(R)/表达式(E)]<1.0000>:（指定比例因子，输入"R"，调用参照选项；按 Enter 键，选择默认值）

其中"参照（R）"选项表示通过拾取点或输入值来根据参照的长度缩放选定的对象。

（4）扭曲（T）　　设置正被扫掠对象的扭曲角度。扭曲角度指定沿扫掠路径全部长度的旋转量。选择该选项，命令行提示与操作如下：

> 输入扭曲角度或允许非平面扫掠路径倾斜 [倾斜(B)/表达式(EX)]<0.0000>：（指定小于 360°的角度值，输入"B"，打开倾斜；按 Enter 键，选择默认角度值）

其中"倾斜（B）"选项指定被扫掠的曲线是否沿三维扫掠路径（三维多线段、三维样条曲线或螺旋线）自然倾斜（旋转）。

图 11-43 所示为扭曲扫掠示意图。

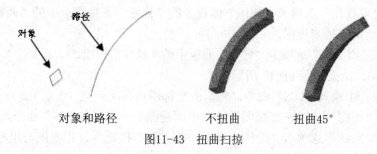

| 对象和路径 | 不扭曲 | 扭曲45° |

图11-43　扭曲扫掠

11.3.5　操作实例——锁的创建

绘制图 11-44 所示的锁。

图11-44　锁

> 光盘动画演示\第 11 章\锁的创建.avi

绘制步骤：

1）单击"默认"选项卡"绘图"面板中的"矩形"按钮□，绘制角点坐标为(-100,30)和（100,-30）的矩形。

2）单击"默认"选项卡"绘图"面板中的"圆弧"按钮，绘制起点坐标为（100,30）端点坐标为（-100,30），半径为 340 的圆弧。

3）单击"默认"选项卡"绘图"面板中的"圆弧"按钮，绘制起点坐标为（-100,-30）端点坐标为（100,-30），半径为 340 的圆弧，如图 11-45 所示。

4）单击"默认"选项卡"修改"面板中的"修剪"按钮，对上述圆弧和矩形进行修剪，结果如图 11-46 所示。

图11-45　绘制圆弧后的图形

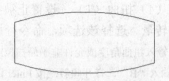

图11-46　修剪后的图形

5）选择菜单栏中的相关命令，将上述多段线合并为一个整体。

6）单击"默认"选项卡"绘图"面板中的"面域"按钮，将上述图形生成为一个面域。

7）单击"可视化"选项卡"视图"面板上的"视图"下拉菜单中的"西南等轴测"按钮，切换到西南等轴测视图。

8）单击"三维工具"选项卡"建模"面板中的"拉伸"按钮，选择上步创建的面域，拉伸高度为150，结果如图11-47所示。

9）在命令行中输入"UCS"命令。将新的坐标原点移动到点（0,0,150）。切换视图后，选择菜单中的"视图"→"三维视图"→"平面视图"→"当前UCS"命令。

10）单击"默认"选项卡"绘图"面板中的"圆"按钮，指定圆心坐标（-70,0），半径为15，结果如图11-48所示。

11）单击"可视化"选项卡"视图"面板上的"视图"下拉菜单中的"前视"按钮，切换到前视图。

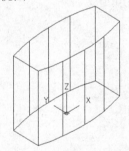

图11-47　拉伸后的图形

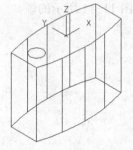

图11-48　绘圆后的图形

12）在命令行中输入"UCS"命令。将新的坐标原点移动到点（0,150,0）。

13）单击"默认"选项卡"绘图"面板中的"多段线"按钮，命令行提示与操作如下：

```
命令:PLINE
指定起点: -70,0✓
当前线宽为 0.0000
指定下一个点或 [圆弧(A)/半宽(H)/长度(L)/放弃(U)/宽度(W)]: @80<90✓
指定下一点或 [圆弧(A)/闭合(C)/半宽(H)/长度(L)/放弃(U)/宽度(W)]: A✓
指定圆弧的端点（按住 Ctrl 键以切换方向）或[角度(A)/圆心(CE)/闭合(CL)/方向(D)/半宽(H)/直线(L)/半径(R)/第二个点(S)/放弃(U)/宽度(W)]: A✓
指定夹角: -180✓
指定圆弧的端点（按住 Ctrl 键以切换方向）或 [圆心(CE)/半径(R)]: R✓
指定圆弧的半径: 70✓
指定圆弧的弦方向 <90>: 0✓
```

指定圆弧的端点（按住 Ctrl 键以切换方向）或[角度(A)/圆心(CE)/闭合(CL)/方向(D)/半宽(H)/直线(L)/半径(R)/第二个点(S)/放弃(U)/宽度(W)]: L✓

指定下一点或 [圆弧(A)/闭合(C)/半宽(H)/长度(L)/放弃(U)/宽度(W)]: 70,0✓

指定下一点或 [圆弧(A)/闭合(C)/半宽(H)/长度(L)/放弃(U)/宽度(W)]:

结果如图 11-49 所示。

14）单击"可视化"选项卡"视图"面板上的"视图"下拉菜单中的"西南等轴测"按钮，返回到西南等轴测图。

15）单击"三维工具"选项卡"建模"面板中的"扫掠"按钮，将绘制的圆与多段线进行扫掠处理，命令行提示与操作如下：

命令: _sweep

当前线框密度: ISOLINES=4，闭合轮廓创建模式 = 实体

选择要扫掠的对象或 [模式(MO)]: _MO 闭合轮廓创建模式 [实体(SO)/曲面(SU)] <实体>: _SO

选择要扫掠的对象或 [模式(MO)]:找到 1 个（选择圆）

选择要扫掠的对象或 [模式(MO)]:

选择扫掠路径或 [对齐(A)/基点(B)/比例(S)/扭曲(T)]: （选择多段线）

16）单击"三维工具"选项卡"建模"面板中的"圆柱体"按钮，绘制底面中心点为（-70,0,0），底面半径为 20，轴端点为（-70,-30,0）的圆柱体，结果如图 11-50 所示。

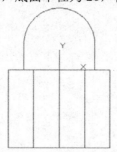
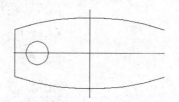

图11-49　绘制多段线后的图形　　　　　　　图11-50　扫琼后的图形

17）在命令行中输入"UCS"命令。将新的坐标原点绕 X 轴旋转 90°。

18）单击"三维工具"选项卡"建模"面板中的"楔体"按钮，绘制角点为(-50,-70,10)、(-80,70,10)，高度为 20 的楔体。

19）单击"三维工具"选项卡"实体编辑"面板中的"差集"按钮，将扫掠体与楔体进行差集运算，如图 11-51 所示。

20）选择菜单栏中的"修改"→"三维操作"→"三维旋转"命令，将上述锁柄绕着右边的圆中心垂直旋转 180°，命令行提示与操作如下：

命令: 3DROTATE

UCS 当前的正角方向: ANGDIR=逆时针　ANGBASE=0

选择对象: （选择锁柄）

选择对象: ✓

指定基点: （指定右边圆的圆心）

拾取旋转轴: （指定右边的圆的中心垂线）

指定角的起点或键入角度:180↙

旋转的结果如图 11-52 所示。

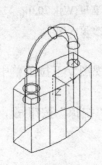

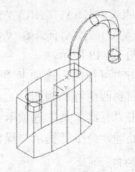

图11-51　差集后的图形　　　　　　　　　　图11-52　旋转处理

21）单击"三维工具"选项卡"实体编辑"面板中的"差集"按钮，将左边小圆柱体与锁体进行差集操作，即在锁体上打孔。

22）单击"默认"选项卡"修改"面板中的"圆角"按钮，设置圆角半径为 10，对锁体四周的边进行圆角处理。

23）单击"视图"选项卡"视觉样式"面板中的"隐藏"按钮，结果如图 11-53 所示。

24）单击"默认"选项卡"修改"面板中的"删除"按钮，选择多段线进行删除。最终结果如图 11-44 所示。

图11-53　消隐处理

11.3.6　放样

【执行方式】

命令行：LOFT。

菜单栏：选择菜单栏中的"绘图"→"建模"→"放样"命令。

工具栏：单击"建模"工具栏中的"放样"按钮。

功能区：单击"三维工具"选项卡"建模"面板中的"放样"按钮。

【操作步骤】

命令行提示与操作如下：

命令：LOFT↙

> 当前线框密度: ISOLINES=4，闭合轮廓创建模式 = 实体
>
> 按放样次序选择横截面或 [点(PO)/合并多条边(J)/模式(MO)]: _MO 闭合轮廓创建模式 [实体(SO)/曲面(SU)] <实体>: _SO
>
> 按放样次序选择横截面或 [点(PO)/合并多条边(J)/模式(MO)]:依次选择如图 11-54 所示的 3 个截面
>
> 按放样次序选择横截面或 [点(PO)/合并多条边(J)/模式(MO)]:
>
> 按放样次序选择横截面或 [点(PO)/合并多条边(J)/模式(MO)]:
>
> 按放样次序选择横截面或 [点(PO)/合并多条边(J)/模式(MO)]: ✓
>
> 输入选项 [导向(G)/路径(P)/仅横截面(C)/设置(S)] <仅横截面>:

 【选项说明】

（1）设置（S）　选择该选项，系统打开"放样设置"对话框，如图 11-55 所示。其中有 4 个单选钮选项，图 11-56a 所示为点选"直纹"单选钮的放样结果示意图，图 11-56b 所示为点选"平滑拟合"单选钮的放样结果示意图，图 11-56c 所示为点选"法线指向"单选钮并选择"所有横截面"选项的放样结果示意图，图 11-56d 所示为点选"拔模斜度"单选钮并设置"起点角度"为 45°、"起点幅值"为 10、"端点角度"为 60°、"端点幅值"为 10 的放样结果示意图。

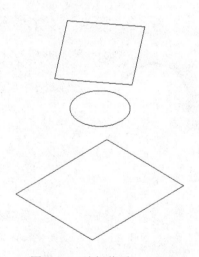

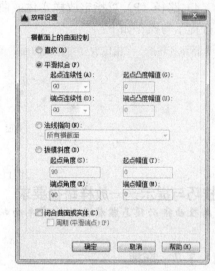

图11-54　选择截面

图11-55　"放样设置"对话框

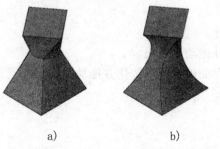

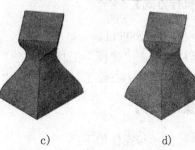

a)　　　　　　b)　　　　　　c)　　　　　　d)

图11-56　放样示意图

（2）导向（G）　指定控制放样实体或曲面形状的导向曲线。导向曲线是直线或曲线，可通过将其他线框信息添加至对象来进一步定义实体或曲面的形状，如图 11-57 所示。选择该选项，命令行提示与操作如下：

选择导向轮廓或 [合并多条边(J)]:选择放样实体或曲面的导向曲线，然后按 Enter 键

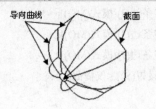

图11-57　导向放样

◆ **技术看板——放样导向曲线正常工作的条件**

1）与每个横截面相交。

2）从第一个横截面开始。

3）到最后一个横截面结束。

可以为放样曲面或实体选择任意数量的导向曲线。

（3）仅横截面（C）　在不使用导向或路径的情况下，创建放样对象。

（4）路径（P）　指定放样实体或曲面的单一路径，如图 11-58 所示。选择该选项，命令行提示与操作如下：

选择路径轮廓：（指定放样实体或曲面的单一路径）

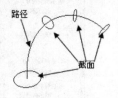

图11-58　路径放样

▲ **技巧与提示——放样路径要求**

路径曲线必须与横截面的所有平面相交。

📖 11.3.7　拖拽

【执行方式】

命令行：PRESSPULL。

工具栏：单击"建模"工具栏中的"按住并拖动"按钮。

功能区：单击"三维工具"选项卡"建模"面板中的"按住并拖动"按钮。

【操作步骤】

命令行提示与操作如下：

命令: PRESSPULL↙

（单击有限区域以进行按住或拖动操作）

选择有限区域后，按住鼠标左键并拖动，相应的区域就会进行拉伸变形。图 11-59 所示为选择圆台上表面，按住并拖动的结果。

圆台　　　　　　　　　向下拖动　　　　　　　　向上拖动

图11-59　按住并拖动

11.3.8　操作实例——内六角圆柱头螺钉的创建

本例绘制如图 11-60 所示内六角圆柱头螺钉。

图11-60　内六角圆柱头螺钉

 光盘动画演示\第 11 章\内六角螺钉的创建.avi

绘制步骤：

1）启动 AutoCAD2016，使用默认设置画图。

2）设置线框密度。利用 ISOLINES 设置线框密度为 10。

3）单击"三维工具"选项卡"建模"面板中的"圆柱体"按钮 ，绘制底面中心点为（0,0,0），半径为 15，高度为 16 的圆柱体。

4）单击"可视化"选项卡"视图"面板上的"视图"下拉菜单中的"西南等轴测"按钮 ，切换到西南等轴测图，结果如图 11-61 所示。

5）设置新的用户坐标系。将坐标原点移动到圆柱顶面的圆心。

6）单击"默认"选项卡"绘图"面板中的"多边形"按钮 ，绘制中心在圆柱顶面圆心，内接与圆，半径为 7 的正六边形。

7）单击"三维工具"选项卡"建模"面板中的"拉伸"按钮 ，拉伸正六边形拉伸高度为-8，结果如图 11-62 所示。

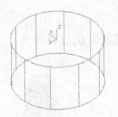

图11-61 创建的圆柱

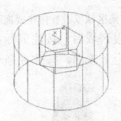

图11-62 拉伸正六边形

8）单击"三维工具"选项卡"实体编辑"面板中的"差集"按钮，对圆柱与正六棱柱进行差集运算。

9）单击"视图"选项卡"视觉样式"面板中的"隐藏"按钮，进行消隐，结果如图11-63所示。

10）单击"可视化"选项卡"视图"面板上的"视图"下拉菜单中的"前视"按钮，切换到前视图。

11）单击"默认"选项卡"绘图"面板中的"多段线"按钮，绘制多段线，命令行提示与操作如下：

命令:Pl↙

指定起点:（单击鼠标指定一点）

当前线宽为 0.000025

指定下一个点或 [圆弧(A)/半宽(H)/长度(L)/放弃(U)/宽度(W)]: @2<30↙

指定下一点或 [圆弧(A)/闭合(C)/半宽(H)/长度(L)/放弃(U)/宽度(W)]: @2<150↙

指定下一点或 [圆弧(A)/闭合(C)/半宽(H)/长度(L)/放弃(U)/宽度(W)]: ↙

结果如图 11-64 所示。

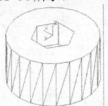

图11-63 螺钉头部

图11-64 螺纹牙形

12）单击"默认"选项卡"修改"面板中的"矩形阵列"按钮，阵列螺纹牙型，行数为25，列数为1行间距为2，绘制螺纹截面。

13）单击"默认"选项卡"绘图"面板中的"直线"按钮，绘制直线。

命令:L↙

指定第一个点:（捕捉螺纹的上端点）

指定下一点或 [放弃(U)]: @8<180↙

指定下一点或 [放弃(U)]: @50<-90↙

指定下一点或 [闭合(C)/放弃(U)]:（捕捉螺纹的下端点，然后按 Enter 键）

结果如图 11-65 所示。

14）单击"默认"选项卡"绘图"面板中的"面域"按钮，将上步绘制螺纹截面合并。单击"绘图"工具栏中的"直线"按钮 ⁄，绘制旋转轴。

15）单击"三维工具"选项卡"建模"面板中的"旋转"按钮 ，旋转螺纹截面 360°，结果如图 11-66 所示。

16）单击"默认"选项卡"修改"面板中的"移动"按钮 ，捕捉螺纹顶面圆心，然后移动圆柱底面圆心螺纹，结果如图 11-67 所示。

17）单击"三维工具"选项卡"实体编辑"面板中的"并集"按钮 ，选择螺纹及螺钉头部，并集运算。

18）单击"可视化"选项卡"视图"面板上的"视图"下拉菜单中的"西南等轴测"按钮 ，切换到西南等轴测图；单击"视图"选项卡"视觉样式"面板中的"隐藏"按钮 ，对图形进行消隐，如图 11-68 所示。

 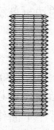 

图11-65　螺纹截面　　　　　图11-66　螺纹　　　　　图11-67　移动螺纹

19）在命令行输入"DISPSILH"命令，将该变量的值设定为 1，然后单击菜单栏"视图"→"渲染"→"渲染环境"命令，再次进行消隐处理后的图形，如图 11-69 所示。

 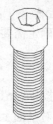

图11-68　消隐后的螺钉　　　　　　　　　图11-69　螺钉

20）单击菜单栏"视图"→"渲染"→"材质浏览器"命令，选择适当的材质，渲染后的效果如图 11-60 所示。

11.4　实体三维操作

11.4.1　倒角

【执行方式】

命令行：CHAMFER（快捷命令：CHA）。
菜单栏：选择菜单栏中的"修改"→"倒角"命令。
工具栏：单击"修改"工具栏中的"倒角"按钮 。

功能区：单击"默认"选项卡"修改"面板中的"倒角"按钮 。

【操作步骤】

命令行提示与操作如下：

命令：CHAMFER✓
（"修剪"模式）当前倒角距离 1 = 0.0000，距离 2 = 0.0000
选择第一条直线或 [放弃(U)/多段线(P)/距离(D)/角度(A)/修剪(T)/方式(E)/多个(M)]:

【选项说明】

（1）选择第一条直线　选择实体的一条边，此选项为系统的默认选项。选择某一条边以后，与此边相邻的两个面中的一个面的边框就变成虚线。选择实体上要倒直角的边后，命令行提示如下：

基面选择...
输入曲面选择选项 [下一个(N)/当前(OK)] <当前(OK)>:

该提示要求选择基面，默认选项是当前，即以虚线表示的面作为基面。如果选择"下一个（N）"选项，则以与所选边相邻的另一个面作为基面。

选择好基面后，命令行继续出现如下提示。

指定 基面 倒角距离或 [表达式(E)] <2.0000>: 输入基面上的倒角距离
指定 其他曲面 倒角距离或 [表达式(E)] <2.0000>:输入与基面相邻的另外一个面上的倒角距离
选择边或 [环(L)]:

1）选择边：确定需要进行倒角的边，此项为系统的默认选项。选择基面的某一边后，命令行提示如下：

选择边或 [环(L)]:

在此提示下，按Enter键对选择好的边进行倒直角，也可以继续选择其他需要倒直角的边。

2）选择环：对基面上所有的边都进行倒直角。

（2）其他选项　与二维斜角类似，此处不再赘述。

图 11-70 所示为对长方体倒角的结果。

 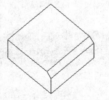 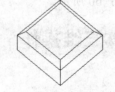

选择倒角边"1"　　选择边倒角结果　　选择环倒角结果

图11-70　对实体棱边倒角

11.4.2　圆角

【执行方式】

命令行：FILLET（快捷命令：F）。

菜单栏：选择菜单栏中的"修改"→"圆角"命令。

工具栏：单击"修改"工具栏中的"圆角"按钮 ⌐。

功能区：单击"默认"选项卡"修改"面板中的"圆角"按钮 ⌐。

【操作步骤】

命令行提示与操作如下：

命令：FILLET↙

当前设置: 模式 = 修剪，半径 = 0.0000

选择第一个对象或 [放弃(U)/多段线(P)/半径(R)/修剪(T)/多个(M)]: 选择实体上的一条边

输入圆角半径或 [表达式(E)]: 输入圆角半径

选择边或 [链(C)/半径(R)]:

【选项说明】

选择"链（C）"选项，表示与此边相邻的边都被选中，并进行倒圆角的操作。图 11-71 所示为对长方体倒圆角的结果。

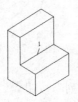

选择倒圆角边"1"　边倒圆角结果　链倒圆角结果

图11-71　对实体棱边倒圆角

11.4.3　操作实例——棘轮的创建

本实例绘制的棘轮，如图 11-72 所示。

图11-72　棘轮

 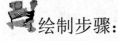
光盘动画演示\第 11 章\棘轮的创建.avi

绘制步骤：

1．设置绘图环境

用 LIMITS 命令设置图幅为 297×210。利用 ISOLINES 设置线框密度为 10。

2．绘制同心圆

单击"默认"选项卡"绘图"面板中的"圆"按钮⊙，分别绘制半径为 90、60、40 的同心圆。

3．绘制棘轮轮齿截面

1）选择菜单栏中的"格式"→"点样式"命令，打开"点样式"对话框，选择点样式为"×"。

在命令行中输入 DIVIDE 命令，命令行提示与操作如下：

命令: DIVIDE↙

选择要定数等分的对象:（选取 R90 圆）

输入线段数目或 [块(B)]: 12↙

方法相同，等分 R60 圆，结果如图 11-73 所示。

2）单击"默认"选项卡"绘图"面板中的"多段线"按钮➪，分别捕捉内外圆的等分点，绘制棘轮轮齿截面，。结果如图 11-74 所示。

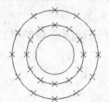 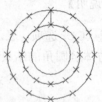

图11-73　等分圆周　　　　　　　　　　　图11-74　棘轮轮齿

4．阵列轮齿截面

1）单击"默认"选项卡"修改"面板中的"环形阵列"按钮❖，将绘制的多段线，进行环形阵列，阵列中心为圆心，数目为 12。

2）单击"默认"选项卡"修改"面板中的"删除"按钮✐，删除 R90 及 R60 圆，并将点样式更改为无，结果如图 11-75 所示。

5．绘制键槽

单击"默认"选项卡"绘图"面板中的"构造线"按钮✐，过圆心绘制两条辅助线；单击"默认"选项卡"修改"面板中的"移动"按钮✤，将水平辅助线向上移动 45，将竖直辅助线向左移动 11；单击"默认"选项卡"修改"面板中的"偏移"按钮◶，将移动后的竖直辅助线向右偏移 22。结果如图 11-76 所示。单击"默认"选项卡"修改"面板中的"修剪"按钮⊬，对辅助线进行剪裁。结果如图 11-77 所示。

图11-75　阵列轮齿　　　　　图11-76　辅助线　　　　　图11-77　键槽

6．创建面域

单击"默认"选项卡"绘图"面板中的"面域"按钮◎，选取全部图形，创建面域。

7. 拉伸面域

单击"三维工具"选项卡"建模"面板中的"拉伸"按钮，拉伸全部图形，拉伸高度为 30，拉伸倾斜角度为 0°。单击"可视化"选项卡"视图"面板上的"视图"下拉菜单中的"西南等轴测"按钮，然后将视图切换到西南等轴测图。

8. 差集运算

单击"三维工具"选项卡"实体编辑"面板中的"差集"按钮，将创建的棘轮与键槽进行差集运算。单击"视图"选项卡"视觉样式"面板中的"隐藏"按钮，进行消隐处理后图形，如图 11-78 所示。

9. 圆角处理

单击"默认"选项卡"修改"面板中的"圆角"按钮，对棘轮轮齿进行倒圆角操作，圆角半径为 R5，结果如图 11-79 所示。

10. 渲染处理

选择菜单栏中的"视图"→"渲染"→"材质浏览器"命令，在材质选项板中选择适当的材质。选择菜单栏中的"视图"→"渲染"→"渲染"命令，对实体进行渲染，渲染后的效果如图 11-72 所示。

图11-78　差集运算

图11-79　倒圆角

 11.4.4　干涉检查

干涉检查主要通过对比两组对象或一对一地检查所有实体来检查实体模型中的干涉（三维实体相交或重叠的区域）。系统将在实体相交处创建和亮显临时实体。

干涉检查常用于检查装配体立体图是否干涉，从而判断设计是否正确。

【执行方式】

命令行：INTERFERE（快捷命令：INF）。

菜单栏：选择菜单栏中的"修改"→"三维操作"→"干涉检查"命令。

功能区：单击"三维工具"选项卡"实体编辑"面板中的"干涉检查"按钮.

 【操作步骤】

在此以如图 11-80 所示的零件图为例进行干涉检查。命令行提示与操作如下：

命令: INTERFERE✓

选择第一组对象或 [嵌套选择(N)/设置(S)]: 选择图 11-80 中的手柄

选择第一组对象或 [嵌套选择(N)/设置(S)]: ✓

选择第二组对象或 [嵌套选择(N)/检查第一组(K)] <检查>: 选择图 11-80a 中的套环

选择第二组对象或 [嵌套选择(N)/检查第一组(K)] <检查>:↙

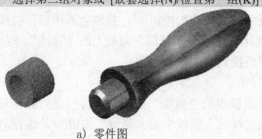

a）零件图

b）装配图

图11-80　干涉检查

系统打开"干涉检查"对话框，如图 11-81 所示。在该对话框中列出了找到的干涉对数量，并可以通过"上一个"和"下一个"按钮来亮显干涉对，如图 11-82 所示。

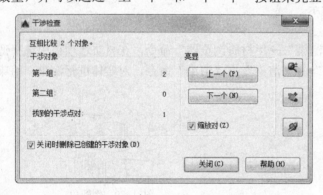

图11-81　"干涉检查"对话框

图11-82　亮显干涉对

【选项说明】

（1）嵌套选择（N）　选择该选项，用户可以选择嵌套在块和外部参照中的单个实体对象。

（2）设置（S）　选择该选项，系统打开"干涉设置"对话框，如图 11-83 所示，可以设置干涉的相关参数。

图11-83　"干涉设置"对话框

11.4.5　操作实例——手柄的创建

创建如图 11-84 所示的手柄。

图11-84　手柄

光盘动画演示\第 11 章\手柄的创建.avi

绘制步骤：

1. 设置线框密度

利用 ISOLINES 设置线框密度为 10。

2. 绘制手柄把截面

1）单击"默认"选项卡"绘图"面板中的"圆"按钮 ⊙，绘制半径为 13 的圆。

2）单击"默认"选项卡"绘图"面板中的"构造线"按钮 ↗，过 R13 圆的圆心绘制竖直与水平辅助线。绘制结果如图 11-85 所示。

3）单击"默认"选项卡"修改"面板中的"偏移"按钮 ⊜，将竖直辅助线向右偏移 83。

4）单击"默认"选项卡"绘图"面板中的"圆"按钮 ⊙，捕捉最右边竖直辅助线与水平辅助线的交点，绘制半径为 7 的圆，绘制结果如图 11-86 所示。

5）单击"默认"选项卡"修改"面板中的"偏移"按钮 ⊜，将水平辅助线向上偏移 13。

6）单击"默认"选项卡"绘图"面板中的"圆"按钮 ⊙，绘制与 R7 圆及偏移水平辅助线相切，半径为 65 的圆；继续绘制与 R65 圆及 R13 相切，半径为 45 的圆。绘制结果如图 11-87 所示。

图11-85　圆及辅助线　　　　　图11-86　绘制R7圆

7）单击"默认"选项卡"修改"面板中的"修剪"按钮 ⊬，对所绘制的图形进行修剪，修剪结果如图 11-88 所示。

8）单击"默认"选项卡"修改"面板中的"删除"按钮 ✐，删除辅助线。单击"绘图"工具栏中的"直线"按钮 ✐，绘制直线。

9）单击"默认"选项卡"绘图"面板中的"面域"按钮 ◎，选择全部图形创建面域，

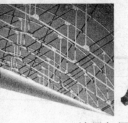

结果如图 11-89 所示。

3．旋转操作

单击"三维工具"选项卡"建模"面板中的"旋转"按钮🔄，以水平线为旋转轴，旋转创建的面域。单击"可视化"选项卡"视图"面板上的"视图"下拉菜单中的"西南等轴测"按钮🔷，切换到西南等轴测图，结果如图 11-90 所示。

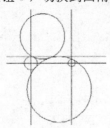

图11-87　绘制R65及R45圆

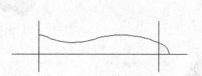

图11-88　修剪图形

图11-89　手柄把截面

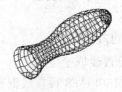

图11-90　柄体

4．重新设置坐标系

单击"可视化"选项卡"视图"面板上的"视图"下拉菜单中的"左视"按钮🗗，切换到左视图。在命令行输入"UCS"，命令行提示与操作如下：

命令: UCS↙

输入选项[新建(N)/移动(M)/正交(G)/上一个(P)/恢复(R)/保存(S)/删除(D)/应用(A)/?/世界(W)] <世界>: M↙

指定新原点或 [Z 向深度(Z)] <0,0,0>: （单击"对象捕捉"工具栏中的"捕捉到圆心"按钮◎）

_cen 于: （捕捉圆心）

5．创建圆柱

单击"三维工具"选项卡"建模"面板中的"圆柱体"按钮▢，以坐标原点为圆心，创建高为15，半径为8的圆柱体。单击"可视化"选项卡"视图"面板上的"视图"下拉菜单中的"西南等轴测"按钮🔷，切换到西南等轴测图，结果如图 11-91 所示。

6．对圆柱进行倒角操作

单击"默认"选项卡"修改"面板中的"倒角"按钮⬚，命令行提示与操作如下：

命令: _chamfer

（"修剪"模式) 当前倒角距离 1 = 0.0000，距离 2 = 0.0000

选择第一条直线或 [放弃(U)/多段线(P)/距离(D)/角度(A)/修剪(T)/方式(E)/多个(M)]: （选择圆柱顶面边缘）

输入曲面选择选项 [下一个(N)/当前(OK)] <当前(OK)>:↙

指定基面倒角距离或 [表达式(E)] 2↙

指定其他曲面倒角距离或 [表达式(E)] <2.0000>:↙

选择边或 [环(L)]: （选择需要倒角的边）↙

倒角结果如图 11-92 所示。

7. 并集运算

单击"三维工具"选项卡"实体编辑"面板中的"并集"按钮，将手柄头部与手柄把进行并集运算。

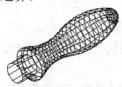

图11-91 创建手柄头部

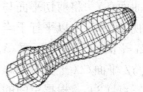

图11-92 倒角

8. 倒圆角操作

单击"默认"选项卡"修改"面板中的"圆角"按钮，命令行提示与操作如下：

命令: _fillet

当前设置: 模式 = 修剪，半径 = 0.0000

选择第一个对象或 [放弃(U)/多段线(P)/半径(R)/修剪(T)/多个(M)]: (选择手柄头部与柄体的交线)

输入圆角半径或 [表达式(E)]: 1✓

选择边或 [链(C)/环(L)/半径(R)]: ✓

已选定 1 个边用于圆角

采用同样的方法，对柄体端面圆进行倒圆角处理，半径为1。

9. 改变视觉样式

选择菜单栏中的"视图"→"视觉样式"→"概念"命令，最终显示效果如图11-84所示。

11.5 特殊视图

11.5.1 剖切

 【执行方式】

命令行：SLICE（快捷命令：SL）。

菜单栏：选择菜单栏中的"修改"→"三维操作"→"剖切"命令。

功能区：单击"三维工具"选项卡"实体编辑"面板中的"剖切"按钮。

【操作步骤】

命令行提示与操作如下：

命令：SLICE✓

选择要剖切的对象: (选择要剖切的实体)

选择要剖切的对象: (继续选择或按 Enter 键结束选择)

指定切面的起点或[平面对象(O)/曲面(S)/Z 轴(Z)/视图(V)/XY/YZ/ZX/三点(3)] <三点>:

2016

AutoCAD

【选项说明】

（1）平面对象（O）　将所选对象的所在平面作为剖切面。

（2）Z 轴（Z）　通过平面指定一点与在平面的 Z 轴（法线）上指定另一点来定义剖切平面。

（3）曲面(S)　将剪切平面与曲面对齐。

（4）视图（V）　以平行于当前视图的平面作为剖切面。

（5）XY 平面（XY）/YZ 平面（YZ）/ZX 平面（ZX）　将剖切平面与当前用户坐标系（UCS）的 XY 平面/YZ 平面/ZX 平面对齐。

（6）三点（3）　根据空间的 3 个点确定的平面作为剖切面。确定剖切面后，系统会提示保留一侧或两侧。

图 11-93 所示为剖切三维实体图。

剖切前的三维实体　　　　　　剖切后的实体

图11-93　剖切三维实体

11.5.2　剖切截面

【执行方式】

命令行：SECTION（快捷命令：SEC）。

【操作步骤】

命令行提示与操作如下：

命令：SECTION✓

选择对象：（选择要剖切的实体）

指定截面上的第一个点，依照 [对象(O)/Z 轴(Z)/视图(V)/XY(XY)/YZ(YZ)/ZX(ZX)/三点(3)] <三点>:
指定一点或输入一个选项

图 11-94 所示为断面图形。

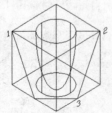　　　　

剖切平面与断面　　　移出的断面图形　　填充剖面线的断面图形

图11-94　断面图形

11.5.3　截面平面

通过截面平面功能可以创建实体对象的二维截面平面或三维截面实体。

【执行方式】

命令行：SECTIONPLANE。

菜单栏：选择菜单栏中的"绘图"→"建模"→"截面平面"命令。

功能区：单击"三维工具"选项卡"截面"面板中的"截面平面"按钮

【操作步骤】

命令行提示与操作如下：

命令: sectionplane↙

选择面或任意点以定位截面线或 [绘制截面(D)/正交(O)]:

【选项说明】

1. 选择面或任意点以定位截面线

1）选择绘图区的任意点（不在面上）可以创建独立于实体的截面对象。第一点可创建截面对象旋转所围绕的点，第二点可创建截面对象。图 11-95 所示为在手柄主视图上指定两点创建一个截面平面，图 11-96 所示为转换到西南等轴测视图的情形，图 11-96 中半透明的平面为活动截面，实线为截面控制线。

单击活动截面平面，显示编辑夹点，如图 11-97 所示，其功能分别介绍如下：

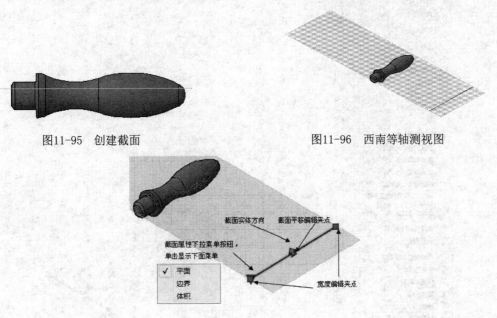

图11-95　创建截面　　　　　　　　图11-96　西南等轴测视图

图11-97　截面编辑夹点

截面实体方向箭头：表示生成截面实体时所要保留的一侧，单击该箭头，则反向。

截面平移编辑夹点：选中并拖动该夹点，截面沿其法向平移。

宽度编辑夹点：选中并拖动该夹点，可以调节截面宽度。

截面属性下拉菜单按钮：单击该按钮，显示当前截面的属性，包括截面平面（如图11-97所示）、截面边界（如图11-98所示）、截面体积（如图11-99所示）3种，分别显示截面平面相关操作的作用范围，调节相关夹点，可以调整范围。

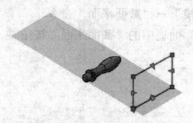

图11-98 截面边界   图11-99 截面体积

2）选择实体或面域上的面可以产生与该面重合的截面对象。

3）快捷菜单。在截面平面编辑状态下右击，系统打开快捷菜单，如图 11-100 所示。其中几个主要选项介绍如下：

激活活动截面：选择该选项，活动截面被激活，可以对其进行编辑，同时原对象不可见，如图 11-101 所示。

活动截面设置：选择该选项，打开"截面设置"对话框，可以设置截面各参数，如图 11-102 所示。

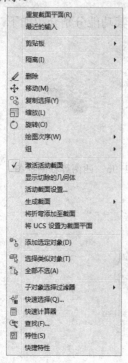

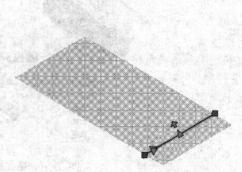

图11-100 快捷菜单   图11-101 编辑活动截面

生成二维/三维截面：选择该选项，系统打开"生成截面/立面"对话框，如图 11-103 所示。设置相关参数后，单击"创建"按钮，即可创建相应的图块或文件。在如图 11-104 所示的截面平面位置创建的三维截面，如图 11-105 所示，图 11-106 所示为对应的二维截面。

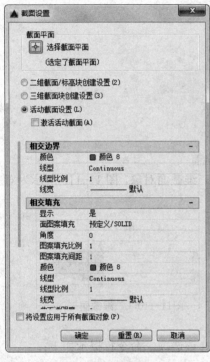

图11-102 "截面设置"对话框

图11-103 "生成截面/立面"对话框

图11-104 截面平面位置

图11-105 三维截面

将折弯添加至截面：选择该选项，系统提示添加折弯到截面的一端，并可以编辑折弯的位置和高度。在图 11-106 所示的基础上添加折弯后的截面平面，如图 11-107 所示。

图11-106 二维截面

图11-107 折弯后的截面平面

2. 绘制截面（D）

定义具有多个点的截面对象以创建带有折弯的截面线。选择该选项，命令行提示与操作如下：

指定起点：（指定点 1）

指定下一点: （指定点2）

指定下一点或按 Enter 键完成: （指定点3或按 Enter 键）

按截面视图的方向指定点: （指定点以指示剪切平面的方向）

该选项将创建处于"截面边界"状态的截面对象，并且活动截面会关闭，该截面线可以带有折弯，如图 11-108 所示。

图11-108 折弯截面

图 11-109 所示为按图 11-108 设置截面生成的三维截面对象，图 11-110 所示为对应的二维截面。

图11-109 三维截面

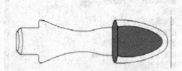

图11-110 二维截面

3. 正交（O）

将截面对象与相对于 UCS 的正交方向对齐。选择该选项，命令行提示如下：

将截面对齐至 [前(F)/后(B)/顶部(T)/底部(B)/左(L)/右(R)]:

选择该选项后，将以相对于 UCS（不是当前视图）的指定方向创建截面对象，并且该对象将包含所有三维对象。该选项将创建处于"截面边界"状态的截面对象，并且活动截面会打开。

选择该选项，可以很方便地创建工程制图中的剖视图。UCS 处于如图 11-111 所示的位置，图 11-112 所示为对应的左向截面。

图11-111 UCS位置

图11-112 左向截面

📖11.5.4 操作实例——连接轴环的绘制

绘制如图 11-113 所示的连接轴环。

图11-113 连接轴环

光盘动画演示\第 11 章\连接轴环的绘制.avi

绘制步骤：

1）单击"默认"选项卡"绘图"面板中的"多段线"按钮，在命令行下依次输入：
（-200,150）、（@400,0）、A、R、50、A、-180、-90、R、50、（@0,-100）、R、50、A、-180、
-90、L、（@-400,0）、A、R、50、A、-180、90、R、50、（@0,100）、R、50、A、-180、90，
最后按 Enter 键确定，结果如图 11-114 所示。

2）单击"默认"选项卡"绘图"面板中的"圆"按钮，以（-200,-100）为圆心，
以 30 为半径绘制圆，如图 11-115 所示。

图11-114 绘制多线段   图11-115 绘制圆

3）单击"默认"选项卡"修改"面板中的"矩形阵列"按钮，阵列对象选择圆，设
为两行两列，设置行间距为 200，列间距 400，绘制如图 11-116 所示。

4）单击"三维工具"选项卡"建模"面板中的"拉伸"按钮，拉伸高度为 30。单
击"视图"工具栏中的"西南等轴测"按钮，切换后的效果如图 11-117 所示。

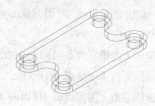

图11-116 阵列   图11-117 拉伸之后的西南视图

5）单击"三维工具"选项卡"实体编辑"面板中的"差集"按钮，将多段线生成的
柱体与 4 个圆柱进行差集运算，消隐之后如图 11-118 所示。

6）单击"三维工具"选项卡"建模"面板中的"长方体"按钮，以{（-130,-150,0）

（130, 150, 200)}为角点绘制长方体。

7）单击"三维工具"选项卡"建模"面板中的"圆柱体"按钮 ▢，底面中心点为（130, 0, 200)底面半径为 150，轴端点为（-130, 0, 200）绘制一个圆柱体，如图 11-119 所示。

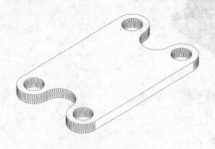

图11-118 差集处理

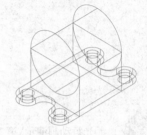

图11-119 做长方体和圆柱

8）单击"三维工具"选项卡"实体编辑"面板中的"并集"按钮 ▣，选择长方体和圆柱进行并集运算，消隐之后如图 11-120 所示。

9）单击"三维工具"选项卡"建模"面板中的"圆柱体"按钮 ▢，绘制底面中心点为（-130, 0, 200)，底面半径为 80，轴端点为（130, 0, 200)。

10）单击"三维工具"选项卡"实体编辑"面板中的"差集"按钮 ▣，将实体的轮廓与上述圆柱进行差集运算，消隐之后如图 11-121 所示。

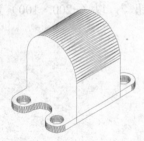

图11-120 并集处理

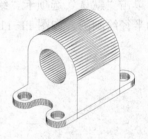

图11-121 差集处理

11）选择菜单栏中的"修改"→"三维操作→剖切"命令后，命令行提示与操作如下：

命令: SLICE↙

选择要剖切的对象:（选择轴环部分）↙

选择要剖切的对象: ↙

指定 切面 的起点或 [平面对象(O)/曲面(S)/Z 轴(Z)/视图(V) /XY(XY)/YZ(YZ)/ZX(ZX)/三点(3)] <三点>-130,-150,30↙

指定平面上的第二个点:-130,150,30↙

指定平面上的第三个点:-50,0,350↙

在所需的侧面上指定点或 [保留两个侧面(B)] <保留两个侧面>:↙

12）单击"三维工具"选项卡"实体编辑"面板中的"并集"按钮 ▣，对图形进行并集运算，消隐之后如图 11-122 所示。

13）选择菜单栏中的"视图"→"渲染"→"材质浏览器"命令，对图形赋予材质，如图 11-123 所示。

图11-122 最终成图——连环轴环

图11-123 渲染结果图

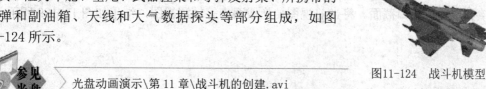

11.6 综合演练——战斗机的创建

战斗机由机身（包括发动机喷口和机舱）、机翼、水平尾翼、阻力伞舱、垂尾、武器挂架和导弹发射架、所携带的导弹和副油箱、天线和大气数据探头等部分组成，如图11-124 所示。

参见
光盘   光盘动画演示\第 11 章\战斗机的创建.avi

图11-124 战斗机模型

11.6.1 机身与机翼

本例制作的机身和机翼图。战斗机机身是一个典型的旋转体，因此在绘制战斗机机身过程中，使用多段线命令先绘制出机身的半剖面，然后执行旋转命令旋转得到。最后，使用多段线和拉伸等命令绘制机翼和水平尾翼。

绘制步骤：

1）用"图层"命令设置图层。参照图 11-125，依次设置各图层。

2）用 SURFTAB1 和 SURFTAB2 命令，设置线框密度为 24。

3）将当前图层设置为"中心线"图层，单击"默认"选项卡"绘图"面板中的"直线"按钮，绘制一条中心线，起点和终点坐标分别为（0,-40）和（0,333）。

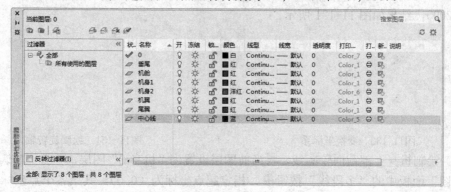

图11-125 设置图层

4）绘制机身截面轮廓线。将当前图层设置为"机身1"图层，单击"默认"选项卡"绘图"面板中的"多段线"按钮 ⌐ᵕ，指定起点坐标为（0,0），然后依次输入（8,0）→（11.5,-4）→A→S→（12,0）→（14,28）→S→（16,56）→（17,94）→L→（15.5,245）→A→S→（14,277）→（13,303）→L→（0,303）→C，结果如图11-126所示。

5）绘制雷达罩截面轮廓线。单击"默认"选项卡"绘图"面板中的"多段线"按钮 ⌐ᵕ，指定起点坐标为（0,0），指定下两个点坐标为（8,0）和（0,-30）。最后，输入C将图形封闭，结果如图11-127所示。

6）绘制发动机喷口截面轮廓线。单击"默认"选项卡"绘图"面板中的"多段线"按钮 ⌐ᵕ，指定起点坐标为（10,303），指定下三个点坐标为（13,303）、（10,327）和（9,327）。最后输入C将图形封闭。结果如图11-128所示。

7）单击"三维工具"选项卡"建模"面板中的"旋转"按钮 ⌾，旋转刚才绘制的机身、雷达罩和发动机喷口截面。将当前视图转换成西南等轴测视图，结果如图11-129所示。

图11-126 绘制机身截面轮廓线

图11-127 绘制雷达罩截面轮廓线

图11-128 绘制发动机喷口截面轮廓线

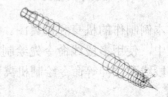

图11-129 旋转轮廓线

8）用UCS命令将坐标系移动到点（0,94,17），然后绕Y轴旋转-90°，结果如图11-130所示。

9）将"机身1"图层关闭，设置当前图层设置为"中心线"图层，单击"默认"选项卡"绘图"面板中的"直线"按钮 ⟋，绘制旋转轴，起点和终点坐标分别为（-2,-49）和（1.5,209），结果如图11-131所示。

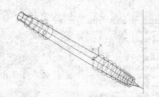

图11-130 变换坐标系

图11-131 绘制旋转轴

10）绘制机身上部截面轮廓线。将当前图层设置为"机身2"图层，单击"默认"选项卡"绘图"面板中的"多段线"按钮 ⌐ᵕ，指定起点坐标为（0,0），其余各个点坐标依次为（11,0）、（5,209）和（0,209）。最后，输入C将图形封闭，结果如图11-132所示。

11）绘制机舱连接处截面轮廓线。单击"默认"选项卡"绘图"面板中的"多段线"按钮 ⤵，指定起点坐标为（10.6，-28.5），指定下 3 个点坐标为（8，-27）、（7，-30）和（9.8，-31）。最后，输入 C 将图形封闭，结果如图 11-133 所示。

12）绘制机舱截面轮廓线。将当前图层设置为"机舱"图层，单击"默认"选项卡"绘图"面板中的"多段线"按钮 ⤵，指定起点坐标为（11，0），依次输入 A→ S→（10，-28.5）→（-2，-49）→L→（0，0）→C，结果如图 11-134 所示。

13）使用"剪切""直线"等命令将机身上部分修剪为如图 11-135 所示的效果，单击"默认"选项卡"绘图"面板中的"面域"按钮 ◉，将剩下的机身上部截面轮廓线和直线封闭的区域创建成面域。单击"三维工具"选项卡"建模"面板中的"旋转"按钮 ◉，旋转机身上部截面面域、机舱截面和机舱连接处截面。

图11-132　绘制机身上部截面轮廓线　　　　图11-133　绘制机舱连接处截面轮廓线

图11-134　绘制机舱截面轮廓线　　　　　图11-135　调整图形

14）将"机身 1"图层打开，并设置为当前图层。单击"三维工具"选项卡"实体编辑"面板中的"并集"按钮 ◉，将机身、机身上部和机舱连接处合并，用 HIDE 命令消除隐藏线，结果如图 11-136 所示。

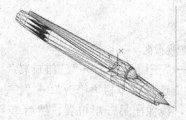

图11-136　战斗机机身

▲ 技巧与提示——放样路径要求

在旋转截面轮廓线时，当前图层要设置为轮廓线的图层类型。

15）使用 UCS 命令将坐标系移至点（-17，151，0）处，然后将图层"机身 1""机身 2"和"机舱"关闭，将当前图层设置为"机翼"图层。选择菜单栏中的"视图"→"三维视图"→"平面视图"命令，将视图变成当前视图。

16）单击"默认"选项卡"绘图"面板中的"多段线"按钮 ⤵，绘制机翼侧视截面轮廓。指定起点坐标为（0，0），然后依次输入 A→ S→（2.7，-8）→（3.6，-16）→S→（2，-90）

→（0，-163），最后单击"默认"选项卡"修改"面板中的"镜像"按钮，镜像出轮廓线的左边一半。单击"默认"选项卡"绘图"面板中的"面域"按钮，将左右两条多段线所围成的区域创建成面域，如图11-137所示。

17）单击"可视化"选项卡"视图"面板上的"视图"下拉菜单中的"西南等轴测"按钮，将视图转换成西南等轴测视图。再单击"三维工具"选项卡"建模"面板中的"拉伸"按钮，拉伸刚才创建的面域，设置倾斜角度值为 1.5，拉伸高度为 100，结果如图11-138 所示。

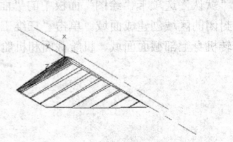

图11-137　机翼侧视截面轮廓　　　　　　　　图11-138　拉伸机翼侧视截面

18）用 UCS 命令将坐标系绕 Y 旋转90°，然后沿着 Z 轴移动，其值为-3.6。

19）单击"默认"选项卡"绘图"面板中的"多段线"按钮，绘制机翼俯视截面轮廓线，然后依次输入（0，0）→（0，-163）→（-120，0）→C。单击"三维工具"选项卡"建模"面板中的"拉伸"按钮，将多段线拉伸为高度为 7.2 的实体，如图11-139 所示。

20）单击"三维工具"选项卡"实体编辑"面板中的"交集"按钮，对拉伸机翼侧视截面形成的实体和拉伸机翼俯视截面形成的实体求交集，结果如图11-140 所示。

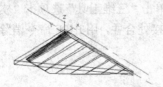

图11-139　拉伸机翼俯视截面　　　　　　　　　图11-140　求交集

21）选择菜单栏"修改"→"三维操作"→"三维旋转"命令，将机翼绕 Y 轴旋转-5°。选择菜单栏"修改"→"三维操作"→"三维镜像"命令，镜像出另一半机翼，然后单击"三维工具"选项卡"实体编辑"面板中的"并集"按钮，合并所有实体，如图11-141 所示。

22）用 UCS 命令将坐标系绕 Y 轴旋转-90°，然后移至点（3.6，105，0）处，将图层"机身1""机身2""机翼"和"机舱"关闭，将当前图层设置为"尾翼"图层，选择菜单栏中的"视图"→"三维视图"

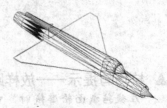

图11-141　机翼

→"平面视图"→"当前"命令，将视图变成当前视图。

23）首先绘制机尾翼侧视截面轮廓线。单击"默认"选项卡"绘图"面板中的"多段线"按钮，起点坐标为（0，0），然后依次输入 A→S→（2，-20）→（3.6，-55）→S→（2.7，-80）

→（0,-95）。

24）单击"默认"选项卡"修改"面板中的"镜像"按钮 ⚎，镜像出轮廓线的左边一半，如图 11-142 所示，单击"默认"选项卡"绘图"面板中的"面域"按钮 ⌷，将刚才绘制的多段线和镜像生成的多段线所围成的区域创建成面域。

25）单击"可视化"选项卡"视图"面板上的"视图"下拉菜单中的"西南等轴测"按钮 ⬦，再单击"三维工具"选项卡"建模"面板中的"拉伸"按钮 ⬆，拉伸刚才创建的面域，设置拉伸高度为 50，倾斜角度值为 3，结果如图 11-143 所示。

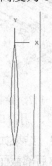

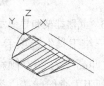

图11-142 尾翼侧视截面轮廓线　　　　图11-143 拉伸尾翼侧视截面

26）绘制机翼。用 UCS 命令将坐标系绕 Y 轴旋转 90°并沿 Z 轴移动-3.6。单击"默认"选项卡"绘图"面板中的"多段线"按钮 ⤵，起点坐标为（0,-95），其他 5 个点坐标分别为（-50,-50）→（-50,-29）→（-13,-40）→（-14,-47）→（0,-47）。最后，输入 C 将图形封闭，再单击"三维工具"选项卡"建模"面板中的"拉伸"按钮 ⬆，将多段线拉伸成高度值为 7.2 的实体，如图 11-144 所示。

27）单击"三维工具"选项卡"实体编辑"面板中的"交集"按钮 ⬤，对拉伸机翼侧视截面和俯视截面形成的实体求交集，然后单击"默认"选项卡"修改"面板中的"圆角"按钮 ⬜，给翼缘添加圆角，如图 11-145 所示。

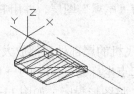

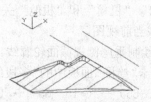

图11-144 拉伸尾翼俯视截面　　　　图11-145 单个尾翼结果图

28）选择菜单栏中的"修改"→"三维操作"→"三维镜像"命令，镜像出另一半机翼，然后单击"建模"工具栏中的"并集"按钮 ⬤，将其与机身合并。

📖 11.6.2 附件

本例制作的战斗机附件如图 11-146 所示。首先，使用圆和拉伸等命令绘制阻力伞舱，然后使用多段线和拉伸等命令绘制垂尾；最后，使用多段线、拉伸、剖切和三维镜像等命令绘制武器挂架和导弹发射架。

AutoCAD 2016

1）单击"视图"工具栏中的"东北等轴测"按钮 ，切换到东北等轴测视图，并将当前图层设置为"机身2"图层。用"窗口缩放"工具 将机身尾部截面局部放大。用 UCS 命令将坐标系移至点（0，0，3.6），然后将它绕着 X 轴旋转-90°。单击"视图"选项卡"视觉样式"面板中的"隐藏"按钮 ，隐藏线。单击"默认"选项卡"绘图"面板中的"圆"按钮 ，以机身上部的尾截面上圆心作为圆心，选取尾截面上轮廓线上一点确定半径，如图 11-147 所示。

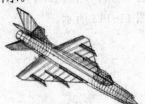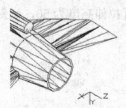

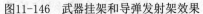

图11-146　武器挂架和导弹发射架效果　　　　　　　图11-147　绘制圆

2）单击"三维工具"选项卡"建模"面板中的"拉伸"按钮 ，用窗口方式选中刚才绘制的圆，设置拉伸高度为28，倾斜角度为0°。用 HIDE 消除隐藏线，结果如图 11-148 所示。

3）下面绘制阻力伞舱舱盖。类似于步骤1，在刚才拉伸成的实体后部截面上，绘制一个圆。单击"三维工具"选项卡"建模"面板中的"拉伸"按钮 ，用窗口方式选中刚才绘制的圆，设置拉伸高度为14，倾斜角度为12°。用 HIDE 消除隐藏线，结果如图 11-149 所示。

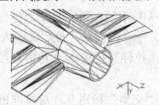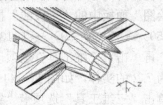

图11-148　绘制圆　　　　　　　　　　　　图11-149　绘制尾翼侧视截面轮廓线

4）用 UCS 命令将坐标系绕 Y 轴旋转-90°，然后移至点（0，0，-2.5），将图层"机身1""机身2""机翼"和"机舱"关闭，将当前图层设置为"尾翼"图层，并用 PLAN 命令将视图变成当前视图。

5）绘制垂尾侧视截面轮廓线。先用窗口缩放命令将飞机的尾部处局部放大再单击"默认"选项卡"绘图"面板中的"多段线"按钮 ，依次指定起点坐标为(-200,0)→(-105,-30)→(-55,-65)→(-15,-65)→(-55,0)。最后，输入 C 将图形封闭，如图 11-150 所示。

6）单击"可视化"选项卡"视图"面板上的"视图"下拉菜单中的"东北等轴测"按钮 ，切换到东北等轴测视图，然后单击"三维工具"选项卡"建模"面板中的"拉伸"按钮 ，拉伸高度为5，倾斜角度为0°的实体。单击"默认"选项卡"修改"面板中的"圆角"按钮 ，尾垂相应位置添加圆角，半径为2，结果如图 11-151 所示。

7）绘制垂尾俯视截面轮廓线。用 UCS 命令将坐标系原点移至点（0，0，2.5），绕 X 轴旋转90°。将图层"尾翼"也关闭，图层"机翼"设置为当前图层。

8）将图形局部放大后，单击"默认"选项卡"绘图"面板中的"多段线"按钮 ，指定起点坐标为（30,0），然后依次输入 A→S→（-35,1.8）→（-100,2.5）→L→（-184,2.5）→A→（-192,2）→（-200,0）。单击"默认"选项卡"修改"面板中的"镜像"按钮 ，镜像出轮廓线的左边一半。单击"默认"选项卡"绘图"面板中的"面域"按钮⬜，将刚才绘制的多段线和镜像生成的多段线所围成的区域创建成面域，如图 11-152 所示。

图11-150 绘制垂尾侧视截面轮廓线　　　　　　图11-151 添加圆角后的尾垂

图11-152 绘制垂尾俯视截面轮廓线

9）单击"三维工具"选项卡"建模"面板中的"拉伸"按钮🔲，拉伸刚才创建的面域，其拉伸高度为 65，倾斜角度为 0.35°，结果如图 11-153 所示。

10）打开图层"尾翼"，并设置为当前图层。单击"三维工具"选项卡"实体编辑"面板中的"交集"按钮⬤，对拉伸垂尾侧视截面形成的实体和拉伸俯视截面形成的实体求交集，结果如图 11-154 所示。

图11-153 拉伸垂尾俯视截面　　　　　　　　　　图11-154 求交集

11）将图层"机身 1""机身 2""机翼"和"机舱"打开，并将当前图层设置为"机身 1"图层。单击"三维工具"选项卡"实体编辑"面板中的"并集"按钮⬤，将机身、垂尾和阻力伞舱体合并，然后单击"视图"选项卡"视觉样式"面板中的"隐藏"按钮⬛，消除隐藏线，结果如图 11-155 所示。

12）用 UCS 命令将坐标系绕 Z 轴旋转 90°，然后移至点（0,105,0）处，最后将图层"机身 1""机身 2"和"机舱"关闭，将当前视图设置为"机翼"图层。

13）绘制长武器挂架截面。先用"多段线"命令绘制一条连接点（0,0）→（1,0）→（1,70）→（0,70）的封闭曲线，单击"三维工具"选项卡"建模"面板中的"拉伸"按钮🔲，将其拉伸成高为 6.3 的实体，单击"可视化"选项卡"视图"面板上的"视图"下拉菜单中的"西南等轴测"按钮🔷，如图 11-156 所示。

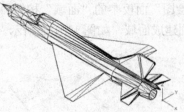

图11-155 垂尾结果

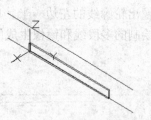
图11-156 拉伸并转换视图

14）选择菜单栏中的"修改"→"三维操作"→"剖切"命令，进行切分的结果如图11-157所示，然后使用"三维镜像"和"并集"命令，将其加工成如图11-158所示的结果；最后，使用"圆角"命令为挂架几条边添加圆角，圆角半径为0.5，如图11-159所示。

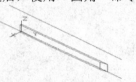
图11-157 切分实体

图11-158 镜像并合并实体

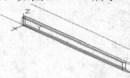
图11-159 添加圆角

15）单击"默认"选项卡"修改"面板中的"复制"按钮，复制出机腹下的长武器挂架（见图11-160）和机翼内侧长武器挂架（见图11-161）。最后，删除原始武器挂架，单击"三维工具"选项卡"实体编辑"面板中的"并集"按钮，将长武器挂架和机身合并。

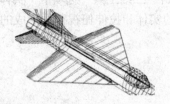
图11-160 复制出机腹挂架

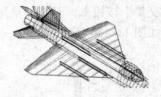
图11-161 机翼内侧长武器挂架

16）采用同样的方法，绘制短武器挂架（见图11-162），单击"默认"选项卡"修改"面板中的"复制"按钮，为机身安装短武器挂架（见图11-163a）。

17）采用同样的方法，绘制导弹发射架（见图11-163b）并给机身安上导弹发射架，结果如图11-163所示。

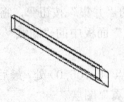

a)

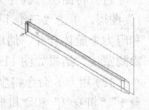
b)

图11-162 短武器挂架

图11-163 导弹发射架

11.6.3 细节完善

本例制作的战斗机最后完成图，如图11-124所示。首先，使用多段线、拉伸、差集和三维镜像等命令细化发动机喷口和机舱，然后绘制导弹和副油箱。在绘制过程中，采用了"装配"的方法，即先将导弹和副油箱绘制好并分别保存成单独的文件，然后再用插入块命令将这些文件的图形装配到飞机上。这种方法与直接在源图中绘制的方法相比，避免了烦琐的坐标系变换，更加简单实用。在绘制导弹和副油箱的时候，还是需要注意坐标系的设置。最后，对其他细节进行了完善，并赋材渲染。

1）用 UCS 命令将坐标系原点移至点（0，-58，0）处，然后用 LAYER 命令将图层"尾翼"改成"发动机喷口"；将发动机喷口图层改为"发动机喷口"；将图层"机身 1""机身 2"和"机舱"关闭，将当前视图设置为"发动机喷口"图层。

2）在西南等轴测状态下，用"窗口缩放"命令，将图形局部放大。用 UCS 命令将坐标系沿着 Z 轴移动-0.3 然后绘制长武器挂架截面。单击"默认"选项卡"绘图"面板中的"多段线"按钮，绘制多段线，指定起点坐标为（-12.7，0），其他各点坐标依次为（-20，0）→（-20，-24）→（-9.7，-24）→C，将图形封闭，如图 11-164 所示。

3）单击"三维工具"选项卡"建模"面板中的"拉伸"按钮，拉伸刚才绘制的封闭多段线，设置拉伸高度为 0.6，倾斜角度为 0°。将图形放大，结果如图 11-165 所示。用 UCS 命令将坐标系沿着 Z 轴移动 0.3。

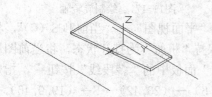

图11-164 绘制多段线

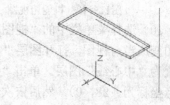

图11-165 拉伸

4）单击"默认"选项卡"修改"面板中的"复制"按钮，对刚才拉伸成的实体在原处复制一份，然后选择菜单栏中的"修改"→"三维操作"→"三维旋转"命令设置旋转角度为 22.5°，旋转轴为 Y 轴，结果如图 11-166 所示。

5）参照步骤 4 所用的方法，再进行 7 次，结果如图 11-167 所示。

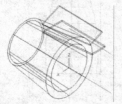

图11-166 复制并旋转

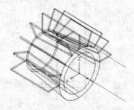

图11-167 多次复制并旋转

6）选择菜单栏中的"修改"→"三维操作→三维镜像"命令，对刚才复制和旋转成的 9 个实体进行镜像，镜像面为 XY 平面，结果如图 11-168 所示。

7）单击"三维工具"选项卡"实体编辑"面板中的"差集"按钮，从发动机喷口实体中减去刚才通过复制、旋转和镜像得到的实体。结果如图 11-169 所示。

8）用 UCS 命令将坐标系原点移至点（0，209，0）处，将坐标系绕 Y 轴旋转-90°将视图变成当前视图。用"窗口缩放"命令将机舱部分图形局部放大。此时，发现机舱前部和机身相交成如图 11-170 所示的尖锥形，需要进一步的修改。

9）关闭图层"机身 1""机身 2"和"发动机喷口"，保持"机舱"为打开状态，然后将当前图层设置为"中心线"图层。单击"默认"选项卡"绘图"面板中的"直线"按钮，绘制旋转轴，起点和终点坐标分别为（15,50）和（15,-10），如图 11-171 所示。

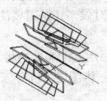

图11-168　镜像实体

图11-169　求差

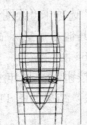

图11-170　机舱俯视图

图11-171　绘制旋转轴

10）选择菜单栏中的"视图"→"三维视图"→"平面视图"→"当前 UCS（C）"，将视图变成当前视图。打开图层"机身 1""机身 2"，保持"机舱"为打开状态，将当前图层设置为"中心线"图层。单击"默认"选项卡"绘图"面板中的"多段线"按钮，指定起点坐标为（28,0），然后依次输入 A→S→（27,28.5）→（23,42）→S→（19.9,46）→（15,49）→L→（15,0）→C，结果如图 11-172 所示。

11）单击"三维工具"选项卡"建模"面板中的"旋转"按钮，将刚才绘制的封闭曲线绕着步骤 2 中绘制的旋转轴旋转成实体，如图 11-173 所示。

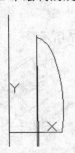

图11-172　绘制多段线

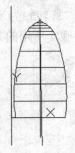

图11-173　旋转成实体

12）打开图层"机身 1""机身 2""发动机喷口"，然后用"自由动态观察器"将图形调整到合适的视角，对比原来的机舱和新的机舱（红色线），如图 11-174 所示。此时，发现机舱前部和机身相交处已经不再是尖锥形。处理方法是，将原来的机舱实体的删除，并把新的机舱图层类型改成"机舱"，如图 11-174 所示。

13）单击"三维工具"选项卡"实体编辑"面板中的"差集"按钮，从机身实体中减去机舱实体，如图 11-175 所示。

14）关闭图层"机身 1""机身 2""发动机喷口"，将当前图层设置为"机舱"图层。

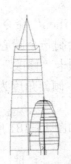

图11-174   对比机舱形状   图11-175   布尔运算

15）单击"默认"选项卡"绘图"面板中的"多段线"按钮，指定起点坐标为（28,0），然后依次输入 A→ S→（27,28.5）→（23,42.2）→S→（19.9,46.2）→（15,49），结果如图 11-176 所示。

16）单击"三维工具"选项卡"建模"面板中的"旋转"按钮，将刚才绘制的曲线绕着绘制的旋转轴旋转成曲面，如图 11-177 所示。

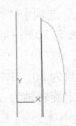
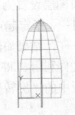

图11-176   绘制多段线   图11-177   旋转成曲面

17）打开图层"机身 1""机身 2""发动机喷口"，然后用"自由动态观察器"将图形调整到合适的视角。单击"视图"选项卡"视觉样式"面板中的"隐藏"按钮，消除隐藏线，结果如图 11-178 所示。最后，用 UCS 命令将坐标系原点移至点（0,-151,0）处，并且绕 X 轴旋转-90°。

18）绘制导弹。新建一个文件，单击"默认"选项卡"图层"面板中的"图层特性管理器"按钮，打开"图层特性管理器"对话框，设置图层如图 11-179 所示。

图11-178   机舱结果

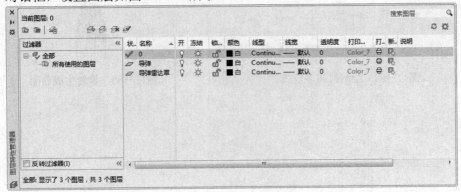

图11-179   "图层特性管理器"对话框

2016

AutoCAD

19）将当前图层设置为"导弹"图层，然后用"isolines"命令设置总网格线数为8。单击"默认"选项卡"绘图"面板中的"圆"按钮 ⊙，绘制一个圆心在原点，半径为 2.5 的圆。将视图转换成西南等轴测视图，单击"默认"选项卡"修改"面板中的"拉伸"按钮 📥，拉伸刚才绘制的封闭多段线，设置拉伸高度为 70，倾斜角度为 0°。将图形放大，结果如图 11-180 所示。

20）用 UCS 命令将坐标系绕着 X 轴旋转 90°，结果如图 11-181 所示。

图11-180 拉伸

图11-181 变换坐标系和视图

21）将当前图层设置为"导弹雷达罩"图层，单击"默认"选项卡"绘图"面板中的"多段线"按钮 ⌐⊃，指定起点坐标为（0,70），然后依次输入（2.5,70）→A→S→（1.8,75）→（0,80）→L→C，结果如图 11-182 所示。

22）新建文件利用 SURFTAB1 和 SURFTAB2 命令，设置线框数为30。单击"默认"选项卡"修改"面板中的"旋转"按钮 ⊙，旋转绘制的多段线，指定旋转轴为 Y 轴，结果如图 11-183 所示。

23）将当前视图设置为"导弹"图层，放大导弹局部尾部，单击"默认"选项卡"绘图"面板中的"多段线"按钮 ⌐⊃，绘制导弹尾翼截面轮廓，指定起点坐标（7.5，0），依次输入坐标（@0,10）→（0,20）→（-7.5,10）→（@0,-10）→C，将图形封闭，结果如图 11-184 所示。

24）将导弹缩小至全部可见，然后单击"默认"选项卡"绘图"面板中的"多段线"按钮 ⌐⊃，绘制导弹中翼截面轮廓线，输入起点坐标（7.5,50），其余各个点坐标为（0,62）→（@-7.5,-12）→C，将图形封闭，结果如图 11-185 所示。

图11-182 绘制封闭多段线

图11-183 旋转生成曲面

图11-184 绘制导弹尾翼截面轮廓线

图11-185 绘制导弹中翼截面线

25）用"自由动态观察器"将视图调整到合适的角度，然后单击"默认"选项卡"修改"面板中的"拉伸"按钮，拉伸刚才绘制的封闭多段线，设置拉伸高度为 0.6，倾斜角度为 0°。将图形放大，结果如图 11-186 所示。

26）单击"默认"选项卡"修改"面板中的"复制"按钮，对刚才拉伸成的实体在原处复制一份，然后选择菜单栏中的"修改"→"三维操作"→"三维旋转"命令，旋转复制形成的实体，设置旋转角度为 90°，旋转轴为 Y 轴，结果如图 11-187 所示。

图11-186　拉伸截面

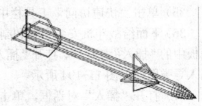

图11-187　旋转导弹弹翼

27）单击"三维工具"选项卡"实体编辑"面板中的"并集"按钮，除导弹上雷达罩以外的其他部分全部合并，如图 11-188 所示。

28）单击"默认"选项卡"修改"面板中的"圆角"按钮，给弹翼和导弹后部打上圆角，圆角半径设置为 0.2，结果如图 11-189 所示。

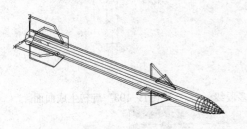

图11-188　合并实体

图11-189　给一些边打上圆角

29）选择菜单栏中的"修改"→"三维操作"→"三维旋转"命令，将整个导弹绕着 Y 轴旋转 45°，绕着 X 轴旋转-90°，结果如图 11-190 所示。

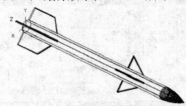

图11-190　旋转导弹

30）单击"快速访问"工具栏中的"保存"按钮，将文件保存为"导弹.dwg"。

31）绘制副油箱。单击"快速访问"工具栏中的"新建"按钮，新建一个文件，再新建图层"副油箱"。

32）将当前视图设置为"副油箱"图层，然后用 SURFTAB1 和 SURFTAB2 命令设置总网格线数为 30。单击"默认"选项卡"绘图"面板中的"直线"按钮，绘制旋转轴，起点和终点坐标分别为（0，-50）和（0，150），用 ZOOM 命令将图形缩小，结果如图 11-191 所示。

33）单击"默认"选项卡"绘图"面板中的"多段线"按钮，指定起点坐标为（0，-40），

AutoCAD 2016

然后输入 A，绘制圆弧，接着输入 S，指定圆弧上的第二个点坐标为（5,-20），圆弧的端点为（8,0）；输入 L，输入下一点的坐标为（8,60）；输入 A，绘制圆弧，接着输入 S，指定圆弧上的第二个点坐标为（5,90），圆弧的端点为（0,120）。最后，将旋转轴直线删除，结果如图 11-192 所示。

34）单击"三维工具"选项卡"建模"面板中的"旋转"按钮 ⬡ ，旋转绘制多段线，指定旋转轴为 Y 轴，结果如图 11-193 所示。

35）单击"快速访问"工具栏中的"保存"按钮 💾 ，将文件保存为"副油箱.dwg"。

36）下面给战斗机安装导弹和副油箱。返回到战斗机绘图区，单击"默认"选项卡"块"面板中的"插入"按钮 🔩 ，打开"插入"对话框，单击"浏览"按钮，打开文件"导弹.dwg"。插入导弹图形如图 11-194 所示。

37）打开"插入"对话框，单击"浏览"按钮，打开文件"导弹.dwg"，继续插入"导弹"图形，如图 11-195 所示。选择菜单栏中的"修改"→"三维操作"→"三维镜像"命令，镜像刚才插入的两枚导弹，结果如图 11-196 所示。

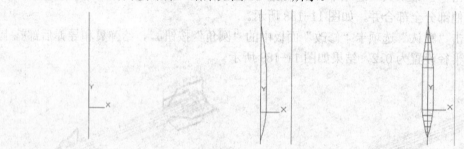

图11-191 变换坐标系和视图　　　图11-192 绘制多段线　　　图11-193 旋转生成曲面

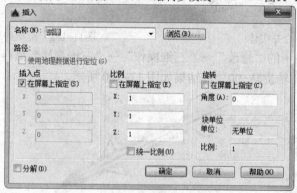

图11-194 "插入"对话框

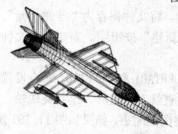
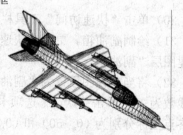

图11-195 设置插入导弹　　　　　　图11-196 插入并且镜像导弹

38）打开“插入”对话框，单击“浏览”按钮，打开文件“副油箱.dwg”，如图 11-197 所示。单击“视图”选项卡“视觉样式”面板中的“隐藏”按钮，消除隐藏线，结果如图 11-198 所示。

39）绘制天线。用 UCS 命令将坐标系绕 Y 轴旋转-90°，并沿着 X 轴移动 15。将图层“机翼”设置为当前图层，其他的图层全部关闭。

40）单击“默认”选项卡“绘图”面板中的“多段线”按钮，起点坐标为（0,120），其余各点坐标为（0,117）→（23,110）→（23,112），结果如图 11-199 所示。

41）单击“三维工具”选项卡“建模”面板中的“拉伸”按钮，拉伸刚才绘制的封闭多段线，设置拉伸高度为 0.8，倾斜角度为 0°。用 UCS 命令将坐标系沿着 Z 轴移动 0.4。将图形放大，结果如图 11-200 所示。

42）单击“默认”选项卡“修改”面板中的“圆角”按钮，为刚才拉伸成的实体添加圆角，其圆角半径为 0.3，结果如图 11-201 所示。

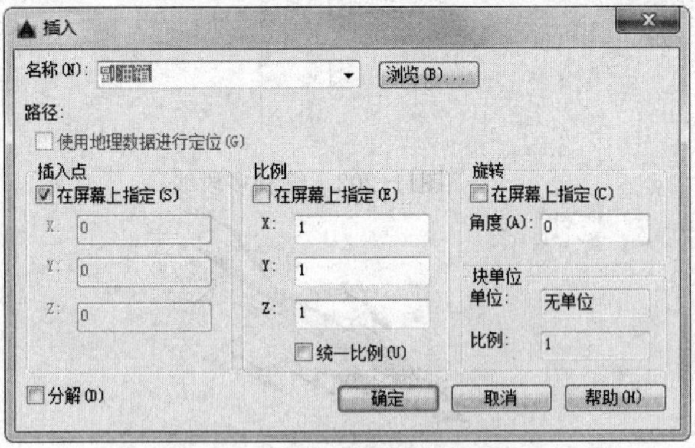

图11-197　设置“插入”对话框

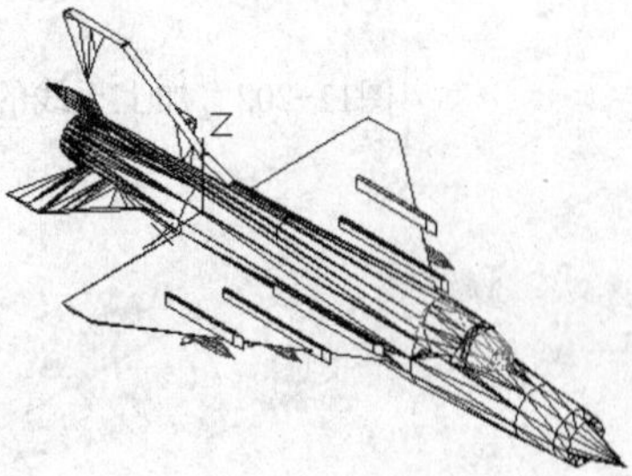

图11-198　安装导弹和副油箱的结果

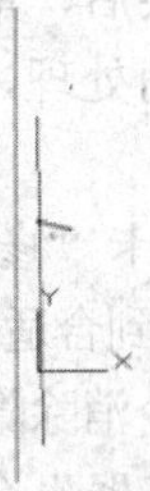

图11-199　绘制多段线

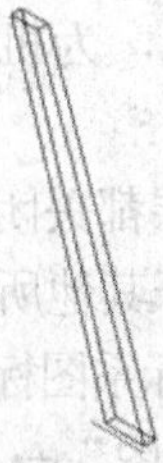

图11-200　拉伸

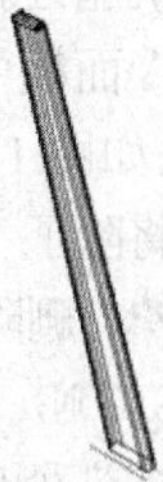

图11-201　打圆角

43）单击“可视化”选项卡“视图”面板上的“视图”下拉菜单中的“西北等轴测”按钮，切换到西北侧视图，打开其他的图层，并将当前图层设置为“机身 1”图层。单击“三维工具”选项卡“实体编辑”面板中的“并集”按钮，合并天线和机身。单击“视图”选项卡“视觉样式”面板中的“隐藏”按钮，消除隐藏线，结果如图 11-202 所示。

44）绘制天线。用 UCS 命令将坐标系绕 Y 轴旋转-90°，并将原点移到（4.7,220,1.7）处。将当前图层设置为“机翼”图层，其他的图层全部关闭。

45）绘制大气数据探头。单击“默认”选项卡“绘图”面板中的“多段线”按钮，绘制多段线，起点坐标为（0,0），其余各点坐标为（0.9,0）→（@0,20）→（@-0.3,0）→

（@-0.6,50），最后，输入 C 将图形封闭，结果如图 11-203 所示。

46）单击"三维工具"选项卡"建模"面板中的"旋转"按钮，旋转刚才绘制的封闭多段线生成实体，设置旋转轴为 Y 轴，然后用 UCS 命令将视图变成西南等轴测视图，并将机头部分放大，结果如图 11-204 所示。

47）单击"可视化"选项卡"视图"面板上的"视图"下拉菜单中的"西南等轴测"按钮，打开其他的图层，将当前图层设置为"机身 1"图层。单击"三维工具"选项卡"实体编辑"面板中的"并集"按钮，合并大气数据探头和机身。单击"视图"选项卡"视觉样式"面板中的"隐藏"按钮，结果如图 11-205 所示。

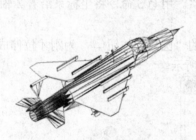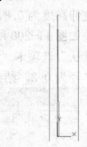

图11-202　加上天线的结果图　　　　　图11-203　绘制多段线

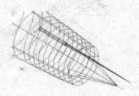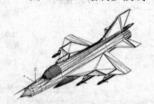

图11-204　旋转生成实体并变换视图　　　　图11-205　加上大气数据探头的结果图

48）机舱连接处圆角处理。并将当前图层设置为"机舱"图层后，单击"默认"选项卡"修改"面板中的"圆角"按钮，为机舱连接处前端进行圆角处理，设置圆角半径为0.3，结果如图 11-206 所示。

49）将除了"中心线"以外的图层都关闭后，单击"默认"选项卡"修改"面板中的"删除"按钮，删除所有的中心线。打开其他所有的图层，将图形调整到合适的大小和角度。输入命令 UCSICON，然后输入 OFF，将坐标系图标关闭，最后用 HIDE 命令消除隐藏线。

50）渲染处理。选择菜单栏"视图"→"渲染"→"材质浏览器"命令，为战斗机各部件赋予适当的材质，再选择菜单栏"视图"→"渲染"→"渲染"命令，渲染后的结果如图 11-124 所示。

图11-206　圆角处理

11.7 动手练一练

【实例1】创建如图 11-207 所示的三通管

1. 目的要求

三维图形具有形象逼真的优点，但是三维图形的创建比较复杂，需要读者掌握的知识比较多。本例要求读者熟悉三维模型创建的步骤，掌握三维模型的创建技巧。

2. 操作提示

1）创建 3 个圆柱体。

2）镜像和旋转圆柱体。

3）圆角处理。

【实例2】创建如图 11-208 所示的轴

1. 目的要求

轴是最常见的机械零件。本例需要创建的轴集中了很多典型的机械结构形式，如轴体、孔、轴肩、键槽、螺纹、退刀槽、倒角等，因此需要用到的三维命令也比较多。通过本例的练习，可以使读者进一步熟悉三维绘图的技能。

2. 操作提示

1）顺次创建直径不等的 4 个圆柱。

2）对 4 个圆柱进行并集处理。

3）转换视角，绘制圆柱孔。

4）镜像并拉伸圆柱孔。

5）对轴体和圆柱孔进行差集处理。

6）采用同样的方法创建键槽结构。

7）创建螺纹结构。

8）对轴体进行倒角处理。

9）渲染处理。

2016

AutoCAD

图11-207 三通管

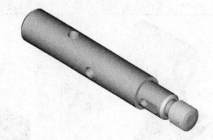

图11-208 轴

第**12**章

实体编辑与渲染

对实体模型进行编辑是体现 AutoCAD 强大的三维造型功能的重要体现。对三维造型进行颜色处理和具有真实感的材质、灯光等处理可以增强三维造型的感性效果。本章主要介绍基本三维实体的显示形式、三维实体的编辑、三维实体的颜色处理等知识。

重点与难点

- 熟练掌握实体编辑
- 学习实体颜色处理相关技巧

12.1　显示形式

在 AutoCAD 中，三维实体有多种显示形式，包括二维线框、三维线框、三维消隐、真实、概念、消隐显示等。

12.1.1　消隐

【执行方式】

命令行：HIDE（快捷命令：HI）。

菜单栏：选择菜单栏中的"视图"→"消隐"命令。

工具栏：单击"渲染"工具栏中的"隐藏"按钮。

功能区：单击"视图"选项卡"视觉样式"面板中的"隐藏"按钮。

执行上述操作后，系统将被其他对象挡住的图线隐藏起来，以增强三维视觉效果。消隐效果如图 12-1 所示。

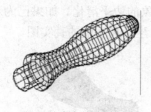 

消隐前　　　　　　　　　　　　　　　　　消隐后

图12-1　消隐效果

12.1.2　视觉样式

【执行方式】

命令行：VSCURRENT。

菜单栏：选择菜单栏中的"视图"→"视觉样式"→"二维线框"命令等。

工具栏：单击"视觉样式"工具栏中的"二维线框"按钮等。

功能区：单击"视图"选项卡"视觉样式"面板中的"视觉样式"下拉菜单

【操作步骤】

命令行提示与操作如下：

命令: VSCURRENT↙

输入选项 [二维线框(2)/线框(W)/隐藏(H)/真实(R)/概念(C)/着色(S)/带边缘着色(E)/灰度(G)/勾画(SK)/X 射线(X)/其他(O)] <二维线框>:

【选项说明】

（1）二维线框（2） 用直线和曲线表示对象的边界。光栅和 OLE 对象、线型和线宽都是可见的。即使将 COMPASS 系统变量的值设置为 1，它也不会出现在二维线框视图中。图 12-2 所示为 UCS 坐标和手柄二维的线框图。

（2）线框（W） 显示对象时利用直线和曲线表示边界。显示一个已着色的三维 UCS 图标。光栅和 OLE 对象、线型及线宽不可见。可将 COMPASS 系统变量设置为 1 来查看坐标球，将显示应用到对象的材质颜色。图 12-3 所示为 UCS 坐标和手柄的三维线框图。

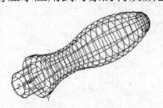
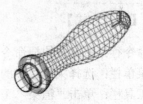

图12-2 UCS坐标和手柄的二维线框图　　　　　图12-3 UCS坐标和手柄的三维线框图

（3）消隐（H） 显示用三维线框表示的对象并隐藏表示后向面的直线。图 12-4 所示为 UCS 坐标和手柄的消隐图。

（4）真实（R） 着色多边形平面间的对象，并使对象的边平滑化。如果已为对象附着材质，则将显示已附着到对象材质。图 12-5 所示为 UCS 坐标和手柄的真实图。

图12-4 UCS坐标和手柄的消隐图　　　　　图12-5 UCS坐标和手柄的真实图

（5）概念（C） 着色多边形平面间的对象，并使对象的边平滑化。着色使用冷色和暖色之间的过渡，效果缺乏真实感，但是可以更方便地查看模型的细节。图 12-6 所示为 UCS 坐标和手柄的概念图。

（6）着色（S） 产生平滑的着色模型。图 12-7 所示为 UCS 坐标和手柄的着色图。

图12-6 概念图　　　　　　　　　　图12-7 着色图

（7）带边缘着色（E） 产生平滑、带有可见边的着色模型。图 12-8 所示为 UCS 坐标和手柄的带边缘着色图。

（8）灰度（G） 使用单色面颜色模式可以产生灰色效果。图 12-9 所示为 UCS 坐标和手柄的灰度图。

图12-8　带边缘着色图

图12-9　灰度图

（9）勾画（SK）　使用外伸和抖动产生手绘效果。图 12-10 所示为 UCS 坐标和手柄的勾画图。

（10）X 射线（X）　更改面的不透明度，使整个场景变成部分透明。图 12-11 所示为 UCS 坐标和手柄的 X 射线图。

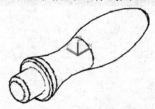

图12-10　勾画图

图12-11　X射线图

（11）其他（0）　选择该选项，命令行提示如下：

输入视觉样式名称 [?]:

可以输入当前图形中的视觉样式名称或输入"?"，以显示名称列表并重复该提示。

12.1.3　视觉样式管理器

【执行方式】

命令行：VISUALSTYLES。

菜单栏：选择菜单栏中的"视图"→"视觉样式"→"视觉样式管理器"命令或"工具"→"选项板"→"视觉样式"命令。

工具栏：单击"视觉样式"工具栏中的"管理视觉样式"按钮⊗。

功能区：单击"视图"选项卡"视觉样式"面板上"视觉样式"下拉菜单中的"视觉样式管理器"按钮，或单击"视图"选项卡"视觉样式"面板中的"对话框启动器"按钮⬓，或单击"视图"选项卡"选项板"面板中的"视觉 样式"按钮⊗。

执行上述操作后，系统打开"视觉样式管理器"选项板，可以对视觉样式的各参数进行设置，如图 12-12 所示。图 12-13 所示为按图 12-12 所示进行设

图12-12　"视觉样式管理器"选项板

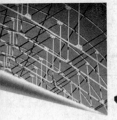

置的概念图显示结果，读者可以将其与图 12-6 进行比较，感觉它们之间的差别。

图12-13　显示结果

12.2　编辑实体

12.2.1　拉伸面

【执行方式】

命令行：SOLIDEDIT。

菜单栏：选择菜单栏中的"修改"→"实体编辑"→"拉伸面"命令。

工具栏：单击"实体编辑"工具栏中的"拉伸面"按钮 。

功能区：单击"三维工具"选项卡"实体编辑"面板中的"拉伸面"按钮 。

【操作步骤】

命令行提示与操作如下：

命令: _solidedit

实体编辑自动检查: SOLIDCHECK=1

输入实体编辑选项 [面(F)/边(E)/体(B)/放弃(U)/退出(X)] <退出>: _face

输入面编辑选项[拉伸(E)/移动(M)/旋转(R)/偏移(O)/倾斜(T)/删除(D)/复制(C)/颜色(L)/材质(A)/放弃(U)/退出(X)] <退出>: _extrude

选择面或 [放弃(U)/删除(R)]: 选择要进行拉伸的面

选择面或 [放弃(U)/删除(R)/全部（ALL）]:

指定拉伸高度或[路径（P）]:

指定拉伸的倾斜角度 <0>:

【选项说明】

（1）指定拉伸高度　按指定的高度值来拉伸面。指定拉伸的倾斜角度后，完成拉伸操作。

（2）路径（P）　沿指定的路径曲线拉伸面。图 12-14 所示为拉伸长方体顶面和侧面的结果。

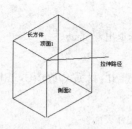

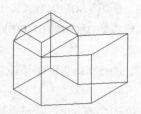

拉伸前的长方体　　　　　　　　　　拉伸后的三维实体

图12-14　拉伸长方体

12.2.2　操作实例——顶针

本实例绘制的顶针如图12-15所示。

光盘动画演示\第12章\顶针.avi

绘制步骤：

1. 设置绘图环境

1）用LIMITS命令设置图幅：297×210。

2）设置线框密度。利用ISOLINES设置线框密度为10。

图12-15　顶针

2. 创建圆锥和圆柱

将当前视图设置为西南等轴测方向,然后在命令行输入UCS,将坐标系绕X轴旋转90°。单击"三维工具"选项卡"建模"面板中的"圆锥体"按钮△,以坐标原点为圆锥底面中心,创建半径为30,高为-50的圆锥。单击"三维工具"选项卡"建模"面板中的"圆柱体"按钮□,以坐标原点为圆心,创建半径为R30,高70的圆柱,结果如图12-16所示。

3. 剖切圆锥

选择菜单栏中的"修改"→"三维操作"→"剖切"命令,选取圆锥,以ZX为剖切面,指定剖切面上的点为（0,10,0）,对圆锥进行剖切,保留圆锥下部,结果如图12-17所示。

4. 并集运算

单击"三维工具"选项卡"实体编辑"面板中的"并集"按钮⑩,选择圆锥与圆柱体。

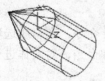

图12-16　绘制圆锥及圆柱

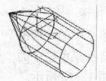

图12-17　剖切圆锥

5. 拉伸实体表面

单击"三维工具"选项卡"实体编辑"面板中的"拉伸面"按钮🔲,命令行提示与操作如下：

命令：_solidedit

实体编辑自动检查： SOLIDCHECK=1

输入实体编辑选项 [面(F)/边(E)/体(B)/放弃(U)/退出(X)] <退出>: _face

输入面编辑选项

[拉伸(E)/移动(M)/旋转(R)/偏移(O)/倾斜(T)/删除(D)/复制(C)/颜色(L)/材质(A)/放弃(U)/退出(X)] <退出>:

_extrude

选择面或 [放弃(U)/删除(R)]： （选取如图 12-18 所示的实体表面）

指定拉伸高度或 [路径(P)]: -10✓

指定拉伸的倾斜角度 <0>:

已开始实体校验。

已完成实体校验。

输入面编辑选项

[拉伸(E)/移动(M)/旋转(R)/偏移(O)/倾斜(T)/删除(D)/复制(C)/颜色(L)/材质(A)/放弃(U)/退出(X)] <退出>:

实体编辑自动检查： SOLIDCHECK=1

输入实体编辑选项 [面(F)/边(E)/体(B)/放弃(U)/退出(X)] <退出>:

结果如图 12-19 所示。

6．创建圆柱

将当前视图设置为左视图方向，单击"三维工具"选项卡"建模"面板中的"圆柱体"按钮，以（10，30，-30）为圆心，创建半径为 20、高为 60 的圆柱；以（50，0，-30）为圆心，创建半径为 10、高为 60 的圆柱，结果如图 12-20 所示。

7．差集运算

将当前视图设置为西南等轴测方向，单击"三维工具"选项卡"实体编辑"面板中的"差集"按钮，从实体中减去两个圆柱体，结果如图 12-21 所示。

图12-18 选取拉伸面

图12-19 拉伸后的实体

图12-20 创建圆柱

8．创建长方体

单击"三维工具"选项卡"建模"面板中的"长方体"按钮，以（35,0,-10）为角点，创建长 30、宽 30、高 20 的长方体，然后将实体与长方体进行差集运算。消隐后的结果如图 12-22 所示。

9．渲染视图

选择菜单栏中的"视图"→"渲染"→"材质浏览器"命令，在材质选项板中选择适当的材质。选择菜单栏中的"视图"→"渲染"→"渲染"命令，对实体进行渲染，渲染后的效果如图 12-15 所示。

图12-21 差集圆柱后的实体

图12-22 消隐后的实体

12.2.3 删除面

命令行：SOLIDEDIT。

菜单栏：选择菜单栏中的"修改"→"实体编辑"→"删除面"命令。

工具栏：单击"实体编辑"工具栏中的"删除面"按钮 。

功能区：单击"三维工具"选项卡"实体编辑"面板中的"删除面"按钮 。

【操作步骤】

> 命令:_solidedit
>
> 实体编辑自动检查: SOLIDCHECK=1
>
> 输入实体编辑选项 [面(F)/边(E)/体(B)/放弃(U)/退出(X)] <退出>: _face
>
> 输入面编辑选项[拉伸(E)/移动(M)/旋转(R)/偏移(O)/倾斜(T)/删除(D)/复制(C)/颜色(L)/材质(A)/放弃(U)/退出(X)] <退出>: _erase
>
> 选择面或 [放弃(U)/删除(R)]:（选择要删除的面）

图 12-23 所示为删除长方体的一个圆角面后的结果。

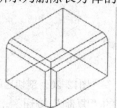
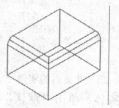

倒圆角后的长方体   删除倒角面后的图形

图12-23 删除圆角面

12.2.4 操作实例——镶块

本例制作的镶块如图 12-24 所示。

图12-24 镶块

参见光盘

光盘动画演示\第 12 章\镶块.avi

绘制步骤:

1) 启动系统。启动 AutoCAD 2016，使用默认设置画图。

2) 设置线框密度。在命令行中输入 Isolines，设置线框密度为 10。单击"可视化"选项卡"视图"面板上的"视图"下拉菜单中的"西南等轴测"按钮◈，切换到西南等轴测图。

3) 创建长方体。单击"三维工具"选项卡"建模"面板中的"长方体"按钮▢，以坐标原点为角点，创建长 50、宽 100、高 20 的长方体。

4) 创建圆柱。单击"三维工具"选项卡"建模"面板中的"圆柱体"按钮▢，以长方体右侧面底边中点为圆心，创建半径为 50、高为 20 的圆柱。

5) 并集运算。单击"三维工具"选项卡"实体编辑"面板中的"并集"按钮◉，将长方体与圆柱进行并集运算，结果如图 12-25 所示。

6) 剖切实体。选择菜单栏中的"修改"→"三维操作"→"剖切"命令，选取实体，以 ZX 为剖切面，分别指定剖切面上的点为（0,10,0）及（0,90,0），对实体进行对称剖切，保留实体中部，结果如图 12-26 所示。

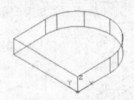

图12-25　并集后的实体

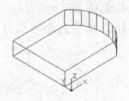

图12-26　剖切后的实体

7) 复制实体。单击"默认"选项卡"修改"面板中的"复制"按钮❀，将剖切后的实体向上复制一个，如图 12-27 所示。

8) 拉伸复制的实体侧面。单击"三维工具"选项卡"实体编辑"面板中的"拉伸面"按钮▣，将实体后侧面拉伸-10，结果如图 12-28 所示。

图12-27　复制实体

图12-28　后侧面拉伸后的实体

9) 删除实体上的面。单击"三维工具"选项卡"实体编辑"面板中的"删除面"按钮✖▫，命令行提示与操作如下：

```
命令: SOLIDEDIT✓
实体编辑自动检查:  SOLIDCHECK=1
输入实体编辑选项 [面(F)/边(E)/体(B)/放弃(U)/退出(X)] <退出>: _face
输入面编辑选项[拉伸(E)/移动(M)/旋转(R)/偏移(O)/倾斜(T)/删除(D)/复制(C)/ 颜色(L)/材质(A) /放弃
(U)/退出(X)] <退出>: _delete
```

选择面或 [放弃(U)/删除(R)]: （如图 12-29 所示，选取实体侧面）

选择面或 [放弃(U)/删除(R)/全部(ALL)]:✓

继续将实体后部对称侧面删除，结果如图 12-30 所示。

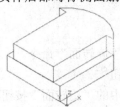

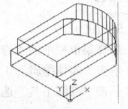

图12-29　选取删除面　　　　　图12-30　后部对称侧面删除后的实体

10）拉伸实体顶面。单击"三维工具"选项卡"实体编辑"面板中的"拉伸面"按钮，将实体顶面向上拉伸 40，结果如图 12-31 所示。

11）创建圆柱。单击"三维工具"选项卡"建模"面板中的"圆柱体"按钮，以实体底面左边中点为圆心，创建半径为 10、高为 20 的圆柱。同理，以 R10 圆柱顶面圆心为中心点继续创建半径为 40、高为 40 及半径为 25、高为 60 的圆柱。

12）差集运算。单击"三维工具"选项卡"实体编辑"面板中的"差集"按钮，将实体与三个圆柱进行差集运算，结果如图 12-32 所示。

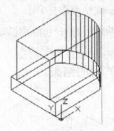

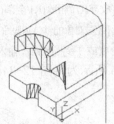

图12-31　顶面拉伸后的实体　　　　　图12-32　差集后的实体

13）设置用户坐标系。在命令行输入 UCS，将坐标原点移动到（0,50,40），并将其绕 Y 轴旋转 90°。

14）创建圆柱。单击"三维工具"选项卡"建模"面板中的"圆柱体"按钮，以坐标原点为圆心，创建半径 5、高为 100 的圆柱，结果如图 12-33 所示。

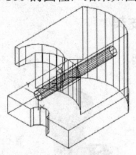

图12-33　创建圆柱

15）差集运算。单击"三维工具"选项卡"实体编辑"面板中的"差集"按钮，将实体与圆柱进行差集运算。

16）渲染处理。选择菜单栏"视图"→"渲染"→"渲染"命令，渲染后的效果如图12-24所示。

12.2.5 旋转面

【执行方式】

命令行：SOLIDEDIT。

菜单栏：选择菜单栏中的"修改"→"实体编辑"→"旋转面"命令。

工具栏：单击"实体编辑"工具栏中的"旋转面"按钮 。

功能区：单击"三维工具"选项卡"实体编辑"面板中的"旋转面"按钮 。

【操作格式】

命令: _solidedit

实体编辑自动检查: SOLIDCHECK=1

输入实体编辑选项 [面(F)/边(E)/体(B)/放弃(U)/退出(X)] <退出>: _face

输入面编辑选项[拉伸(E)/移动(M)/旋转(R)/偏移(O)/倾斜(T)/删除(D)/复制(C)/颜色(L)/材质(A)/放弃(U)/退出(X)] <退出>: _rotate

选择面或 [放弃(U)/删除(R)]：（选择要旋转的面）

选择面或 [放弃(U)/删除(R)/全部(ALL)]： （继续选择或按 Enter 键结束选择）

指定轴点或 [经过对象的轴(A)/视图(V)/X 轴(X)/Y 轴(Y)/Z 轴(Z)]<两点>：（选择一种确定轴线的方式）

指定旋转角度或 [参照(R)]：（输入旋转角度）

图 12-34b 所示为将图 12-34a 中开口槽的方向旋转 90°后的结果。

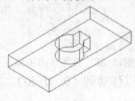   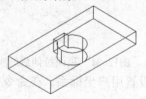

a）旋转前   b）旋转后

图12-34　开口槽旋转90°前后的图形

12.2.6 操作实例——轴支架

绘制如图 12-35 所示的轴支架。

图12-35　轴支架

光盘动画演示\第12章\轴支架.avi

绘制步骤：

1）启动 AutoCAD2016，使用默认设置绘图。

2）在命令行中输入"ISOLINES"命令，设置线框密度为10。

3）单击"可视化"选项卡"视图"面板上的"视图"下拉菜单中的"西南等轴测"按钮，将当前视图方向设置为西南等轴测视图。

4）单击"三维工具"选项卡"建模"面板中的"长方体"按钮，以角点坐标为(0,0,0)，长宽高分别为80、60和10绘制连接立板长方体。

5）单击"默认"选项卡"修改"面板中的"圆角"按钮，以圆角半径为10，然后选择要圆角的长方体进行圆角处理。

6）单击"三维工具"选项卡"建模"面板中的"圆柱体"按钮，以底面中心点为(10,10,0)、半径为6、指定高度为10，绘制圆柱体，结果如图12-36所示。

7）单击"默认"选项卡"修改"面板中的"复制"按钮，然后选择上一步绘制的圆柱体进行复制，结果如图12-37所示。

8）单击"三维工具"选项卡"实体编辑"面板中的"差集"按钮，将长方体和圆柱体进行差集运算。

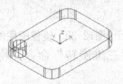 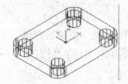

图12-36 创建圆柱体　　　　图12-37 复制圆柱体

9）在命令行中输入"UCS"命令，将坐标原点移至(40,30,60)。

10）单击"三维工具"选项卡"建模"面板中的"长方体"按钮，以坐标原点为长方体的中心点，分别创建长40、宽10、高100及长10、宽40、高100的长方体，结果如图12-38所示。

11）移动坐标原点到(0,0,50)，并将其绕Y轴旋转90°。

12）单击"三维工具"选项卡"建模"面板中的"圆柱体"按钮，以坐标原点为圆心，创建半径为20、高为25的圆柱体。

13）选择菜单栏中的"修改"→"三维操作→三维镜像"命令，然后选取圆柱，绕XY轴进行镜像，镜像结果如图12-39所示。

14）单击"三维工具"选项卡"实体编辑"面板中的"并集"按钮，选择两个圆柱体与两个长方体进行并集运算。

15）单击"三维工具"选项卡"建模"面板中的"圆柱体"按钮，捕捉半径为20圆柱的圆心为圆心，创建半径为10、高为50的圆柱体。

16）单击"三维工具"选项卡"实体编辑"面板中的"差集"按钮，将并集后的实

体与圆柱进行差集运算。消隐处理后的图形如图 12-40 所示。

17）单击"三维工具"选项卡"实体编辑"面板中的"旋转面"按钮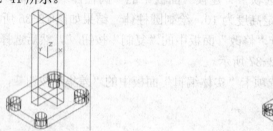，命令行提示与操作如下：

> 命令: _solidedit
>
> 实体编辑自动检查: SOLIDCHECK=1
>
> 输入实体编辑选项 [面(F)/边(E)/体(B)/放弃(U)/退出(X)] <退出>: _face
>
> 输入面编辑选项[拉伸(E)/移动(M)/旋转(R)/偏移(O)/倾斜(T)/删除(D)/复制(C)/颜色(L)/材质(A)/放弃(U)/退出(X)] <退出>: _rotate
>
> 选择面或 [放弃(U)/删除(R)]:（选择支架上部十字形底面）
>
> 选择面或 [放弃(U)/删除(R)/全部(ALL)]: （按 Enter 键结束选择）
>
> 指定轴点或 [经过对象的轴(A)/视图(V)/X 轴(X)/Y 轴(Y)/Z 轴(Z)] <两点>:y↙
>
> 指定旋转原点 <0,0,0>: _endp 于（捕捉十字形右端点）
>
> 指定旋转角度或 [参照(R)]:30

结果如图 12-41 所示。

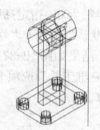

图12-38 创建长方体　　　　　图12-39 镜像圆柱体

18）选择菜单栏中的"修改"→"三维操作"→"三维旋转"命令，将底板绕 Y 轴进行旋转，旋转 30°。

19）设置视图方向。单击"可视化"选项卡"视图"面板上的"视图"下拉菜单中的"前视"按钮，将当前视图方向设置为主视图。消隐处理后的图形如图 12-42 所示。

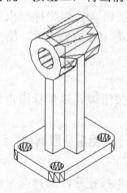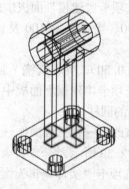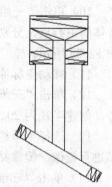

图12-40 消隐后的实体　　　　图12-41 选择旋转面　　　　图12-42 旋转底板

20）选择菜单栏"视图"→"渲染"→"材质浏览器"命令，对图形进行渲染。渲染后的结果如图 12-35 所示。

12.2.7　倾斜面

 【执行方式】

命令行：SOLIDEDIT。

菜单栏：选择菜单栏中的"修改"→"实体编辑"→"倾斜面"命令。

工具栏：单击"实体编辑"工具栏中的"倾斜面"按钮 。

功能区：单击"三维工具"选项卡"实体编辑"面板中的"倾斜面"按钮

【操作步骤】

命令：_solidedit

实体编辑自动检查: SOLIDCHECK=1

输入实体编辑选项 [面(F)/边(E)/体(B)/放弃(U)/退出(X)] <退出>: _face

输入面编辑选项[拉伸(E)/移动(M)/旋转(R)/偏移(O)/倾斜(T)/删除(D)/复制(C)/颜色(L)/材质(A)/放弃(U)/退出(X)] <退出>: _taper

选择面或 [放弃(U)/删除(R)]:（选择要倾斜的面）

选择面或 [放弃(U)/删除(R)/全部(ALL)]:（继续选择或按 Enter 键结束选择）

指定基点: [选择倾斜的基点（倾斜后不动的点）]

指定沿倾斜轴的另一个点: [选择另一点（倾斜后改变方向的点）]

指定倾斜角度:（输入倾斜角度）

12.2.8　操作实例——机座

本实例绘制的机座如图 12-43 所示。

图12-43　机座

 光盘动画演示\第 12 章\机座的绘制.avi

绘制步骤：

1）设置绘图环境。用"LIMITS"命令设置图幅：297×210。设置线框密度。在命令行中输入"ISOLINES"命令，设置线框密度为 10。

2）创建长方体。单击"可视化"选项卡"视图"面板上的"视图"下拉菜单中的"西南等轴测"按钮，将当前视图方向设置为西南等轴测视图。单击"三维工具"选项卡"建模"面板中的"长方体"按钮，以原点为角点，创建长80、宽50、高20的长方体。

3）创建圆柱体。单击"三维工具"选项卡"建模"面板中的"圆柱体"按钮，底面中心点的坐标为（80,25,0），分别绘制底面半径为25、高度为20和底面半径为20、高度为80的圆柱体。

4）并集处理。单击"三维工具"选项卡"实体编辑"面板中的"并集"按钮，将长方体和圆柱体做并集处理，结果如图12-44所示。

5）创建长方体。在命令行中输入"UCS"，选取实体顶面的左上顶点作为新的坐标原点。单击"三维工具"选项卡"建模"面板中的"长方体"按钮，以（0,10,0）为角点，创建长80、宽30、高30的长方体，结果如图12-45所示。

6）对长方体的左侧面进行倾斜操作。单击"三维工具"选项卡"实体编辑"面板中的"倾斜面"按钮，命令行提示与操作如下：

```
命令: SOLIDEDIT✓
实体编辑自动检查: SOLIDCHECK=1
输入实体编辑选项 [面(F)/边(E)/体(B)/放弃(U)/退出(X)] <退出>: F✓
输入面编辑选项[拉伸(E)/移动(M)/旋转(R)/偏移(O)/倾斜(T)/删除(D)/复制(C)/颜色(L)/材质(A)/放弃(U)/退出(X)] <退出>: _taper
选择面或 [放弃(U)/删除(R)]:（如图12-46所示，选取长方体左侧面）
指定基点: _endp 于 （如图12-46所示，捕捉长方体端点2）
指定沿倾斜轴的另一个点: _endp 于 （如图12-46所示，捕捉长方体端点1）
指定倾斜角度: 60✓
```

结果如图12-47所示。

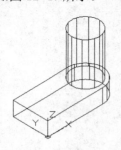

图12-44　并集后的实体

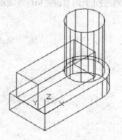

图12-45　创建长方体

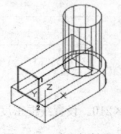

图12-46　选取倾斜面

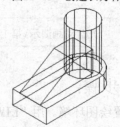

图12-47　倾斜面后的实体

7）并集处理。单击"三维工具"选项卡"实体编辑"面板中的"并集"按钮，将创建的长方体与实体进行并集运算。

8）绘制长方体。在命令行输入 UCS，将坐标原点移回到实体底面的左下顶点。单击"三维工具"选项卡"建模"面板中的"长方体"按钮，以（0,5,0）为角点，创建长 50、宽 40、高 5 的长方体；继续以（0,20,0）为角点，创建长 30、宽 10、高 50 的长方体。

9）差集处理。单击"三维工具"选项卡"实体编辑"面板中的"差集"按钮，将实体与两个长方体进行差集运算。结果如图 12-48 所示。

10）创建圆柱体。单击"三维工具"选项卡"建模"面板中的"圆柱体"按钮，捕捉 R20 圆柱顶面圆心为中心点，分别创建半径为 15、高为-15 及半径为 10、高为-80 的圆柱体。

11）差集处理。单击"三维工具"选项卡"实体编辑"面板中的"差集"按钮，将实体与两个圆柱进行差集运算。消隐后的图形如图 12-49 所示。

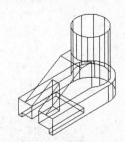

图12-48　差集后的实体

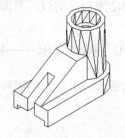

图12-49　消隐后的实体

12）渲染视图。选择菜单栏中的"视图"→"渲染"→"材质浏览器"命令，在"材质"选项板中选择适当的材质。选择菜单栏中的"视图"→"渲染"→"渲染"命令，对实体进行渲染。渲染后的效果如图 12-43 所示。

📖 12.2.9　复制边

 【执行方式】

命令行：SOLIDEDIT。

菜单栏：选择菜单栏中的"修改"→"实体编辑"→"复制边"命令。

工具栏：单击"实体编辑"工具栏中的"复制边"按钮。

功能区：单击"三维工具"选项卡"实体编辑"面板中的"复制边"按钮。

 【操作步骤】

```
命令:_solidedit
实体编辑自动检查：SOLIDCHECK=1
输入实体编辑选项 [面（F）/边（E）/体（B）/放弃（U）/退出（X）] <退出>:_edge
输入边编辑选项 [复制（C）/着色（L）/放弃（U）/退出（X）] <退出>:_copy
选择边或 [放弃（U）/删除（R）]:（选择曲线边）
```

AutoCAD
2016

选择边或 [放弃（U）/删除（R）]:（按 Enter 键）

指定基点或位移:（单击确定复制基准点）

指定位移的第二点:（单击确定复制目标点）

图 12-50 所示为复制边的图形效果。

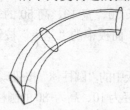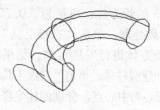

选择边 复制边

图12-50 复制边

复制面功能与此类似，不再赘述。

12.2.10 操作实例——摇杆

创建如图 12-51 所示的摇杆。

图12-51 摇杆

 光盘动画演示\第 12 章\摇杆.avi

绘制步骤：

1）设置线框密度。在命令行中输入"ISOLINES"，设置线框密度为 10。单击"视图"工具栏中的"西南等轴测"按钮，将当前视图方向设置为西南等轴测视图。

2）创建摇杆左部圆柱。单击"三维工具"选项卡"建模"面板中的"圆柱体"按钮，以坐标原点为圆心，分别创建半径为 30、15，高为 20 的圆柱。

3）差集运算。单击"三维工具"选项卡"实体编辑"面板中的"差集"按钮，将 R30 圆柱与 R15 圆柱进行差集运算。

4）创建摇杆右部圆柱。单击"三维工具"选项卡"建模"面板中的"圆柱体"按钮，以（150,0,0）为圆心，分别创建半径为 50、30，高为 30 的圆柱及半径为 40，高为 10 的圆柱。

5）差集运算。单击"三维工具"选项卡"实体编辑"面板中的"差集"按钮，将 R50 圆柱与 R30、R40 圆柱进行差集运算，结果如图 12-52 所示。

6）复制边线。选择菜单栏中的"修改"→"实体编辑"→"复制边"命令，或单击"实体编辑"工具栏中的"复制边"按钮🗖，命令行提示与操作如下：

```
命令: _solidedit
实体编辑自动检查:　SOLIDCHECK=1
输入实体编辑选项 [面(F)/边(E)/体(B)/放弃(U)/退出(X)] <退出>: _edge
输入边编辑选项 [复制(C)/着色(L)/放弃(U)/退出(X)] <退出>: _copy
选择边或 [放弃(U)/删除(R)]:　（如图 12-48 所示，选择左边 R30 圆柱体的底边，按 Enter 键）
指定基点或位移: 0,0↙
指定位移的第二点: 0,0↙
输入边编辑选项 [复制(C)/着色(L)/放弃(U)/退出(X)] <退出>: C↙
选择边或 [放弃(U)/删除(R)]:　（方法同前，选择图 12-53 中右边 R50 圆柱体的底边，按 Enter 键）
指定基点或位移: 0,0↙
指定位移的第二点: 0,0↙
输入边编辑选项 [复制(C)/着色(L)/放弃(U)/退出(X)] <退出>:↙
```

7）消隐处理。单击"可视化"选项卡"视图"面板上的"视图"下拉菜单中的"仰视"按钮🗗，切换到仰视图。单击"视图"选项卡"视觉样式"面板中的"隐藏"按钮🗄，进行消隐处理。

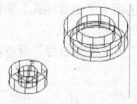
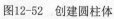

图12-52　创建圆柱体

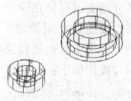

图12-53　选择复制边

8）绘制辅助线。单击"默认"选项卡"绘图"面板中的"构造线"按钮✎，分别绘制所复制的R30及R50圆的外公切线，并绘制通过圆心的竖直线，绘制结果如图 12-54 所示。

9）偏移辅助线。单击"默认"选项卡"修改"面板中的"偏移"按钮🗂，将绘制的外公切线分别向内偏移10，并将左边竖直线向右偏移45，将右边竖直线向左偏移25。偏移结果如图 12-55 所示。

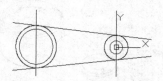

图12-54　绘制辅助构造线

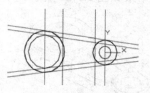

图12-55　偏移辅助线

10）修剪辅助线。单击"默认"选项卡"修改"面板中的"修剪"按钮⊬，对辅助线及复制的边进行修剪。单击"默认"选项卡"修改"面板中的"删除"按钮✐，删除多余的辅助线，结果如图 12-56 所示。

11）创建面域。单击"可视化"选项卡"视图"面板上的"视图"下拉菜单中的"西南等轴测"按钮◈，切换到西南等轴测图。单击"默认"选项卡"绘图"面板中的"面域"

按钮⊡，分别将辅助线与圆及辅助线之间围成的两个区域创建为面域。

12）移动面域。单击"默认"选项卡"修改"面板中的"移动"按钮✛，将内环面域向上移动 5。

13）拉伸面域。单击"三维工具"选项卡"建模"面板中的"拉伸"按钮⬆，分别将外环及内环面域向上拉伸 16 及 11。

14）差集运算。单击"三维工具"选项卡"实体编辑"面板中的"差集"按钮�◎，将拉伸生成的两个实体进行差集运算，结果如图 12-57 所示。

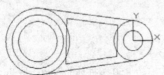
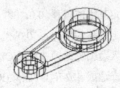

图12-56　修剪辅助线及圆　　　　　　　　　　图12-57　差集拉伸实体

15）并集运算。单击"三维工具"选项卡"实体编辑"面板中的"并集"按钮◎，将所有实体进行并集运算。

16）对实体倒圆角。单击"默认"选项卡"修改"面板中的"圆角"按钮◻，对实体中间内凹处进行倒圆角操作，圆角半径为 5。

17）对实体倒角。单击"默认"选项卡"修改"面板中的"倒角"按钮◻，对实体左、右两部分顶面进行倒角操作，倒角距离为 3。单击"视图"选项卡"视觉样式"面板中的"隐藏"按钮⬡，对处理后的图形进行消隐，结果如图 12-58 所示。

18）镜像实体。选择菜单栏中的"修改"→"三维操作"→"三维镜像"命令，命令行提示与操作如下：

命令:＿mirror3d

选择对象: 选择实体↙

指定镜像平面 (三点) 的第一个点或[对象(O)/最近的(L)/Z 轴(Z)/视图(V)/XY 平面(XY)/YZ 平面(YZ)/ZX 平面(ZX)/三点(3)] <三点>: XY↙

指定 XY 平面上的点 <0,0,0>: ↙

是否删除源对象? [是(Y)/否(N)] <否>:↙

镜像结果如图 12-59 所示。

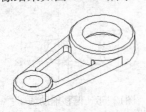
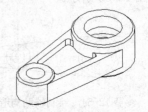

图12-58　倒圆角及倒角后的实体　　　　　　图12-59　镜像后的实体

19）单击"三维工具"选项卡"实体编辑"面板中的"并集"按钮◎，将所有实体进行并集运算。

20）改变视觉样式。选择菜单栏中的"视图"→"视觉样式"→"概念"命令，最终显示效果如图 12-51 所示。

12.3　渲染实体

渲染是对三维图形对象加上颜色和材质因素或灯光、背景、场景等因素的操作，以使其能够更真实地表达图形的外观和纹理。渲染是输出图形前的关键步骤，尤其是在效果图的设计中。

12.3.1　贴图

贴图的功能是在实体附着带纹理的材质后，调整实体或面上纹理贴图的方向。当材质被映射后，调整材质以适应对象的形状，将合适的材质贴图类型应用到对象中，可以使之更加适用于对象。

【执行方式】

命令行：MATERIALMAP。

菜单栏：选择菜单栏中的"视图"→"渲染"→"贴图"命令（如图 12-60 所示）。

工具栏：单击"渲染"工具栏中的"贴图"按钮（如图 12-61 所示）或"贴图"工具栏中的按钮（如图 12-62 所示）。

图12-60　贴图子菜单

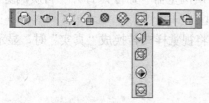

图12-61　渲染工具栏

图12-62　贴图工具栏

【操作步骤】

命令行提示与操作如下：

命令：MATERIALMAP✓
选择选项[长方体(B)/平面(P)/球面(S)/柱面(C)/复制贴图至(Y)/重置贴图(R)]<长方体>:

【选项说明】

（1）长方体（B）　将图像映射到类似长方体的实体上。该图像将在对象的每个面上

411

重复使用。

（2）平面（P）　将图像映射到对象上，就像将其从幻灯片投影器投影到二维曲面上一样，图像不会失真，但是会被缩放以适应对象。该贴图最常用于面。

（3）球面（S）　在水平和垂直两个方向上同时使图像弯曲。纹理贴图的顶边在球体的"北极"压缩为一个点；同样，底边在"南极"压缩为一个点。

（4）柱面（C）　将图像映射到圆柱形对象上，水平边将一起弯曲，但顶边和底边不会弯曲。图像的高度将沿圆柱体的轴进行缩放。

（5）复制贴图至（Y）　将贴图从原始对象或面应用到选定对象。

（6）重置贴图（R）　将 UV 坐标重置为贴图的默认坐标。

图 12-63 所示为球面贴图实例。

贴图前　　　　　　　　　　　　　　　　　　贴图后

图12-63　球面贴图

12.3.2　材质

1. 附着材质

AutoCAD 2016 附着材质的方式与以前版本有很大的不同，AutoCAD 2016 将常用的材质都集成到工具选项板中。具体附着材质的步骤如下：

1）选择菜单栏中的"视图"→"渲染"→"材质浏览器"命令，打开"材质浏览器"选项板，如图 12-64 所示，选择需要的木材材质类型。

2）选择如图 12-65 所示要附着材质的对象，当将视觉样式转换成"真实"时，显示出附着材质后的图形，如图 12-66 所示。

2. 设置材质

【执行方式】

命令行：　MATEDITOROPEN。

菜单栏：选择菜单栏中的"视图"→"渲染"→"材质编辑器"命令。

工具栏：单击"渲染"工具栏中的"材质编辑器"按钮 。

功能区：单击"视图"选项卡"选项板"面板中的"选项板"下拉菜单中的"材质编辑器"按钮 。

执行上述操作后，系统打开如图 12-67 所示的"材质编辑器"选项板。通过该选项板，可以对材质的有关参数进行设置。

图12-64　"材质浏览器"选项板

图12-65　指定对象

图12-66　附着材质后

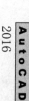

图12-67　"材质编辑器"选项板

12.3.3　渲染

1. 高级渲染设置

【执行方式】

命令行：RPREF（快捷命令：RPR）。

菜单栏：选择菜单栏中的"视图"→"渲染"→"高级渲染设置"命令。

工具栏：单击"渲染"工具栏中的"高级渲染设置"按钮。

功能区：单击"视图"选项卡"选项板"面板中的"渲染"按钮。

执行上述操作后，系统打开如图 12-68 所示的"高级渲染设置"选项板。通过该选项板，可以对渲染的有关参数进行设置。

2. 渲染

【执行方式】

命令行：RENDER（快捷命令：RR）。

菜单栏：选择菜单栏中的"视图"→"渲染"→"渲染"命令。

工具栏：单击"渲染"工具栏中的"渲染"按钮。

功能区：单击"可视化"选项卡"渲染"面板上"渲染"下拉菜单中的"渲染"按钮。

执行上述操作后，系统打开如图 12-69 所示的"渲染"对话框，显示渲染结果和相关参数。

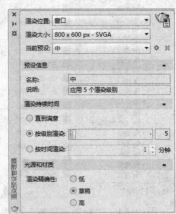

图12-68 "高级渲染设置"选项板

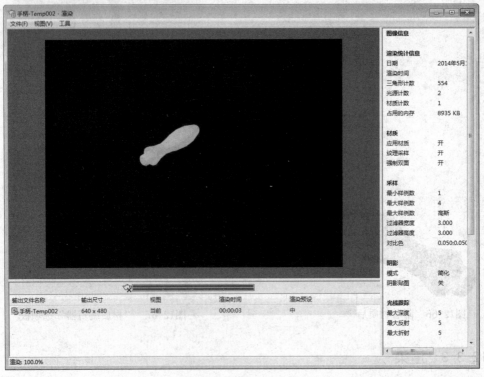

图12-69 "渲染"对话框

◆ 技术看板——渲染图形的过程

在 AutoCAD 2016 中，渲染代替了传统的建筑、机械和工程图形使用水彩、有色蜡笔和油墨等生成最终演示的渲染效果图。渲染图形的过程一般分为以下 4 步。

1）准备渲染模型：包括遵从正确的绘图技术，删除消隐面，创建光滑的着色网格和设置视图的分辨率。

2）创建和放置光源以及创建阴影。

3）定义材质并建立材质与可见表面间的联系。

4）进行渲染，包括检验渲染对象的准备、照明和颜色的中间步骤。

12.4 综合演练——凉亭

绘制如图 12-70 所示的凉亭。绘制思路是：利用正多边形命令和拉伸命令生成亭基，利用多段线和拉伸命令生成台阶；再利用圆柱体和三维阵列命令绘制立柱；然后利用多段线和拉伸命令生成连梁；接下来利用长方体、多行文字、边界网格、旋转、拉伸和三维阵列等命令生成牌匾和亭顶，利用圆柱体、并集、多段线、旋转和三维阵列命令生成桌椅，利用长方体和三维阵列命令绘制长凳；最后进行赋材渲染。

图12-70 凉亭

 参见光盘 光盘动画演示\第 12 章\凉亭.avi

绘制步骤：

1. 绘制凉亭

1）打开 AutoCAD 2016 并新建一个文件，单击"快速访问"工具栏中的"保存"按钮，将文件保存为"凉亭.dwg"。

2）单击"默认"选项卡"绘图"面板中的"多边形"按钮，绘制一个边长为120 的正六边形，然后单击"三维工具"选项卡"建模"面板中的"拉伸"按钮，将正六边形拉伸成高度为 30 的棱柱体。

3）利用"ZOOM"命令，使场地全部出现在绘图区中。然后在命令行输入"DDVPOINT"命令，切换视角。打开的"视点预设"对话框如图 12-71 所示。将"X 轴（A）"文本框内的值改为 305，将"XY 平面（T）："文本框内的值改为 20，单击"确定"按钮，关闭对话框。此时，亭基视图如图 12-72 所示。

4）使用"UCS"命令建立如图 12-73 所示的新坐标系，再次使用"UCS"命令将坐标系绕 Y 轴旋转-90°，得到如图 12-74 所示的坐标系。命令行提示与操作如下：

命令：UCS✓

当前 UCS 名称：*世界*

指定 UCS 的原点或 [面(F)/命名(NA)/对象(OB)/上一个(P)/视图(V)/世界(W)/X/Y/Z/Z 轴(ZA)] <世界>：（输入新坐标系原点，打开目标捕捉功能，用鼠标选择如图 12-73 中 1 角点）

指定 X 轴上的点或 <接受> <309.8549,44.5770,0.0000>：（选择如图 12-73 中所示的 2 角点）

指定 XY 平面上的点或 <接受><307.1689,45.0770,0.0000>： （选择如图 12-73 中所示的 3 角点）

命令：UCS✓

当前 UCS 名称：*没有名称*

指定 UCS 的原点或 [面(F)/命名(NA)/对象(OB)/上一个(P)/视图(V)/世界(W)/X/Y/Z/Z 轴(ZA)] <世界>：y ✓

指定绕 Y 轴的旋转角度 <90>：-90 ✓

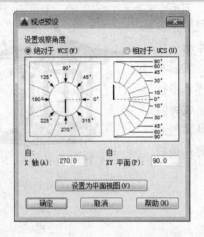

图12-71 "视点预设"对话框

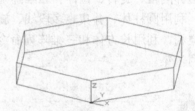

图12-72 亭基视图

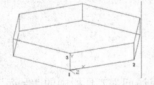

图12-73 三点方式建立新坐标系

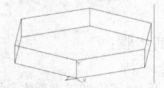

图12-74 旋转变换后的新坐标系

5）单击"默认"选项卡"绘图"面板中的"多段线"按钮，绘制台阶横截面轮廓线。多段线起点坐标为（0,0），其余各点坐标依次为（0,30）、（20,30）、（20,20）、（40,20）、（40,10）、（60,10）、（60,0）和（0,0）。接着单击"三维工具"选项卡"建模"面板中的"拉伸"按钮，将多段线沿 Z 轴负方向拉伸成宽度为-80 的台阶模型。使用三维动态观察工具将视点稍进行偏移，拉伸前后的模型分别如图 12-75 和图 12-76 所示。

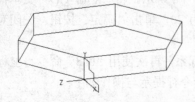

图12-75 台阶横截面轮廓线

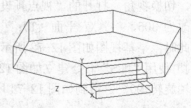

图12-76 台阶模型

6）单击"默认"选项卡"修改"面板中的"移动"按钮，将台阶移动到与其所在边的中心位置，如图 12-77 所示。

7）单击"默认"选项卡"绘图"面板中的"多段线"按钮，绘制出滑台横截面轮廓线。

8）单击"默认"选项卡"修改"面板中的"拉伸"按钮，将其拉伸成高度为 20 的三维实体。

9）单击"默认"选项卡"修改"面板中的"复制"按钮，将滑台复制到台阶的另一侧，从而建立台阶两侧的滑台模型。

10）单击"三维工具"选项卡"实体编辑"面板中的"并集"按钮，将亭基、台阶和滑台合并成一个整体，结果如图 12-78 所示。

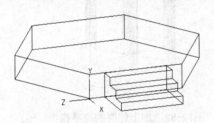

图12-77　移动后的台阶模型

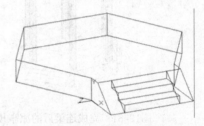

图12-78　制作完成的亭基和台阶模型

11）单击"默认"选项卡"绘图"面板中的"直线"按钮，连接正六边形亭基顶面的 3 条对角线并将其作为辅助线。

12）使用"UCS"命令 3 点建立新坐标系的方法，建立如图 12-79 所示的新坐标系。

13）单击"三维工具"选项卡"建模"面板中的"圆柱体"按钮，绘制一个底面中心坐标在坐标（20,0,0）、底面半径为 8、高为 200 的圆柱体，即绘制凉亭立柱。

14）单击"菜单栏"→"三维操作"→"三维阵列"命令，阵列凉亭的 6 根立柱，阵列中心点为前面绘制的辅助线交点，Z 轴为旋转轴。

15）利用"ZOOM"命令使模型全部可见。接着单击"视图"选项卡"视觉样式"面板中的"隐藏"按钮，对模型进行消隐，如图 12-80 所表示。

16）绘制连梁。打开圆心捕捉功能，单击"默认"选项卡"绘图"面板中的"多段线"按钮，连接 6 根立柱的顶面中心。单击"默认"选项卡"修改"面板中的"偏移"按钮，将其多段线分别向内和向外偏移 3。单击"默认"选项卡"修改"面板中的"删除"按钮，删除中间的多段线。单击"三维工具"选项卡"建模"面板中的"拉伸"按钮，将两条多段线分别拉伸成高度为-15 的实体。单击"三维工具"选项卡"实体编辑"面板中的"差集"按钮，求差集生成的连梁。

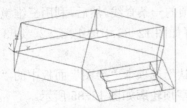

图12-79　使用3点方式建立的新坐标系示意

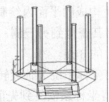

图12-80　三维阵列后的立柱模型

17）单击"默认"选项卡"修改"面板中的"复制"按钮，将连梁向下在距离 25 处复制一次，完成连梁后的凉亭模型如图 12-81 所示。

18）绘制牌匾。使用 UCS 命令的 3 点建立坐标系的方式，建立一个坐标原点在凉亭台阶所在边的连梁外表面的顶部左上角点，X 轴与连梁长度方向相同的新坐标系。单击"三维工具"选项卡"建模"面板中的"长方体"按钮，绘制一长为 40、高为 20、厚为 3 的长方体（版匾），并使用移动（MOVE）命令将其移动到连梁中心位置。最后，使用多行文字（MTEXT）命令在牌匾上题上亭名（如"东庭"），如图 12-82 所示。

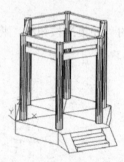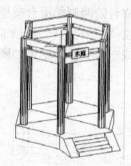

图12-81　完成连梁后的凉亭模型　　　　　图12-82　加上牌匾的凉亭模型

19）利用"UCS"命令将坐标系统 X 轴旋转-90°。

20）绘制如图 12-83 所示的辅助线。单击"默认"选项卡"绘图"面板中的"多段线"按钮，绘制连接柱顶中心的封闭多段线，单击"默认"选项卡"绘图"面板中的"直线"按钮，连接柱顶面正六边形的对角线。单击"默认"选项卡"修改"面板中的"偏移"按钮，将其封闭多段线向外偏移80。单击"默认"选项卡"绘图"面板中的"直线"按钮，绘制一条起点在柱上顶面中心，高为 60 的竖线，并在竖线顶端绘制一个外切圆半径为 10 的正六边形。

21）单击"默认"选项卡"绘图"面板中的"直线"按钮，按如图 12-84 所示连接辅助线，并移动坐标系到点 1、2、3 所构成的平面上。

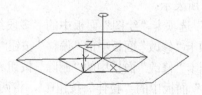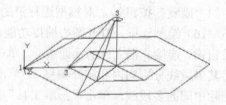

图12-83　亭顶辅助线(1)　　　　　　　图12-84　亭顶辅助线(2)

22）单击"默认"选项卡"绘图"面板中的"椭圆"下拉菜单"椭圆弧"按钮，在点 1、2、3 所构成的平面内绘制一条弧线作为亭顶的一条脊线。然后，利用三维镜像（MIRROR 3D）命令将其镜像到另一侧，并在镜像时，选择如图 12-85 中边 1、边 2、边 3 的中点作为镜像平面上的 3 点。

23）将坐标系绕 X 轴旋转 90°，单击"默认"选项卡"绘图"面板中的"圆弧"按钮，最后将坐标系恢复到先前状态。绘制出的亭顶轮廓如图 12-85 所示。

24）单击"默认"选项卡"绘图"面板中的"直线"按钮，连接两条弧线的顶部。

选择菜单栏中的"绘图"→"建模"→"网格"→"边界网格"命令生成曲面，如图 12-86 所示。4 条边界线为上面绘制的 3 条圆弧线，以及连接两条弧线的顶部的直线。

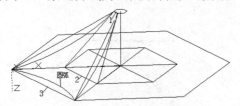

图12-85　亭顶轮廓线

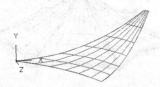

图12-86　亭顶曲面（部分）

25）单击"默认"选项卡"修改"面板中的"复制"按钮，其下边缘轮廓线向下复制距离值为 5。单击"默认"选项卡"绘图"面板中的"直线"按钮，连接两条弧线的端点，并选择菜单栏中的"绘图"→"建模"→"网格"→"边界网格"，生成边缘曲面，完成亭顶边缘的绘制。

26）使用 3 点方式建立新坐标系，使坐标原点位于脊线的一个端点，且 Z 轴方向与弧线相切。单击"默认"选项卡"绘图"面板中的"圆"按钮，在其一个端点绘制一个半径为 5 的圆，最后使用拉伸工具将圆按弧线拉伸成实体，完成亭顶脊线的绘制。

27）绘制挑角。将坐标系统 Y 轴旋转 90°，单击"默认"选项卡"绘图"面板中的"圆弧"按钮，绘制一段连接脊线的圆弧，然后按照步骤 25）所示的方法在其一端绘制半径为 5 的圆并将其拉伸成实体。单击"三维工具"选项卡"建模"面板中的"球体"按钮，在挑角的末端绘制半径为 5 的球体。单击"三维工具"选项卡"实体编辑"面板中的"并集"按钮，将脊线和挑角连成一个实体，再单击"视图"选项卡"视觉样式"面板中的"隐藏"按钮，完成亭顶脊线和挑角的绘制，如图 12-87 所示。

28）选择菜单栏中的"修改"→"三维操作"→"三维阵列"命令，将如图 12-87 所示的图形阵列以得到完整的顶面，如图 12-88 所示。

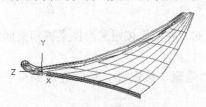

图12-87　亭顶脊线和挑角

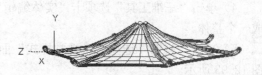

图12-88　阵列后的亭顶

29）绘制顶缨。将坐标系移动到顶部中心位置，且使 XY 平面在竖直面内。单击"绘图"工具栏中的"多段线"按钮，绘制顶缨半截面。单击"三维工具"选项卡"建模"面板中的"旋转"按钮，绕中轴线旋转生成实体。完成的亭顶外表面如图 12-89 所示。

30）绘制内表面。利用边界网络命令（EDGESURF），生成如图 12-90 所示的亭顶内表面，选择菜单栏中的"修改"→"三维操作"→"三维阵列"命令，将其阵列到整个亭顶，如图 12-91 所示。

31）单击"视图"选项卡"视觉样式"面板中的"隐藏"按钮，消隐模型，如图 12-92 所示。

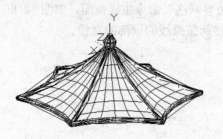

图12-89 完成的亭顶外表面

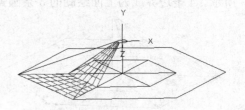

图12-90 亭顶内表面（局部）

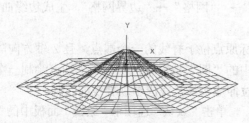

图12-91 亭顶内表面（完全）

图12-92 凉亭结果图

2．绘制凉亭内桌椅

1）调用"UCS"命令，将坐标系移至亭基的左上角。

2）单击"三维工具"选项卡"建模"面板中的"圆柱体"按钮⬜，绘制一个底面中心在亭基上表面中心处、底面半径为5、高为40的圆柱体。利用"ZOOM"命令，选取桌脚部分放大视图，然后使用"UCS"命令将坐标系移动到桌脚顶面圆心处。

3）单击"三维工具"选项卡"建模"面板中的"圆柱体"按钮⬜，绘制一个底面中心在点（0,0,0）、底面半径为40、高为3的圆柱体。

4）单击"三维工具"选项卡"实体编辑"面板中的"并集"按钮⬤，将桌脚和桌面连成一个整体。

5）单击"视图"选项卡"视觉样式"面板中的"隐藏"按钮⬢，绘制完成的桌子如图12-93所示。

6）利用"UCS"命令，移动坐标系至桌脚底部中心处。

7）单击"默认"选项卡"绘图"面板中的"圆"按钮⊘，绘制一个中心在点（0,0）处、半径为50的辅助圆。

8）利用"UCS"命令，将坐标系移动到辅助圆的某一个四分点上，并将其绕X轴旋转90°。得到如图12-94所示的坐标系。

9）单击"默认"选项卡"绘图"面板中的"多段线"按钮⤳，绘制凳子的半剖面，然后过（0,0）→（0,25）→（10,25）→（10,24）→（a）→（6,0）→（1）→（c）绘制多段线。

10）生成凳子实体。单击"三维工具"选项卡"建模"面板中的"旋转"按钮📧，旋转步骤9）绘制的多段线。

11）单击"视图"选项卡"视觉样式"面板中的"隐藏"按钮，观察生成的凳子，如图 12-95 所示。

12）选择菜单栏中的"修改"→"三维操作"→"三维阵列"命令，在桌子四周列阵四个凳子。

13）单击"默认"选项卡"修改"面板中的"删除"按钮，删除辅助圆。

14）单击"视图"选项卡"视觉样式"面板中的"隐藏"按钮，观察建立的桌凳模型，如图 12-96 所示。

15）在命令行中输入"UCS"命令，并将其绕 X 轴旋转 90°。单击"三维工具"选项卡"建模"面板中的"长方体"按钮，绘制一个长方体，其两个对角顶点分别为（0, -8, 0）、（100, 16, 3），然后将其向上平移 20。

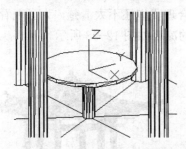

图12-93　消隐处理后的桌子模型

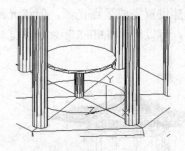

图12-94　经平移和旋转后的新坐标系

图12-95　旋转生成的凳子模型

图12-96　消隐后的桌凳模型

16）单击"三维工具"选项卡"建模"面板中的"长方体"按钮，绘制凳脚，凳脚高 20、厚 3、宽 16。单击"默认"选项卡"修改"面板中的"复制"按钮，将其复制到合适的位置，然后利用并集命令（UNION）将凳子脚和凳子面合并成一个实体。

17）选择菜单栏中的"修改"→"三维操作"→"三维阵列"命令，将长凳阵列到其他边，然后删除台阶所在边的长凳。完成的凉亭模型如图 12-70 所示。

3. 创建凉亭灯光

1）利用"POINTLIGHT"命令创建点光源，命令行提示与操作如下：

命令: _pointlight
指定源位置 <0,0,0>:（指定适当位置，如图 12-97 所示）
输入要更改的选项 [名称(N)/强度因子(I)/状态(S)/光度(P)/阴影(W)/衰减(A)/过滤颜色(C)/退出(X)] <退出>: a✓

输入要更改的选项 [衰减类型(T)/使用界限(U)/衰减起始界限(L)/衰减结束界限(E)/退出(X)] <退出>: t↙

输入衰减类型 [无(N)/线性反比(I)/平方反比(S)] <无>: i↙

输入要更改的选项 [衰减类型(T)/使用界限(U)/衰减起始界限(L)/衰减结束界限(E)/退出(X)] <退出>:u↙

界限 [开(N)/关(F)] <关>: n↙

输入要更改选项 [衰减类型(T)/使用界限(U)/衰减起始界限(L)/衰减结束界限(E)/退出(X)] <退出>:1↙

指定起始界限偏移 <1>: 10↙

输入要更改的选项 [衰减类型(T)/使用界限(U)/衰减起始界限(L)/衰减结束界限(E)/退出(X)]<退出>: 16↙

输入要更改的选项 [衰减类型(T)/使用界限(U)/衰减起始界限(L)/衰减结束界限(E)/退出(X)]<退出>:↙

输入要更改的选项 [名称(N)/强度因子(I)/状态(S)/光度(P)/阴影(W)/衰减(A)/过滤颜色(C)/退出(X)] <退出>:↙

虽然设置完成了点光源，但该光源的设置是否合理我们还不太清楚，为了观看该光源的结果，可以用"RENDER"命令预览一下。渲染后的凉亭如图 12-98 所示。

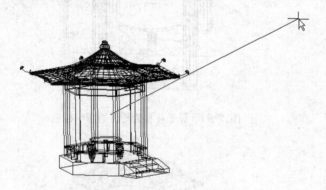

图12-97　指定点光源的位置　　　　　　　　图12-98　光源照射下的凉亭渲染图

2）利用"spotlight"命令继续新建聚光灯，命令行提示与操作如下：

命令: _spotlight

指定源位置 <0,0,0>:（适当指定一点）

指定目标位置 <0,0,-10>:（适当指定一点）

输入要更改的选项 [名称(N)/强度因子(I)/状态(S)/光度(P)/聚光角(H)/照射角(F)/阴影(W)/衰减(A)/过滤颜色(C)/退出(X)] <退出>:　h↙

输入聚光角 (0.00-160.00) <45>: 60↙

输入要更改的选项 [名称(N)/强度因子(I)/状态(S)/光度(P)/聚光角(H)/照射角(F)/阴影(W)/衰减(A)/过滤颜色(C)/退出(X)] <退出>: f↙

输入照射角 (0.00-160.00) <60>: 75↙

输入要更改的选项 [名称(N)/强度因子(I)/状态(S)/光度(P)/聚光角(H)/照射角(F)/阴影(W)/衰减(A)/过滤颜色(C)/退出(X)] <退出>:↙

当创建完某个光源（点光源、平行光源和聚光灯）后，如果对该光源不满意，可以在屏幕上直接将其删除。

3）为柱子赋予材质。选择菜单栏中的"视图"→"渲染"→"材质浏览器"命令，打开"材质浏览器"选项板，如图 12-99 所示。选择一种材质，拖动到绘制的柱子实体上。

用同样的方法，为凉亭其他部分赋予合适的材质。

　　4）单击"可视化"选项卡"渲染"面板中的"渲染环境和曝光"按钮 ，打开"渲染环境和曝光"对话框，如图 12-100 所示，在其中可以进行相关参数的设置。

　　5）单击"视图"选项卡"选项板"面板中的"渲染"按钮，打开"高级渲染设置"对话框，如图 12-101 所示，在其中可以进行相关参数的设置。

  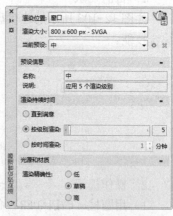

图12-99　"材质浏览器"选项板　　图12-100　"渲染环境和曝光"对话框　　图12-101　高级渲染设置

12.5　动手练一练

【实例 1】创建如图 12-102 所示的建筑拱顶

图12-102　六角形拱顶

1. 目的要求

拱顶是最常见的建筑结构。本例需要创建的拱顶需要用到的三维命令比较多。通过本例的练习，可以使读者进一步熟悉三维绘图的技能。

2. 操作提示

1）绘制正六边形并拉伸。

2）绘制直线。

2016

AutoCAD

3）绘制圆弧。

4）旋转曲面。

5）绘制圆并拉伸。

6）阵列处理。

7）创建圆锥体。

8）创建球体。

9）渲染处理。

 【实例 2】绘制连接盘并赋材渲染

1. 目的要求

如图 12-103 所示的连接盘是最常见的盘盖类零件。本例的目的是提高读者三维绘图的综合技能。

图12-103　连接盘

2. 操作提示

1）用圆柱（CYLINDER）命令绘制不同尺寸的 5 个圆柱体。

2）将最大的两个圆柱体进行并集处理，同时将销孔的两个圆柱体进行并集处理。

3）将并集处理的销孔处圆柱体进行三维阵列。

4）进行差集处理，去除相关的实体。

5）赋材并渲染。

第 **13** 章

AutoLISP 语言概述

　　LISP 是一种计算机的表处理语言，是在人工智能学科领域广泛应用的一种程序设计语言。本章介绍了 AutoLISP 语言的优点以及使用场合，AutoLISP 的基本数据结构、程序结构，以及 AutoLISP 程序的编辑、加载和运行方法。最后，演示了两个小的 AutoLISP 程序。

AutoCAD
2016

重点与难点

- 了解 AutoLISP 语言
- 熟悉 AutoLISP 数据类型、程序结构
- 了解 AutoLISP 运行环境、内存分配
- 掌握 AutoLISP 程序的执行过程

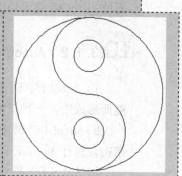

13.1 AutoLISP 语言简介

LISP(List Processing Language)是一种计算机的表处理语言，是在人工智能学科领域广泛应用的一种程序设计语言。AutoLISP 语言是嵌套于 AutoCAD 内部，将 LISP 语言和 AutoCAD 有机结合的产物。AutoLISP 是开发 AutoCAD 的重要工具之一。

13.1.1 开发 AutoCAD 的重要工具

使用 AutoLISP 可直接调用几乎全部 AutoCAD 命令。AutoLISP 语言既具备一般高级语言的基本结构和功能，又具有一般高级语言所没有的强大的图形处理功能，是当今世界上 CAD 软件中被广泛采用的语言之一。

美国 AutoDesk 公司在 AutoCAD 内部嵌入 AutoLISP 的目的是使用户充分利用 AutoCAD 进行二次开发：实现直接增加和修改 AutoCAD 命令，随意扩大图形编辑功能，建立图形库和数据库并对当前图形进行直接访问和修改，开发 CAD 软件包等。

AutoLISP 语言最典型的应用之一是实现参数化绘图程序设计，包括尺寸驱动程序，鼠标拖动程序等。尺寸驱动是指通过改变实体标注的尺寸值来实现图形的自动修改；鼠标拖动即利用 AutoLISP 语言提供的(GRREAD[\<track\>])函数，让用户直接读取 AutoCAD 的输入设备（如鼠标），任选项追踪光标移动存在且为真时，通过鼠标移动光标，调整所需的参数值而达到自动改变屏幕图形大小和形状。

到目前为止，大多数参数化程序都是针对二维平面图编制的。实际上，立体图同样可以实现参数化绘图，在 AutoCAD 中编制实体的立体图参数化程序比其平面三视图程序更简单，而且立体图生成后，可以很方便地生成三视图、剖面图和轴侧图等。

另一个 AutoLISP 的典型应用就是驱动利用 AutoCAD 提供的 PDB 模块构成 DCL(Dialog Control Language)文件创建自己的对话框。

自从 AutoCAD 嵌入 AutoLISP 以后，使仅仅作为交互式图形编辑软件的 AutoCAD 变成能真正进行计算机辅助设计、绘图的 CAD 软件，由于 LISP 灵活多变，又易于学习和使用，因而使 AutoCAD 成为功能很强的工具性软件。

13.1.2 AutoLISP 的特点

1）AutoLISP 语言是在普通的 LISP 语音基础上，扩充了许多适用于 CAD 应用的特殊功能而形成的，一种仅能以解释方式运行于 AutoCAD 内部的解释性程序设计语言。

2）AutoLISP 语言中的一切成分都是以函数的形式给出的，它没有语句感念或其他语法结构。执行 AutoLISP 程序就是执行一些函数，再调用其他函数。

3）AutoLISP 把数据和程序统一表达为表结构，即 S—表达式，故可把程序当作数据来处理，也可把数据当作程序来执行。

4）AutoLISP 语言中的程序运行过程就是对函数求值的过程，是在对函数求值的过程中实现函数的功能。

5）AutoLISP 语言的主要控制结构是采用递归方式。递归方式的使用，使得程序设计简单易懂。

13.2　AutoLISP 数据类型

AutoLISP 语言主要用到如下数据类型：

符号	（SYM）
字符串	（STR）
表（及用户定义的函数）	（LIST）
文件描述符	（FILE）
AutoLISP 的内部函数	（SUBR）
AutoCAD 的选择集	（PICKSET）
AutoCAD 的实体名	（ENAME）
函数分页表	（PAGETB）

本节只介绍前五种数据类型，其他类型将在相应的章节中介绍。

在这 5 种数据类型中，前 4 种称为原子（ATOM），原子包括数字原子（整型数和实型数）、符号原子和串原子。

所以 AutoLISP 最基本的数据类型是原子和表，它们又总称为符号表达式（Symbolic-Expression），也称为 S—表达式。

📖13.2.1　原子

1. 整数

整数是由 0、1、2…9、+、-等字符组成，整数的大小与所使用的计算机系统有关。

2. 实型数

实型数用双精度浮点数表示，并且至少有 14 位的精度，即整数后跟小数。如果实数的绝对值小于 1，小数点前必须加 0，不能直接以小数点开头，否则被误认为点对而出错。实型数的范围比整型数大得多，如对于 1 6 位微机，实型数范围约为$-1.797693\times10^{308}\sim1.79793\times10^{308}$。它不易超界，故用户可以尽量采用实型数。

实型数也可采用科学记数法表示，如 0.12×10^9可表示为 0.12E9。

3. 符号

1）符号（symbol）包括除 ")""("""·　"","""""；"之外的任何打印字符。

2）符号原子的长度没有限制，但尽量不要超过 6 个，否则要占用额外的内存，降低运行速度。

3）在 AutoLISP 中符号的大小写是等效的，如以下的符号原子都是合法的。

　　　　A　　A12　　　PC　　x-38-6　　　*A

4）AutoLISP 中的任何符号都是有值的，即符号都要赋以一定的数值，或者说符号总是

约束在一定值上。一般用赋值函数 setq 进行赋值。

例如：

        (setq x 25.0)

意思是将 25.0 赋给 x，这时 x 的当前约束值即为 25.0。一个符号在使用前如没有赋以任何值，则该符号的值为 nil(空)，它不占用内存空间。

用术语"变量"来指存储程序数据的符号名，如上述(setq x 25.0)中的变量名为 x，它的值为 25.0。AutoLISP 程序中每一个变量都要消耗少量内存，故当变量值不再有用时，重复使用变量名或将变量值设置成 nil 是良好的程序设计习惯。符号名或变量名不能包含空格字符或分隔符，并总是以字母开头。其值保持不变的变量称为常量，AutoLISP 仅用一个常量 Pi。Pi 的值约为 3.14159。

4. 字符串

字符串是由包括在一对双引号内的一组字符组成的，如：

"ABC" "135" "AbC" " "

字符串包括任何可打印的字符。字符串中字母的大小写及空格都是有意义的。字符串的最大长度为 100 个字符，位于 100 之后的字符无效。若字符串中没有任何字符，则为空串" "。

📖13.2.2 表和点对

1. 表

在 AutoLISP 语言中，表有如下特点：

1）表是指放在一对相匹配的左、右括号中的一个或多个元素的有序集合。

2）表中的每一个元素可以是任何类型的 S—表达式，即可以是数字、符号、字符串，也可以是表。

3）元素与元素之间要用空格隔开，而元素与括弧之间可不用空格，因为括弧本身就是有效的分隔号。如（15（a b）c d），在此例中，表内有 4 个元素，即 15、(a b)、c 和 d，其中第二个元素是表。

4）表是可以任意嵌套的，上例表中即嵌套了一个表（a b）。表可以嵌套很多层，从外层向里依次称为 0 层（也称顶层）、1 层、2 层……我们所指的表中的元素是指表的顶层元素。

5）表中的元素是有顺序的，为便于对表中元素进行存取，每个元素都有一个序号。从左向右，第一个元素的序号为 0，第二个元素的序号为 1，第 i 个元素序号为 i-1。

6）表的大小为表的长度，即表中顶层元素的个数。没有任何元素的表称为空表。空表用()或 nil 表示。在 AutoLISP 语言中，nil 是一个特殊符号原子，它既是原子又是表。

7）表有两种类型：标准表和引用表。

①标准表：标准表是 AutoLISP 程序的基本结构形式，AutoLISP 程序就是由标准表组成的。标准表是用于函数的调用，其中第一个元素必须是系统内部函数或用户定义的函数，其他的元素为该函数的参数，如上面提到的赋值函数的调用，即采用标准表的形式。(setq x 25.0)表中第一个元素 setq 为系统内部定义的赋值函数，x 和 25.0 均为 setq 的参数。

②引用表：这种表第一个元素不是函数，即不作为函数调用，常作为数据处理。引用

表的一个重要应用是表示图中的点的坐标。当表示点的坐标时，表中的元素是用实型数构成的。表示二维点的坐标是用两个实型数构成的表，如(19.0,30.5)，其中第一个元素表示点的 x 轴坐标，第二个元素表示点的 y 轴坐标。三维点的坐标表示，是用三个实型数构成的表，如(19.0,82.5,1.0)，其中三个元素依次表示点的 x 轴坐标、y 轴坐标和 z 轴坐标。

2. 点对（dotted pair）

点对也是一种表，该表中有两个元素，两元素中间为一圆点"•"，且圆点与元素之间必须用空格分开。

例如：

    (A•B)

就是一个点对，A、B 与圆点均用空格分开，其中第一个元素 A 为该点对的左元素，第二个元 B 为点对的右元素。点对亦可任意嵌套。当使用点对时，切记要注意它的书写格式。

例如：

    (X•(B•(Y•Z)))

为合法点对，而

    (X•(B•Y)•Z)

即为非法的。

点对常用于构造连接表。

13.3 AutoLISP 的程序结构

AutoLISP 语言没有"语句"这一术语，AutoLISP 程序一般是由一个或一系列按顺序排列的标准表所组成。例如：

    (setq x 25.0)

是上面提到的标准表，又可以看作是一个 AutoLISP 程序。

又如：文件名为 pq，又可以看作是一个 AutoLISP 文件是由以下程序组成的：

    (setq x 25.0)

    (setq y 12.2)

    (+ (* x y) x)

以上是由三个标准表组成的程序，每个标准表的第一个元素（如 setq, +, *）均为系统提供的函数，称为系统的内部函数。setq 为赋值函数，+为加函数，*为乘积函数。标准表中的其他元素为相应函数的参数。这个程序是将 25.0 赋给变量 x，将 12.2 赋给变量 y，求变量 x 和 y 的值的乘积，再求此乘积与 x 的总和。

AutoLISP 程序的书写格式有如下特点：

1）由于 AutoLISP 语言的一切成分都是函数，而所有函数又以表结构形式存在，所以 AutoLISP 程序的所有括号都需要左右匹配。

2）AutoLISP 程序阅读函数时，按从左到右的规则进行。

3）函数必须放在第一个元素的位置，如赋值函数 setq、算术运算函数＋、*等应为表

中的第一个元素，即放在操作数之前，而不是放在他们中间，这与算术运算的书写格式不同，初学者可能会感到不习惯。表中的函数与参数，各参数之间均至少要一个空格分开。

4）两个表之间和表内的多余空格和回车是不需要的，故一个表可占多行，一行可写多个表，如：

pq.lsp程序可写成如下形式：

(setq x 25.0)　(setq y 12.2)　(＋(＊ x y) x)

5）AutoLISP 程序中可以使用分号；作注释。注释的作用是对程序作解释。AutoLISP 求值器总是忽略每一行中分号以后的部分。注释可放在程序中的任何地方。

6）AutoLISP 程序一般是以扩展名为".LSP"的 ASCII 码文本文件的形式表达。

AutoLISP程序就是对一个个AutoLISP函数的调用。函数是AutoLISP语言处理数据的工具，学习掌握AutoLISP语言，核心就是要掌握AutoLISP函数。AutoLISP函数分为系统内部函数和用户定义的外部函数。AutoLISP提供了大量的系统内部函数，以满足编程的需要。

AutoLISP对函数的调用是通过标准表来实现的。如前所述，AutoLISP程序的基本结构就是由一系列标准表有序构成的。AutoLISP程序的运行，就是对标准表依次进行求值。标准表或者说函数调用的一般格式如下：

(函数名[<参数 1>]　[<参数 2>]　……[<参数 n>])

标准表中的第一个元素必须是函数名，以后的各元素为该函数的参数。参数的类型及数目取决于函数。

学习 AutoLISP 的系统内部函数时，必须掌握以下的基本内容：

（1）函数调用格式　即函数名、函数要求的参数个数和类型。

（2）函数的功能　即该函数的功用和作用，它对其参数如何进行处理。

（3）函数的求值情况　即哪些参数要求值，哪些不被求值。

（4）函数求值结果的返回值类型　这点很重要，因为大多数函数的返回值都要被其他函数接受，而每个函数所需要的参数都有特定的类型。因此只有搞清被调用函数的返回值的类型，才不会因用错函数的参数而出错。在本书以后各章中将分别介绍 AutoLISP 系统内部函数。

13.4　AutoLISP 的运行环境

AutoLISP 对运行环境有如下要求：

1. 对处理器要求

1）至少应为 386 型计算机，计算机应配有协处理器，即 CPU 386＋387。

2）最好 CPU 为 486 或 586。

2. 对存储器要求

1）内存：AutoLISP R2.6～R10，有 1MB 以上内存即可。

　　　　AutoLISP R11 以上版本，有 4MB 以上内存即可，最好 8MB 内存。

2）硬盘：AutoLISP R2.6～R10，有 10MB 以上空闲硬盘空间即可。

AutoLISP R11 以上版本，至少要 35MB 空闲硬盘空间。

3．对输入、输出设备的要求

1）应配有鼠标器或数字化仪，以用于输入。

2）应配有打印机或绘图仪，以用于图形的输出。

3）彩色显示器，分辨率在 640×400 以上。

4）应配有高密软驱，以用于软件的安装。

13.5　AutoLISP 的内存分配

AutoLISP 的变量（整型、实型、字符串等）、用户定义的函数以及标准函数，只是在 AutoLISP 的编辑过程中，存储在计算机的内存中。当运行 AutoLISP 程序时，需要两个很大的内存区域：

1）heap（堆区域），存储所有的函数和变量。因此程序使用的函数和变量越多，或函数越复杂，则"heap"空间占得也就越多。

2）stack（栈区域），存储函数的变量和局部结果。因此"嵌套"的函数越深，或函数递归的次数越多，那么所用的栈空间也越多。

AutoLISP 隐含的堆和栈空间大小为：

　　　　Heap＝25000 字节

　　　　Stack＝19000 字节

在 AutoCAD 下运行 AutoLISP 不能扩展它的堆或栈空间。如果用户定义的函数和变量太多，以致用光了所有的堆空间，则 AutoLISP 将显示下列信息：

Insufficient node space

并且中止当前函数的执行。如果在执行 AutoCAD 时，没有足够的内存装入 AutoLISP，则显示下列信息：

　　　　Insufficient memory-AutoLISP disabled

直到有足够的内存后 AutoCAD 重新启动时，AutoLISP 所需的堆栈区域占有内存量。例如：

　　　　C>SET Lispheap = 25000 　（字节）

　　　　C>SET Lispstack = 15000 　（字节）

告诉 AutoLISP 为堆栈保留 25000 字节的内存，为栈保留 15000 字节的内存。

13.6　AutoLISP 程序的执行过程

对于很短的 AutoLISP 程序，只由一至两个表所组成，如简单的数值函数的运算，或用 defun 函数定义的简单用户函数，可直接在 AutoCAD 环境中的 Command：提示符下输入即可，返回结果立即显示在文本屏幕上。

对于一般的 AutoLISP 应用程序，需采用文本编辑器进行编辑。编辑器可以随意选举，

当然最好使用那些能够检查相匹配的括号的编辑器，因为在 AutoLISP 程序中一对匹配括号是组成表的单元，有时候很容易搞乱，影响程序的执行。

📖 13.6.1 加载和卸载 AutoLISP 文件

在编辑器下编辑好的 LISP 程序，如下程序，必须经过加载方能使用。

一个简单的弹出对话框的例子 c:\autolisp\test1.lsp

(defun C:TESTLISP)

(alert "Hello, The World!")

加载 AutoLISP 文件有以下几种方式：

1. 命令行方式

当回到 AutoCAD 环境下，用 Load 函数装载后就可以执行了。执行时，如果程序中没有 defun 函数，系统便边装入边运行；若有 defun 定义的命令或函数，装载后只需在 Command:（如果是中文 AutoCAD，Command 被汉化成了"命令:"）提示符下键入 defun 函数定义的命令名或函数名即可运行相应的命令或函数。

加载文件格式：

      command:(load "驱动器：\\路径\\文件名")

卸载文件格式

      command:(load "驱动器：\\路径\\文件名")

将上述程序存为 C:\autolisp\test1.lsp，启动 AutoCAD，在 Command：提示符下键入下面命令，如图 13-1 所示。按回车后，即执行第一句并返回最后一个 defun 函数定义的函数名，如图 13-2 所示。

```
正在重生成模型。
AutoCAD 菜单实用程序已加载。
命令：




命令：(load "c:\\AutoLISP\\test1.lsp")
```

```
正在重生成模型。
AutoCAD 菜单实用程序已加载。
命令：
命令：(load "c:\\AutoLISP\\test1.lsp")
C:TESTLISP



命令：
```

图 13-1 装载文件 test1.lsp　　　　　　图 13-2 返回信息

2. 对话框方式

选择菜单栏中的"工具(Tools)"→"加载应用程序"命令，会出现加载对话框如图 13-3 所示。

选择所需要加载的 LISP 文件，单击加载既可。我们可以在命令行中看到如图 13-4 所示的成功加载提示信息。

3. 自动加载

在 AutoCAD 工作目录下有一个 ACAD. LSP 文件，它是当 AutoCAD 启动、新建文件(New)、打开文件(Open)时自动装载的 AutoLISP 程序。用户可以修改它；实现一定的目的。例如，用户想要在 AutoCAD 启动时自动装入自己定义的函数或程序，则可以在 ACAD. LSP 程序中加入(def un xxx ( ))程序段或(load "xxx")函数。

在装入 ACAD. LSP 文件时若出现一条 AutoLISP 错误,剩余的文件就会被忽略而不装入,并提示出错。如果一个 Load 函数的调用是成功的,它就返回被加载的文件中最后的那个表达式的值。

图 13-3 加载程序文件对话框

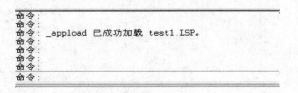

图 13-4 成功加载信息

13.6.2 运行 AutoLISP 程序

装载完就可以运行 defun 定义的函数了。

在 Command 提示符下键入:(C:TESTLISP)或(TESTLISP)执行该程序段,屏幕上就出现警告对话框。

 ## 13.7 动手练一练

【实例】绘制如图 13-5 所示的太极图形

1. 目的要求

掌握 AutoLISP 程序的执行过程。

2．操作提示

1）在记事本中键入程序，保存成 .lsp 文件。

2）加载并运行程序。

图 13-5　由 AutoLISP 绘制的太极图形

第14章

AutoLISP 的基本函数

本章中，用户将通过学习如何使用 AutoCAD 和 AutoLISP 系统变量，AutoLISP 数学函数，以及更多的 GET 函数获取用户输入来掌握 AutoLISP 数据操作的基本东西。用户还会学习如何构造 AutoLISP 表和如何定义自己的 AutoLISP 函数。用户可随意阅读本书章节——所有练习都是独立的，开始练习时进行新的绘图，结束时退出即可。

重点与难点

- 了解 AutoLISP 的变量、表达式、类型
- 掌握各种函数使用方法

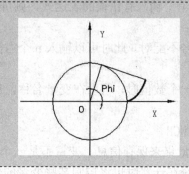

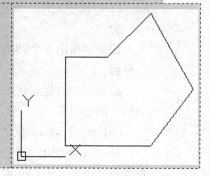

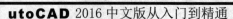
14.1 理解 AutoLISP 的变量和表达式

组成 AutoLISP 程序的元素是表达式、变量与各种运算符。变量可以是整型、实型、点、字符串。

变量可以被赋值（其值包括字符串）和进行算术、逻辑运算符。表达式用于取得结果数据，是包含有各种运算符号并按 AutoLISP 的规则书写的字符串。一个表达式的值可以用于对 AutoCAD 提示的响应。表达式的书写格式为：

（函数名 ［参数］…）

AutoLISP 使用数目较多、功能各异的函数。每一个函数均有一个系统中唯一的名称。参数是由用户提供的给函数操作处理的信息。例如，下列表达式将把值 25.4 送入变量"INCH"中：

(setq INCH 25.4)

该表达式中的 setq 为 AutoLISP 用来为变量赋值的函数。INCH 是用户定义的一个变量，它与后面的数字 25.4 共同组成参数项。执行该表达式后系统将建立该变量，并且将后面的值赋给它。参数也可以是一个表达式，使用时只需要使用一对圆括号将表述式括起来，AutoLISP 就能自动给予识别。这样在同一个表达式中，可以包含多条子表达式，而子表达式还可以拥有自己的子表达式。这种嵌套可以在一个很深的范围内满足用户的各种需要。

在有些表达式中，允许用户加入可以在屏幕上显示的，用于操作提示信息的字符串。例如：

(setq p1 (getpoint "Pick first corner Point:"))

在这一条表达式中，p1 是一个表示坐标点的变量，getpoint 是一个用于获取坐标点的函数。

在 AutoLISP 中，一个完整的表达式必须包含在一对圆括号内，每一个子表达式必须由一对圆括号标注明白。在 AutoCAD 的"Command:"提示下输入一个表达式，则显示该表达式的值。

然后"Command:"提示将重新出现。一个 AutoLISP 程序是由若干个表达式所组成的 ASCII 码文本文件（其后缀名为 LSP），如果在 AutoCAD 的"command:"提示下读入一个 AutoLISP 程序文件，或者单个输入有错误的表达式，则屏幕上将提示：

n〉

该提示指出 n 个圆括号不配对。此时可以输入 n 个右圆括号来消除错误。（"n"是一个正整数）

在 AutoCAD 提示请求一个数值时，可以在变量名称前加一个惊叹号（!）来引用该变量的值。例如：

Column distance：!INCH

AutoLISP 使用一个变量集来保存信息。变量不是一个恒定的常数。其值可以由用户控制改变，而当 AutoCAD 系统在计算时也将控制某些变量的值。

14.2 表达式的结构

AutoLISP 表达式的形式如下：

（函数 ［参数］）

每个表达式以左括号开始，并由函数名可选的参数组成，每个参数也可能是表达式。表达式以右括号结束，每一个表达式的返回值都能被外层表达式使用。最后计算的值被返回到调用的表达式。

例如，下列的代码例子包括 3 个函数：

（fun1 （fun2 参数）（fun3 参数））

如果用户在 Visual LISP 控制台提示行或 AutoCAD 命令提示行输入这行代码，AutoCAD 的 AutoLISP 解释程序将执行此代码。第一个函数 fun1 包括两个参数，另两个函数 fun2 和 fun3 均只有一个参数。函数 fun2 和 fun3 被包含在函数 fun1 中，这样它们的返回值作为 fun1 的参数。函数 fun1 计算这两个参数并将值返回到输入代码的窗口中。

下面的例子说明了如何使用*（乘法）函数，该函数可以接受一个或多个数值作为参数：

命令: (* 2 27)

54

因为这个例子没有外层表达式，则 AutoLISP 将结果返回到输入代码的窗口中。

嵌套的表达式将它们的值返回到外层表达式中，下面的例子使用由+（加法）函数生成的结果作为*（乘法）函数的参数：

命令: (* 2 (+ 5 10))

30

如果左右括号的数目不匹配，则 AutoLISP 将显示下列的提示：

(_ >

提示表明了有多少个未被匹配的括号。如果出现这个提示，则必须输入所需的右括号使表达式能被计算。例如：

命令: (* 2 (+ 5 10)

(_ >)

30

另一个常见的错误是在文本字符串后遗漏引号("）,在此情况下右括号被当成文本字符串的一部分而无法使括号匹配。改正的方法是按 Shift＋Esc 键中止函数执行，然后再正确地输入。

📖 14.2.1 数学表达式

数学表达式是实数、整数与下述操作符号的结合：用于进行加、减、乘、除、指数以及组运算，见表 14-1。

2016

AutoCAD

表14-1　数字表达式操作符号

操作符号	操作	举例
（）	组表达式	5*(9+11.9)
^	指数	$(5.8\hat{}2)+PI$（$PI=3.1414926$）
*，/	乘，除	$(5.8\hat{}2)*2$，　$(5.8\hat{}2)/2$
＋，−	加，减	$(5.8\hat{}2)+2$，　$(5.8\hat{}2)-2$

📖14.2.2　矢量表达式

矢量具有方向和大小，可以是三维的，也可以是两维的。例如，由点 p1 与点 p2 所构成的一个矢量方向为 p1 点指向 p2 点，大小为该两点间的最短距离。如果该两点是三维空间中的坐标点。则该矢量为一个三维矢量，若将这个三维矢量正交投影在某一个坐标平面内，该投影矢量则为一个二维矢量。如果这两点本身就是二维的，则该矢量即为二维矢量。通常，没有指定起点坐标的矢量，将被理解成以坐标原点为起点。例如，矢量：v(p1) 表示矢量的名称为：v，由坐标原点指向点 p1。矢量表达式用于进行矢量计算，可以由坐标点、矢量、数字与表 14-2 中所述操作符号的结合来构成。

表14-2　矢量表达式操作符号

操作符号	操作	举例
（）	组表达式	5 *(9 +11.9)
&	确定矢量与矢量的乘积	[a, b, c]&[x, y, z] =[(b*z)-(c*y), (c*x)-(a*z), (a*y)-(b*x)]
*	确定矢量的乘积	[a, b, c]*[x, y, z]=ax+by+cz
*，/	矢量的实数的乘与除	a*[x, y, z]=[a*x, a*y, a*z]
＋，−	矢量的加减	[a, b, c]-[x, y, z]=[a-x, b-y, c-z]

使用矢量表达式的用户可以进行一些特殊操作。例如，表达式：A＋[1, 2, 3]，将提供相对于 A 点的矢量位置：[1, 2, 3]。角括号（[ ]）中的数字为坐标点值。目前的 AutoCAD 允许用户使用绝对坐标、相对坐标、极坐标、球面坐标、柱面坐标来描述坐标矢量点。例如，表达式：

[2<45<45]+[2<45<0]-[1.02, 3.5, 2]

将加入两个使用球面坐标描述的矢量点和减去一个使用绝对坐标描述的矢量点。

📖14.2.3　函数表达式

使用 AutoLISP 函数，将为该命令赋予非常有意义的使用价值。用户可以使用的 AutoLISP 函数以及部分函数其功能如下：

1. 标准数学函数

可以用于 AutoCAD　CAL 命令的标准数学函数见表 14-3。

表14-3　标准数学函数

函数	功能解释
sin（角度）	计算角度的正弦值
cos（角度）	计算角度的余弦值
tang（角度）	计算角度的正切值
asin(实数)	计算反正弦值，取值范围必须在 −1～1 之间
acos（实数）	计算反余弦值，取值范围必须在 −1～1 之间
atan（实数）	计算反正切值
ln（实数）	计算 e 的自然对数
log（实数）	计算底数为 10 的对数
exp（实数）	计算自然指数
exp10（实数）	基于底数 10 求自然对数值
sqr（实数）	计算平方数
sqrt（实数）	计算平方根值，必须使用大于或者等于 0 的参数
abs（实数）	计算实数的绝对值
round（实数）	将实数圆整至最接近的整数
trunc（实数）	取实数的整数部分
r2d（角度）	转换角度为弧度。例如，r2d（pi），转 pi 为 180°
d2r（角度）	转换弧度为角度。例如，d2r（180）
pi	等于 3.1415926～3.1415927

2. 矢量计算函数

目前 AutoLISP 提供的矢量计算功能非常强大。用户可以使用的函数见表 14-4。

表14-4　矢量计算函数

函数与参数	功能解释
vec（p1, p2）	确定从点 p1 到点 p2 的矢量
vc1（p1, p2）	确定从点 p1 到点 p2 的单位矢量
l*vec1（p1, p2）	确定从点 p1 指向点 p2 的长度
a＋v	由点 a 通过矢量 v 计算出点 b
abs（v）	计算矢量长度（v）
absA（[p1, p2, p3]）	计算 p1、p2、p3 点定义的矢量长度
nor	计算用户所选择的圆弧或者多段线的圆弧的单位的正交矢量
nor（v）	计算矢量 v 投影在当前 UCSXY 平面上分量的两维单位正交矢量
nor（p1, p2）	计算由点 p1 与点 p2 所定义直线的两维单位正交矢量
nor（p1, p2, p3）	计算由点 p1、p2 和 p3 所定义平面三维单位正交矢量

3. 辅助计算函数

辅助设计函数为用户使用图形光标，在当前图形中，给出一个精确的坐标点、过滤一个矢量坐标点的坐标轴与坐标平面上的分量平面，计算点的距离、角度与旋转值等提供了

2016
AutoCAD

支持。可以使用的函数见表 14-5。

表14-5　辅助计算函数

函数与参数	功能解释
cur	使用图形光标给定一个坐标点
w2u（p1）	转换 WCS 中的点 p1 至当前 UCS 中
u2w（p1）	转换当前 UCS 中的 p1 至 WCS 中
xyof（p1）	p1 点的 X 与 Y 轴方向分量，Z 轴方向的分量设置为 0.0
xzof（p1）	p1 点的 X 与 Z 轴方向分量，Y 轴方向的分量设置为 0.0
yzof（p1）	p1 点的 Y 与 Z 轴方向分量，X 轴方向的分量设置为 0.0
xof（p1）	p1 点的 X 轴方向分量，Y 与 Z 轴方向分量设置为 0.0
yof（p1）	p1 点的 Y 轴方向分量，X 与 Z 轴方向分量设置为 0.0
zof（p1）	p1 点的 Z 轴方向分量，X 与 Y 轴方向分量设置为 0.0
rxo（p1）	p1 点的 X 轴方向分量
ryo（p1）	p1 点的 Y 轴方向分量
rzo（p1）	p1 点的 Z 轴方向分量
pld（p1, p2, dist）	通过点 p1 与 p2 参考距离 dist 计算直线上的点
rot（p, origin, ang）	使点 p 绕坐标原点（origin）旋转一个角度（ang）
plt（p1, p2, t）	通过 p1 与 p2 点参考位置 t 计算直线上的点
rot（p, AxP1, AxP2, ang）	绕点 AxP1 与 AxP2 所确定的轴线旋转点 p 一个角度
ill（p1, p2, p3, p4）	计算由 p1 点与 p2 点所定义的直线同 p3 与 p4 所定义直线的相交点
illp（p1, p2, p3, p4, p5）	计算点 p1 与点 p2 所定义的直线与 p3，p4，p5 所确定的平面的相交点
dist（p1, p2）	计算点 p1 与点 p2 之间的距离
dpl（p, p1, p2）	计算点 p 至由点 p1 与点 p2 所定义直线的距离
dpp（p, p1, p2, p3）	计算点 p 至由点 p1、p2、p3 所定义平面的距离
rad	计算用户所指定的一个圆、圆弧或者多义线的圆弧段的半径
ang（v）	计算 X 轴与矢量 v 在当前 UCSXY 平面上投影分量的夹角
ang（p1, p2）	计算 X 轴与由点（p1, p2）所定义的直线在当前 UCSXY 平面上的投影线的夹角
ang（apex, p1, p2）	计算直线（apex, p1）与直线（apex, p2）在当前 UCSXY 平面上投影线的夹角
ang（apex, p1, p2, p）	计算直线（apex, p1）与直线（apex, p2）的夹角
cvunit（N, cm, chin）	把数值 N 由公制厘米单位转换为英制英寸单位

4. 输入表达式

在 AutoCAD CAL 命令的提示下，用户应当根据不同的计算需要输入一条不同形式的表达式。为此，用户需要严格把握下述有关输入法则与有关操作概念：

（1）英尺与英寸格式　如果用户需要输入英尺与英寸，则应当使用如下格式：

英尺′－英寸″ 或者 英尺′英寸″

AutoCAD 在处理时，将以英寸为单位把用户的输入转换为一个实数。例如：

2'—5"转换为 2×12+5＝29

5"　　　转换为 0×12+5＝5

2'　　　转换为 2×12+0＝24

（2）角度格式　默认的角度单位为十进制。相应地输入角度。如果用户输入一个小于 1°的角度，则必须在"分"前给出 0°。指定圆弧的角度应当使用字母：r；指定梯度应当给出字母：g。例如：

124.6r　　　圆弧 124.6°

14g　　　梯度 14°

5d10'20"　　5 度 10 分 20 秒

0d10'20"　　10 分 20 秒

用户所输入的任何一种角度，均将转换为十进制度。PI（＝3.1415926）将换算为：180°；梯度 100 将换算为：90°。

14.3　AutoLISP 的变量与类型

AutoLISP 所使用的变量与 AutoCAD 的系统变量一样，可以分为不同类型。每一种形式的计算只能使用对应类型的变量，否则系统将拒绝进行计算，并且在屏幕上发布一条出错信息。AutoLISP 所使用的变量与 AutoCAD 的系统变量通常分为字符型、整形和实型、表型，如图 14-1 所示。

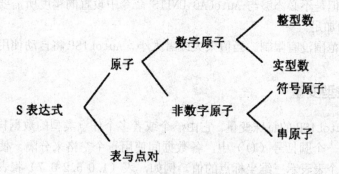

图14-1　AutoLISP基本数据类型关系

14.3.1　字符串型变量

字符串型变量用于保存字符串。定义时需要使用一对双引号（""）。并且将字符串放置在它们的中间。例如，"L""123""$100""This is a piont object."。这些都表示字符串，读者应当注意到，如果要在一字符串中表现一个双引号则使用三个双引号。这样，AutoLISP 在计算时将第一个和最后一个双引号解释为字符串的标识，中间的一个双引号解释为一个字符。

读者在前面所见到的由：

```
(setq X (getvar "CLAYER"))
```

表达式所设置的 X 变量就是一个字符串型变量，该变量的值是由 GETVAR 函数获得的当前层名：0。

14.3.2 整型变量

整型变量所使用的是一个不含分数且小数点后的值必须是零的正整数或者负整数。在 AutoCAD 中通常使用 0 或者 1 来表示某些系统变量的当前状态，通过设置 0 或者 1 值可以对这些变量加以控制。例如，将 SNAPMODE 系统变量的值设置为 1，则关闭该系统变量不能使用捕捉方式；将 ORTHOMODE 系统变量的值设置为 1，则打开该系统变量使用正交方式捕捉坐标点。

整型数在 AutoLISP 中可以使用 32 位，取值范围可以在 −204783648～204783647 之间，但在 AutoCAD 与 AutoLISP 中将以 16 位进行传输，取值范围为 −32768～32767 之间，因此读者应当注意在这个范围内使用 AutoLISP，超出这个范围的取值将导致 AutoLISP 计算出错。

14.3.3 实型变量

实型变量所使用的是一个含分数且小数点后的值不为零的正数或者负数，整型数可以包含在实数内。在 AutoLISP 中不能使用小数点来开始或者结束一个实数。因此，对于小于 1 的数必须在小数点的前面加一个前导零，例如 0.1234、0.5000。在小数点后的值为零时则必须加上零，但是不必添够与 AutoCAD UNITS 命令中设置的精度所需要的位数，需要时 AutoLISP 将自动加足。

实数的取值范围没有限制。当值太大或者太小，AutoLISP 将自动使用科学计数格式。

14.3.4 表型变量

这是用于 AutoLISP 的特殊变量。它由一个或者多个任意类型的数据构成。使用时将它们并排地放置在一个圆括号（()）中，各数据间使用一个空格来分隔。使用这种类型的数据时，可以列一个表表示三维坐标点的值。例如，表（1.0 5.2 6.7）将表示一个坐标点在 X、Y、Z 坐标轴的分量分别为 1.0、5.2、6.7。读者可能会想到，在一个两维的坐标点表中，是不是应该只有两个数据？是的，这样想很正确。

同一个变量可被 AutoLISP 多次定义使用，但是只有最后一次定义才是当前有效的。

AutoLISP 变量名称可以与 AutoCAD 系统变量的名称相同。但是他们是相互独立的。前者的名称由用户指定，后者的名称已经由系统的开发者固定下来，用户不能进行修改。对于前者来说不是所有的字符都能够用于设置变量名称，除 AutoLISP 的保留字以外，一切可能产生歧意的字符也都不能用。AutoLISP 的保留字是 AutoLISP 的专用字，如小圆点（.）、双引号（"）、单引号（'）、圆括号（()）、空格，以及函数符号（+、−、/、~、<、>、=、*、等），可能产生歧意的字符如问号（?）、控制符号（^）等。

📖 14.3.5　其他类型

AutoLISP 同样还有很多其他的数据类型，如点对，文件描述符，选择集等，本书第 13 章已经对点对等数据类型做了初步介绍。

1. 文件描述符

文件描述符是指向 AutoLISP 所打开文件的一个标识符，相当于高级语言的文件号。当 AutoLISP 的函数需要向文件写入数据或从文件中读出数据时，都要用这个文件描述符来指向文件。它是 AutoLISP 的一种特殊数据类型。

2. 选择集

选择集（Selection seb）是一个或多个对象(图元)组成的对象组。它是利用选择集构造函数，并通过一定方式从图形中或图形数据库中选定多个图元构成的。用户可以向选择集中加入对象，也可以从选择集中删除对象。选择集的调用格式如下：

〈Selection seb: n〉

其中 n 是选择集编号，第 1 个建立的选择集编号为 1，以后依次为 2，3，4…。由于选择集可以保存在 AutoLISP 的变量中，这就使我们可以在图元的选择集上工作。例如，通过操作选择集，可以获得所选择图元的名称，根据图元名即可访问图形数据库，从而获得图元的定义并编辑它。

3. AutoLISP 的内部函数

AutoLISP 提供了大量的内部函数，例如，用于算术运算（如+，一，*，／）的函数，赋值函数（如 sdq），表处理函数（如 length）等，这些函数的功能和调用格式都不相同。

4. 图元名

图元名（Entity name）实际上是指向由 AutoCAD 图形编辑程序所保持的一个文件的指针（Pointer），通过这个指针，AutoLISP 能够找到该图元在当前图形数据库中的记录和它在屏幕上的矢量。图元名可由 AutoLISP 函数引用，这样就可以用各种方法来选择要处理的对象。在系统内部，AutoCAD 将对象作为图元看待。AutoLISP 是以下面的调用格式把图元名提供给用户的：

〈entity name: 图元名编码〉

14.4　变量的应用

应用变量的目的就是要快速地进行各种计算工作，对于读者来说，可能熟悉所有变量的应用方法需要花费不少的时间和精力，不费事就达到目的的读者是非常罕见的，因此，在这一节中除了详述各种变量的应用方法外，还将尽可能地提供示例让读者在屏幕上进行练习。作者希望读者能从这一节的讲述中了解 AutoCAD CAL 命令与相关的 AutoLISP 函数的一般使用方法。同时，AutoCAD 提供了 3 个预定义的变量，用户可以通过 AutoLISP 应用程序使用它们。如：

PAUSE　定义由一个反斜杠（\）字符构成的字符串。此变量与 command 函数配合使用

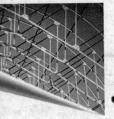
于暂停正在执行的命令。

PI　定义为常量 pi，其值近似等于 3.1415926

T　定义为常量 T，用做非空值。

可以用 setq 函数修改上面的几个变量的值，但其他应用程序可能要依赖这些值，因此建议不要修改这些变量。

没有被指定任何值的变量被称为 nil（空）变量。nil 和空格是不同的，空格被认为是字符串中一个字符。nil 和 0 也不同，0 是一个数字。所以除了检查一个变量的当前值外，还可以通过这个变量来测试或判断变量是否被设置了数值。

每个变量都会占用一部分内存，所以重新利用已经定义了的变量，并且当不再需要变量时把这个变量设置为 nil，一个很好的编程习惯。把某个变量设置为 nil 后，就会释放这个变量所占用的内存。

📖 14.4.1　使用 AutoLISP 变量

AutoCAD 允许在数学表达式中使用 AutoLISP 变量，但是可以使用的变量类型将被限制为：Real 实数、Integer 整数、2D（两维）或者 3D（三维）点（矢量），而且不使用 AutoLISP setq 函数定义变量，而是在表达式中直接给出。例如，将一个定义坐标位置为[5，1]的点与一个保存在一个用户定义的 AutoLISP 变量 A 的点中可以使用表达式：

A+[5，1]

如果用户使用一个 AutoLISP 变量名包括了 CAL 命令的一个特殊字符，例如，＋，－，*或者／，则该变量名应当由一对单引号（'）包括起来。例如，

'under-and-above'

将一个表达式的值赋予一个 AutoLISP 变量应当使用一个等号。将一个表达式的值赋予一个 AutoLISP 变量后，用户可以将该变量的值用于别的计算。例如，在下面的示例中将建立一个圆心点为(0，0)的圆与一条长为 10 个绘图单位的直线，然后使用这两个图形物体和用户定义的变量建立另一个圆。运行结果如图 14-2、图 14-3 所示。

命令: circle↙

指定圆的圆心或 [三点(3P)/两点(2P)/切点、切点、半径(T)]: 0,0↙

指定圆的半径或 [直径(D)]: 10↙

命令: ZOOM

指定窗口角点，输入比例因子 (nX 或 nXP)，或者

[全部(A)/中心点(C)/动态(D)/范围(E)/上一个(P)/比例(S)/窗口(W)] <实时>: 4x↙

命令: line↙

指定第一点: (选取点)

指定下一点或 [放弃(U)]: @10<0↙

指定下一点或 [放弃(U)]: ↙

命令: cal↙

>> 表达式: p1=cen+[1,0] ↙

>> 选择图元用于 CEN 捕捉:

(1.0 0.0 0.0)

命令: cal↙

>> 表达式: l1=dist(end,end)/3

>> 选择图元用于 END 捕捉:

>> 选择图元用于 END 捕捉:

3.33333

图14-2　绘制圆和直线

图14-3　继续绘制圆

在上述程序中。先后定义了两个 AutoLISP 变量。一个是坐标点变量 P1，其值为一个新的坐标点值。该值由上面所绘制的圆心点沿 x 轴的正方向偏移一个单位而产生。另一个是长度变量 L1。其值为上面所绘制的直线长度的三分之一。读者可以使用下述对话操作证实它们存在于当前系统中。

命令: !p1↙

(1.0 0.0 0.0)

命令: !l1↙

3.33333

接下来读者可以使用这两个变量再建立一个圆物体。

命令: circle↙

>> 表达式: p1+[0,1]（新的圆心为圆心的坐标值沿 Y 轴的正方向移动一个单位）

(1.0 1.0 0.0)

指定圆的半径或 [直径(D)] <10.0000>: 'cal↙

>> 表达式: l1+2(新的半径为 L1+2) ↙

5.33333

14.4.2　使用 AutoCAD 系统变量

使用 AutoLISP getvar 函数可以读入一个 AutoCAD 系统变量的值。但是不能使用一个串变量。该函数使用格式 getvar（variable—name）。例如，C＝getvar（viewctr），将把当前的 UCS 的观察点送入函数 C 中。其 getvar 为一个函数，不是命令。而 setvar 既是 AutoLISP 函数又是 AutoCAD 命令，在下面的练习中使用 setvar 函数来看看可读写系统变量和仅读系统变量。

命令: (setvar"orthomode" 1)

1

命令: (setvar "area" 0.0)

;错误: AutoCAD 变量设置被拒绝: "area" 0.0（出现错误信息，因为 area 为一只读变量）

14.5　创建用户自己的变量和表达式

所有的函数符号名称与用户定义函数的值，都可以列表显示在屏幕上，为此用户可以使用 AutoLISP atoms—family 函数。将该函数返回在屏幕上的列表为原子表。原子是 AutoLISP 的最小单元，不可以继续划分为更小的单元。该函数可以使用如下两种方式书写表达式：

(atoms—family 0)

(atoms—family 1)

在屏幕上返回的原子表中上述的第一行表达式将显示各变量的名称，而第二行表达式所显示的各变量名称将是字符串型。用户将发现自己很少使用该函数。

14.6　数值函数

数值函数用于处理整型数和实型数两种类型数，它包括：基本标准函数、三角函数以及操作布尔函数。数值函数总是返回数的数据类型值，返回值是整型数或实型数取决于参数表中参数的数据类型。AutoLISP 提供了处理整数和实数的函数，这些处理函数见表 14-6。

表14-6　数值函数表

函数名	功能
+(加)	返回所有数的和
−(减)	返回第一个数减去后面数的结果
*(乘)	返回所有数的乘积
/(除)	返回第一个数除以其后面数的结果
~(求非)	返回将其参数按位 NOT 求非的结果
1+(加 1)	返回参数加 1 的结果
1−(减 1)	返回参数减 1 的结果
abs(求绝对值)	返回参数的绝对值
atan(求反正切)	返回参数的反正切值
cos(求余弦)	返回参数的余弦值
exp(求幂)	返回自然数 e 的 n 次方
expt(求幂)	返回以第一个参数为基数，第二个为次方的幂
fix(取整)	返回转换成整数的结果
float(实数化)	返回参数的实数形式
gcd(求公分母)	返回两个参数的最大公分母
log(求自然对数)	返回参数的自然对数
logand(求逻辑与)	返回逻辑与的结果

（续）

函数名	功能
logior（求逻辑或）	返回逻辑或的结果
lsh（逻辑位移动）	返回一个数按其逻辑位移动的数
max（求最大值）	返回给定数的最大值
min（求最小值）	返回给定数的最小值
minusp	证实际参数数为实数或整数，其值为负
rem（求余）	返回两参数的余数
sin（求正弦）	返回参数的正弦值
sqrt（求平方根）	返回参数的平方根
zerop	证实际参数数为实数或整数，其值为 0

数的运算遵循以下规则：

1）若参数表中的所有参数都为整型数，则求值器对参数表中的参数作整数运算，返回整数值。例如：

命令:（/ 17 3）

5

2）若参数表中有一个实型数，则对参数表中的参数进行浮点数学运算，返回实型数。例如

命令:（/ 17.0 3）

5.66667

3）若参数表中的参数多于两个，则从前到后，遵循前两条规则，每两个参数进行数值运算，再把运算结果与下一个参数进行运算。

14.6.1 计算函数

1. 累加函数 +

(+ ⟨num1⟩ ⟨num2⟩…)

即(+ ⟨数 1⟩ ⟨数 2⟩…)

本函数返回所有⟨数⟩的和。其中的数可以是整型的，也可以是实型的，如果所在的⟨num⟩都为整型数，则其结果也为整型数。如果其中有一个是实型的，那么其他整型数都将被转换为实型的，结果将是实型数。如果本函数仅提供了一个⟨num⟩，则函数返回⟨num⟩与零相加的结果。如果不提供数，则返回零。

例如：

命令:（+ 4）

4

命令:（+ 2 3）

5

```
命令: (+ 1 2 3 4.5)
10.5
命令: (+ 1 2 3 4.0)
10.0
```

2．累减函数 -

(- 〈num1〉 〈num2〉…)

即(- 〈数1〉 〈数2〉…)

此函数将第一个数减去以后所有数之和，并返回最后结果。若仅给出一个数，即返回零减这个数，若不提供数，则返回零。

此函数中的〈num〉可以是实型或整型，按标准规则进行类别转换。

例如：

```
命令: (- 50 40)
10
命令: (- 50 40.0)
10.0
命令: (- 50 40 10.0)
0.0
命令: (- 8)
-8
```

3．加1/减1函数 1+/ 1-

(1+ 〈num〉)和(1- 〈num〉)

即(1+ 〈数〉)和(1- 〈数〉)

其参数只有一个"1+""1-"必须连写，中间无空格，数加1或减1，并返回最后结果。此函数中的〈num〉可为实型或整型，返回值类型取决于〈num〉的类型。

例如：

```
命令: (1- -3)
-4
命令: (1+ 3)
4
命令: (1- 3)
2
命令: (1+ 1.0)
3.0
命令: (1- 1.0)
1.0
```

4．累乘函数 *

(* 〈num〉 〈num〉…)

即(* 〈数〉 〈数〉…)

本函数返回所有〈num〉的乘积，其返回值类型取决于参数的类型。如果本函数仅提供了一个〈num〉，则函数返回〈num〉与 1 相乘的结果。若不提供〈num〉，则返回零。

例如：

```
命令: (* 3)
3
命令: (* 3 2 7)
42
命令: (* 3 (+ 1.0 4) )
15.0
```

5．累除函数　/

(/ 〈num1〉〈num2〉…)

即 (/ 〈数 1〉〈数 2〉…)

本函数返回〈num1〉除以〈num2〉，再除以〈num3〉…依次作除法运算的结果。如果仅提供一个〈num〉，则函数返回〈num〉除以 1 的结果。若函数不提供〈num〉，则返回零。

各个〈数〉类型不同，计算结果不同，返回值类型也不同。

例如：

```
命令: (/ 9 2)
4
命令: (/ 9 1.0)
4.5
命令: (/ 9 (/ 2 3))
; 错误: 除数为零
命令: (/ 9 (/ 1.0 3))
13.5
```

6．余数函数　rem

(rem 〈num1〉〈num2〉…)

该函数返回〈num1〉除以〈num2〉的余数，若参数多于两个，则将〈num1〉除以〈num2〉的余数再除以〈num3〉得余数，即为运算结果。其返回值类型取决于参数的类型。

例如：

```
命令: (rem 42 12)
6
命令: (rem 42 11.0)
6.0
命令: (rem 20 2)
0
命令: (rem 36 5 2)
1
```

7．最大公约数　gcd

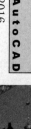

(gcd ⟨num1⟩ ⟨num2⟩)

该函数返回⟨num1⟩，⟨num2⟩的最大公约数。其中⟨num1⟩、⟨num2⟩都必须为正整数。

例如：

命令: (gcd 81 57)

3

命令: (gcd 81 80)

1

命令: (gcd 20.0 7)

; 错误: 参数类型错误: fixnump: 20.0

命令: (gcd -5 10)

; 错误: 参数不正确: -5

8．最大数，最小数 max min

(max ⟨num1⟩ ⟨num2⟩…)和(min ⟨num1⟩ ⟨num2⟩…)

该函数返回⟨num i⟩(i＝1，2，3，…)中的最大者或最小者。

例如：

命令: (max 4.07 -2)

4.07

命令: (max 4.9 0.2)

4.9

命令: (min 3.2 -1)

-1.0

9．指数函数 exp

(exp ⟨num⟩)

该函数返回 e 的⟨num⟩次幂的值。即 e=2.718282…。exp 函数总是返回一个实型数。

例如：

命令: (exp 1)

2.71828

命令: (exp 1.0)

2.71828

命令: (exp 0)

1.0

命令: (exp -0.4)

0.67032

10．幂函数 expt

(expt ⟨base⟩ ⟨power⟩)

即(expt ⟨底数⟩ ⟨幂⟩)

该函数返回⟨base⟩的⟨power⟩次方，如果底数和幂都是整数，其结果也是整数；否则，结果为实数。

例如：

命令: (expt 3 2)

9

命令: (expt 3.0 2)

9.0

命令: (expt 3 -2)

0

命令: (expt 3.0 -2)

0.111111

11. 自然对数　log

(log ⟨num⟩)

该函数是 exp 的反函数，返回值为⟨数⟩的自然对数值，其数据类型总为实型数。并要注意函数的取值范围。

例如：

命令: (log 3)

1.09861

命令: (log 1)

0.0

命令: (log 1.22)

0.198851

命令: (log -90)

; 错误: 没有为参数定义函数: -90

12. 平方根函数　sqrt

(sqrt ⟨num⟩)

该函数返回⟨num⟩的平方根，其数据类型总为实型数。函数使用过程中注意数的取值范围。

例如：

命令: (sqrt 9)

3.0

命令: (sqrt 9.0)

3.0

命令: (sqrt (/ 4 1.0))

1.41420

命令: (sqrt -9)

; 错误: 没有为参数定义函数: -9

13. 绝对值函数　abs

(abs ⟨num⟩)

该函数返回⟨num⟩的绝对值，其中⟨num⟩可为实型或整型数。其返回值类型取决于参数

2016　AutoCAD

的类型。

例如：

命令: (abs 0.0)

0.0

命令: (abs 100)

100

命令: (abs -100)

100

14. 正负判断　minusp

(minusp ⟨num⟩)

该函数检查一个数是否是负数，若⟨num⟩为负数，则本函数返回 T；否则，返回 nil。

例如：

命令: (minusp -2)

T

命令: (minusp 3.1)

nil

15. 非零判断　zerop

(zerop ⟨num⟩)

该函数检查一个数的求值是否为零，若为零，则返回 T；否则，返回 nil

例如：

命令: (zerop 1)

nil

命令: (zerop 0.0)

T

16. 整型判断　nump

(nump ⟨item⟩)

该函数检查某一个项是否是一个实型数或整型数。如果项⟨item⟩是一个实型数，该函数返回 T；否则，返回 nil。

例如：

命令: (setq a 123 b 'a)

命令: (nump 4)

T

命令: (nump b)

nil

命令: (nump 4.0)

T

命令: (nump a)

T

命令: (nump (eval b))

T

命令: (nump "hu")

nil

17. 实型数转化　float

(float ⟨num⟩)

该函数将一个数转换成实型数后返回。此函数有时非常有用，如在除法函数中通过 float 函数强制把数转换为实型数，从而使可能为整除的运算变为浮点除运算。

例如：

命令: (float 3)

3.0

18. 实数转化为整型数　fix

(fix ⟨num⟩)

该函数实现截尾取整数，返回数始终为整数。

例如：

命令: (fix 3)

3

命令: (fix 3.5)

3

命令: (fix -3.5)

3

📖14.6.2　布尔运算函数

1. 逻辑与　logand

(logand ⟨int1⟩ ⟨int2⟩…)

返回一个整型数表的各数按位逻辑与(AND)的结果。计算过程中各数以二进制形式按位与。

例如：

命令: (logand 7 15 3)

3

命令: (logand 2 3 15)

2

命令: (logand 8 3 4)

0

2. 逻辑或　logior

(logior ⟨int⟩ ⟨int⟩…)

该函数返回一个整型数表的各数按位逻辑或(OR)的结果，各数以二进制运算。

例如：

命令: (logior 1 2 4)

7

命令: (logior 9 3)

11

3. 逻辑移位 lsh

(lsh <int> <numbits>)

该函数实现的逻辑移位。各数以二进制形式按位移位。它返回数<int>按位方式作整数<numbits>次逻辑移位的结果（整型数）。

如果<numbits>是正数，则数<int>向左移位<numbits>次；如果<numbits>是负数，则数<int>向右移位<numbit>次。在这两种情况下，移入位为0，移出位丢弃。如果移位运算之后符号位包含的是 0（即位号 31），则返回的值是正数；否则，返回的值是负数。

执行一次逻辑左移操作，数<int>的绝对值增大一倍（即相当于乘以 2）；执行一次逻辑右移，数<int>的绝对值减少一半（即相当于除以 2）。

例如：

命令: (lsh 7 1)

14

命令: (lsh 7 -1)

3

命令: (lsh 6 -1)

3

📖14.6.3 三角函数

1. 正弦函数 sin

(sin <angle>)

该函数返回值为<angle>的正弦值，其中<angle>为弧度制。

例如：

命令: (sin 1)

0.841471

命令: (sin 1.0)

0.841471

2. 余弦函数 cos

(cos <angle>)

该函数返回值为<angle>的余弦值，其中<angle>单位为弧度。

例如：

命令: (cos pi)

1.0

命令: (cos 0.0)

1.0

命令: (cos 1)

0.540302

3．反正切函数　atan

(atan ⟨num1⟩ [⟨num2⟩])

返回一个数的反正切值，单位为弧度。调用 atan 函数时，若仅提供变元⟨num1⟩，则本函数返回数⟨num1⟩的反正切值，单位为弧度。如果提供了⟨num1⟩和⟨num2⟩这两个变元，atan函数返回⟨num1⟩/⟨num2⟩的反正切值，单位为弧度。⟨num1⟩和⟨num2⟩可以看作点在坐标系内的坐标值，从而判断取值，所返回的角度范围是-Pi 至+Pi 弧度。如果⟨num2⟩是零，则返回的角度为正或为负的 1.570796 弧度(+90° 或-90°)，取决于⟨num1⟩是正还是负。

例如：

命令: (atan 1.5)

0.982794

命令: (atan 3.0 1.0)

0.982794

命令: (atan 3.0 -1.0)

1.1588

命令: (atan -3.0 1.0)

0.982794

命令: (atan -3.0 -1.0)

1.1588

命令: (atan 1.5 0)

1.5708

命令: (atan -1.5 0)

1.5708

14.7　字符串处理函数

在工程制图中，文字是不可缺少的重要内容。如果读者使用 AutoCAD 进行过工程设计和制图，就会感到 AutoCAD 文本编辑功能的不足。为了弥补这一缺憾，AutoLISP 提供了字符型数据和丰富的文本处理函数。在 AutoLISP 提供的 170 多个内部函数中，以字符串作为自变量的或返回值为字符串的函数有三分之一之多。

和整型数据和实型数据一样，字符型数据也是 AutoLISP 最常用的一种数据类型。如果没有字符型数据，几乎无法进行 AutoLISP 程序设计。

AutoLISP 提供了处理字符串的函数见表 14-7。

表14-7　字符串处理函数表

函数名	功能
strcase	改变字符串的大小写
strcat	将字符串连接起来成为一个新的字符串
strlen	计算字符串的数目，返回一个整数即字符串长度
substr	截取字符串的一部分
wcmatch	对字符串进行测试匹配

📖 14.7.1　求字符串长度函数　strlen（string length）

(strlen [<string>]…)

该函数求出一个字符串中字符的个数，并将这个数以整型数形式返回。调用 strlen 函数时如果提供了多个<string>变元，则返回所有字符串的长度之和的整型数。若省略变元或为函数提供一个空字符串变元，strlen 函数返回零。

例如：

```
命令: (strlen)
0
命令: (strlen "")
0
命令: (strlen " ")
1
命令: (strlen "AutoLISP")
8
命令: (strlen "AutoCAD" "AutoLISP")
15
```

📖 14.7.2　字符串链接函数　strcat（string catenation）

(strcat <string1> [<string2>]…)

该函数将多个字符串拼接成一个长字符串后返回。其中每一个自变量都必须是字符常量、字符变量或字符表达式，其他类型变量都是非法的。如果 strcat 函数不带自变量或所有自变量均为空串，函数返回空串。如果 strcat 函数只有一个自变量，函数返回该自变量的值。

例如：

```
命令: (strcat "Auto" "LISP")
"AutoLISP"
命令: (strcat)
""
命令: (strcat pause)
```

"\\"

📖14.7.3 子串提取函数 substr (substring)

(substr ⟨string⟩ ⟨start⟩ [⟨length⟩])

该函数返回一个字符串的一个子字符串。substr 函数从字符串⟨string⟩中取出一个子字符串并返回，截取的子字符串的起点由⟨start⟩变元指定，长度由⟨length⟩变元指定。若没有提供⟨length⟩变元，则子字符串的结束处在母字符串⟨string⟩的端点，⟨start⟩和⟨length⟩变元都必须是正整数。如果⟨start⟩大于⟨string⟩长度，返回为空串。例如：

命令: (substr "AutoLISP" 5)
"LISP"
命令: (substr "AutoLISP" 5 2)
"LI"
命令: (substr "AutoLISP" 9)
""
命令: (substr "AutoLISP" 5 5)
"LISP"

📖14.7.4 字母大小写转换函数 strcase

(strcase ⟨string⟩ [⟨mode⟩])

该函数把字符串⟨string⟩中的小写字母转换成大写字母，或把其中的大写字母转换成小写字母。如果不带参数⟨mode⟩，或其值为 nil，则把小写转换为大写，如果⟨mode⟩参数值不是 nil，则把大写转换为小写。

例如：

命令: (strcase "AutoLISP")
"AUTOLISP"
命令: (strcase "AutoLISP")
"autolisp"

📖14.7.5 字符串模式匹配函数 wcmatch

(wcmatch ⟨string⟩ ⟨pattern⟩)

该函数将一个通配样本与一个字符串进行匹配比较。wcmatch 函数将一个字符串⟨string⟩与一个通配样本进行比较，看它们是否匹配。如果匹配，本函数返回 T；否则返回 nil。⟨string⟩和⟨pattern⟩这两个变元既可以是由双引号引起来的字符串，也可以是变量。⟨pattern⟩变元中可以包含通配字符，将这些通配字符全部列出在表 14-8 中。仅对⟨string⟩和⟨pattern⟩中最前面的 500 个字符进行比较，超过 500 个字符之后的那些字符会被忽略。

表14-8　通配字符表

通配字符	含义
#	匹配任意单个数字字符
@	匹配任意单个字母字符
.（圆点）	匹配任意单个非字母数字字符
*（星号）	匹配任意字符序列，包括一个空字符串，该字符串可以用在搜索样本中的任意位置，包括开头，中间和结尾处
?（问号）	匹配任意单个字符
~（波浪）	如果该字符是匹配样本中的第一个字符，则匹配除此样本之外的任何东西
[---]	匹配括号中的任意一个字符
[~---]	匹配不在括号中的任意单个字符
-(连字符)	用在字符之间，指明单一字符的取值范围
，（逗号）	分开两个样本
’（反引号）	特殊转义字符(按字义读取随后的字符)

其中，如果<parttern>可以由一个或者多个模式组成。若有两个或多个模式，要用"，"分开，表示各模式之间为逻辑或的关系。"*"表示任意长度的任意字符，因此只要出现单个"*"构成的子模式出现，其他模式均不起作用。"?"表示任意的单一字符。[]表示单一字符的取值范围。

例如：

```
命令: (wcmatch "name" "n*")
T
命令: (wcmatch "name" "???，~*m*，n*")
T
命令: (wcmatch "name" "[t~z]*")
nil
```

14.8 条件和循环函数

分支结构和循环结构是程序的主要结构，分支是进行逻辑判断的主要手段，循环是简化程序的方法。而条件函数和循环函数是控制程序结构的手段。本小节我们将对条件循环函数进行介绍，其主要功能见表 14-9。

表14-9　条件和循环函数

函数名	功能
=（等于）	判断相等
/=（不等于）	判断不相等
〈（小于）	判断小于
<=（小于等于）	判断小于等于

（续）

函数名	功能
＞（大于）	判断大于
＞＝（大于等于）	判断大于等于
and（逻辑与）	进行逻辑与运算
boolean（布尔运算符）	按位进行布尔运算
cond（条件函数）	条件运算
eq	判断等式是否相等
equal	判断等式是否相等
if	条件判断函数
repeat	循环函数
while	循环函数

14.8.1　关系运算函数

数的关系运算函数在执行时对其每一个参数都要求值，然后从左到右依次比较两个参数在数值上是否满足比较函数所测试的关系，如果所有参数都满足测试关系，则返回 T，否则返回 nil。

1. 小于函数　＜

(< <numstr> [<numstr>]…)

该函数为比较大小函数。如果每一个变元在数值上都小于它右边的变元，则返回 T；否则返回 nil。每一个<numstr>变元既可以是一个数，也可以是一个字符串。但是，数值和字符串不能进行比较，如果只有一个自变量，自变量的类型没有限制，但是返回值恒为 T。

例如：

```
命令: (< 1)
T
命令: (< 1 2 3 4)
T
命令: (< 1 3 2)
nil
命令: (< "a" "b" "c")
T
命令: (< "abc" "ace")
T
```

2. 小于等于函数　<=

(<= <numstr> [<numstr>]…)

如果每一个变元在数值上都小于或等于它右边的变元，则返回 T；否则，返回 nil。

例如：

命令: (<= 10 20)

T

命令: (<= "AutoLISP" "autolisp")

T

命令: (<= 83.5)

T

3. 大于函数 >

(> <numstr> [<numstr>]…)

如果每一个变元在数值上都大于它右边的变元，则返回 T；否则，返回 nil。每一个变元<numstr>既可以是一个数，也可以是一个字符串。

例如：

命令: (> 12 5)

T

命令: (> "ae" "ac")

T

4. 大于等于函数 >=

(>= <numstr> [<numstr>]…)

如果每一个变元在数值上都大于或等于它右边的变元，则返回 T；否则，返回 nil。每一个变元<numstr>既可以是一个数，也可以是一个字符串。

例如：

命令: (>= 12 5)

T

命令: (>= "ac" "ac")

T

5. 等于函数 =

(= <number> [<numstr>]…)

如果所有变元在数值上是相等的，则返回 T；否则，返回 nil。每一个<numstr>既可以是一个数，也可以是一个字符串。

例如：

命令: (= a b)

nil

命令: (= c a)

nil

命令: (= 5 5)

T

6. 不等于函数 /=

(/= <number> [<numstr>]…)

如果各变元在数值上不相等，则返回 T；如果各变元数值上相等，则返回 nil。每一个 <numstr>变元既可以是一个数，也可以是一个字符串。

例如：

命令: (/= 4 8.0)

T

命令: (/= "a" "a")

nil

📖14.8.2　逻辑运算函数

1．逻辑与　AND

(and <expr>…)

返回表达式的逻辑与运算结果。如果任何一个表达式的求值结果为 nil，这个函数就停止进一步的求值，并返回 nil；否则，返回 T。

例如：

命令: (setq a 103 b nil c "string")

命令: (and 1.4 a b)

nil

命令: (and 1.4 a)

T

2．逻辑或　OR

(or <expr>…)

返回一个表达式表的逻辑或（OR）的结果。or 函数对表达式从左到右进行求值，并查找一个非 nil 表达式，如果找到一个这样的表达式，它就停止进一步的求值，并返回 T。如果表达式表中的所有表达式都为 nil，or 函数返回 nil。

例如：

命令: (or nil nil)

nil

命令: (or nil 1)

T

3．逻辑非　NOT

(not <expr>…)

执行该函数，如果表达式值为 nil，则输出 T；如果其值不是 nil，函数返回 nil。

例如：

命令: (not 1.83)

nil

命令: (not nil)

T

◫14.8.3　EQ 函数与 EQUAL 函数

前面我们介绍了等值比较函数"＝"，它只能用于数、符号原子和字符串，即原子的等值比较函数，它不能用于表。下面将要介绍的两个等值函数可以用于任意的表达式。

1. eq

(eq ⟨expr1⟩ ⟨expr2⟩)

此函数确定两个表达式是否恒等。eq 函数用于检查两个表达式⟨expr1⟩和⟨expr2⟩是否约束于同一对象（用 setq 函数），即它们不仅值相等，而且占用同一内存单元。若是，则返回 T；否则返回 nil。

例如：

命令: (setq f1　'(a b c))

命令: (setq f2　'(a b c))

命令: (setq f3 f2)

命令: (eq f1 f2)

nil

命令: (eq f2 f3)

T

2. equal

(equal ⟨expr1⟩ ⟨expr2⟩ [⟨fuzz⟩])

此函数确定两个表达式的值是否相等。equal 函数确定两个表达式的求值结果是否相等。当比较两个实型数（或由实型数组成的点表）时，如果采用不同的方法来计算它们，则恒等的两个数也可以稍有差别。因此，任选变元⟨fuzz⟩可以让用户指定表达式⟨expr1⟩和⟨expr2⟩间的最大差值，在此范围内，仍然认为⟨expr1⟩和⟨expr2⟩是相等的。

例如：

命令: (setq f1　'(a b c))

命令: (setq f2　'(a b c))

命令: (setq f3 f2)

命令: (setq a 1.1256)

命令: (setq b 1.1257)

命令: (equal f1 f3)

T

命令: (equal f3 f2)

T

命令: (equal a b)

nil

命令: (equal a b 0.0001)

T

3．函数 "=", "eq" 和 "equal" 之间的比较

1）所有同源值一定相等。

2）不同源时，INT REAL STR 类型一定相等。

3）不同源时，ENAME 类型，"=" 不等，"eq equal" 相等。(setq e1 (car (entsel)) e2 (car (entsel))) 这时选取相同实体。

4）不同源时，LIST 类型，"= eq" 不等，"equal" 相等。

5）PICKSET 好像不存在不同源问题。

6）对不常用类型 SYM SUBR EXRXSUBR 等未加分析，SYM 属于不同源时相等的一类。

📖14.8.4　条件函数

条件分支函数用于测试其表达式的值，然后根据其结果执行相应的操作。AutoLISP 提供了两个条件函数，即 if 和 cond 语句。使它们可以控制程序的流向，实现分支结构。

1．单一条件的两分支结构 if

(if <testexpr> <thenexpr> [<elesexpr>])

根据对条件的判断，对不同的表达式进行求值。如果<testexpr>的求值结果为非空，则对<thenexpr>进行求值；否则，对<elsexpr>进行求值。if 函数返回所选择的表达式的值。如果没有<elseexpr>表达式且<testexpr>是 nil，那么，if 函数返回 nil。本函数的相关函数是 progn 函数。

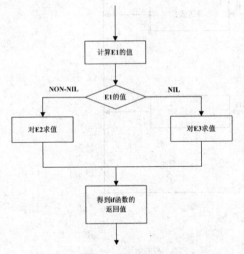

図14-4　if函数语法框图　　　図14-5　if函数的蜕变形式

if 函数的语法结构图如图 14-4 和图 14-5 所示。

例如：

命令: (if (= 1 3) "YES!!" "no.")

"no."

命令: (if (= 2 (+ 1 1)) "YES!!" "no.")

"YES!!"

命令: (if (= 2 (+ 3 4)) "YES!!")

nil

2．多分支结构 cond

(cond (\<test1\> \<result1\>…)…)

此函数是 AutoLISP 语言的一个主要的条件函数。cond 函数取任意数目的表作为变元。每一个表称为一个分支，每个分支中包含一个测试部分\<testn\>和测试成功的结果部分\<resultn\>。cond 函数的求值过程是：自顶向下逐个测试每个条件分支。每个分支表仅第一个元素（即：\<testn\>）被求值。如果求值中遇到了一个非 nil 的值，则该分支便为满足条件的成功分支，后面其他分支不再被求值，cond 转向对该成功分支的结果部分\<resultn\>中的诸表达式求值。

有以下两种特殊情况：

若所有分支的测试值都为 nil，或者一个分支也不存在时，cond 返回 nil。

如果成功的分支表中只有一个元素，即只有测试式\<testn\>而没有结果部分\<resultn\>，那么，该元素本身的值即为 cond 的返回值。换言之，测试部分和结果部分可以是同一个。

cond 函数的语法框图如图 14-6 所示。

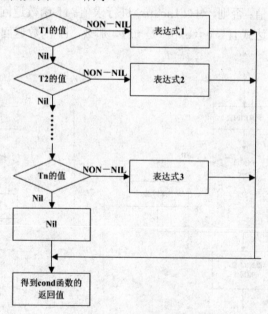

图14-6 cond函数语法框图

📖14.8.5 循环函数

循环结构在 AutoLISP 程序中应用很广泛，所谓循环结构就是通过"测试-求值-测试"的方法，使一些表达式被重复执行，直到满足测试条件为止。AutoLISP 主要提供了两个具有明显测试条件的循环控制函数，即 while 与 repeat。还有一些函数并不具有明显测试条件，但函数内部也是在反复执行某个操作，如 foreach 与 mapcar 函数。本节将通过实例来介绍这些函数。

1. repeat 函数

(repeat ⟨int⟩ ⟨expr⟩···)

该函数对每一个表达式进行指定次数的求值计算，并返回最后一个表达式的值。⟨int⟩变元必须是一个正数。

例如：

```
命令: (setq a 10 b 100)
命令: (repeat 4
(setq a (+ a 10))
(setq b (+ b 100))
    )
```

2. while 函数

(while ⟨testexpr⟩ ⟨expr⟩···)

while 函数对一个测试表达式进行求值，如果它是非 nil，则计算其他表达式，重复这个计算过程，直到测试表达式的求值结果为 nil。while 函数重复对表达式的求值处理，直到⟨testexpr⟩的求值结果为 nil，它返回最后所计算的那个表达式的值。

repeat 函数的语法框图如图 14-7 所示。while 函数的语法框图如图 14-8 所示。

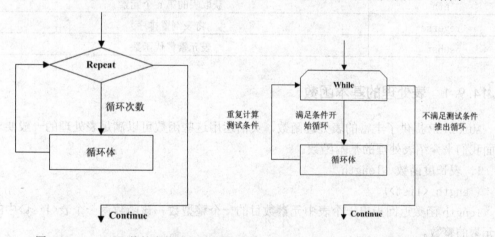

图14-7　repeat函数的求值处理过程图　　　　图14-8　while函数求值过程

14.9 表处理函数

表是指放在一对圆括号中的元素的有序集合。表中的元素可以是任何类型的常量、变量、符号或表达式。表中的元素可以是任何类型的常数、变量、符号或表达式。表中的元素可以是表，其嵌套深度没有明确的限制。在 AutoLISP 中，除了原子（常数、变量和符号）外，其余的东西都是表，小至一个空表，一个简单的四则运算，大至一个复杂的用户程序，

都是用表实现的，这也就是 LISP 语言称为表处理语言的主要原因。

表从用途又分为函数调用和数据表两类，下面我们将主要介绍表的处理函数和处理方法。表中一般由多个空格分隔。本节将对表 14-10 中的函数进行介绍。

表14-10　表处理函数

函数名	功能
acad_strlsort	以 ASCII 码字母顺序对一个字符串表进行排序
append	组合表函数
assoc	搜索关联表函数
cons	表构造函数
foreach	将表中每个元素带入表达式求值
car 和 cdr	返回表中元素的函数，并可以组合使用
last	返回表的最后一个元素
length	计算表的长度
list	表构造函数
listp	表判断函数
mapcar	将所有表带入函数操作
member	表搜索函数
nth	获取表的第 n 个元素
reverse	将表倒置排序
subst	表元素替代函数

📖14.9.1　表处理的基本函数

AutoLISP 提供了丰富的表处理函数，灵活运用这些函数可以满足表处理的一般要求。下面我们来介绍表处理的基本函数。

1．表长度函数　length

(length 〈list〉)

length 函数返回指出一个表中元素数目的一个整型数。该函数返一个表〈list〉中的顶层元素的整数。

例如：

命令: (length '(a b c))

3

命令: (length '(a (b c)))

2

2．表颠倒函数　reverse

(reverse 〈list〉)

reverse 将表的元素顺序倒置后返回。

例如：

命令: (reverse '(1 2 3 4 5))

(5 4 3 2 1)

命令: (reverse '((1 2 3) 4 5))

(5 4 (1 2 3))

3. nth 函数

(nth n ⟨list⟩)

nth 函数返回一个表中的第 n 个元素。变元 n 是表中要返回的元素序号（表中的元素的编号从零开始）。如果 n 大于表中的最后那个元素的序号，nth 返回 nil。

例如：

命令: (nth 2 '(1 2 3))

3

命令: (nth 3 '(1 2 3))

nil

4. car 函数　cdr 函数及其组合函数

(car ⟨list⟩)

(cdr ⟨list⟩)

car 函数取一个表中的第一个元素并返回。cdr 函数从一个表中排除第一个元素，将所有剩余的元素作为一个表返回。调用 car、cdr 函数时，如果变元 list 是空表，car 函数则返回 nil。

AutoLISP 支持 car 和 cdr 函数的拼接调用，其拼接深度最多可达四级。其相当于 car 函数与 cdr 函数的嵌套。

例如：

命令: (car '(a b c))

A

命令: (car '((a b) c))

(A B)

命令: (car '())

nil

命令: (cdr '(a b c))

(B C)

命令: (cdr '((a b) c))

(C)

命令: (cadr '(a b c))

B

5. last 函数

(last ⟨list⟩)

last 函数返回一个表中的最后那个元素。last 函数可以返回一个原子和一个表。初一

看，用 last 函数去获取一个点的 Y 坐标，似乎是一种理解的方法。这对于 2D 点（由两个实数组成的表）来说确实如此，但对于 3D 点，用 last 函数返回的却是 Z 坐标。为了使函数无论在处理 2D 点还是在处理 3D 点时都能很好地工作，建议使用 cadr 函数去获取 Y 坐标，而使用 caddr 去获取 Z 坐标。例如：

命令: (last '(a b c d))

D

命令: (last '(a b (c d)))

(C D)

6．member 函数

(member ⟨expr⟩ ⟨list⟩)

member 函数在一个表搜索一个表达式的出现，并返回表的其余部分，其余部分的起点从表达式（⟨expr⟩）的第一次出现处开始。如果在表⟨list⟩中，则不出现表达式⟨expr⟩，本函数返回 nil。在使用 member 函数时，出现两个变量，第一个自变量的类型没有限制，第二个自变量必须是表。

例如：

命令: (member 'c '(a b c d c e))

(C D C E)

命令: (member 'q '(a b c d))

nil

7．listp 函数

(listp ⟨item⟩)

listp 函数用于检查某个项是否是表。如果⟨item⟩是一个表，则返回 T；否则，返回 nil。由于 nil 既可表示一个原子，也可以表示一个表，所以当把 nil 用 listp 函数作测试时，它返回 T。

例如：

命令: (listp t)

nil

命令: (listp '(a b c))

T

命令: (listp nil)

T

📖 14.9.2　表的构造函数

1．list 函数

(list ⟨expr⟩…)

list 函数可以将任意数目的表达式组合成一个表。在 AutoLISP 中，本函数经常用于定义的一个 2D 或 3D 点变量（由两个或三个实数组成的一个表）。如果表中没有变量或没有未确定的项，可以用单引号括起一个表，能达到 list 函数同样的效果。例如，(3.9 6.7)等价于(list 3.9 6.7)。这对生成关联表或定义点表来说是非常方便的方法。本函数的相关函数是 quota。

list 函数的返回值为一个表，如果 list 函数不带任何自变量，即返回 nil，为一个空表。同时，list 函数在调用过程中对表内的变量进行一次求值，所以返回的表元素是自变量的值而不是自变量本身。

例如：

```
命令: (setq a 15 b 22)
命令: (list 2 d '(w a))
(2 nil (W A))
命令: (list 2 a)
(2 15)
```

2. cons 函数

(cons ⟨new_first_element⟩ ⟨list⟩)

cons 是 AutoLISP 的基本表构造函数。cons 函数把第一个元素⟨new_first_element⟩加到第二个元素⟨list⟩开头，构成一个新表后返回。变元⟨new_first_element⟩可以是一个原子或一个表。cons 函数也可以用在变元⟨list⟩是原子的情况。在这种情况下，cons 函数通常用于构造称为点对的结构。当显示一个点对时，AutoLISP 会在第一个元素和第二个元素之间显示一个圆点。使用 cdr 函数可以返回一个点对的第二个原子。点对是一种特属类型的表，处理普通表的某些函数通常不能接受点对作为变元。如果希望在表的最后加上一个元素可以使用如下程序式(reverse (cons ⟨new_first_element⟩ (reverse ⟨list⟩)))。

例如：

```
命令: (cons 1 nil)
(1)
命令: (cons 1 2)
(1 . 2)
命令: (cons 1 '(a b))
(1 A B)
命令: (cons '(a a) '((b b) (c c)))
((A A) (B B) (C C))
命令: (reverse (cons 1 (reverse '(a b c))))
(A B C 1)
```

3. append 函数

(append ⟨list⟩…)

该函数将任意多个表组合成一个表。append 函数将所有⟨list⟩串在一起，组合成一个新表。append、cons 和 list 是 AutoLISP 的三个基本的表构造函数。而 append 函数的每个自变量必须是表，不可以为原子，并且它将每个自变量的元素重新组合称为一个大表。而 list 函数是将自变量作为返回表的元素输出。

例如：

命令: (append '(a b) '(c d))

(A B C D)

命令: (list '(a b) '(c d))

((A B) (C D))

4．subst 函数

(subst ⟨new⟩ ⟨old⟩ ⟨list⟩)

subst 函数查找表中所有项，如果表中有⟨old⟩存在，则把所有的⟨old⟩用⟨new⟩代替，函数返回替换后的新表。如果表中没有⟨old⟩存在，则函数值为原表。

例如：

命令: (subst 5.5 3.3 '(1.1 1.2 3.3 4.4 5.5))

(1.1 1.2 5.5 4.4 5.5)

命令: (subst 'a 't '(a t e))

(A A E)

5．acad_strlsort 函数

(acad_strlsort ⟨list⟩)

该函数以 ASCII 码字母顺序对一个字符串表进行排序，返回排序后的结果。acad_strlsort 函数是一个外部函数。它是由 ADS 应用程序 ACADAPP 定义的。变元⟨list⟩是要进行排序的字符串表。acad_strlsort 函数返回重新排序后的相同字符串表。如果变元⟨list⟩是一个非法表，或者，如果没有足够的内存来时行排序，acad_strlsort 函数返回 nil。

例如：

命令: (setq mos '("Nov" "Jun" "Jan" "Feb" "Mar" "Apr" "May" "Jul" "Aug" "Sep" "Oct" "Dec"))

("Nov" "Jun" "Jan" "Feb" "Mar" "Apr" "May" "Jul" "Aug" "Sep" "Oct" "Dec")

命令: (acad_strlsort mos)

("Apr" "Aug" "Dec" "Feb" "Jan" "Jul" "Jun" "Mar" "May" "Nov" "Oct" "Sep")

14.9.3　表的循环处理函数

1．foreach 函数

AutoLISP 提供了 3 个实现循环的函数，其中前面介绍了 repeat 和 while 函数。下面将介绍另外一个循环函数 foreach，它主要适用于对表的每一个元素进行处理。其调用格式如下：

(foreach ⟨name⟩ ⟨list⟩ ⟨expr⟩…)

foreach 函数对一个表中所有成员代入表达式中进行求值。该函数中的表达式⟨expr⟩可以有多个，每个表达式一般以⟨name⟩为其参数。foreach 函数循环将表⟨list⟩中每一个成员赋给符号原子⟨name⟩，再对循环体中的每一个表达式⟨expr⟩依次求值。foreach 返回最后一次循环体中最后一个表达式的求值结果。

例如：

命令: (foreach n '(a b c) (print n))

A

B

C

在使用 foreach 函数时，第一个自变量〈name〉（如上面例子中的 n）一定是变量名，不能是常数或表达式。并且 AutoLISP 并不对它进行求值。而且，变量〈name〉是函数的内部变量，在 foreach 调用过程中，它依次赋以表元素，但在 foreach 函数执行完成之后，〈name〉仍保持原来的值。第二个自变量一定是表，如果为空表，则返回 nil。

foreach 函数的语法框图如图 14-9 所示。

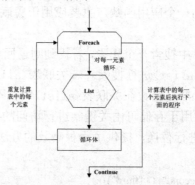

图14-9　foreach函数的计算过程

2. mapcar 函数

(mapcar 〈function〉〈list1〉…)

将作为 mapcar 函数变元的一个或多个表（〈list1〉…〈listen〉）的各个元素提供给变元〈function〉（一个函数名）进行求值，求值结果构成一个表后返回 mapcar 是一个处理表时最常用也是最有效的一个循环控制函数。函数调用中的〈function〉是一个已知的函数名，它可以是 AutoLISP 的内建式函数，也可以是用户的自定义函数或者是 lambda 表达式（无名函数）。〈list1〉…〈listen〉必须是表。mapcar 的功能是依次循环地把表〈list1〉…〈listen〉中的每个对应位置上的元素为函数〈function〉的参数，调用该函数进行求值，把每次循环求值的结果（function 的返回值）按求值顺序构成一个表，作为 mapcar 函数的返回值。表〈list1〉…〈listen〉的数目必须和函数 function 所要求的参数数目相匹配，也就是若〈function〉要求一个参数，则有一个表；若要求两个参数，则有两个表等。mapcar 函数和 foreach 函数一样，它不对参数表〈list1〉…〈listen〉中的元素求值。每个参数表（〈list1〉…〈listen〉）中的元素的数据类型应与函数〈function〉所要求的参数类型相匹配。表〈list1〉…〈listen〉的长度决定了函数〈function〉的调用次数，也决定了 mapcar 函数返回表的长度。若各个表的长度不等，则 mapcar 函数只循环其中的最小长度次数。若 function 不是一个变量，则必须在函数名前加一个单撇号来禁止求值，否则出错。

例如：

命令: (setq a 10 b 20 c 30)

30

命令: (mapcar '1+ (list a b c))

(11 22 31)

14.9.4　表的关联

关联表又称 A−表，它是一种特殊形式的表。关联表的每一个元素，都是两元素表，其中的第一个元素称为关键字（key）。由于关联表可以通过关键字进行存取，因此经常使用关联表进行数据的存取，类似于高级语言中的数组结构。

assoc 函数就是关联表的一个应用函数，主要应用于关联表的检索。

(assoc ⟨item⟩ ⟨alist⟩)

assoc 函数从一个关联表中搜索一个元素，若找到则返回此关联表条目。以变元⟨item⟩作为关键字元素，对关联表⟨alist⟩进行搜索。若关联表⟨alist⟩中存在着关键字指出的条目，则返回这个条目。如果 assoc 函数在关联表⟨alist⟩中找不到由⟨item⟩关键字指出的条目，则返回 nil。关联表经常用于存储可由关键字进行访问的数据。subst 函数为对关联表中的与一个关键字相关的值进行替换，提供了一种高效的办法。

例如：

命令: (setq al '((1 "first") (2 "second") (3 "third")))

((1 "first") (2 "second") (3 "third"))

命令: (assoc 2 al)

(2 "second")

同时，引入关联表的主要作用在于，由于表中元素的关键字通常不发生改变，改变的是与关键字相关联的值。AutoLISP 可以通过 subst 函数进行非常方便的代换。

14.10　符号和函数处理函数

AutoLISP 提供了处理符号和变量的函数，同时也提供了处理一组或多组函数的功能函数见表 14-11。

表14-11　符号和函数处理函数

函数名	功能
aotm	验证一个项是否是一个原子
atoms_family	返回由现行已定义的符号组成的一个表
boundp	检验一个符号是否被约束到某一值
not	检查一个项的求值结果是否为 nil
null	检查其个项的值是否约束为 nil
numberp	检查某一个项是否是一个实型数或整型数
quote	返回一个表达式而不对其求值

（续）

函数名	功能
read	返回从一个字符串中获得第一个表或第一个原子
set	为一个被引起来的符号的值设置成一个表达式的值
setq	将一个值赋给一个符号或将一个表达式赋给一个符号
type	返回一个指定项的类型
apply	将一个变元表传送到一个指定的函数
defun	定义一个函数
lambda	定义一个无名函数
progn	控制函数
eval	返回一个 AutoLISP 表达式的求值结果
trace	辅助 AutoLISP 程序的调试
untrace	清除一个或多个指定函数的跟踪标志

📖14.10.1　赋值函数

1. SETQ 函数

(setq 〈sym1〉〈expr1〉[〈sym2〉〈expr2〉])

将一个值赋给一个符号或将一个表达式赋给一个符号。本函数是 AutoLISP 中一个基本的赋值函数。setq 函数也可以在一次调用中给多个变量赋值，但它仅返回最后那个表达式 〈expr〉的值。将变量 a 的值设置为 5.0，以后无论何时当对变量 a 进行求值时，它都会返回实型数 5.0。

在 AutoLISP 程序中作为参数的任何符号都必须事先赋值。要查看符号原子的当前值，可在 AutoCAD 命令的提示符下，键入感叹号（!）后查看符号。

例如：

```
命令: (setq a 1.0 b c d (/ 12 3) e "autolisp")
"autolisp"
命令: !a
1.0
命令: !b
nil
命令: !d
4
```

AutoLISP 使用 setq 函数建立内存变量时，函数至少需要两个参数，第一个参数为内存变量名，第二个参数是内存变量将要限定的值。在编程过程中，如果变量的数据改变时，AutoLISP 程序也要重新修改。

setq 函数可以建立或修改全局变量，也可以在 defun 函数内给内部变量赋值。全局变

量可由任何函数访问和修改，或者在任一表达式中使用局部变量仅在定义它们的函数求值期间（即函数调用期间）有意义。当全局变量作为局部变量使用时，定义它们的函数能改变它们的值。但当该函数退出时，全局变量恢复原值。

2．SET 函数

(set ⟨sym⟩ ⟨expr⟩)

set 函数为一个被引起来的符号的值设置成一个表达式的值。set 函数与 setq 函数同样为赋值函数，不同的是：set 函数只有两个参数，即⟨sym⟩和⟨expr⟩；set 函数是将表达式（⟨expr⟩）的值赋给符号（⟨sym⟩）的值，而不是赋给符号本身。

例如：

```
命令: (setq a 'c)
C
命令: (set a 6)
6
命令: !a
C
命令: !c
6
```

3．QUOTE 函数

(quote ⟨expr⟩)

该函数返回一个表达式而不对求值。quote 函数最主要的特点就是不对表达式进行求值。由于 AutoLISP 对表进行求值时，总是把表的第一个元素认做某一个函数来调用，但引用表的第一个元素既不是系统内部函数，也不是用户定义的函数，故运行时经常出错。为防止这种错误的产生，引用表就必须使用 quote 函数禁止对表求值。

例如：

```
命令: (quote (a b))
(A B)
```

📖14.10.2　其他符号处理函数

1．TYPE 函数

(type ⟨item⟩)

type 函数返回一个指定项的类型。具体意义见表 14-12。

例如：

```
命令: (setq a 123 r 3.45 s "Hello!" x '(a b c))
(A B C)
命令: (type s)
STR
命令: (type 'a)
```

SYM

命令: (type a)

INT

命令: (type +)

SUBR

命令: (type nil)

nil

表14-12　符号类型

类型	意义
REAL	浮点数
FILE	文件描述符
STR	字符串
INT	整型数
SYM	符号
LIST	表(以及用户定义函数)
SUBR	内部函数
EXSUBR	名部函数(ADS)
PICKSET	选择集
ENAME	图元名
PAGETB	函数分页表

2. ATOM 函数

(atom 〈item〉)

atom 函数验证一个项是否是一个原子。如果调用 atom 函数时，给定的变元 item 是一个表，则返回 nil；否则，返回 T。本函数对任何非表的变元均被认为是原子。某些版本的 LISP 对 atom 的解释会有所不同。因此，在使用互相移植的程序时，要加以注意。

例如：

命令: (setq a '(x y z))

命令: (setq b 'a)

命令: (atom 'a)

T

命令: (atom a)

nil

命令: (atom 'b)

T

命令: (atom b)

T

命令: (atom '(1 2 3))

2016

AutoCAD

nil

3. ATOMS_FAMILY 函数

(atoms_family <format> [<symlist>])

该函数返回由现行已定义的符号组成的一个表。变元<format>可取 0 或 1 的整型值。在调用 atoms_family 函数时，如果变元<format>的值是 0，则 atoms_family 函数以表的形式返回符号名。如果变元<format>的值是 1，则 atoms_family 函数以字符串表的形式返回符号名。在调用 atom_family 函数时，如果你提供了<symlist>变元，atoms_family 函数就会在系统中对指定的符号名表进行搜索。<symlist>变元是指定符号名的一个字符串表。atoms_family 函数返回由变元<format>指定的类型（符号或者字符串）的一个表，所返回的表中包含了已经定义的那些符号名。对于没有定义的那些符号名，在它所返回的表的对应位置上以 nil 表示。

4. NULL 函数

(null <item>)

该函数检查其个项的值是否约束为 nil。如果项 item 的值约束为 nil，null 函数返回 T；否则，返回 nil。

例如：

命令: (setq a 1 b nil)

nil

命令: (null b)

T

命令: (null a)

nil

命令: (null '())

T

5. BOUNDP 函数

(boundp <sym>)

检验一个符号是否被约束到某一值。如果有值被约束到<sym>上，则返回 T。如果没有值约束到<sym>（或者如果<sym>已被约束值 nil），boundp 函数返回 nil。如果<sym>是一个未定义的，则自动生成它，将其值约束值为 nil。atoms_family 函数为确定一个符号的存在性提供了另一种可供选择的方法，atoms_family 函数并不自动生成一个符号。

例如：

命令: (boundp 'a)

T

命令: (boundp 'b)

nil

6. NUMBERP 函数

(numberp <item>)

检查某一个项是否是一个实型数或整型数。如果项<item>是一个实型数或是一个整型，

numberp 函数返回 T，否则，返回 nil。

例如：

命令: (setq a 23 b 'a)

命令: (numberp a)

T

命令: (numberp b)

nil

7．READ 函数

(read [<string>])

返回从一个字符串中获得第一个表或第一个原子。该函数返回字符串<string>转换成表或原子后的结果。其中变元<string>是由一个表构成的字符串（如：″(+ X Y)″），或是由一个原子构成的字符串（如：″ABC″），但不能二者都有，也不能在表或外包含空格。

例如：

命令: (read "hello")

HELLO

命令: (read "hello autolisp")

HELLO

📖14.10.3　函数处理函数

1．DEFUN 函数

（defun <sym> <argument> <expr>…）

在 AutoLISP 中，函数的定义可以有名或无名，而定义有名函数是最主要的。AutoLISP 提供的特殊函数 defun 就是提供给用户用来定义一个有名函数的。

下面就对其中各项的意义作以说明：

defun 是 AutoLISP 的一个特殊函数，它不对其任何变元参数求值，而仅仅查看一下变元并建立一个函数定义，以后这个定义可以用函数名来调用。

sym 是所定义的函数的名称，它必须是符号原子。在程序调入内存产生了一个函数定义之后，sym 将配放在系统维持的符号中。

argument 是一个函数的参数表，它可有如下格式：

(形式参数 1 形式参数 2… / 局部变量 1 局部变量 2…)

(形式参数 1 形式参数 2…)

(/ 局部变量 1 局部变量 2…)

()即空表，表示没有参数。

形式参数 "参数 1 参数 2…" 在函数调用时必须用实际参数替换。符号 " / " 不是有效的原子分隔符，所以，它必须和前后参数用空格分开。

expr1，expr2…是任意的 AutoLISP 表达式，它们甚至可以是所定义函数自身的调用，以形式函数的递归定义。这些表达式是函数的定义体，它们在函数调用时将依次被求值，

用于完成所需的功能。例如：

```
(defun add* (x / a)
(setq a (+ x 10))
(* a 1.0)
)
```

该式调入内存时将产生一个名为 ADD* 的函数定义，用于把一个数加 10 再乘以 2。 X 为该函数的形式参数，a 为局部变量。这是一个非常简单的函数定义，它只有一个形式参数和两个表达式。

和系统内部提供的函数调用形式一样，用户定义函数的调用也是函数名作为被求值表的第一个元素，实际参数作为表的其他元素，且实际参数必须和形式参数的位置、顺序与数目严格对应。在函数调用时不管有无局部变量。在遇到用户定义的函数调用时，AutoLISP 的求值首先对调用表中的实际参数变元求值，用求值结果依次取代函数的形式参数调用函数定义，依次执行函数定义体中的诸表达式，并把逻辑上最后一个表达式的求值结果作为调用该函数的值返回。

例如：

命令: (add* 5.5)

31.0000

调用 add* 函数，用实际参数 5.5 取代形式参数 X，并执行：

命令: (setq a (+ 5.5 10))

命令: (* a 1.0)

31.0000

函数调用可以放在程序中任何地方，当然要保证函数的返回值的类型应与调用函数所要求的数据类型相符。还可以在 "Command:" 提示符下、菜单文件或 SCR 批处理文件中调用，调用格式是一样的。也就是说，AutoLISP 系统内部函数调用能放的位置，用户定义的函数也能放。

例如：

命令:(setq num (add* 5.5)

31.00000

在介绍 AutoLISP 的基本函数时，我们已经对函数的副作用有了认识。现在让我们看看用户定义的函数调用后的副作用。当然，它的主要副作用是完成所需的功能，但和系统内部提供的函数的调用不一样，用户定义函数在调用时和调用后可能会占用 AutoLISP 额外的符号空间，这是由于其中定义了符号变量的缘故。下面就分析一下在调用定义的函数时其变量的变化情况。

在函数定义中，要用到两种类型的变量：局部变量和全局变量。

对一个函数定义来说，局部变量是出现在参数表 argument 中的变量称为局部约束变量，它包括函数的形式参数和局部变量。形式参数在函数调用时用实际参数取代，局部变量是出现在 argument 中的除形式参数以外的变量，它用一个左下斜杠/和形式参数隔开。实际上，从变量的作用域来讲，上述两种变量均称为局部变量，这里用不同的名称只是为了加以区别。

全局变量亦称为自由变量。对一个函数来说，出现在函数体中的除局部约束变量以外的任何变量均称为全局变量。

例如：

```
(defun vartest (x y / a b)
 (setq a (+ x 1.0)
b (* y 1.0)
 )
命令: (setq Z (+ a b))
11.000000
```

用 defun 产生了一个名为 vartest 的函数定义，其中用了 5 个变量：x，y，a，b，z。x，y，a，b 出现函数的参数表中，是局部约束变量，其中 x，y 是函数 vartest 的形式参数。Z 对於函数 vartest 来说是全局变量。Vartest 函数的调用如下所示：

(setq n1　4.0　n2　3.5)

(vartest n1 n2)

11. 000000

在调用函数时没有考虑局部变量 a 和 b。函数求值后返回最后一个表达式的求值结果 11.0，前面的表达是只有副作用。

变量的作用域是指变量的值可用的范围。为了说明这个问题，让我们先看一看下面的实例：

(setq Z 1.5)

(+ (vartest 4.5 1.0) Z)

很明显，(vartest 4.5 1.0) 的返回值是 9.5，那么，(+ 9.5 Z) 等于多少呢？也许你会很快作出结论：因为 Z 等于 1.5，所以 Z 和 9.5 相加必等于 11.0。这个结论似乎很正确。其实是错误的。上式调用返回的结果为 19.0。这是因为在调用 vartest 后，Z 的值变为 9.5，而不是调用前的 1.5。这里就涉及到函数变量的作用域问题。

函数的局部约束变量的外部约束值在函数调用时会被保存起来，它在函数调用前有一个值，在函数调用后又恢复了这个值，而不管在函数调用中其值是如何改变的。全局变量的约束值在函数调用时被永久的改变，而以前的值得不到恢复，而是约束到新的值。如在上面的例子中，由于 Z 为函数 vartest 的全局变量，在调用 vartest 函数后其值从 1.5 改变为 9.5，而执行完函数后，新值（9.5）得到保留，原值不能够恢复。但 X，Y，A，B 为局部约束变量，在函数调用后，它们原先的值（即在 vartest 的外部约束值）得到恢复。

值得注意的是，单纯地谈论一个变量是局部约束变量或全局变量是没有意义的，只有专门指出对哪一个具体函数时，才能讨论变量是局部约束的还是全局约束的。

搞清局部约束变量和全局变量的意义以及作用域十分重要。在函数调用后需要保留调用前的值的变量不能用作全局变量。

2. APPLY 函数

(apply ⟨function⟩ ⟨list⟩)

apply 函数将一个变元表传送到一个指定的函数。apply 函数可以处理内建式（subr）和用户定义（用 defun 或 lambda）两种类型的函数。

例如：

```
命令: (apply '+ '(1 2 3))
6
命令: (apply 'strcat '("a" "c" "b"))
"acb"
```

3．LAMBDA 函数

(lambda ⟨arguments⟩ ⟨expr⟩…)

lambda 函数定义一个无名函数。lambda 函数用于定义一个无名函数。在经常使用某一表达式，而又觉得把它定义成一个新函数开销太大时，就可以使用 lambda 函数来完成此任务。将 lambda 函数定位于要使用它的位置，还可以使程序员的意图表达得更清楚。lambda 函数返回它的最后那个 expr 的值，并且，常与 apply 和（或）mapcar 函数连用，以便对一个表中的元素执行一个函数的操作。

例如：

```
命令: (apply '(lambda (x y z)   (* x (- y z))) '(5 20 14))
30
命令: (mapcar '(lambda (x) (setq counter (1+ counter)) (* x 5)) '(2 4 -6 10.2))
(10 20 -30 51.0)
```

4．TRACE 函数

(trace ⟨function⟩…)

trace 辅助 AutoLISP 程序的调试。trace 函数为指定的一个或多个函数设置跟踪标志。每次当指定的函数被求值时，给出的该函数入口的一条跟踪显示信息就会出现（按调用深度的不同进行缩排），此外，还会打印出函数的执行结果。

5．UNTRACE 函数

(untrace ⟨function⟩…)

untrace 函数是 trace 函数的反函数。它用于清除一个或多个指定函数的跟踪标志。

6．EVAL 函数

(eval ⟨expr⟩)

eval 函数返回一个 AutoLISP 表达式的求值结果。当 AutoLISP 的求值遇到 eval 函数时，它首先对变元 expr 进行求值，把求值结果交给 eval，eval 的功能是对该结果再进行一次求值。因此，从用户的角度来说，就像 expr 进行了两次求值：一次对 expr 求值，一次对 expr 的值求值。Exal 返回最后的求值结果。

例如：

```
命令: (setq x '(* 5 4))
(* 5 4)
命令: (setq y x)
(* 5 4)
```

命令: (setq y (eval x))

20

14.11　错误处理函数

如果编写的程序是供自己使用的，可以不太考虑程序的错误处理问题。但如果编写的程序是供他人使用的，就应当充分考虑用户可能出现的各种错误操作，把错误引起的损失降低到最小限制，提高程序的容错能力。AutoLISP 提供的大多数 GET 类输入函数具有一定的内在的错误处理能力。但是，AutoLISP 本身内在的错误处理不可能处理所有可能出现的错误，这就需要设计人员根据具体情况进一步进行专门处理了。下面的章节我们就将对错误处理函数（见表 14-13）进行介绍。

表14-13　错误处理函数

函数名	功能
alert	调用该函数时，在屏幕上显示出一个警告框
error	一个用户可定义的错误处理函数
exit	强行使现行应用程序退出
quit	强制现行应用程序退出

程序不可能总会像程序员所预想的那样运行。显然，当你编写一个程序时，你会对程序中可能的"臭虫"作检查，并对程序要达到的功能进行某些测试。但是不可能检查你可能犯的每一个错误。当发生各种错误时对程序进行控制就是错误检测和错误捕获所要作的全部事情。

在应用程序中需要对 3 种基本的错误类型进行检查：语法错误、机器错误、逻辑错误

第一种错误是常见的，它即可以是一个语法错误，也可以是一个输入或数据错误。下面的表达式就存在一个语法错误：

(setq a (getstrin "\n Enter text:"))

在第一次运行这个程序时，将能看到这个程序的缺陷，因为将 AutoLISP 语言的函数 getstring 拼错了。又如：

(setq pt1 (getpoint "\n Pick a point:"))

有时如果忘了拾取一个点而按了 Return 键的话，也会产生一个错误。在随后的程序中，如果 pt1 是 nil 的话，程序将会崩溃。

第二种类型的错误是机器错误。这种类型的错误可能发生在磁盘驱动器和打印机没有准备就绪或文件没有找到的情况下。AutoCAD 甚至认为 Ctrl+C 也是一个错误，且将停止程序的运行。

第三种类型错误是逻辑错误。这种类型的错误不会引起程序的崩溃，但如果计算式是错误的话，可能就得不到正确的结果了。由于许多用户认为计算机算出的东西不会有什么错，因此，这可能也会给您造成损失。

错误的监测有两种基本的方法："测试"和"捕获"。

既可以预测可能会发生的错误，并编写程序代码来"测试"那些错误，你还可"捕获"

2016

AutoCAD

错误。可以使用一个错误捕获来识别任何可能发生的错误，该错误捕获依次记录错误原因，并将它发送到可对该错误进行处理的例程中。错误记录通知用户错误发生在什么地方。

AutoLISP 程序中作错误的预测检查是非常麻烦的。通常要借助于（if…）语句才能做到。下面的程序实例中就有对错误进行预测检查的代码。该程序可完成图形中所有块引用块名的打印和每个块有多少图元打印。

```
(defun C:pblkct ()
    (setq f 1)
    (while (setq t(tblnext "BLOCK"    f))
        (setq f nil)
        (setq na (cdr (assoc 2 t)))
        (setq b (assoc 2 t))
        (setq c (ssget "X" (list '(0. "INSERT" b))))
        (if (/= c nil)
            (prong
            (setq n (sslength c))
            (terpri)
            (princ na)
            (prompt " " )
            (princ n)
            )
        )
    )
    (princ)
)
```

在这个程序中变量 C 是一个选择集名。如果 C 的值是 nil，则意味着没有选择及被生成。由于图形中有可能不存在块引用，变量 c 的值是 nil 的情况是很普遍的。

如果 c 的值是 nil 的话，（sslength c）就将产生一个错误："bad argument type"，这种情况下将会使程序崩溃。因此，在程序中对这种致命的错误进行了检测，也就是只有当变量 c 的值不为 nil 时，才使用（sslength）函数。

这是预测一个错误的典型实例，在错误发生之前就注意了它会发生的可能性。

另一种很常见的错误是用户所为的错误。这种错误在程序中也应该加以预测，而且更重要的是要为用户提供再作一次的机会。如：

```
(setq lct 1)
(while lct
(setq pt1 (getpoint "\nPick a point:")
(if (= pt1 nil) (princ "\nBad point! Pick again:")
(if (/= pt1 nil) (setq lct nil))
)
```

　　仅为了拾取一个点就加了不少的代码。变量 lct 是一个循环控制器。如果 pt1 是 nil，就会打印出一条错误信息，并继续循环以便允许用户再一次作拾取。如果 pt1 非 nil，循环控制器 lct 就被设置成 nil。这样，（while…）循环就会结束，程序接着往下执行。

　　1. 错误捕捉函数

　　(*error* ⟨string⟩)

　　error 函数是一个用户可定义的错误处理函数。如果 *error* 函数非 nil，无论什么时候当一个 AutoLISP 错误条件存在时，就会执行它。AutoCAD 会传递一个包含了错误描述信息的字符串给 *error*。下面的函数与 AutoLISP 的标准错误处理程序一样，完成相同的事情，它打印 "error:" 和一条描述错误的信息。

　　在 *error* 函数中，可以包含对 command 函数的调用，但不能带变元 [如（command）]。这样，它就会中断前面由 command 函数调用的 AutoCAD 的命令。

　　错误捕获机制允许 AutoLISP 拦截一个错误，并促使程序执行轨道转到你所选择的另一个函数。使用这种方法，当出现一个无法预料的错误时，你可以控制要做什么。

　　错误捕获函数是非常特别的，它有一个非常特别的名字。下面是在程序中怎样使样 *error* 函数的实例。

```
(defun *error* (errmsg)
(princ "\nAn error has occurred in the program")
(terpri)
(prompt errmsg)
(princ)
)
```

　　首先，错误捕捉的函数名必须称为 *error*。它还必须有一个传递变量的变元。在我们上面的实例中该变元是 errmsg。函数并不关心调用它时所提供的变量是什么。在函数体内，你可以根据你的需要安排各种表达式。

　　为了做错误捕获的测试，可以将上面的 *error* 函数放在一个 .LSP 文件中，并加载它。现在完成函数加载后，开始运行你想要运行的任何一个程序。在程序运行过程中按下 Ctrl+C 键。注意，这时 AutoLISP 将这一操作作为一个错误拦截。程序的控制流程将转移到错误捕获函数。

　　你能有一个，也仅能有一个 *error* 函数。尽管在某一时刻仅能使用一个错误捕获函数，但系统允许加载多个错误函数。假定有 3 个捕获例程：

　　(defun trap1 (errmsg)
　　(defun trap2 (errmsg)
　　(defun trap3 (errmsg)

　　上面每个函数（它们仅仅是函数的开始部分）都各不相同地处理错误。这些函数再将它们赋给 *error* 函数之前，没有一个能完成对错误的捕获。幸运的是，只要简单地使用一条 (setq) 命令就可以将一个函数赋给另一个函数。

　　(setq *error* trap1)

　　这个命令将整个函数 (trap1) 赋给 *error* 函数。(trap1) 函数没有改变，在你的

应用程序中，你能一个接一个地安排不同的错误捕获，但请记住，一次仅能使用一个。

在应用程序的设计中，程序员应该牢记一点，那就是永远不要改变用户的设置，包括现有的错误捕获。而应该将用户的设置和现有的错误捕获作为变量保存，而在程序的结尾处根据所保存的变量恢复它们的设置值。

一个完整的错误捕获程序实例如下：

```
(defun C:clayer2 ( )
(setq temperr *error* )
(setq *error* trap1)
(setq os (getvar "osmode"))
(command "undo" "m")
(setq na (getstring "\nEnter layer name to be created:"))
(setq b (tblsearch "LAYER" na))
(if (= b nil) (command "Layer" na ""))
(if (/= b nil) (prompt "Layer already exists:"))
(setvar "osmode" temperr)
(princ)
)
(defun trap1 (errmsg)
(command "undo" "")
(setvar "osmode" os)
(setq *error* temperr)
)
```

在上面的程序实例中，现存的错误捕获函数被保存在变量 temperr 中，然后将*error*分配给你的错误捕获函数（你的错误捕获函数是调用 trap1 函数）。再接着你可以将任何系统变量（如对象捕捉方式系统变量 osmose）作保存。在本程序中是将系统变量 OSNAP 的源值赋给变量 os，并执行 UNDO 命令及其选项 MARK，如果有一个错误，你的图形就会恢复到它的源设置：

```
(setvar "osmode" os)
(setq *error* temperr)
```

在错误捕获函数中开头执行一条中 UNDO BACK 命令。在程序的结尾处恢复被保存的项目和错误捕捉函数。

2．警告信息函数

(alert ⟨string⟩)

调用该函数时，在屏幕上显示出一个警告框，警告框中显示的是一个出错或警告信息，该出错或警告信息是 alert 函数的变元⟨string⟩提供的。一个警告框是带有单个 OK 按钮的一个对话框。

alert 函数弹出的警示框标题总为 AutoCAD Alert。且居中显示，标题内容是无法改变的警示框的宽度和高度由提供给 Alert 函数的字符串中的行数和最大行数和最大行长来决定的。警示框的最大行数由所使用的平台和设备决定的。如果信息行超过一定的字符数，则后面的内容将被截断。在 alert 函数的显示字符串中，可以利用"\n"扩充字符在警示框中显示多行信息。

alert 函数的参数必须是字符型常数、变量或表达式。若为空串，则不会弹出警示框。并且其返回值恒为 nil。

3. QUIT 函数

(quit)

强制现行应用程序退出。如果调用 quit 函数，它会返回去错误信息"quit abort"，并退出程序返回 AutoCAD 的 Command:提示处。

4. EXIT 函数

(exit)

强行使现行应用程序退出。如果调用 exit 函数，它会返回错误信息"exit abort"，并退出程序回到 AutoCAD 的 Command 提示处。

14.12　应用程序处理函数

本节主要介绍 AutoCAD 基于其他语言的工具函数，具体函数见表 14-14。

📖14.12.1　ADS 应用程序

1. ADS 函数

(ads)

返回现行已加载的 ADS 应用程序名表（可能含有路径）。每一个已加载的 ADS 应用程序和它的路径都用双引号引起来作为表中的一项。

表14-14　应用程序处理函数

函数名	功能
ads	返回现行已加载的 ADS 应用程序名表
arx	返回现行已加载的 ARX 应用程序名表
arxload	将一个 ARX 应用程序加载至内存中
arxunload	从内存中卸装一个 ARX 应用程序
autoarxload	本函数用于加载定义了若干条命令的一个相关 ARX 应用程序文件
autoload	本函数用于加载定义了若干条命令的一个相关的 AutoLISP 应用程序文件
autoxload	本函数用于加载定义了若干条命令的一个相关的 ADS 应用程序文件
load	对一个文件中的 AutoLISP 表达式进行求值
startapp	启动一个 Windows 应用程序
xload	加载(装入)一个 ADS 应用程序
xunload	卸载一个 ADS 应用程序

2. AUTOXLOAD 函数

(autoxload <filename> <cmdlist>)

本函数用于加载定义了若干条命令的一个相关的 ADS 应用程序文件。当由<cmdlist>变元定义的命令之一从 Command:提示处被录入时，由<filename>变元（一个字符串）指定的一个 ADS 应用程序就会加载。<cmdlist>变元必须是一个字符串表。autoxload 函数返回 nil。下面的代码定义了要加载名为 BOUNSAPP 的 ADS 应用程序的 C：APP1、C：APP2 和 C：APP3 函数。当在命令提示符 Command:下第一次录入 APP1、APP2 或 APP3 命令之一时，BOUNSAPP ADS 应用程序就会被加载，然后接着执行要执行的那个命令。

(autoxload "BOUNSAPP" '("APP1""APP2""APP3"))

autoxload 函数是由 AutoLISP 应用程序 ACADR13.LSP 定义的。

3. XLOAD 函数

(xload <application> [<onfailure>])

xload 函数加载（装入）一个 ADS 应用程序。<application>变元必须是带有双引号的字符串，或者是包含了一个可执行文件的文件名的变量。在加载文件时，会检查该 ADS 应用程序的有效性。另外，还会对 ADS 程序的版本，ADS 本身以及正在运行的 AutoLISP 版本作兼容性检查。如果 xload 函数失败，它通常会引发一条 AutoLISP 错误。然而，如果提供了<onfailure>变元，xload 函数调用失败时，就会返回<onfailure>变元的值，而不发出错误信息。如果指定的应用程序被加载成功，就会返回这个应用程序名。如果你试图加载一个已经加载了的 ADS 应用程序，xload 函数发出这样一条信息：Application <application> already loaded。并会返回所指定的应用程序名。在调用 xload 函数之前，可能需要使用 ADS 函数来检查现行已加载的 ADS 应用程序。

4. XUNLOAD 函数

(xunload <application> [<onfailure>])

xunload 函数卸载一个 ADS 应用程序。如果指定的应用程序被成功地卸载，就会返回这个应用程序名，否则，就会发也一条错误信息。<application>的变元既可以是由双引号引起来的一个应用程序名，也可以是包含了应用程序的一个变量。应用程序名必须准确地录入，就像在调用 xload 函数加载应用程序时所指定的那样。如果在调用 xload 函数时在应用程序名前指定了路径（目录），在调用 xunload 函数时可以省去这个路径。如果 xunload 操作失败，它通常会引发一条 AutoLISP 错误，然而，如果提供了<onfailure>变元，在操作失败时 xunload 函数会返回变元<onfailure>的值，而不会发出一条错误信息。xunload 函数的这一特性与 xload 函数是类似的。

📖 14.12.2 ARX 应用函数

1. ARX 函数

(arx)

返回现行已加载的 ARX 应用程序名表（可能含有路径）。每一个已加载的 ARX 应用程序和它的路径都用双引号引起来作为表中的一项。

2．ARXLOAD 函数

(arxload 〈applicaton〉[〈onfailure〉])

将一个ARX应用程序加载至内存中函数调用中指定的变元〈application〉即可以是用双引号引起来的一个字符串，也可以是包含了一个可执行文件的变量。在加载 ARX 应用程序时，会对指定的 ARX 应用程序的有效性进行验证。如果 arxloas 函数操作失败，通常它会引出一条 AutoLISP 错误。但是，若提供了〈onfailure〉变元，arxloas 函数就会返回这个变元的值而取代对一条 AutoLISP 错误的显示。如果指定的应用程序被成功地加载，则返回这个应用程序名。如果要加载的是一个已经加载了的 ARX 应用程序，arxload 将发出这样一条信息并返回该应用程序名：Applicaiton "application"already loaded。在使用 arxload 加载一个 ARX 应用程序之前，也许你应该用 arx 函数检测现行已加载的 ARX 应用程序。

3．ARXUNLOAD 函数

(arxunload 〈application〉[〈onfailure〉])

从内存中卸装一个 ARX 应用程序。如果对应用程序进行了成功的卸装，arxunload 函数返回应用程序名；否则，发出一条出错信息。函数调用中指定的变元〈applicaton〉既可以是一个由双引号引起来的字符串，也可以是包含了由 arxload 函数加载的一个应用程序名的一个变量。应用程序必须像它被 arxload 函数加载时那样，被准确地指定。如果在 arxload 函数加载该应用程序时录入了一个路径（即目录名）或扩展，在用 arxunload 函数卸装该应用程序时可以忽略路径的扩展名的指定。如果 arxunload 操作失败，通常它会引出一条 AutoLISP 错误。然而，如果在调用 arxunload 函数时提供了 onfailure 变元，它就返回这个变元的值，而代替发出一条出错信息。arxunload 函数的这一特性与 arxload 函数是类似的。

4．AUTOARXLOAD 函数

(autoarxload 〈filename〉〈emdlist〉)

本函数用于加载定义了若干条命令的一个相关 ARX 应用程序文件。当由 cmdlist 变元定义之一从 Command 提示处被录入时，由 filename 变元（一个字符串）指定的一个.arx 文件就会被加载。cmdlist 变元必须是一个字符串表。autoarxload 函数返回 nil。下面的代码定义了要加载 BOUNSAPP.ARX 文件的 C：APP1，C：APP1，APP2 和 C：APP3 函数。当在命令提示符 Command：下第一次录入 APP1、APP2 或 APP3 命令之一时，ARX 应用程序就会被加载，然后接着执行要执行的那个命令。

📖14.12.3　其他应用函数

1．AUTOLOAD 函数

(autoload 〈filename〉〈cmdlist〉)

本函数用于加载定义了若干条命令的一个相关的 AutoLISP 应用程序文件。当由〈cmdlist〉变元定义的命令之一从 Command 提示处被录入时，由〈filename〉变元（一个字作符串）指定的一个.LSP 文件就会被加载。〈cmdlist〉变元必须是一个字符串表。autoload 函数返回 nil。下面的代码定义了要加载 BOUNSAPP.LSP 文件的 C:APP1、C：APP2 和 C：APP3

函数。当命令提示符 Command:下第一次录入 APP1、APP2 或 APP3 命令之一时，BOUNSAPP.LSP 文件就会被加载，然后执行要执行的那个命令。

(autoload "BOUNSAPP"'("APP1""APP2""APP3"))

autoload 函数是由 AutoLISP 应用程序 ACADR13.LSP 定义的。

2. STARTAPP 函数

(startapp ⟨appcmd⟩ ⟨file⟩)

启动一个 Windows 应用程序。⟨appcmd⟩变元是指定要执行的应用程序名的一个字符串。如果 appname 没有包含全路径名，它将按照环境变量 PATH 设置的路径去搜索该应用程序。⟨file⟩变元是一个指定要打开的文件名的字符串。如果 Startapp 函数调用成功，它返回一个大于 0 的整型数，否则，它返回 0。本函数仅在 Windows 平台上才可用，它是由 acadapp ADS 应用程序定义的一个外部函数。

14.13 实战演练

14.13.1 绘制渐开线

先计算出渐开线上的一些点，然后用直接把这些点连接起来，结果如图 14-10 所示。渐开线的方程为：

$$x = r(\cos\varphi + \varphi\sin\varphi)$$
$$y = r(\sin\varphi - \varphi\cos\varphi)$$

1）先用文本编辑器键入以下代码，然后存成一个文件，比如 involute.lsp。

;程序代码(involute.lsp)

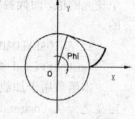

图14-10 圆的渐开线

```
(defun c:inv(/ p0 phi phimas phimin)
  (setq p0 (getpoint "\n 请输入基圆的圆心："))
  (setq r (getdist p0 "请输入基圆的半径："))
  (command "circle" p0 r);
  (setq phimin (getreal "\n 输入渐开线的起始角(弧度): "))
  (setq phimax (getreal "\n 输入渐开线的终止角(弧度): "))
  (setq dphi (getreal "\n 输入角度增量(弧度): "))
  (setq n (/ (- phimax phimin) dphi));
  (setq dphi (/ (- phimax phimin) n));
  (setq x0 (car p0) y0 (cadr p0));
  (setq phi phimin)
  (setq x1 (+ x0 (* r(+ (cos phi) (* phi(sin phi))))))   (setq y1 (+ y0 (* r(- (sin phi) (* phi(cos phi))))))
  (while (<= phi phimax)
```

```
        (setq phi(+ phi dphi))
        (setq x2 (+ x0 (* r(+ (cos phi) (* phi(sin phi))))))
        (setq y2 (+ y0 (* r(- (sin phi) (* phi(cos phi))))))
        (setq p1 (list x1 y1))
        (setq p2 (list x2 y2))
        (command "pline" p1 p2 "");
        (setq x1 x2 y1 y2)
    )
)
```

2）加载程序。

3）加载完后在命令行输入：

command：（c:inv）✓

按回车键以后，将出现以下提示：

请输入基圆的圆心：500,500✓	（定义圆心位置）
请输入基圆的半径：100✓	（定义基圆半径）
输入渐开线的起始角(弧度)：0✓	（起始弧度）
输入渐开线的终止角(弧度)：1.5✓	（终止弧度）
输入角度增量(弧度)：0.01✓	（角度增量）

输入以上数据后，AutoCAD 就会根据输入的数据自动绘制出渐开线。

📖14.13.2　绘制二维螺旋线

使用循环嵌套绘制二维螺旋线，如图 14-11 所示。

图14-11　spiral运行结果

下面是螺旋线的绘制程序，其中运用了循环的嵌套。具体程序如下：

```
(defun myerror (s)
(if (/= s "function cancelled")
(princ (strcat "\nError:" s))
)
(setvar "cmdecho" ocmd)
(setvar "blipmode" oblp)
(setq *error* olderr)
(princ)
```

```
)
(defun cspiral (ntimes bpoint hfac lppass strad vfac
/ ang dist tp ainc dhinc dvinc circle dv)
(setvar "blipmode" 0)
(setvar "cmdecho" 0)
(setq circle (* 3.1415926535 2))
(setq ainc (/ circle lppass))
(setq dhinc (/ hfac lppass))
(if vfac (setq dvinc (/ vfac lppass)))
(setq ang 0.0)
(if vfac
(setq dist strad dv 0.0)
(setq dist 0.0)
)
(if vfac
(command "3dpoly")
(command "pline" bpoint)
)
(repeat ntimes
(repeat lppass
(setq tp (polar bpoint (setq ang (+ ang ainc))
(setq dist (+ dist dhinc))
)
)
(if vfac
(setq tp (list (car tp) (cadr tp) (+ dv (caddr tp)))
dv (+ dv dvinc)
)
)
(command tp)
)
)
(command "")
(princ)
)
(defun c:spiral (/ olderr ocmd oblp nt bp cf lp)
(setq olderr *error*
*error* myerror)
```

```
(setq ocmd (getvar "cmdecho"))
(setq oblp (getvar "blipmode"))
(setvar "cmdecho" 0)
(initget 1)
(setq bp (getpoint "\nCenter point:"))
(initget 7)
(setq nt (getint "\nNumber of rotations:"))
(initget 3)
(setq cf (getdist "\nGrowth per rotation:"))
(initget 6)
(setq lp (getint "\nPoints per rotation <30>:"))
(cond ((null lp) (setq lp 30)))
(cspiral nt bp cf lp nil nil)
(setvar "cmdecho" ocmd)
(setvar "blipmode" oblp)
(setq *error* olderr)
(princ)
)
(princ "\n\tC:spiral.")
(princ)
```

运行程序：

命令: spiral

Center point:0,0

Number of rotations:3

Growth per rotation:1

Points per rotation <30>:

14.14　动手练一练

【实例 1】输入某学生功课成绩，打印出相应的成绩等级（90～100 为 A 等，80～89 为 B 等，70～79 为 C 等，60～69 为 D 等，不及格为 E 等）

1. 目的要求

1）掌握函数的调用格式，即函数名、函数参数的个数及其类型。

2）学习函数求值结果的返回值类型。

3）学习编写简单的 AutoLISP 程序。

2. 操作提示

1）在记事本中键入程序。

2）调用函数。

 【实例2】修改任意顶点坐标

1. 目的要求

1）掌握 AutoLISP 的变量。

2）学会使用和创建变量与表达式。

2. 操作提示

1）在记事本中键入程序 1，保存成.1sp 文件。

2）在记事本中键入程序 2，保存成.1sp 文件。

3）加载并运行程序 1，绘制出如图 14-12 所示的图形。

4）加载并运行程序 2，修改第 5 点坐标，图形已经有所变化，如图 14-13 所示。

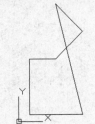

图14-12 初始绘制图形

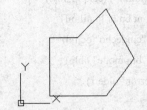

图14-13 修改点坐标后的图形

第**15**章

对话框设计

本章介绍了对话框的组成元素，解释了 DCL 文件的结构和语法，并提供了创建样例对话框的 AutoLISP 和 DCL 代码。同时本章提供了一些 DCL 编码技巧，用于解决布局问题。除此之外，本章还详细介绍了对话框驱动程序的编写。

重点与难点

- 了解对话框的组件
- 掌握用用 DCL 定义对话框、Visual LISP 显示对话框
- 熟悉调整对话框的布局以及对话框的驱动程序的方法

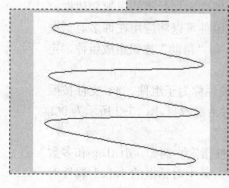

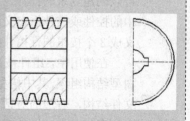

15.1 对话框概述

对话框是一种边界固定的窗口，也是一种先进的、流行的人机交互界面。运用对话框可以方便而直观地实现程序设计时的数据传输和信息传输，所以当今几乎所有的软件都要用到对话框界面与用户交流。

AutoCAD 有自己的一套对话框设计语言，称为对话框控制语言(DCL)。该语言以 ASCII 文件形式定义对话框，对话框中的各种元素(如按钮和编辑框)又称为控件，控件的尺寸和功能由控件的属性控制。用户只需提供最基本的位置信息，AutoCAD 就可以自动确定对话框的大小和部件的布局。Visual LISP 提供了查看对话框的工具，同时还提供了从应用程序中控制对话框的函数。

15.2 对话框组件

图 15-1 所示为一个标准的 AutoCAD 对话框，其中部分部件加了标签。在创建和自定义对话框时，这些部件被称为控件。

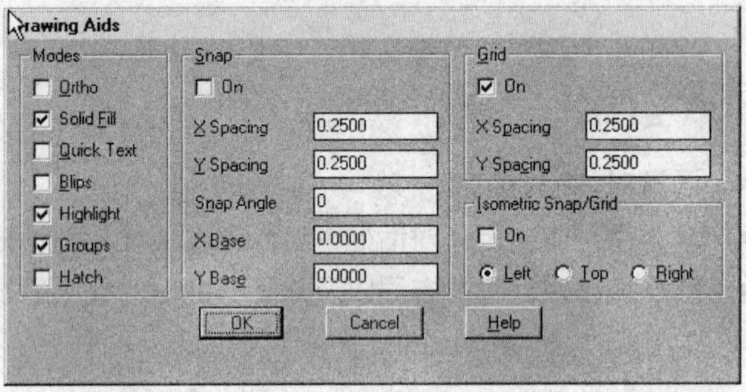

图15-1 对话框

对话框由其自身的框架以及其中的控件组成。可编程对话框(PDB)功能模块已经预定义了控件类型。

通过将控件编组到行和列中，选择是否在这些成组控件周围添加封闭的框架和边框，可以创建复杂的控件，即组件。控件的行或列称为控件组。组件可以将应用在许多对话框中的控件或控件组定义成组。例如，可以将"确定""取消"和"帮助"按钮组成组件，定义成 3 个按钮的行控件组，按钮之间的间距相等。

在使用中，组件被视为一个独立的控件。组件内包含的控件称为子组件。DCL 文件按照树型结构组织，其中树型结构顶端的控件(dialog)用于定义对话框本身。图 15-2 所示为 DCL 文件结构，右边的对话框就是基于这种结构搭建的。

在 DCL 中，控件或组件的布局、外观和动作由控件的属性指定。例如，dialog 和多数控件类型都有一个 label 属性，用于指定与控件关联的文字。其中对话框的 label 属性对话框顶部的标题，按钮的 label 属性用于指定按钮内的文字等，以此类推。

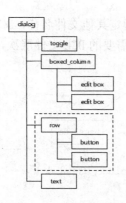

图15-2 对话框树状结构

DCL 还允许定义新的控件，称为控件原型。控件原型不需要和特定对话框相关联，这一特性使得用户可以非常方便地在多个对话框中使用同一部件。可以在 DCL 文件中引用由其他 DCL 文件定义的控件原型，修改其属性的方法与修改预定义控件属性的方法相同。

设计对话框初期，即开始编码和调试之前，需要考虑设计对话框和应用程序的具体细节。

主要表现在控件次序的安排，从而使用户能够更加方便地输入数据。尽管这样做有可能会使程序结构不如按照惯例编写的连贯，但可以更好地反映用户工作的方式。

15.3 用 DCL 定义对话框

可以在 ASCII 文本文件中输入 DCL 文件说明来定义对话框，这与编写 AutoLISP 代码非常相似。DCL 文件的扩展名为 .dcl。在一个 DCL 文件中可以包含一个或多个对话框的说明，或者只包含供其他 DCL 文件使用的控件原型或组件。DCL 文件由以下 3 个部分组成，其次序可以任意调整。根据应用程序的不同，可选用其中一个或多个部分：

1）对其他 DCL 文件的引用。这些构成了包括在"引用 DCL 文件"中说明的指示。

2）原型控件和组件定义。可以在后续的控件定义(包括对话框定义)中引用。

3）对话框定义。这些内容定义了控件的属性或者覆盖在原型控件和组件中定义的属性。

📖15.3.1 base.DCL 和 acad.DCL 文件

AutoCAD 提供的 base.DCL 和 acad.DCL 文件放置在 AutoCAD 的 Support 目录下。base.DCL 文件提供了基本的预定义控件和控件类型的 DCL 定义，其中还包含一些常用原型控件的定义。PDB 功能不允许重新定义预定义控件。acad.DCL 文件包含所有 AutoCAD 使用的对话框的标准定义。

📖15.3.2 引用 DCL 文件

创建对话框时，必须针对应用程序新建一个 DCL 文件。所有 DCL 文件都可以使用定义

在 base.dcl 文件中的控件。通过在包含指示中指定其他文件名称，DCL 文件可以使用在另一个 DCL 文件中定义的控件。可以创建满足自己需要的 DCL 文件层次，如图 15-3 所示。

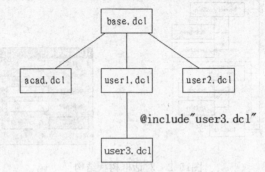

图15-3　层次结构

如图 15-3 所示，user1.dcl 和 user2.dcl 文件独立于其他文件，但 user3.dcl 使用定义在 user1.dcl 中的控件。其中包含指示的格式如下：

@include filename

其中，filename 是用引号引起的其他 DCL 文件的完整名称。例如，下面样例中包含一个名为 usercore.dcl 的 DCL 文件：

@include "usercore.dcl"

如果仅指定了文件名，则 PDB 功能首先在当前目录下搜索，然后再在 DCL 文件(包含 include 语句的文件)所在的目录下搜索指定的 DCL 文件。如果指定了完整的路径名，则 PDB 功能仅在路径指定的目录下搜索。

📖15.3.3　DCL 语法

本节介绍用于指定控件、控件属性和属性值的 DCL 语法。可以通过控件定义创建新的控件。如果控件定义出现在对话框定义之外，则是原型控件或组件。通过控件引用，原型控件可以在对话框定义中使用。每个控件的引用都继承原控件的属性，当引用原型控件时，可以修改继承属性的值或添加新的属性。当引用组件时，不能修改或添加属性。

如果需要使用一个控件的多个实例，并且这些实例具有一些相同的公共属性，则最简单的办法就是定义和命名一个仅包含这些公共属性的原型控件。然后，再对原型控件的各个引用修改属性值或添加新的属性。这样在每次引用控件时，就不必列出所有公共属性。由于属性是可以继承的，所以在更多的时候，所需要做的往往是创建控件的引用，尤其是对预定义控件的引用，而不是定义新的控件。

1. 控件定义

控件定义的格式如下：

```
name：item1[：item2：item3…]{
    attribute=value；
    …
}
```

其中每个 item 都是先前定义的控件。新控件(name)继承了所有指定控件(item1, item2, item3，…)的属性。同时，大括号({})中的属性定义还补充或（如果属性名是继承的）替换继承的定义。当定义具有多个父定义时，按照从左至右的顺序处理属性。也就是说，如果多个项目指定了相同的属性，则使用遇到的第一个属性。

如果新定义不包含子定义，则是一个控件原型。引用此控件原型时，可以改变或添加其属性。如果它是一个带有子定义的组件，则不能改变其属性。

如果控件或控件原型的名字只能由字母、数字或下划线字符(_)组成，则必须以字母开头。

以下是按钮控件的(内部)定义：

```
button: tile{
            faxed_height=true;
    is_tab_stop=true;
        }
```

base.DCL 文件定义了一个 default_button，如下所示：

```
defaulLbutton: button{
    is_default=true;
    }
```

default_button 继承了 button 控件的 ftxed_height 和 is_tab_stop 属性值。同时增加了一个新属性 is_default，并将该属性的值设置为 true。

2. 控件引用

控件引用的格式如下：

```
    name;
```

或者

```
:name{
attribute=value;
}
```

其中 name 是先前定义的控件的名称。在第一种引用方式中，所有在 name 中定义的属性均被引用。在第二种引用方式中，大括号中的属性定义可以用来添加新的定义或者替换 name 继承的定义。由于引用的是控件，而不是定义，所以属性的修改仅应用在控件的这一实例上。

spacer 控件仅用于调整对话框定义的布局。它没有唯一的属性值，所以只能通过指定名称对其进行引用：

spacer,

在 base.DCL 文件中定义的 ok_cancel 控件是一个组件，对它的引用也只能通过指定名称来完成：

ok_cancel;

另一方面，还可以重定义一个独立控件的属性。例如，下列语句创建一个按钮，该按钮与先前定义的按钮具有相同的特性，但具有不同的文本：

```
:retirement_button{
label="Goodbye";
}
```

3. 属性和属性值

在控件定义或引用的大括号中，可以使用下列格式指定属性并为某一属性赋值：

```
attribute=value;
```

其中 attribute 是一个有效的关键字，value 是赋给该属性的值，等号（=）用于分隔属性和属性值，分号（;）标志赋值语句结束。例如，key 属性定义控件的名称，程序要靠该名称来引用控件；label 属性定义在控件中显示的文本。

与控件名一样，属性名和属性值也是区分大小写的。例如，Width 和 width 表示不同的属性，而 True 和 true 则表示不同的属性值。

4. 注释

在 DCL 文件中，前面带有双斜杠（//）的语句是注释。//到行尾之间的所有内容都将被忽略。DCL 还接受 C 语言的注释。即/*注释文字*/格式。前导的/*和结束的*/可以在不同的行上。

15.4 用 Visual LISP 显示对话框

15.4.1 显示对话框

Visual LISP 提供了预览用 DCL 定义的对话框的工具。要想查看其工作情况，请在 Visual LISP 文本编辑器中将下列 DCL 代码复制到新文件里：

```
hello : dialog {
    label = "Sample Dialog Box";
    : text {
        label = "Hello, world";
    }
    : button {
        key = "accept";
        label = "OK";
        is_default = true;
    }
}
```

这个 DCL 文件定义一个对话框，其标签为 Sample Dialog Box。对话框中包含一个文本控件和一个 OK 按钮。将文件存为 hello.dcl，并在"另存为"对话框的"保存类型"字段中指定其文件类型为"DCL 源文件"。

文本编辑器自动为 DCL 文件中的语句进行代码着色。默认的代码着色方案见表 15-1。

在 Visual LISP 菜单中选择"工具"→"界面工具"→"预览编辑器中的 DCL"命令，以显示在编辑器窗口中定义的对话框。因为在一个.DCL 文件中可能定义了多个对话框，Visual LISP 提示指定要查看的对话框名称，如图 15-4 所示。

表 15-1　DCL 默认的语法着色

DCL 元 素	颜 色
控件和控件属性	蓝色
字符串	品红
整数	绿色
实数	青色
注释	品红，背景为灰色
括号	红色
预处理器	深蓝
运算符和标点	深红
不能识别的项目(如用户变量)	黑色

如果 DCL 文件包含多个对话框的定义，可以在该对话框的下拉列表框中选择要预览的对话框。在 hello.DCL 文件中只定义了一个对话框，单击"确定"按钮即可预览此对话框，如图 15-5 所示。单击 OK 按钮结束对话框的预览。

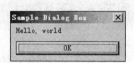

图15-4　指定需要查看对话框　　　　　图15-5　定义的对话框

15.4.2　预览错误处理

如果 DCL 代码中包含错误，则 Visual LISP DCL 预览程序将会显示信息，指示出错的行和关键字以及符号。例如，从 hello.DCL 中删除 button 前的冒号制造一个错误，然后预览此对话框，会看到图 15-6 所示的信息。单击"确定"按钮可从屏幕上清除该信息。Visual LISP 还可显示其他错误信息，如图 15-7 所示。

图15-6　出错对话框1　　　　　　　图15-7　出错对话框2

AutoCAD 提供了对 DCL 文件进行语义核查的功能，共分为 4 级(0～3)，请参见表 15-2。语义核查检查 DCL 文件中是否有错误代码或者不必要的代码，语义核查在加载 DCL 文件时进行。要设置核查的级别，可以在 DCL 文件中的任何地方加入下列语句，但是不能将此语

句放置在控件定义里：

> dcl_settings: default_dcl_settings{audit_level=3;}

如果 DCL 文件引用了包含指示其他 DCL 文件，则只应在一个文件中定义 DCL_settings。定义的核查级别将用于所有包含文件，表 15-2 对每种核查级别进行了说明。

表 15-2　语义核查级别及其说明

级别	说明
0	不进行语义核查。仅当 DCL 文件已被核查过，并且在核查过程中没有发现错误时，才使用此级别
1	对错误的语义进行核查。用于查找会导致 AutoCAD 终止的 DCL 错误。这是默认的语义核查级别，几乎没有延迟。错误级别的语义核查可以找到的错误包括：使用未定义的控件或循环的原型定义
2	对警告的语义进行核查。用于查找会使对话框产生不正确的布局或动作的 DCL 错误。每次修改 DCL 文件之后，至少应进行一次这个级别的语义核查。警告级别的语义核查可以找到的错误包括：遗漏了必需的属性或使用了不合适的属性值等
3	对提示语义进行核查。用于找出冗余的属性定义

为了充分利用语义核查的功能，在开发过程中应将检查级别设定为 3。而在调试通过并准备向用户发布之前，需将 DCL_settings 语句清除干净。

15.5 调整对话框的布局

在上一节中定义的如图 15-5 所示的样例对话框中，有一个小问题，OK 按钮几乎占据了整个对话框的宽度。要想改善对话框的外观，可以编辑 DCL 文件并向其中的按钮控件添加两个属性。要想禁止按钮填满全部可用空间，添加一个 fixed_width 属性并设置为 true。这将使按钮的边框收缩，比包含在其中的文本稍微宽一点。要想居中显示该按钮，可以添加 alignment 属性并设置为 centered，列中的控件在默认情况下是左对正的。DCL 说明如下：

```
hello : dialog {
    label = "Sample Dialog Box";
    : text {
        label = "Hello, world";
    }
    : button {
        key = "accept";
        label = "OK";
        is_default = true;
        fixed_width = true;
        alignment = centered;
    }
```

}

经过设置后，图 15-5 所示的对话框的外观如图 15-8 所示。

图15-8　修改后的hello对话框

下面各小节中介绍的技巧可以避免许多常见的布局问题。如果默认的布局不适合所创建的对话框，可以调整在原型或组件上的默认布局，在必要时也可调整个别的控件。

📖15.5.1　在控件组中分配控件

在调整对话框中控件的布局时，应该按照各个控件的相对大小组织成适当的行和列。下面 DCL 定义了包括 3 个控件的行，该行出现在另一个控件上方：

```
: column {
        : row {
            : compact_tile {
            }
            : compact_tile {
            }
            : compact_tile {
            }
        }
        : large_tile {
        }
}
```

如果 compact_tile 部件具有 fixed_width 属性，同时 large_tile 比其上方的 compact__tiles 行要求的最小空间大得多，则根据默认的水平对齐原则，此组件显示的形式如图 15-9 所示。

图15-9　对话框排列方式

行中第一个 compact_tile 的左边和 large_tile 的左边对齐，并且最后一个 compact_tile 的右边和 large_tile 的右边对齐，介于其间的控件等距离排列，其他相邻列情况与此类似。

可以使用 spacer_0 和 spacer_1 控件控制默认的分布方式，它们是定义 base.DCL 中的 spacer 控件的变体。关于这些控件的详细信息，请参见"DCL 控件目录"部分的内容。

📖15.5.2   调整控件间距

如果相邻两列的控件所占据的空间差距相对较大，则占据空间相对较小的一列中的控件可能会分布得比较疏松。但是如果将不协调的列的 fLxed_height 属性设置为 true，则可以改善这一现象。调整前后的控件的垂直分布结果如图 15-10 所示。

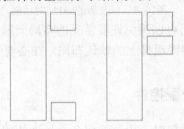

图15-10   调整前后控件的垂直分布结果

📖15.5.3   调整右端和底部的空间

对话框的右端可能会包含一片空白区域，这时可以定义一个文本控件并为它显示地指定一个宽度，该宽度要大于其当前值所需的宽度。例如，下列代码段定义一个控件，在应用程序为其设置值以前，该控件不显示任何内容(值为 null)：

```
: text {
            key = "l_text";
            width = 18;
        fixed_width = true;
}
```

width 属性在对话框中预定了 18 字符宽度的空间。应用程序可用下列语句添加文本：
(set_tile "l_text" "Bylayer")
因为显示"Bylayer"不需要 18 个字符的长度，这使得在对话框的右端出现空白区。
用 errtile 控件显示出错信息时，也会出现类似的问题(请参见对话框退出按钮和错误控件)。如果这时未显示错误信息，则对话框底部看起来好像多出了一些空间。这种情况下，在对话框的顶部使用 spacer 控件，可以帮助调整控件的垂直布局。

📖15.5.4   调整加框行和列周围的空间

1) 如果加框的行或列的 label 属性为空白（" "）或空字符串（""），则框内包含控件组，但不显示任何文本。单空在边框中不显示为空格，但是，从对话框的布局上来看，label 的值为单空或空字符串还是有区别的：如果 label 的属性值为单空，则将失去框内文本占据的纵向空间，但将保留框上标签占据的纵向空间。

2) 如果 label 为空字符串，则无论是框内还是框上方，所有纵向空间都将失去。
在下面 DCL 代码中，前两个列的边框的项边用于确定行高度（通过相同的 Y 值），而第

3 个列的边框的顶边用于确保其上方或下方没有空白，默认的页边距除外：

```
: row {
        : boxed_column {
            label = "Some Text";
        }
        : boxed_column {
            label = " ";              // single blank: the default
        }
        : boxed_column {
            label = "";               // null string
        }
}
```

📖15.5.5　自定义退出按钮文本

对于某些对话框，可能想修改一个退出按钮中的文本内容。例如，如果创建一个用于删除数据的对话框，则将 OK 按钮改为 Destroy 可能会更安全一些。要做到这一点，可以按如下所示使用 retirement_button 控件原型：

```
destroy_button : retirement_button {
            label = "&Destroy";
            key = "destroy";
}
```

定义了自定义的退出按钮之后，需要将其嵌入到符合标准控件组外观和功能的组件中。以下样例显示 ok_cancel_help 组件的当前定义：

```
ok_cancel_help : column {
            : row {
                fixed_width = true;
                alignment = centered;
                ok_button;
                : spacer { width = 2; }
                cancel_button;
                : spacer { width = 2; }
                help_button;
            }
}
```

下面的 DCL 代码创建一个新的组件，用新按钮替换 ok_button：

```
destroy_cancel_help : column {
            : row {
```

```
                    fixed_width = true;
                    alignment = centered;
                    destroy_button;
                    : spacer { width = 2; }
                    cancel_button;
                    : spacer { width = 2; }
                    help_button;
              }
       }
```

在标准组件中，OK 按钮是默认按钮，但其属性没有添加到 destroy__button 中。此处，对对话框的动作可能会具有一定的破坏性(或非常耗时)，因此强烈建议将 Cancel 按钮设置为默认按钮。这样，此按钮既是默认按钮，同时又是 Abort 按钮：

```
destroy_cancel_help : column {
              : row {
                    fixed_width = true;
                    alignment = centered;
                    destroy_button;
                    : spacer { width = 2; }
                    : cancel_button { is_default = true; }
                    : spacer { width = 2; }
                    help_button;
              }
       }
```

因为有一个属性被修改了，原先的 Cancel 按钮在此作为一个控件原型，要求在 cancel_button 前面添加一个冒号。

15.6 对话框语言 DCL 详解

📖15.6.1 控件属性

1. 属性类型

控件的外观和功能由该控件的属性定义。AutoLISP 程序也可以改变空间的一些属性。属性值必须是以下数据类型之一：

（1）整数 表示距离的数值(包括整数和实数)，例如，控件的宽度或高度，以 character- width 或 character-height 为单位。

（2）实数 带小数的实数必须包含前导数字：例如，0.1，而不是.1。

（3）引号引起来的字符串 由包含在双引号("")内的文本组成。属性值区分大小写：

B1 和 b1 不同。如果需要在字符串中使用双引号，则应在双引号前加上一个反斜杠(\")。除此之外，引号引起来的字符串中还可以包含其他控制字符。表 15-3 列出了能够被 DCL 识别的控制字符。

表 15-3　DCL 字符串中允许使用的控制字符

控制字符	含　义
\"	双引号(嵌套的)
\\	反斜杠
\n	换行符
\t	水平制表符

（4）保留字　是由字母和数字组成的标识符，首字符是字母。例如，许多属性都使用 true 或 false 作为属性值。保留字也区分大小写，如 True 不等于 true。

与保留字和字符串一样，属性名也区分大小写，例如，不能调用 Width 为 width 赋值。

在实际使用中，应用程序总是将属性作为字符串检索。如果应用程序使用的是数值，则这些值必须能够在数值和字符串值之间转换。

有些属性，如 width 和 height，对于所有控件都是通用的。大多数属性都有其默认值，如果用户没有指定这些属性的值，则用其默认值。而另一些属性只对特定类型的控件才有意义，例如，图像控件的背景色属性 color 只适用于同类控件。如果将其应用到其他类型的控件上，AutoCAD 会报告一个错误信息。一般情况下，AutoCAD 会忽略属性。

2．用户定义的属性

定义控件时，可以使用自己定义的属性。属性名可以是任何与预定义标准不冲突的有效名称。属性名与关键字类似，可以包含字母、数字或下划线（_），而且首字符必须是字母。

如果用户定义的属性名与预定义属性冲突，则 PDB 功能模块不会将该属性作为一个新的属性处理，而是将用户分配给该定义属性的值分配给标准属性。在调试过程中这种错误很难检测出来。用户分配给定义属性的值及其含义都由应用程序定义。用户定义的属性值必须符合"控件属性"中介绍的数据类型。

定义属性和定义特定应用程序的客户数据是类似的。这两种方法都可以启用 PDB 功能模块来管理用户提供的数据。用户定义属性是只读的，也就是说，在对话框活动过程中，这些属性值是静态的。如果需要动态地更改这些值，则必须在运行时使用客户数据。终端用户可以检查自己在应用程序的 DCL 文件中定义的用户定义属性值，但客户数据对用户来说却是不可见的。

AutoCAD 的"绘图辅助工具"对话框中定义了一个自定义属性 errmsg，该属性对每个控件都有唯一的字符串值。公用的错误处理程序在显示警告信息时将用到此属性的值。例如，假设控件将下列值赋给 errmsg：

errmsg="GridYSpacing";

如果用户输入的值无效，如一个负数，则 AutoCAD 将显示以下错误信息：

Invalid Grid Y Spacing.

505

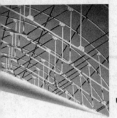

以上"Invalid"这个词以及随后的句号（.）都是由错误处理程序提供的。

15.6.2 DCL 属性目录

本节详细介绍 DCL 控件属性。属性按照字母顺序列出。

1. action

action="(function)";

指定一个 AutoLISP 表达式，当该控件被选定时，该表达式执行一个动作，即回调。对于某些类型的控件，当把焦点切换到其他控件时，也可以使动作发生。

其可能值是引号引起来的字符串，而且必须是一个有效的 AutoLISP 表达式。一个控件只能具有一个动作。如果应用程序使用 action_tile 函数为控件指定一个动作，则原来的 action 属性将被取代。

2. alignment

alignment=position;

为控件组中的控件指定水平或垂直位置(对正)。

对于列中的子控件，其值可以是左（left）、右（right）或居中（centered），默认值为：左。对于行中的子控件，其值可以是顶部(top)、底部(bottom)或居中(centered)，默认值为：居中。

不能沿控件组的长轴指定控件的对齐方式。控件组中的第一个控件和最后一个控件总是与行或列的两端对齐。除非用户插入 spacerl-0 控件进行调节，否则控件组中的其他控件都均匀排列。

3. allow accept

allow_accept=true-false;

指定用户按下接受键（通常为 Enter 键）时，指定控件是否被激活。如果该属性值为true，则当用户按接受键时，相当于按下默认按钮（如果存在）。默认按钮是 is_default 属性被设置为 true 的 button 控件。allow_accept 属性默认为：false。

4. aspect_ratio

aspect_ratio=real;

指定图像的宽高比(宽度，高度)。如果属性值为零(0,0)，则控件按图像大小调整。属性值可以是一个浮点数，默认值为：none。

5. big_increment

big_increment=integer;

指定滑块增量值。big_increment 的默认值是整个值范围的十分之一。增量值的大小必须在属性 min_value 和 max value 确定的范围内。

6. Children_ alignment

children_alignment=position;

指定控件组中所有控件的默认对齐方式(与 alignment 属性类似)。如果已显式地指定了 alignment 属性，则不能覆盖该属性。

对于列，其值可以是左（left）、右（right）或居中（centered），默认值为：left。

对于行，其值可以是顶部（top）、底部（bottom）或居中（centered），默认值为：centered。

7. children_fixed_height

children_fixed_height=true-false;

指定控件组中所有控件的默认高度（与 height 属性类似）。如果已显式地指定了 height 属性，则不能覆盖该属性。

其值可以是 true 或 false，默认值为：false。

8. children_fixed_width

children_fixed_width=true-false;

指定控件组中所有控件的默认宽度（与 width 属性类似）。如果已显式地指定了子控件的 width 属性，则不能覆盖该属性。

其值可以是 tlue 或 false，默认值为：false。

9. color

color=colomame;

指定图像的背景（填充）色。可使用整数值、AutoCAD 为颜色指定的保留字（默认值为：7）或如表 15-4 中列出的颜色符号名。

表 15-4 颜色符号名

符号名	含义
dialog_line	当前对话框的线条颜色
dialog_foreground	当前对话框的前景色（用于文字）
dialog_background	当前对话框的背景色
graphics_background	AutoCAD 图形屏幕的当前背景色（通常为 0）
black	AutoCAD 颜色=0（黑色 X 黑色背景中的亮色）
red	AutoCAD 颜色=1（红色）
yellow	AutoCAD 颜色=2（黄色）
green	AutoCAD 颜色=3（绿色）
cyan	AutoCAD 颜色=4（青色）
blue	AutoCAD 颜色=5（蓝色）
magenta	AutoCAD 颜色=6（品红）
white graphics_foreground	AutoCAD 颜色=7（白色）（白亮背景中的黑色）

其中符号名 graphics_background 和 graphics_foreground 可以作为 black 和 white 的别名使用。由于颜色的实际显示取决于当前 AutoCAD 的配置情况，所以使用特定的颜色可能会导致显示的混乱。同时应该注意，幻灯片中的矢量在图像中通常只以黑白两种颜色显示。如果第一次显示时图像控件为空，则可以试着将其 color 属性设置为 graphics_background 或 graphics_foreground。

10. edit_limit

edit_limit=integer;

507

指定允许用户在编辑框中输入的最大字符数目。其值可以是一个整数值，默认值为：132。当输入的字符数达到此限制时，AutoCAD 将拒绝接受用户后来输入的其他字符（BackSpace 或 DEL 除外）。最大编辑限制允许输入 256 个字符。

11. edit_width

edit_width=number;

以字符宽度为单位指定框的编辑或输入区（即 edit_box 控件的实际加框部分）的宽度，其值是一个整数或实数。如果没有指定 edit_width 属性值，或指定为零，并且控件的宽度不固定，则编辑框将扩展至填满全部可用空间。如果 edit_width 非零，则框在控件中向右对齐。如果出于调整布局的目的需要调整控件的宽度，可以使用 PDB 功能模块在标签和输入区之间插入 spacer 控件。

12. fixed_ height

fixed_height=true-false;

指定控件的高度是否可以填满整个可用空间。如果属性值为 true，则控件的高度不会添满为布局或对齐操作留出的可用空间。

取值：true 或 false

默认值为：false。

13. fixed_width

fixed_width=true-false;

指定控件的宽度是否可以填满整个可用空间。如果属性值为 true，则控件的宽度不会添满为布局或对齐操作留出的可用空间。其值可以是 true 或 false，默认值为：false。

14. fixed_width_font

fixed_width_font=true-false;

指定列表框或打开式列表框是否以固定字符间距的字体显示文字。此属性可以简化为用空格和制表符控制控件按列对齐。其值可以是 true 或 false，默认值为：false。

15. height

height=number;

指定控件的高度，其值是一个以字符高度为单位表示控件高度的整数或实数。字符高度单位被定义为屏幕字符的最大高度（包括行间距）。

除非在默认设置下控件的布局令人不满意，否则不要指定高度值。但是，在使用图像控件和图像按钮时必须指定其高度。

控件的 height 属性仅指定控件的最小高度。除非控件的高度已由某个 fixed_属性固定，否则在调整布局时仍然可以扩展该尺寸。默认是根据当前的布局动态地指定宽度。

16. initial_ focus

initial_ focus="string";

指定对话框中接受初始键盘焦点的控件的关键字。其值是引号引起来的字符串，无默认值。

17. is_bold

is_bold=true-false;

指定是否以粗体字符显示文字。其值可以是 true 或 false，默认值为：false。如果属性值为 true，文字以粗体字符显示。

18．is_cancel

is_cancel=true-false;

指定当用户按 Esc 键时按钮是否被选中。其值可以是 true 或 false，默认值为：false。

如果按钮的 is_cancel 属性被设置为 true，且动作表达式不能退出对话框（不调用 done_dialog 函数），则对话框会在动作表达式运行之后自动终止，并将 DIASTAT 系统变量设置为 0。对话框中只能有一个按钮的 is_cancel 属性可以被设置为 true。

19．is_default

is_default=true-false;

指定是否将一个按钮作为默认按钮，当用户按下接受键时，将选中该按钮（被按下）。其值可以是 true 或 false，默认值为：false。 如果用户将 edit_box、list_box 或 image_button 的 allow_accept 属性设置为 true，则用户按下接受键（仅适用于列表框和图像按钮）或双击时，也会选中默认按钮。如果当前焦点正位于其他按钮上，则按下接受键时不选中默认按钮，这种情况下，会选中焦点所在的按钮。对话框中只能有一个按钮的 is_default 属性可以被设置为 true。

20．is_enabled

is_enabled=true-false;

指定控件在打开对话框时是否可用。其值可以是 true 或 false，默认值为：true。如果属性值为 false，则控件不可用，显示为灰色。

21．is_tab_stop

is_tab_stop=true-false;

指定在用户按 Tab 键切换控件时，控件是否接受键盘焦点。其值可以是 true 或 false，默认值为：true。如果此属性被设置为 false，则使用 Tab 键不能将焦点移动到此控件上。

22．key

key="string";

指定应用程序引用特定控件时使用的名称。其值是引号引起来的字符串，无默认值。在对话框中，每个 key 属性值都必须是唯一的。该字符串区分大小写，如果将关键字指定为 BigTile，则不能将其引用为 bigtile。由于 key 属性值对用户不可见，因此设计者可以随意指定此属性值（但必须保证其对对话框的唯一性）。同理，在将应用程序翻译成其他语言时，key 属性的值可以不必翻译。

23．label

label="string";

指定显示在控件中的文字。其值是引号引起来的字符串，默认值为：空子符串，" "。label 文字的位置由控件决定。label 属性可以为控件指定一个助记符。在控件标签中，助记符是一个带下划线的字符。

如果标签字符串中某字符的前面有一个与符号(&)，则此字符是控件的助记符。对话框中的助记符不必是唯一的。如果对话框中的多个控件有相同的助记符，则当在键盘上按助

记符时，焦点将在这些控件之间循环切换。

助记符只是切换焦点所在的位置，并不选择控件。如果用户为一个包含一组项目的控件指定一个助记符，例如，控件组或列表框，则焦点将移动到控件的第一个接受制表位切换的项目上。除了 is_tab_stop 属性被设置为 false 的控件外，其他所有活动控件都可以使用 Tab 键切换。

24. layout

layout=position;

指定滑块的方向。其值可以是 horizontal 或 vertical，默认值为：horizontal。对于水平滑块，其值从左至右递增；对于垂直滑块，其值从下至上递增。

25. list

list="string";

指定 popup_list 或 list_box 控件的初始行(选项)。其值是引号引起来的字符串，无默认值。行由换行符(\n)分隔，Tab 字符（\t）出现在每行中。

26. max_value

max_value=integer;

指定 slider 控件返回值的上限，默认值为 10000。此值是一个带符号的 16 位整数，最大不能超过 32767。

27. min_value

min_value=integer;

指定 slider 控件返回值的下限，默认值为 0。此值是一个带符号的 16 位整数，最小不能低于 -32768。min_value 的值可以超过 max_value 的值。

28. mnemonic

mnemonic="char";

指定控件的键盘助记符。在控件标签中，助记符是一个带下划线的字符。其值是引号引起来的字符串，其中只包含一个字符，无默认值，该字符必须是控件标签中的某个字符。

从用户的角度来看，助记符是不区分大小写的。例如，如果按钮的助记符为 A，用户输入 a 或 A 都可以使焦点移动到该按钮上。然而，在 DCL 文件中，助记符必须是控件 label 属性的一个字符，并且其大小写也应该与 label 字符串中的相应字符保持一致。

29. multiple_select

multiple_select=true-false;

指定是否可以在 list_box 控件中同时进行多项选择(亮显)。其值可以是 true 或 false，默认值为 false。如果值为 true，则可以同时选择多项。

30. password_char

password_char="char"

指定用于屏蔽用户输入的字符。如果指定了 password_char，并且其值不为空，则当用户输入时，在编辑框中仅显示指定的屏蔽字符，而不显示用户输入的内容。此属性不会影响到应用程序检索用户输入的正确内容，只是改变用户输入字符的显示。

31. small_increment

small_increment=integer;

指定滑块增量控制值。small_ increment 的默认值是整个取值范围的百分之一。增量值的大小必须在属性 min_value 和 max_value 确定的范围内，此属性是可选的。

32. tabs

tabs="string";

以字符宽度为单位指定制表位的位置。其值可以是一个包含整数或浮点数的引号引起来的字符串，由空格分隔(无默认值)。这些值用于将 popup_list 或 list_ box 控件中的文字垂直对齐。例如，下列代码用于在每 8 个字符处指定一个制表位。

tabs=" 8 16 24 32";

33. tab_ truncate

tab_ truncate=true-false;

指定当列表框或打开式列表框中文字超出关联制表位时，是否截断文字。其值可以是 true 或 false，默认值为：false。

34. value

value="string";

指定控件的初始值，其值是一个引号引起来的字符串。对于不同类型的控件，其值在含义上有很大的区别。实际使用时，通过用户输入或者调用 set_tile 函数可以改变控件的值。

在对话框布局过程中，不必考虑控件的 value 属性。当布局完成并且对话框显示在屏幕上以后，new_dialog 函数将使用 value 属性初始化对话框中的所有控件。控件的 value 属性不会影响对话框中的控件的大小和间距。

35. width

width=number;

指定控件宽度。其值是一个整数或实数值，以字符宽度为单位表示控件的宽度。字符宽度单位是所有大小写字母字符的平均宽度，也可以定义为屏幕的宽度除以 80。这两种算法的结果都小于((A.. Z)字符的宽度+(a.. z)字符的宽度) / 52。

除非对默认设置下的控件外观不满意，否则不要指定宽度值。不过，在使用图像控件和图像按钮时，必须指定其宽度。

控件的 width 属性仅指定其最小宽度。除非控件的宽度已由某个 fixed_属性固定，否则在调整布局时仍然可以扩展该尺寸。默认时根据当前的布局动态地指定宽度。

📖15.6.3　对话框控件的 DCL 语法

1. 对话框

包含属性：

initial_focus、 label、 value

DCL 语法：

```
tile_dialog:dialog {
```

```
    label = "Dialog";
    ok_cancel;
}
```

对话框（dialog）控件的效果图如图15-11所示。

作为对话框，可以不包含任何控件，但是至少要包含确定和取消按钮其中之一，否则会出现错误信息，如图15-12所示。

2. 按钮（button）

包含属性：

action、 alignment、 fixed_height、 fixed_width、 height、is_cancel、is_default、 is_enable、is_tab_stop、key、 label、mnemonic、 width

DCL 语法：

```
    tile_button:dialog {
        label = "Button";
        spacer;
        : button {
            key = "Button ";
            label = "&This is a Button!";
            width=100;
            height=100;
            fixed_height=true;//指定宽度为
            fixed_width=true;//
            alignment=centered;
        }
        ok_cancel;
    }
```

按钮（Button）控件的效果图如图15-13所示。

图15-11　对话框(dialog)　　　　图15-12　出错信息　　　　图15-13　按钮(Button)

3. 编辑框(edit_box)

包含属性：

action、 alignment、 allow_accept、 edit_limit、 edit_width、 fixed_height、fixed_width、height、 is_enabled、 is_tab_stop、 key、 label、 mnemonic、 value、width、 password_char

DCL 语法：

```
    tile_edit_box:dialog {
```

```
            label = "Dialog";
              :column{
              :edit_box{
                  label="账号:";
                  key="key_name";
                  value="humsung";
                  width=25;
                  fixed_width=true;
              }
              :edit_box{
                  label="密码:";
                  key="key_passwd";
                  value="888888";
                  width=25;
                  fixed_width=true;
                  password_char="*";//用*号来代替密码显示，达到保密的效果
                  edit_limit=8;//密码不得长于 8 位
              }
            }
          ok_cancel;
        }
```

编辑框（edit_box）控件的效果图如图 15-14 所示。

4. 图像按钮（image_buton）

包含属性：

action、 alignment、 allow、 accept、 aspect_ratio、 color、 fixed_height、 fixed_width、 height、 is_enabled、 is_tab_stop、 key、 mnemonic、 width

DCL 语法：

```
    tile_image_button:dialog {
            label = "Image_Button";
             spacer;
            :image_button{
                  key="key_image_button";
                  width=20;
                  aspect_ratio=0.68;
                  color=0;
              }
          ok_cancel;
        }
```

2016

AutoCAD

图像按钮（image_button）控件的效果图如图 15-15 所示。

图15-14　编辑框(edit_box)实例图　　　　图15-15　图像按钮(image_buton)实例图

5. 列表框(list_box)

包含属性：

action、alignment、allow_accept、fixed_height、fixed_width、height、is_enabled、is_tab_stop、key、label、list、mnemonic、multiple_select、tabs、value、width

DCL 语法：

```
tile_list_box:dialog {
        label = "列表框";
        spacer;
        :list_box{
            label="列表框";
            key="key_list_box";
            width=20;
            list="北京\n 上海\n 广州\n 天津\n 大连";//设定列表框的初始值
            multiple_select=true;
        }
        ok_cancel;
    }
```

列表框（edit_box）控件的效果图如图 15-16 所示。

图15-16　列表框(edit_box)实例图

6. 打开列表(popup_list)

包含属性：

action、alignment、edit_width、fixed_height、fixed_width、height、is_enabled、is_tab_stop、key、label、list、mnemonic、tabs、value、width

DCL 语法：

```
tile_popup_list:dialog {
```

```
            label = "打开列表框";
            spacer;
            :popup_list{
                label="打开列表框";
                key="key_popup_list";
                width=20;
                list="北京\n 上海\n 广州\n 天津\n 大连";
                multiple_select=true;
            }
            ok_cancel;
        }
```

打开列表(popup_list)控件的效果图如图 15-17 所示。

7. 单选按钮(radio_button)

包含属性：

action、 alignment、 fixed_height、 fixed_width、 height、 is_enabled、 is_tab_stop、 key、 label、 mnemonic、 value、 width

DCL 语法：

```
    tile_radio_button:dialog {
        label = "单选按钮";
        spacer;
        :row{
         :radio_button{
            label="单选按钮 1";
            key="key_popup_list1";
            value=1;
            }
         :radio_button{
            label="单选按钮 2";
            key="key_popup_list2";
        }
      }
    }
        ok_cancel;
    }
```

单选按钮(radio_button)控件的效果图如图 15-18 所示。

图15-17 打开列表(popup_list)实例图　　　　图15-18 单选按钮(radio_button)实例图

8. 滚动条(slider)

包含属性：

action、alignment、big_increment、fixed_height、fixed_width、height、key、label、layout、max_value、min_value、mnemonic、small_increment、value、width

DCL 语法：

```
tile_slider:dialog {
    label = "滚动条";
    spacer;
    :slider{
        key="key_slider";
        fixed_width=true;
        width=30;
        max_value=10000;//设置滚动条最大值
        small_value=0;
        bit_increment=300;//设置跳动值
        small_increment=30; //设置滚动值
    }
    ok_cancel;
}
```

滚动条(slider)控件的效果图如图 15-19 所示。

图15-19 滚动条(slider)实例图

9. 开关按钮(toogle)

包含属性：

action、alignment、fixed_height、fixed_width、height、is_enabled、is_tab_stop、label、width

DCL 语法：

```
tile_toggle:dialog {
    label = "开关按钮";
    spacer;
    :row{
        :toggle{
            key="key_slider";
            label="开关按钮 1";
            value=1;            //设置成为选中状态
```

```
        }
        :toggle{
            key="key_slider1";
            label="开关按钮 2";
            value=0;              //设置成为未选中状态
        }
    }
    ok_cancel;
}
```

开关按钮(toogle)控件的效果图如图 15-20 所示。

10. 列(Column)

包含属性：

alignment 、 children_alignment 、 children_fixed_height 、 children_fixed_width 、 fixed_height、fixed_width、height、label、width

图15-20　开关按钮(toogle)实例图

DCL 语法：

```
    tile_column:dialog {
        label = "列";
        spacer;
        :column{
         :edit_box{
            key="key_button1";
            label="X 坐标";
            value="100.0";
        }
        :edit_box{
            key="key_button2";
            label="y 坐标";
            value="100.0";
        }
         spacer;
        }
        ok_cancel;
    }
```

列(Column)控件的效果图如图 15-21 所示。

11. 加框列(boxed_column)

包含属性：

alignment、children_alignment、children_fixed_height、children_fixed_width、

图15-21　列(Column)实例图

fixed_height、fixed_width、height、label、width

　　DCL 语法：

```
tile_boxed_column:dialog {
    label = "加框列";
    spacer;
    :boxed_column{
     label="屏幕坐标";
     :edit_box{
         key="key_edit1";
         label="X 坐标";
         value="100";
     }
     :edit_box{
         key="key_edit2";
         label="Y 坐标";
         value="100";
     }
     :edit_box{
         key="key_edit3";
         label="Z 坐标";
         value="100";
     }
     spacer;
    }
    ok_cancel;
}
```

　　加框列 (boxed_column) 控件的效果图如图 15-22 所示。

　　12. 行(row)

　　包含属性：

　　alignment 、 children_alignment 、 children_fixed_height、children_fixed_width、fixed_height、fixed_width、height、label、width

　　DCL 语法：

图15-22　加框列(boxed_column)实例图

```
tile_row:dialog {
    label = "行";
    spacer;
    :row{
```

```
    :toggle{
        key="key_toggle1";
        label="开关 1";
        value=1;
    }
    :toggle{
        key="key_toggle2";
        label="开关 1";
        value=0;
    }
    spacer;
    }
    ok_cancel;
}
```

行(row)控件的效果图如图 15-23 所示。

13. 加框行(boxed_row)

包含属性：

alignment、children_alignment、children_fixed_height、children_fixed_width、fixed_ height、fixed_width、height、label、width

DCL 语法：

```
tile_boxed_row:dialog {
    label = "行";
    spacer;
    :boxed_row{
     :toggle{
        key="key_toggle1";
        label="开关 1";
        value=1;
     }
     :toggle{
        key="key_toggle2";
        label="开关 1";
        value=0;
     }
    spacer;
    }
    ok_cancel;
}
```

加框行（boxed_row）控件的效果图如图 15-24 所示。

图15-23　行(row)实例图　　　　　　　　　图15-24　加框行(boxed_row)实例图

14. 单选列(radio_column)

包含属性：

alignment　、　　　children_alignment　、　　　children_fixed_height　、children_fixed_width、　fixed_ height 、fixed_width、 height、 label、 width

DCL 语法：

```
tile_radio_column:dialog {
    label = "单选行";
    spacer;
    :radio_column{
    :radio_button{
        key="key_radio_button1";
        label="北京";
        value=0;
    }
    :radio_button{
        key="key_radio_button2";
        label="上海";
        value=1;
    }
    :radio_button{
        key="key_radio_button3";
        label="深圳";
        value=0;
    }
    spacer;
    }
    ok_cancel;
}
```

单选列(radio_column)控件的效果图如图 15-25 所示。

15. 加框单选列(boxed_radio_column)

包含属性：

同"单选列"。

DCL 语法：

参见"单选列"。

加框单选列（boxed_radio_column）控件的效果图如图 15-26 所示。

图15-25　单选列(radio_column)实例图　　　　图15-26　加框单选列实例图

16. 单选行（radio_row）

包含属性：

alignment、children_alignment、children_fixed_height、children_fixed_width、fixed_height 、fixed_width、 height、 label、 width

DCL 语法：

```
tile_radio_row:dialog {
    label = "单选行";
    spacer;
    :radio_row{
     :radio_button{
        key="key_radio_button1";
        label="北京";
        value=0;
     }
     :radio_button{
        key="key_radio_button2";
        label="上海";
        value=1;
     }
     :radio_button{
        key="key_radio_button3";
        label="深圳";
        value=0;
     }
     spacer;
    }
    ok_cancel;
}
```

单选行（radio_row）控件的效果图如图 15-27 所示。

17. 加框单选行（boxed_radio_row）

包含属性：

同"单选列"。

DCL 语法：

参见"单选列"。

加框单选行（boxed_radio_row)控件的效果图如图 15-28 所示。

图15-27　单选行(radio_row)实例图　　　　图15-28　加框单选行（boxed_radio_box)实例图

18. 拼接（concatenation)

包含属性：

无

DCL 语法：

```
tile_concatenation:dialog {
    label = "拼接";
    :concatenation{
        :radio_button{
            key="key_radio1";
            label="按钮";
            value=1;
        }
        :text{
            label="拼接一个文本控件";
            key="key_text";
        }
    }
    ok_cancel;
}
```

拼接（concatenation)控件的效果图如图 15-29 所示。

19. 文本(text)

包含属性：

alignment、fixed_height、fixed_width、height、is_bold、key、label、value、width、label

DCL 语法：

```
tile_concatenation:dialog {
    label = "拼接";
    :text{
        label="欢迎使用 AutoLISP!";
    }
```

```
            :text{
                label="2003.11.11";
                alignment=right;
            }
            ok_cancel;
        }
```

文本(text)控件的效果图如图 15-30 所示。

20. 空格 (spacer/spacer_0/spacer)

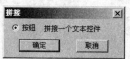

图15-29 拼接 (concatenation)实例图   图15-30 文本(text)实例图

包含属性：

alignment、 fixed_height、 fixed_width、 height、 width

DCL 语法：

```
        tile_spacer:dialog {
            label="Spacer";
            spacer;
            :row{
                :button{
                    label="button1";
                    key="key_b1";
                }
                spacer_0;                        //第一行的空格
                :button{
                    label="button2";
                    key="key_b2";
                }
            }
            :row{
                :button{
                    label="button3";
                    key="key_b3";
                }
                :button{
                    label="button4";
                    key="key_b4";
                }
```

2016 AutoCAD

 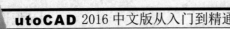

```
            }
        :row{
            :button{
                label="button5";
                key="key_b5";
            }
            spacer_1;                          //第三行的空格
            :button{
                label="button6";
                key="key_b6";
            }
        }
        ok_cancel;
    }
```

空格（spacer/spacer_0/spacer）控件的效果图如图 15-31 所示。

21．段落（paragraph）

包含属性：

无

DCL 语法：

```
        tile_spacer:dialog {
            label="段落";
            spacer;
            : paragraph
            {
                : concatenation{
                    : text_part{
                            label = "一个";
                    }
                    : text_part{
                            label = "好的改变";
                    }
                }
                : text_part {
                    label = "期待下一次的到来";
                }
            }
            ok_cancel;
        }
```

段落（paragraph）控件的效果图如图 15-32 所示。

图15-31　空格（spacer/spacer_0/spacer）实例图　　　　图15-32　段落（paragraph）实例图

22. 图像（image）

包含属性：

action、alignment、allow、accept、aspect_ratio、color、fixed_height、fixed_width、height、is_enabled、is_tab_stop、key、mnemonic、width

DCL 语法：

```
tile_spacer:dialog {
        label="图像";
        spacer;
        :image{
                label="image1";
                key="key_image";
                width=16;
                aspect_ratio=0.68;
                color=7;
        }
        ok_cancel;
}
```

图像（image）控件的效果图如图 15-33 所示。

23. 确定/取消/帮助 按钮

AutoLISP 中包含 ok_cancel、ok_cancel_help、ok_cancel_help_errtile 和 ok_cancel_help_info 4 种形式的确定按钮。

包含属性：

同 Button

DCL 语法：

```
tile_ok_cancel:dialog{
        label="ok_cancel";
        spacer;
        ok_cancel;
        ok_cancel_help;
        ok_cancel_help_errtile;
        ok_cancel_help_info;
```

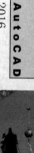

```
        }
```
确定/取消/帮助（ok_cancel）控件的效果图如图 15-34 所示。

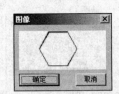

图15-33　图像（image）实例图

图15-34　确定/取消/帮助（ok_cancel）控件

15.7　对话框驱动程序

📖 15.7.1　在 AutoLISP 中调用设计的对话框

在上面一节中看到了许多的对话框控件，以及如何自己设计一个对话框。那么如何在 AutoLISP 程序中使用这些对话框呢？

接下来看一个例子，通过这个例子引出对话框驱动程序编写的介绍。

图15-35　hello例子

设计一个简单的对话框，如图 15-35 所示。

DCL 代码：

```
    hello : dialog {
        label = "Sample Dialog Box";
        : text {
                label = "Hello, world";
        }
        ok_only;
    }
```

以下是使用 AutoLISP 调用 hello 对话框的程序代码：

```
(defun c:hello ()
    (setq index_value (load_dialog "hello.dcl"))      ;加载 DCL 文件
    (if (not (new_dialog "hello" index_value))         ;初始化对话框
        (exit)                                          ;如果不工作则退出
    )
    (start_dialog)                                     ;显示对话框
    (unload_dialog index_value)                        ;卸载 DCL 文件
    (princ)
)
```

通过这个例子看一下显示对话框和响应用户按 OK 键的步骤：

1）用 load_dialog 函数加载 DCL 文件。

2）用 new_dialog 函数初始化对话框。

3）判断 new_dialog 函数是否调用成功，若成功，可以进行下一步，否则，退出。

4）用 start_dialog 函数将对话框的控制传递给 AutoCAD 以便演示给用户。

5）调用 unload_dialog 函数，在用户响应后从内存中删除对话框。

以下是对话框打开和关闭函数介绍。

1. load_dialog 函数

格式：

(load_dialog dclfile)

本函数将一个 DCL 文件加载到内存，一个应用程序通过多次调用本函数而装入多个文件，本函数按照 AutoCAD 库搜索路径来搜索指定的 DCL 文件。

dclfile 变量指定要装入的 DCL 文件的一个字符串，若未指定扩展名，则假定它的扩展名是.DCL。若本函数调用成功，则返回一个正整数值(假设存入变量在 index_value 中)；否则，返回一个负整数，这个 index_value 在随后调用 new_dialog 和 unload_dialog 时可用作被装入的 DCL 文件的句柄使用。

举例：

```
(if (> (setq index_value (load dialog "dialog_filename.dcl")) 0)
    (progn
        ......
    )
    (prompt "不能打开对话框")
)
```

在上例中，首先调用：

(load_dialog "dialog_filename.dcl")

将返回值赋给 index_value 变量。再进行判断，如果 index_value 大于 0，说明调用对话框成功，因此可以进行下一步操作，即运行 progn 块里面的内容；否则显示"不能打开对话框"的错误。

2. unload_dialog

格式：

(unload_dialog index_value)

unload_dialog 函数卸载与文件句柄 index_value (在用 load_dialog 函数调用对话框时所获得) 相联系的那个 DCL 文件。本函数总是返回 nil。

本函数与 load_dialog 函数互为反函数.

请参考 load_dialog 函数和 new_dialog 函数。

3. new_dialog

格式：

(new_dialog dlgname index_value [action[screen_pt]])

本函数开始一个新的对话框，并显示该对话框，还能指定一个隐含动作。

dlgname 变量是指定对话框的一个字符串，而 index_value 变量用来识别一个对话框（它是在调用 load_dialog 函数时获得的，相当于一个对话框的句柄）。

如果指定了 screen_pt 变量，就必须指定 action 变量。action 变量是一个字符串，它包含了用来表示隐含动作的一个 AutoLISP 表达式。如果并不想定义一个隐含动作，可以在 action 变量的位置上传递一个空字符串（""）。screen_pt 变量是一个 2D 点表，它是用来指定对话框显示在屏幕上的位置的 X 和 Y 坐标。这个点通常指定的是对话框的左上角，但它还与平台有关，其值通常用系统单位表示。如果将 screen_pt 变量的值设置为(-1, -1)，则当对话框被打开时它通常会显示在隐含位置上（即 AutoCAD 的图形屏幕的中心位置上）。

当用户选中了一个激活的控件，而该控件既没有通过调用 action_tile 函数显式地分配给它的一个动作或回调函数，也没有在 DCL 文件中为它定义动作，那么，由 new_dialog 函数指定的隐含动作就会被求值。

如果 new_dialog 调用成功，它返回 T；否则，它返回 nil。

在应用程序中，在调用 Start_dialog 函数之前，必须先调用 new_dialog。所有对话框的初始化工作，例如，设置控件值、生成图像、生成列表框的表以及将各个动作与特定的控件联系起来（用 action_tile 函数完成)等，都必须发生在调用 new_dialog 函数之后，同时也必须发生在用 start dialog 函数之前。

在应用程序中应该总是检查由 new_dialog 函数返回的状态。当 new_dialog 函数调用失败时，调用 start_dialog 函数将有可能导致无法预料的后果。

4. term_dialog

格式：

(term_dialog)

一旦用户选中了对话框中任何一个 Cancel 按钮，本函数就立即终止现行所有对话框。

当任何一个 DCL 文件被打开时，若一个应用程序被终止，AutoCAD 将自动调用本函数。此函数主要用于中断嵌套对话框。此函数总是返回 nil。

5. start_dialog

格式：

(start_dialog)

本函数显示一个对话框，并开始接受用户的输入。

在调用本函数之前，必须调用 new_dialog 函数，首先将对话框进行初始化。对话框一直保持激活状态，直到一个动作表达式或回调函数调用 done_dialog 的函数。通常，done_dialog 函数与关键字为 "accept" 的那个控件相联系(典型情况下是 OK 按钮)，也可以与关键字为 "Cancel" 的那个控件相联系(典型情况下是 Cancel 按钮)。

调用 start_dialog 函数不带变量。它返回一个传递给 done_dialog 函数的状态代码。如果用户按下了 OK 按钮，start_dialog 函数返回隐含值 1，如果用户按下了 Cancel 按钮，start_dialog 函数返回值 0，而如果所有对话框都被 term_dialog 函数终止，那么 start_dialog 函数就返回-1。但是，如果 done_dialog 函数传递了一个大于 1 的整型状态代码，start_dialog 函数就会将这个值返回，它的含义由应用程序决定。

6. done_dialog

格式：

(done_dialog [status])

必须从一个动作表达式或一个回调函数中调用 done_dialog 函数（参见 action_tile 函数的介绍）。

如果指定了任选变元 status，则它必须是一个正整数。这个正整数将由 Start_dialog 函数返回，而代替拾取 OK 按钮返回 1 或拾取 Cancel 按钮返回 0。任何大于 1 的 Status 值的具体含义，取决于你所编制的应用程序。

Done_dialog 函数返回一个 2D 点表，该点表示当退出对话框时该对话框的位置坐标(X，Y)。该返回点取自对话框上的哪一个点作为参考点是由平台决定的，参考点的坐标单位同样也是由平台决定的。通常情况下，参考点是对话框的左上角。可以将这个点传给随后调用的 new_dialog 函数，在重新打开对话框时，将对话框定位在用户指定的位置上。

如果为关键字"accept"或"cancel"（通常 OK 和 Cancel 按钮）提供了一个回调函数，那么，该回调函数必须显示地调用 done_dialog 函数。如果不这样做，用户就会被困在这个对话框中。如果不为这些按钮提供一个显式的回调函数，而使用标准的退出按钮，则 AutoCAD 将自动处理它们。此外，为"accept"按钮提供的一个显式的回调函数必须使其在调用 done_dialog 时将变元 status 指定为 1（或由应用程序定义的其他值）；否则，Start_dialog 函数会返回隐含值 0，而 0 意味着用户取消了该对话框。

我们来看一个实例。

一个对话框通常均具有 OK 和 Cancel 按钮。用户选中这两个按钮的话，均需调用 done_dialog 对话框确定(OK)和取消(Cancel)按钮的回调函数，通常可以用两种方法之一进行编制，下面给出代码实例：

第一种形式：

```
(action_tile "accept" "set-varabls)(done_dialog 1)")
(action_tile "cancel" "done_dialog 0)")
```

第二种形式：

```
(action_tile "accept" "done_dialog 1)")
(action_tile "cancel" "done_dialog 0)")
(setq result (start_dialog))
(if(=1 result)
    (set-variables)
)
```

上述代码中的 set_variables 函数的功能是在退出对话框之前，将需要保存的局部变量值存储在全局变量中。

📖15.7.2　动作表达式和回调

要想定义在对话框中的某控件被选定时执行的动作，可以通过调用 action_tile 函数将 AutoLISP 表达式与该控件相关联。该表达式就是动作表达式，在动作表达式中，需要经

常访问 DCL 文件中的属性。get_tile 和 get_attr 函数提供了这项功能。get_attr 函数可以检索 DCL 文件中的用户定义属性，get_tile 函数可获得控件的当前运行值（基于用户对该控件的输入）。定义动作表达式必须在调用 new_dialog 之后、调用 start_dialog 之前进行。

关于用户如何选定控件或修改控件内容的信息将作为回调返回给动作表达式。大多数情况下，对话框中每一个被激活的控件都将产生一个回调。响应回调的动作表达式通常被当作回调函数引用。该函数将检查关联控件的合法性，并更新对话框中关于控件值的信息。对话框的更新包括提示错误信息、禁用其他控件以及在编辑框或列表框显示相应文本。

只有 OK 按钮(或与之等效的控件)可以检查控件的值，以便永久保存用户最终选定的设置。换句话说，应该在 OK 按钮的回调中更新与控件值相关联的变量，而不是在单个控件的回调中更新。如果在单个控件的回调中更新永久变量，用户就无法通过选择"取消"按钮来恢复变量的原值。如果 OK 按钮的回调检测到错误，则不会退出对话框，而是显示错误信息并将焦点返回到错误控件处。

当一个对话框中包括几个有类似处理的控件时，可以简单地将这些控件与一个回调函数相关联。在这种情况下，直到选择 OK 才提交用户修改的原则依然适用。

除调用 action_tile 之外，还有两种方法来定义动作。当调用 new_dialog 时，可以为整个对话框定义一个默认动作，还可以使用控件的 action 属性来定义一个动作。

1. 动作表达式

动作表达式可以存取如表 15-5 所列出的变量，指示选定的控件，并说明动作执行期间的控件状态，同时保留变量名。这些值为只读且没有含义，除非在动作表达式接受访问。

表 15-5　动作表达式变量

变量	说明
$key	被选择的控件的 key 属性，该变量可用于所有动作
$value	控件当前值的字符串形式:例如,它可以是编辑框中的字符串,开关按钮中的 1 或 0 等。$value 变量可用于所用动作。注意,如果控件是一个列表框(或打开式列表框),并且没有被选中的项目, $value 变量的值将会是 nil
$data	$data 变量用于管理应用数据(如果存在)。该应用数据是刚调用 new _dialog 函数之后通过 client_data_tile 函数设置的。这个变量可用于所有动作。除非应用程序通过调用 client_data_tile 函数已经对它进行初始化,否则$data 没有意义
$reason	指出动作发生原因的原因代码变量。它可以用于指示 edit_box(编辑框)、list-box(列表框)、image-button(图像按钮)和 slider(滚动块)控件为什么会发生该动作。它所设置的值可用于任何种类的动作,但仅当该动作与一个 edit-box(编辑框)、image—button(图像按钮)或 Slider(滚动块)控件相联系时才需要检查它

当一个已命名的控件被多个 action_tile 调用时，只有最后调用的那个（即在 start_dialog 前面的那个调用)才是有效的。可编程对话框（PDB）仅允许一个控件具有一个动作。

2. 回调原因

由$reason变量返回的回调原因代码，指出了发生动作的原因。它为每种动作都设置了值，但只有该动作与一个edit_box(编辑值)、list_box(列表框)、image_button(图像按钮)或slider(滚动块)相关时，程序员才需要检查它的值。

表15-6给出了$reason变量的可能取值。

表15-6　回调原因代码

代码	说明
1	这是大多数动作控件所用的值(如果该控件是隐含的控件并且系统平台可识别快捷键的话，对该控件的选择也可能是通过按回车键完成的)
2	编辑框所用。表明用户已经退出编辑框，但没有作最后的选择
3	滚动块所用。通过拖动滚动块的滚动条，用户已经改变了滚动块的值，但未作最后选择
4	列表框和图像按钮：该回调原因总是跟随代码1，它通常表示"转移到前一个选择上"。不应放弃上一个选择，这会使用户感到困惑和麻烦

代码1在表中给出了详细说明，下面为代码2、3和4的详细介绍。

（1）代码2（编辑框）　用户已经按Tab键或选择其他控件退出了编辑框，但尚未做最后选择。如果这是一个编辑框回调的原因，则应用程序不应更新其关联变量的值，而应检查编辑框中的值的合法性。

（2）代码3（滑块）　用户通过拖动滑块(或等效操作)改变了滑动条的值，但尚未作最后选择。如果这是滑块回调的原因，应用程序不应更新其关联变量的值，而应更新显示滑块状态的文本。

（3）代码4（列表框）　用户可以在应用程序中定义双击列表框的含义。如果对话框的主要目的是选择一个列表项，则双击做出选择然后退出对话框(在这种情况下，listbox控件的is_default属性应该是true)。如果列表框不是对话框的主要控件，则双击应被看作是一个选择(代码1)。

允许用户选择多个项目(multiple_select=true)的列表框不支持双击。

（4）代码4（图像按钮）　用户可以在应用程序中定义双击图像按钮的含义。在很多情况下，用单击来选择按钮就可以了。但在某些情况下，用单击(或键盘操作)亮显按钮，而用Enter键或双击选择按钮会更合适一些。

action_tile并非唯一可用于指定动作的函数。控件的DCL说明可包括AutoLISP中的action属性，并且new_dialog调用可为整个对话框指定一个默认动作。控件一次只能有一个动作。如果DCL和应用程序指定多个动作，它们会按下列优先顺序彼此替换(从最低到最高优先级)：

1)由new_dialog函数调用指定的隐含动作(仅当没有动作显式地指派给该控件时才用)

2）由DCL文件中的action属性指定的动作。

3）由action_tile调用指派的动作(最高优先级)。

以下是有关控件和属性处理的函数介绍。

（a）action_tile

格式：

(action_tile key action_expression)

action_tile 函数为某一控件指定一个动作表达式。当用户在对话框中选择了这个控件时，就会对这个动作表达式进行求值。

变元 key 和 action_expression 都是字符串。变元 key 是触发一个动作的控件名（这个控件名是由该控件的 key 属性指定的）。key 变元是大小写敏感的。当该控件被选中时，就会对 action_expression（动作表达式）进行求值。

由 action_tile 函数指定的动作接替了对话框的隐含动作（对话框的隐念动作是在显示对话框时由 new_dialog 函数指定的）或该控件的 action 属性（在指定了这些属性的情况下）。动作表达式 action_expression 通过变量$value 可以引用控件的现行值（即它的 value 属性），通过变量$key 可以引用控件的名字，通过变量$data 可以引用控件的特定应用数据（特定应用数据是由 client_data_tile 函数设置的），通过$reason 可以引用控件的回调原因，通过$X 和$Y 可以引用控件的图像坐标（在该控件是一个图像按钮的情况下）。

（b）get_attr

格式：

(get_attr key attribute)

本函数检索一个对话框属性的 DCL 值。变量 key 是控件的关键字（区分大小写），变量 attribute 指定出现在该控件的 DCL 描述中的某个属性。这两个变量都是字符串。此函数返回值是属性的初始值，并不反映由于用户作了输入或调用 set_tile 函数属性值作了修改后的状态。

（c）get_tile

格式：

(get_tile key)

本函数检索一个对话框控件的当前运行时的值。变量 key 是指定控件的一个字符串，它区分大小写，并以字符串的形式返回控件的值。本函数被更多地用于回调函数之中，而不是用于构件的初始化。此函数还可用于查看未被选中的控件的值。例如，对对话框进行出错检查并检查其设定值的一致性，这时只知道被选中的控件的值（在变量 Value 中）是不够的，还要知道别的控件的值。

（d）mode_tile

格式：

(mode_tile key mode)

本函数设置一个对话框控件的状态，key 变量是指定某个控件的关键字符串，区分大小写，mode 变量的取值及含义见表 15-7。

（e）set_tile

格式：

(set_tile key value)

set_tile 函数用来为一个对话框控件设置值。

key 变元是指定控件的一个字符串，而 value 则是指定新值的一个字符串变量名（控件的初始值是由 value 属性设置的)。

set_tile 函数设置和修改控件值的效果,与控件的类型有关。

表 15-7 mode 变量的取值及含义

mode 的取值	含 义
0	启用该控件
1	禁用该控件
2	聚焦于该控件
3	选择编辑框的内容
4	图像高亮度显示的触发开关

下面的程序代码改变关键字为 Text_tile_key 的文本控件的值,当文本控件的值被修改之后,显示在该控件上的文字也做相应的改变。

(setq new_text "Look for change") ;;;初始化一个字符串变量

(setq_tile "Text_tile_key" new_text) ;;;赋新值

15.7.3 列表框/下拉框处理

在设计对话框中,对于列表框/下拉框,虽然可以设置它的初始值,但是如果需要动态修改下拉框内的值的话,那么只能够用 AutoLISP 进行动态生成数据。

首先来看一下与列表框/下拉框相关的一些 AutoLISP 函数。

1. start_list

格式:

(start_list key [operation [index]])

用 start_list 函数开始对话框中的一个列表框或一个打开式列表控件的处理。

key 变元是一个指定对话框控件的字符串。key 变元是大小写敏感的。operation 是一个整型值,它的含义见表 15-8。

表 15-8 Start_list 函数所用的列表框代码

operation 变元的取值	说 明
1	改变所选择的表的内容
2	追加新的表项
3	删除旧表,并生成新表(这是隐含方式)

除非 start_list 函数调用开始的是一个改变表的内容的操作(这时 operation 变元的值指定为 1),否则 index 变元就会被忽略。如果调用 start_list 函数是为了改变所选择的表的内容(即 operation 变元的值为 1),所提供的 index 变元就指出了随后调用 add_list 函数要改变的表项。index 变元的取值从零开始。如果你没有指定 operation 变元,那么隐含的 operation 的取值为 3(生成新表);如果你指定了 operation 而没有指定 index,那么,index 取隐含值 0。

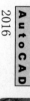

随后所调用的 add_list 函数将影响由 Start_list 函数启动的表，直到应用程序调用 end_list 函数。

2. add_list

格式：

(add_list string)

add_list 用户在现行激活的对话框的表中增加一个字符串，或者修改其中的一个字符串。

在使用 add_list 函数之前，必须用 start_list 函数打开和初始化一个表，根据 start_list 函数调用中指定的参数 operation 的不同，即

(start_list key [operation [index]])

或

(start_list string [inter [integer]])

add_list 函数调用中的 string 变元，要么被加到现行表中，要么替换掉现行表中的一个表项。

3. end_list

格式：

(end_list)

end_list 函数用来结束现行激活对话框的表的处理。

该函数是 start_list 函数的配套函数。它关闭由 start_list 函数所打开的表控件。在 start_list 函数调用之后一定要调用 end_list 函数。

在对话框设计当中，所有的列表框/下拉框处理，都是由这三个函数来完成的。

start_list add_list   end_list

通过使用上述三个函数的调用序列，可以在列表框和打开列表框中显示一个表。一旦一个表被生成之后，就可以修改它。对表的修改存在三种可能的操作。每一种操作都是通过 start_list 函数的 operation 变量来指定的。

（1）创建新列表

operation 变量值：3

这是为了生成一个新列表。生成新列表的操作是隐含操作。

在调用 start_list 函数之后，就能重复调用 add_list 函数。每调用一次 add_list 函数就往列表中增加一个新项。通过调用 end_list 函数结束表的处理。

例如：

```
(start_list "selections")
(mapcar 'add_list list_names)
(end_list)
```

可以来看一个例子。先用 DCL 来设计一个对话框，包含有初始值，代码如下：

```
tile_list_box:dialog {
label = "列表框";
spacer;
```

534

```
:list_box{
label="a sample of list_box";
key="key_list_box";
width=20;
list="1\n2\n3\n4\n5\n6\n7";
}
ok_cancel;
}
```

可以看到，在上面给列表框"key_list_box"赋了初值"1\n2\n3\n4\n5\n6\n7"，我们先通过预览功能，查看所设计的对话框，如图 15-36 所示。

编辑 LSP 文件。

```
        ;主程序
(DEFUN C:list_box()
  (setq list_names (list "a" "b" "c" "d" "e" "f"))
  (setq return_value (load_dialog "tile_list_box"))
  (if (null (new_dialog "tile_list_box" return_value))
  (exit)
);end if
  (start_list "key_list_box");开始列表处理
  (mapcar 'add_list list_names);逐行增加
  (end_list)                    ;结束列表处理
  (start_dialog);显示对框
  (unload_dialog return_value)
  (princ)
)
```

通过主程序运行，可以发现列表框的内容已经不是"1\n2\n3\n4\n5\n6\n7"了，而变成了（"a" "b" "c" "d" "e" "f"），如图 15-37 所示。

图15-36　列表框显示1

图15-37　列表框显示2

（2）改变已存在的列表中的值

operation 变量值：1

这种情况是为了改变表中的一项。

使用时，除了需要指定 operation 变量值以外，还要指定需要改变项的 index 值，即

其在列表中的位置。

比如上一个例子，初始化值是"1\n2\n3\n4\n5\n6\n7"，现在希望将第 4 个值（也就是数字 4 改变一下，变成"Item Changed"。

那么可以通过 operatioin 的 1 操作来完成这项功能。

```
(DEFUN C:list_box()
    (setq return_value (load_dialog "tile_list_box"))
    (if (null (new_dialog "tile_list_box" return_value))
        (exit)
    );end if
;注意这里，使用了 operatioin 的 1 操作,后面接的是
;被操作项的序列号。
;需要注意的是 autolisp 是从 0 开始算的。
    (start_list "key_list_box" 1 3)
;在这里进行修改
    (add_list "Item Changed!")
    (end_list)
    (start_dialog);显示对框
    (unload_dialog return_value)
    (princ)
)
```

从上面的代码可以看到，采用 start_list 的 operatioin 的 1 操作，并且指定了被操作数的序号，即 3，从零开始算，也就是"4"这个字符。

```
(add_list "Item Changed!")
```

以上这条语句将字符"Item Changed!"替换掉原有的字符"4"。程序运行的结果如图 15-38 所示。

图15-38　改变列表框中的值

4．在已存在的列表中增加新的值

operation 变量值：2

如果想在列表中增添新的项，可以使用 operation 的 2 操作。

首先，调用 start_list 函数，指定 2 操作。

(start_list "key_list_box" 2)

然后，用 add_list 函数加入一个新项

(add_list "New Item Here!")

最后调用(end_list)函数即可。

如果列表框支持多个选择，应用程序就必须对值串中的多个值分步取出，并分别进行转换。下面给出的 Multi_LIST 函数返回的一个表，就包含了用户从源 displist 中所选择的那些表项。在本例中，显示表 displist 作为全局变量被维持。

MK_LIST 函数要求用列表框的$value 来调用。

```
(defun MK_LIST (readlist / count item retlist)
    (setq count 1)
    (while (setq item (read readlist))
        (setq retlist (cons (nth item displist) retlist))
        (while (and (/= " " (substr readlist count 1))
            (/= "" (substr readlist count 1)))
            (setq count (1+ count))
        )
        (setq readlist (substr readlist count))
    )
    (reverse retlist)
)
```

上述所有样例都在单选情况下工作。

📖15.7.4 图像处理

与列表框/下拉列表框一样，图像按钮控件和图像控件也需要通过 AutoLISP 函数来进行驱动。

1. start_image

格式：

(start_image key)

执行 start_image 以后，开始对话框控件中一个图像的生成。

在调用这个函数之后，就可以调用 fill_image、slide_image 和 vector_image 等函数对图像控件进行各种处理了，直到应用程序调用 end_image 函数才会结束对指定的图像控件的处理。key 变元是指定对话框控件的一个字符串。key 变元是大小写敏感的。

2. end_image

格式：

(end_image)

本函数代表图像处理函数的结束。

本函数是 Start_image 函数的配套函数。它关闭由 Start_image 函数所打开的图像控

件。在 Start_image 函数调用之后一定要调用 end_image 函数。

3. dimx_tile 和 dimy_tile

格式：

(dimx_tile key)

(dimy_tile key)

使用这两个函数来按对话框单位返回一个控件的尺寸。

dimx_tile 函数返回控件的宽度，而 dimy_tile 函数返回控件的高度。在这两个函数中，变元 key 都是指定控件的一个字符串。key 这变元是大小写敏感的。

由这两个函数返回的坐标都是某个控件所允许的最大值。由于控件的坐标值是从 0 开始算起的，所以，假设 X 和 Y 分别是一个控件的总宽度和高度值，那么，由这两个函数返回的值不会超过 X-1 和 Y-1。dimy_tile 函数在与 vector_image、fill_image 和 slide_image 等函数配套使用时，可为这些函数提供表明指定控件大小的绝对坐标。

来看一个例子。

在指定的控件 image_key（即关键字）上，绘制幻灯片库 SLIB 中名为 test.sld 的幻灯片。

```
(start_image "key_image")
        (setq max_x (dimx_tile "key_image"))
        (setq max_y (dimy_tile "key_image"))
        (fill_image 0 0 max_x max_y "SLIB(test)")
        (end_image)
```

4. fill_image

格式：

(fill_image x1 y1 wid hgt color)

fill_image 函数的功能是在现行激活框的图像控件上划一个填充矩形。

fill_image 函数必须用在 start_image 和 end_image 两个函数调用之间。Color 参数可以是 AutoCAD 的一个颜色代码，也可以是取自表 15-9 中的一个逻辑颜色代码之一。

表 15-9　颜色属性所用的符号的名称表

颜色代码	ADI 助记符	说明
-2	BGLCOLOR	AutoCAD 图形屏幕的现行背景
-15	DBGLCOLOR	现行对话框背景颜色
-16	DFGCOLOR	现行对话框前景颜色（文本）
-18	LINELCOLOR	现行对话框线的颜色

(x1，y1)坐标指定填充矩形第一个角（左上角）的位置。该填充矩形的第二个角（右下角），由(wid,hgt)指定，它是相对于第一个角第一个相对距离，其值必须为正数。原点(0,0)是该图像的左上角。通过调用控件尺寸函数 dimX_tile 和 dimY_tile，可以获得图像控件右下角的坐标。

下面的程序代码在关键字为 image-key 的图像控件上绘制一个红色的矩形。

```
(start_image "image_key")
(setq max_x (dimx_tile "image_key")
(setq max_y (dimy_tile "image_key")
(fill_image 0 0 max_x max_y 1);1 代表红色
(end_image)
```

5. slide_image

格式：

(slide_image x1 y1 wid hgt sldname)

slide_image 函数的功能是在现行激活对话框图像控件上显示一个 Autocad 的幻灯片。

幻灯即可以是一个.sld 类型的幻灯文件，也可以是幻灯库文件(.slb)中的一个幻灯。sld_name 用于指定要显示的幻灯片名，可以用如下两种格式之一指定。

sldname 或 libname（sldname）

幻灯的第一个角（左上角），也就是它的插入点。其坐标是(x1, y1)，而它的第二个角（右下角）是离第一个角的相对距离(wid, hgt)，wid 和 hgt 必须是正值。原点（0,0）是图像的左上角。通过调尺寸函数 dimx_tile 和 dimy_tile，可以获得右下角的坐标值。

幻灯就像绘有图形的胶片一样好用，用户可以将多个幻灯片叠加起来构成一幅复杂的图像。在图像控件显示幻灯时要注意两点。第一，幻灯片上的图像有可能是在与先前控件底色相同的其他背影色相同，该矢量就显示不出来，从而造成丢失。第二，要考虑到时间因素，因为显示幻灯片需要装入和绘制时间，所以要尽量使用简单的幻灯。

下面的程序代码在关键字为 my_key 的图像控件上绘制幻灯片库 MYLIB 中的 XYZ 幻灯。

```
(start_image "my_key")
(setq hax_x (demx_tile "my_key"))
(setq max_y (dimy_tile "my_key"))
(slid_image 0 0 max_x max_y "MYLIB(XYZ)")
```

6. vector_image

格式：

(vector_image x1 y1 x2 y2 color)

vector_image 函数的功能是在现行激活对话框的图像控件上画一条矢量。

本函数在现行激活的图像近控件(该图像控件由 Start_image 函数所打开)上，从(x1, y1)到(x2, y2)画一条矢量。变元 color 指定画些矢量时所使用的颜色代码，也可以是给出的逻辑颜色代码之一。

图像控件的原点(0，0)位于该图像的左上角，通过调用尺寸函数(dimx_tile 和 dimy_tile)，可以获得图像控件的右下角坐标。

图15-39 用vector_image绘制的图形

下面的程序实例示范了如何在关键字为 image_key 的图像控件上绘制一个红色的 X。其实就是画矩形的两条对角线，如图 15-39 所示。

```
(start_image "key_image")
```

```
(setq max_x (dimx_tile "key_image"))
(setq max_y (dimy_tile "key_image"))
(vector_image 0 0 max_x max_y 1)
(vector_image 0 max_y max_x 0 1)
(end_image)
```

15.7.5　对话框嵌套

在实际应用中常常会遇到这样的情况，就是对话框 1 需要调用对话框 2，对话框 2 又要调用对话框 3 等。

我们称对话框 1 为主对话框，对话框 2、3 分别为一级子对话框和二级子对话框。完成了子对话框的操作而回到上一级对话框，我们称之为对话框的嵌套。

实现对话框嵌套的原理是：在父对话框某控件的回调函数中调用 new_dialog 和 start_dialog 函数，就可以在顶层显示子对话框。在子对话框某控件的回调函数中调用 done-dialog 函数，子对话框消失，即可返回到父对话框。

15.7.6　隐藏对话框

当对话框被激活时，用户不能进行交互式选择。如果想让用户在图形屏幕上选择，必须先隐藏对话框，然后再将其恢复。

隐藏对话框与用 done_dialog 来关闭对话框是相同的，但回调函数必须调用 done_dialog 的 status 参数指示该对话框是被隐藏而不是结束或取消。应将 status 参数设置为应用程序定义的值。

当对话框消失时，start_dialog 函数返回应用程序定义的 status。然后，程序必须检查 start_dialog 返回的状态以决定下一步动作。有关标准和应用程序定义的 status 值，请参考 done_dialog 函数。

15.7.7　特定应用数据

client_data_tile 函数为控件指定特定应用数据。就像$data 变量，该数据在回调时有效，且其值为字符串。客户端数据未在 DCL 文件中声明，它只在应用程序运行时是有效的。

使用客户端数据与使用用户定义属性类似。其主要差别是，用户定义属性是只读的，而客户端数据在运行期间是可修改的。

同样，最终用户可以在应用程序的 DCL 文件中检验用户定义属性，而客户端数据则是不可见的。

因为程序必须管理列表框(或打开式列表框)中显示的列表，所以用客户端数据来处理列表信息十分适宜。下例对 MK_LIST 函数进行改进，将表作为函数的一个参数：

```
(defun MK_LIST (readlist displist / )
```

这样，一个全局列表变量不再是必需的。下面的对话框处理程序的主要部分中调用 client_data_tile 函数将一个短表与控件关联起来，然后通过一个动作表达式将该列表传递给 MK_LIST。

```
(client_data_tile
    "colorsyslist"
    "Red-Green-Blue Cyan-Magenta-Yellow Hue-Saturation-Value"
)
(action_tile
    "colorsyslist"
    "(setq usrchoice (mk_list $value $data))"
)
```

15.8　综合演练

15.8.1　绘制弹簧

1．绘制三维螺旋线

圆柱螺旋线是技术上应用最广的空间曲线，如图 15-40 所示。其形成可以描述为：一动点 M 沿圆柱的母线 AB 作等速直线运动，而该母线又绕圆柱的轴线作等角速旋转时，点 M 的运动轨迹即为圆柱螺旋线。当圆柱螺旋线的轴线与坐标系的 Z 轴重合时，圆柱螺旋线上动点 M（x，y，z）的参数方程如下：

$x = r\cos\alpha$

$y = r\sin\alpha$

$z = \pm t1 * \alpha / (2\pi)$

在参数方程中：r 为圆柱面的半径，α 为螺旋线升角，t1 为导程（即母线 AB 旋转一周时，动点 M 沿轴线方向上升的距离），右旋取正号，左旋取负号。

1）设计对话框。如图 15-41 所示，对话框的 DCL 代码如下：

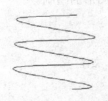

图15-40　需要绘制的三维螺旋线　　　　图 15-41　绘制三维轮旋线对话框

```
//对话框代码
helix:dialog{
    label="绘制三维螺旋线";
    :boxed_column{
```

```
:edit_box{
    label="半径:";
    key="key_r";
    fixed_width=true;
    width=10;
}
:edit_box{
    label="节距:";
    key="key_t";
    fixed_width=true;
    width=10;
}
:edit_box{
    label="段数:";
    key="key_k";
    fixed_width=true;
    width=10;
}
:edit_box{
    label="圈数:";
    key="key_n";
    fixed_width=true;
    width=10;
}
}
ok_cancel;
}
```

2）程序编制。编制主程序，获取用户输入，并且进行图形的绘制。

```
;autoLISP 程序代码
(defun c:helix()
    (setq index_value (load_dialog "helix.dcl"))            ;加载 DCL 文件
    (setq what_next 2)
    (while (>= what_next 2)
        (if (not (new_dialog "helix" index_value))          ;初始化对话框
            (exit)                                          ;如果不工作则退出
        )

        (action_tile "accpet" "(getdata)(done_dialog 1)")
```

```
            (setq what_next (start_dialog))              ;显示 duihuakuang
            (if (= what_next 1)
                (draw)
            )
        )
        (unload_dialog index_value)                      ;卸载 DCL 文件
        (princ)
)

(defun getdata()
    ; 获取半径
    (setq r (atof (get_tile "key_r")))
    ; 获取节距
    (setq t1 (atof (get_tile "key_t")))
    ; 获取段数
    (setq k (atof (get_tile "key_t")))
    ; 获取圈数
    (setq n (atof (get_tile "key_n")))
)
(defun draw()
    (setq delta (/ (* 2 3.14159) k))
    (setq j1 (/ t1 k))
    (setq a 0)
    (setq jj 0)
    (setq ii 0)
    (command "3dpoly"    (list r 0 0))
    ;循环画螺旋线
    (repeat n
        (repeat k
            (setq jj (+ jj 1))
            (setq a (+ delta a))
            (setq x (* r (cos a)))
            (setq y (* r (sin a)))
            (setq z (* j1 jj))
            (setq p2 (list x y z))
            (command p2)
        )
        (setq ii (+ ii 1))
```

```
        (setq z (* t1 ii))
    )
  (command "")
)
```

3）程序测试。运行程序，输入数据，如图 15-42 所示，单击确定，即可生成如图 15-40 所示的螺旋线（段数 k 即为将一个圆周分为多少等分，n 为总圈数）。

2．绘制弹簧

通过上节中绘制的螺旋线，将一个圆截面沿着螺旋线进行拉伸即可生成弹簧。

通过修改绘制三维螺旋线的程序，即可绘制三维弹簧。通过绘制弹簧的参数化绘制程序绘制出弹簧，弹簧效果图如图 15-43 所示。

1）修改对话框。需要增加一个获取截面圆的半径，并且增加一个 image 对象，如图 15-44 所示。

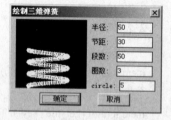

图15-42　输入数据　　　　　图15-43　三维弹簧　　　　图15-44　绘制三维弹簧对话框

2）修改 draw 函数，并增加一个用来显示图形的 show 函数。程序代码如下：

```
(defun draw(/ point ob1 ob2)
  (command "ucs" "w");设置用户坐标系为世界坐标系
  (setq delta (/ (* 2 3.14159) k))
    (setq j1 (/ (+ t1 0.0) k))
    (setq a 0)
    (setq jj 0)
    (setq ii 0)
    (setq point (list r 0 0))
    (command "3dpoly"    (list r 0 0))
;循环画螺旋线
    (repeat n
        (repeat k
            (setq jj (+ jj 1))
            (setq a (+ delta a))
            (setq x (* r (cos a)))
            (setq y (* r (sin a)))
            (setq z (* j1 jj))
            (setq p2 (list x y z))
```

```
                    (command p2)
                )
                (setq ii (+ ii 1))
                (setq z (* t1 ii))
            )
        (command "")
        (setq ob1 (entlast))
```

;进行拉伸处理，首先改变用户坐标系，在三维螺旋线的开始端绘制一个圆，然后沿着三维螺旋线进行拉伸

```
        (command "ucs" "m" point "")
        (command "ucs" "n" "x" "")
        (command "circle" (list 0 0) c)
        (setq ob2 (entlast))
        (command "extrude" ob2 "" "p" ob1 "" "")
        (command "ucs" "w")
        )
```

;显示图块函数

```
(defun show(image_name file_name)
    (setq x1 (dimx_tile image_name))
    (setq y1 (dimy_tile image_name))
    (start_image image_name);
    (slide_image 0 0 x1 y1 file_name)
    (end_image)
    )
```

2016 AutoCAD

15.8.2　绘制带轮

1．绘制二维带轮

首先确定带轮的各个参数，定义对话框，然后编制程序。绘制二维带轮零件图如图15-45所示。

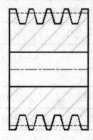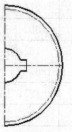

图15-45　带轮

（1）分析数据　我们的目标是要绘制一个带轮。首先要确定轮槽的参数，如图15-46所示。

1）带轮外径 dw。

2）内轴径 d。

3）带轮宽。

4）槽深 h。

5）槽间距 e。

6）顶宽 b0。

7）边距 f。

8）楔角 φ 等。

表 15-10 是带轮轮槽的尺寸表。表 15-11 是不同规格的带轮直径。

表 15-10　带轮轮槽的尺寸　　　　　　　　　（单位：mm）

轮槽尺寸		槽型						
		Y	Z	A	B	C	D	E
槽轮的基准直径Dd	Φ=32º	≤60						
	Φ=34º		≤80	≤118	≤190	≤315		
	Φ=36º	>60					≤475	≤600
	Φ=38º		>80	>118	>190	>315	>475	>600
h		6	9	11.5	14.5	19	27	33
ha		1.6	2.0	2.75	3.5	4.8	8.1	9.6
f		6	7	9.5	12.5	17	24	29
节宽bp		5.3	8.5	11.0	14.0	19.0	27.0	32.0
槽间距e		8±0.3	12±0.3	15±0.3	19±0.4	25.5±0.5	37±0.6	44.5±0.7
外径dw		dw=Dd+2ha						
带轮宽B		B=(z-1)e+2f, z为带轮槽数						

表 15-11　不同规格的带轮直径　　　　　　　　（单位：mm）

	d
Y	27、31.5、35.5、40、45、50
Z	50、56、63、71、75、80、90
A	75、80、85、90、95、100、106、112、118、125、132、140、150、160、180
B	125、132、140、150、160、170、180、200、224、250、270
C	200、212、224、236、250、265、270、300、315、335、355、400、450
D	355、375、400、425、450、475、500、560、600、630、710、750、800
E	500、530、560、600、630、670、710、800、900、1000、1120

把实际的参数图,换成设计的时候所需要的一些参数。用 AutoCAD 绘制带轮需要的参数如图 15-47 所示。

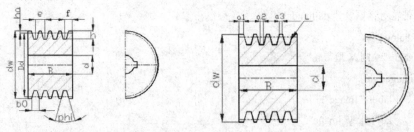

图15-46 带轮参数图　　　　图15-47 绘图用带轮参数图

我们需要根据公式换算,来得出这些参数:

$$L = h/\cos\frac{\varphi}{2} \qquad \text{(setq L (/ m\_h (cos (* 0.5 phi))))}$$

$$a_2 = b_0 - 2 \times L\sin\frac{\varphi}{2} \qquad \text{(setq a2 (- b0 (* 2 L (sin (* 0.5 phi)))))}$$

$$a_1 = f - \frac{a_2}{2} - L\sin\frac{\varphi}{2} \qquad \text{(setq a1 (- f (* 0.5 a2) (* L (sin (* 0.5 phi)))))}$$

$$a_3 = e - a_2 - 2 \times L\sin\frac{\varphi}{2} \qquad \text{(setq a3 (- e a2 (* 2 (* L (sin (* 0.5 phi))))))}$$

因为带轮已经标准化,所以根据用户选择不同的带型,可以自动生成一些数据,而不用由用户自己输入全部。因此所需要的数据项为:

1)带轮槽型;

2)轮直径;

3)轮轴直径;

4)带的根数;

5)键槽深度;

6)键槽宽度。

(2)定义对话框　根据数据分析项中整理出来的数据项设计对话框,如图 15-48 所示。

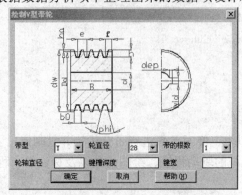

图15-48 人机交互对话框

设计了带型、轮直径、带的根数、轮轴直径、轮槽深度、键宽等参数。同样为了界面

的友好和美观，还可以加入了图像控件，显示带轮的一些参数。同时可以加入帮助按钮，提供一些帮助信息。

```
/*绘制带轮对话框设计 dailun.dcl*/
dailun:dialog{
    label="绘制 V 型带轮";
    :image{
        label="Image";
        key="key_image";
        width=16;
        aspect_ratio=2;
        color=7;
    }
    :row{
        :column{
            :popup_list{label = "带型";key = "key_belt_type";edit_width = 6;
                    list = "Y\nZ\nA\nB\nC\nD\nE";}
            :edit_box{label = "轮轴直径";key = "key_shaft";
                    edit_width = 6.7;}
        }
        :column{
            :popup_list{label = "轮直径";key = "key_diameter";edit_width = 6;}
            :edit_box{label = "键槽深度";key = "key_dep";
                    edit_width = 6.7;}
        }
        :column{
            :popup_list{label = "带的根数";key = "key_number";edit_width = 6;
                    list="1\n2\n3\n4\n5\n6\n7\n8\n9\n10";}
            :edit_box{label = "键宽";key = "key_wid";
                    edit_width = 6.7;}
        }
    }
    ok_cancel_help;
}
```

（3）程序编制　"以上已经对参数进行了分析，并且制定出了人机交互对话框，剩下来需要做的就是编制对话框的驱动程序、绘图函数以及标注等。程序代码如下：

```
;主程序(dailun.lsp)
(DEFUN C:dailun()
  (setq return_value (load_dialog "dailun.dcl"))
```

```
        (setq what_next 2)
        (setq cnt 1)
        (while (>= what_next 2)
            (if (null (new_dialog "dailun" return_value))
                (exit)
            );end if
            (initial)
            (start_list "key_diameter")
            (mapcar 'add_list ddy1_list)
            (end_list)
            (change)
            (action_tile "accept" "(getdata)(done_dialog 1)");用 getdata 函数获取用户输入数据
            (action_tile "key_diameter" "(setq m_diameter $value)");获取直径信息
            (action_tile "key_belt_type" "(setq category $value)(change)");获取带型信息
            (setq what_next (start_dialog));显示对话框
            (if(= what_next 1)(draw))
        )


    (unload_dialog return_value)
    (princ)
)
```

绘图函数

```
(defun draw(/ Po Pt Pt1 P0 P1 xx point1 point2)
;将对象捕捉等全部关闭
    (command "layer" "m" "0" "ON" "0" "L" "continuous" "0" "");打开零层
    (setq Po (getpoint "\n 输入基点："))
    (setq P0 Po);保存基点坐标
    (setq Po (polar Po (* 0.5 pi) (/ m_d 2)))
    ;准备绘制带轮齿
    (setq xx (/ (- m_dw m_d) 2))
    (setq Pt (polar Po (* 0.5 pi) xx))
    (command "pline" Po Pt)
        (command (setq Pt1 (polar Pt 0 a1)))
    (setq n m_num)
    ;(setq counter 0)
    (setq Pt2 Pt1)
    (setq cta (/ phi 2))
;开始循环绘制带轮齿
```

```
(repeat (- n 1)
  (command
    (setq Pt1 (polar Pt1 (- cta (* 0.5 pi)) L))
    (setq Pt1 (polar Pt1 0 a2))
    (setq Pt1 (polar Pt1 (- (* 0.5 pi) cta) L))
    (setq Pt1 (polar Pt1 0 a2))
    )
)
```

;绘制齿轮末端

```
(command
  (setq Pt1 (polar Pt1 (- cta (* 0.5 pi)) L))
  (setq Pt1 (polar Pt1 0 a2))
  (setq Pt1 (polar Pt1 (- (* 0.5 pi) cta) L))
  (setq Pt1 (polar Pt1 0 a1))
  (setq Pt1 (polar Pt1 (* -0.5 pi) xx))
  "c"
  )
```

;存储对象

```
(setq object1 (entlast))
```

;绘制两线

;画右边的竖线

```
(setq Pt (polar Pt1 (* -0.5 pi) (/ m_d 2)))
(setq P1 Pt)
(command "pline" Pt1 Pt "")
```

;绘制左边的竖线

```
(setq Pt1 (polar P0 (* 0.5 pi) (/ m_d 2)))
(command "pline" P0 Pt1 "")
```

;新建2层

```
(command "layer" "m" "2" "ON" "2" "c" "red" "2" "L" "center" "2"
"")
(setq point1 (polar P0 (* 0.5 pi) (/ m_dd 2)))
(setq point2 (polar P1 (* 0.5 pi) (/ m_dd 2)))
```

;画上面的齿轮基准线

```
(command "line" point1 point2 "")
(command "line" (polar P0 (* -1 pi) (/ m_d 8)) (polar P1 0 (/ m_d 8)) "");画中心线
(setq ss (ssget "X" (list (cons 8 "0"))));选取零层上的实体
(command "layer" "s" "0" "ON" "0" "");打开层
(command "mirror" ss "" P0 P1 "");关于中心线进行镜像称
```

```
(setq point1 (polar P0 (* 0.5 pi) (/ m_d 2)))
(setq point2 (polar P0 (* 1.5 pi) (/ m_d 2)))
(command "hatch" "ansi31" "" "0" object1 point2 "")
;绘制齿轮中线
(command "layer" "s" "2" "ON" "2" "");打开层
(setq point1 (polar P0 (* 0.5 pi) (/ m_dd 2)))
(setq point2 (polar P1 (* 0.5 pi) (/ m_dd 2)))
(command "line" point1 point2 "")
(setq point1 (polar P0 (* 1.5 pi) (/ m_dd 2)))
(setq point2 (polar P1 (* 1.5 pi) (/ m_dd 2)))
(command "line" point1 point2 "")
;画侧视图
;画中心线
(setq cir_p0 (polar P1 0 10))
(setq cir_p1 (polar cir_p0 (* 1.5 pi) (/ m_dw 2)))
(setq cir_p2 (polar cir_p0 (* 0.5 pi) (/ m_dw 2)))
(setq cir_p3 (polar cir_p0 0 (/ m_dw 2)))
(setq cir_p1_1 (polar cir_p0 (* 1.5 pi) (/ m_dd 2)))
(command "arc" "c" cir_p0 cir_p1_1 "a" "180")
(command "line" cir_p1 cir_p2 "")
(command "line" cir_p0 cir_p3 "")
;画实体部分
(command "layer" "s" "0" "ON" "0" "");打开层
(command "arc" "c" cir_p0 cir_p1 "a" "180")
(setq x (/ (sqrt (- (* m_d m_d) (* m_wid m_wid))) 2))
(setq cir_c1 (polar (polar cir_p0 0 x) (* 0.5 pi) (/ m_wid 2)))
(setq cir_c2 (polar cir_c1 (* 1.5 pi) m_wid))
(setq cir_c3 (polar cir_p0 (* 0.5 pi) (/ m_d 2)))
(setq cir_c4 (polar cir_p0 (* 1.5 pi) (/ m_d 2)))
(command "arc" "c" cir_p0 cir_c1 cir_c3)
(command "arc" "c" cir_p0 cir_c4 cir_c2)
(command "line" cir_c1
    (setq temp (polar cir_c1 0 m_dep))
    (setq temp (polar temp (* -0.5 pi) m_wid))
    (setq temp (polar temp (* -1 pi) m_dep))
    ""
    )
(princ)
```

```
)
;获取数据函数
(defun getdata(/ m_temp temp_list)
    (setq m_type (get_tile "key_belt_type"));获取带型
    ;获取轮径(开始)
    (setq m_temp    (get_tile "key_diameter"))
    (setq m_type (atoi m_type))
    (setq temp_list (eval (read (strcat "dd" (nth m_type '("y" "z" "a"
"b" "c" "d" "e")) "1_list"))))
    (setq m_dd (nth (atoi m_temp) temp_list))
    ;获取轮径(结束)
    ;获取带轮轴径

    (setq m_d (get_tile "key_shaft"))

    (setq m_d (atoi m_d))
    ;获取槽深

    (setq m_dep (atof (get_tile "key_dep")))
    ;获取槽宽

    (setq m_wid (atof (get_tile "key_wid")))
    ;或取带数

    (setq m_num (+ 1 (atoi (get_tile "key_number"))))
    ;调用转换数据函数

    (ChangeData)
)
;转换数据
(defun ChangeData(/ temp_list)
    ;根据带型，选取不同的数据

    (setq temp_list (eval (read (strcat "data_" (nth m_type '("y" "z"
"a" "b" "c" "d" "e")) "_list"))))
    ;取 f,e,b0,h,ha
    (setq m_f    (nth 0 temp_list));取 f
    (setq m_e    (nth 1 temp_list));取 e
    (setq m_b0 (nth 2 temp_list));取 b0
    (setq m_h    (nth 3 temp_list));取 h
    (setq m_ha (nth 4 temp_list));取 ha
    ;判断phi值

    (setq m_dd (atof m_dd))
    (cond

        ((= m_type 0) (if (<= m_dd 60) (setq phi 32) (setq phi 36)))
```

```
            ((= m_type 1) (if (<= m_dd 80) (setq phi 34) (setq phi 38)))
            ((= m_type 2) (if (<= m_dd 118) (setq phi 34) (setq phi 38)))
            ((= m_type 3) (if (<= m_dd 190) (setq phi 34) (setq phi 38)))
            ((= m_type 4) (if (<= m_dd 315) (setq phi 34) (setq phi 38)))
            ((= m_type 5) (if (<= m_dd 475) (setq phi 36) (setq phi 38)))
            ((= m_type 6) (if (<= m_dd 600) (setq phi 36) (setq phi 38)))
        )
    ;开始计算
    (setq phi (dtr phi))
    (setq L (/ m_h (cos (* 0.5 phi))));计算 L 值
    (setq a2 (- m_b0 (* 2 L (sin (* 0.5 phi)))));计算 a2
    (setq a1 (- m_f (* 0.5 a2) (* L (sin (* 0.5 phi)))));计算 a1
    (setq a3 (- m_e a2 (* 2 (* L (sin (* 0.5 phi))))));计算 a3
    (setq m_dw (+ m_dd (* 2 m_ha)))
)
;初始化对话框
(defun initial();/ ddy1_list ddz1_list dda1_list ddb1_list ddc1_list ddd1_list dde1_list)
    ;设置轮直径
    (setq ddy1_list '( "27" "31.5" "35.5" "40" "45" "50" ))
    (setq ddz1_list '("50" "56" "63" "71" "75" "80" "90"))
    (setq dda1_list '("75" "80" "85" "90" "95" "100" "106" "112" "118" "125" "132"
            "140" "150" "160" "180")
    )
    (setq ddb1_list '("125" "132" "140" "150" "160" "170" "180" "200" "224" "250"
            "270")
    )
    (setq ddc1_list '("200" "212" "224" "236" "250" "265" "270" "300" "315" "335"
            "355" "400" "450")
    )
    (setq ddd1_list '("355" "375" "400" "425" "450" "475" "500" "560" "600" "630"
            "710" "750" "800")
    )
    (setq dde1_list '("500" "530" "560" "600" "630" "670" "710" "800" "900" "1000"
            "1120")
    )
    ;设置轮的齿参数f, e, b0, h, ha
(setq data_y_list '(6 8 5.3 6 1.6))
(setq data_z_list '(7 12 8.5 9 2.0))
```

```
(setq data_a_list '(9.5 15 11.0 11.5 2.75))
(setq data_b_list '(12.5 19 14.0 14.5 3.5))
(setq data_c_list '(17 25.5 19.0 19 4.8))
(setq data_d_list '(24 37 27.0 27 8.1))
(setq data_e_list '(29 44.5 32.0 33 9.6))
;设置对话框初始化参数
(setq category "-1")
(show "key_image" "dailun.sld")
)
;设置相关动作
(defun change()
  (start_list "key_diameter")
  (if (/= category "-1")
    (progn
     (cond
        ((= category "0")
        (mapcar 'add_list ddy1_list)
        );Y 型带
        ((= category "1")
        (mapcar 'add_list ddz1_list)
        );Z 型带
        ((= category "2")
        (mapcar 'add_list dda1_list)
        );A 型带
        ((= category "3")
        (mapcar 'add_list ddb1_list)
        );B 型带
        ((= category "4")
        (mapcar 'add_list ddc1_list)
        );C 型带
        ((= category "5")
        (mapcar 'add_list ddd1_list)
        );D 型带
        ((= category "6")
        (mapcar 'add_list dde1_list)
        );E 型带

     )
     )
```

```
        (mapcar 'add_list ddy1_list)
      )
    (end_list)
  )
;显示图块函数
(defun show(image_name file_name)
    (setq x1 (dimx_tile image_name))
    (setq y1 (dimy_tile image_name))
    (start_image image_name);
    (slide_image 0 0 x1 y1 file_name)
    (end_image)
  )
(defun dtr (cta) (* pi (/ cta 180.0)))
```

　　（4）程序运行情况　首先调用程序 dailun.lsp。在命令行键入（c:dailun），即出现程序运行情况交互界面，如图 15-49 所示。

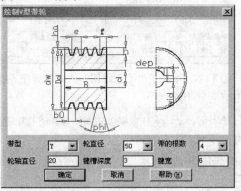

图15-49　程序运行情况

　　可以选择带型，然后与之对应的轮直径会发生相应的变化。在选取或输入带的根数、轮轴直径、键槽深度以及键宽以后，按确定键，就可以自动生成相应的带轮了，如图 15-50 所示。

　　2. 绘制三维带轮

　　利用绘制的二维图形，通过旋转以及差集操作，来实现三维图的绘制。编制带轮的三维参数化设计系统。三维带轮效果图如图 15-51 所示。三维带轮原理如图 15-52 所示。

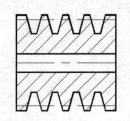
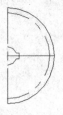

图15-50　用dailun.lsp程序绘制出的带轮图　　　　图15-51　带轮三维立体图

图15-52　绘制三维带轮原理图

（1）对话框设计　对原有对话框进行编辑，增加一个绘制三维图的按钮，如图 15-53 所示。

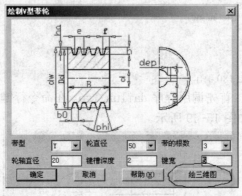

图15-53　增加了"绘三维图"的带轮程序界面

在程序中增加按钮的响应语句：

```
(action_tile "key_3d" "(setq category 3)(getdata)(done_dialog 1)")
```

同时修改主函数中的如下代码：

```
(setq what_next (start_dialog));显示对框
```

```
(if(= what_next 1)
```

```
(progn (if (= category 2)    (draw) (draw3d))));根据 category 值来判断绘制函数
```

（2）程序设计　我们在前面已经建立了二维带轮的参数化设计系统，可以直接增加二维图形旋转代码，将绘制的二维带轮图形进行旋转，实现三维图的绘制。以下是绘制三维带轮的函数 Draw3d。

```
;绘图三维图形函数
```

```
(defun draw3d(/ Po Pt Pt1 P0 P1 xx point1 point2 object1 object2 len)
;将对象捕捉等全部关闭
```

```
(command "layer" "m" "0" "ON" "0" "L" "continuous" "0" "");打开零层
```

```
(setq Po (getpoint "\n 输入基点："))
```

```
(setq P0 Po);保存基点坐标
```

```
(setq point3 P0);保存点
```

```
(setq Po (polar Po (* 0.5 pi) (/ m_d 2)))
;准备绘制带轮齿
```

```
(setq xx (/ (- m_dw m_d) 2))
```

```
(setq Pt (polar Po (* 0.5 pi) xx))
(command "pline" Po Pt)
   (command (setq Pt1 (polar Pt 0 a1)))
(setq n m_num)
;(setq counter 0)
(setq Pt2 Pt1)
(setq cta (/ phi 2))
```
;开始循环绘制带轮齿
```
(repeat (- n 1)
   (command
      (setq Pt1 (polar Pt1 (- cta (* 0.5 pi)) L))
      (setq Pt1 (polar Pt1 0 a2))
      (setq Pt1 (polar Pt1 (- (* 0.5 pi) cta) L))
      (setq Pt1 (polar Pt1 0 a2))
      )
)
```
;绘制齿轮末端
```
(command
   (setq Pt1 (polar Pt1 (- cta (* 0.5 pi)) L))
   (setq Pt1 (polar Pt1 0 a2))
   (setq Pt1 (polar Pt1 (- (* 0.5 pi) cta) L))
   (setq Pt1 (polar Pt1 0 a1))
   (setq Pt1 (polar Pt1 (* -0.5 pi) xx))
   "c"
   )
(setq len (- (car Pt1) (car P0)))
```
;保存点
```
(setq point4 pt1)
```
;存储对象
```
(setq object1 (entlast))
```
;绘制中轴线
```
(setq pt1 (polar p0 0 20))
(command "line" p0 pt1 "")
(setq object2 (entlast))
```
;绘制三维回转体
```
(command "revolve" object1 "" "o" object2 "")
(setq object2 (entlast))
```
;绘制键槽

;设定用户坐标系

```
(command "ucs" "m" p0 "")
(command "ucs" "n" "y" "")
(setq point1 (list (/ m_wid 2) 0))
(setq point2 (list (* -1 (/ m_wid 2)) (+ (/ m_d 2) m_dep)))
(command "rectang" point1 point2)
(setq object1 (entlast))
(command "extrude" object1 "" len "")
(setq object1 (entlast))
(command "subtract" object2 "" object1 "")
(command "ucs" "w")
(princ)
)
```

（3）程序测试　运行程序，输入参数，单击"绘制三维图"按钮，即可生成如图15-51所示的三维带轮。

15.9　动手练一练

【实例1】设计一个包含各种对话框控件、如图15-54所示的综合对话框

1．目的要求

1）了解对话框部件，学会用 DCL 定义对话框。

2）掌握如何调整对话框的布局。

2．操作提示

1）设计对话框时，首先应该设计和分析它的树状结构，从对话框的本身开始，按从上到下、从左向右的顺序布置合适的控件。

2）经过分析很容易得出对话框结构图。

【实例2】设计如图15-55所示的一个对话框

1．目的要求

1）掌握如何用 AutoLISP 进行三维参数化绘图。

2）学会编写 AutoLISP 驱动程序。

2．操作提示

1）设计对话框。

2）AutoLISP 驱动程序。

3）加载并运行程序 1，绘制出图形。

4）加载并运行程序 2，修改第 5 点坐标，图形已经有所变化。

具体要求：

1）下拉列表框与列表框互动：在下拉列表框中选择不同的项，列表框中显示相应的内容。即选择不同的零件，出来的是相应零件的型号。

2）列表框与文字控件互动：在列表框中选取了具体的型号以后，在对话框上显示出其对应的价格。

3）编辑框与滚动条互动：拖动滚动条，编辑框中的数值随之变化，反过来也是一样。

4）计算功能：进行一些简单的数学运算，即计算总金额。总金额=数量*价格，并且需要在编辑框中显示出来。

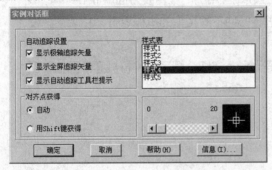

图15-54 实例对话框效果图

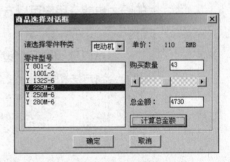

图15-55 商品选择对话框

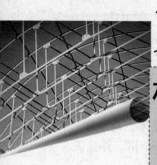

第16章

机械设计工程实例

机械设计是 AutoCAD 在专业领域应用的一个重要方面。利用 AutoCAD 的强大功能，用户可以方便地进行各种不同类型的机械零件图和装配图设计。

本章以球阀的完整设计过程为例，详细介绍了各种机械零件图和装配图的绘制方法和技巧。

AutoCAD 2016

重点与难点

- 了解机械设计基本理论
- 熟悉零件图绘制过程
- 掌握装配图绘制技巧

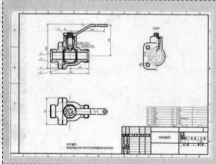

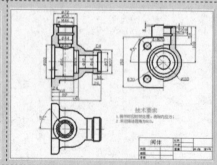

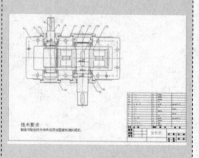

16.1　机械制图概述

📖16.1.1　零件图绘制方法

1．零件图内容

零件图是表达零件的结构形状、大小和技术要求的工程图样，工人根据它加工制造零件。一幅完整的零件图应包括以下内容：

（1）一组视图　表达零件的形状与结构。

（2）一组尺寸　标出零件上结构的大小、结构间的位置关系。

（3）技术要求　标出零件加工、检验时的技术指标。

（4）标题栏　注明零件的名称、材料、设计者、审核者、制造厂家等信息的表格。

2．零件图绘制过程

零件图的绘制包括草绘和绘制工作图，AutoCAD 一般用来绘制工作图，下面是绘制零件图的基本步骤。

1）设置绘图环境。

选择比例：根据零件的大小和复杂程度选择比例，尽量采用 1:1。

选择图纸幅面：根据图形大小、标注尺寸、技术要求所需图纸幅面，选择标准幅面。

2）确定绘图顺序，选择尺寸转换为坐标值的方式。

3）标注尺寸、技术要求，填写标题栏。标注尺寸前要关闭剖面层，以免剖面线在标注尺寸时影响端点捕捉。

4）校核与审核。

📖16.1.2　装配图的绘制方法

1．装配图内容

（1）一组图形　用一般表达方法和特殊表达方法，正确、完整、清晰和简便地表达装配体的工作原理，零件之间的装配关系、连接关系和零件的主要结构形状。

（2）必要的尺寸　在装配图上必须标注出表示装配体的性能、规格以及装配、检验、安装时所需的尺寸。

（3）技术要求　用文字或符号说明装配体的性能、装配、检验、调试、使用等方面的要求。

（4）标题栏、零件的序号和明细表　按一定的格式，将零件、部件进行编号，并填写标题栏和明细表，以便读图。

2．装配图绘制过程

画装配图时应注意检验、校正零件的形状、尺寸，纠正零件草图中的不妥或错误之处。

（1）绘图前设置

绘图前应当进行必要的设置，如绘图单位、图幅大小、图层线型、线宽、颜色、字体格式、尺寸格式等。设置方法见前面的章节，为了绘图方便，比例选择为1:1，或者调入事先绘制的装配图标题栏及有关设置。

（2）绘图步骤：

1）根据零件草图，装配示意图绘制各零件图，各零件的比例应当一致，零件尺寸必须准确，可以暂不标尺寸，将每个零件用 WBLOCK 命令定义为 DWG 文件。定义时，必须选好插入点，插入点应当是零件间相互有装配关系的特殊点。

2）调入装配干线上的主要零件，如轴。然后沿装配干线展开，逐个插入相关零件。插入后，若需要剪断不可见的线段，则应当炸开插入块。插入块时应当注意确定它的轴向和径向定位。

3）根据零件之间的装配关系，检查各零件的尺寸是否有干涉现象。

4）根据需要对图形进行缩放，布局排版，然后根据具体情况设置尺寸样式，标注好尺寸及公差，最后填写标题栏，完成装配图。

★ 知识链接——机械零件的分类

在绘制零件图时，应对零件进行形状结构分析，根据零件的结构特点、用途及主要加工方法，确定零件图的表达方案，选择主视图、视图数量和各视图的表达方法。在机械生产中根据零件的结构形状，大致可以将零件分为4类：

1）轴套类零件——轴、衬套等零件。

2）盘盖类零件——端盖、阀盖、齿轮等零件。

3）叉架类零件——拨叉、连杆、支座等零件。

4）箱体类零件——阀体、泵体、减速器箱体等零件。

另外，还有一些常用零件或标准零件，如键、销、垫片、螺栓、螺母、齿轮、轴承、弹簧等，其结构或参数已经标准化，在设计时，应注意参照有关标准。

16.2 球阀阀体零件图

阀体（如图16-1所示）的绘制过程是复杂二维图形制作中比较典型的实例，在本例中对绘制异形图形做了初步的叙述，主要利用绘制圆弧线，以及利用修剪、圆角等命令来实现。

制作思路：首先绘制中心线和辅助线作为定位线，并且作为绘制其他视图的辅助线；接着绘制主视图和俯视图以及左视图的外轮廓线；然后进行图案填充；最后添加尺寸标注和文字。

📖16.2.1 配置绘图环境

单击"快速访问"工具栏中的"打开"按钮打开样板图，打开"选择文件"对话框，从中选择随书光盘文件 X:\源文件\"A3.dwt"样板文件，单击"打开"按钮。然后打开"图层特性管理器"，将图框线与标题栏所在层关闭。

光盘动画演示\第 16 章\球阀阀体零件图.avi

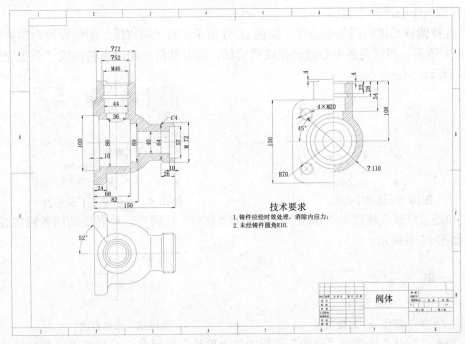

技术要求
1. 铸件应经时效处理，消除内应力；
2. 未经铸件圆角R10.

图16-1 阀体零件图

绘制步骤：

16.2.2 绘制球阀阀体

1. 绘制中心线和辅助线

1）将当前图层设置为"中心线"图层。单击"默认"选项卡"绘图"面板中的"直线"
按钮，绘制两条相互垂直的中心线，竖直中心线和水平
中心线长度分别大约为 500 和 700。

2）单击"默认"选项卡"修改"面板中的"偏移"
按钮，将水平中心线向下偏移 200，将竖直中心线向右
偏移 400。

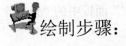

3）单击"默认"选项卡"绘图"面板中的"直线"
按钮，指定偏移后中心线右下交点为起点，下一点坐标
为（@300<135）。

图16-2 中心线和辅助线

4）单击"默认"选项卡"修改"面板中的"移动"
按钮，将绘制的斜线向右下方移动到适当位置，使其仍然经过右下方的中心线交点，结

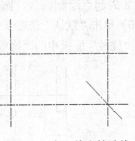

果如图16-2所示。

2．绘制主视图

1）单击"默认"选项卡"修改"面板中的"偏移"按钮，将上面的中心线向下偏移75，将左侧的中心线向左偏移42。

2）选择偏移形成的两条中心线，如图16-3所示。将"粗实线"图层设置为当前图层，如图16-4所示。将这两条中心线转换成粗实线，同时其所在图层也转换成"粗实线"，如图16-5所示。

图16-3　选择中心线

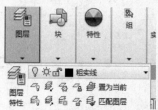

图16-4　"图层"下拉列表

3）单击"默认"选项卡"修改"面板中的"修剪"按钮，将转换的两条粗实线进行修剪，如图16-6所示。

图16-5　转换图层

图16-6　修剪直线1

4）单击"默认"选项卡"修改"面板中的"偏移"按钮，分别将刚修剪的的竖直直线向右偏移10、24、58、68、82、124、140、150，将水平直线向上偏移20、25、32、39、40.5、43、46.5、55。结果如图16-7所示。单击"默认"选项卡"修改"面板中的"修剪"按钮，将偏移直线后的图形进行修剪，如图16-8所示。

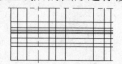

图16-7　偏移直线1

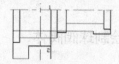

图16-8　修剪直线2

5）单击"默认"选项卡"绘图"面板中的"圆弧"按钮，以图16-8中点1为圆心，以点2为起点绘制圆弧，圆弧终点为适当位置，结果如图16-9所示。

6）单击"默认"选项卡"修改"面板中的"删除"按钮，删除直线12。单击"默认"选项卡"修改"面板中的"修剪"按钮，修剪圆弧及与之相交的直线，结果如图16-10所示。

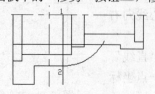

图16-9　绘制圆弧

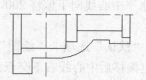

图16-10　修剪圆弧

7）单击"默认"选项卡"修改"面板中的"倒角"按钮，对右下方的直角进行倒角，倒角距离为4，采用的修剪模式为"不修剪"。重复"倒角"命令，对其左侧的直角倒斜角，距离为 4。

8）单击"默认"选项卡"修改"面板中的"圆角"按钮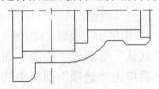，对下端的直角进行圆角处理，圆角半径为 10。重复"圆角"命令，对修剪的圆弧直线相交处倒圆角，半径为 3，结果如图 16-11 所示。

9）单击"默认"选项卡"修改"面板中的"偏移"按钮，将右下端水平直线向上偏移 2。单击"默认"选项卡"修改"面板中的"延伸"按钮，将偏移的直线进行延伸处理。最后将延伸后直线所在的图层转换到"细实线"，如图 16-12 所示。

图16-11　倒角

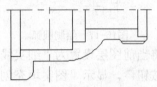

图16-12　绘制螺纹牙底

10）单击"默认"选项卡"修改"面板中的"镜像"按钮，选择如图 16-13 所示虚线部分作为镜像对象，以水平中心线为镜像轴进行镜像，结果如图 16-14 所示。

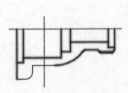

图16-13　选择镜像对象

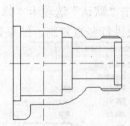

图16-14　镜像结果

11）偏移修剪图线。单击"默认"选项卡"修改"面板中的"偏移"按钮，将竖直中心线分别向左、右两侧偏移 18、22、26、36；将水平中心线分别向上偏移 54、80、86、104、108、112，并将偏移后的直线转换为粗实线，结果如图 16-15 所示。单击"默认"选项卡"修改"面板中的"修剪"按钮，对偏移的图线进行修剪，结果如图 16-16 所示。

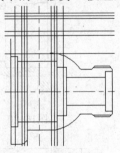

图16-15　偏移直线2

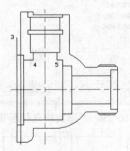

图16-16　修剪直线3

12）单击"默认"选项卡"绘图"面板中的"圆弧"按钮，选择图 16-16 所示的点 3 为圆弧起点，适当一点为第二点，点 3 右侧竖直线上适当一点为终点绘制圆弧。单击"默认"选项卡"修改"面板中的"修剪"按钮，以圆弧为界，将点 3 右侧直线下部剪掉。单击"默认"选项卡"绘图"面板中的"圆弧"按钮，绘制起点和终点分别为点 4 和点 5、第二点为竖直中心线上适当一点的圆弧，结果如图 16-17 所示。

13）单击"默认"选项卡"修改"面板中的"镜像"按钮△，将图 16-17 中 6、7 两条直线各向外偏移 1，然后将偏移后直线所在的图层转换到"细实线"，结果如图 16-18 所示。

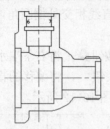

图16-17　绘制圆弧

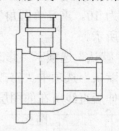

图16-18　绘制螺纹牙底

14）将当前图层设置为"细实线"图层。单击"默认"选项卡"绘图"面板中的"图案填充"按钮▦，显示"图案填充创建"选项卡，然后单击"选项"面板中的按钮▾，打开"图案填充和渐变色"对话框，进行如图 16-19 所示的设置，选择填充区域进行填充，结果如图 16-20 所示。

3. 绘制俯视图

1）单击"默认"选项卡"修改"面板中的"复制"按钮🗗，将图 16-21 主视图中虚线显示的对象进行竖直复制，结果如图 16-22 所示。

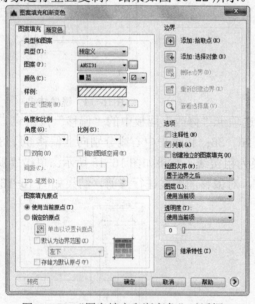

图16-19　"图案填充和渐变色"对话框

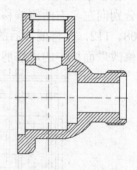

图16-20　图案填充1

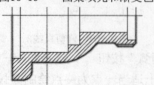

图16-21　选择对象

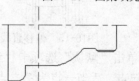

图16-22　复制结果

2）单击"默认"选项卡"绘图"面板中的"直线"按钮✐，捕捉主视图上的相关点，向下绘制竖直辅助线，如图 16-23 所示。

3）单击"默认"选项卡"绘图"面板中的"圆"按钮 ⊘，按辅助线与水平中心线交点指定的位置点，以中心线交点为圆心，以辅助线和水平中心线交点为圆弧上一点绘制 4 个同心圆。单击"默认"选项卡"绘图"面板中的"直线"按钮 ✐，以左侧第 4 条辅助线与第 2 大圆的交点为起点绘制直线。单击状态栏直线"动态输入"按钮 ⊷，在适当位置指定终点，绘制与水平成 232° 角的直线，如图 16-24 所示。

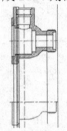
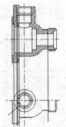

图16-23　绘制辅助线　　　　　　　　　图16-24　绘制轮廓线

4）单击"默认"选项卡"修改"面板中的"修剪"按钮 ⊹，以最外面圆为界，修剪刚绘制的斜线，以水平中心线为界修剪最右侧辅助线。

5）单击"默认"选项卡"修改"面板中的"删除"按钮 ✐，删除其余辅助线，结果如图 16-25 所示。

6）单击"默认"选项卡"修改"面板中的"圆角"按钮 ▢，对俯视图同心圆正下方的直角以 10 为半径倒圆角。

7）单击"默认"选项卡"修改"面板中的"打断"按钮 ▢，将刚修剪的最右侧辅助线打断，结果如图 16-26 所示。

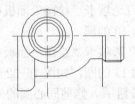
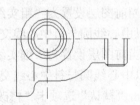

图16-25　修剪与删除　　　　　　　　　图16-26　圆角与打断

8）单击"默认"选项卡"修改"面板中的"延伸"按钮 ⊸，以刚倒圆角的圆弧为界，将圆角形成的断开直线延伸。

9）单击"默认"选项卡"修改"面板中的"复制"按钮 ⊗，将刚打断的辅助线向左适当平行复制，结果如图 16-27 所示。

10）单击"默认"选项卡"修改"面板中的"镜像"按钮 ⚠，以水平中心线为轴，将水平中心线以下的所有对象进行镜像，最终的俯视图如图 16-28 所示。

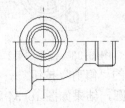
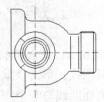

图16-27　延伸与复制　　　　　　　　　图16-28　镜像结果1

4．绘制左视图

1）单击"默认"选项卡"绘图"面板中的"直线"按钮，捕捉主视图与左视图上相关点，绘制如图16-29所示的水平与竖直辅助线。

2）单击"默认"选项卡"绘图"面板中的"圆"按钮，按水平辅助线与左视图中心线指定的交点为圆弧上的一点，以中心线交点为圆心绘制5个同心圆，并初步修剪辅助线，如图16-30所示。进一步修剪辅助线，如图16-31所示。

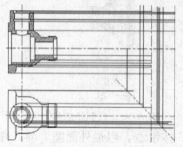
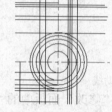

图16-29　绘制辅助线　　　　　图16-30　绘制同心圆　　　　　图16-31　修剪直线4

3）绘制孔板。单击"默认"选项卡"修改"面板中的"圆角"按钮，对图16-32左下角直角倒圆角，半径为25。

4）将当前图层设置为"中心线层"图层。单击"默认"选项卡"绘图"面板中的"圆"按钮，以中心线交点为圆心绘制半径为70的中心线圆。

5）单击"默认"选项卡"绘图"面板中的"直线"按钮，以中心线交点为起点，向左下方绘制45°斜线。

6）将当前图层设置为"粗实线"图层。单击"默认"选项卡"绘图"面板中的"圆"按钮，以中心线圆与斜中心线交点为圆心，绘制半径为10的圆。

7）将当前图层设置为"细实线"图层，单击"默认"选项卡"绘图"面板中的"圆"按钮，以中心线圆与斜中心线交点为圆心，绘制半径为12的圆，如图16-32所示。

8）单击"默认"选项卡"修改"面板中的"打断"按钮，修剪同心圆的外圆、中心线圆与斜线。

9）单击"默认"选项卡"修改"面板中的"镜像"按钮，以水平中心线为镜像轴，将绘制的孔板进行镜像处理，结果如图16-33所示。

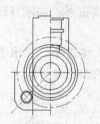
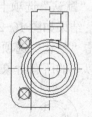

图16-32　圆角与同心圆　　　　　　　图16-33　镜像结果2

10）修剪图线。单击"默认"选项卡"修改"面板中的"修剪"按钮，选择相应边界，修剪左侧辅助线与5个同心圆中的最外边的两个同心圆，结果如图16-34所示。

11）图案填充。单击"默认"选项卡"绘图"面板中的"图案填充"按钮，对左视图进行图案填充，结果如图 16-35 所示。

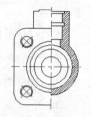

图16-34　修剪图线　　　　　　　　　　　图16-35　图案填充2

12）单击"默认"选项卡"修改"面板中的"删除"按钮 ✐，删除剩下的辅助线。

13）单击"默认"选项卡"修改"面板中的"打断"按钮 ㊙，修剪过长的中心线，再将左视图整体水平向左适当移动，最终绘制的阀体三视图如图 16-36 所示。

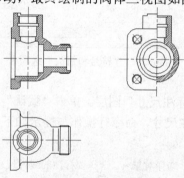

图16-36　阀体三视图

📖16.2.3　标注球阀阀体

1. 设置尺寸样式

单击"默认"选项卡"注释"面板中的"标注样式"按钮 ▨，打开"标注样式管理器"对话框，如图 16-37 所示。单击"修改"按钮，打开"修改标注样式"对话框，分别对"符号和箭头"以及"文字"选项卡进行如图 16-38 和图 16-39 所示的设置。

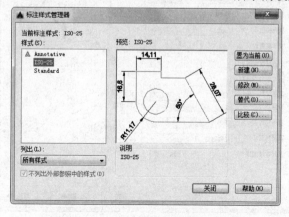

图16-37　"标注样式管理器"对话框

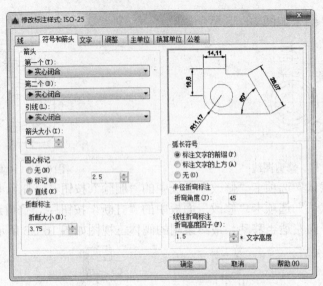

图16-38 "符号和箭头"选项卡

2．标注主视图尺寸

1）将当前图层设置为"标注尺寸"图层。单击"默认"选项卡"注释"面板中的"线性"按钮，标注主视图线性尺寸，命令行操作与提示如下：

命令：_dimlinear

指定第一个尺寸界线原点或 <选择对象>:（选择要标注的线性尺寸的第一个点）

指定第二条尺寸界线原点:（选择要标注的线性尺寸的第二个点）

指定尺寸线位置或[多行文字(M)/文字(T)/角度(A)/水平(H)/垂直(V)/旋转(R)]: T↙

输入标注文字 <72>: %%C72↙

指定尺寸线位置或[多行文字(M)/文字(T)/角度(A)/水平(H)/垂直(V)/旋转(R)]:（指定要标注尺寸的位置）

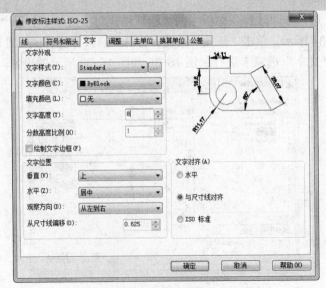

图16-39 "文字"选项卡

2）采用同样的方法标注线性尺寸 $\phi52$、M46、$\phi44$、$\phi36$、$\phi100$、$\phi86$、$\phi69$、$\phi40$、$\phi64$、$\phi99$、M72、10、24、68、82、150、26、10。

3）标注角度尺寸，命令行提示与操作如下：

> 命令：QLEADER↙
>
> 指定第一个引线点或 [设置(S)] <设置>:（指定引线点)
>
> 指定下一点：（指定下一引线点)
>
> 指定下一点：（指定下一引线点)
>
> 指定文字宽度 <0>: 8↙
>
> 输入注释文字的第一行 <多行文字(M)>: 4×45%%D↙
>
> 输入注释文字的下一行: ↙

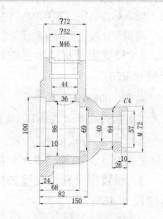

标注结果如图 16-40 所示。

3. 标注左视图

1）标注线性尺寸 150、4、4、22、28、54、108。

2）单击"默认"选项卡"注释"面板中的"标注样式"按钮，打开"标注样式管理器"对话框，单击"新建"按钮，系统打开"创建新标注样式"对话

图16-40　标注主视图线性尺寸

框，在"用于"下拉列表中选择"直径标注"，如图 16-41 所示。单击"继续"按钮，系统打开"新建标注样式"对话框，在"文字"选项卡"文字对齐"选项组中点选"水平"单选钮，如图 16-42 所示，然后单击"确定"按钮退出。

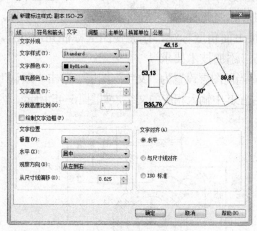

图16-41　"创建新标注样式"对话框　　　　图16-42　"新建标注样式"对话框

3）标注直径尺寸 $\phi110$。单击"默认"选项卡"注释"面板中的"直径"按钮，命令行提示与操作如下：

> 命令：_dimdiameter
>
> 选择圆弧或圆:（选择左视图最外圆）
>
> 标注文字 = 110
>
> 指定尺寸线位置或 [多行文字(M)/文字(T)/角度(A)]:（指定适当位置）
>
> 标注尺寸 4-M20

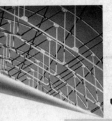

命令: _dimdiameter

选择圆弧或圆: （选择直径为 20 的圆）

标注文字 = 20.0000

指定尺寸线位置或 [多行文字(M)/文字(T)/角度(A)]: T↙

输入标注文字 <20.0000>: 4-M20↙

指定尺寸线位置或 [多行文字(M)/文字(T)/角度(A)]: （指定适当位置）

4）设置用于标注半径的标注样式，设置与上面用于直径标注的标注样式一样。标注半径尺寸 R70：

命令: _dimradius

选择圆弧或圆:（选择中心线圆弧）

标注文字 =70

指定尺寸线位置或 [多行文字(M)/文字(T)/角度(A)]: （指定适当位置）

5）设置用于标注角度的标注样式，其设置与上面用于直径标注的标注样式一样。标注角度尺寸 45°：

命令: DIMANGULAR↙

选择圆弧、圆、直线或 <指定顶点>:（选择要标注的尺寸界线）

选择第二条直线: （选择要标注的另一条尺寸界线）

指定标注弧线位置或 [多行文字(M)/文字(T)/角度(A)]: （指定适当位置）

结果如图 16-43 所示。

4．标注俯视图

接上面角度标注，在俯视图上标注角度 52°，结果如图 16-44 所示。

5．添加技术要求

将当前图层设置为"文字"图层。单击"默认"选项卡"注释"面板中的"多行文字"按钮 Ⓐ，并在其中输入相应的文字，如图 16-45 所示。然后单击"确定"按钮，结果如图 16-46 所示。

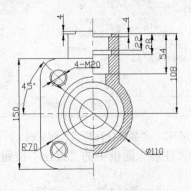

图16-43　标注左视图

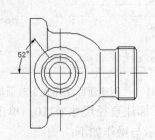

图16-44　标注俯视图

技术要求
1.铸件应经时效处理，消除内应力；
2.未经铸件圆角R10.]

图16-45　输入文字

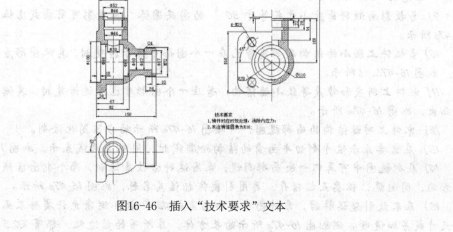

图16-46 插入"技术要求"文本

📖16.2.4 填写标题栏

将当前图层设置为"0图层"图层，并打开此图层。填写标题栏：单击"默认"选项卡"注释"面板中的"多行文字"按钮 A，填写标题，结果如图 16-1 所示。

★ 知识链接——机械零件的简化画法

GB/T 4458.1—2002、GB/T 4458.6—2002、GB/T 4458.4—1984 和 GB/T 16675.1—1996《技术制图 简化表示法 第 1 部分：图样画法》、GB/T 16675.2—1996《技术制图 简化表示法 第 2 部分：尺寸注法》规定了一些规定画法和简化画法，下面简要讲述：

1) 在不致引起误解时，零件图中的移出断面，允许省略剖面符号，但剖面位置和断面图的标注必须遵照原来的规定，如图 16-47a 所示。

2) 零件中成规律分布的重复结构，允许只绘制出其中一个或几个完整的结构，并反映其分布情况，重复结构的数量和类型的表示应遵循 GB/T4458.4 中的有关要求。对称的重复结构用点画线表示各对称结构要素的位置，如图 16-47b 所示，不对称的重复结构，则用规定的实线代替，如图 16-47c 所示。

3) 滚花、槽沟等网状结构，应用粗实线完全或部分地表示出来，但也可用简化表示法，不画出这些网状结构，只需按规定标注，如图 16-47d 所示。

4) 零件上的肋、轮辐，紧固件、轴，其纵向剖视图通常按不剖绘制，如图中的肋不画剖面符号，用粗实线与邻接部分分开；带有规则分布结构要素的回转零件，需要绘制剖视图时，可以将其旋转到剖切平面上绘制，如图中的肋和孔，由于旋转后的剖视图中的孔是相同的一侧的孔还可以简化成只画一条轴线，如图 16-47e 所示。

5) 为了避免增加视图或剖视图，可用细实线绘出对角线来表示平面，如图 16-47f 所示。

6) 圆柱形法兰和类似零件上均匀分布的孔，允许只画出各个法兰上的一个或几个孔，并用点画线表示其余各孔的位置，如图 16-47g 所示。

7) 在不致引起误解时，对称机件的视图可只画一半或四分之一，并在对称中心的两端画出两条与其垂直的平行细实线，作为对称符号，如图 16-47h 所示。

8) 较长的机件（如轴、杆、型材、连杆等）沿长度方向的形状一致或按一定规律变化时，可断开后缩短绘制，但标注长度尺寸时，应按未缩短时的实际尺寸标注，如图 16-47d、i 所示。上述各种较长的机件（包括实心和空心的圆柱）的断裂处，都可用波浪线或双折

表示，如图16-47l、m所示。

9）与投影面倾斜角度小于或等于30°的圆或圆弧，其投影可用圆或圆弧代替，如图16-47j所示。

10）当机件上较小的结构及斜度等已在一个图形中表示清楚时，其他图形应当简化或省略，如图16-47k、l所示。

11）机件上斜度和锥度等较小的结构，若在一个图形中已表达清楚时，其他图形可按小端画出，如图16-47m所示。

12）零件上对称结构的局部视图，可按图16-47n所示的方法简化绘制。

13）在需要表示位于剖切平面前的结构轮廓线时，用双点画线表示，如图16-47o所示。

14）在剖视图中可再作一次局部剖视，采用这种方法表达时，两个剖面区域的剖面线应用方向、同间隔，但要互相错开，并用引出线标注其名称，如图16-47p所示。

15）在不致引起误解时，零件图中的小圆角或45°的小倒角允许省略不画，但必须注明尺寸或另加说明。例如图16-47q所示的长方体，在所有的棱边处，都有R0.5的小倒圆；又如图16-47n所示的具有3个均布孔的圆盘，在圆盘的顶边和底边处各有1×45°的小倒角，而在3个均布孔的顶边和底边处分别各有0.5×45°的小倒角。

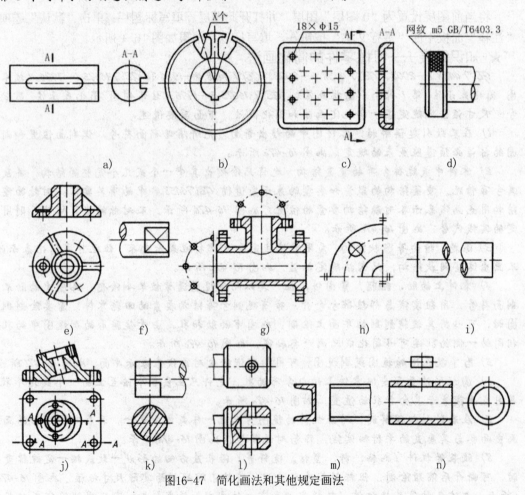

图16-47　简化画法和其他规定画法

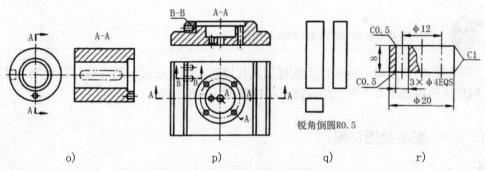

o)　　　　　　p)　　　　　　q)　　　　　　r)

图16-47　简化画法和其他规定画法（续）

　　由此可见，使用了图样画法和尺寸注法的简化表示法，就能更简明地表达零件，仅用一个局部剖视图，就清晰完整地表达了这个零件的形状和大小。

16.3　球阀装配图

　　球阀装配图由阀体、阀盖、密封圈、阀芯、压紧套、阀杆和扳手等零件图组成，如图16-48所示。装配图是零部件加工和装配过程中重要的技术文件。在设计过程中要用到剖视以及放大等表达方式，还要标注装配尺寸，绘制和填写明细表等。因此，通过球阀装配图的绘制，可以提高我们的综合设计能力。

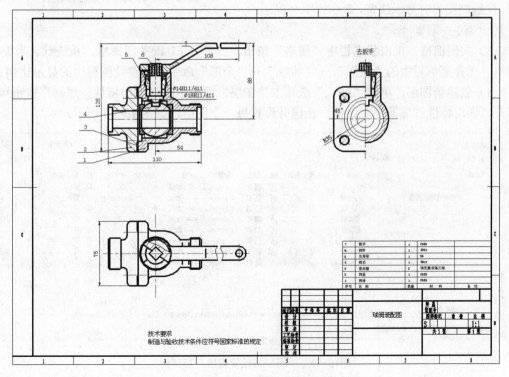

图16-48　球阀装配平面图

参见
光盘 光盘动画演示\第16章\球阀装配图.avi

本实例的制作思路：将零件图的视图进行修改，制作成块，然后将这些块插入装配图中，制作块的步骤本节不再介绍，用户可以参考相应的介绍。

📖16.3.1 配置绘图环境

绘制步骤：

1）建立新文件。启动AutoCAD 2016应用程序，单击"快速访问"工具栏中的"新建"按钮□，打开"选择样板文件"对话框，选择随书光盘文件X:\源文件\ A2竖向样板图dwt，单击"打开"按钮，如图16-49所示，建立新文件；将新文件命名为"球阀平面装配图.dwg"并保存。

2）关闭线宽。单击状态栏中"线宽"按钮，在绘制图形时显示线宽，命令行中会提示：

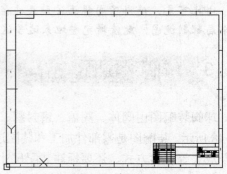

图16-49 球阀平面装配图模板

"命令：<线宽 关>"。

3）关闭栅格。单击状态栏中"栅格"按钮，或者按F7键关闭栅格，系统默认为关闭栅格。选择菜单栏中的"视图"→"缩放"→"全部"命令，调整绘图窗口的显示比例。

4）创建新图层。单击"默认"选项卡"图层"面板中的"图层特性管理器"按钮🗐，打开"图层特性管理器"对话框，新建并设置每一个图层，如图16-50所示。

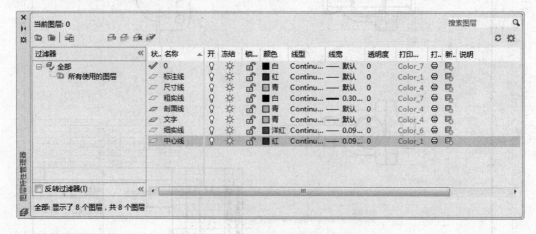

图16-50 "图层特性管理器"对话框

📖16.3.2 组装装配图

球阀装配平面图主要由阀体、阀盖、密封圈、阀芯、压紧套、阀杆和扳手等零件图组成。在绘制零件图时，可以为了装配的需要，将零件的主视图以及其他视图分别定义成图块，但是在定义的图块中不包括零件的尺寸标注和定位中心线，块的基点应选择在与其零件有装配关系或定位关系的关键点上。本例球阀平面装配图中所有的装配零件图均在附赠光盘的"平面装配图"中，并且已定义好块，用户可以直接应用。具体尺寸参考各零件的立体图。

1. 装配零件图

1）插入阀体平面图。单击"视图"选项卡"选项板"面板中的"设计中心"按钮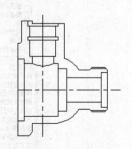，AutoCAD 打开"设计中心"对话框，如图 16-51 所示。在 AutoCAD 设计中心中有"文件夹""打开的图形"和"历史记录"等选项卡，用户可以根据需要选择相应的选项。

图16-51 "设计中心"对话框

在设计中心中单击"文件夹"选项卡，则计算机中所有的文件都会显示在其中，在其中找出要插入的文件。选择相应的文件后，用鼠标双击该文件，然后用鼠标单击该文件中"块"选项，则图形中所有的块都会出现在右边的图框中，如图 16-51 所示。然后在其中选择"阀体主视图"块，用鼠标双击该块，打开"插入"对话框，如图 16-52 所示。

图16-52 "插入"对话框

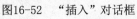

图 16-53 插入阀体后的图形

按照图示进行设置，插入的图形比例为 1:1，旋转角度为 0°，然后单击"确定"按钮，则此时 AutoCAD 在命令行会提示：

指定插入点或[比例(S)/X/Y/Z/旋转(R)/预览比例(PS)/PX/PY/PZ/预览旋转(PR)]:

在命令行中输入"100, 200",则"阀体主视图"
块会插入到"球阀平面装配图"中,且插入后轴右
端中心线处的坐标为"100, 200",结果如图 16-53
所示。

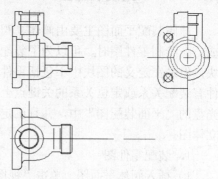

在"设计中心"对话框中继续插入"阀体俯视
图"块,插入的图形比例为1:1,旋转角度为0°,
插入点的坐标为"100, 100"; 继续插入"阀体左视
图"块,插入的图形比例为1:1,旋转角度为0°,
插入点的坐标为"300, 200",结果如图 16-54 所示。

2)插入阀盖主视图。单击"视图"选项卡"选
项板"面板中的"设计中心"按钮，AutoCAD 打开"设计中心"对话框,在相应的文件

图16-54 插入阀体后的装配图

夹中找出"阀盖主视图",并单击左边的"块",右边在顶点对话框中出现该平面图中定义
的块,如图 16-55 所示。插入"阀盖主视图"块,插入的图形比例为1:1,旋转角度为0°,
插入点的坐标为"84, 200"。由于阀盖的外形轮廓与阀体的左视图的外形轮廓相同,故"阀
盖左视图"块不需要插入。

因为阀盖是一个对称结构,所以把"阀盖主视图"块,插入到"阀体装配平面图"的
俯视图中,结果如图 16-56 所示。

把俯视图中的"阀盖主视图"块分解并修改,具体过程不再介绍,可以参考前面相应
的命令,结果如图 16-57 所示。

3)插入"密封圈平面图"。单击"视图"选项卡"选项板"面板中的"设计中心"按
钮，打开"设计中心"对话框,在相应的文件夹中找出"密封圈",并单击左边的"块",
右边在顶点对话框中出现该平面图中定义的块,如图 16-58 所示。

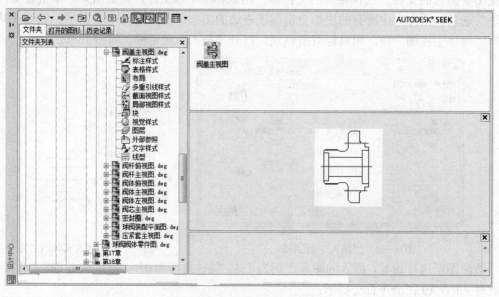

图16-55 "设计中心"对话框

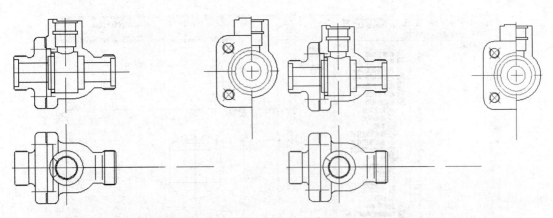

图16-56　插入阀盖后的图形　　　　　　图16-57　修改视图后的图形

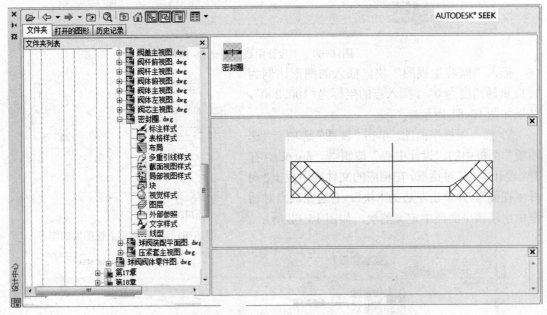

图16-58　"设计中心"对话框

插入"密封圈"块，插入的图形比例为1:1，旋转角度为90°，插入点的坐标为"120，200"。由于该装配图中有两个密封圈，所以再插入一个，插入的图形比例为1:1，旋转角度为-90°，插入点的坐标为"77，200"，结果如图16-59所示。

4）插入"阀芯平面图"。单击"视图"选项卡"选项板"面板中的"设计中心"按钮，AutoCAD打开"设计中心"对话框，在相应的文件夹中找出"阀芯主视图"，并单击左边的"块"，右边在顶点对话框中出现该平面图中定义的块，如图16-60所示。

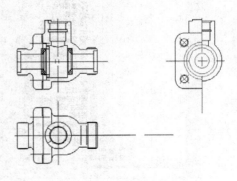

图16-59　插入密封圈后的图形

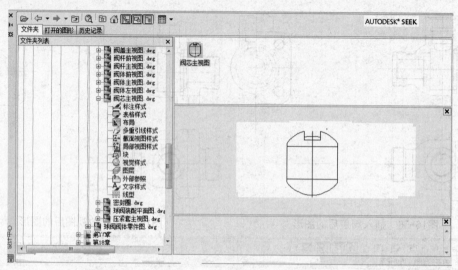

图16-60 "设计中心"对话框

插入"阀芯主视图"块，插入的图形比例为
1:1，旋转角度为0°，插入点的坐标为"100, 200"，
结果如图16-61所示。

5）插入阀杆平面图。单击"视图"选项卡"选
项板"面板中的"设计中心"按钮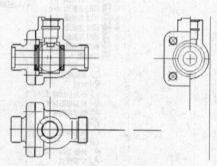，AutoCAD 打
开"设计中心"对话框，在相应的文件夹中找出"阀
杆主视图"，并单击左边的"块"，右边在顶点对话
框中出现该平面图中定义的块，如图16-62所示。

图16-61 插入阀芯主视图后的图形

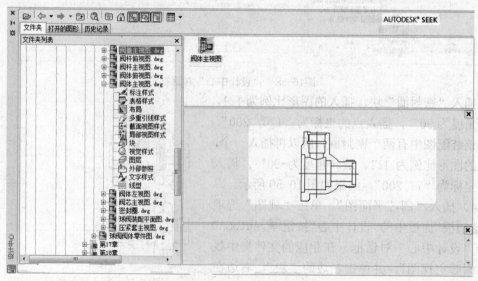

图16-62 "设计中心"对话框

插入"阀杆主视图"块，插入的图形比例为1:1，旋转角度为-90°，插入点的坐标为

"100,227"；插入"阀杆俯视图"块，插入的图形比例为 1∶1，旋转角度为 0°，插入点的坐标为"100,100"，插入"阀杆左视图"块，插入的图形比例为 1∶1，旋转角度为-90°，插入点坐标为"300,227"，结果如图 16-63 所示。

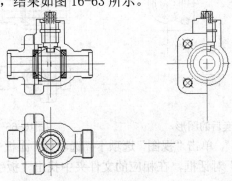

图16-63　插入阀杆后的图形

6）插入"压紧套平面图"。单击"视图"选项卡"选项板"面板中的"设计中心"按钮🔲，AutoCAD 打开"设计中心"对话框，在相应的文件夹中找出"压紧套"，并单击左边的"块"，右边在顶点对话框中出现该平面图中定义的块，如图 16-64 所示。

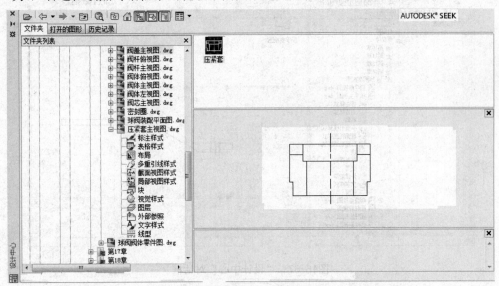

图16-64　"设计中心"对话框

插入"压紧套"块，插入的图形比例为 1∶1，旋转角度为 0°，插入点的坐标为"100,235"；继续插入"压紧套"块，插入的图形比例为 1∶1，旋转角度为 0°，插入点的坐标为"300,235"，结果如图 16-65 所示。

把主视图和左视图中的"压紧套"块分解并修改，具体过程不再介绍，可以参考前面相应的命令，结果如图 16-66 所示。

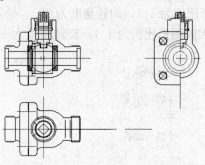

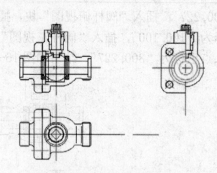

图16-65　插入压紧套后的图形　　　　　　　图16-66　修改视图后的图形

7）插入"扳手平面图"。单击"视图"选项卡"选项板"面板中的"设计中心"按钮，AutoCAD打开"设计中心"对话框，在相应的文件夹中找出"扳手主视图"，并单击左边的"块"，右边在顶点对话框中出现该平面图中定义的块，如图16-67所示。

插入"扳手主视图"块，插入的图形比例为1:1，旋转角度为0°，插入点的坐标为"100,254"；继续插入"扳手俯视图"块，插入的图形比例为1:1，旋转角度为0°，插入点的坐标为"100,100"，结果如图16-68所示。

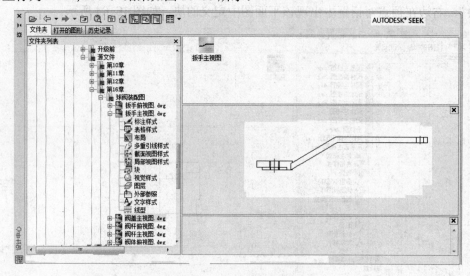

图16-67　"设计中心"对话框

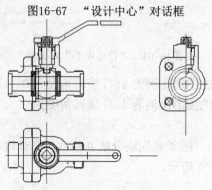

图16-68　插入扳手后的图形

　　把主视图和俯视图中的"扳手"块分解并修改，具体过程不再介绍，可以参考前面相应的命令，结果如图 16-69 所示。

2. 填充剖面线

1）修改视图。综合运用各种命令，将图 16-69 的图形进行修改并绘制填充剖面线的区域线，结果如图 16-70 所示。

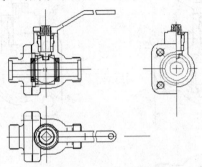

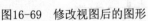

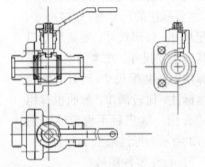

图16-69　修改视图后的图形　　　　　　　　图16-70　修改并绘制区域线后的图形

　　2）填充剖面线。单击"默认"选项卡"绘图"面板中的"图案填充"按钮，弹出"图案填充创建"选项卡，单击"选项面板中的"图案填充设置"按钮，打开"图案填充和渐变色"对话框，设置如图 16-71 所示。将视图中需要填充的位置进行填充，结果如图 16-72 所示。

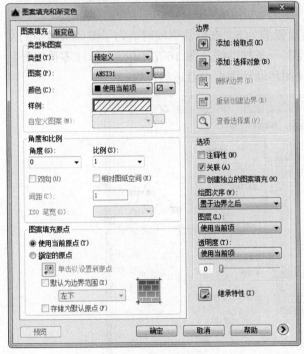

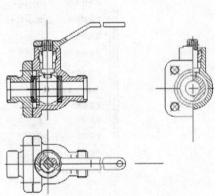

图16-71　"图案填充和渐变色"对话框　　　　　图16-72　填充后的图形

📖16.3.3 标注球阀装配图

1. 标注尺寸

在装配图中,不需要将每个零件的尺寸全部标注出来,在装配图中,需要标注的尺寸有:规格尺寸、装配尺寸、外形尺寸、安装尺寸以及其他重要尺寸。在本例中,只需要标注一些装配尺寸,而且其都为线性标注,比较简单,前面也有相应的介绍,这里就不再赘述,图16-73所示为标注后的装配图。

2. 标注零件序号

标注零件序号采用引线标注方式,单击"默认"选项卡"注释"面板中的"标注样式"按钮，打开"修改标注样式"对话框,如图16-74所示。修改其中的引线标

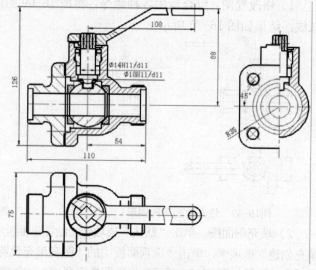

图16-73　标注尺寸后的装配图

注方式,将箭头的大小设置为5,文字高度设置为5。在标注引线时,为了保证引线中的文字在同一水平线上,可以在合适的位置绘制一条辅助线。图16-75所示为标注零件序号后的装配图。标注完成后,将图中所有的视图移动到图框中合适的位置。

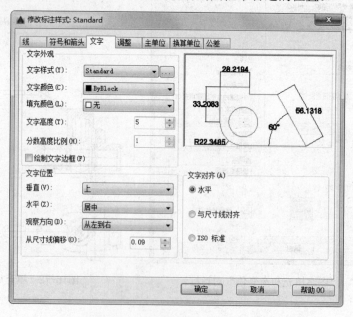

图16-74　"修改标注样式"对话框

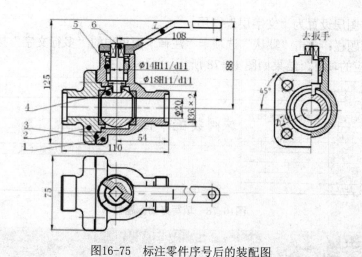

图16-75 标注零件序号后的装配图

16.3.4 填写标题栏和明细表

1. 标注零件序号

通过设计中心，将"明细表"图块插入装配图中，插入点选择在标题栏的右上角处。插入"明细表"图块后，再单击"默认"选项卡"注释"面板中的"多行文字"按钮 **A**，填写明细表。图 16-76 所示为填写好的明细表。

2. 填写技术要求

1）切换图层。将当前图层设置为"文字层"图层。

2）填写技术要求。单击"默认"选项卡"注释"面板中的"多行文字"按钮 **A**，填写技术要求。

此时 AutoCAD 中可设置需要的样式、字体和高度，然后再键入技术要求的内容，如图 16-77 所示。

7	扳手	1	ZG25	
6	阀杆	1	40Cr	
5	压紧套	1	35	
4	阀芯	1	40cr	
3	密封圈	2	填充聚四氟乙烯	
2	阀盖	1	ZG25	
1	阀体	1	ZG25	
序号	名　　称	数量	材　　料	备　　注

图16-76 装配图明细表

技术要求
制造与验收技术要求应符合国家标准的规定

图16-77 输入文字

3. 填写标题栏

1）将当前图层设置为"文字层"图层。

2）填写标题栏：单击"默认"选项卡"注释"面板中的"多行文字"按钮 Ａ 命令，填写标题栏中相应的项目，结果如图 16-78 所示。

标记处数	文件号	签字	日期		球阀装配平面图		所属配件号		
设计							图样标记	重量	比例
校核							S		1：1
审查									
工艺检查							共 1 张	第 1 张	
标准检查									
审定									
批准									

图16-78　填写好的标题栏

16.4　动手练一练

【实例】绘制如图 16-79 所示的变速器装配图

1．目的要求

本例主要讲述变速器装配图的绘制方法。通过本实例，帮助读者在前面学习的基础上，进一步熟练掌握零件图的绘制方法。

2．操作提示

1）配置绘图环境。

2）绘制零件。

3）装配零件。

4）标注装配图。

5）填写标题栏和明细表。

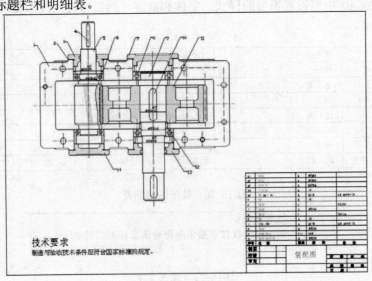

图16-79　变速器装配图

第 **17** 章

建筑设计工程实例

　　建筑设计是 AutoCAD 在专业领域应用的一个重要方面，利用 AutoCAD 的强大功能，用户可以方便地进行各种不同类型的建筑工程图设计。

　　本章以某高层家属楼的完整设计过程为例，详细介绍各种建筑工程图的绘制方法和技巧。

AutoCAD 2016

重点与难点

- 了解建筑设计基本理论
- 掌握家属楼设计过程

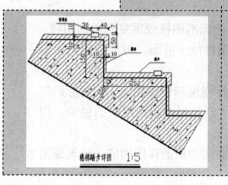

楼梯踏步详图 1:5

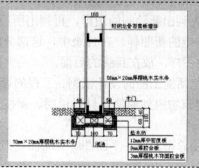

18号楼南立面图 1:100

17.1 建筑绘图概述

17.1.1 建筑绘图的特点

　　建筑物根据使用功能和使用对象的不同分为很多种类。一般说来，建筑物的第一层称为底层也称为一层或首层。从底层往上数，称为二层、三层……顶层。一层下面有基础，基础和底层之间有防潮层。对于大的建筑物而言，可能在基础和底层之间还有地下一层、地下二层等。建筑物一层一般有台阶、大门、一层地面等。各层均有楼面、走道、门窗、楼梯、楼梯平台、梁柱等。顶层还有屋面板、女儿墙、天沟等。其他的一些构件有雨水管、雨篷、阳台、散水等。其中，屋面、楼板、梁柱、墙体、基础主要起直接或间接支撑来自建筑物本身和外部载荷的作用；门、走廊、楼梯、台阶起着沟通建筑物内外和上下交通的作用；窗户和阳台起着通风和采光的作用；天沟、雨水管、散水、明沟起着排水的作用。其中一些构件的示意图如图 17-1 所示。

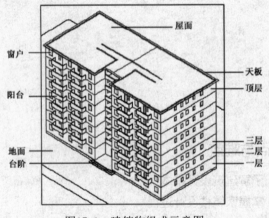

图17-1　建筑物组成示意图

17.1.2 建筑绘图分类

　　建筑图根据图样的专业内容或作用不同分为以下几类：

　　（1）图样目录　首先列出新绘制的图样，再列出所用的标准图样或重复利用的图样。一个新的工程都要绘制一定的新图样，在目录中，这部分图样位于前面，可能还用到大量的标准图样或重复使用的图样，放在目录的后面。

　　（2）设计总说明　包括施工图的设计依据、工程的设计规模和建筑面积、相对标高与绝对标高的对应关系、建筑物内外的使用材料说明、新技术新材料或特殊用法的说明、门窗表等。

　　（3）建筑施工图　由总平面图、平面图、立面图、剖面图和构造详图构成。建筑施工图简称为"建施"。

（4）结构施工图　由结构平面布置图、构件结构详图构成。结构施工图简称为"结施"。

（5）设备施工图　由给水排水、采暖通风、电气等设备的布置平面图和详图构成。设备施工图简称为"设施"。

📖 17.1.3　总平面图

1．总平面图概述

作为新建建筑施工定位、土方施工以及施工总平面设计的重要依据，一般情况下总平面图应该包括以下内容：

1）测量坐标网或施工坐标网。测量坐标网采用"X，Y"表示，施工坐标网采用"A，B"来表示。

2）新建建筑物的定位坐标、名称、建筑层数以及室内外的标高。

3）附近的有关建筑物、拆除建筑物的位置和范围。

4）附近的地形地貌。包括等高线、道路、桥梁、河流、池塘以及土坡等。

5）指北针和风玫瑰图。

6）绿化规定和管道的走向。

7）补充图例和说明等。

以上各项内容，不是任何工程设计都缺一不可的。在实际的工程中，要根据具体情况和工程的特点来确定取舍。对于较为简单的工程，可以不画等高线、坐标网、管道、绿化等。一个总平面图的示例如图 17-2 所示。

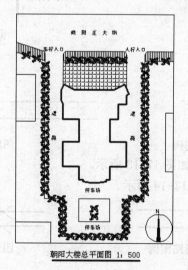

朝阳大楼总平面图 1:500

图17-2　总平面图示例

2．总平面图中的图例说明

1）新建建筑物：采用粗实线来表示，如图 17-3 所示。当有需要时可以在右上角用点数或数字来表示建筑物的层数，如图 17-4 和图 17-5 所示。

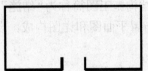

图17-3 新建建筑物图例

图17-4 以点表示层数(4层)

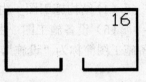

图17-5 以数字表示层数(16层)

2）旧有建筑物：采用细实线来表示，如图 17-6 所示。同新建建筑物图例一样，也可以采用在右上角用点数或数字来表示建筑物的层数。

3）计划扩建的预留地或建筑物：采用虚线来表示，如图 17-7 所示。

4）拆除的建筑物：采用打上叉号的细实线来表示，如图 17-8 所示。

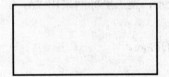

图17-6 旧有建筑物图例

图17-7 计划中的建筑物图例

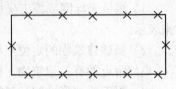

图17-8 拆除的建筑物图例

5）坐标：如图 17-9 和图 17-10 所示。注意两种不同坐标的表示方法。

6）新建道路：如图 17-11 所示。其中，"R8"表示道路的转弯半径为8m，"30.10"为路面中心的标高。

7）旧有道路：如图 17-12 所示。

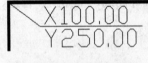

图17-9 测量坐标图例

图17-10 施工坐标图例

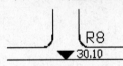

图17-11 新建道路图例

图17-12 旧有道路图例

（8）计划扩建的道路：如图 17-13 所示。

（9）拆除的道路：如图 17-14 所示。

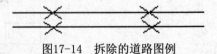

图17-13 计划扩建的道路图例

图17-14 拆除的道路图例

3．详解阅读总平面图

1）了解图样比例、图例和文字说明。总平面图的范围一般都比较大，所以要采用比较小的比例。对于总平面图来说，1∶500算是很大的比例，也可用 1∶1000 或 1∶2000 的比例。总平面图上的尺寸标注，要以"m"为单位。

2）了解工程的性质和地形地貌。例如，从等高线的变化可以知道地势的走向高低。

3）了解建筑物周围的情况。

4）明确建筑物的位置和朝向。房屋的位置可以用定位尺寸或坐标来确定。定位尺寸应标出与原建筑物或道路中心线的距离。当采用坐标来表示建筑物位置时，宜标出房屋的 3 个角坐标。建筑物的朝向可以根据图中的风玫瑰图来确定。风玫瑰中有箭头的方向为北向。

5）从底层地面和等高线的标高，可知该区域内的地势高低、雨水排向，并可以计算挖填土方的具体数量。总平面图中的标高，均为绝对标高。

4. 标高投影知识

总平面图中的等高线就是一种立体的标高投影。所谓标高投影，就是在形体的水平投影上，以数字标注出各处的高度来表示形体形状的一种图示方法。

众所周知，地形对建筑物的布置和施工都有很大影响。一般情况下都要对地形进行人工改造，如平整场地和修建道路等，所以要在总平面图中把建筑物周围的地形表示出来。如果还是采用原来的正投影、轴测投影等方法来表示，则无法表示出地形的复杂形状。在这种情况下，就采用标高投影法来表示这种复杂的地形。

总平面图中的标高是绝对标高。所谓绝对标高就是以我国青岛市外的黄海海平面作为零点来测定的高度尺寸。在标高投影图中，通常都绘出立体上平面或曲面的等高线来表示该立体。山地一般都是不规则的曲面，以一系列整数标高的水平面与山地相截，把所截得的等高截交线正投影到水平面上来，得到一系列不规则形状的等高线，标注上相应的标高值即可，所得图形称为地形图。图 17-15 所示就是地形图的一部分。

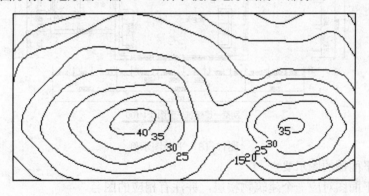

图17-15　地形图的一部分

5. 绘制指北针和风玫瑰

指北针和风玫瑰是总平面图中两个重要的指示符号。指北针的作用是在图样上标出正北方向，如图 17-16 所示。风玫瑰不仅能表示出正北方向，还能表示出全年该地区的风向频率大小，如图 17-17 所示。

图17-16　绘制指北针

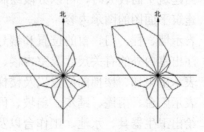

图17-17　风玫瑰最终效果图

📖17.1.4 建筑平面图概述

建筑平面图就是假想使用一水平的剖切面沿门窗洞的位置将房屋剖切后，对剖切面以下部分所作的水平剖面图。建筑平面图简称平面图，主要反映房屋的平面形状、大小和房间的布置，墙柱的位置、厚度和材料，门窗类型和位置等。建筑平面图是建筑施工图中最为基本的图样之一。建筑平面图的示例如图 17-18 所示。

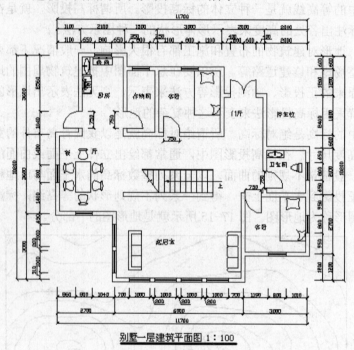

别墅一层建筑平面图 1∶100

图17-18 平面图示例

1. 建筑平面图的图示要点

1）每个平面图对应一个建筑物楼层，并注有相应的图名。

2）可以表示多层的一张平面图称为标准层平面图。标准层平面图各层的房间数量、大小和布置都必须一样。

3）建筑物左右对称时，可以将两层平面图绘制在同一张图样上，左右分别绘制各层的一半，同时中间要注上对称符号。

4）当建筑平面较大时，可以分段绘制。

2. 建筑平面图的图示内容

1）表示墙、柱、门、窗的位置和编号，房间名称或编号，轴线编号等。

2）注出室内外的有关尺寸及室内楼、地面的标高。建筑物的底层，标高为±0.000。

3）表示出电梯、楼梯的位置以及楼梯的上下方向和主要尺寸。

4）表示阳台、雨篷、踏步、斜坡、雨水管道、排水沟等的具体位置以及大小尺寸。

5）绘出卫生器具、水池、工作台以及其他重要的设备位置。

6）绘出剖面图的剖切符号以及编号。根据绘图习惯，一般只在底层平面图绘制。

7）标出有关部位上节点详图的索引符号。

8）绘制出指北针。根据绘图习惯，一般只在底层平面图绘出指北针。

📖17.1.5 建筑立面图概述

立面图主要反映房屋的外貌和立面装修的做法，这是因为建筑物给人的外表美感主要来自其立面的造型和装修。建筑立面图是用来研究建筑立面造型和装修的。反映主要入口或建筑物外貌特征的一面立面图叫作正立面图，其余面的立面图相应地称为背立面图和侧立面图。如果按房屋的朝向来分，可以称为南立面图、东立面图、西立面图和北立面图。如果按轴线编号来分，也可以有①～⑥立面图、Ⓐ～Ⓜ立面图等。建筑立面图使用大量图例来表示很多细部，这些细部的构造和做法，一般都另有详图。如果建筑物有一部分立面不平行于投影面，可以将这部分立面展开到与投影面平行的位置，再绘制其立面图，然后在其图名后注写"展开"字样。建筑立面图的示例如图 17-19 所示。

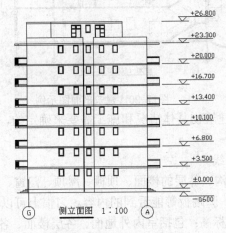

图17-19　建筑立面图示例

建筑立面图的图示内容主要包括以下几个方面。

1）室内外地面线、房屋的勒脚、台阶、门窗、阳台、雨篷；室外的楼梯、墙和柱；外墙的预留孔洞、檐口、屋顶、雨水管、墙面修饰构件等。

2）外墙各个主要部位的标高。

3）建筑物两端或分段的轴线和编号。

4）标出各部分构造、装饰节点详图的索引符号。使用图例和文字说明外墙面的装饰材料和做法。

📖17.1.6 建筑剖面图概述

建筑剖面图就是假想用一个或多个垂直于外墙轴线的铅垂剖切面，将建筑物剖开后所得的投影图，简称剖面图。剖面图的剖切方向一般是横向（平行于侧面）的，当然这不是

绝对的要求。剖切位置一般选择在能反映出建筑物内部构造比较复杂和有典型部位的位置，并应通过门窗的位置。多层建筑物应该选择在楼梯间或层高不同的位置。剖面图上的图名应与平面图上所标注的剖切符号编号一致。剖面图的断面处理和平面图的处理相同。一个建筑剖面图示例如图17-20所示。

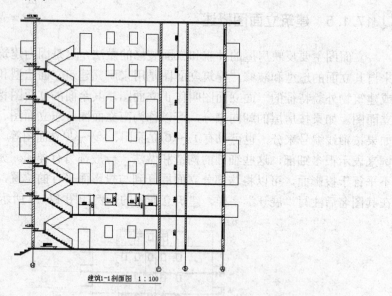

建筑1-1剖面图 1:100

图17-20　建筑剖面图示例

剖面图的数量是根据建筑物具体情况和施工需要来确定的，其图示内容包括以下几个方面：

1）墙、柱及其定位轴线。

2）室内底层地面、地沟、各层的楼面、顶棚、屋顶、门窗、楼梯、阳台、雨篷、墙洞、防潮层、室外地面、散水、脚踢板等能看到的内容。习惯上可以不画基础的大放脚。

3）各个部位完成面的标高：包括室内外地面、各层楼面、各层楼梯平台、檐口或女儿墙顶面、楼梯间顶面、电梯间顶面的标高。

4）各部位的高度尺寸：包括外部尺寸和内部尺寸。外部尺寸包括门、窗洞口的高度、层间高度及总高度。内部尺寸包括地坑深度、隔断、隔板、平台、室内门窗的高度。

5）楼面、地面的构造。一般采用引出线指向所说明的部位，按照构造的层次顺序，逐层加以文字说明。

6）详图的索引符号。

📖17.1.7　建筑详图概述

建筑详图就是对建筑物的细部或构、配件采用较大的比例将其形状、大小、做法以及材料详细表示出来的图样。建筑详图简称详图。

详图的特点一是大比例，二是图示详尽清楚，三是尺寸标注全。一般说来，墙身剖面图只需要一个剖面详图就能表示清楚，而楼梯间、卫生间就可能需要增加平面详图，门窗就可能需要增加立面详图。详图的数量与建筑物的复杂程度以及平、立、剖面图的内容及比例相关。需要根据具体情况来选择，其标准就是要达到能完全表达详图的特点。一个建筑详图示例如图 17-21 所示。

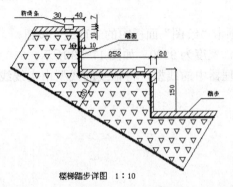

图17-21　建筑详图示例

17.2 家属楼建筑图绘制

17.2.1　绘制家属楼平面图

本节将以工程设计中常见的建筑平面图作为例子，详细介绍建筑平面图 CAD 绘制方法与技巧。通过本设计案例的学习，综合前面有关章节的建筑平面图的绘图方法，进一步巩固其相关的绘图知识和方法，全面掌握建筑平面图的绘制方法。

下面介绍如图 17-22 所示的住宅平面空间的建筑平面图设计的相关知识及其绘图方法与技巧。

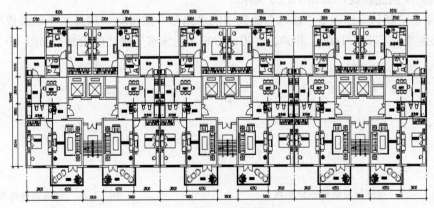

图17-22　家属楼平面空间建筑平面

光盘动画演示\第17章\绘制家属楼平面图.avi

绘制步骤：

1．建筑平面墙体绘制

（1）绘制轴线

1）单击"默认"选项卡"绘图"面板中的"直线"按钮，绘制居室墙体的轴线，所绘制的轴线长度为16000，宽度为9200，如图17-23所示。

2）单击图层特性管理器中的线型，将轴线的线型由实线线型改为点画线线型，如图17-24所示。

图17-23　绘制墙体轴线　　　　图17-24　改变轴线的线型

3）单击"默认"选项卡"修改"面板中的"偏移"按钮，选择竖直轴线依次向右偏移，偏移距离为2750、3000、3300，选择偏移后的最右边轴线向左侧进行偏移，偏移距离为1250、4200，完成竖直轴线的绘制。

▲ 技巧与提示——改变线型为点画线的方法

先用鼠标单击所绘的直线，然后在"对象特性"工具栏上单击"线形控制"下拉列表框，选择点画线，所选择的直线将改变线型，得到建筑平面图的轴线点画线。若还未加载此种线型，则选择"其他"命令选项先加载此种点画线线型。

4）单击"默认"选项卡"修改"面板中的"偏移"按钮和"拉伸"按钮，根据居室开间或进深创建轴线，如图17-25所示。

5）单击"默认"选项卡"修改"面板中的"偏移"按钮，选择水平轴线依次向上偏移，偏移距离为5250、1800、3000、2100、3300。完成水平轴线的绘制，如图17-26所示。

图17-25　按开间或进深创建轴线　　　　图17-26　完成轴线绘制

6）标注样式的设置应该跟绘图比例相匹配。该平面图以实际尺寸绘制，并以1:100的比例输出，选择菜单栏中的"格式"→"标注样式"命令，打开"标注样式管理器"对话框，对标注样式进行如下设置，如图17-27～图17-33所示。

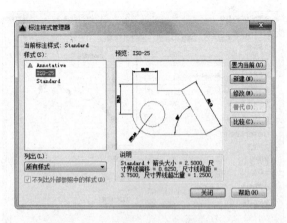

图17-27　"标注样式管理器"对话框

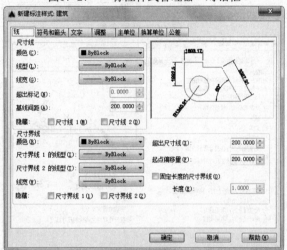

图17-28　设置参数1

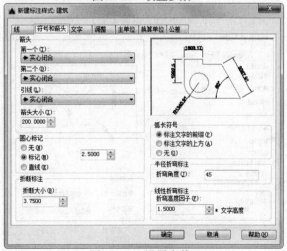

图 17-29　设置参数 2

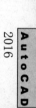

2016

AutoCAD

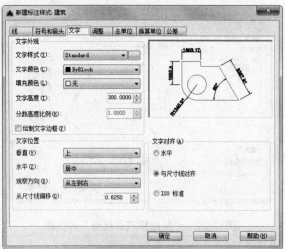

图 17-30　设置参数 3

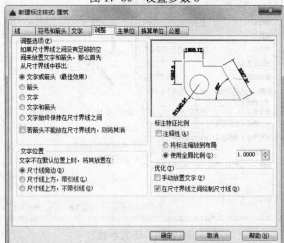

图17-31　设置参数4

图17-32　设置参数5

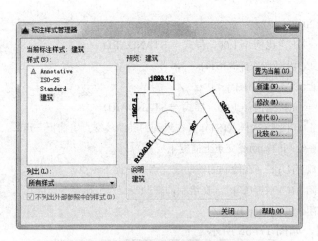

图 17-33　将"建筑"样式置为当前

7）单击"默认"选项卡"注释"面板中的"线性"按钮，对轴线尺寸进行标注，如图 17-34 所示。

8）单击"默认"选项卡"注释"面板中的"线性"按钮，完成住宅平面空间所有相关轴线尺寸的标注，如图 17-35 所示。

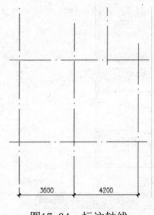

图17-34　标注轴线

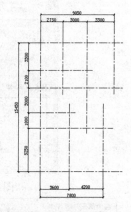

图17-35　标注所有轴线

（2）绘制墙体

1）选择菜单栏中的"格式"→"多线样式"命令，系统打开"多线样式"对话框，如图 17-36 所示。在该对话框中单击"新建"按钮，系统打开"新建多线样式"对话框，在该对话框的"新样式名"文本框中键入"墙体线"，单击"继续"按钮，系统打开"新建多线样式"对话框，单击"图元"选项组中的第一个图元项，在"偏移"文本框中将其数值改为 120，采用同样方法，将第二个图元项的偏移数值改为–120，其他选项设置如图 17-37 所示，确认后退出。

2）绘制墙体。选择菜单栏中的"绘图"→"多线"命令，命令行提示与操作如下：

命令: MLINE↙

当前设置: 对正 = 上，比例 = 20.00，样式 = STANDARD

指定起点或 [对正(J)/比例(S)/样式(ST)]: S↙

输入多线比例 <20.00>: 1↙

当前设置: 对正 = 上，比例 = 1.00，样式 = STANDARD

指定起点或 [对正(J)/比例(S)/样式(ST)]: J↙

输入对正类型 [上(T)/无(Z)/下(B)] <上>: Z↙

当前设置: 对正 = 无，比例 = 1.00，样式 = STANDARD

指定起点或 [对正(J)/比例(S)/样式(ST)]: （在绘制的辅助线交点上捕捉一点）

指定下一点: （在绘制的辅助线交点上捕捉下一点）

指定下一点或 [放弃(U)]: （在绘制的辅助线交点上捕捉下一点）

指定下一点或 [闭合(C)/放弃(U)]: （在绘制的辅助线交点上捕捉下一点）

指定下一点或 [闭合(C)/放弃(U)]:C↙

完成墙体绘制，如图 17-38 所示。

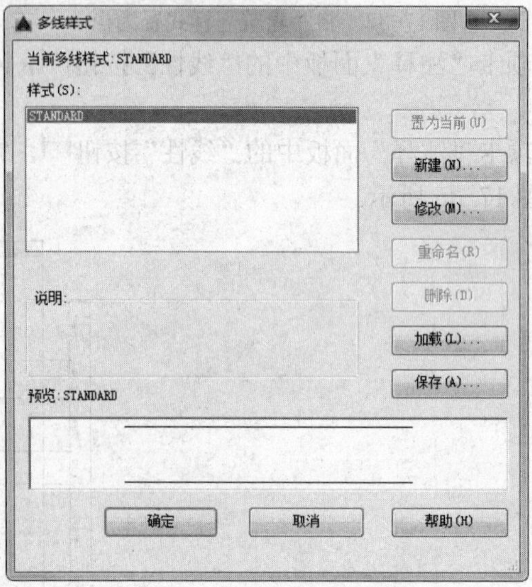

图17-36 "多线样式"对话框

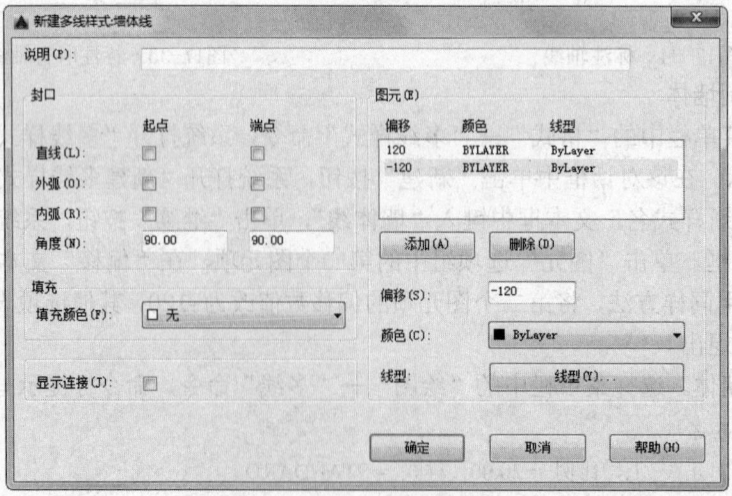

图17-37 "新建多线样式"对话框

◆ **技术看板——墙体厚度**

通常，墙体厚度设置为 200mm。

3）利用"多线"命令，绘制其他位置墙体，如图 17-39 所示。

▲ **技巧与提示——如何绘制厚度比较薄的隔墙**

对一些厚度比较薄的隔墙，如卫生间、过道等位置的墙体，通过调整多线的比例可以得到不同厚度的墙体造型。

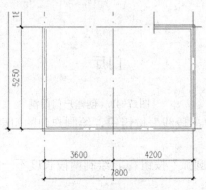

图17-38 创建墙体造型　　　　　图17-39 创建隔墙

4）按照住宅平面空间的各个房间的开间与进深，选择菜单栏中的"绘图"→"多线"命令，继续进行其他位置的墙体的创建，最后完成整个墙体造型的绘制，如图 17-40 所示。

5）单击"默认"选项卡"注释"面板中的"多行文字"按钮 **A**，标注房间文字，最后完成整个建筑墙体平面图，如图 17-41 所示。

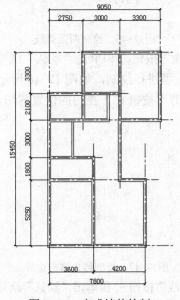

图17-40 完成墙体绘制

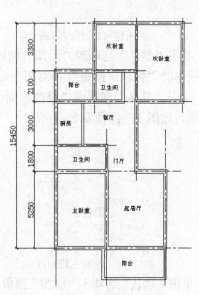

图17-41 标注房间文字

2．建筑平面门窗绘制

（1）绘制建筑平面图门

1）单击"默认"选项卡"绘图"面板中的"直线"按钮 和单击"默认"选项卡"修

改"面板中的"偏移"按钮 🖑，创建住宅平面空间的户门造型。按户门的大小绘制两条与墙体垂直的平行线确定户门宽度，如图 17-42 所示。

2）单击"默认"选项卡"修改"面板中的"修剪"按钮 ⊬，对线条进行剪切得到户门的门洞，如图 17-43 所示。

图17-42 确定户门宽度　　　　　图17-43 创建户门门洞

3）单击"默认"选项卡"绘图"面板中的"多段线"按钮 ⌐Ɔ，绘制户门的门扇造型，该门扇为一大一小的造型，如图 17-44 所示。

4）单击"默认"选项卡"绘图"面板中的"圆弧"按钮 ⌒，绘制两段长度不一样的弧线，得到户门的造型，如图 17-45 所示。

图17-44 绘制门扇　　　　　　图17-45 绘制两段弧线

5）单击"默认"选项卡"绘图"面板中的"直线"按钮 ⁄ 和单击"默认"选项卡"修改"面板中的"偏移"按钮 🖑，对阳台门联窗户的造型进行绘制，如图 17-46 所示。

6）单击"默认"选项卡"修改"面板中的"修剪"按钮 ⊬，在门的位置剪切边界线，得到门洞，如图 17-47 所示。

图17-46 绘制三段短线　　　　　图17-47 绘制转角窗户边界

7）单击"默认"选项卡"绘图"面板中的"多段线"按钮 ⌐Ɔ 和单击"默认"选项卡"修改"面板中的"偏移"按钮 🖑，在门洞旁边绘制窗户造型，如图 17-48 所示。

（2）绘制建筑平面图对开门

1）单击"默认"选项卡"绘图"面板中的"多段线"按钮 ⌐Ɔ，按门大小的一半绘制其中一扇门扇，如图 17-49 所示。

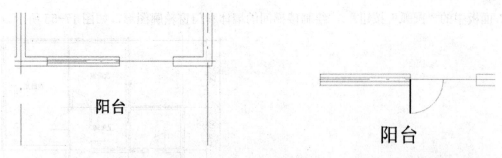

图17-48　创建窗户造型　　　　　　　　　图17-49　创建门洞

2）单击"默认"选项卡"修改"面板中的"镜像"按钮 ▲，通过镜像得到阳台门扇造型，完成门联窗户造型的绘制，如图 17-50 所示。

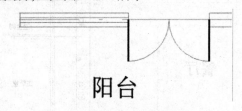

图17-50　镜像门扇

（3）绘制建筑平面推拉门

1）单击"默认"选项卡"绘图"面板中的"直线"按钮 ✏ 和单击"默认"选项卡"修改"面板中的"偏移"按钮 ⬚，在餐厅与厨房之间进行推拉门造型绘制，先绘制门的宽度范围，如图 17-51 所示。

2）单击"默认"选项卡"修改"面板中的"修剪"按钮 ✁，剪切得到门洞形状，如图 17-52 所示。

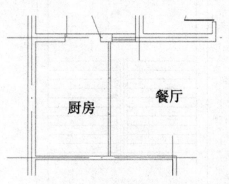
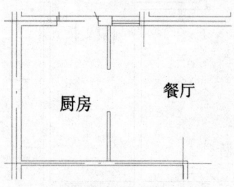

图17-51　绘制门宽范围　　　　　　　　　图17-52　剪切形成门洞

3）单击"默认"选项卡"绘图"面板中的"矩形"按钮 ▭，在靠餐厅一侧绘制矩形推拉门，如图 17-53 所示。

4）其他位置的门扇和窗户造型可参照上述方法进行创建，如图 17-54 所示。

3．楼、电梯间等建筑空间平面绘制

（1）绘制建筑平面楼梯间

1）单击"默认"选项卡"绘图"面板中的"直线"按钮 ✏ 和单击"默认"选项卡"绘

图"面板中的"圆弧"按钮，绘制楼梯间的墙体和门窗轮廓图形，如图 17-55 所示。

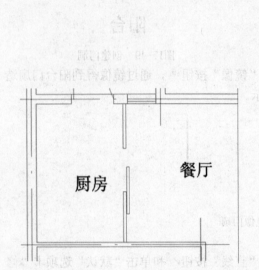

图17-53　创建推拉门

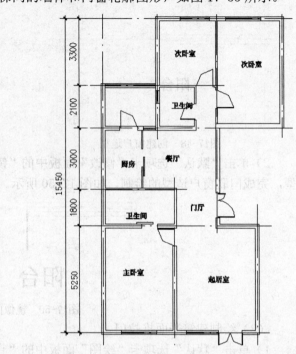

图17-54　创建其他门窗

2）单击"默认"选项卡"绘图"面板中的"直线"按钮和单击"默认"选项卡"修改"面板中的"偏移"按钮，绘制楼梯踏步平面造型，如图 17-56 所示。

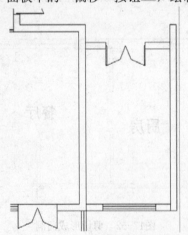

图17-55　绘制楼梯间轮廓

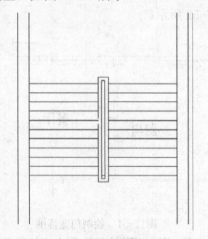

图17-56　绘制踏步造型

3）单击"默认"选项卡"绘图"面板中的"直线"按钮和单击"默认"选项卡"修改"面板中的"修剪"按钮，勾画楼梯踏步折断线造型，如图 17-57 所示。

（2）绘制建筑平面电梯间

1）单击"默认"选项卡"绘图"面板中的"直线"按钮，绘制电梯井建筑墙体轮廓，如图 17-58 所示。

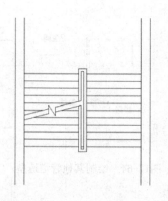

图17-57 勾画楼梯折断线造型

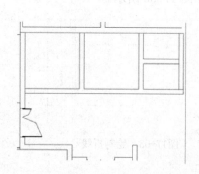

图17-58 创建电梯井墙体

2）单击"默认"选项卡"绘图"面板中的"矩形"按钮⬜和"直线"按钮╱，绘制电梯平面造型，如图 17-59 所示。

3）另外一个电梯平面按相同方法绘制，如图 17-60 所示。

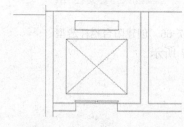

图17-59 绘制电梯平面造型

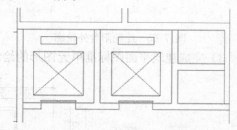

图17-60 绘制另外一个电梯

4）单击"默认"选项卡"绘图"面板中的"多段线"按钮⤴，绘制卫生间中的矩形通风道造型，如图 17-61 所示。

5）单击"默认"选项卡"修改"面板中的"偏移"按钮⬓，得到通风道墙体造型，如图 17-62 所示。

图17-61 绘制通风道造型　　　　　　　　　　图17-62 创建通风道墙体

6）单击"默认"选项卡"绘图"面板中的"多段线"按钮⤴，在通风道内绘制折线造型，如图 17-63 所示。

7）创建其他造型轮廓，如图 17-64 所示。

（3）绘制阳台外轮廓

1）单击"默认"选项卡"绘图"面板中的"多段线"按钮⤴，按阳台的大小尺寸绘制其外轮廓，如图 17-65 所示。

2）单击"默认"选项卡"修改"面板中的"偏移"按钮⬓，得到阳台及其栏杆造型

效果，如图 17-66 所示。

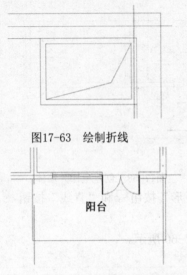

图17-63 绘制折线

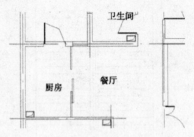

图17-64 绘制其他管道造型

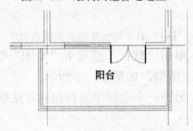

图17-65 绘制阳台外轮廓

图17-66 创建阳台栏杆造型

3）完成建筑平面图标准单元图形的绘制，如图 17-67 所示。

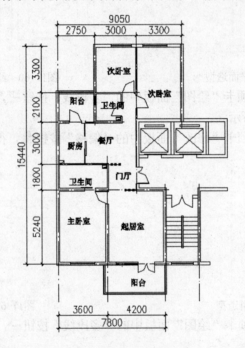

图17-67 完成建筑墙体平面

4．建筑平面家具布置

1）在命令行中输入"ZOOM"命令，局部放大起居室（即客厅）的空间平面，如图 17-68 所示。

2）单击"默认"选项卡"块"面板中的"插入"按钮，在起居室平面上插入沙发造型等，如图 17-69 所示。

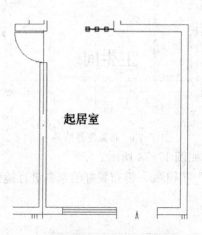

图17-68 起居室平面

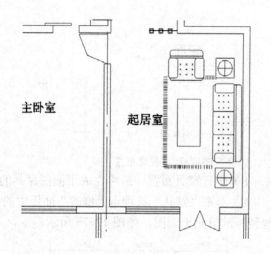

图17-69 插入沙发

▲ 技巧与提示

　　该沙发造型包括沙发、茶几和地毯等综合造型。若沙发等家具插入的位置不合适，可以通过移动、旋转等命令对其位置进行调整。

　　3）单击"默认"选项卡"块"面板中的"插入"按钮🗔，为客厅配置电视柜造型，如图 17-70 所示。

　　4）单击"默认"选项卡"块"面板中的"插入"按钮🗔，在起居室布置适当的花草进行美化，如图 17-71 所示。

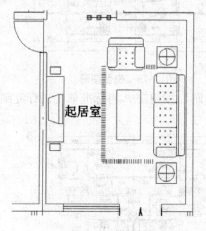

图17-70 配置电视柜

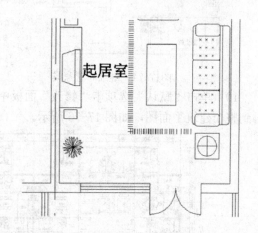

图17-71 布置花草

　　5）单击"默认"选项卡"块"面板中的"插入"按钮🗔，在餐厅平面上插入餐桌，如图 17-72 所示。

　　6）单击"绘图"工具栏中的"插入块"按钮🗔，按相似的方法布置其他位置的家具。

　　7）单击"绘图"工具栏中的"插入块"按钮🗔，布置如卫生间的坐便器和洁身器等洁具设施，如图 17-73 所示。

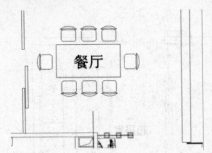
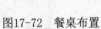

图17-72 餐桌布置

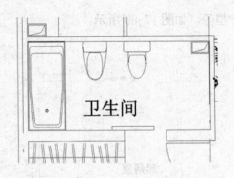

图17-73 布置便器洁具

8）进行家具布置，最终完成平面图家具的布置，如图 17-74 所示。

9）单击"默认"选项卡"修改"面板中的"镜像"按钮 ▲，将布置好的家具进行镜像得到标准单元平面图，如图 17-75 所示。

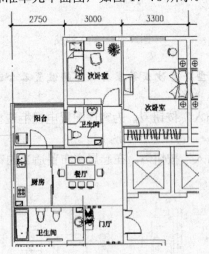

图17-74 继续布置家具

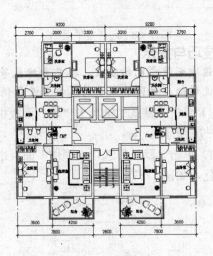

图17-75 镜像图形

10）单击"默认"选项卡"修改"面板中的"复制"按钮 ，将标准单元进行复制，得到整个建筑平面图，如图 17-76 所示。

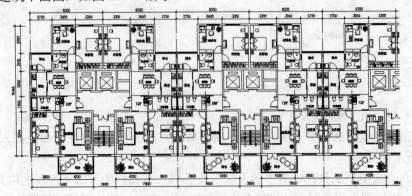

图17-76 复制得到平面图

11）标注轴线和图名等内容，相关方法可参阅前面有关章节介绍的方法，在此不再赘述。效果图如图 17-22 所示。

17.2.2　绘制家属楼立面图

本节将结合建筑平面图的例子，介绍家属楼立面图的 CAD 绘制方法与技巧。建筑立面图形的主要绘制方法包括其立面主体轮廓的绘制、立面门窗造型的绘制、立面细部造型以及其他辅助立面造型绘制，另外还包括标准层立面、整体立面图及细部立面的处理等。通过本设计案例的学习，结合前面有关章节建筑立面图的绘图方法，进一步巩固其相关绘图知识和方法，全面掌握建筑立面图的绘制方法。

参见
光盘 ╱ 光盘动画演示\第 17 章\绘制家属楼立面图.avi

绘制步骤：

1. 建筑标准层立面轮廓绘制

（1）绘制楼面线

1）单击"默认"选项卡"绘图"面板中的"多段线"按钮 ⌐⁀，在标准层平面图对应的一个单元下侧绘制一条地平线，如图 17-77 所示。

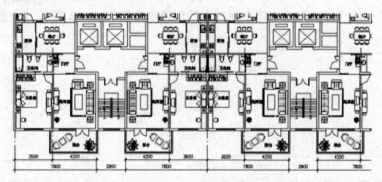

图17-77　绘制建筑地平线

2）由建筑平面图向地坪线引出立面图对应线，单击"默认"选项卡"绘图"面板中的"直线"按钮 ╱，绘制外墙轮廓对应线，如图 17-78 所示。

3）单击"默认"选项卡"修改"面板中的"偏移"按钮 ⊕，选择地坪线向上偏移 3900，偏移出二层楼面线。

4）单击"默认"选项卡"修改"面板中的"修剪"按钮 ⌁，将楼面线上方修剪掉，如图 17-79 所示。

▲ 技巧与提示

高层住宅楼层高度设计为 2.9m，先据此绘制与地平线平行的二层楼面线，然后对线条进行剪切，得到标准层的立面轮廓。

（2）绘制立面门窗

2016

AutoCAD

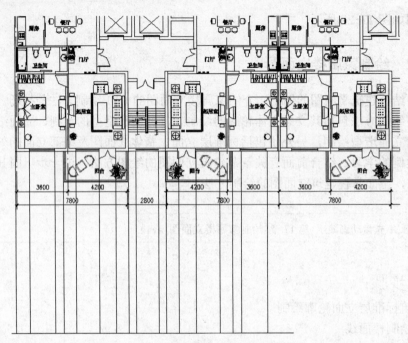

图17-78　绘制立面对应线

1）单击"默认"选项卡"修改"面板中的"偏移"按钮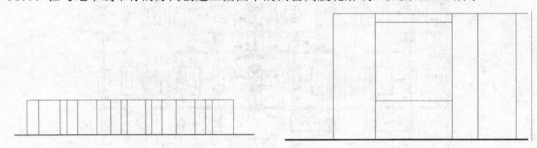，选择地坪线向上偏移 1500，3400。在与地平线平行的方向创建立面图中的门窗高度轮廓线，如图 17-80 所示。

图17-79　绘制二层楼面　　　　　　　　　　图17-80　生成立面门窗

2）单击"默认"选项卡"修改"面板中的"修剪"按钮，按照门窗的造型对图形进行修剪，如图 17-81 所示。

3）单击"默认"选项卡"绘图"面板中的"直线"按钮，根据立面图设计的整体效果，对窗户立面进行分隔，如图 17-82 所示。

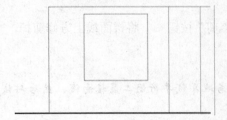
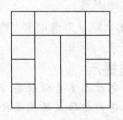

图17-81　对图形进行修剪　　　　　　　　　图17-82　窗户造型绘制

4）单击“默认”选项卡“绘图”面板中的“多段线”按钮，在门窗上下位置勾画窗台造型，如图 17-83 所示。

5）单击“默认”选项卡“绘图”面板中的“直线”按钮，按上述方法，对阳台和阳台门立面进行分隔，如图 17-84 所示。

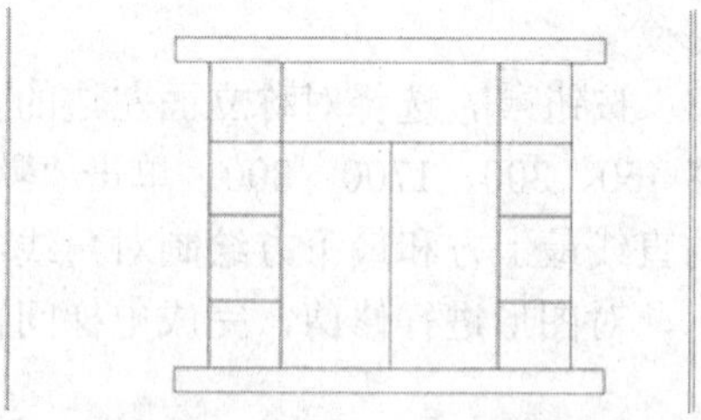

图17-83　窗台造型设计

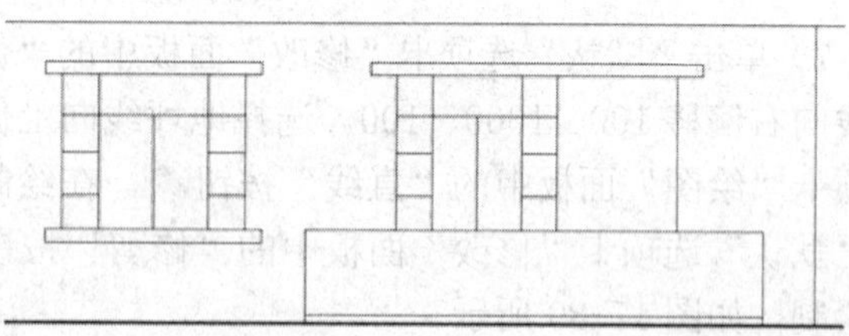

图17-84　阳台及门造型绘制

（3）绘制立面阳台造型

1）单击“默认”选项卡“绘图”面板中的“直线”按钮，在距离阳台边线 166 处，绘制一条垂直向上的直线。

2）单击“默认”选项卡“绘图”面板中的“直线”按钮和“矩形”按钮，按阳台位置绘制阳台造型，绘制阳台垂直栏杆造型，如图 17-85 所示。

3）单击“默认”选项卡“绘图”面板中的“圆弧”按钮，勾画栏杆细部造型，如图 17-86 所示。

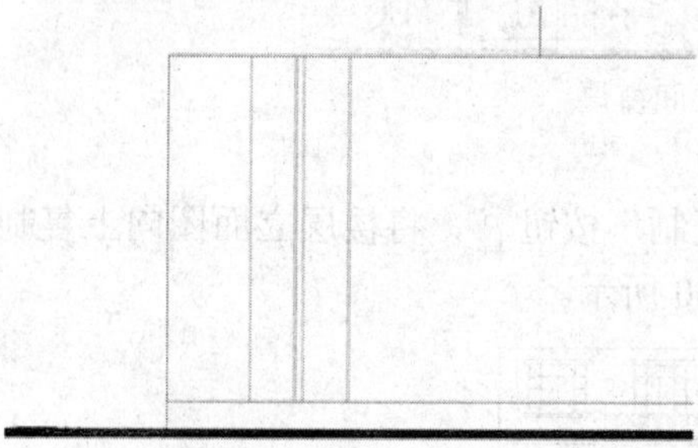

图17-85　垂直栏杆

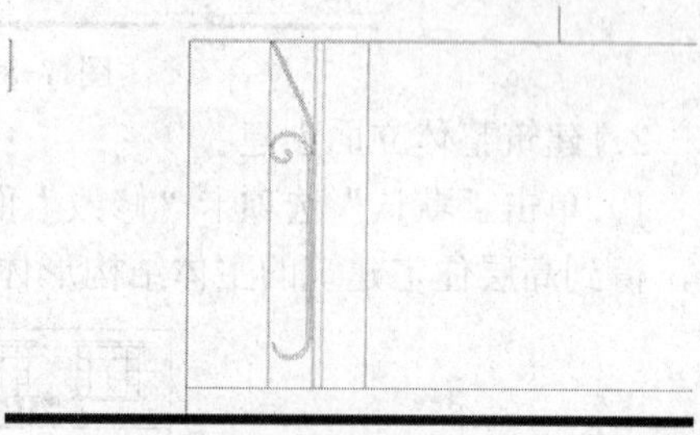

图17-86　栏杆细部设计

4）单击“默认”选项卡“修改”面板中的“镜像”按钮，创建阳台栏杆细部造型。

5）单击“默认”选项卡“修改”面板中的“复制”按钮，复制间距为 500，创建阳台栏杆，如图 17-87 所示。

6）另外一侧的立面按上述方法绘制，形成整个标准层的立面图，如图 17-88 所示。

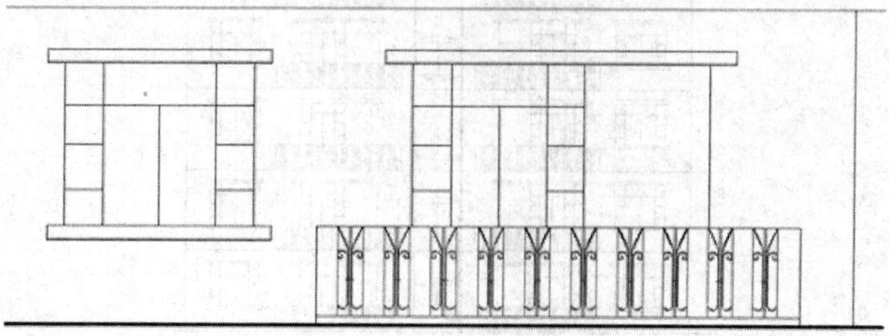

图17-87　创建阳台栏杆

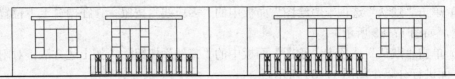

图17-88　对称立面形成

7）单击"默认"选项卡"修改"面板中的"偏移"按钮 ，选择对称立面左边的垂直直线向右偏移 100、1000、100。选择地坪线向上偏移 450、300、1700、300。单击"默认"选项卡"绘图"面板中的"直线"按钮 ，在绘制的直线最上方和最下方绘制对角线。单击"默认"选项卡"修改"面板中的"修剪"按钮 ，对图形进行修剪，完成电梯间窗户的绘制，如图 17-89 所示。

8）中间楼的窗户立面图同样按上述方式完成，

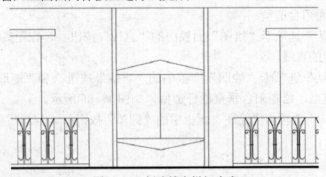

图17-89　创建楼电梯间窗户

2．建筑整体立面创建

1）单击"默认"选项卡"修改"面板中的"复制"按钮 ，将楼层立面图向上复制 8 个，得到高层住宅建筑的主体结构形体，如图 17-90 所示。

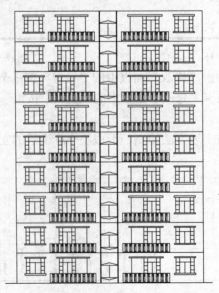

图17-90　建立主体结构

2）单击"默认"选项卡"绘图"面板中的"直线"按钮 ，在图形中适当选取一点，绘制水平距离为9899，垂直距离为1050的直线，在绘制好的水平线上方点取一点向上绘制长度分别为3950、2770的垂直直线，完成屋顶立面轮廓的绘制，如图17-91所示。

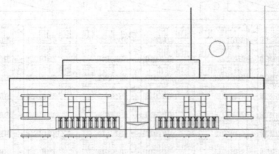

图17-91　屋面立面轮廓

3）单击"默认"选项卡"绘图"面板中的"圆弧"按钮 ，在屋顶立面中绘制弧线，形成屋顶造型，如图17-92所示。

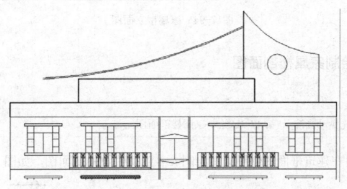

图17-92　形成波浪造型

4）单击"默认"选项卡"修改"面板中的"复制"按钮 ，按单元数量进行单元立面复制，完成整体立面绘制，如图17-93所示。

图17-93　复制单元立面

5）单击"默认"选项卡"绘图"面板中的"直线"按钮和"多行文字"按钮**A**，标注标高及文字，保存图形，如图17-94所示。

18号楼南立面图 1：100

图17-94　家属楼立面图

📖17.2.3　绘制家属楼剖面图

 光盘动画演示\第17章\绘制家属楼剖面图.avi

本节将讲述在建筑平面图位置上，绘制A-A剖切位置的剖面图，如图17-95所示。

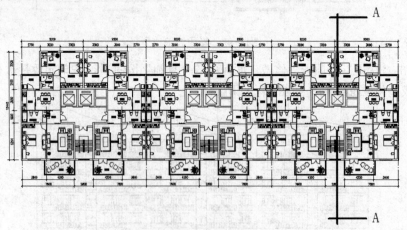

图17-95　A-A剖面图

绘制步骤：

1. 剖面图建筑楼梯造型绘制
（1）绘制楼面线

1）单击"默认"选项卡"绘图"面板中的"多段线"按钮 ⤴，在平面图的右侧绘制一条长度为 42650 的多段线，如图 17-96 所示。

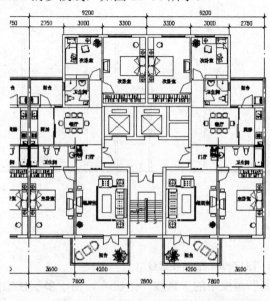

图 17-96　绘制垂直线

2）在 A-A 剖切通过所涉及（能够看到）的墙体、门窗、楼梯等位置，单击"默认"选项卡"绘图"面板中的"直线"按钮 ✏ 和修改"面板中的"偏移"按钮 ⎘，根据建筑平面图向地坪线绘制其相应的轮廓线，如图 17-97 所示。

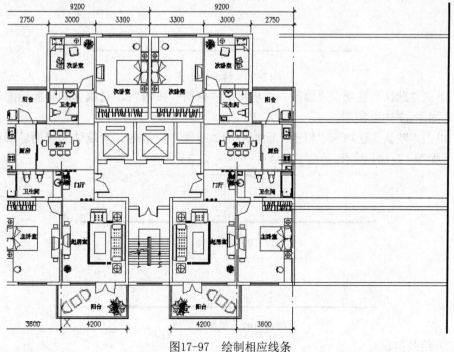

图 17-97　绘制相应线条

3）单击"默认"选项卡"修改"面板中的"旋转"按钮 ↻，将所绘制的轮廓线旋转 90

。，如图 17-98 所示。

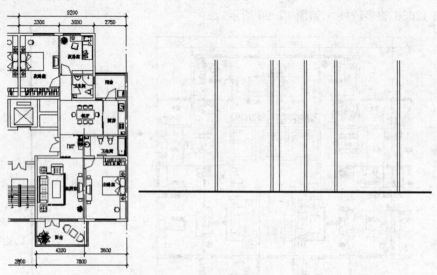

图17-98　旋转轮廓线

4）单击"默认"选项卡"绘图"面板中的"直线"按钮，由于多层住宅的楼层高度为 3.0m，因此在距离地面线 3.0m 处绘制楼面轮廓线，如图 17-99 所示。

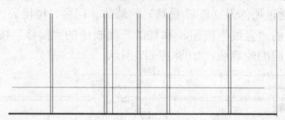

图17-99　楼面轮廓线

5）单击"默认"选项卡"修改"面板中的"修剪"按钮，对墙体和楼面轮廓线等进行修剪，如图 17-100 所示。

6）单击"默认"选项卡"修改"面板中的"镜像"按钮，对墙体和楼面轮廓线等进行镜像，如图 17-101 所示。

图17-100　修剪楼面线

图17-101　镜像楼面线

（2）绘制门窗

1）单击"默认"选项卡"绘图"面板中的"直线"按钮，参照平面图、立面图中建筑门窗的位置与高度，在相应的墙体绘制门窗轮廓线，如图 17-102 所示。

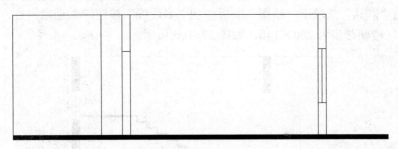

图17-102 绘制剖面门窗

2）单击"默认"选项卡"修改"面板中的"修剪"按钮 ⁄ 和 "编辑多段线"按钮 ，，，将中间部分楼的地面线条剪切，再单击"默认"选项卡"绘图"面板中的"矩形"按钮 ，绘制矩形门洞轮廓，如图 17-103 所示。

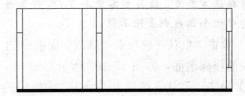

图17-103 形成电梯井

3）单击"默认"选项卡"绘图"面板中的"矩形"按钮 ，绘制剖面图中可以看到的其他位置的门洞造型，如图 17-104 所示。

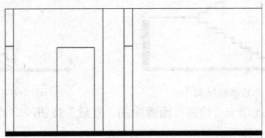

图17-104 绘制其他位置门洞

4）单击"默认"选项卡"绘图"面板中的"图案填充"按钮 ，填充剖面图中的墙体为黑色，如图 17-105 所示。

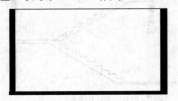
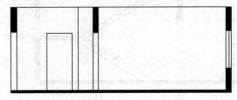

图17-105 填充墙体

（3）绘制楼梯踏步

1）单击"默认"选项卡"绘图"面板中的"多段线"按钮 ⚲，选取一点，绘制一个楼梯踏步图形，楼梯踏步为 250×145，如图 17-106 所示。

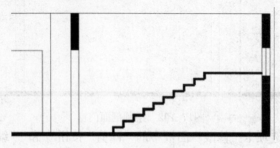

图17-106　创建梯段剖面

▲ 技巧与提示——楼梯踏步剖面轮廓线绘制方法

根据楼层高度，按每步高度小于170计算楼梯踏步和梯板的尺寸，然后按所计算的尺寸绘制其中一个梯段剖面轮廓线。

2）单击"默认"选项卡"修改"面板中的"镜像"按钮 ⚏，对楼梯踏步进行镜像得到上梯段的楼梯剖面，如图 17-107 所示。

3）单击"默认"选项卡"绘图"面板中的"多段线"按钮 ⚲，在踏步下绘制楼梯板，得到完整的楼梯剖面结构图，如图 17-108 所示。

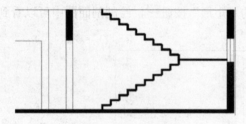

图17-107　形成楼梯剖面

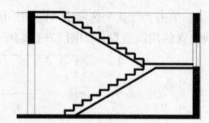

图17-108　绘制楼梯板

4）单击"默认"选项卡"绘图"面板中的"直线"按钮 ⁄，绘制高为 900 的直线。作为楼梯栏杆，如图 17-109 所示。

5）单击"默认"选项卡"修改"面板中的"修剪"按钮 ⁄－，将楼梯间的部分楼板剪切，如图 17-110 所示。

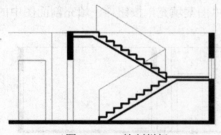

图17-109　绘制栏杆

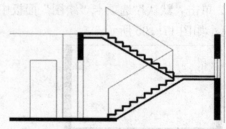

图17-110　剪切楼板

2. 剖面图整体楼层图形绘制

1）单击"默认"选项卡"修改"面板中的"复制"按钮 ⚏，按照立面图中所确定的楼层高度进行楼层复制，得到 A-A 剖面图，如图 17-111 所示。

　　2）单击"默认"选项卡"绘图"面板中的"多段线"按钮，在剖切位置顶层楼层绘制屋面结构体，如图 17-112 所示。

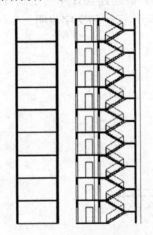

图17-111　复制楼层

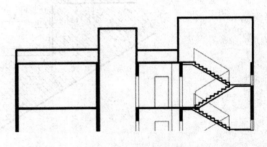

图17-112　绘制屋面剖面

　　3）单击"默认"选项卡"绘图"面板中的"多段线"按钮，在剖面图底部绘制电梯底坑剖面，如图 17-113 所示。

　　4）利用"直线""单行文字"和"线性标注"命令，按楼层高度标注剖面图中的楼层标高，以及楼层和门窗的尺寸，如图 17-114 所示。

　　5）缩放视图检查多层住宅 A-A 剖面图的绘制情况，如图 17-115 所示。

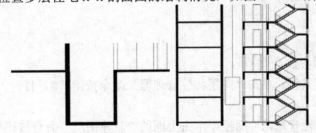

图17-113　绘制电梯坑井

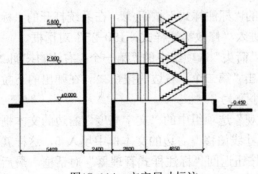

图17-114　文字尺寸标注

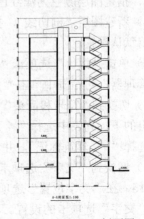

图17-115　A-A剖面图

2016 AutoCAD

17.2.4 绘制家属楼建筑详图

本节首先以绘制如图 17-116 所示的楼梯踏步详图为例，讲述建筑详图的绘制方法。具体思路为：首先绘制楼梯踏步，然后填充图案，最后进行尺寸标注和文字说明。

1．绘制楼梯踏步详图

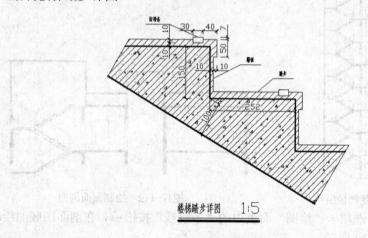

图17-116　楼梯踏步详图

　光盘动画演示\第 17 章\楼梯踏步详图.avi

绘制步骤：

（1）设置绘图参数

1）打开图层工具栏，单击"图层特性管理器"命令按钮 ，打开"图层特性管理器"面板。

2）在"图层特性管理器"面板中单击上面的"新建图层"命令按钮 ，新建图层"辅助线"，指定图层颜色为洋红色。

3）新建图层"剖切线"，指定颜色为红色；新建图层"楼梯细部"和"标注"，其他设置采用默认设置。

4）单击"默认"选项卡"注释"面板中的"标注样式"按钮 ，在系统打开的"标注样式管理器"对话框中单击"修改"按钮，进入"修改标注样式：ISO-25"对话框。

5）切换到"符号和箭头"选项卡，单击"箭头"选项组中的"第一个"右边的按钮 ，在弹出的下拉列表中选择" 建筑标记"，单击"第二个"右边的按钮 ，在弹出的下拉列表中选择" 建筑标记"，并设定"箭头大小"为8。

6）切换到"文字"选项卡，在"文字外观"选项组中的"文字高度"右边的文本框中填入 15，在"文字位置"选项组中的"从尺寸线偏移"右边的文本框中填入 5，这样就完成了"文字"选项卡的设置。单击"确定"按钮返回"标注样式管理器"对话框，最后单击"关闭"按钮返回绘图区,完成标注样式的设置。

(2)绘制辅助线

1)将当前图层设置为"辅助线"图层。

2)单击"默认"选项卡"绘图"面板中的"构造线"按钮 ⚡,绘制一条竖直构造线和一条水平构造线,组成"十"字构造线网。

3)单击"默认"选项卡"修改"面板中的"偏移"按钮 ⚏,使水平构造线依次向下偏移150,共偏移两次;竖直构造线依次向右偏移252,共偏移3次,得到的辅助线网如图17-117所示。

(3)绘制楼梯踏步

1)将当前图层设置为"剖切线"图层。

2)单击"默认"选项卡"绘图"面板中的"直线"按钮 ✑,绘制出楼梯踏步线。单击"默认"选项卡"绘图"面板中的"构造线"按钮 ⚡,绘制一根通过两个踏步头的构造线,结果如图17-118所示。

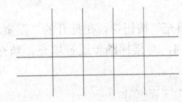

图17-117 辅助线网

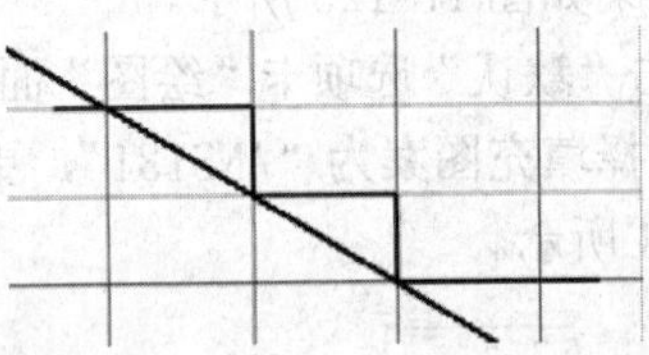

图17-118 绘制辅助线和楼梯踏步

3)单击"默认"选项卡"修改"面板中的"偏移"按钮 ⚏,将构造线向下偏移100。单击"默认"选项卡"修改"面板中的"删除"按钮 ✎,删除原来的构造线,结果如图17-119所示。

4)将当前图层设置为"楼梯细部"图层。

5)单击"默认"选项卡"绘图"面板中的"多段线"按钮 ⤳,描出楼梯踏步。单击"默认"选项卡"修改"面板中的"偏移"按钮 ⚏,将多段线连续向外偏移10,共偏移两次。单击"默认"选项卡"修改"面板中的"分解"按钮 ⛭,将多段线分解,结果如图17-120所示。

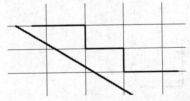
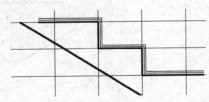

图17-119 构造线偏移结果

图17-120 多段线处理结果

6)单击"默认"选项卡"绘图"面板中的"直线"按钮 ✑,绘制出楼梯踏步细部。单击"修改"工具栏中的"修剪"按钮 ⥿,把多余的线条修剪掉,得到踢脚和防滑条,绘制结果如图17-121所示。

7)单击"默认"选项卡"修改"面板中的"复制"按钮 ⛶,将防滑条复制到下一个踏步。单击"默认"选项卡"绘图"面板中的"直线"按钮 ✑,绘制两条直线垂直于台阶底

部线。单击"默认"选项卡"修改"面板中的"修剪"按钮√，将多余的线条修剪掉。楼梯踏步绘制结果如图 17-122 所示。

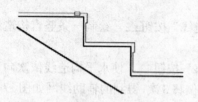

图17-121 细化楼梯踏步

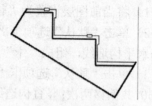

图17-122 楼梯踏步绘制结果

（4）图案填充

1）将当前图层设置为"标注"图层。

2）单击"默认"选项卡"绘图"面板中的"图案填充"按钮▨，在打开的"图案填充和渐变色"对话框中选择填充图案为"AR-CONC"，更改填充比例为0.3，对楼梯踏步进行填充，填充结果如图 17-123 所示。

3）单击"默认"选项卡"绘图"面板中的"图案填充"按钮▨，在打开的"图案填充"对话框中选择填充图案为"ANSI31"，更改填充比例为4，对楼梯踏步进行填充，填充结果如图 17-124 所示。

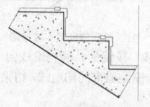

图17-123 图案填充操作结果

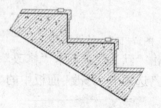

图17-124 图案填充效果

（5）尺寸标注和文字说明

1）单击"默认"选项卡"注释"面板中的"对齐"按钮╲，进行尺寸标注，标注结果如图 17-125 所示。

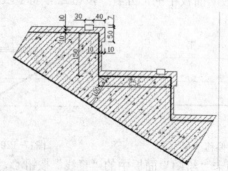

图17-125 尺寸标注结果

2）单击"默认"选项卡"绘图"面板中的"直线"按钮╱，在各处绘制出折线作为引出线。单击"默认"选项卡"注释"面板中的"多行文字"按钮A，在引出线上标出"防滑条""踏步""踢面"等文字，指定字高为15。在图的正下方标出"楼梯踏步详图1:5"，指定字高为 30。最后单击"默认"选项卡"绘图"面板中的"直线"按钮 ，在标题下方绘制一粗一细两条直线即可。楼梯踏步详图最终绘制结果如图 17-116 所示。

　　2．建筑节点详图绘制

　　下面介绍如图 17-126 所示的建筑构造节点大样图的绘制方法与相关技巧。具体方法为：先绘制节点轮廓，然后进行图案填充，最后标注尺寸和文字注释。

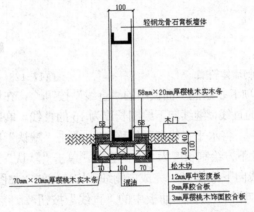

图17-126　构造节点大样图

光盘动画演示\第 17 章\构造节点大样图.avi

绘制步骤：

　　1．设置绘图参数

　　1）新建 3 个图层。轮廓线层、剖面线层和标注层，分别指定相应的线型、线宽和颜色。

　　2）单击"默认"选项卡"注释"面板中的"标注样式"按钮，在系统打开的"标注样式管理器"对话框中单击"修改"按钮，进入"修改标注样式：ISO-25"对话框。

　　3）在"符号和箭头"选项卡中，单击"箭头"选项组中的"第一个"右边的按钮，在弹出的下拉列表中选择" 建筑标记"，单击"第二个"右边的按钮，在弹出的下拉列表中选择" 建筑标记"，并设定"箭头大小"为8。

　　4）在"文字"选项卡中，在"文字外观"选项组中的"文字高度"右边的文本框中填入 15，在"文字位置"选项组中的"从尺寸线偏移"右边的文本框中填入 5，这样就完成了"文字"选项卡的设置。单击"确定"按钮返回"标注样式管理器"对话框，最后单击"关闭"按钮返回绘图区，完成标注样式的设置。

　　2．绘制节点轮廓

　　1）将当前图层设置为"轮廓线"图层，单击"默认"选项卡"绘图"面板中的"直线"按钮，绘制一条长为476的垂直直线，单击"默认"选项卡"修改"面板中的"偏移"按钮，选择绘制的直线，向右偏移10，80、10，绘制中间的墙体轮廓，如图 17-127 所示。

　　2）单击"默认"选项卡"绘图"面板中的"直线"按钮，在墙体轮廓上点去一点，绘制竖直长度为43，水平长度为69的直线，然后单击"默认"选项卡"绘图"面板中的"图

案填充"按钮▥，填充图形，单击"默认"选项卡"修改"面板中的"复制"按钮⬚，向上复制一个龙骨，完成龙骨轮廓造型的绘制，如图 17-128 所示。

图17-127　绘制墙体轮廓　　　　　　　　图17-128　绘制龙骨轮廓

3）单击"默认"选项卡"绘图"面板中的"直线"按钮✏，在墙体轮廓左侧线上选择一点，向左绘制长度为 58 的直线，继续向下绘制长度为 15 的直线。单击"默认"选项卡"修改"面板中的"偏移"按钮⬚，将水平直线向下偏移 15。单击"默认"选项卡"绘图"面板中的"直线"按钮✏，在龙骨下方绘制长度为 192 的直线。单击"默认"选项卡"修改"面板中的"偏移"按钮⬚，将直线向下偏移 12。完成内侧细部构造做法，如图 17-129 所示。

4）单击"默认"选项卡"绘图"面板中的"直线"按钮✏，然后再单击"默认"选项卡"修改"面板中的"偏移"按钮⬚和"修剪"按钮⤫，水平线向下偏移距离为 10、30、10、10。垂直线向右偏移距离为 12、46、30，如图 17-130 所示。

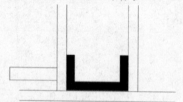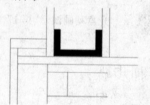

图17-129　绘制构造做法　　　　　　　　图17-130　勾画不同部位构造

5）单击"默认"选项卡"绘图"面板中的"矩形"按钮▭，绘制一个 46×50 的大矩形及一个 40×30 的小矩形，勾画外侧表面构造做法，单击"默认"选项卡"绘图"面板中的"直线"按钮✏，绘制直线如图 17-131 所示。

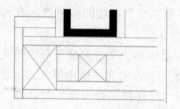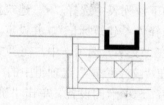

图17-131　勾画外侧构造做法　　　　　　图17-132　绘制门扇造型

6）单击"默认"选项卡"绘图"面板中的"直线"按钮✏，绘制门扇平面造型，如图 17-132 所示。

7）单击"默认"选项卡"修改"面板中的"镜像"按钮⬛，进行镜像得到节点 A 的大样图，如图 17-133 所示。

3. 填充及标注

1) 将当前图层设置为"剖面线"图层，单击"默认"选项卡"绘图"面板中的"图案填充"按钮■，选择图案填充材质，如图 17-134 所示。

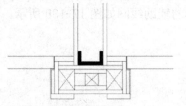

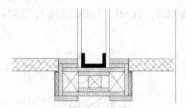

图17-133 镜像图形   图17-134 填充材质

2) 将当前图层设置为"标注"图层，单击"默认"选项卡"注释"面板中的"线性"按钮┤，标注细部尺寸大小，如图 17-135 所示。

3) 单击"默认"选项卡"注释"面板中的"多行文字"按钮 A，标注材质说明文字，如图 17-136 所示。

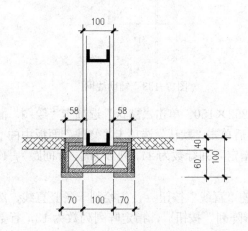

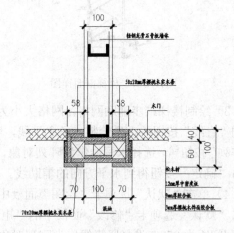

图17-135 标注尺寸   图17-136 标注说明

3. 绘制楼梯剖面详图

以绘制如图 17-137 所示的楼梯剖面详图为例，讲述建筑详图的绘制方法和技巧。

本实例的制作思路是：先依次绘制底层楼梯、标准层楼梯和楼梯扶手，最后进行尺寸和文字说明。

光盘动画演示\第17章\楼梯剖面详图.avi

绘制步骤：

1. 绘制辅助线网

1) 单击"默认"选项卡"图层"面板中的"图层特性管理器"按钮，打开"图层特性管理器"对话框，单击上面的"新建图层"按钮，新建"辅助线""楼梯层"和"楼梯扶手"图层，指定辅助线图层颜色为洋红色。并将"辅助线"层置为当前层。

2) 单击"默认"选项卡"绘图"面板中的"构造线"按钮，在绘图区任意绘制一条

竖直构造线和一条水平构造线，组成"十"字辅助线网格。单击"默认"选项卡"修改"面板中的"偏移"按钮△，使得水平构造线向上偏移 1850 和 1650 的距离；竖直构造线依次向右偏移 120、1080、120、2680、344，得到的辅助线网如图 17-138 所示。

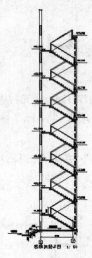

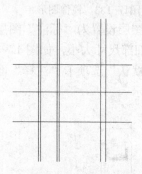

图17-137　楼梯剖面详图　　　　　　　　图17-138　辅助线网

3）绘制楼梯踏步辅助网格，网格大小为 252×150。单击"默认"选项卡"绘图"面板中的"直线"按钮╱，先绘制一条水平线，然后单击"默认"选项卡"修改"面板中的"矩形阵列"按钮▦，选择水平线作为阵列对象，指定阵列行数为 24，列数为 1，行间距为-150，单击"确定"按钮得到水平方向的辅助线。

4）单击"默认"选项卡"绘图"面板中的"直线"按钮╱，先绘制一条竖直线，然后单击"默认"选项卡"修改"面板中的"矩形阵列"按钮▦，指定阵列列数为 13，行数为 1，列间距为 252，选择竖直线作为阵列对象，得到竖直方向的辅助线。两次阵列命令的结果如图 17-139 所示。

2．绘制底层楼梯

1）将当前图层设置为"楼梯层"图层。

2）单击"默认"选项卡"绘图"面板中的"直线"按钮╱，根据网格线来绘制楼梯踏步。最下层的楼梯踏步高只有 50，其他的高为 150。底层楼梯踏步绘制结果如图 17-140 所示。

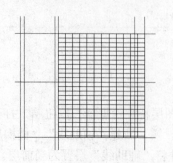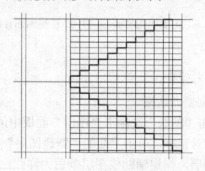

图17-139　楼梯踏步辅助线网格　　　　　图17-140　绘制底层楼梯踏步

3）单击"默认"选项卡"绘图"面板中的"直线"按钮✍，绘制楼梯平台，楼梯平台厚为 100，绘制结果如图 17-141 所示。

4）单击"默认"选项卡"绘图"面板中的"直线"按钮✍，绘制楼梯梁宽为 240，高为 300。最后单击"默认"选项卡"修改"面板中的"修剪"按钮✄，修剪掉多余的线条即可，楼梯平台的绘制结果如图 17-142 所示。

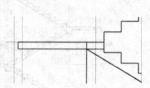

图17-141　绘制梯平台　　　　　　　图17-142　楼梯平台绘制结果

5）单击"默认"选项卡"绘图"面板中的"构造线"按钮✍，绘制构造线过楼梯两个踏步的相同位置，得到平行于楼梯踏步的楼梯底板线的构造线，然后单击"默认"选项卡"修改"面板中的"移动"按钮✛，将构造线向下移动即可得到楼梯踏步的楼梯底板线。最后单击"默认"选项卡"修改"面板中的"修剪"按钮✄，修剪掉多余的线条即可，底层楼梯绘制结果如图 17-143 所示。

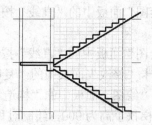

图17-143　底层楼梯绘制结果

3．绘制标准层楼梯

1）单击"默认"选项卡"修改"面板中的"复制"按钮✇，将楼梯踏步和底板线进行复制，得到如图 17-144 所示的 3 段楼梯。

2）单击"默认"选项卡"绘图"面板中的"直线"按钮✍，绘制楼梯平台处。绘制楼板和楼梯梁，结果如图 17-145 所示。最后单击"默认"选项卡"修改"面板中的"修剪"按钮✄，修剪掉多余的线条即可。

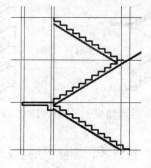
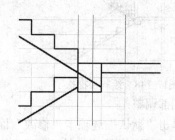

图17-144　复制楼梯底板线和踏步　　　　图17-145　处理楼梯平台

3）单击"默认"选项卡"修改"面板中的"复制"按钮，从底层复制一个楼梯平台到标准层，结果如图 17-146 所示。

4）单击"默认"选项卡"修改"面板中的"复制"按钮，从底层复制一段带阳台的楼梯，可以得到标准层的楼梯图，如图 17-147 所示。

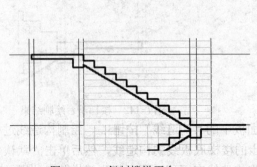
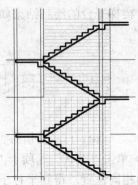

图17-146　复制楼梯平台　　　　　　　图17-147　标准层楼梯绘制结果

4．绘制楼梯扶手

1）将当前图层设置为"楼梯扶手"图层。

2）单击"默认"选项卡"绘图"面板中的"直线"按钮，在左边按照辅助线绘制出墙体和窗户。

3）单击"默认"选项卡"绘图"面板中的"直线"按钮，过台阶面绘制高为 900 的竖直线，然后单击"默认"选项卡"修改"面板中的"复制"按钮，将竖直线复制到各个台阶处。单击"默认"选项卡"绘图"面板中的"构造线"按钮，绘制构造线过竖直线的上部端点作为楼梯扶手，楼梯扶手高为 900，绘制过程如图 17-148 所示。

4）单击"默认"选项卡"修改"面板中的"修剪"按钮，修剪掉冒头的多余线条。扶手绘制结果如图 17-149 所示。

（5）单击"默认"选项卡"修改"面板中的"矩形阵列"按钮，以标准层楼梯为阵列对象，阵列行数为 7，列数为 1，行偏移设定为 3300。将扶手阵列，结果如图 17-150 所示。

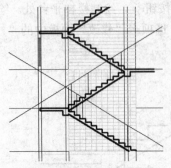
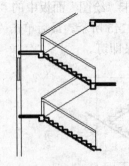

图17-148　绘制楼梯扶手　　　图17-149　楼梯扶手绘制结果　　　图17-150　阵列操作结果

5．细部调整

1）单击"默认"选项卡"修改"面板中的"删除"按钮，删除顶层多余的楼梯段，然后单击"绘图"工具栏中的"直线"按钮，绘制顶层扶手剖面，结果如图 17-151 所示。

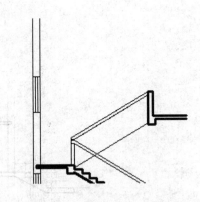

图17-151　顶层楼梯绘制结果

2）单击"默认"选项卡"绘图"面板中的"直线"按钮，在底层绘制地面线，结果如图 17-152 所示。

3）单击"默认"选项卡"绘图"面板中的"直线"按钮，绘制入口处台阶线，结果如图 17-153 所示。

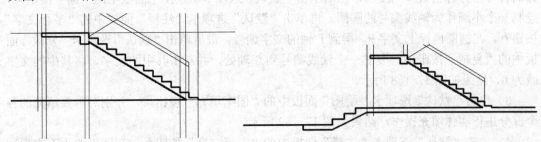

图17-152　绘制地面线　　　　　　　　　　　图17-153　绘制入口台阶线

4）单击"默认"选项卡"绘图"面板中的"直线"按钮，绘制墙体的隔断线符号，结果如图 17-154 所示。

5）单击"默认"选项卡"绘图"面板中的"直线"按钮，绘制楼板的隔断线符号，结果如图 17-155 所示。

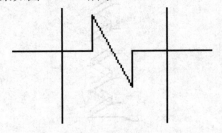

图17-154　墙体隔断线

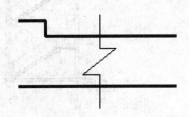

图17-155　楼板隔断线

6）单击"默认"选项卡"修改"面板中的"复制"按钮，将这两种符号复制到所有的隔断处，部分结果如图 17-156 所示。

6．尺寸标注和文字说明

1）单击"默认"选项卡"注释"面板中的"对齐"按钮，进行尺寸标注，部分尺寸

标注结果如图 17-157 所示。

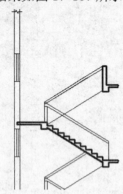

图17-156　隔断线布置结果

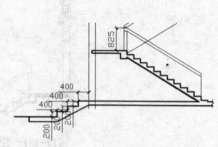

图17-157　部分尺寸标注结果

2）进行各个楼梯段的标高标注。单击"默认"选项卡"绘图"面板中的"直线"按钮 ⟋，绘制一个标高符号。单击"默认"选项卡"修改"面板中的"复制"按钮 ⟲，将标高符号复制到各个需要处。单击"默认"选项卡"注释"面板中的"多行文字"按钮 **A**，在标高符号上方标出具体高度值，然后单击"默认"选项卡"绘图"面板中的"圆"按钮 ⊙，绘制一个小圆作为轴线编号的圆圈。再单击"默认"选项卡"注释"面板中的"多行文字"按钮 **A**，在圆圈内标上文字 F，得到 F 轴的文字编号。最后单击"默认"选项卡"修改"面板中的"复制"按钮 ⟲，复制一个轴线编号到 G 轴处，并双击其中的文字，将其中的文字改为 G，结果如图 17-158 所示。

3）单击"默认"选项卡"绘图"面板中的"图案填充"按钮 ▨，分别对需要填充的各个部分进行实体填充操作，结果如图 17-159 所示。

4）单击"默认"选项卡"注释"面板中的"多行文字"按钮 **A**，在图形的正下方标注上"楼梯剖面详图 1:50"字样，完成楼梯剖面详图的绘制，结果如图 17-137 所示。

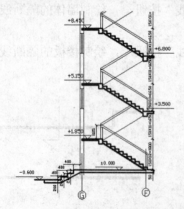

图17-158　部分标高结果

图17-159　图案填充结果

17.3　动手练一练

 【实例 1】绘制如图 17-160 所示的别墅总平面图

1. 目的要求

本例主要练习总平面图的绘制方法，其设计了别墅砖混结构，总平面图主要表现建筑的大体外形，以及建筑与周围环境的关系。通过本例，帮助读者深入掌握总平面图的绘制方法。

2. 操作提示

1）设置绘图环境。

2）绘制建筑物外形。

3）绘制道路、绿地等布置。

4）完成尺寸标注和文字说明。

 【实例2】绘制如图17-161所示的别墅地下层平面图

1. 目的要求

本例主要练习平面图的绘制方法，其设计了别墅砖混结构，地下层主要布置活动室。通过本例，帮助读者深入掌握平面图的绘制方法。

2. 操作提示

1）设置绘图环境。

2）利用"直线"和"偏移"命令，绘制轴线网。

3）利用"多线"命令，绘制墙体。

4）利用"矩形"和"图案填充"命令，绘制混凝土柱。

5）利用"直线"命令、"偏移"命令和"修剪"命令，绘制楼梯。

6）利用"移动"命令、"偏移"命令、和"修剪"命令，完成室内布置。

7）利用"线性标注"和"多行文字"命令，完成尺寸标注和文字说明。

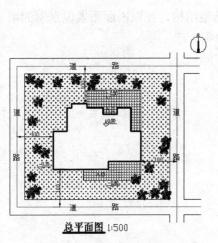

图17-160 别墅总平面图

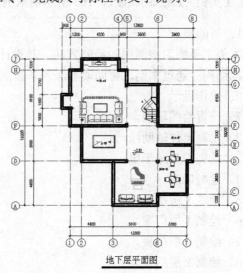

图17-161 绘制地下层平面图

 【实例3】绘制如图17-162所示别墅南立面图

1．目的要求

浅米色外墙挂板

白色涂料
米黄色面砖

白色涂料

白色涂料

片石饰面(色另定)

南立面图

图17-162　南立面

本例主要练习立面图的绘制方法，其设计了别墅砖混结构，并以立面图表现别墅的外观。通过本实例，帮助读者深入掌握立面图的绘制方法。

2．操作提示

1）设置绘图环境。

2）利用"直线"命令绘制定位辅助线。

3）利用"直线"命令、"偏移"命令和"修剪"命令，绘制1层和2层立面图。

4）利用"线性标注"和"多行文字"命令、完成尺寸标注和文字说明。

【实例4】绘制如图17-163所示别墅剖面图

1．目的要求

本例主要练习剖面图的绘制方法，其设计了别墅砖混结构，并以剖面图表现别墅的墙体内部结构。通过本例，帮助读者深入掌握剖面图的绘制方法。

2．操作提示

1）设置绘图环境。

2）绘制定位辅助线。

3）绘制室外地平线。

4）绘制墙线。

5）绘制1层楼板。

6）绘制1层门窗。

7）绘制2层楼板。

8）绘制2层门窗。

9）绘制楼梯。

10）绘制楼梯间窗户。

11）绘制折断线。

12）文字说明和标注。

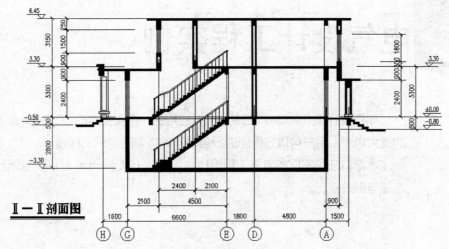

Ⅱ—Ⅱ剖面图

图17-163　别墅剖面图

第**18**章

电气设计工程实例

电气设计是 AutoCAD 在专业领域应用的一个重要方面 利用 AutoCAD 的强大功能，用户可以方便地进行各种不同类型的电气工程设计。

本章以三种不同的电气工程设计为例 详细介绍 AutoCAD 电气设计的方法与相关技巧。

重点与难点

- 了解电气设计基本理论
- 学习车床电气设计实例
- 学习工厂智能系统配线图设计实例
- 学习电缆线路工程图设计实例

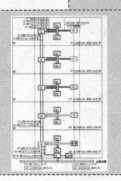

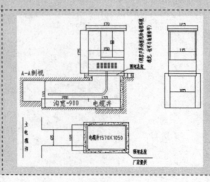

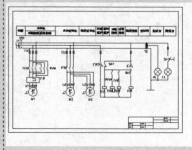

18.1　电气制图概述

18.1.1　电气图的分类

根据各电气图所表示的电气设备、工程内容及表达形式的不同，电气图通常分为以下几类。

1. 系统图或框图

系统图或框图就是用符号或带注释的框概略表示系统或分系统的基本组成、相互关系及其主要特征的一种简图。例如，如图 18-1 所示的电动机供电系统图就表示了它的供电关系，它的供电过程是电源 L1、L2、L3 三相→熔断器 FU→接触器 KM→热继电器热元件 FR→电动机。如图 18-2 所示的某变电所供电系统图表示把 10kV 电压通过变压器变换为 380V 电压，经断路器 QF 通过 FU-QK1、FU-QK2、FU-QK3 分别供给 3 条支路。系统图或框图常用来表示整个工程或其中某一项目的供电方式和电能输送关系，也可表示某一装置或设备各主要组成部分的关系。

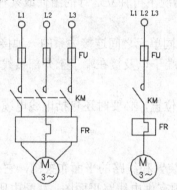

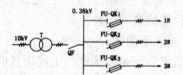

图 18-1　电动机供电系统图　　　　图 18-2　某变电所供电系统图

2. 电路图

电路图就是按工作顺序用图形符号从上而下、从左到右排列，详细表示电路、设备或成套装置的全部组成和连接关系，而不考虑其实际位置的一种简图。其目的是便于详细了解设备的工作原理、分析和计算电路特性及参数，所以这种图又称为电气原理图或原理接线图。例如，在磁力启动器电路图（如图 18-3 所示）中，当按下启动按钮 SB2 时，接触器 KM 的线圈得电，其常开主触点闭合，使电动机得电，启动运行，另一个辅助常开触点 KM 闭合，进行自锁。当按下停止按钮 SB1 或热继电器 FR 动作时，KM 线圈失电，常开主触点 KM 断开，电动机停止。可见它表示了电动机的操作控制原理。

3. 接线图

接线图主要用于表示电气装置内部元件之间及外部其他装置之间的连接关系，是方便制作、安装及维修人员接线和检查的一种简图或表格。如图 18-4 所示就是磁力启动器控制电动机的主电路接线图，它清楚地表示了各元件之间的实际位置和连接关系：电源（L1、

L2、L3）由 BX-3×6 的导线接至端子排 X 的 1、2、3 号，然后通过熔断器 FU1～FU3 接至交流接触器 KM 的主触点，再经过继电器的发热元件接到端子排的 4、5、6 号，最后用导线接入电动机的 U、V、W 端子。当一个装置比较复杂时，接线图又可分解为以下几种。

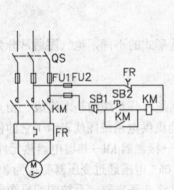

图 18-3　磁力启动器电路图

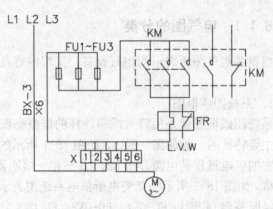

图 18-4　磁力启动器接线图

（1）单元接线图　它是表示成套装置或设备中一个结构单元内各元件之间连接关系的一种接线图。这里所指的"结构单元"是指在各种情况下可独立运行的组件或某种组合体，如电动机、开关柜等。

（2）互连接线图　它是表示成套装置或设备不同单元之间连接关系的一种接线图。

（3）端子接线图　它是表示成套装置或设备的端子以及接在端子上外部接线（必要时包括内部接线）的一种接线图，如图 18-5 所示。

（4）电线电缆配置图　它是表示电线电缆两端位置，必要时还包括电线电缆功能、特性和路径等信息的一种接线图。

4. 电气平面图

电气平面图是表示电气工程项目的电气设备、装置和线路的平面布置图，它一般是在建筑平面图的基础上绘制出来的。常见的电气平面图有供电线路平面图、变配电所平面图、电力平面图、照明平面图、弱电系统平面图、防雷与接地平面图等。如图 18-6 所示是某车间的动力电气平面图，它表示了各车床的具体平面位置和供电线路。

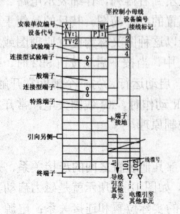

图 18-5　端子接线图

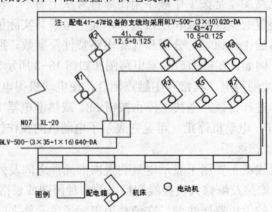

图 18-6　某车间动力电气平面图

5. 设备布置图

设备布置图表示各种设备和装置的布置形式、安装方式以及相互之间的尺寸关系，通常由平面图、主面图、断面图、剖面图等组成。这种图按三视图原理绘制，与一般机械图没有大的区别。

6. 设备元件表

设备元件表就是把成套装置、设备、装置中的各组成部分和相应数据列成表格，来表示各组成部分的名称、型号、规格和数量等，以便于读图者阅读，了解各元件在装置中的作用和功能。设备元件表是电气图中的重要组成部分，它可置于图中的某一位置，也可单列一页（视元件多寡而定）。为了方便书写，通常是从下而上排序。表 18-1 所示是某开关柜的设备元件表。

表 18-1　某开关柜的设备元件表

符号	名称	型号	数量
ISA-351D	微机保护装置	=220V	1
KS	自动加热除湿控制器	KS-3-2	1
SA	跳、合闸控制开关	LW-Z-1a，4，6a，20/F8	1
QC	主令开关	LS18-2	1
QF	自动空气开关	GM318-2PR3，0A	1
FU18-2	熔断器	AM1 16/6A	2
FU3	熔断器	AM1 16/2A	1
18-2DJR	加热器	DJR-718-220V	2
HLT	手车开关状态指示器	MGZ-918-18-220V	1
HLQ	断路器状态指示器	MGZ-918-18-220V	1
HL	信号灯	AD18-25/418-5G-220V	1
M	储能电动机		1

7. 产品使用说明书上的电气图

生产厂家往往随产品使用说明书附上电气图，供用户了解该产品的组成和工作过程及注意事项，以达到正确使用、维护和检修的目的。

8. 其他电气图

上述电气图是常用的主要电气图，但对于较为复杂的成套装置或设备，为了便于制造，有局部的大样图、印刷电路板图等。而为了装置的技术保密，往往只给出装置或系统的功能图、流程图、逻辑图等。所以，电气图种类很多，但这并不意味着所有的电气设备和装置都应具备这些图样。根据表达的对象、目的和用途不同，所需电气图的种类和数量也不一样。对于简单的装置，可把电路图和接线图合二为一；对于复杂的装置或设备，应将其分解为几个系统，每个系统可以有以上各种类型图。总之，电气图作为一种工程语言，在表达清楚的前提下，越简单越好。

2016 AutoCAD

📖 18.1.2 电气图的特点

电气图与其他工程图有着本质的区别，它用于表示系统或装置中的电气关系，所以具有其独特的一面。其主要特点有以下几方面。

1．清楚

电气图是用图形符号、连线或简化外形来表示系统或设备中各组成部分之间相互电气关系及其连接关系的一种图。如某一变电所的电气图（如图18-7所示），将10kV电压变换为0.38kV低压，分配给4条支路，用文字和符号表示，并给出了变电所各设备的名称、功能、电流方向及各设备间的连接关系和相互位置关系，但没有给出具体的位置和尺寸。

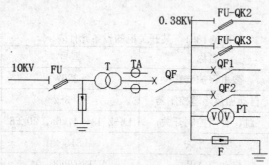

图18-7 变电所电气图

2．简洁

电气图是采用电气元件或设备的图形符号、文字符号和连线来表示的，没有必要画出电气元件的外形结构，所以对于系统构成、功能及电气接线等，通常都采用图形符号、文字符号来表示。

3．独特性

电气图主要用于表示成套装置或设备中各元件之间的电气连接关系，不论是说明电气设备工作原理的电路图、说明供电关系的电气系统图，还是表明安装位置和接线关系的平面图和连线图等，都表达了各元件之间的连接关系，如图18-1～图18-4所示。

4．布局

电气图的布局依图所表达的内容而定。电路图、系统图是按功能布局，只考虑便于看出元件之间功能关系，而不考虑元件的实际位置。要突出设备的工作原理和操作过程，按照元件的动作顺序和功能应用，从上而下、从左到右布局。而对于接线图和平面布置图，则要考虑元件的实际位置，所以应按位置布局，如图18-4和图18-6所示。

5．多样性

对系统的元件和连接线描述方法不同，构成了电气图的多样性，如元件可采用集中表示法、半集中表示法和分散表示法表示，连线可采用多线表示、单线表示和混合表示。同时，一个电气系统中各种电气设备和装置之间，从不同角度、不同侧面去考虑，存在不同关系。例如，在如图18-1所示的某电动机供电系统图中，就存在着不同关系。

1）电能通过FU、KM、FR送到电动机M，它们存在能量传递关系，如图18-8所示。

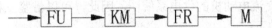

图 18-8 能量传递关系

2）从逻辑关系上，只有当 FU、KM 和 FR 都正常时，M 才能得到电能，所以它们之间存在"与"的关系：M=FU·KM·FR。即只有 FU 正常为"1"、KM 合上为"1"、FR 没有烧断为"1"时，M 才能为"1"，表示可得到电能。其逻辑图如图 18-9 所示。

3）从保护角度表示，FU 用于进行短路保护。当电路电流突然增大发生短路时，FU 烧断，使电动机失电。它们就存在信息传递关系：电流输入 FU，FU 输出烧断或不烧断，取决于电流的大小，可用图 18-10 表示。

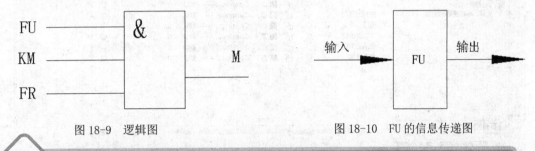

图 18-9 逻辑图　　　　　　　　图 18-10 FU 的信息传递图

18.2 车床电气设计

　　车床主要用于加工各种回转表面，如外圆柱、圆锥面、成形回转表面等，部分型号车床可以加工螺纹面，卧式车床是其中最广泛的一种。车床在加工工件时，随着工件材料和材质的不同，应选择合适的主轴转速及进给转速。一般中小型车床都采用转速固定的交流异步电动机驱动主轴，依靠主轴变速器改变主轴转速。为适应不同的加工需要，主轴需要能够正反转，这个要求一般是通过改变扳动离合器来实现的。进给运动多半是通过主轴运动分出一部分动力，通过挂轮箱传给进给箱配合来实现的。车床一般都是设有交流电动机拖动的冷却泵，实现切削过程的冷却，有的还专门设有一台润滑泵对系统进行润滑。

　　C616 型车床属于小型普通车床，车身最大工件回转半径为 160mm，最大工件长度为 500mm。其电气控制线路由三个主要部分：其中从电源到 3 台电动机的电路称为主回路，这部分电路中通过的电流大；而由接触器、继电器等组成的电路称为控制回路，采用 380V 电源供电；第三部分是照明及指示回路，由变压器次级供电，其中指示灯的电压为 6.3V，照明灯的电压为 36V 安全电压。下面分主回路、控制回路和指示回路三部分说明 C616 控制线路的设计。

光盘动画演示\第18章\车床电气设计.avi

📖 18.2.1　主回路的设计

　　主回路主要表达 3 台交流异步电动机的供电情况，以及过载保护和继电器触点放置等，

相当于 3 台并联异步交流电动机的供电系统图，因此，可以借鉴三相交流异步电动机的控制系统图。设计过程如下：

1）在 AutoCAD 2016 环境下打开"电动机控制电路图.dwg"，并调用随书光盘"源文件"文件夹中的的"A3 title"样板，新建"C616 电气设计.dwg"，设置保存路径，并保存。新建图层"控制回路层""视口""文字说明层""照明回路层"和"主回路层"，各层设置如图 18-11 所示。

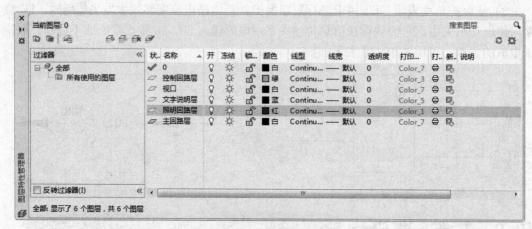

图 18-11　图层设置

2）在"电动机控制.dwg"选中如图 18-12 所示部分电路图，选择菜单栏中的"编辑"→"复制"命令。在"C616 控制线路.dwg"中选择菜单栏中的"编辑"→"粘贴"命令，指定插入点后，粘贴在"C616 控制线路.dwg"中，如图 18-13 所示。复制以有电气工程图的有用部分图样到当前设计环境中，加以修改，能够大大提高设计效率和质量，是非常有用的设计方法之一。

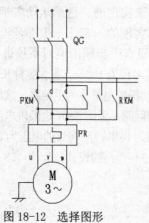
图 18-12　选择图形

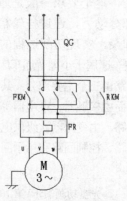
图 18-13　粘贴图样

3）单击"默认"选项卡"块"面板中的"插入"按钮，把"三相交流导线"图块插入到"C616 控制线路.dwg"中，效果如图 18-14 所示。

4）导线比例显得过大，将三相导线缩小一半，基点为 3 根导线中间根的左端点，比例系数为 0.5，效果如图 18-15 所示。

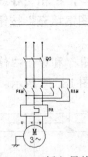

图 18-14 插入导线　　　　　　　　　　　图 18-15 比例调整

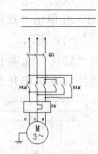

5）单击"默认"选项卡"块"面板中的"插入"按钮，把"多极开关"块插入到当前操作图形文件中来，效果如图 18-16 所示。

6）单击"默认"选项卡"修改"面板中的"移动"按钮，把多极开关移到合适位置。

7）单击"默认"选项卡"修改"面板中的"旋转"按钮，把多极开关旋转到如图 18-17 所示位置，多极开关与导线的交点为旋转基点，选转角度为-90°，使得多极开关于三相导线连接。

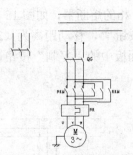

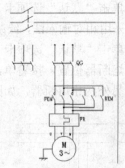

图 18-16 插入多极开关　　　　　　　　　图 18-17 调整多极开关位置

8）选中粘贴过来的图形的接线端点和导线导通点，右键单击选择"删除"，输出多余的端点和导线导通点，效果如图 18-18 所示。

9）单击"默认"选项卡"修改"面板中的"分解"按钮，分解三相导线。

10）单击"默认"选项卡"修改"面板中的"延伸"按钮，电动机输入端 3 条导线与系统总供电导线接通，效果如图 18-19 所示。

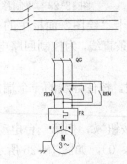

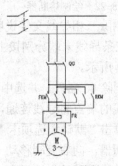

图 18-18 删除导通点　　　　　　　　　　图 18-19 延伸效果

11）单击"默认"选项卡"绘图"面板中的"圆"按钮 ⊙，在相交导线导通处，绘制半径为 1 的圆，并单击"默认"选项卡"绘图"面板中的"图案填充"按钮 □，作为导通点，效果如图 18-20 所示。

12）单击"默认"选项卡"绘图"面板中的"直线"按钮 ╱ 和单击"修改"面板中的"延伸"按钮 ─╱，在多极开关符号上加上手动按钮符号，如图 18-21 所示。

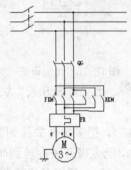

图 18-20　画导通点

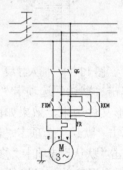

图 18-21　绘制手动符号

13）单击"默认"选项卡"绘图"面板中的"矩形"按钮 □，以导通点圆心为第一个对角点，采用相对输入法，绘制长 5，高 10 的矩形，作为 U 相的熔断器，如图 18-22 所示。

14）单击"默认"选项卡"修改"面板中的"移动"按钮 ✛，移动距离为（2.5，10，0），调整熔断器位置，接着单击"默认"选项卡"修改"面板中的"复制"按钮 ⊙，复制移动生成另外两相熔断器，如图 18-23 所示。

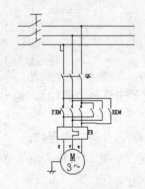

图 18-22　绘制熔断器

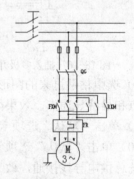

图 18-23　复制移动效果

15）删除三相导线文字说明部分，单击"默认"选项卡"绘图"面板中的"直线"按钮 ╱，在三条导线末端分别接上长度 400、200 和 400 的三条直线，为控制回路电源引入线，如图 18-24 所示。

16）删除 QG 器件，并选中一条导线，单点击鼠标左键，按住导线的一个端点拖动到另外一条导线的端点将导线连通，如图 18-25 所示。

17）单击"默认"选项卡"修改"面板中的"复制"按钮 ⊙，把第一台电动机及导线，开关，熔断器，向右复制移动一份，移动距离是（150，0，0），如图 18-26 所示。

18）单击"默认"选项卡"修改"面板中的"复制"按钮 ⊙，把第二台电动机向 x 正方向平移 80，生成第三台电动机，如图 18-27 所示。

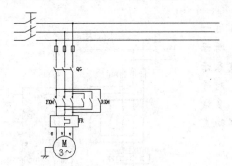

图 18-24　延长电源线

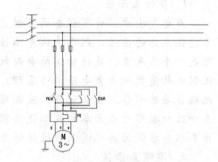

图 18-25　删除 QG

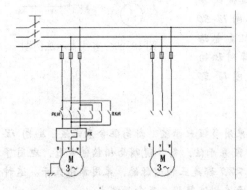

图 18-26　复制移动电动机

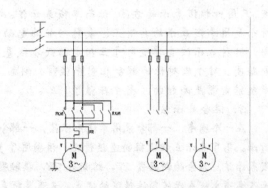

图 18-27　复制移动第二台电动机

19）选择菜单栏中的"编辑"→"复制"命令和"粘贴"命令，把手动多极开关，复制一份放在第三台电动机的输入端。

20）单击"默认"选项卡"修改"面板中的"延伸"按钮，以系统供电导线为延伸边界，把第二台电动机输入端与系统供电导线三相连通。

21）单击"默认"选项卡"绘图"面板中的"直线"按钮，把第三台电动机连接在第二台电动机的下游，只有第二台电动机启动了，第三台电动机才有可能启动。第三台电动机是第二台电动机的冷却泵。完成以上步骤即得 C616 的主回路图，如图 18-28 所示。

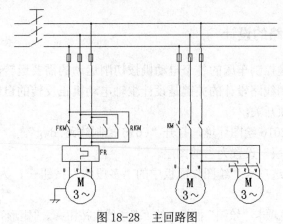

图 18-28　主回路图

▲ 技巧与提示——线路表示方法

1. 多线表示法

在电气图中，电气设备的每根连接线或导线各用一条图线表示的方法，称为多线表示法。如图 18-29 所示就是一个具有正、反转功能的电动机主电路，多线表示法能比较清楚地看出电路工作原理，但图线太多，对于比较复杂的设备，交叉就多，反而有阻碍看懂图。多线表示法一般用于表示各相或各线内容不对称和要详细表示各相和各线的具体连接方法的场合。

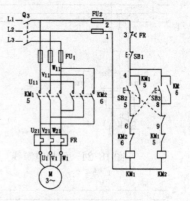

图 18-29　多线表示法例图

2. 单线表示法

在图中，电气设备的两根或两根以上的连接线或导线，只用一根线表示的方法，称为单线表示法。如图 18-30 所示是用单线表示的具有正、反转功能的电动机主电路图，这种表示法主要适用于三相电路或各线基本对称的电路图。对于不对称的部分在图中注释，例如，图 18-30 中热继电器是两相的，图中标注了"2"。

3. 混合表示法

在一个图中，一部分采用单线表示法，一部分采用多线表示法，称为混合表示法，如图 18-31 所示。为了表示三相绕组的连接情况，该图用了多线表示法；为了说明两相热继电器，也用了多线表示法；其余的断路器 QF、熔断器 FU、接触器 KM1 都是三相对称的，采用单线表示。这种表示法具有单线表示法简洁精练的优点，又有多线表示法描述精确、充分的优点。

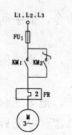

图 18-30　单线表示法例图

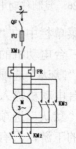

图 18-31　Y—△切换主电路的混合表示

📖 18.2.2　控制回路的设计

控制线路的作用是控制车床的各个电动机按切削运动的需要运转，控制各个电动机的起停、正反转等。控制线路设计的关键是设计主轴电动机正反转的自锁和互锁，采用接触器的辅助触点作为互锁开关。

1）进入 AutoCAD2016 绘图环境，打开"C616 控制线路.dwg"。

2）将"控制回路层"设置为当前图层。

3）单击"默认"选项卡"绘图"面板中的"多段线"按钮⏎，为控制回路引入电源，如图 18-32 所示。

4）单击"默认"选项卡"绘图"面板中的"多段线"按钮⏎、"矩形"按钮▢和"插入"按钮，绘制控制系统的熔断器和热继电器触点等保护设备，修改完毕后，如图 18-33 所示。

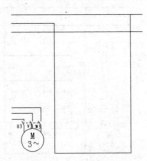

图 18-32　控制回路电源线

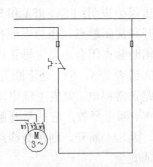

图 18-33　控制回路的保护设备

5）设计主轴正向启动控制线路。

①单击"默认"选项卡"块"面板中的"插入"按钮，绘制正向启动手动按钮开关。单击"默认"选项卡"绘图"面板中的"矩形"按钮，绘制接触器。单击"默认"选项卡"绘图"面板中的"直线"按钮，绘制连接导线，如图 18-34 所示。

②单击"默认"选项卡"修改"面板中的"复制"按钮，生成反向启动手动开关和接触器符号，并且在导线连通的地方绘制接通符号，如图 18-35 所示。

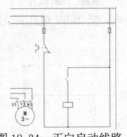

图 18-34　正向启动线路

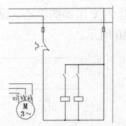

图 18-35　反向启动线路

③设计正反向互锁控制线路，在正向启动支路上串联控制反向启动接触器的常闭辅助触点，在反向启动支路上串联控制正向启动接触器的常闭辅助触点，使得电动机不可能处于既正转又反转的状态，如图 18-36 所示。

6）设计第二台电动机的控制线路，第二台电动机驱动润滑泵，其辅助触点必须串联于主轴控制线路，保证润滑泵不工作，电动机不能启动。SA2 接通后，KM1 得电，其触点闭合，电动机控制回路才有可能得电，如图 18-37 所示。

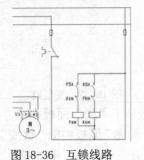

图 18-36　互锁线路

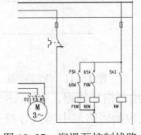

图 18-37　润滑泵控制线路

7）设计主轴电动机零压保护，如图 18-38 所示。

零压保护说明：FSA、RSA 和 SA1 是同一鼓形开关的常开、常开和常闭触点。当总电源打开时，SA1 闭合，KA 得电，其辅助触点闭合。当主轴正向或者反向工作时，开关扳到 FSA 或者 RSA，SA1 处于断开状态，KA 触点仍闭合，控制线路正常得电。如果主轴电动机在运转过程中突然停电，则 KA 断电释放，它的常开触点断开。如果车床恢复供电后，因 SA1 断开，则控制线路不能得电，主轴不会启动，保证安全。

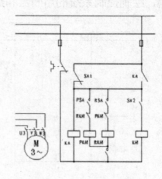

图 18-38　零压保护

📖 18.2.3　照明指示回路的设计

照明指示回路为整个机床提供总电源是否接通和照明功能，设计相对较为简单，但却是每个机床电气设计不可少的一部分。

1）单击"默认"选项卡"块"面板中的"插入"按钮🔃，在控制回路层插入电感符号，作变压器初级线圈符号，如图 18-39 所示。

2）在线圈中间绘制窄长矩形区域，单击"默认"选项卡"绘图"面板中的"图案填充"按钮🔲，作为变压器的铁心，设计变压器为照明指示回路供电，把 380V 电压降为安全电压，如图 18-40 所示。

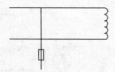

图 18-39　初级线圈

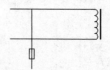

图 18-40　铁心

3）单击"默认"选项卡"修改"面板中的"镜像"按钮⚌，以变压器铁心为对称轴，把步骤 1 中绘制的线圈，镜像复制一份，作为变压器次级，效果如图 18-41 所示。

4）单击"默认"选项卡"绘图"面板中的"直线"按钮／，绘制三条直线，如图 18-42 所示，作为变压器输出的 3 个抽头。

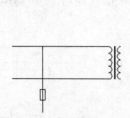

图 18-41　次级线圈

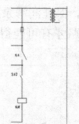

图 18-42　变压器

5）绘制指示回路，如图 18-43 所示。单击"默认"选项卡"块"面板中的"插入"按钮🔃，在控制回路层中插入灯符号。单击"默认"选项卡"绘图"面板中的"直线"按钮／，连接灯两端，并绘制照明线路的地，当主电路上的总电源开关合上时，HL 即亮，表示车床总电源已经接通。

6）绘制照明回路，如图 18-44 所示。单击"默认"选项卡"修改"面板中的"复制"按钮 ，在指示支路的右边复制照明支路，添加熔断器和手动开关。当主电路上的总电源开关合上时，如果手动开关接通时，照明灯亮；照明回路电流过大时，熔断器断开，保证电路安全。

2016

AutoCAD

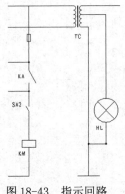

图 18-43　指示回路

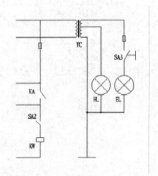

图 18-44　照明回路

18.2.4　添加文字说明

1）将"文字说明层"设置为当前图层，给主线路层和控制照明线路层各元器件标上文字标号，如图 18-45 所示。字型选择"仿宋_GB2312"，大小为 10 号字。

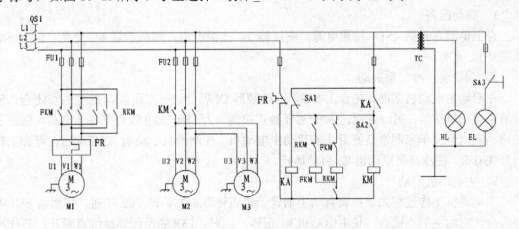

图 18-45　标注文字标号

2）为了方便阅读电路图和电路维护，一般应在图的上面用文字标识各部分的功能等，如图 18-46 所示。

电源	主电机		冷却泵	润滑泵	过载保护	零压保护	正转控制	反转控制	润滑控制	变压器	指示灯	照明灯
	正向起动	反向起动										

图 18-46　分块文字说明

综合以上 4 小节的内容，C616 车床电气原理图就设计完成了，包括主回路、控制回路

和照明回路以及附带文字说明，整套系统图如图 18-47 所示。

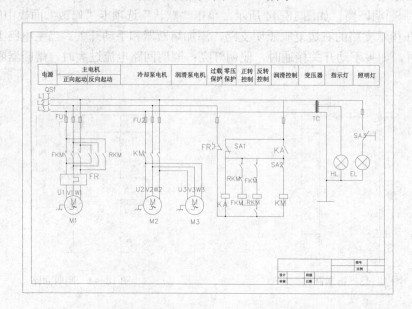

图 18-47　C616 车床电气原理图

📖 18.2.5　电路原理说明

1. 启动准备

合上电源总开关 QS1，接通电源，变压器 TC 次级有电，则指示灯 HL 变亮。合上 SA3 照明灯 EL 点亮。

2. 润滑泵、冷却泵启动

在启动主电动机之前，先合上 SA2，则接触器 KM 吸合。一方面，KM 的主触点闭合，使润滑泵电动机运转；另一方面，KM 的常开触点接通，为 FKM，RKM 吸合准备了电路，保证了先启动润滑泵使车床润滑良好后才能启动主电动机。在润滑泵电动机 M2 启动后，可合上转换开关 QS2，使冷却泵电动机 M3 启动运转。

3. 主电动机启动

主电动机工作过程如下：将启动手柄置于"正转"位置，即 FKM 接通，接触器 FKM 得电吸合，它的主触点闭合，使主电动机 M1 正转，同时，FKM 的常闭辅助触点断开，其作用是对反转控制器 RKM 进行互锁。

若需主电动机反转，只要将启动手柄置于"反转"位置，这时 RFM 接通，其主触点闭合，主电动机反转，同时 RFM 的常闭辅助触点断开，正转停止。

主电动机 M1 需要停止时，只要将转换开关置于"零位"，则 FKM，RKM 均断开，正转和反转均停止，并为下次启动主电动机准备。

▲ 技巧与提示——连接线连续表示法和中断表示法

1. 连续表示法及其标志

连接线可用多线或单线表示，这样可以避免线条太多，以保持图面的清晰。对于多条去向相同的连接线，常采用单线表示法表示，如图18-48所示。

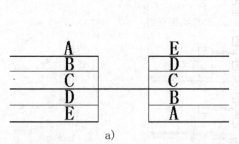
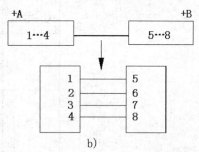

图18-48　连接线表示法

当导线汇入用单线表示的一组平行连接线时，在汇入处应折向导线走向，而且每根导线两端应采用相同的标记号，如图18-49所示。

连续表示法中导线的两端应采用相同的标记号。

2. 中断表示法及其标志

为了简化线路图或使多张图采用相同的连接表示，连接线一般采用中断表示法。

在同一张图中断处的两端给出相同的标记号，并给出导线连接线去向的箭号，如图18-50中的 G 标记号。对于不同的图，应在中断处采用相对标记法，即中断处标记名相同，并标注"图序号/图区位置"，如图18-50所示。图中断点 L 标记名，在第20号图样上标有"L3/C4"，表示 L 中断处与第3号图样 C 行4列处的 L 断点连接；而在第3号图样上标有"L30/A4"，表示 L 中断处与第20号图样 A 行4列处的 L 断点相连。

对于接线图，中断表示法的标注采用相对标注法，即在本元件的出线端标注去连接的对方元件的端子号。如图18-51所示，PJ 元件的 1 号端子与 CT 元件的 2 号端子相连接，而 PJ 元件的 2 号端子与 CT 元件的 1 号端子相连接。

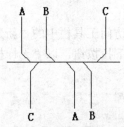
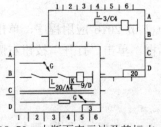
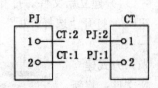

图18-49　汇入导线表示法　　图18-50　中断面表示法及其标志　　图18-51　中断表示法的相对标注

18.3　工厂智能系统配线图设计

图 18-52 所示为工厂智能系统配线图，工厂智能系统配线图并不十分复杂，对具体的尺寸也没有精确的要求，只是在安装总说明中才有各个部件的确切定位尺寸。

光盘动画演示\第18章\工厂智能系统配线图设计.avi

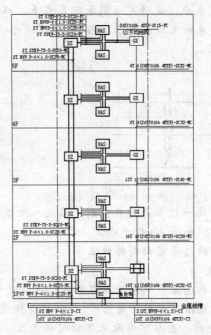

图 18-52　工厂智能系统配线图

本实例的制作思路：首先绘制定位辅助线，然后绘制各个图形实体，再绘制一层的配线，最后进行复制、连线即可。

18.3.1　图层设置

绘制步骤：

1）建立新文件。打开 AutoCAD 2016 应用程序，单击快速访问工具栏中的"新建"按钮 □，打开"选择样板"对话框，单击"打开"按钮右侧的 ▼下拉按钮，以"无样板打开—公制"（毫米）方式建立新文件；将新文件命名为"智能配线.dwg"并保存。

2）设置图形界限。选择菜单栏中的"格式"→"图形界限"命令，

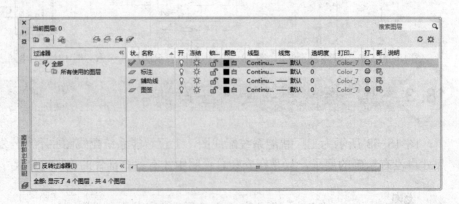

图 18-53　设置图层

分别设置图形界限的两个角点坐标为：左下角点为（0，0），右上角点为（200，280）。

3）设置图层。单击"默认"选项卡"图层"面板中的"图层特性管理器"按钮，新建"标注""图签"和"辅助线"三个图层，各图层的属性设置如图18-53所示。

📖 18.3.2 图样布局

1）打开"图形特性管理器"对话框，将当前图层设置为"0"图层。

2）绘制矩形。单击"默认"选项卡"绘图"面板中的"矩形"按钮，在绘图区绘制长为280、宽为400的矩形，如图18-54所示。

3）分解矩形。单击"默认"选项卡"修改"面板中的"分解"按钮，选择矩形进行分解。

4）等分矩形边。单击"默认"选项卡"绘图"面板中的"定数等分"按钮，将矩形的长边等分为5份。重复"定数等分"命令，将矩形的短边等分为4份。

5）绘制辅助线。单击"默认"选项卡"绘图"面板中的"直线"按钮，在矩形边上捕捉节点，绘制出的辅助线，如图18-55所示。

图18-54 绘制矩形

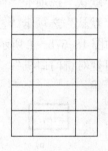
图18-55 绘制辅助线

6）改变线型。选中矩形内部的两条竖直辅助线，将其移至"辅助线"图层，此时矩形内部的两条竖向辅助线变为虚线，如图18-56所示。

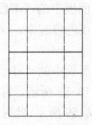
图18-56 改变线型

7）打断直线。单击"默认"选项卡"修改"面板中的"打断"按钮，将竖向辅助线在各个交点处打断。

▲ 技巧与提示

当完成打断操作之后，原来竖向的1条直线就变为了5条线段，这样在安放图形的时候，可以捕捉到各个层间线段的中心。

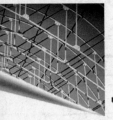

8）绘制矩形。

①打开"图形特性管理器"对话框，新建"系统"图层，将当前图层设置为"系统"图层。

②单击"默认"选项卡"绘图"面板中的"多段线"按钮，绘制矩形，命令行中的提示与操作如下：

命令：_pline
指定起点：（在绘图区指定一点）
指定下一点或[圆弧（A）/半宽（H）/长度（L）/放弃（U）/宽度（W）]：W↙
指定起点宽度<0.000>：0.7↙
指定终点宽度<0.000>：0.7↙
指定下一点或[圆弧（A）/半宽（H）/长度（L）/放弃（U）/宽度（W）]：（在"正交"绘图方式下，绘制出 25×15 的矩形，如图 18-57a 所示）。

▲ **技巧与提示**

在绘制矩形的时候要一条边一条边地绘制，这样每个边都是一个独立的实体。

9）添加注释文字。

①单击"默认"选项卡"修改"面板中的"复制"按钮，将矩形复制 5 个。

②单击"默认"选项卡"注释"面板中的"多行文字"按钮，分别在矩形内部添加文字，结果如图 18-57b～f 所示。其中，写有"HAS"的为"家庭智能控制中心"；写有"BS"的为"首层可视对讲门口机"；写有"GX"的为层综合布线过线箱；写有"DZ"的为层智能报警控制端子箱。

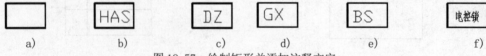

图 18-57　绘制矩形并添加注释文字

10）绘制首层综合布线配线架箱。

①单击"默认"选项卡"修改"面板中的"复制"按钮，将绘制好的矩形复制一次。

②单击"默认"选项卡"绘图"面板中的"多段线"按钮，将复制后的矩形长边等分为 4 份，重复"多段线"命令将节点连接起来。

11）安放各个部件。

①单击"默认"选项卡"修改"面板中的"移动"按钮，选择层智能报警控制端子箱，以矩形短边的中点为基点，如图 18-58 所示。将光标移动到一层竖向直线的中点附近，此时出现中点 0°水平追踪线，如图 18-59 所示，此时在距直线中点长度为 5 处放置端子箱。

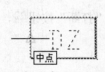

图 18-58　捕捉短边中点

图 18-59　在 0°追踪线上安放图块

②单击"默认"选项卡"修改"面板中的"移动"按钮，安放家庭智能控制中心图

块，以矩形长边的中点为基点，如图 18-60 所示，安放的位置为一层竖向 270°的追踪线上，在距横直线中点长度为 5 处放置图块，如图 18-61 所示。

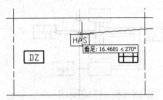

图 18-60　捕捉长边中点　　　　　图 18-61　在 270°追踪线上安放图块

③采用相同的方法放置其他图块，最终结果如图 18-62 所示。

12）连线。

①单击"默认"选项卡"绘图"面板中的"直线"按钮，从层智能报警控制端子箱中引出一端口，并将端口线等分为 5 份，如图 18-63 所示。

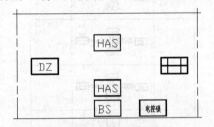　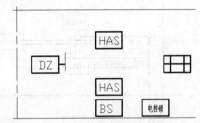

图 18-62　一层图块安放　　　　　　图 18-63　绘制端口

②单击"默认"选项卡"绘图"面板中的"多段线"按钮，将线宽设置为 0.4，连接的过程步骤如图 18-64～图 18-66 所示。重复"多段线"命令，可以连接其他的线段，结果如图 18-67 所示。

③单击"默认"选项卡"修改"面板中的"移动"按钮，将"综合布线配线架箱"图块向上移动。在此过程中由于移动的位移很小，故为了移动方便可以关闭"对象捕捉"功能，移动的结果如图 18-68 所示。

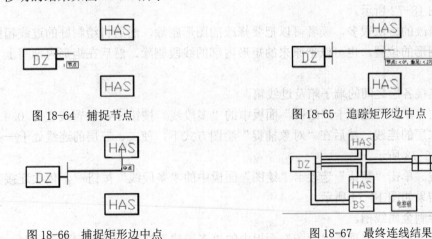

图 18-64　捕捉节点　　　　图 18-65　追踪矩形边中点

图 18-66　捕捉矩形边中点　　　　图 18-67　最终连线结果

13）绘制其他层的配线箱。

①单击"默认"选项卡"修改"面板中的"复制"按钮，以"DZ"矩形的短边中点

为复制的基点，复制结果如图 18-69 所示。

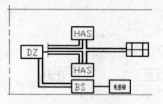

图 18-68　移动图块

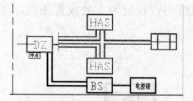

图 18-69　选取要复制的图形

②将一层的图形及布线在"正交"绘图方式下，向上移动直至出现二层辅助线中点的水平追踪线，选择竖向移动轨迹线与水平追踪线的交点为放置图形点，如图 18-70 所示。

③采用相同的方法，可以将一层的图形复制到其他层，结果如图 18-71 所示。

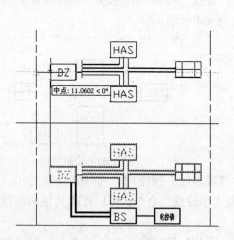

图 18-70　复制图形

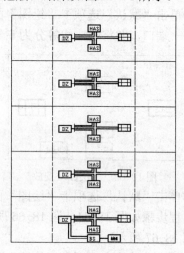

图 18-71　复制图形的结果

④将二、三、四、五层的"首层综合布线配线架箱"修改为"层综合布线过线箱"，修改结果如图 18-72 所示。

具体修改的方法很多，读者可以把要修改的图形删除，然后将绘制好的过线箱图块复制到原来图形的位置，也可以把原来的矩形内部的线段删除，然后在矩形内部写上"GX"即可。

14）连接各层之间的端子箱及过线箱。

①单击"默认"选项卡"绘图"面板中的"多段线"按钮，设置线宽为 0.4。首先绘制一、二层的连线，然后在"对象捕捉"绘图方式下，使二、三层的连线处于一条直线上，如图 18-73 所示。

②连线。单击"默认"选项卡"绘图"面板中的"多段线"按钮，依次连接其他各层，最终结果如图 18-74 所示。

15）绘制金属线槽。

①单击"默认"选项卡"绘图"面板中的"多段线"按钮，线宽设为 0.4，在下方绘制一个矩形，如图 18-75 所示。

②单击"默认"选项卡"绘图"面板中的"直线"按钮，在矩形的中心绘制一直线，绘制的时候可以捕捉中点，然后向右拖动一段距离，如图18-76所示。

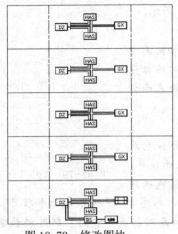

图 18-72 修改图块

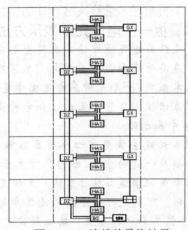

图 18-73 连线的最终结果

如果在"正交"绘图方式下，则中点就可以不用捕捉来确定，最终绘制出的金属线槽如图18-77所示。

③单击"默认"选项卡"绘图"面板中的"多段线"按钮，线宽设置 0.4，连接金属线槽与一层的各个配线箱，绘制结果如图18-78所示。

图 18-74 追踪竖向直线

图 18-75 绘制矩形

图 18-76 追踪矩形边的中点

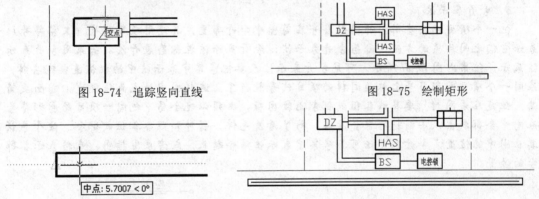

图 18-77 绘制金属线槽

④单击"默认"选项卡"绘图"面板中的"多段线"按钮，线宽设置 0.4，连接金属线槽与一层的各个配线箱，绘制结果如图18-78所示。

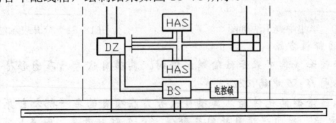

图 18-78 连接金属线槽与配线箱

16）添加文字注释。将"0"层设置为当前图层，在"0"层标注文字。有需要引线的

2016
AutoCAD

可以单击"默认"选项卡"绘图"面板中的"直线"按钮，来绘制，斜线标号可以使用 45°捕捉来完成。单击"默认"选项卡"注释"面板中的"多行文字"按钮 A，具体的操作过程在此不再赘述，最终文字标注的结果如图 18-52 所示。

◆ **技术看板——电气元件表示方法**

电气元件在电气图中通常采用图形符号来表示，绘出其电气连接，在符号旁标注项目代号（文字符号），必要时还标注有关的技术数据。一个元件在电气图中完整图形符号的表示方法有集中表示法、半集中表示法和分开表示法 3 种。

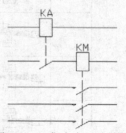

图 18-79　集中表示法例图

1. 集中表示法

把设备或成套装置中一个项目各组成部分的图形符号在简图上绘制在一起的方法，称为集中表示法。在集中表示法中，各组成部分用机械连接线（虚线）互相连接起来，连接线必须是一条直线。可见这种表示法只适用于简单的电路图。如图 18-79 所示是两个项目，继电器 KA 有一个线圈和一对触点，接触器 KM 有一个线圈和三对触头，它们分别用机械连接线联系起来构成一体。

2. 半集中表示法

把一个项目中某些部分的图形符号在简图中分开布置，并用机械连接符号把它们连接起来，称为半集中表示法。例如，图 18-80 中的 KM 具有一个线圈、三对主触头和一对辅助触头，表达清楚。在半集中表示中，机械连接线可以弯折、分支和交叉。

3. 分开表示法

把一个项目中某些部分的图形符号在简图中分开布置，并使用项目代号（文字符号）表示它们之间关系的方法，称为分开表示法，分开表示法也称为展开法。若采用分开表示法表示，结果如图 18-81 所示，可见分开表示法只要把半集中表示法中的机械连接线去掉，在同一个项目图形符号上标注同样的项目代号就行了。这样图中的点画线就少，图面更简洁，但是在看图时，要寻找各组成部分比较困难，必须纵观全局，把同一项目的图形符号在图中全部找出，否则就可能会遗漏。为了看清元件、器件和设备各组成部分，便于寻找其在图中的位置，分开表示法可与半集中表示法结合起来，或者采用插图、表格表示各部分的位置。

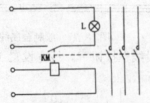

图 18-80　半集中表示法例图　　　　　　　图 18-81　分开表示法例图

4. 项目代号的标注方法

采用集中表示法和半集中表示法绘制元件时，其项目代号只在图形符号旁标出并与机械连接线对齐，如图 18-80 中的 KM。

采用分开表示法绘制的元件时，其项目代号应在项目的每一部分自身符号旁标注，如图 18-81 所示。必要时，对同一项目的同类部件（如各辅助开关、触点）可加注序号。

标注项目代号时应注意以下几方面。

1）项目代号的标注位置尽量靠近图形符号。

2）图线水平布局的图，项目代号应标注在符号上方；图线垂直布局的图，项目代号应标注在符号的左方。

3）项目代号中的端子代号应标注在端子位置的旁边。

4）围框的项目代号应标注在其上方或右方。

18.4 电缆线路工程图设计

本节绘制如图18-82所示的电缆分支箱的三视图。电缆分支箱包含电缆井、预留基座及电缆分支箱。

绘制思路为：首先根据三视图中各部件的位置确定图样布局，得到各个视图的轮廓线，然后分别绘制主视图、俯视图和左视图，最后进行标注。

光盘动画演示\第18章\电缆路工程图设计.avi

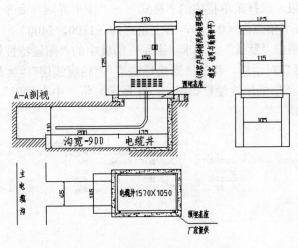

图18-82 电缆分支箱的三视图

18.4.1 设置绘图环境

绘制步骤：

1）建立新文件。打开AutoCAD 2016应用程序，以"A3-1样板图.dwt"样板文件为模板建立新文件，将新文件命名为"电缆线路工程图.dwg"并保存。

2）放大样板文件。单击"默认"选项卡"修改"面板中的"缩放"按钮，将A3样板文件的尺寸放大3倍，以适应本图的绘制范围。

3）设置缩放比例。选择菜单栏中的"格式"→"比例缩放列表"命令，打开"编辑图

形比例"对话框，如图 18-83 所示。在"比例列表"列表框中选择"1：4"选项，单击"确定"按钮，保证在 A3 的图样上可以打印出图形。

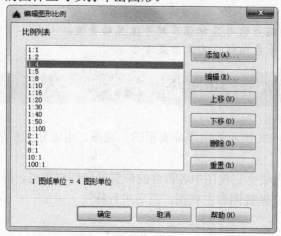

图 18-83　"编辑图形比例"对话框

4）设置图形界限。选择菜单栏中的"格式"→"图形界限"命令，分别设置图形界限的两个角点坐标：左下角点为（0，0），右上角点为（1700，1400）。

5）设置图层。单击"默认"选项卡"图层"面板中的"图层特性管理器"按钮，打开"图层特性管理器"对话框，新建"连接导线层""轮廓线层""实体符号层"和"中心线层"4 个图层，各图层的属性设置如图 18-84 所示。将"中心线层"设置为当前图层。

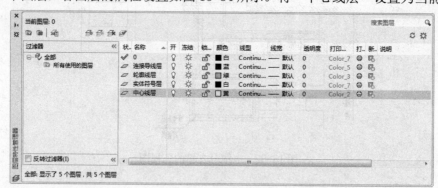

图 18-84　设置图层

18.4.2　图样布局

由于本图的各个尺寸间不是整齐对齐的，要把所有的尺寸间的位置关系都表达出来比较复杂，因此，在图样布局时，只标出主要尺寸，在绘制各个视图时，再详细标出各视图中的尺寸关系。

1）绘制水平直线。单击"默认"选项卡"绘图"面板中的"构造线"按钮，在"正交"绘图方式下，绘制一条横贯整个屏幕的水平直线。

2）偏移水平直线。单击"默认"选项卡"修改"面板中的"偏移"按钮 ⏚，将水平直线依次向下偏移，偏移后相邻直线间的距离分别为120、45、150、60和125，结果如图18-85所示。

3）绘制竖直直线。单击"默认"选项卡"绘图"面板中的"直线"按钮 ╱，绘制竖直直线。

4）偏移竖直直线。单击"默认"选项卡"修改"面板中的"偏移"按钮 ⏚，竖直直线依次向右偏移，偏移后相邻直线间的距离分别为80、190、10、150、10、10、150和150，如图18-86所示。

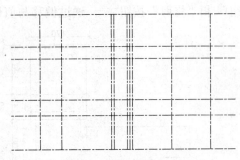

图18-85　偏移水平直线　　　　　　　　　图18-86　偏移竖直直线

5）修剪直线。单击"默认"选项卡"修改"面板中的"修剪"按钮 ✂，修剪掉多余线段，得到图样布局，如图18-87所示。

6）确定三视图布局。单击"默认"选项卡"修改"面板中的"修剪"按钮 ✂ 和"删除"按钮 ✐，将图18-87所示的图样布局修剪成如图18-88所示的3个区域，每个区域对应一个视图。

📖18.4.3　绘制主视图

1. 修剪主视图

单击"默认"选项卡"修改"面板中的"修剪"按钮 ✂ 和"删除"按钮 ✐，将图18-88中的主视图修剪成如图18-89所示的形状，得到主视图的轮廓线。将样板图和视图放大10倍。

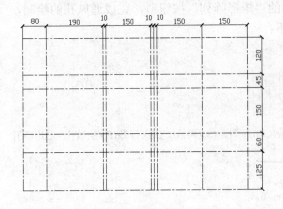

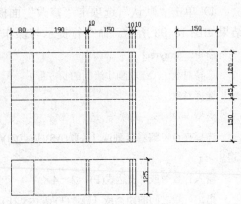

图18-87　修剪直线　　　　　　　　　　图18-88　确定三视图布局

2．添加定位线

按照图中的尺寸，添加定位线。

1）单击"默认"选项卡"修改"面板中的"修剪"按钮 和"删除"按钮 ，补充定位线。

2）将"轮廓线层"设置为当前图层。

3）单击"默认"选项卡"绘图"面板中的"直线"按钮 ，绘制出主视图的大体轮廓。

4）用两条竖直线将区域1三等分，单击"默认"选项卡"修改"面板中的"偏移"按钮 和"修剪"按钮 ，通过偏移与剪切，得到小门，并加上把手，如图18-90所示。

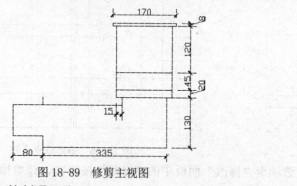

图 18-89　修剪主视图

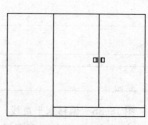

图 18-90　绘制小门

3．绘制通风孔

1）单击"默认"选项卡"绘图"面板中的"矩形"按钮 ，绘制一个长为9、宽为2的矩形，如图18-91所示。

2）单击"默认"选项卡"修改"面板中的"圆角"按钮 ，将直线1和直线2倒圆角，圆角半径为1.5。重复"圆角"命令，将直线1和直线3倒圆角，结果如图18-92所示。

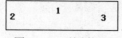

图 18-91　绘制矩形

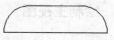

图 18-92　倒圆角

3）单击"默认"选项卡"修改"面板中的"移动"按钮 ，将绘制好的单个通风孔复制到距离区域2左上角长35、宽15的位置。

4）单击"默认"选项卡"修改"面板中的"矩形阵列"按钮 ，完成通风孔的绘制，结果如图18-93所示。命令行提示与操作如下：

命令: _arrayrect

选择对象:（选取刚才绘制的长方形）

选择对象:

类型 = 矩形　关联 = 是

选择夹点以编辑阵列或 [关联(AS)/基点(B)/计数(COU)/间距(S)/列数(COL)/行数(R)/层数(L)/退出(X)]
<退出>: r

输入行数数或 [表达式(E)] <3>: 4✓

指定行数之间的距离或 [总计(T)/表达式(E)] <3>: -6✓

指定行数之间的标高增量或 [表达式(E)] <0>:

选择夹点以编辑阵列或 [关联(AS)/基点(B)/计数(COU)/间距(S)/列数(COL)/行数(R)/层数(L)/退出(X)]
<退出>: COL✓

输入列数数或 [表达式(E)] <4>: 6✓

指定列数之间的距离或 [总计(T)/表达式(E)] <13.5>: 15✓

选择夹点以编辑阵列或 [关联(AS)/基点(B)/计数(COU)/间距(S)/列数(COL)/行数(R)/层数(L)/退出(X)]
<退出>:

4. 绘制电缆接口

1）单击"默认"选项卡"绘图"面板中的"直线"按钮，绘制如图 18-94 所示的两条相互垂直的线段。

2）单击"默认"选项卡"修改"面板中的"圆角"按钮，将两条线倒圆角，圆角半径为 30，结果如图 18-94 所示。

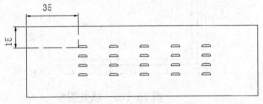

图 18-93　阵列通风孔

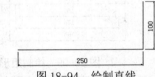

图 18-94　绘制直线

3）单击"默认"选项卡"修改"面板中的"偏移"按钮，将图 18-95 中的图形偏移 6，并将左端两端点用直线连接起来，结果如图 18-96 所示。

4）单击"默认"选项卡"修改"面板中的"移动"按钮，将绘制好的图形移动到主视图中。

图 18-95　倒圆角

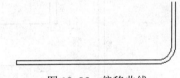

图 18-96　偏移曲线

5. 填充边缘

1）单击"默认"选项卡"修改"面板中的"偏移"按钮，绘制边缘线。

2）单击"默认"选项卡"绘图"面板中的"图案填充"按钮，填充主视图下半部分的外边框，如图 18-97 所示，由 1、2、3 三个区域组成。区域 1 和区域 3 填充"AR-CONC"图案，区域 2 填充"ANSI31"图案，结果如图 18-98 所示。

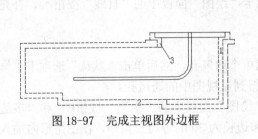

图 18-97　完成主视图外边框

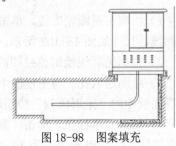

图 18-98　图案填充

📖18.4.4 绘制俯视图

1）绘制矩形。单击"默认"选项卡"绘图"面板中的"矩形"按钮▭，补充轮廓线，尺寸如图 18-99 所示。

2）绘制俯视图草图。将当前图层设置为"轮廓线层"图层，根据轮廓线绘制出俯视图的草图。

3）绘制圆。单击"默认"选项卡"绘图"面板中的"圆"按钮⊙，在第 2 层环的四角附近分别绘制 4 个直径为 5 的小圆。

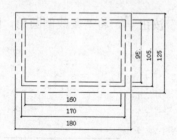

图 18-99　绘制矩形

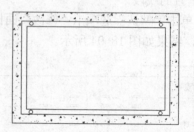

图 18-100　填充图案

4）填充图案。单击"默认"选项卡"绘图"面板中的"图案填充"按钮▨，填充最外面的环形区域，结果如图 18-100 所示。

5）绘制主电缆沟。单击"默认"选项卡"绘图"面板中的"直线"按钮╱，绘制主电缆沟，尺寸如图 18-101 所示。

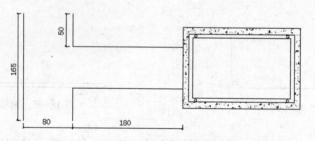

图 18-101　绘制主电缆沟

📖18.4.5 绘制左视图

1）绘制左视图轮廓线。单击"默认"选项卡"绘图"面板中的"直线"按钮╱，补充轮廓线，尺寸如图 18-102 所示。

2）根据轮廓线绘制俯视图的草图。

3）绘制通风孔。与主视图中一样，先绘制单个通风孔，然后单击"默认"选项卡"修改"面板中的"矩形阵列"按钮▦，进行阵列得到左视图中的通风孔。

4）加入警示标志。单击"默认"选项卡"绘图"面板中的"矩形"按钮▭ 和"多边形"按钮⬠，绘制一个长为 30，宽为 6 的矩形和边长为 30 的等边三角形，在三角形内加入标志""，然后将矩形和三角形移动到图中合适的位置，结果如图 18-103 所示。

5）填充图案。单击"默认"选项卡"绘图"面板中的"图案填充"按钮，填充外框，如果如图 18-104 所示，至此，左视图绘制完毕。

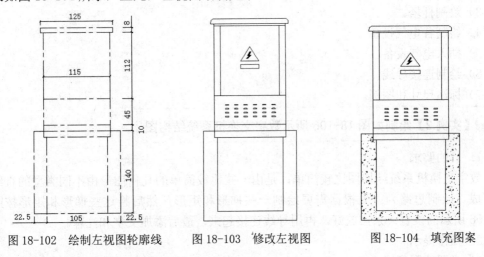

图 18-102　绘制左视图轮廓线　　　图 18-103　修改左视图　　　图 18-104　填充图案

18.4.6　添加尺寸标注及添加文字注释

1）标注尺寸。单击"默认"选项卡"注释"面板中的"线性"按钮，标注线性尺寸。

2）添加注释。单击"默认"选项卡"注释"面板中的"多行文字"按钮A，添加文字注释，结果如图 18-82 所示。

18.5　动手练一练

【实例1】绘制如图 18-105 所示变电站断面图

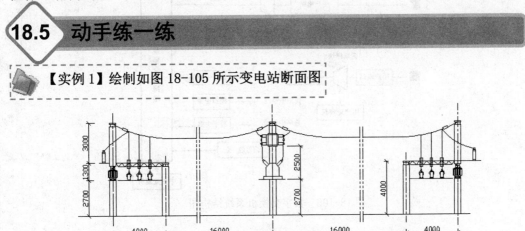

图 18-105　变电站断面图

1．目的要求

变电站断面图结构比较简单，但是各部分之间的位置关系必须严格按规定尺寸来布置。绘图思路：首先设计图样布局，确定各主要部件在图中的位置，然后分别绘制各杆塔，可通过杆塔的位置大致定出整个图样的结构，再分别绘制各主要电气设备。最后，把绘制好的电气设备符号安装到对应的杆塔上。

2．操作提示

1）设置绘图环境。

2）图样布局。

3）绘制杆塔。

4）绘制各电气设备。

5）插入电气设备。

6）绘制连接导线。

7）标注尺寸和图例。

【实例2】绘制如图18-106所示数字交换机系统结构图

1．目的要求

数字交换机系统结构图比较简单，是由一些比较简单的几何图形由不同类型的直线连接而成。绘制思路为：先根据需要绘制一些梯形和矩形，然后将这些梯形和矩形按照图18-106所示的位置关系摆放好，再用导线连接起来，最后添加文字和注释。

2．操作提示

1）设置绘图环境。

2）图形布局。

3）添加连接线。

4）添加各部件的文字。

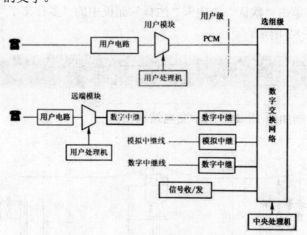

图18-106 数字交换机系统结构图

附录 A　AutoCAD 2016 常用快捷键

快　捷　键	功　　能
F1	显示帮助
F2	实现绘图窗口和文本窗口的切换
F3	控制是否实现对象自动捕捉
F4	数字化仪控制
F5	切换等轴测平面
F6	控制状态行中坐标的显示方式
F7	栅格显示模式控制
F8	正交模式控制
F9	栅格捕捉模式控制
F10	切换"极轴追踪"
F11	对象捕捉追踪模式控制
F12	切换"动态输入"
Ctrl+A	选择图形中未锁定或冻结的所有对象
Ctrl+B	切换捕捉模式
Ctrl+C	将选择的对象复制到剪贴板上
Ctrl+D	切换"动态 UCS"
Ctrl+E	在等轴测平面之间循环
Ctrl+F	切换执行栅格显示
Ctrl+G	切换执行栅格显示
Ctrl+J	重复执行上一个命令
Ctrl+I	切换坐标显示
Ctrl+K	插入超链接
Ctrl+L	切换正交模式
Ctrl+M	重复上一个命令
Ctrl+N	新建图形文件
Ctrl+O	打开图形文件
Ctrl+P	打印当前图形
Ctrl+S	保存文件
Ctrl+T	切换数字化仪模式
Ctrl+U	极轴模式控制（F10）
Ctrl+V	粘贴剪贴板上的内容
Ctrl+W	对象捕捉追踪模式控制（F11）

快捷键	功　能
Ctrl+X	将所选内容剪切到剪贴板上
Ctrl+Y	取消前面的"放弃"动作
Ctrl+Z	恢复上一个动作
Ctrl+1	打开"特性"选项板
Ctrl+2	切换"设计中心"
Ctrl+3	切换"工具选项板"窗口
Ctrl+4	切换"图纸集管理器"
Ctrl+6	切换"数据库连接管理器"
Ctrl+7	切换"标记集管理器"
Ctrl+8	切换"快速计算器"选项板
Ctrl+9	切换"命令行"窗口
Ctrl+Shift+A	切换组
Ctrl+Shift+C	使用基点将对象复制到 Windows 剪贴板
Ctrl+Shift+S	另存为
Ctrl+Shift+V	将剪贴板中的数据作为块进行粘贴
Ctrl+Shift+P	切换"快捷特性"界面
Shift+A	切换捕捉模式
Shift+C	对象捕捉替代:圆心
Shift+D	禁用所有捕捉和追踪
Shift+E	对象捕捉替代:端点
Shift+L	禁用所有捕捉和追踪
Shift+M	对象捕捉替代:中点
Shift+P	对象捕捉替代:端点
Shift+Q	切换"对象捕捉追踪"
Shift+S	启用强制对象捕捉
Shift+V	对象捕捉替代:中点
Shift+X	切换"极轴追踪"
Shift+Z	切换动态 UCS 模式
Delete	删除
End	跳到最后一帧

:注：在"自定义用户面"编辑器中，可以查看、打印或复制快捷键列表和临时替代键列表。列表中的快捷键和临时替代键是程序中已加载的 CUIx 文件所使用的此类按键。

附录 B AutoCAD 2016 快捷命令

快捷命令	命　令	功　能
A	ARC	创建圆弧
AA	AREA	计算指定区域的面积和周长
ADC	ADCENTER	打开"设计中心"选项板
AL	ALIGN	在二维或三维空间中将某对象与其他对象对齐
AP	APPLOAD	加载或卸载应用程序
AR	ARRAY	阵列
ATE	ATTEDIT	改变块的属性信息
ATT	ATTDEF	创建属性定义
ATTE	-ATTEDIT	编辑块的属性
AV	DSVIEWER	鸟瞰视图
B	BLOCK	创建块
BC	BCLOSE	关闭块编辑器
BE	BEDIT	在块编辑器中打开块定义
BH	BHATCH	使用图案填充或渐变填充来填充封闭区域或选定对象
BO	BOUNDARY	从封闭区域创建面域或多段线
BR	BREAK	在两点间打断选定对象
BS	BSAVE	保存定义块并参照
C	CIRCLE	创建圆
CH、MO	PROPERTIES	显示对象特性
CHA	CHAMFER	为对象的边加倒角
CHK	CHECKSTANDARDS	检查当前图形中是否存在标准冲突
CO	COPY	复制对象
COL	COLOR	设置新对象的颜色
D	DIMSTYLE	创建和修改标注样式
DAL	DIMALIGNED	对齐线性标注
DAN	DIMANGULAR	角度标注
DBA	DIMBASELINE	基线标注
DBC	DBCONNECT	提供至外部数据库表的接口
DCE	DIMCENTER	创建圆或圆弧的中心标记或中心线

快捷命令	命 令	功 能
DCO	DIMCONTINUE	连续标注
DDI	DIMDIAMETER	为圆或圆弧创建直径标注
DED	DIMEDIT	编辑标注
DI	DIST	测量两点之间的距离和角度
DIV	DIVIDE	定数等分
DLI	DIMLINEAR	线性标注
DO	DONUT	绘制填充的圆或环
DOR	DIMORDINATE	坐标点标注
DOV	DIMOVERRIDE	替换标注系统变量
DRA	DIMRADIUS	为圆或圆弧创建半径标注
DS、SE	DSETTINGS	打开"草图设置"对话框
DV	DVIEW	使用相机和目标定义平行投影或透视视图
E	ERASE	从图形中删除对象
ED	DDEDIT	编辑文字、标注文字、属性定义和特征控制框
EL	ELLIPSE	创建椭圆或椭圆弧
EX	EXTEND	延伸对象
EXP	EXPORT	输出其他格式文件
EXT	EXTRUDE	拉伸
EXIT	QUIT	退出程序
F	FILLET	倒圆角
FI	FILTER	创建可重复使用的过滤器以便根据特性选择对象
-H	HATCH	利用填充图案、实体填充或渐变填充来填充封闭区域或选定对象
HE	HATCHEDIT	修改现有的图案填充对象
HI	HIDE	重新生成三维模型时不显示隐藏线
I	INSERT	将命名块或图形插入到当前图形中
IM	IMAGE	打开"外部参照"选项板
IAD	IMAGEADJUST	控制选定图像的亮度、对比度和淡入度显示
IAT	IMAGEATTACH	向当前图形中附着新的图形对象
ICL	IMAGECLIP	根据指定边界修剪选定图像的显示
IMP	IMPORT	将不同格式的文件输入到当前图形中
INF	INTERFERE	采用两个或多个三维实体的公用部分创建三维复合实体
IN	INTERSECT	采用两个或多个实体或面域的交集创建复合实体或面域并删除交集以外的部分
IO	INSERTOBJ	插入链接或嵌入对象
L	LINE	创建直线段

快捷命令	命　令	功　能
LA	LAYER	管理图层和图层特性
LO	-LAYOUT	创建新布局，重命名、复制、保存或删除现有布局
LEAD	LEADER	创建连接注释与特征的线
LEN	LENGTHEN	拉长对象
LT	LINETYPE	加载、设置和修改线型
LI、LS	LIST	显示选定对象的数据库信息
LTS	LTSCALE	设置线型比例因子
LW	LWEIGHT	设置当前线宽、线宽显示选项和线宽单位
M	MOVE	在指定方向上按指定距离移动对象
MA	MATCHPROP	属性匹配
ME	MEASURE	沿对象的长度或周长按测定间隔创建点对象或块
MI	MIRROR	创建对象的镜像副本
ML	MLINE	创建多线
MS	MSPACE	从图纸空间切换到模型空间视口
MT、T	MTEXT	创建多行文字
MV	MVIEW	创建并控制布局视口
O	OFFSET	偏移命令，用于创建同心圆、平行线
OS	OSNAP	设置对象捕捉模式
OP	OPTIONS	选项显示设置
P	PAN	移动当前视口中显示的图形
PA	PASTESPEC	插入剪贴板数据并控制数据格式
PE	PEDIT	多段线编辑
PL	PLINE	创建二维多段线
PLOT	PRINT	将图形输入到打印设备或文件
PO	POINT	创建点对象
POL	POLYGON	创建闭合的等边多段线
PRE	PREVIEW	打印预览
PRCLOSE	PROPERTIESCLOSE	关闭"特性"选项板
PS	PSPACE	从模型空间切换到图纸空间视口
PR	PROPERTIES	显示对象特性
PU	PURGE	删除图形中未使用的项目
PARAM	BPARAMETER	编辑块的参数类型
R	REDRAW	刷新当前视口中的显示
RE	REGEN	从当前视口重新生成整个图形

快捷命令	命　　令	功　　能
REC	RECTANG	绘制矩形多段线
REN	RENAME	修改对象名称
RO	ROTATE	绕基点旋转对象
RR	RENDER	渲染对象
REA	REGENALL	重新生成图形并刷新所有视口
REG	REGION	将封闭区域的对象转换为面域
REV	REVOLVE	绕轴旋转二维对象以创建实体
RPR	RPREF	设置渲染系统配置
S	STRETCH	拉伸与选择窗口或多边形交叉的对象
SC	SCALE	按比例放大或缩小对象
ST	STYLE	创建、修改或设置文字样式
SN	SNAP	规定光标按指定的间距移动
SU	SUBTRACT	采用差集运算创建组合面域或实体
SL	SLICE	剖切实体
SO	SOLID	创建二维填充多边形
SP	SPELL	检查图形中文字的拼写
SPL	SPLINE	绘制样条曲线
SPE	SPLINEDIT	编辑样条曲线或样条曲线拟合多段线
SCR	SCRIPT	从脚本文件中执行一系列命令
SEC	SECTION	使用平面和实体、曲面或网格的交集创建面域
SET	SETVAR	列出并修改系统变量值
SSM	SHEETSET	打开图纸集管理器
TO	TOOLBAR	显示、隐藏和自定义工具栏
TOL	TOLERANCE	创建形位公差
T	TEXT	创建单行文字对象
TA	TABLET	校准、配置、打开和关闭已安装的数字化仪
TH	THICKNESS	设置当前三维实体的厚度
TI、TM	TILEMODE	使"模型"选项卡或最后一个布局选项卡当前化
TOR	TORUS	创建圆环形三维实体
TR	TRIM	利用其他对象定义的剪切边修剪对象
TP	TOOLPALETTES	打开工具选项板
TS	TABLESTYLE	创建、修改或指定表格样式
U	UNDO	撤销命令
UNI	UNION	通过并集运算创建组合面域或实体

快捷命令	命令	功能
UC	UCSMAN	管理已定义的用户坐标系
UN	UNITS	控制坐标和角度的显示格式并确定精度
VP	DDVPOINT	预设视点
W	WBLOCK	将对象或块写入新的图形文件中
WE	WEDGE	创建楔体
X	EXPLOPE	将复合对象分解为部件对象
XA	XATTACH	插入 dwg 文件作为外部参照
XB	XBIND	将外部参照依赖符号命名绑定到当前图形中
XC	XCLIP	根据指定边界修剪选定外部参照或块参照的显示
XL	XLINE	创建无限长直线（即构造线）
XP	XPLODE	将复合对象分解为其组件对象
XR	XREF	打开外部参照选项板
Z	ZOOM	放大或缩小视图中对象的外观尺寸
3A	3DARRAY	创建三维阵列
3F	3DFACE	在三维空间中创建三侧面或四侧面的曲面
3DO	3DORBIT	在三维空间中动态查看对象
3P	3DPOLY	在三维空间中使用"连续"线型创建由直线段构成的多段线